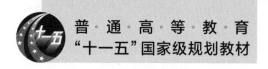
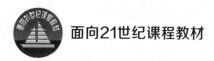

普·通·高·等·教·育
"十一五"国家级规划教材

面向21世纪课程教材

中国石油和化学工业优秀教材·一等奖

化工原理 上册
——化工流体流动与传热

（第三版）

柴诚敬　张国亮　主编

U0376820

化学工业出版社

·北京·

图书在版编目(CIP)数据

化工原理. 上册, 化工流体流动与传热/柴诚敬,
张国亮主编. —3版. —北京：化学工业出版社,
2020.6(2023.1重印)

普通高等教育"十一五"国家级规划教材

ISBN 978-7-122-36261-2

Ⅰ.①化⋯　Ⅱ.①柴⋯②张⋯　Ⅲ.①化工原理-高
等学校-教材②化工过程-流体流动-高等学校-教材③化
工过程-传热-高等学校-教材　Ⅳ.①TQ02

中国版本图书馆 CIP 数据核字(2020)第 030468 号

责任编辑：徐雅妮　任睿婷　　　　　　装帧设计：关　飞

责任校对：宋　玮

出版发行：化学工业出版社(北京市东城区青年湖南街13号　邮政编码100011)

印　　装：三河市延风印装有限公司

787mm×1092mm　1/16　印张25¾　字数659千字　2023年1月北京第3版第2次印刷

购书咨询：010-64518888　　　　　　售后服务：010-64518899

网　　址：http://www.cip.com.cn

凡购买本书，如有缺损质量问题，本社销售中心负责调换。

定　　价：59.00元　　　　　　　　　　　　　　版权所有　违者必究

前言

化工原理多学时教材《化工流体流动与传热》《化工传质与分离过程》第一版为面向 21 世纪课程教材，第二版为普通高等教育"十一五"国家级规划教材。本教材自 2000 年面世以来，得到业内同行的热情支持、鼓励和肯定，总体反映良好。本次修订在保持原书总体结构和特色风格的前提下，对部分内容进行了删减、调整、更新和充实。为便于对应高校课程名称，第三版教材书名变更为《化工原理》（上册）——化工流体流动与传热和《化工原理》（下册）——化工传质与分离过程。

第三版教材主要修订内容如下：

（1）紧密跟踪化工领域科技进展和最新研究成果，对部分内容进行充实与更新，强化了绿色化工、过程优化、节能环保、生产安全等内容，以体现教材的先进性；

（2）根据近年来教学实践的体验，对某些内容进行了删改与调整，进一步提高教材的可读性和科学性，以便于教和学；

（3）在每章前增加学习指导，以便于学生明确各章的学习目的、重点内容和学习中应注意的问题，提高学习效果；

（4）对部分例题做适当调整，结合工程实际，加强案例分析，提升学生分析问题、解决问题等能力，突出应用型人才与创新能力的培养；

（5）对部分习题做适当调整，力求体现工程背景与应用情景，适当补充综合性习题，按照"基础习题"和"综合习题"的顺序编排，书末附有习题答案；

（6）教材采用双色印刷，使各级标题、名词术语、重点公式，以及插图、表格等更加醒目，以突出重点，提高视觉效果。

教材修订工作由各章的原执笔者分别负责完成，同时增添了新的编者。具体分工如下：柴诚敬（绪论、流体输送机械及附录）；张国亮（流体流动基础及蒸发）；夏清（流体与颗粒之间的相对运动）；马红钦（液体搅拌）；张凤宝、姜峰（传热过程基础）；贾绍义（换热器）。本书由柴诚敬、张国亮审阅定稿。

在本书的修订过程中，得到天津大学化工学院有关教师的大力支持和帮助，在此表示衷心的感谢！

编者
2020 年 1 月

第一版前言

为了适应培养跨世纪高级化工专门人才的需要，我们以"面向21世纪的教学内容和课程体系改革"为主导思想，以"面向21世纪对化工类专门人才的知识、能力、综合素质培养目标"为宗旨，以"加强基础，拓宽知识面，提高学生创造能力"为原则，将传统的化工原理和化工传递过程有机地融为一体，并适当吸取化工分离工程的有关内容，依据传递过程的理论体系和单元操作的共性，按化工流体流动与传热和化工传质与分离过程两门课程开设。

新教材体系不仅拓宽了内容，而且注意吸取化工学科领域的新理论、新技术、新设备等最新成果，介绍学科前沿的发展动态，以期达到教材的科学性、先进性和适用性的统一。

本教材以动量传递和热量传递的基本理论体系为主线，论述了流体输送、颗粒与流体之间的相对运动(包括了颗粒的沉降分离、过滤分离、固体流态化技术)、液体搅拌、换热过程及设备、蒸发等。结合实例讨论了理论解析法的使用条件与场合，阐明了对复杂情况借助实验研究的必要性，以利于学生对化工单元操作基本内容的理解与掌握，增强工程观点，并在此基础上创造性地去分析与解决工程实际问题。

本教材注意吸取原我校编写的《化工原理》和《化工传递过程基础》等教材的优点，按照学科发展和认识规律，由浅入深、循序渐进进行编写，教材难点分散、实例丰富，力求概念清晰、层次分明，可以启迪思维，便于自学。

为了增加教材使用的灵活性，本书中凡划★的节段，各校可根据情况选讲。

本书可作为化工类及相关专业(包括化工、石油、生物工程、制药、材料、冶金、环保、核能等)的教材，也可供有关部门的科研、设计及生产单位的科技人员参考。

本书主编柴诚敬、张国亮。参加编写工作的有柴诚敬(绪论、流体输送机械及附录)、张国亮(流体流动基础及蒸发)、夏清(颗粒与流体之间的相对运动)、马红钦(液体搅拌)、张凤宝(传热过程基础)、贾绍义(换热器)。在编写过程中，天津大学化工学院的有关老师给予热情的关心、支持和帮助，在此表示感谢。

本教材承蒙蒋维钧、杨祖荣、姚玉英三位教授主审，他们提出许多经推敲的真知灼见，对此致以诚挚的谢意。

由于水平所限，书中不完善甚至缺点错误在所难免，敬请同仁和读者提出指正，以使本教材日臻完善。

编者

2000 年 3 月

第二版前言

《化工流体流动与传热》作为面向 21 世纪高等教育改革新体系教材，自 2000 年出版以来，得到界内同行的热情支持、鼓励和肯定，总体反映良好。本书的第二版被列为普通高等教育"十一五"国家级规划教材。本次修订在保持原书总框架体系的前提下，对部分内容进行了更新和调整，主要考虑以下两方面因素：

(1)紧密跟踪化工领域最新的科技成果，对部分内容进行充实和更新，以体现教材的先进性；

(2)根据近年来教学实践的体验，对某些内容进行了删改和调整，进一步提高教材的可读性和科学性，以便于教和学。

第二版教材主要修订内容如下：

(1)各章在内容顺序上都有局部调整，其中第 1 章"流体流动基础"的变动幅度较大，对连续性方程、运动方程从普遍性到特定形式的总体思路进行重新整合，并更充分体现工程方法论，有利于启迪学生思维创新；

(2)基于课程总学时的考虑，对部分内容进行了删减；

(3)附录中更新了部分内容；

(4)去掉第一版教材中有关节段的"★"号，不同专业可根据需要取舍相关内容。

教材修订工作由各章的原执笔者分别负责完成，即柴诚敬(绪论、流体输送机械及附录)；张国亮(流体流动基础及蒸发)；夏清(流体与颗粒之间的相对运动)；马红钦(液体搅拌)；张凤宝(传热过程基础)；贾绍义(换热器)。全书由柴诚敬、张国亮审阅定稿。在本书的修订过程中，得到天津大学化工学院有关教师的大力支持和帮助，在此表示衷心的感谢！

应予指出，一套新体系教材的成熟与完善，需要进行多次的调整与修订。为此，欢迎界内同行对本版教材提出宝贵意见。

编者
2007 年 6 月于天津大学

目 录

附录 368

0

绪　论

0.1　化学工程学科的进展

0.1.1　化学工艺与单元操作

化学工业泛指对原料进行化学加工，以改变物质结构或组成，或合成新物质，而获得有用产品的制造工业，又称化学加工工业。化学工艺则指主要运用化学方法改变物质组成或性质以生产化学产品的生产过程(或技术)。化学工程是适应化学加工工艺需要而产生的工程性学科。由于产品、原料的多样性及生产过程的复杂性，形成了数以万计的化工生产工艺。纷杂众多的化工生产过程，都是由化学反应和若干物理操作有机地组合而成。其中，化学反应过程及其设备——反应器是化工生产的核心，物理过程则起到为化学反应准备必要的反应条件及将反应产物提纯而获得最终产品的作用。用于化工产品生产的物理过程都可归纳为有限的几个基本过程，如流体输送、加热或冷却、沉降、过滤、蒸发、蒸馏、结晶、干燥等。这些基本物理操作统称为化工单元操作，简称单元操作。本课程只研究这些物理操作。从以产品来划分的化工生产工艺中抽象出单元操作，是认识上的一个飞跃。1923 年，美国麻省理工学院的著名教授 W. H. 华克尔等人编写并出版了第一部关于单元操作的著作《化工原理》(Principles of Chemical Engineering)。在该书中，阐述了各种单元操作的物理化学原理及定量计算方法，并从物理学等基础学科中吸收了对化学工程有用的研究方法(如量纲分析)及研究成果(如雷诺关于层流、湍流的研究)，奠定了化学工程作为一门独立工程学科的基础。此书的出版，对以后化学工程师的培养和训练产生了深远的影响，对化学工程学科的形成和发展起到了推动作用，促进了化学工业的发展。

我国于 20 世纪 20 年代创办了化学工程系，也开设化工原理课程，并先后出版了以单元操作为主线的《化工原理》《化工过程及设备》《化工操作原理与设备》等教科书。至今，仍沿用《化工原理》名称。

0.1.2　化学工程及其进展

化学工程是研究化学工业和相关过程工业(Process Industry)生产中所进行的化学反应过程及物理过程共同规律的一门工程学科。它的范围包括了采用化学加工技术的所有场合。不但覆盖了整个化学与石化工业，而且渗透到能源、环境、生物、材料、制药、冶金、轻工、卫生、信息等工业及技术部门。20 世纪初期，对于化学工程的认识仅限于单元操作。20 世纪 60 年代，"三传一反"(动量传递、热量传递、质量传递和化学反应工程)概念的提出，开辟了化学工程发展过程的第二个历程。

20 世纪 60 年代末，计算机的迅速发展和普及，给化学工程学科的发展注入了新的活力。时至今日，化学工程学科形成了单元操作、传递过程、反应工程、化工热力学、化工系统工程、过程动态学及控制、化工技术经济、安全工程等完整体系。计算机模拟技术的高速发展，更把化学工程推向了过程优化集成、分子模拟的新阶段。

现代科学技术既高度分化又高度综合，但综合是主流。当今的高新技术及新兴学科都是综合的学科，如生命科学、环境科学、能源科学、材料科学等。化学工程与上述相邻学科相融合逐渐形成了若干新的分支与生长点，诸如：生物化学工程、分子化学工程、环境化学工程、能源化学工程、计算化学工程、软化学工程、微电子化学工程等。同时，上述新兴产业与学科的发展，也推动了特殊领域化学工程的进步。

0.2 单元操作及传递过程

0.2.1 单元操作分类与特点

各种单元操作依据不同的物理化学原理，采用相应的设备，达到各自的工艺目的。对于单元操作，可从不同角度加以分类。根据各单元操作所遵循的基本规律，将其划分为表 0-1 所示的主要类型。

表 0-1　化工中常用单元操作

类别	单元操作	目的	原理	传递过程
流体动力过程	流体输送 沉降 过滤 搅拌	液体、气体的输送 非均相混合物分离 非均相混合物分离 混合或分散	输入机械能 密度差引起的相对运动 介质对不同尺寸颗粒的截留 输入机械能	动量传递
传热过程	换热 蒸发	加热、冷却或变相态 溶剂与不挥发溶质分离	利用温度差交换热量 供热汽化溶剂，并将其及时移除	热量传递
传质过程	蒸(精)馏 气体吸收 萃取 浸取 吸附 离子交换 膜分离	液态均相混合物分离 气体均相混合物分离 液态均相混合物分离 用溶剂从固体中提取物料 流体均相混合物分离 从液体中提取某些离子 流体均相混合物分离	各组分挥发度的差异 各组分在溶剂中溶解度不同 各组分在萃取剂中溶解度不同 固体中组分在溶剂中溶解度不同 固体吸附剂对组分吸附力不同 离子交换剂的交换离子 固体或液体膜的截留	质量传递
热质传递过程	干燥 增、减湿 结晶	固体物料去湿 调节控制气体中水汽含量 从溶液中析出溶质晶体	供热汽化液体，并将其及时移除 气体与不同温度的水接触 利用物质溶解度的差异	热质同时传递

另外，还有热力过程(制冷)、粉体工程(粉碎、颗粒分级、流态化)等单元操作。

单元操作包括"过程"和"设备"两个方面的内容，故单元操作又称化工过程和设备。同一单元操作在不同的化工生产中，虽然遵循相同的过程规律，但在操作条件及设备类型(或结构)方面会有很大差别。另一方面，对于同样的工程目的，可采用不同的单元操作来实现。例如一种液态均相混合物，既可用蒸馏方法分离，也可用萃取方法，还可用结晶或膜分离方法，究竟哪种单元操作最适宜，需要根据工艺特点、物系特性通过综合技术经济分析作出选择。

0.2.2　单元操作的进展

随着新产品、新工艺的开发或为实现绿色化工生产，对物理过程提出了一些特殊要求，又不断地发展出新的单元操作或化工技术，如膜分离、参数泵分离、电磁分离、超临界技术等。同时，以节约能耗、提高效率或洁净生产为目的的工艺集成化（如反应精馏、反应膜分离、萃取精馏、多塔精馏系统的优化热集成等）将是未来的发展趋势。

0.2.3　传递过程

随着对单元操作研究的不断深入，人们逐渐发现若干个单元操作之间存在着共性。从本质上讲，所有的单元操作都可分解为**动量传递、热量传递、质量传递**这三种传递过程或它们的结合。表 0-1 中的三大类单元操作可分别用动量、热量、质量传递的理论进行研究。于是在 1960 年前后，《传递现象》(Transport Phenomena)与《动量、热量、质量传递》(Momentum、Heat and Mass Transfer)等著作相继出版。三种传递现象中存在着类似的规律和内在联系，可用相类似的数学模型进行描述，并可归结为速率问题进行综合研究，可以相互类比，从一种传递结果预测其他传递结果。"三传理论"的建立，是单元操作在理论上的进一步发展和深化。

0.2.4　单元操作与传递过程的融合

由上面讨论可看到，单元操作与传递之间有着紧密的内在联系，主要表现为以下几点。

① **传递是单元操作的科学基础**　所有的单元操作皆可归属于相应的传递过程，传递过程是联系各单元操作的一条主线。以传递原理的共性将单元操作进行归类并给予更深入、科学的解释，以便更好地揭示"过程机理"，使经验上升为理论，从而有利于优化各类传递过程和设备的设计、操作和控制。

需要指出的是，化工热力学是应用热力学基本定律研究化工过程中各种形式能量之间相互转化的规律及有效利用、过程（含热力过程、相平衡及化学平衡）趋近于平衡的极限条件，并提供上述内容的基础数据。所以，化工热力学同样是单元操作的科学基础。

② **传递是单元操作数学模型的基础**　传递为所研究的过程提供基础数学模型，借计算机的帮助，就可进行过程数学模拟的研究。和传统的实验研究方法相比，这是一种快捷、高效、经济的工程研究方法。

将传递与单元操作有机结合，以提高传统化工原理的科学性、综合性，反映了学科的发展。同时，为了使该课程更接近于生产实际，适当吸取化工分离工程内容，以加深和拓宽现行化工原理中的传质单元操作，组成"三合一"化工原理新体系教材。

0.2.5　本课程的研究方法

本课程是一门实践性很强的工程学科，在其长期的发展进程中，形成了两种基本研究方法，即：

① **实验研究方法（经验法）**　该方法一般以量纲分析和相似论为指导，依靠实验来确定过程变量之间的关系，通常用量纲为 1 数群构成的关系来表达。实验研究方法可避免建立数学方程，是一种工程上通用的基本方法。

② **数学模型法(半经验半理论方法)** 该方法是在对实际过程的机理进行深入分析的基础上,抓住过程的本质,作出某些合理简化,建立物理模型,进行数学描述,得出数学模型,通过实验确定模型参数。这是一种半经验半理论的方法。

如果一个物理过程的影响因素较少,各参数之间的关系比较简单,能够建立数学方程并能直接求解,则称之为解析方法。

值得指出的是,尽管计算机数学模拟技术在化工领域中的应用发展很快,但实验研究方法仍不失其重要性,因为即使可以采用数学模型方法,但模型参数还需通过实验来确定。

研究工程问题的方法论是联系各单元操作的另一条主线。

0.2.6 化工过程计算的基本关系式

化工过程计算可分为设计型计算和操作型计算两类,其在不同计算中的处理方法各有特点。但是不管何种计算,都是以质量守恒、动量和能量守恒、平衡关系和速率关系为基础的。上述四种基本关系将在有关章节陆续介绍。

0.2.7 化工原理的学习要求

化工原理是化工类及相近专业一门重要的技术基础课,它综合运用数学、物理、化学等基础知识,分析和解决化工生产中各种物理过程问题。在化工类专门人才培养中,它承担着工程科学与工程技术的双重教育任务。本课程强调工程观点、定量运算、实验技能及设计能力的培养,强调理论联系实际。学生在学习本课程中,应注意以下几个方面能力的培养。

① **单元操作和设备选择的能力** 根据生产工艺要求和物系特性,合理地选择单元操作及设备。

② **工程设计能力** 学习工艺过程计算和设备设计。当缺乏现成数据时,要能够从资料中查取,或从生产现场查定,或通过实验测取。学习利用计算机辅助设计。

③ **操作和调节生产过程的能力** 学习如何操作和调节生产过程。在操作发生故障时,能够查找故障原因,提出排除故障的措施。了解优化生产过程的途径。

④ **过程开发或科学研究能力** 学习如何根据物理或物理化学原理选择或设置单元操作,进而组织一个生产工艺过程,实现工程目的,培养学生综合创造能力。

⑤ **实验能力** 包括实验装置设计、实际操作、现象分析、数据处理、安全环保等。

0.3 物理量的单位制和量纲

任何物理量的大小都是由数字和单位联合来表达的。过去,由于历史、地区的原因及学科的不同要求,出现多种单位制。本节简要介绍单位制的分类及不同单位制之间的换算关系。

0.3.1 单位和单位制

在工程和科学中,单位制有不同的分类方法。

① **基本单位和导出单位** 一般选择几个独立的物理量(如质量、长度、时间、温度等),根据使用方便的原则规定出它们的单位,这些选择的物理量称为基本物理量,其单位称为基本单位。其他的物理量(如速度、加速度、密度等)单位则根据其本身的物理意义,由有关基

本单位组合而成。这种组合单位称为**导出单位**。

② **绝对单位制和重力单位(工程单位)制**　根据对基本物理量及其单位选择的不同，分为绝对单位制与重力单位制。绝对单位制以长度、质量、时间为基本物理量，重力单位制以长度、时间和力为基本物理量。显然，在绝对单位制中，力是导出物理量，其单位为导出单位；而在重力单位制中，质量是导出物理量，其单位为导出单位。力和质量的关系用牛顿第二运动定律相关联，即

$$F = ma \tag{0-1}$$

式中，F 为作用于物体上的力；m 为物体的质量；a 为物体在作用力方向上的加速度。

上述两种单位制中又有米制单位与英制单位之分。两种单位制中米制与英制的基本单位列于表 0-2。

表 0-2　两种单位制中的米制与英制基本单位

单位制	基本物理量	长度(L)	时间(T)	质量(M)	力或重力(F)
绝对单位制	cgs 制	cm	s	g	—
	mks 制	m	s	kg	—
	英制	ft	s	lb	—
重力单位制（工程单位制）	米制	m	s	—	kgf
	英制	ft	s	—	lb(f)

③ **国际单位制(SI 制)**　1960 年 10 月第十一届国际计量大会通过了一种新的单位制，称为国际单位制，其代号为 SI，它是 mks 制的引申。SI 制是一种完整的单位制，它包括了所有领域中的计量单位。这样，科学技术、工农业生产、经济贸易甚至日常生活中只使用一种单位制，即 SI 制具有通用性的优点。在 SI 制中，同一种物理量只有一个单位，如能量、热、功的单位都采用焦耳(J)，从而避免了重力单位制中热功之间换算因子的引入。这个优点称作"一贯性"。

正是由于 SI 制的"通用性"和"一贯性"优点，在国际上迅速得到推广。

④ **中华人民共和国法定计量单位制**(简称法定单位制)　以 SI 制为基础，我国于 1984 年颁布《中华人民共和国法定计量单位》及中华人民共和国国家标准 GB 3100～3102—1993《量和单位》。我国的法定计量单位除 SI 制的基本单位、辅助单位和导出单位外，又规定了一些我国选定的非国际单位制单位。例如，时间在我国还可以用分(min)、小时(h)、日(天)(d)；质量可用吨(t)；长度可用海里(n mile)等。中华人民共和国法定计量单位制见附录一。

本套教材中采用法定计量单位。在少数例题与习题中有意识地编入一些非法定计量单位，目的是让读者练习单位之间的换算。

0.3.2　单位换算

当前，各学科领域都有采用国际单位制的趋势，但要在全球全面推广尚需一段时间，况且，过去文献资料中的数据又是多种单位制并存，这就需要掌握不同单位制之间的换算方法。

① **物理量的单位换算**　同一物理量，若采用不同的单位则其数值就不相同。例如最简

单的一个基本物理量，圆形反应器的直径为 1m，在物理单位制中，单位为 cm，其值为 100；而在英制中，单位为 ft，其值为 3.2808。它们之间的换算关系为

$$反应器直径 D = 1m = 100cm = 3.2808ft$$

同理，重力加速度 g 不同单位制之间的换算关系为

$$重力加速度 g = 9.81m/s^2 = 981cm/s^2 = 32.18ft/s^2$$

彼此相等而单位不同的两个同名物理量（包括单位在内）的比值称为换算因子，又称换算因数，如 1m 和 100cm 的换算因子为 100cm/m。常用物理量的单位换算关系可查附录二。

若查不到一个导出物理量的单位换算关系，则从该导出单位的基本单位换算入手，采用单位之间的换算因数与基本单位相乘或相除的方法，以消去原单位而引入新单位。具体换算过程见例 0-1。

【例 0-1】 质量速度的英制单位为 lb/(ft² · h)，试将其换算为 SI 制，即 kg/(m² · s)。

解 在本教材附录二中查不到质量速度不同单位制之间的换算关系，则只能从基本单位换算入手。

从附录二查出基本物理量的换算关系为

$$1kg = 2.20462lb$$

$$1m = 3.2808ft$$

$$1h = 3600s$$

采用"原单位消去法"便得到新的单位。

$$质量速度 G = 1\left(\frac{lb}{ft^2 \cdot h}\right) = 1\left(\frac{lb}{ft^2 \cdot h}\right)\left(\frac{1kg}{2.20462lb}\right)\left(\frac{3.2808ft}{1m}\right)^2\left(\frac{1h}{3600s}\right)$$

$$= 1.356 \times 10^{-3}\frac{kg}{m^2 \cdot s}$$

② **经验公式（或数字公式）的单位换算** 化工计算中常遇到的公式有两类。

一类为物理方程，它是根据物理规律建立起来的，如前述的式(0-1)。物理方程遵循单位一致的原则，即物理方程中各物理量可以选用任意一种单位制，各项具有相同的单位。同一物理方程中绝不允许采用两种单位制。

另一类方程为经验方程，它是根据实验数据而整理成的公式，式中各物理量的符号只代表指定单位制的数字部分，因而经验公式又称数字公式。当所给物理量的单位与经验公式中指定的单位制不相同时，则需进行单位换算。可采取两种方式进行单位换算：其一，将各物理量的数据换算成经验公式中指定的单位后，再分别代入经验公式进行运算；其二，若经验公式需经常使用，对大量的数据进行单位换算很繁琐，则可将公式加以变换，使式中各符号都采用所希望的单位制。换算方法见例 0-2。

【例 0-2】 乱堆 25mm 拉西环的填料塔用于精馏操作时，等板高度可用下面经验公式计算，即

$$H_E = 3.9A(2.78 \times 10^{-4}G)^B(12.01D)^C(0.3048Z_0)^{1/3}\left(\frac{\alpha\mu}{\rho}\right)$$

式中，H_E 为等板高度，ft；G 为气相质量速度，lb/(ft² · h)；D 为塔径，ft；Z_0 为每段（即两层液体分布板之间）填料层高度，ft；α 为相对挥发度，量纲为 1；μ 为液相黏度，cP；ρ 为液相密度，lb/ft³。

A、B、C 为常数，对 25mm 的拉西环，其数值分别为 0.57、−0.1 及 1.24。

试将上面经验公式中各物理量均换算为 SI 制。

解 上面经验公式是混合单位制，液相黏度 μ_L 为物理单位制，而其余诸物理量均为英制。经验公式单位换算的基本要点是：找出式中每个物理量新旧单位之间的换算关系，导出物理量"数字"的表达式，然后代入经验公式并整理，便使式中各符号都变为所希望的单位。具体换算过程如下：

(1)从附录二查出或计算出经验公式中有关物理量新旧单位之间的关系如下。

$$1ft=0.3049m$$

$$lb/(ft^2 \cdot h)=1.356\times10^{-3}kg/(m^2 \cdot s) \quad （见例 0-1）$$

α 量纲为 1 不必换算

$$1cP=1\times10^{-3}Pa \cdot s$$

$$1\frac{lb}{ft^3}=1\left(\frac{lb}{ft^3}\right)\left(\frac{1kg}{2.20462lb}\right)\left(\frac{3.2808ft}{1m}\right)^3=16.02\frac{kg}{m^3}$$

(2)将原符号加上标"'"以代表新单位的符号，导出原符号"数字"表达式。下面以 H_E 为例

$$H_E\,ft=H_E'\,m$$

则

$$H_E=H_E'\frac{m}{ft}=H_E'\frac{m}{ft}\times\frac{3.2808ft}{1m}=3.2808H_E'$$

同理

$$G=G'/(1.356\times10^{-3})=737.5G'$$

$$D=3.2808D'$$

$$Z_0=3.2808Z_0'$$

$$\mu_L=\mu_L'/(1\times10^{-3})=1000\mu_L'$$

$$\rho_L=\rho_L'/16.02=0.06242\rho_L'$$

(3)将以上关系式代入原经验公式，得

$$3.2808H_E'=3.9\times0.57(2.78\times10^{-4}\times737.5G')^{-0.1}(12.01\times3.2808D')^{1.24}$$

$$(0.3048\times3.2808Z_0')^{1/3}\left(\alpha\,\frac{1000\mu'}{0.06242\rho'}\right)$$

整理上式并略去符号的上标，便得到换算后的经验公式，即

$$H_E=1.086\times10^4(0.205G)^{-0.1}(39.4D)^{1.24}Z_0^{1/3}\left(\frac{\alpha\mu_L}{\rho_L}\right)$$

> 经验公式中物理量的指数表明该物理量对过程的影响程度，与单位制无关，因而经过单位换算后，经验公式中各物理量的指数均不发生变化。

0.3.3 量纲

用一定单位制的基本物理量来表达某一物理量称为该物理量的量纲。量纲用来表示物理量的类别。物理量的量纲分为基本量纲和导出量纲。基本量纲是人为选定的独立量纲。例如，在 mks 单位制中，分别用 M、L、T 与 θ 作为基本物理量质量、长度、时间与热力学温度的量纲，其他一切物理量的量纲均可用这四个基本量纲的组合来表示，如速度 $[u]=LT^{-1}$、压力 $[p]=ML^{-1}T^{-2}$、密度 $[\rho]=ML^{-3}$，这些均为导出量纲。

量纲表达式中所有量纲指数均为零的量，称为量纲为 1 的量(数群)。

物理方程必须遵循单位一致和量纲一致的原则。

量纲一致的原则是量纲分析方法的基础。

习 题

1. 从基本单位换算入手，将下列物理量的单位换算为 SI 制。

(1) 40℃时水的黏度 $\mu = 0.00656g/(cm \cdot s)$。

(2) 某物质的比热容 $c_p = 0.21BTU/(lb \cdot {}^\circ F)$。

(3) 密度 $\rho = 1386kgf \cdot s^2/m^4$。

(4) 传质系数 $K_G = 24.2kmol/(m^2 \cdot h \cdot atm)$。

(5) 表面张力 $\sigma = 71dyn/cm$。

(6) 热导率 $\lambda = 1kcal/(m \cdot h \cdot ℃)$。

2. 清水在圆管内对管壁的强制湍流对流传热系数随温度的变化可用下面经验公式表示，即

$$\alpha = 150(1 + 2.93 \times 10^{-3}T)u^{0.8}d^{-0.2}$$

式中，α 为对流传热系数，$BTU/(ft^2 \cdot h \cdot {}^\circ F)$；$T$ 为热力学温度，K；u 为水的流速，ft/s；d 为圆管内径，in。

试将式中各物理量的单位换算为 SI 制，即 α 为 $W/(m^2 \cdot K)$，T 为 K，u 为 m/s，d 为 m。

思 考 题

1. 何谓单元操作？如何分类？

2. 联系各单元操作的两条主线是什么？

3. 比较数学模型法和实验研究方法的区别和联系。

4. 何谓单位换算因子？

5. 量纲分析方法的基础是什么？

第1章
流体流动基础

📝 学习指导

一、学习目的

通过本章学习，读者应掌握流体及流体流动的基本概念和定义，流体流动的基本规律，特别是流体在管内流动的质量、能量及动量守恒的基本原理，并能够运用这些原理进行流体输送管路的设计、分析以及能量消耗的计算等。

二、学习要点

1. 应重点掌握的内容

流体的重要性质(如密度和黏度)及其数据的求取；流体静力学方程及其应用；流体流动的若干基本概念，如平均流速、体积流量与质量流量、Re 数等；管内流动的连续性方程和机械能衡算方程及其应用；简单管路与复杂管路的计算；流速与流量的测量。

2. 应掌握的内容

动量传递的概念与摩擦阻力产生的机理；微分连续性方程与运动方程的物理意义和简单应用；管流速度分布及摩擦阻力系数的求解方法；边界层的概念、局部阻力产生的机理及其求解方法。

3. 一般了解的内容

量纲分析的概念；可压缩管路的计算；非牛顿型流体的流动特性。

三、学习方法

本章内容是化工原理课程的重要基础。许多单元操作如流体的输送、流体-固体混合物系的分离、流体的分散与混合等都遵循流体流动的基本规律；流体流动与传热和传质之间有着非常密切的类似性，故它也是与热量、质量传递相关的单元操作的基础。因此从一开始就要注意学习方法，培养学习兴趣，为后续课程的学习打好基础。

本章内容既涉及流体动量传递的基本理论，又强调理论的工程应用。因此学习时应注意加强工程观点，逐步学会处理复杂工程问题的方法。

物质的常规聚集状态分为气、液、固三态，气体和液体统称为流体。在化工、制药、石油、生物、轻工、食品等工业中，所涉及的加工对象(包括原料、半成品与产品)多为流体。这些工业的共同特征是在流动过程中进行化学或物理加工，故称为过程工业，相应地把加工流体的设备称为过程设备。因此，流体流动规律是上述领域的共同基础。

其次，过程工业中进行传热、传质操作的物料往往是流动的，流体的流动行为对传热和传质的速率有很大影响。因此流体流动规律又是研究传热、传质的基础。

本章重点论述黏性流体流动的基本原理及其在工程实际中的应用。

1.1 流体的物理性质

1.1.1 连续介质假定

流体是由大量分子组成的，分子之间有较大的间距。一般说来，气体的分子间距很大，如常温下空气分子的有效直径约为 10^{-10} m，其分子间距为 3×10^{-9} m。液体分子间距虽小，但与其自身的直径相比，却差不多相等。因此从微观上看，流体分子是分散地、不连续地分布于流体所占有的空间中，每个分子都处于永不停息的随机热运动之中。

但在工程应用中，人们所关心的是大量分子的统计特性而非单个分子的运动行为。为此，1753 年欧拉(Euler)提出了流体的连续介质模型：将流体视为由无数微团或质点组成的密集而无间隙的连续介质。所谓微团或质点，是由大量分子组成的集合，其宏观尺寸很小，但包含了足够多的分子；其微观尺度又远大于分子运动的平均自由程。

根据连续介质假定，流体是由连续分布的质点所组成，表征其物理性质和运动参数的物理量在空间和时间上是连续的分布函数。如流体的流速和密度可表示为

$$u = u(x, y, z, \theta) \tag{1-1}$$

$$\rho = \rho(x, y, z, \theta) \tag{1-2}$$

当然，连续性假设并不是在任何情况下都适用，如高真空下的气体就不能再视为连续介质；又如在研究流体的某些性质如黏性、扩散性等时，也需要从分子微观运动的观点来阐明其产生的原因。

1.1.2 流体的密度和比体积

1. 密度的定义与性质

单位体积流体所具有的质量称为流体的密度，以 ρ 表示。在流体空间的某一点 P 处，包围点 P 取一微元体积 ΔV，设其质量为 Δm，则该点的密度为

$$\rho = \lim_{\Delta V \to 0} \frac{\Delta m}{\Delta V} \tag{1-3}$$

如果流体中各点的密度都相同，则称该流体为均匀流体。均匀流体的密度为

$$\rho = \frac{m}{V} \tag{1-4}$$

式中，ρ 为流体的密度，kg/m^3；m 为流体的质量，kg；V 为流体的体积，m^3。

密度的倒数称为比体积，以符号 v 表示，它是指单位质量流体所占有的体积，即

$$v = \frac{1}{\rho} \tag{1-5}$$

一些常见流体的密度可参见本书附录三和附录四。

流体的密度或比体积随着它所在位置的压力和温度而变，而压力和温度又都是空间位置和时间的函数，因此

$$\rho = \rho(x, y, z, \theta) \tag{1-2}$$

$$v = v(x, y, z, \theta) \tag{1-6}$$

由于液体的密度随着压力和温度的变化很小，一般情况下可忽略不计，因此 $\rho =$ 常数。

气体的密度随温度、压力改变较大。低压气体的密度可近似按理想气体状态方程计算

$$\rho = \frac{m}{V} = \frac{pM}{RT} \tag{1-7}$$

式中，ρ 为气体的密度，kg/m^3；m 为气体的质量，kg；V 为气体的体积，m^3；M 为气体的摩尔质量，$kg/kmol$；p 为气体的压力，kPa；T 为热力学温度，K；R 为通用气体常数，$8.314kJ/(kmol \cdot K)$。

如果已知某气体在 T_0、p_0 条件下的密度值为 ρ_0，则该气体在 T、p 条件下的密度值 ρ 可按下式计算

$$\rho = \rho_0 \frac{T_0}{T} \frac{p}{p_0} \tag{1-7a}$$

高压气体的密度可采用实际气体状态方程计算。

2. 流体混合物的密度

工程实际中所遇到的流体，往往是含有若干组分的混合物。流体混合物的密度 ρ_m 可以通过纯态物质的密度进行计算。

液体混合物的组成常用质量分数表示。以 $1kg$ 液体混合物为基准，设各个组分在混合前后其体积不变(理想溶液)，则 $1kg$ 混合物的体积等于各组分单独存在时体积之和，即

$$\frac{1}{\rho_m} = \frac{w_A}{\rho_A} + \frac{w_B}{\rho_B} + \cdots + \frac{w_n}{\rho_n} \tag{1-8}$$

式中，ρ_A，ρ_B，$\cdots$，ρ_n 为各纯组分的密度，kg/m^3；w_A，w_B，$\cdots$，w_n 为混合物中各组分的质量分数，kg/kg。

气体混合物的组成常用体积分数 φ 来表示。以 $1m^3$ 气体混合物为基准，其中各组分的质量分别为 $\varphi_A \rho_A$，$\varphi_B \rho_B$，$\cdots$，$\varphi_n \rho_n$，则 $1m^3$ 气体混合物的质量等于各组分质量之和，即

$$\rho_m = \rho_A \varphi_A + \rho_B \varphi_B + \cdots + \rho_n \varphi_n \tag{1-9}$$

式中，φ_A，φ_B，$\cdots$，φ_n 为气体混合物中各组分的体积分数，m^3/m^3。

1.1.3 流体的膨胀性和可压缩性

1. 膨胀性

流体的膨胀性是指流体温度升高时其体积会增大的性质。膨胀性的大小用体积膨胀系数 α 来表示，即在恒定压力下，流体温度每增加一个单位时，其体积所发生的相对变化量，即

$$\alpha = \frac{1}{v} \frac{dv}{dT} \ (K^{-1}) \tag{1-10}$$

式中，dT 为流体温度的增量，K；dv/v 为流体体积的相对变化量。

液体的膨胀性通常可忽略不计，而气体的膨胀性相对很大。当气体的压力一定，温度每升高 $1K$，体积增大到 $273K$ 时的 $1/273$，故气体的膨胀系数 $\alpha = 1/273K^{-1}$。

2. 可压缩性

流体受压力作用其体积会减小的性质称为可压缩性。流体可压缩性的大小用体积压缩系数 β 来表征。体积为 v 的流体，当压力增加 dp 时，其体积减小了 dv，则压缩系数 β 为

$$\beta = -\frac{1}{v} \frac{dv}{dp} \tag{1-11}$$

式中，负号表示 dv 与 dp 的变化方向相反。

由于 $\rho v = 1$，故式(1-11)又可以写成

$$\beta = \frac{1}{\rho} \frac{\mathrm{d}\rho}{\mathrm{d}p} \tag{1-11a}$$

由 β 的表达式可知，β 值越大，流体越容易被压缩；反之，β 值小的流体不易被压缩。

纯液体的压缩系数很小，如压力在 $0.1\sim50\mathrm{MPa}$、温度在 $0\sim200℃$ 范围内，纯水的体积压缩系数约为二万分之一，其他液体也与之类似。气体的分子间距较大，当压力或温度发生变化时，其体积会发生明显的变化。

根据流体的体积或密度随温度和压力变化的程度，可将流体分为可压缩流体和不可压缩流体。液体可视为不可压缩流体。气体的密度随压力和温度的变化很大，称为可压缩流体。但若气体在流动过程中，当温度和压力变化不大时，其密度变化较小，此时可将其视为不可压缩流体。

1.1.4 流体的黏性

1. 牛顿黏性定律

流体与固体的差别在于流体不能承受切向力，在极小的切向力作用下就会发生任意大的变形即流动。这个宏观性质称为流体的易流动性。

流体在静止时虽不能承受切向力，但在运动时，任意相邻流体层之间却存在着抵抗流体变形的作用力，称为剪切力（或称内摩擦力）。流体所具有的这种在其内部产生阻碍自身运动的特性被称为流体的黏性。黏性是流体物理性质中最重要的特性。流体产生黏性的主要原因有二，一是流体分子之间的引力（内聚力）产生内摩擦力；二是流体分子作随机热运动的动量交换产生内摩擦力。

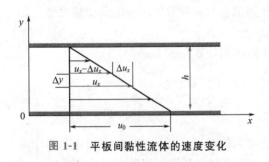

图 1-1 平板间黏性流体的速度变化

如图 1-1 所示，在两块相距为 h、平行放置的大平板之间充以某种流体。设平板的面积足够大，以致平板四周边界的影响可以忽略。固定上板不动，对下板施加一个恒定的切向力（x 方向），则下板以恒定速度 u_0 沿 x 的正方向运动。由于流体黏性的作用，与下板接触的流体黏附于壁面上，并以速度 u_0 随下板一起运动；而板间流体则在剪切力作用下作平行于板面的流动，各层流体的速度 u_x 沿垂直板面的方向向上逐层递减，直至上板壁面处速度为零，即

$$u_x = u_0 \left(1 - \frac{y}{h} \right) \tag{1-12a}$$

实验证明：对于多数流体，任意两毗邻流体层之间所作用的剪切力 F 与两流体层的速度差 Δu 及其作用面积 A 成正比，与两流体层间的垂直距离 Δy 成反比，即

$$F = -\mu \frac{\Delta u_x}{\Delta y} A \tag{1-12b}$$

若以单位面积的内摩擦力（剪应力）τ 表示，则式(1-12b)可写成

$$\tau = \frac{F}{A} = -\mu \frac{\Delta u_x}{\Delta y} \tag{1-12c}$$

当 $\Delta y \rightarrow 0$，式(1-12c)可写为

$$\tau = -\mu \frac{\mathrm{d}u_x}{\mathrm{d}y} \tag{1-12d}$$

式中，τ 为剪应力或称内摩擦力，N/m^2；μ 为流体的动力黏度，简称黏度，$Pa \cdot s$；$\mathrm{d}u_x/\mathrm{d}y$ 为速度梯度，s^{-1}。

式(1-12d)称为牛顿黏性定律，凡遵循式(1-12d)的流体为牛顿型流体，否则为非牛顿型流体。所有气体和多数低分子量液体均属牛顿型流体。

2. 流体的黏度

从牛顿黏性定律可知，当 $|\mathrm{d}u_x/\mathrm{d}y| = 1$ 时，μ 与 τ 在数值上相等。因此 μ 表示单位速度梯度下流体的内摩擦力，它直接反映了流体内摩擦力的大小。在 SI 制中，μ 的单位为 $N \cdot s/m^2$ 或 $Pa \cdot s$。以前沿用的单位有泊(P)或厘泊(cP)，其换算关系为：$1Pa \cdot s = 10P = 1000cP$。

流体的黏性亦可用黏度 μ 与密度 ρ 的比值来表示，称为运动黏度，以 ν 表示

$$\nu = \frac{\mu}{\rho} \tag{1-13}$$

在 SI 单位制中，ν 的单位为 m^2/s，其非法定单位为 cm^2/s(斯托克斯 St，简称斯)，它们的关系为

$$1St = 100cSt = 10^{-4} m^2/s$$

一些常见纯液体和气体的黏度可从本书附录三～六查得。

流体的黏度随温度和压力变化，但液体和气体黏度的变化规律截然相反。液体黏度的大小取决于分子间的距离和分子间力，当温度升高时液体膨胀，分子间距增加，分子引力减小，黏度降低；反之，温度降低时，液体黏度增大。压力对液体黏度几乎无影响。气体分子间距较大，内聚力较小，但分子运动较剧烈，其黏性主要源于流体层之间的动量交换。当温度升高时，分子运动加剧，黏性增大；而当压力提高时，气体黏度略有减小，但在工程计算中可以忽略。

工程实际中遇到的往往是各种流体的混合物。对于流体混合物的黏度，在缺乏实验数据时可选用适当的经验公式估算。例如，常压气体混合物的黏度可用式(1-14)计算

$$\mu_m = \frac{\sum y_i \mu_i M_i^{1/2}}{\sum y_i M_i^{1/2}} \tag{1-14}$$

式中，μ_m 为气体混合物的黏度，$Pa \cdot s$；y_i 为气体混合物中组分 i 的摩尔分数，$kmol/kmol$；μ_i 为同温度下纯组分的黏度，$Pa \cdot s$。

非缔合液体混合物的黏度可用式(1-15)计算

$$\lg\mu_m = \sum x_i \lg\mu_i \tag{1-15}$$

式中，μ_m 为液体混合物的黏度，$Pa \cdot s$；x_i 为液体混合物中组分 i 的摩尔分数，$kmol/kmol$。

3. 理想流体与黏性流体

自然界中存在的流体都具有黏性，具有黏性的流体统称为黏性流体或实际流体。由于黏性的存在，使得对流体的研究变得复杂化。为便于理论分析，经常引入理想流体的概念。所谓理想流体，系指假想的、完全无黏性($\mu = 0$)的流体。在处理某些实际问题时，往往先按理想流体来考虑，待找出规律后，根据需要再考虑黏性的影响，对理想流体的分析结果加以修正和补充，得到实际流体的运动规律。

1.2 流体静力学

流体静力学揭示流体在静止状态下的力学规律。本节主要讨论流体在静止状态下的平衡规律、压力分布规律及其在工程上的应用。

由于流体静止时各流体质点间无相对运动，流体的黏性不表现出来。因此，流体静力学的一切原理，既适用于理想流体也适用于黏性流体。

1.2.1 作用在流体上的力

如图 1-2 所示，在运动流体中任取一体积为 V、封闭表面积为 A 的流体元，则该流体元上受到的力有两种：质量力与表面力。

1. 质量力

质量力是指作用在流体元的每一质点上的力，又可细分为两种：一是外界力场对流体的作用力如重力、电磁力等；二是由于流体作不等速运动而产生的惯性力，如流体作直线加速运动时所产生的惯性力、流体绕固定轴旋转时所产生的惯性离心力等。

质量力与它所作用的流体质量成正比，单位质量流体所受到的质量力称为单位质量力，它在数值上等于加速度，是一个向量。设单位质量力在坐标轴 x、y 和 z 的投影为 X、Y 和 Z，则 X、Y 和 Z 就相当于坐标轴 x、y 和 z 方向的加速度。例如质量为 m 的流体在坐标轴各方向的质量力分量为

$$F_x = mX, \quad F_y = mY, \quad F_z = mZ \tag{1-16}$$

若流体只受到重力作用，且 xoy 为一水平面，z 轴垂直向上，则单位质量力在 x、y、z 坐标轴上的投影为：$X = Y = 0$，$Z = -g$。式中负号表示重力加速度 g 与坐标 z 方向相反。

2. 表面力

由于流体是连续介质，所研究的流体元 V 被四周的流体所包围。因此周围流体必定有一种力作用于流体元的表面上，例如内摩擦力、压力等。这些作用力的特点是只与所接触的表面积有关，而与流体的质量无关，所以称为表面力。单位面积上的表面力称为表面应力（N/m^2）。

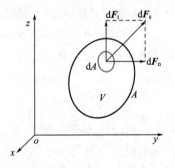

图 1-2　作用在流体上的力

如图 1-2，在封闭表面 A 上取一微元表面积 dA，则与之相邻的外部流体作用在 dA 上的表面合力为 $d\boldsymbol{F}_s$。将 $d\boldsymbol{F}_s$ 分解为两个分量：一个与 dA 相切，称为切向力，以 $d\boldsymbol{F}_t$ 表示；另一个与 dA 垂直，称为法向力，以 $d\boldsymbol{F}_n$ 表示。相应的表面应力为

$$\boldsymbol{\tau}_t = \frac{d\boldsymbol{F}_t}{dA} \quad （切向应力）$$

$$\boldsymbol{\tau}_n = \frac{d\boldsymbol{F}_n}{dA} \quad （法向应力）$$

通常规定，法向应力的方向为作用面的外法线方向。

切向应力 $\boldsymbol{\tau}_t$ 是由于流体具有黏性在质点作相对运动时发生内摩擦而产生的，当流体静止时切向应力 $\boldsymbol{\tau}_t$ 不复存在，流体表面上只有法向应力 $\boldsymbol{\tau}_n$。

1.2.2 流体的静压力及其特性

1. 静压力及其特性

在静止流体中，作用于单位面积上的内法向表面应力称为静压力，简称压力，物理学中称为静压强。

流体的静压力有两个重要的特性：

① 流体静压力垂直于其作用面，其方向为该作用面的内法线方向。这是由于静止流体不能承受切向力，一旦受到微小切向力的作用就会引起质点的相对运动，这就破坏了流体的静力平衡。因此，静压力只能作用于内法向表面上。

② 静止流体中任意一点处的静压力的大小与作用面的方位无关，即同一点上各方向作用的静压力值相等。在静止流体中任取一点 A，设在 x、y 和 z 方向作用于 A 点的静压力分别为 p_x、p_y 和 p_z，则 $p_x = p_y = p_z = p$。

在 SI 制中，压力的单位是 N/m^2 或 Pa。工程上有时还沿用其他单位，如 atm(标准大气压)、流体柱高度、bar(巴)或 kgf/cm^2 等，其换算关系如下

$$1atm = 101300N/m^2 = 101.3kPa = 1.033kgf/cm^2 = 10.33mH_2O = 760mmHg$$

2. 大气压力、绝对压力、表压力和真空度

地球周围的空气受到地球引力的作用必然产生压强，即大气压强，简称大气压，通常用符号 p_a 表示。由于气候的影响和海拔高度的不同，各地的大气压稍有差异。受大气压的影响，工程上有两种表示压力的基准。

① **绝对压力** 以绝对零值(绝对真空)为基准算起的压力称为绝对压力，它表示了压力的真实大小，它总是正值。

② **表压力** 压力可以用仪表来测量，这种仪表本身也受到大气压的作用，但在大气中它的读数为零。因此所测得的压力只是实际压力和当地大气压力的差值，这种压力差称为表压力。换言之，表压力是指以大气压为基准算起的压力。

表压力值可正可负。负的表压力表示被测点的压力低于大气压力，即该点呈现一定的真空，这个负的表压值就是不足大气压的值，称为真空度。因此负的表压力为真空度。例如，某点的真空度为 $0.3 \times 10^5 Pa$，即表示该点的表压力为 $-0.3 \times 10^5 Pa$。

绝对压力、表压力和真空度之间的关系如下：

$$绝对压力 = 大气压力 + 表压力$$
$$表压力 = 绝对压力 - 大气压力$$
$$真空度 = -表压力$$

应当指出，为了避免绝对压力、表压力和真空度三者相互混淆，在应用时需对表压力和真空度加以标注，如 $3 \times 10^3 Pa$(表压)、$2 \times 10^3 Pa$(真空度)等。

【例 1-1】 已知甲地区的平均大气压为 85.3kPa，乙地区的平均大气压为 101.33kPa，在甲地区的某真空蒸馏塔操作时，塔顶真空表读数为 20kPa。问若改在乙地区操作，真空表的读数为多少才能维持塔内的绝对压力与甲地区操作时相同？

解 根据甲地区的大气压条件，可求得操作时塔顶的绝对压力为

$$绝对压力 = 大气压力 - 真空度 = 85300 - 20000 = 65300Pa$$
$$真空度 = 大气压力 - 绝对压力 = 101330 - 65300 = 36030Pa$$

1.2.3 流体静力学基本方程

1. 静止流体的平衡微分方程

在静止流体内部，任取一流体微元 $\mathrm{d}V = \mathrm{d}x\,\mathrm{d}y\,\mathrm{d}z$，如图 1-3 所示。因流体静止，作用在此微元流体上的力仅有质量力和静压力。

设流体密度为 ρ，单位质量力在三个坐标方向的投影分别为 X、Y 和 Z。则根据力的平衡，在 z 方向有

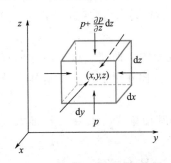

图 1-3　流体静力学方程的推导

$$p\,\mathrm{d}x\,\mathrm{d}y - \left(p + \frac{\partial p}{\partial z}\mathrm{d}z\right)\mathrm{d}x\,\mathrm{d}y + Z\rho\,\mathrm{d}x\,\mathrm{d}y\,\mathrm{d}z = 0$$

即
$$\frac{\partial p}{\partial z} = \rho Z \tag{1-17a}$$

同理，在 x 和 y 方向亦可得

$$\frac{\partial p}{\partial x} = \rho X \tag{1-17b}$$

$$\frac{\partial p}{\partial y} = \rho Y \tag{1-17c}$$

式(1-17)称为静止流体的欧拉(Euler)方程，它表示作用于静止流体上的质量力和静压力互成平衡。

将式(1-17b)、式(1-17c)和式(1-17a)分别乘以 $\mathrm{d}x$、$\mathrm{d}y$ 和 $\mathrm{d}z$，然后相加得

$$\rho(X\,\mathrm{d}x + Y\,\mathrm{d}y + Z\,\mathrm{d}z) = \frac{\partial p}{\partial x}\mathrm{d}x + \frac{\partial p}{\partial y}\mathrm{d}y + \frac{\partial p}{\partial z}\mathrm{d}z$$

上式右侧为压力的全微分，故

$$\mathrm{d}p = \rho(X\,\mathrm{d}x + Y\,\mathrm{d}y + Z\,\mathrm{d}z) \tag{1-18}$$

式(1-18)是欧拉方程的另一种表达式，其意义为：当点的坐标变化 $\mathrm{d}x$、$\mathrm{d}y$ 和 $\mathrm{d}z$ 时，流体静压力 p 的相应变化量。

在静止流体中，由压力相等的点所组成的面称为等压面。在等压面上，$p =$ 常数，$\mathrm{d}p = 0$。由式(1-18)可得等压面方程为

$$X\,\mathrm{d}x + Y\,\mathrm{d}y + Z\,\mathrm{d}z = 0 \tag{1-19}$$

2. 重力作用下的流体静力学基本方程

如果流体所受的质量力仅为重力，并取坐标 z 的负方向为重力方向，则

$$X = 0, \qquad Y = 0, \qquad Z = -g$$

代入式(1-18)得

$$\mathrm{d}p = -\rho g\,\mathrm{d}z \tag{1-20}$$

当流体不可压缩($\rho =$ 常数)时，式(1-20)积分得

$$\frac{p}{\rho} + gz = 常数 \tag{1-21}$$

液体为不可压缩流体，若在静止液体内部的竖直方向上，任取两点 z_1 和 z_2(见图 1-4)，并设两点处的压力分别为 p_1 和 p_2，则

$$\frac{p_1}{\rho} + gz_1 = \frac{p_2}{\rho} + gz_2 \tag{1-22}$$

或
$$p_2 = p_1 + \rho gh \tag{1-23}$$

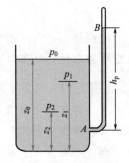

图 1-4　静止液体内部的压力分布

式中，$h=z_1-z_2$ 为两点间的垂直距离。

若将式(1-23)中的 z_1 取在液面上，并设液面上方的压力为 p_0，z_2 处的压力为 p，则式(1-23)又可写成

$$p=p_0+(z_0-z)\rho g=p_0+\rho gh \tag{1-24}$$

式(1-22)~式(1-24)均为不可压缩流体的静力学方程，它反映的是在重力场作用下，静止流体内部压力的变化规律。

由式(1-24)可知：

① 在重力作用下，静止液体内部的压力仅是坐标 z 的函数，即压力随液体深度的增大而增大。

② 在重力作用下的静止液体内部，静压力由两部分组成：液体表面压力 p_0 和流体自重引起的压力 ρgh。如果表面压力 p_0 发生变化，则作用在液体内部的压力 p 也相应地发生变化，并且 p_0 增加或减少多少，p 也相应地增加或减少多少。这一性质称为静压力的传递原理(帕斯卡原理)。简言之，作用在液体表面上的压力可以大小不变地传递到流体内部各点。

③ 当 z 值一定，p 为常数。这就是说，等压面是水平面。如果在同一容器内有两种不同密度且不互溶的液体，其水平分界面也是等压面。

④ 将式(1-24)写成

$$\frac{p-p_0}{\rho g}=h \tag{1-25}$$

式(1-25)表明，压力差的大小可以用一定的液柱高度来表示，这就是前面介绍的压力或压力差可以用 mmHg、mmH_2O 等单位来计量的依据。

在流体静力学方程式(1-21)或式(1-22)中，两项 gz 和 p/ρ 的单位均为 J/kg，即单位质量流体具有的能量。其中：

gz 表示单位质量流体相对某一基准面的位能。由物理学可知，把质量为 m 的物体从基准面升高 z 高度后，该物体具有的位能为 mgz，故单位质量流体所具有的位能为 $gzm/m=gz$。

p/ρ 表示单位质量流体的压力能。如图1-4所示，以容器底面为基准面，容器侧壁距基准面 z 处开一个小孔，接一个顶端封闭的玻璃管(称为测压管)，并把其内空气抽出，形成绝对真空($p=0$)，在开孔处液体静压力 p 的作用下，液体进入测压管，上升的高度为 h_p。将式(1-22)应用于图1-4中的 A、B 两点，可得

$$zg+\frac{p}{\rho}=(h_p+z)g+\frac{0}{\rho}$$

或

$$h_p g=\frac{p}{\rho}$$

由上式可见，测压管中流体上升高度 h_p 与重力加速度的乘积正是 1kg 流体在 A 点所具有的压力能。其意义为单位质量流体克服重力做功的能力。

位能与压力能之和 $gz+\dfrac{p}{\rho}$ 称为单位质量流体的总势能。因此，流体静力学基本方程式[式(1-21)或式(1-22)]表明，在重力作用下的静止流体内部，任意一点的压力能和位能可以相互转变，但总势能为常数。

需要指出，上述各静力学方程式仅适用于连续的同种不可压缩静止流体。对于气体而

言，若其密度可视为常数时，则上述各式可以完全适用。但在密度变化较大的情况下，如计算大气层的压力变化时，这些平衡规律则不再适用。

【例 1-2】 如本题附图所示，敞口容器内盛有油和水，油层高度和密度分别为 $h_1=1\text{m}$，

例 1-2 附图

$\rho_1=800\text{kg/m}^3$，水层高度和密度分别为（指油、水分界面与小孔中心的距离）$h_2=0.8\text{m}$，$\rho_2=1000\text{kg/m}^3$。

(1)判断下列等式是否成立；

$$p_A=p_{A'}，p_B=p_{B'}$$

(2)计算水在玻璃管内上升的高度 h。

解 (1)因 A 与 A' 两点处于静止的、连续的同种流体的同一水平面上，故 $p_A=p_{A'}$。

又因 B 与 B' 两点虽处在静止流体的同一水平面上，但不是同一种流体，因此 $p_B\neq p_{B'}$。

(2)由上面讨论知，$p_A=p_{A'}$，而 p_A 与 $p_{A'}$ 都可用流体静力学方程计算，即

$$p_A=p_a+\rho_1gh_1+\rho_2gh_2$$
$$p_{A'}=p_a+\rho_2gh$$

于是

$$p_a+\rho_1gh_1+\rho_2gh_2=p_a+\rho_2gh$$

简化上式并代入已知数据，得

$$800\times1+1000\times0.8=1000h$$

解得 $h=1.6\text{m}$

 本例题旨在明确等压面的概念以及流体静力学方程的应用条件：①连续；②不可压缩；③同种；④静止流体。

1.2.4 流体静力学方程的应用

1. 压力与压力差的测量

测量压力的仪表种类很多，在此仅介绍根据流体静力学原理制成的测压仪表，这类装置称为液柱压差计，较为典型的有以下两种。

(1)U 形管压差计

U 形管压差计的测压原理如图 1-5 所示。在一根 U 形玻璃管内装入指示液 A，指示液与被测流体 B 不互溶，且其密度应大于被测流体的密度。

当 U 形管的两端与两被测点连通时，由于作用于 U 形管两端的压力不等(图中 $p_1>p_2$)，因此指示液 A 在 U 形管的两侧显示出高度差 R。

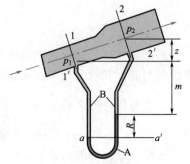

图 1-5 U 形管压差计

设指示液 A 的密度为 ρ_A，被测流体 B 的密度为 ρ_B。由图 1-5 可知，a、a' 两点处在同一水平面上，且这两点都处在相连通的同种静止流体内，故 $p_a=p_{a'}$。对 U 形管两侧的流体柱分别列流体静力学方程，得

$$p_a=p_1+\rho_Bg(m+R) \qquad p_{a'}=p_2+\rho_Bg(m+z)+\rho_AgR$$

于是
$$p_1+\rho_B g(m+R)=p_2+\rho_B g(m+z)+\rho_A gR$$
简化得
$$p_1-p_2=(\rho_A-\rho_B)gR+\rho_B gz \tag{1-26}$$

若被测管段水平放置，$z=0$，则上式可简化为
$$p_1-p_2=(\rho_A-\rho_B)gR \tag{1-26a}$$

若被测流体为气体，因气体密度比指示液密度小得多，式(1-26a)中的 ρ_B 可忽略不计，于是
$$p_1-p_2=\rho_A gR \tag{1-27}$$

若 U 形管的一端与被测流体连接，而另一端与大气相通，此时读数 R 反映的是被测流体的表压力。

【例 1-3】 水在本题附图所示的管道内流动。为测量管道某截面处流体的压力，在该截面连接一 U 形管压差计，指示液为水银，读数 $R=100\text{mm}$，$h=800\text{mm}$。为防止水银扩散至空气中，在水银液面上方充入少量水，其高度可忽略不计。已知当地大气压为 101.3kPa，试求管路中心处流体的压力。

解 以 U 形管右侧的水银面为等压面 $A—A'$，则
$$p_A=p_{A'}=p_a$$

根据流体静力学方程得
$$p_A=p+\rho_w gh+\rho_{Hg}gR$$
于是
$$p=p_a-\rho_w gh-\rho_{Hg}gR$$
式中
$$p_a=101300\text{Pa}, \quad \rho_w=1000\text{kg/m}^3, \quad \rho_{Hg}=13600\text{kg/m}^3$$
故
$$p=101300-1000\times9.81\times0.8-13600\times9.81\times0.1$$
$$=80110\text{Pa（绝压）}$$

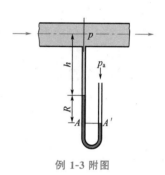

例 1-3 附图

由计算结果可知，该处流体的绝对压力低于大气压力，故该处流体的真空度为
$$101300-80110=21190\text{Pa（真空度）}$$

(2) 双液 U 形管微压差计

图 1-6 为双液 U 形管微压差计的示意图。此压差计可用于测量压力或压差较小的场合。

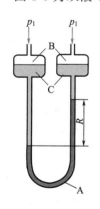

图 1-6 双液 U 形管微压差计

由式(1-26)可知，当所测量的压差较小时，U 形管压差计的读数也较小，会影响测量的精度。若用双液 U 形管微压差计可以大大提高测量的准确性。

双液 U 形管微压差计是在 U 形管的上方增设两个扩大室，装入密度很接近但不互溶的两种指示液 A 和 C。因扩大室的横截面远大于管截面，这样即使下方指示液 A 的高差很大，两扩大室内的指示液 C 的液面仍能基本上维持等高。于是
$$p_1-p_2=(\rho_A-\rho_C)gR \tag{1-28}$$

由式(1-28)可知，只要所选择的两种指示液 A 与 C 的密度差 $\rho_A-\rho_C$ 足够小，就能使读数 R 达到较大的值。

如果计及双液 U 形管微压差计两扩大室内的液面差，则
$$p_1-p_2=(\rho_A-\rho_C)gR+\Delta R\rho_C g \tag{1-29}$$

式中，ΔR 为两扩大室的液面差 $\left[=R\left(\dfrac{d}{D}\right)^2\right]$，m；$d$ 为 U 形管内径，m；D 为扩大室的内径，m。

【例 1-4】 用 U 形管压差计测量水平管道内某气体在两截面上的压力差，指示液为水，其密度为 1000kg/m³，读数为 12mm。为了提高测量精度，改用双液 U 形管微压差计，指示液 A 是含 40%（质量分数）乙醇的水溶液，密度 ρ_A 为 920kg/m³；指示液 C 为煤油，密度 ρ_C 为 850kg/m³。问读数可以放大到多少？

解 用 U 形管压差计测量压差时，可根据式(1-26a)计算

$$p_1 - p_2 = \rho_W g R$$

用双液 U 形管微压差计测量时，可根据式(1-28)计算

$$p_1 - p_2 = (\rho_A - \rho_C) g R'$$

采用两种压差计所测量的压力差为同一数值，故将上二式联立得

$$R' = \frac{R \rho_W}{\rho_A - \rho_C}$$

将已知数据代入上式，得

$$R' = \frac{12 \times 1000}{920 - 850} = 171 \text{mm}$$

计算结果表明，压差计的读数是原来读数的 171/12＝14.3 倍。

本例计算结果表明，采用双液 U 形管微压差计可以大大提高测量精度。

2. 液位的测量

化工生产中，经常要测量和控制各种设备和容器内的液位。液位计量的简易方法是在容器器壁的下部及液面上方处各开一个小孔，用玻璃管将两孔相连接。玻璃管内示出的液面高度即为容器内的高度。这种装置容易破损且不便于远距离观测。

图 1-7 为根据流体静力学原理设计的液位计。在容器或设备的外部连接一个称为平衡器的扩大室，其内部装有与容器内相同的液体，让平衡器内液体的液面高度维持在容器液面所能达到的最大高度处。再用一个装有指示液的 U 形管压差计将容器与平衡器连通起来，则由压差计读数可求出容器内的液面高度。

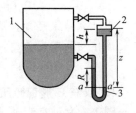

图 1-7 压差法测量液位
1—容器；2—平衡器；
3—U 形管压差计

设容器内压力为 p_0，则根据流体静力学原理，有

$$p_a = p_{a'}$$
$$p_a = p_0 + \rho g (z - h - R) + \rho_A g R$$
$$p_{a'} = p_0 + \rho g z$$

将上两式联立，可得

$$h = \frac{\rho_A - \rho}{\rho} R \tag{1-30}$$

由式(1-30)可知，容器内的液面越低（即 h 值越大），压差计的读数越大；当液面达到最大高度处（即 h 值为零）时，压差计读数为零。

【例 1-5】 采用本题附图所示的远距离测量液位的装置来测量某储罐内有机液体的液位。压缩氮气经阀门 1 调节后进入鼓泡观察器 2。管路中氮气的流速控制得很小，使鼓泡观察器 2 内能观察到有气泡缓慢逸出即可，故气体通过吹气管 4 的流动阻力可忽略不计。吹气

管某截面处的压力用 U 形管压差计 3 来计量。压差计读数 R 的大小，即反映储罐 5 内液面的高度。

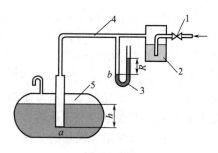

已知 U 形管压差计的指示液为水银，其读数 $R=$ 150mm，储罐内有机液体的密度 $\rho=1250kg/m^3$，储罐上方与大气相通。试求储罐中液面离吹气管出口的距离 h。

解 吹气管内氮气的流速很低，可近似当作静止流体来处理，且氮气的密度很小，故管出口 a 处与 U 形管压差计 b 处的压力近似相等，即 $p_a \approx p_b$。

若 p_a 与 p_b 均用表压力表示，则根据流体静力学平衡方程得

$$p_a = \rho g h, \qquad p_b = \rho_{Hg} g R$$

故
$$h = \rho_{Hg} R / \rho = 13600 \times 0.15 / 1250 = 1.63m$$

例 1-5 附图
1—调节阀；2—鼓泡观察器；3—U 形管压差计；4—吹气管；5—储罐

3. 液封高度的计算

设备的液封也是化工生产中经常遇到的问题。应用流体静力学基本方程，可计算设备的液封高度。现举例说明。

【例 1-6】 为了控制乙炔发生炉内的压力（表压）不超过 13.3kPa，在炉外安装一个安全液封管（又称水封），如本题附图所示。液封的作用是，当炉内压力超过规定值时，气体则从液封管排出。试求此炉的安全液封管应插入槽内水面下的深度 h。

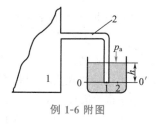

例 1-6 附图

解 以液封管口作为基准水平面 0—0′，在其上取 1,2 两点，其中

$$p_1 = 炉内压力 = p_a + 13.3 \times 10^3$$

$$p_2 = p_a + \rho g h$$

因
$$p_2 = p_1$$

故
$$p_a + 1000 \times 9.81h = p_a + 13.3 \times 10^3$$

解得
$$h = 1.36m$$

1.3 流体流动概述

流体动力学主要研究在外力作用下流体运动的基本规律及其应用。本节先介绍与流体流动有关的基本概念。

1.3.1 描述流体运动的方法

(1)拉格朗日观点和欧拉观点

在研究流体的运动规律时，常采用两种观点：拉格朗日观点和欧拉观点。

拉格朗日观点着眼于流场中的每一个运动着的流体质点，跟踪观察每一个流体质点的运动轨迹及其速度、压力等物理量随时间的变化。然后综合所有流体质点的运动，得到整个流场的运动规律。

欧拉观点着眼于流场中的空间点，以流场中的固定空间点为考察对象，研究流体质点通过空间固定点时的运动参数随时间的变化规律。然后综合所有空间点的运动参数随时间的变化，得到整个流场的运动规律。

(2)系统与控制体

采用拉格朗日观点考察流体流动时，所用的考察对象称为系统。系统是指包含大量流体质点的集合，系统以外的流体称为环境。系统与环境之间无质量交换，但在系统与环境的界面上可以有力的作用及能量的交换。系统的边界随着环境流体一起运动，因此其体积、位置和形状是随时间变化的。

采用欧拉观点考察流体流动时，所用的考察对象称为控制体，它是相对于坐标固定不变的空间体积，包围该空间体积的界面称为控制面。流体可以自由进出控制体，控制面上可以有力的作用和能量的交换。控制体的特点是体积、位置固定，输入和输出控制体的物理量随时间改变。

1.3.2 稳态与非稳态流动

流体运动时，若任一点上流体的速度和压力等运动参数都不随时间改变，只与空间位置有关，则此流动称为稳态流动。但是，稳态流动并不是指流体在每一点的流速等运动参数都相同，而是指在任何一点，这些量不随时间变化。以 $f(x,y,z,\theta)$ 代表这些量，当

$$\frac{\partial f}{\partial \theta}=0$$

时，则为稳态流动，否则为非稳态流动。以流速为例，稳态流动时，式(1-1)变为

$$u=u(x,y,z) \tag{1-31}$$

稳态流动又称为定常流动。在连续生产过程中的流体流动，在正常情况下多属稳态的，而在开工或停工阶段则为非稳态流动。

此外，按流体运动时运动参数所依赖的空间维数将其分为一维与多维流动。

一般的流动都是在三维空间内的流动，运动参数是三个坐标的函数。例如在直角坐标系中，如果速度、压力等参数是 x、y 和 z 的函数，这种流动称为三维流动。依此类推，流动参数是两个坐标的函数称为二维流动，是一个坐标的函数称为一维流动。显然，自变量数目越少，问题相对越简单。在工程实际中，总是希望尽可能地将三维流动简化为二维流动乃至一维流动。例如，流体的输送多在封闭管道内进行，它是典型的一维流动。

1.3.3 流量与平均流速

1. 迹线与流线

流体质点运动的轨迹称为迹线，通过迹线可以看出流体质点是作直线运动还是曲线运动，它的运动路径是如何变化的。

流线是这样的曲线，在某一时刻，在曲线上任一点的切线方向与流体在该点的速度方向相同。流线有如下性质：

① 在非稳态流场中，任何一个空间点的速度随时间变化，因此流线的形状及位置随时间而变。稳态流场的流线则不随时间改变，此时流线与迹线重合。

② 在任一瞬时，通过流场中的某一点只能有一条流线通过。换言之，流线不能相交。这是因为空间每一点在某一瞬时只有一个流速，所以不能有两条流线同时通过一点，即流线不能相交。

设流线上某点 $M(x,y,z)$ 处的速度为 $\boldsymbol{u}$，其在直角坐标上的速度分量分别为 u_x、u_y 和 u_z，而在该点处曲线的切线为 $\mathrm{d}\boldsymbol{S}$，其在直角坐标的分量分别为 $\mathrm{d}x$、$\mathrm{d}y$ 和 $\mathrm{d}z$，则由流线的定义知，$\boldsymbol{u}$ 与 $\mathrm{d}\boldsymbol{S}$ 平行，故有

$$\boldsymbol{u} \times \mathrm{d}\boldsymbol{S} = \boldsymbol{0} \tag{1-32}$$

根据向量运算法则，将上式展开得

$$u_x\mathrm{d}y - u_y\mathrm{d}x = 0 \tag{1-33a}$$

$$u_y\mathrm{d}z - u_z\mathrm{d}y = 0 \tag{1-33b}$$

$$u_z\mathrm{d}x - u_x\mathrm{d}z = 0 \tag{1-33c}$$

即

$$\frac{\mathrm{d}x}{u_x(x,y,z,\theta)} = \frac{\mathrm{d}y}{u_y(x,y,z,\theta)} = \frac{\mathrm{d}z}{u_z(x,y,z,\theta)} \tag{1-33d}$$

式(1-33)即为流线的微分方程，式中 θ 为方程参数。

【例 1-7】 已知非稳态平面流场的速度分布为：$u_x = y/2$，$u_y = xy^2\theta$，试求点 $M(1,3)$ 处在 $\theta = 1\mathrm{s}$ 时的流线方程。

解 将题给 u_x、u_y 代入流线方程(1-33d)得

$$\frac{\mathrm{d}x}{y/2} = \frac{\mathrm{d}y}{xy^2\theta}$$

将上式分离变量积分，可得

$$\ln y = x^2\theta + \ln C$$

或

$$y = C\mathrm{e}^{x^2\theta}$$

将 $x=1$，$y=3$，$\theta=1$ 代入上式，得 $C=3/\mathrm{e}$。故通过点 $M(1,3)$ 在 $\theta=1\mathrm{s}$ 时的流线方程为

$$y = 3\mathrm{e}^{x^2-1}$$

2. 流管与流通截面

(1)流管与流束

在流场内任取一封闭曲线 C（见图 1-8），通过曲线 C 上的每一点连续地作流线，则这些流线构成一个管状表面，该管状表面称为流管。流管内所有流体的流线簇称为流束。

因为流管与流束都是由流线组成的，故流体不能穿出或穿入流管表面，这样流管就好像固体壁面一样，把流体的运动限制在流管内或流管外。

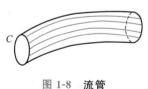

图 1-8　流管

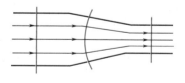

图 1-9　有效流通截面

(2)流通截面

在流束中，与流线簇相垂直的横截面称为有效流通截面。当流束中的所有流线都彼此平行时，则有效流通截面为一平面。例如，当流体在圆管内流动时，由于所有流线都平行于管轴，故其有效流通截面为管的横截面。若各流线不是平行的，则有效流通截面为曲面，如图 1-9 所示。

3. 流量与平均流速

(1)流量

单位时间内通过有效流通截面的流体体积称为体积流量。

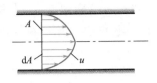

图 1-10　通过有效流
通截面的流量

如图 1-10 所示，在面积为 A 的流通截面上取一微元面积 dA。由于 dA 很小，可以认为 dA 上各点的流速 u 相同，则通过 dA 的体积流量为

$$dV_s = u\,dA$$

通过整个有效流通截面 A 的体积流量为

$$V_s = \iint_A u\,dA \tag{1-34}$$

式中，u 为流速，m/s；V_s 为体积流量，m^3/s。

单位时间内通过流通截面的流体质量称为质量流量，以 w_s 表示，单位为 kg/s。若流体密度为 ρ，则

$$w_s = \rho V_s \tag{1-35}$$

(2)平均流速与质量平均流速

流场中流体质点的速度是空间位置的函数，称为流体的点速度。例如当流体流经一段管路时，在管截面上各点的速度是不等的。在管壁面处，由于流体的黏性作用，流体分子黏附于壁面，速度为零；从壁面到管中心建立起一个速度分布，在管中心速度最大。为便于工程计算，假想有一个平均流速，在流通截面上各点都以此速度运动，其流量与各点以不同的实际速度运动时的流量相同，即

$$V_s = \iint_A u\,dA = u_b A$$

由此可得平均流速定义为

$$u_b = \frac{V_s}{A} \tag{1-36}$$

将式(1-34)代入上式，可得

$$u_b = \frac{1}{A}\iint_A u\,dA \tag{1-37}$$

由于气体的体积流量随温度和压力变化，故其平均流速也将随之而变。因此采用质量平均流速更为方便，其定义为

$$G = \frac{w_s}{A} = \frac{V_s \rho}{A} = \rho u_b \tag{1-38}$$

质量平均流速 G 又称质量通量，其单位为 $kg/(m^2 \cdot s)$。显然，G 不随温度和压力改变。

化工流体输送管道多为圆形截面，若以 d 表示管道内径，则式(1-36)变为

$$u_b = \frac{4V_s}{\pi d^2} \tag{1-39}$$

于是

$$d = \sqrt{\frac{4V_s}{\pi u_b}} \tag{1-40}$$

式(1-40)是确定流体输送管路直径的依据。式中，流体的体积流量一般由生产任务所决定，平均流速则需要综合考虑各种因素后进行合理的选择：流速选择过高，管径虽可以减小，但流体流经管道的阻力增大，动力消耗增大，操作费用随之增加；反之，流速选择过低，操作费用可相应地减小，但管径增大，管路的投资费用随之增加。因此，适宜的流速需根据经济权衡决定。表 1-1 列出了某些流体在管路中流动时流速的常用范围，可供管路设计计算时参考。由表 1-1 可以看出，流体在管路中的适宜流速的大小与流体的性质及操作条件有关。

【例 1-8】 某精馏塔进料流量为 10000kg/h，已知料液的密度为 960kg/m³，其他性质与水接近。试选择合适的管路管径。

解 由题给条件

$$V_s = \frac{w_s}{\rho} = \frac{10000}{3600 \times 960} = 0.00289 \text{m}^3/\text{s}$$

因料液性质与水相近，参考表 1-1，选取 $u_b = 1.8\text{m/s}$。由式(1-40)得

$$d = \sqrt{\frac{4V_s}{\pi u_b}} = \sqrt{\frac{4 \times 0.00289}{\pi \times 1.8}} = 0.0452\text{m}$$

根据本书附录十六的管子规格，选用 $\phi 57\text{mm} \times 3\text{mm}$ 的无缝钢管，其内径为

$$d = 57 - 3 \times 2 = 51\text{mm} = 0.051\text{m}$$

重新核算流速

$$u_b = \frac{4 \times 0.00289}{\pi \times 0.051^2} = 1.42\text{m/s}$$

表 1-1   某些流体在管路中的常用流速范围

流体及其流动类别	流速范围 /(m/s)	流体及其流动类别	流速范围 /(m/s)
自来水(3×10⁵ Pa 左右)	1~1.5	一般气体(常压)	10~20
水及低黏度液体(1×10⁵ Pa～1×10⁶ Pa)	1.5~3.0	鼓风机吸入管	10~20
高黏度液体	0.5~1.0	鼓风机排出管	15~20
工业供水(8×10⁵ Pa 以下)	1.5~3.0	离心泵吸入管(水类液体)	1.5~2.0
锅炉供水(8×10⁵ Pa 以下)	>3.0	离心泵排出管(水类液体)	2.5~3.0
饱和蒸气	20~40	往复泵吸入管(水类液体)	0.75~1.0
过热蒸气	30~50	往复泵排出管(水类液体)	1.0~2.0
蛇管、螺旋管内的冷却水	<1.0	液体自流速度(冷凝水等)	0.5
低压空气	12~15	真空操作下气体流速	<50
高压空气	15~25		

1.3.4　流体流动的型态

流体流动时，因流动条件的不同，呈现出两种截然不同的流动型态：层流和湍流。

1. 雷诺实验

1883 年，英国物理学家雷诺(Reynolds)首先对流体的流动型态进行了实验观察。图 1-11为雷诺实验装置示意。水在玻璃圆管内作稳态流动，其流量用阀门调节。实验时，有色液体经喇叭口中心处的针状细管注入管内，随水一起向前流动。从有色液体的流动状况可以观察到管内水流中质点的运动情况。

当水流速低时，管中心的有色液体呈直线平稳地流过整个管路。水流质点规则有序地向前流动，互相平行，互不干扰。这表明水的质点在管内都是沿与管轴平行的方向作直线运动，这种型态称为层流或滞流，如图 1-12(a)所示。

随水流速的逐渐加大，层流状态开始被破坏，原来呈直线运动的有色细流开始弯曲成波浪细流，并发生不规则的波动。当流速进一步增大到某一数值时，有色线波动加剧，然后被冲断而向四周散开，引起水流质点的剧烈碰撞，产生漩涡，最后使整个玻璃管中的水呈现均

匀的颜色。这种型态称为湍流或紊流，如图 1-12(b)所示。

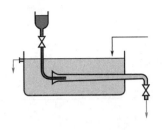

图 1-11　雷诺实验

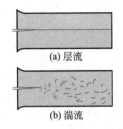

(a) 层流

(b) 湍流

图 1-12　两种流动型态

2. 流动型态的判据——雷诺数

雷诺通过大量实验发现，无论采用何种流体流经何种管道都存在上述两种流动型态，且影响流体流动型态的因素除流速 u 之外，还有流体的密度 ρ、黏度 μ 和管径 d。若将影响流动型态的四个变量组合成 $Re = d\rho u / \mu$ 的形式，则根据其数值的大小，可以判别流动的型态。

Re 称为雷诺数，其量纲为 $[Re] = \left[\dfrac{d\rho u}{\mu}\right] = \dfrac{(\mathrm{m})(\mathrm{m/s})(\mathrm{kg/m^3})}{\mathrm{kg/(m \cdot s)}} = \mathrm{m^0 kg^0 s^0}$。

由此可见，雷诺数的量纲为 1。由若干物理量按一定条件组合而成的量纲为 1 的变量称为量纲 1 数群，它们都有特定的物理意义，如雷诺数表示流体惯性力与黏性力之比。

Re 数中的 u 和 d 称为流体流动的特征速度和特征尺寸。不同的流动情况，其特征速度和特征尺寸代表不同的含义。例如流体在管内流动时，其特征速度指流体的平均流速 u_b，特征尺寸为管内径 d。而当粒子在流体中沉降时，Re 数中的特征速度指粒子的沉降速度 u_0，特征尺寸为球粒子的平均直径。因此，在应用雷诺数判别流动的型态时，一定要对应相应的流动情况。

实验表明，流体在管内流动时，$Re < 2000$ 时为层流；$Re > 4000$ 时为湍流；而 Re 在 $2000 \sim 4000$ 范围内，流动处于一种过渡状态。可能是层流亦可能是湍流。若受外界条件影响，如管道直径或方向的改变、外来的轻微振动都易促使过渡状态下的层流变为湍流。

【例 1-9】　常温下，水在内径为 50mm 的圆管内流动。已知平均流速为 2m/s，水的密度和黏度分别为 998.2kg/m³ 和 100.5×10⁻⁵Pa·s，试判断流动的型态。

解　用 SI 制计算

$$Re = \frac{d u_\mathrm{b} \rho}{\mu} = \frac{0.05 \times 2 \times 998.2}{100.5 \times 10^{-5}} = 99320$$

故流动为湍流。

3. 当量直径的概念

在某些情况下，化工流体的输送也采用非圆形管道。对于非圆形管道，Re 数中的特征尺寸可用流道的当量直径 d_e 代替圆管直径 d，其定义为

$$d_\mathrm{e} = 4 r_\mathrm{H} \tag{1-41}$$

式中，r_H 称为水力半径。按式(1-42)定义

$$r_\mathrm{H} = \frac{A}{L_\mathrm{p}} \tag{1-42}$$

式中，L_p 为流道的润湿周边长度，m；A 为流道的截面积，m²。

可以证明，对于圆管，依此定义得出的 d_e 与 d 相等。

【例 1-10】 求(1)宽为 a、高为 b 的矩形流道的当量直径；(2)内管外径为 d_1、外管内径为 d_2 的环隙流道的当量直径。

解 (1) $r_H = \dfrac{A}{L_p} = \dfrac{ab}{2(a+b)}$，故 $d_e = 4r_H = \dfrac{2ab}{a+b}$

$$(2)\, r_H = \frac{\dfrac{\pi}{4}(d_2^2 - d_1^2)}{\pi(d_2 + d_1)} = \frac{1}{4}(d_2 - d_1)，\text{故}\ d_e = 4r_H = d_2 - d_1$$

1.4 流体流动的基本方程

动量、质量及能量守恒原理是自然界普遍适用的定律，流体流动也必然遵循这些规律。本节将从这些基本定律出发，研究流体流动过程中密度、流速、压力等物理量之间的变化规律、内在关系及其在工程上的应用。

1.4.1 连续性方程

连续性方程是描述流体流动的基本方程之一，是质量守恒原理在流体运动中的表达式。

1. 微分形式的连续性方程

如图 1-13 所示，在流场中任意一点 $M(x,y,z)$ 处取一微元控制体 $dV = dx\,dy\,dz$，相应的各边分别与直角坐标系的 x、y 和 z 轴平行。设在 M 点流体的速度为 u，密度为 ρ。则在 M 点，流体的质量通量为 ρu，其在 x、y 和 z 方向的分量分别为 ρu_x、ρu_y 和 ρu_z，其中 u_x、u_y、u_z 为 u 在 x、y、z 方向的速度分量。

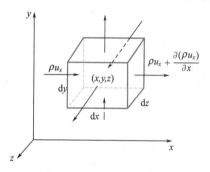

图 1-13 连续性方程的推导

采用欧拉观点，对所选的微元控制体进行质量衡算。在 x 方向，由控制体左侧面流入的质量流量为 $\rho u_x dy\,dz$；而由右侧平面流出的质量流量为 $\left[\rho u_x + \dfrac{\partial(\rho u_x)}{\partial x}dx\right]dy\,dz$。于是，$x$ 方向流出与流入控制体的质量流量之差为

$$\left[\rho u_x + \frac{\partial(\rho u_x)}{\partial x}dx\right]dy\,dz - \rho u_x dy\,dz = \frac{\partial(\rho u_x)}{\partial x}dx\,dy\,dz$$

同理，可得 y、z 方向流出与流入微元控制体的质量流量之差分别为

$$\left[\rho u_y + \frac{\partial(\rho u_y)}{\partial y}dy\right]dx\,dz - \rho u_y dx\,dz = \frac{\partial(\rho u_y)}{\partial y}dx\,dy\,dz$$

$$\left[\rho u_z + \frac{\partial(\rho u_z)}{\partial z}dz\right]dx\,dy - \rho u_z dx\,dy = \frac{\partial(\rho u_z)}{\partial z}dx\,dy\,dz$$

控制体内的累积速率为 $\dfrac{\partial\rho}{\partial\theta}dx\,dy\,dz$。

根据质量守恒定律，流入与流出控制体的质量流量之差等于控制体内的累积速率，故将

以上各式联立，可得

$$\frac{\partial(\rho u_x)}{\partial x}+\frac{\partial(\rho u_y)}{\partial y}+\frac{\partial(\rho u_z)}{\partial z}+\frac{\partial \rho}{\partial \theta}=0 \tag{1-43}$$

写成向量形式，为

$$\frac{\partial \rho}{\partial \theta}+\nabla\cdot(\rho\boldsymbol{u})=0 \tag{1-44}$$

式(1-43)或式(1-44)称为流体流动的连续性方程，对于稳态或非稳态流动、理想流体或实际流体、不可压缩流体或可压缩流体、牛顿型或非牛顿型流体均适用。

将式(1-43)的各项展开，得

$$\rho\left(\frac{\partial u_x}{\partial x}+\frac{\partial u_y}{\partial y}+\frac{\partial u_z}{\partial z}\right)+u_x\frac{\partial \rho}{\partial x}+u_y\frac{\partial \rho}{\partial y}+u_z\frac{\partial \rho}{\partial z}+\frac{\partial \rho}{\partial \theta}=0 \tag{1-45}$$

由于流体密度 ρ 是空间坐标及时间的函数，即

$$\rho=\rho(x,y,z,\theta)$$

其全微分为

$$\mathrm{d}\rho=\frac{\partial \rho}{\partial \theta}\mathrm{d}\theta+\frac{\partial \rho}{\partial x}\mathrm{d}x+\frac{\partial \rho}{\partial y}\mathrm{d}y+\frac{\partial \rho}{\partial z}\mathrm{d}z \tag{1-46}$$

或写成全导数的形式，为

$$\frac{\mathrm{d}\rho}{\mathrm{d}\theta}=\frac{\partial \rho}{\partial \theta}+\frac{\partial \rho}{\partial x}\frac{\mathrm{d}x}{\mathrm{d}\theta}+\frac{\partial \rho}{\partial y}\frac{\mathrm{d}y}{\mathrm{d}\theta}+\frac{\partial \rho}{\partial z}\frac{\mathrm{d}z}{\mathrm{d}\theta} \tag{1-47}$$

式(1-47)中密度 ρ 对时间 θ 的导数有三种形式，每一种形式都有特定的物理意义。

① 偏导数 $\dfrac{\partial \rho}{\partial \theta}$　式(1-47)右侧第一项 $\dfrac{\partial \rho}{\partial \theta}$ 为密度对时间的偏导数，可以想象在流体运动的情况下，将密度计固定在某空间点 (x,y,z) 处，测量该点的密度随时间的变化。此时，式(1-47)中的 $\mathrm{d}x/\mathrm{d}\theta$、$\mathrm{d}y/\mathrm{d}\theta$ 和 $\mathrm{d}z/\mathrm{d}\theta$ 均为零。由此可知，$\dfrac{\partial \rho}{\partial \theta}$ 表示某固定点处密度 ρ 随时间 θ 的变化率。

② 全导数 $\dfrac{\mathrm{d}\rho}{\mathrm{d}\theta}$　式(1-47)中，$\mathrm{d}x/\mathrm{d}\theta$、$\mathrm{d}y/\mathrm{d}\theta$ 和 $\mathrm{d}z/\mathrm{d}\theta$ 均有速度的量纲，但它们并非流体的运动速度 $\boldsymbol{u}(u_x,u_y,u_z)$，而是观测者测量流体密度变化时在流场中的运动速度 $\boldsymbol{v}(\mathrm{d}x/\mathrm{d}\theta$、$\mathrm{d}y/\mathrm{d}\theta$、$\mathrm{d}z/\mathrm{d}\theta)$。因此全导数的物理意义为观测者在流场中以速度 $\boldsymbol{v}$ 运动时所测得的流体密度随时间的变化率。

③ 随体导数 $\dfrac{\mathrm{D}\rho}{\mathrm{D}\theta}$　如果观测者的运动速度与流体速度完全相同，即 $\dfrac{\mathrm{d}x}{\mathrm{d}\theta}=u_x$、$\dfrac{\mathrm{d}y}{\mathrm{d}\theta}=u_y$ 及 $\dfrac{\mathrm{d}z}{\mathrm{d}\theta}=u_z$ 时，该全导数称为密度的随体导数，记为

$$\frac{\mathrm{D}\rho}{\mathrm{D}\theta}=\frac{\partial \rho}{\partial \theta}+u_x\frac{\partial \rho}{\partial x}+u_y\frac{\partial \rho}{\partial y}+u_z\frac{\partial \rho}{\partial z} \tag{1-48}$$

随体导数的物理意义是：在 $\mathrm{d}\theta$ 时间内流体质点由空间的某一点 (x,y,z) 移动至另一点 $(x+\mathrm{d}x,y+\mathrm{d}y,z+\mathrm{d}z)$ 时，流体密度随时间的变化率。

据此可将连续性方程(1-45)表示为

$$\rho\nabla\cdot\boldsymbol{u}+\frac{\mathrm{D}\rho}{\mathrm{D}\theta}=0 \tag{1-49a}$$

由于 $\rho v = 1$，故

$$\frac{1}{v}\frac{Dv}{D\theta} + \frac{1}{\rho}\frac{D\rho}{D\theta} = 0 \tag{1-49b}$$

将式(1-49b)代入式(1-49a)得

$$\frac{1}{v}\frac{Dv}{D\theta} = \nabla \cdot \boldsymbol{u} \tag{1-49c}$$

式(1-49c)左侧项的物理意义为流体微元的相对体积膨胀速率，而右侧则表示流体微元在三个坐标方向的线性形变速率。

稳态流动时，$\partial\rho/\partial\theta = 0$，式(1-43)可写成

$$\frac{\partial(\rho u_x)}{\partial x} + \frac{\partial(\rho u_y)}{\partial y} + \frac{\partial(\rho u_z)}{\partial z} = 0 \tag{1-50}$$

对于不可压缩流体，$\rho = $ 常数，则

$$\frac{\partial u_x}{\partial x} + \frac{\partial u_y}{\partial y} + \frac{\partial u_z}{\partial z} = 0 \tag{1-51}$$

写成向量形式为

$$\nabla \cdot \boldsymbol{u} = 0 \tag{1-51a}$$

【例 1-11】 某二维流场的速度分布为：$u_x = -2x - 4\theta^2$，$u_y = 2x + 2y$，试证明该流体为不可压缩流体。

解 若流体不可压缩，则速度分量 u_x、u_y 和 u_z 满足连续性方程式(1-51)。由题意知

$$\partial u_x/\partial x = -2, \qquad \partial u_y/\partial y = 2$$

故

$$\frac{\partial u_x}{\partial x} + \frac{\partial u_y}{\partial y} = 0$$

即该流体为不可压缩流体。

2. 管内稳态流动的连续性方程(积分形式)

工程上常见的流体在封闭管道内的流动是简单的一维流动问题，如图 1-14 所示。取流动方向为 x 方向，则 $u_y = u_z = 0$。连续性方程(1-43)可简化为

$$\frac{\partial(\rho u_x)}{\partial x} + \frac{\partial\rho}{\partial\theta} = 0 \tag{1-52}$$

将式(1-52)在整个管截面上积分得

$$\frac{\partial}{\partial x}\iint_A \rho u_x \mathrm{d}A + \frac{\partial}{\partial\theta}\iint_A \rho \mathrm{d}A = 0$$

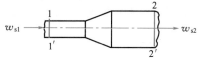

图 1-14　流体在管内的流动

在管路的同一截面上，ρ 可视为常数，故上式可以写成

$$\frac{\partial}{\partial x}\left(\rho\iint_A u_x \mathrm{d}A\right) + \frac{\partial}{\partial\theta}\left(\rho\iint_A \mathrm{d}A\right) = 0 \tag{1-53}$$

由平均流速的定义(1-37)知

$$\iint_A u_x \mathrm{d}A = u_b A$$

故式(1-53)可以写成

$$\frac{\partial}{\partial x}(\rho u_b A) + \frac{\partial}{\partial\theta}(\rho A) = 0$$

上式沿 x 方向(流动方向)由截面 1—1′ 至 2—2′ 积分，可得

$$\int_1^2 \frac{\partial}{\partial x}(\rho u_b A)\mathrm{d}x + \frac{\partial}{\partial \theta}\int_1^2 \rho A\,\mathrm{d}x = 0$$

即

$$\rho_2 u_{b2} A_2 - \rho_1 u_{b1} A_1 + \frac{\partial}{\partial \theta}\iiint_V \rho\,\mathrm{d}V = 0 \qquad (1\text{-}54)$$

式中，A_1、A_2 分别为截面 1—1′ 和截面 2—2′ 的截面积；ρ_1、ρ_2 分别为两截面的流体密度；u_{b1}、u_{b2} 分别为两截面的平均流速；$\iiint_V \rho\,\mathrm{d}V$ 表示任意时刻控制体内的流体质量。

令 $M = \iiint_V \rho\,\mathrm{d}V$，将式(1-54)写成

$$w_{s2} - w_{s1} + \frac{\partial M}{\partial \theta} = 0 \qquad (1\text{-}54\text{a})$$

对于稳态流动，上式简化为

$$\rho_1 u_{b1} A_1 = \rho_2 u_{b2} A_2 \qquad (1\text{-}55)$$

将式(1-55)推广到管路的任意截面，得

$$w_s = \rho_1 u_{b1} A_1 = \rho_2 u_{b2} A_2 = \cdots = \rho u_b A = 常数 \qquad (1\text{-}56)$$

式(1-56)表明，在稳态流动系统中，流体流经各截面的质量流量不变，而平均流速 u_b 随管路截面积 A 及流体的密度 ρ 改变。

对于不可压缩流体，$\rho =$ 常数，式(1-56)可简化为

$$V_s = u_{b1} A_1 = u_{b2} A_2 = \cdots = u_b A = 常数 \qquad (1\text{-}57\text{a})$$

式(1-57a)表明，在连续稳态的不可压缩流体的流动中，平均流速与管道的截面积成反比。截面积越大之处流速越小，反之亦然。

式(1-55)～式(1-57a)均为管内稳态流动的连续性方程(积分形式)。

对于圆形管道，由式(1-57a)可得

$$\frac{\pi}{4} d_1^2 u_{b1} = \frac{\pi}{4} d_2^2 u_{b2}$$

或

$$\frac{u_{b1}}{u_{b2}} = \left(\frac{d_2}{d_1}\right)^2 \qquad (1\text{-}57\text{b})$$

式中，d_1 与 d_2 分别为管道截面 1—1′ 和截面 2—2′ 处的管直径。式(1-57b)表明，不可压缩流体在管道中的平均流速与管道直径的平方成反比。

【例 1-12】　有一直径为 0.8m 的立式圆筒形储槽，槽内盛有 2m 深的水。在无水源补充的情况下打开底部阀门放水。已知水流出的质量流量 w_{s2} 与水深 z 的关系为

$$w_{s2} = 0.274\sqrt{z} \quad \mathrm{kg/s}$$

试求经过多长时间后，水位会下降至深度为 1m？

解　依题意，本题中水在储槽内的流动属非稳态流动，由式(1-54a)可得

$$w_{s2} - w_{s1} + \frac{\partial M}{\partial \theta} = 0 \qquad (1)$$

式中，$w_{s1} = 0$(由于无水补充)

$$w_{s2} = 0.274\sqrt{z} \quad \mathrm{kg/s} \qquad (2)$$

任一瞬时储槽中水的质量为

$$M = \frac{\pi}{4} d^2 z\rho = \frac{\pi}{4} \times 0.8^2 \times 1000 \times z = 502.4z\,\mathrm{kg} \qquad (3)$$

将式(2)和式(3)代入式(1)得

$$0.274\sqrt{z}+502.4\frac{\mathrm{d}z}{\mathrm{d}\theta}=0$$

上式的初始条件为 $\theta=0$，$z=2\mathrm{m}$。分离变量并积分得

$$\theta=5.186\times10^3-3.667\times10^3\sqrt{z}\quad\mathrm{s}$$

当 $z=1\mathrm{m}$ 时，$\theta=1519\mathrm{s}=25.3\mathrm{min}$。

 本题是质量守恒方程——连续性方程在非稳态流动问题中的简单应用示例。本例属于单组分(水)的非稳态流动，对于混合物(多组分)的非稳态流动，式(1-54a)同样适用(参见本章习题14)。

1.4.2 运动方程

运动方程是动量守恒原理(牛顿第二运动定律)在流体流动中的具体表达式。

1. 用应力表示的运动方程

在推导运动方程时，采用拉格朗日观点。 在流场中任选一质量固定的流体微元(即系统)，考察该微元系统随周围环境流体一起运动时动量的变化。采用拉格朗日观点时，在系统与环境的界面上只有力的作用，而无流体的流入与流出，亦即在界面处流入或流出微元系统的动量速率为零。

如图 1-15 所示，设在某一时刻 θ，此微元系统的体积为 $\mathrm{d}V=\mathrm{d}x\mathrm{d}y\mathrm{d}z$(注意其体积和位置是随时间改变的)，将牛顿第二定律应用于此微元系统，得

$$\mathrm{d}\boldsymbol{F}=\rho\mathrm{d}x\mathrm{d}y\mathrm{d}z\frac{\mathrm{D}\boldsymbol{u}}{\mathrm{D}\theta}\tag{1-58}$$

式中，$\rho\mathrm{d}x\mathrm{d}y\mathrm{d}z$ 为微元系统的质量，其值在任意时刻均为常数，$\rho\mathrm{d}x\mathrm{d}y\mathrm{d}z\dfrac{\mathrm{D}\boldsymbol{u}}{\mathrm{D}\theta}$ 为微元系统内动量的变化速率，$\mathrm{d}\boldsymbol{F}$ 为作用在微元系统上的合外力。

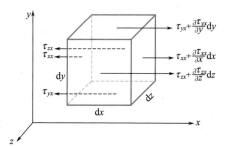

图 1-15　x 方向作用于流体微元上的表面应力

式(1-58)在直角坐标 x、y、z 方向的投影为

$$\mathrm{d}F_x=\rho\mathrm{d}x\mathrm{d}y\mathrm{d}z\frac{\mathrm{D}u_x}{\mathrm{D}\theta}\tag{1-58a}$$

$$\mathrm{d}F_y=\rho\mathrm{d}x\mathrm{d}y\mathrm{d}z\frac{\mathrm{D}u_y}{\mathrm{D}\theta}\tag{1-58b}$$

$$\mathrm{d}F_z=\rho\mathrm{d}x\mathrm{d}y\mathrm{d}z\frac{\mathrm{D}u_z}{\mathrm{D}\theta}\tag{1-58c}$$

由 1.2.1 节可知，作用在该微元系统的力有两种：其一为**质量力**，以 $\mathrm{d}\boldsymbol{F}_B$ 表示，其单位质量力在三个坐标方向的投影为 X、Y 和 Z；其二为环境流体在界面上作用于微元系统的**表面力** $\mathrm{d}\boldsymbol{F}_s$，以 τ 表示单位面积上的表面力，则可将其分解成垂直于表面的法向应力和平行于表面的切向应力。如图 1-15 所示的微元系统中，共有六个表面，每个表面上作用的应力都可以分解为一个垂直于该表面的法向应力 τ_n 和一个平行于表面的切向应力 τ_t，后者又可依

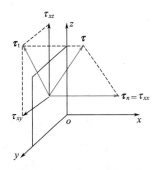

图 1-16　流体微元单一表面上的机械应力

坐标轴的方向再分解成两个应力。这可由图 1-16 来说明。图中示出了微元流体系统的一个单一表面（yoz 面）。作用在该表面上的表面应力 τ 可以分解成一个法向应力 $\tau_n = \tau_{xx}$，和另一个沿表面的切向应力 τ_t，而 τ_t 又可沿坐标 y、z 方向再分解成 τ_{xy} 和 τ_{xz}。因此每个作用面上的应力都可按坐标方向分解为三个应力分量，其中应力的第一个下标表示作用面的法线方向，第二个下标表示作用力的方向，下标相同者为法向应力，下标不同者为剪应力。例如 τ_{xx} 表示法向应力，其作用面的法线方向和作用力的方向均为 x 方向；又如 τ_{xy} 表示剪应力，其作用面与 x 轴垂直，作用力的方向为 y 方向。

下面考察微元系统在 x 方向上受到的体积力和表面力。

显然

$$\mathrm{d}F_x = \mathrm{d}F_{Bx} + \mathrm{d}F_{sx} \tag{1-59}$$

由前面讨论可知

$$\mathrm{d}F_{Bx} = X\rho\,\mathrm{d}x\,\mathrm{d}y\,\mathrm{d}z \tag{1-60}$$

微元系统在 x 方向上受到的表面应力如图 1-15 所示。以 x 轴方向为力的正方向，则

$$
\begin{aligned}
\mathrm{d}F_{sx} &= \left[\left(\tau_{xx} + \frac{\partial \tau_{xx}}{\partial x}\mathrm{d}x\right)\mathrm{d}y\,\mathrm{d}z - \tau_{xx}\mathrm{d}y\,\mathrm{d}z\right] \\
&\quad + \left[\left(\tau_{yx} + \frac{\partial \tau_{yx}}{\partial y}\mathrm{d}y\right)\mathrm{d}x\,\mathrm{d}z - \tau_{yx}\mathrm{d}x\,\mathrm{d}z\right] \\
&\quad + \left[\left(\tau_{zx} + \frac{\partial \tau_{zx}}{\partial z}\mathrm{d}z\right)\mathrm{d}x\,\mathrm{d}y - \tau_{zx}\mathrm{d}x\,\mathrm{d}y\right] \\
&= \left(\frac{\partial \tau_{xx}}{\partial x} + \frac{\partial \tau_{yx}}{\partial y} + \frac{\partial \tau_{zx}}{\partial z}\right)\mathrm{d}x\,\mathrm{d}y\,\mathrm{d}z
\end{aligned}
\tag{1-61}
$$

将式(1-59)～式(1-61)代入式(1-58a)中，整理可得

$$\rho \frac{\mathrm{D}u_x}{\mathrm{D}\theta} = \rho X + \frac{\partial \tau_{xx}}{\partial x} + \frac{\partial \tau_{yx}}{\partial y} + \frac{\partial \tau_{zx}}{\partial z} \tag{1-62a}$$

同理，可得 y、z 方向的动量衡算方程为

$$\rho \frac{\mathrm{D}u_y}{\mathrm{D}\theta} = \rho Y + \frac{\partial \tau_{xy}}{\partial x} + \frac{\partial \tau_{yy}}{\partial y} + \frac{\partial \tau_{zy}}{\partial z} \tag{1-62b}$$

$$\rho \frac{\mathrm{D}u_z}{\mathrm{D}\theta} = \rho Z + \frac{\partial \tau_{xz}}{\partial x} + \frac{\partial \tau_{yz}}{\partial y} + \frac{\partial \tau_{zz}}{\partial z} \tag{1-62c}$$

式(1-62)是以应力表示的黏性流体的运动方程，它是进一步推导运动方程的基础。

式(1-62)中，共有 9 个表面应力，其中 3 个法向应力（τ_{xx}、τ_{yy} 及 τ_{zz}），6 个剪应力（τ_{xy}、τ_{yx}、τ_{xz}、τ_{zx}、τ_{yz} 及 τ_{zy}）。可以证明

$$\tau_{xy} = \tau_{yx} \tag{1-63}$$

$$\tau_{yz} = \tau_{zy} \tag{1-64}$$

$$\tau_{xz} = \tau_{zx} \tag{1-65}$$

由此可见，9 个表面应力中有 6 个是独立的。因此，式(1-62)中，共有 10 个未知量（ρ、u_x、u_y、u_z、τ_{xx}、τ_{yy}、τ_{zz}、τ_{xy} 或 τ_{yx}、τ_{yz} 或 τ_{zy} 以及 τ_{xz} 或 τ_{zx}），3 个已知量（X、Y 和 Z）。显然，由上述 3 个方程解出 10 个未知量是不可能的。因此，必须设法找出上述这些未

知量之间的关系，或它们与已知量之间的关系，以减少独立变量的数目。前已述及，6个表面应力彼此是独立的，因此在确定变量之间的关系时，应着眼于表面应力与速度之间的内在联系，即应力与形变速率之间的关系，描述这种关系的方程称为本构方程。

2. 实际流体的运动方程

对于三维流动系统，可以从理论上推导应力与形变速率之间的关系，但其内容已超出本课程的范围。下面仅给出应力与形变速率之间关系的表达式。

（1）剪应力

对于牛顿型流体的一维流动，其剪应力与速度梯度之间的关系可用牛顿黏性定律来描述。当流体作三维流动时，情况要复杂得多，每一个剪应力都与其作用面上两个方向的速度梯度有关，即

$$\tau_{xy} = \tau_{yx} = \mu \left(\frac{\partial u_x}{\partial y} + \frac{\partial u_y}{\partial x} \right) \tag{1-66a}$$

$$\tau_{yz} = \tau_{zy} = \mu \left(\frac{\partial u_z}{\partial y} + \frac{\partial u_y}{\partial z} \right) \tag{1-66b}$$

$$\tau_{xz} = \tau_{zx} = \mu \left(\frac{\partial u_x}{\partial z} + \frac{\partial u_z}{\partial x} \right) \tag{1-66c}$$

（2）法向应力

法向应力与压力及形变速率之间的关系如下

$$\tau_{xx} = -p + 2\mu \frac{\partial u_x}{\partial x} - \frac{2}{3} \mu \nabla \cdot \boldsymbol{u} \tag{1-67a}$$

$$\tau_{yy} = -p + 2\mu \frac{\partial u_y}{\partial y} - \frac{2}{3} \mu \nabla \cdot \boldsymbol{u} \tag{1-67b}$$

$$\tau_{zz} = -p + 2\mu \frac{\partial u_z}{\partial z} - \frac{2}{3} \mu \nabla \cdot \boldsymbol{u} \tag{1-67c}$$

将以上三式相加，可得

$$p = -\frac{1}{3}(\tau_{xx} + \tau_{yy} + \tau_{zz})$$

这表明黏性流体流动时，任一点的压力是三个法向应力的平均值，且其方向与法向应力的方向相反。

将式（1-66）及式（1-67）代入式（1-62）中，经简化后可得

$$\rho \frac{\mathrm{D}u_x}{\mathrm{D}\theta} = \rho X - \frac{\partial p}{\partial x} + \mu \left(\frac{\partial^2 u_x}{\partial x^2} + \frac{\partial^2 u_x}{\partial y^2} + \frac{\partial^2 u_x}{\partial z^2} \right) + \frac{\mu}{3} \frac{\partial}{\partial x} \left(\frac{\partial u_x}{\partial x} + \frac{\partial u_y}{\partial y} + \frac{\partial u_z}{\partial z} \right) \tag{1-68a}$$

$$\rho \frac{\mathrm{D}u_y}{\mathrm{D}\theta} = \rho Y - \frac{\partial p}{\partial y} + \mu \left(\frac{\partial^2 u_y}{\partial x^2} + \frac{\partial^2 u_y}{\partial y^2} + \frac{\partial^2 u_y}{\partial z^2} \right) + \frac{\mu}{3} \frac{\partial}{\partial y} \left(\frac{\partial u_x}{\partial x} + \frac{\partial u_y}{\partial y} + \frac{\partial u_z}{\partial z} \right) \tag{1-68b}$$

$$\rho \frac{\mathrm{D}u_z}{\mathrm{D}\theta} = \rho Z - \frac{\partial p}{\partial z} + \mu \left(\frac{\partial^2 u_z}{\partial x^2} + \frac{\partial^2 u_z}{\partial y^2} + \frac{\partial^2 u_z}{\partial z^2} \right) + \frac{\mu}{3} \frac{\partial}{\partial z} \left(\frac{\partial u_x}{\partial x} + \frac{\partial u_y}{\partial y} + \frac{\partial u_z}{\partial z} \right) \tag{1-68c}$$

式中

$$\frac{\mathrm{D}u_i}{\mathrm{D}\theta} = \frac{\partial u_i}{\partial \theta} + u_x \frac{\partial u_i}{\partial x} + u_y \frac{\partial u_i}{\partial y} + u_z \frac{\partial u_i}{\partial z} \quad (i = x, y, z)$$

为三个速度分量 u_x、u_y 和 u_z 的随体导数。

式（1-68）称为流体的运动方程，也叫奈维-斯托克斯（**Naviar-Stokes**）方程。式（1-68）中，等式左侧项为**惯性力**，右侧第一项为**质量力**，第二项为**压力**，第三、四项为**黏性力**。

对于不可压缩流体，$\nabla \cdot u = 0$，运动方程简化为

$$u_x \frac{\partial u_x}{\partial x} + u_y \frac{\partial u_x}{\partial y} + u_z \frac{\partial u_x}{\partial z} + \frac{\partial u_x}{\partial \theta} = X - \frac{1}{\rho} \frac{\partial p}{\partial x} + \nu \left(\frac{\partial^2 u_x}{\partial x^2} + \frac{\partial^2 u_x}{\partial y^2} + \frac{\partial^2 u_x}{\partial z^2} \right) \quad (1\text{-}69\text{a})$$

$$u_x \frac{\partial u_y}{\partial x} + u_y \frac{\partial u_y}{\partial y} + u_z \frac{\partial u_y}{\partial z} + \frac{\partial u_y}{\partial \theta} = Y - \frac{1}{\rho} \frac{\partial p}{\partial y} + \nu \left(\frac{\partial^2 u_y}{\partial x^2} + \frac{\partial^2 u_y}{\partial y^2} + \frac{\partial^2 u_y}{\partial z^2} \right) \quad (1\text{-}69\text{b})$$

$$u_x \frac{\partial u_z}{\partial x} + u_y \frac{\partial u_z}{\partial y} + u_z \frac{\partial u_z}{\partial z} + \frac{\partial u_z}{\partial \theta} = Z - \frac{1}{\rho} \frac{\partial p}{\partial z} + \nu \left(\frac{\partial^2 u_z}{\partial x^2} + \frac{\partial^2 u_z}{\partial y^2} + \frac{\partial^2 u_z}{\partial z^2} \right) \quad (1\text{-}69\text{c})$$

对于理想流体，$\mu = 0$，运动方程简化为如下形式的欧拉方程

$$u_x \frac{\partial u_x}{\partial x} + u_y \frac{\partial u_x}{\partial y} + u_z \frac{\partial u_x}{\partial z} + \frac{\partial u_x}{\partial \theta} = X - \frac{1}{\rho} \frac{\partial p}{\partial x} \quad (1\text{-}70\text{a})$$

$$u_x \frac{\partial u_y}{\partial x} + u_y \frac{\partial u_y}{\partial y} + u_z \frac{\partial u_y}{\partial z} + \frac{\partial u_y}{\partial \theta} = Y - \frac{1}{\rho} \frac{\partial p}{\partial y} \quad (1\text{-}70\text{b})$$

$$u_x \frac{\partial u_z}{\partial x} + u_y \frac{\partial u_z}{\partial y} + u_z \frac{\partial u_z}{\partial z} + \frac{\partial u_z}{\partial \theta} = Z - \frac{1}{\rho} \frac{\partial p}{\partial z} \quad (1\text{-}70\text{c})$$

运动方程反映了黏性流体流动的基本力学规律，在流体力学研究中具有十分重要的意义。原则上讲，运动方程与连续性方程联立求解，可以获得任一流场的速度和压力分布规律。但事实上，目前还无法将运动方程的普遍解求出，其原因是方程组的非线性以及边界条件的复杂性，只有针对某些特定的简单层流问题可以求得其解析解。

【例 1-13】 液体在重力作用下呈薄膜沿垂直放置的固体平板壁面向下流动，如附图所示。设液膜的流动为一维稳态层流。试求液膜内的速度分布，平均流速及液膜厚度。

例 1-13 附图

解 液膜内的流动为一维（沿 y 方向），$u_x = u_z = 0$，连续性方程式 (1-51) 变为

$$\partial u_y / \partial y = 0 \quad (1)$$

其次，化简 y 方向的运动方程。由于是稳态流动，$\partial u_y / \partial \theta = 0$；因为液体是在重力作用下的降膜流动，故 $\partial p / \partial y = 0$，$Y = g$；设固体壁面很宽，则 $\partial u_y / \partial z = 0$。将上述条件以及 $u_x = u_z = 0$，$\partial u_y / \partial y = 0$ 代入 y 方向的运动方程(1-69b)，化简可得

$$\frac{\partial^2 u_y}{\partial x^2} + \mu g = 0 \quad (2)$$

因为 $\dfrac{\partial u_y}{\partial y} = \dfrac{\partial u_y}{\partial z} = 0$，故式(2)中的偏导数 $\dfrac{\partial^2 u_y}{\partial x^2}$ 可以写成常导数 $\dfrac{\mathrm{d}^2 u_y}{\mathrm{d}x^2}$，于是式(2)可写为

$$\mu \frac{\mathrm{d}^2 u_y}{\mathrm{d}x^2} + \rho g = 0 \quad (3)$$

边界条件为：① $x = \delta$，$u_y = 0$；② $x = 0$，$\dfrac{\partial u_y}{\partial x} = 0 (\tau = 0)$。

将式(3)分离变量积分，并代入边界条件得

$$u_y = \frac{\rho g}{2\mu} (\delta^2 - x^2) \quad (4)$$

式(4)即为液膜内速度分布方程，为抛物线形状。

在 z 方向取一单位宽度，在液膜内的任意 x 处，取微分长度 $\mathrm{d}x$，则通过微元面积$(\mathrm{d}x)$
(1)的流速为 u_y，体积流量为 $\mathrm{d}V_s = u_y \mathrm{d}x(1)$。于是，通过单位宽度截面的体积流量为

$$V_s = \int_0^\delta u_y \mathrm{d}x(1)$$

平均流速为

$$u_b = \frac{V_s}{A} = \frac{\int_0^\delta u_y \mathrm{d}x(1)}{(\delta)(1)}$$

将式(4)代入上式积分得

$$u_b = \frac{\rho g \delta^2}{3\mu} \tag{5}$$

由式(5)可直接得液膜厚度为

$$\delta = \left(\frac{3\mu u_b}{\rho g}\right)^{1/2}$$

> 工程上有许多非常简单的层流流动问题，如流体在管内作稳态层流流动、流体在窄通道内的流动等，均可以运用连续性方程和运动方程求其解析解，获得速度与压力等参数的变化规律。本例只是其中之一。

【例 1-14】 试证明：不可压缩流体在管内作稳态流动时，管道任意截面上压力分布与流体静力学压力分布相同。

解 取管截面为 xoz 平面，管轴方向为 y 方向，则由已知得

$$\frac{\partial u_x}{\partial \theta} = \frac{\partial u_z}{\partial \theta} = 0, u_x = u_z = 0, X = 0, Z = -g$$

将以上各式代入不可压缩流体在 x 和 z 方向的运动方程式(1-69a)、式(1-69c)得

$$\frac{1}{\rho}\frac{\partial p}{\partial x} = 0 \tag{1}$$

$$\frac{\partial p}{\partial z} = -\rho g \tag{2}$$

积分式(2)得

$$p = -\rho g z + C(x) \tag{3}$$

将式(3)代入式(1)得

$$\frac{\partial p}{\partial x} = C'(x) = 0$$

故

$$C(x) = C$$

代入式(3)得

$$p = -\rho g z + C$$

即

$$g z + \frac{p}{\rho} = C \tag{4}$$

上式即为流体静力学方程式(1-21)。

> 式(4)表明，流体在管内流动时，管截面上位能与压力能之和仍为一常数。但应注意，常数 C 与管截面积有关，不同的截面积有不同的常数。

1.4.3 机械能衡算方程

本章 1.2 节中曾经指出，在静止流体内部存在着两种形式的机械能——位能和压力能。流体在重力场中自低位向高位对抗重力运动，流体将获得位能；与之类似，流体自低压向高

压对抗压力运动时，流体也将获得能量，这种能量称为压力能。而在流体运动时，还涉及另一种形式的机械能——动能，它是由于流体质点的平移或旋转而具有的能量。因此在运动流体中，存在着这三种形式机械能的相互转换。

此外，由于流体黏性引起的内摩擦力将消耗部分机械能使之转化为内能而耗散于流体中。因此，流体的黏性使得流体在流动过程中产生机械能损失。

下面先讨论理想流体流动的机械能衡算方程，然后再将其推广到实际流体的流动过程。

1. 理想流体沿流线稳态流动的伯努利方程

在稳态条件下，将理想流体流动的欧拉方程沿流线积分，可得到理想流体沿流线稳态流动的伯努利(Bernoulli)方程。

前已述及，稳态流动时，流线与迹线重合且满足如下流线方程

$$u_x \, dy = u_y \, dx \tag{1-33a}$$

$$u_y \, dz = u_z \, dy \tag{1-33b}$$

$$u_z \, dx = u_x \, dz \tag{1-33c}$$

将理想流体的欧拉方程式(1-70a)、式(1-70b)及式(1-70c)分别乘以 dx、dy、dz，并将式(1-33)代入，经整理得

$$\frac{\partial u_x}{\partial x} u_x \, dx + \frac{\partial u_x}{\partial y} u_x \, dy + \frac{\partial u_x}{\partial z} u_x \, dz = \frac{1}{2} du_x^2 = X \, dx - \frac{1}{\rho} \frac{\partial p}{\partial x} dx \tag{1-71a}$$

$$\frac{\partial u_y}{\partial x} u_y \, dx + \frac{\partial u_y}{\partial y} u_y \, dy + \frac{\partial u_y}{\partial z} u_y \, dz = \frac{1}{2} du_y^2 = Y \, dy - \frac{1}{\rho} \frac{\partial p}{\partial y} dy \tag{1-71b}$$

$$\frac{\partial u_z}{\partial x} u_z \, dx + \frac{\partial u_z}{\partial y} u_z \, dy + \frac{\partial u_z}{\partial z} u_z \, dz = \frac{1}{2} du_z^2 = Z \, dz - \frac{1}{\rho} \frac{\partial p}{\partial z} dz \tag{1-71c}$$

将以上三式相加，可得

$$\frac{1}{2} d(u_x^2 + u_y^2 + u_z^2) = \frac{1}{2} du^2 = X \, dx + Y \, dy + Z \, dz - \frac{1}{\rho} dp \tag{1-72}$$

式中，$u = \sqrt{u_x^2 + u_y^2 + u_z^2}$ 为流线上任意点处流体速度的数值，$u = u(x, y, z)$。

当理想流体仅在重力场中作稳态流动，并取坐标轴 x、y 为水平方向，z 为垂直向上，则 $X = Y = 0$，$Z = -g$，式(1-72)变为

$$\frac{1}{2} du^2 = -g \, dz - \frac{1}{\rho} dp \tag{1-72a}$$

当流体不可压缩时，$\rho =$ 常数，式(1-72a)变为

$$d\left(gz + \frac{p}{\rho} + \frac{u^2}{2}\right) = 0 \tag{1-72b}$$

积分得

$$gz + \frac{p}{\rho} + \frac{u^2}{2} = 常数 \tag{1-73}$$

对同一流线上的任意两点 1 和 2，有

$$gz_1 + \frac{p_1}{\rho} + \frac{u_1^2}{2} = gz_2 + \frac{p_2}{\rho} + \frac{u_2^2}{2} \tag{1-73a}$$

式(1-73)和式(1-73a)即为不可压缩流体沿流线作稳态流动的伯努利方程。式中，gz 为

单位质量流体的位能；$\dfrac{p}{\rho}$ 为单位质量流体的压力能；$\dfrac{u^2}{2}$ 为单位质量流体的动能，三者的单位均为 J/kg。式(1-73)的物理意义为：不可压缩的理想流体沿流线作稳态流动时，其位能、压力能和动能可以相互转换，但总机械能保持不变。

2. 实际流体沿流线稳态流动的机械能衡算方程

实际流体沿流线流动的机械能衡算方程，可将实际流体的运动方程(1-69)沿流线积分导出，其推导过程与理想流体的情况类似。若质量力仅为重力，其结果为

$$\mathrm{d}\left(gz+\frac{p}{\rho}+\frac{u^2}{2}\right)+\mathrm{d}h'_\mathrm{f}=0 \tag{1-74}$$

式中

$$\mathrm{d}h'_\mathrm{f}=\nu\left[\left(\frac{\partial^2 u_x}{\partial x^2}+\frac{\partial^2 u_x}{\partial y^2}+\frac{\partial^2 u_x}{\partial z^2}\right)\mathrm{d}x+\left(\frac{\partial^2 u_y}{\partial x^2}+\frac{\partial^2 u_y}{\partial y^2}+\frac{\partial^2 u_y}{\partial z^2}\right)\mathrm{d}y+\left(\frac{\partial^2 u_z}{\partial x^2}+\frac{\partial^2 u_z}{\partial y^2}+\frac{\partial^2 u_z}{\partial z^2}\right)\mathrm{d}z\right] \tag{1-75}$$

式(1-74)中，第一项 $\mathrm{d}(gz+p/\rho+u^2/2)$ 表示单位质量流体沿流线由点 (x,y,z) 位移至点 $(x+\mathrm{d}x,y+\mathrm{d}y,z+\mathrm{d}z)$ 后，其机械能(动能、位能和压力能)产生的微小变化。第二项 $\mathrm{d}h'_\mathrm{f}$ 表示单位质量流体沿流线作微分位移 $\mathrm{d}x$、$\mathrm{d}y$ 和 $\mathrm{d}z$ 后，黏性应力所做的微功，其值总为正值。

因 $\mathrm{d}h'_\mathrm{f}>0$，由式(1-74)可见，$\mathrm{d}(gz+p/\rho+u^2/2)<0$。换言之，随着流体质点沿流线向前流动，总机械能不断降低。这是由于黏性力做功消耗了部分机械能，使之转化为内能而耗散于流体中。通常把这种因流体黏性引起的机械能减小称为机械能损失。当然，总能量(即机械能与内能之和)依然是守恒的。

式(1-74)沿流线由点 1 到点 2 积分，得

$$\left(gz_2+\frac{p_2}{\rho}+\frac{u_2^2}{2}\right)-\left(gz_1+\frac{p_1}{\rho}+\frac{u_1^2}{2}\right)+\int_1^2 \mathrm{d}h'_\mathrm{f}=0 \tag{1-76}$$

令 $h'_\mathrm{f}=\displaystyle\int_1^2 \mathrm{d}h'_\mathrm{f}$，则式(1-76)可写成

$$gz_1+\frac{p_1}{\rho}+\frac{u_1^2}{2}=gz_2+\frac{p_2}{\rho}+\frac{u_2^2}{2}+h'_\mathrm{f} \tag{1-77}$$

式(1-77)即为实际流体沿流线稳态流动的机械能衡算方程，式中，h'_f 表示单位质量流体从流线上点 1 流至点 2 的机械能损失，J/kg。

3. 实际流体在管内稳态流动的机械能衡算方程

(1)方程的推导

式(1-77)仅适用于流体沿流线或沿微小流束上的流动。这是由于在流线或微小流束上，流体质点的物理参数(高度 z、压力 p 和流速 u 等)可看作是相同的。在工程实际中所遇到的各种流动，如管道中的流动，在流通截面上各点的物理量一般是不同的。为了建立管内流动的机械能衡算方程，需要引入如下两个概念。

① **均匀流段与非均匀流段** 流体在管道中流动时，如果在流动区域内的所有流线都相互平行，则称该管段为均匀流段。在均匀流段内，流通截面为平面亦即管道的横截面。例如流体在直径相同的直管中的流动；反之为非均匀(急变)流段，如弯管、阀门、突然扩大与缩小等处的流动，如图 1-17 所示。

在均匀流段，所有流线都彼此平行，若作用在流体上的质量力仅考虑重力，则在此情况

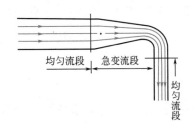

均匀流段　急变流段

均匀流段

图 1-17　均匀流段与
非均匀流段

下，截面上的压力分布符合流体静力学分布规律，即在管截面上的任意点，位能与压力能之和相等（见例 1-14）：

$$gz + \frac{p}{\rho} = C（常数）\tag{1-78}$$

但应注意，该常数与管截面积有关，即管截面积不同，此常数不同。

② **动能修正系数**　由于实际流体的黏性作用，在管截面上各点的速度是不均匀的。根据平均流速的定义，$V_s = \iint_A u\,dA = u_b A$，这表明用平均流速计算的流量与实际速度计算的流量是相同的，但是按平均流速计算的动能与截面的实际动能不等。为此引入一个动能修正系数。

单位时间内，流体通过某一管截面的动能如果用平均速度 u_b 表示，可写为

$$\frac{1}{2} w_s u_b^2 = \frac{1}{2} \rho u_b^3 A$$

而单位时间内通过该管截面的流体的真实动能应为

$$\iint_A \frac{1}{2} dw_s u^2 = \frac{1}{2} \iint_A \rho u^3 \, dA$$

定义二者之比为动能修正系数，以 α 表示，则

$$\alpha = \frac{\dfrac{1}{2}\iint_A \rho u^3 \, dA}{\dfrac{1}{2} \rho u_b^3 A} = \frac{\iint_A \rho u^3 \, dA}{\rho u_b^3 A}\tag{1-79}$$

计算表明，除理想流体外，$\alpha > 1$，即以平均速度表示的动能小于通过该截面的真实动能。

为建立流体在管内稳态流动的机械能衡算方程，选取如图 1-18 所示的控制体，此控制体由装有管件、阀门等的不等径管段组成。因此，控制体内既有均匀流段，又有非均匀流段。在控制体的均匀流段上，任取两截面 $1-1'$ 和 $2-2'$ 作为流动的上、下游截面，并在两截面上各取微元面积 dA_1 和 dA_2，微元流束由 dA_1 流入，通过控制体由 dA_2 流出。则对于不可压缩流体，各微元面积上所对应的微元流量为

$$dw_s = \rho u_1 dA_1 = \rho u_2 dA_2$$

将上式乘以式(1-77)，并在整个管截面上积分，可得

$$\iint_{A_1}\left(gz_1 + \frac{p_1}{\rho} + \frac{u_1^2}{2}\right)\rho u_1 \, dA_1 = \iint_{A_2}\left(gz_2 + \frac{p_2}{\rho} + \frac{u_2^2}{2}\right)\rho u_2 \, dA_2 + \iint_{w_s} h'_f \, dw_s \tag{1-80}$$

式(1-80)中有三类积分：

第一类积分　　　　　$\iint_A \left(gz + \dfrac{p}{\rho}\right)\rho u \, dA$

由式(1-78)得

$$\iint_{A_1}\left(gz_1 + \frac{p_1}{\rho}\right)\rho u_1 \, dA_1 = \left(gz_1 + \frac{p_1}{\rho}\right)\iint_{A_1}\rho u_1 \, dA_1 = \left(gz_1 + \frac{p_1}{\rho}\right) w_s$$

$$\iint_{A_2}\left(gz_2 + \frac{p_2}{\rho}\right)\rho u_2 \, dA_2 = \left(gz_2 + \frac{p_2}{\rho}\right) w_s$$

第二类积分

$$\iint_A \frac{u^2}{2}\rho u \, \mathrm{d}A$$

由式(1-79)得

$$\iint_{A_1} \frac{u_1^2}{2}\rho u_1 \, \mathrm{d}A_1 = \alpha_1 \frac{u_{b1}^2}{2} w_s$$

$$\iint_{A_2} \frac{u_2^2}{2}\rho u_2 \, \mathrm{d}A_2 = \alpha_2 \frac{u_{b2}^2}{2} w_s$$

第三类积分

$$\iint_{w_s} h_f' \, \mathrm{d}w_s = \iint_{w_s} \left[\int_1^2 \mathrm{d}h_f' \right] \mathrm{d}w_s$$

该积分与第一、第二类积分不同，它不是单纯的在管截面上积分的量，而是在整个控制体内黏性力沿程做功消耗机械能的体积分。其中 $\int_1^2 h_f'$ 表示流体质点由上游截面 1—1′ 沿单一流线移动至下游截面 2—2′ 所消耗的机械能；而 $\iint_{w_s}\left[\int_1^2 \mathrm{d}h_f'\right]\mathrm{d}w_s$ 则表示管内所有流线上机械能损失的累加值。为此，令单位质量流体由上游截面 1—1′ 流至下游截面 2—2′ 的总机械能损失为 $\sum h_f$，则

$$\iint_{w_s} h_f' \, \mathrm{d}w_s = w_s \sum h_f$$

将以上三种类型的积分结果代入式(1-80)，并将各项同除以总质量流量 w_s，可得

$$gz_1 + \frac{p_1}{\rho} + \frac{\alpha_1 u_{b1}^2}{2} = gz_2 + \frac{p_2}{\rho} + \frac{\alpha_2 u_{b2}^2}{2} + \sum h_f \tag{1-81}$$

若截面 1—1′ 至截面 2—2′ 之间的控制体内有外部机械对流体做功，式(1-81)变为

$$gz_1 + \frac{p_1}{\rho} + \frac{\alpha_1 u_{b1}^2}{2} + W_e = gz_2 + \frac{p_2}{\rho} + \frac{\alpha_2 u_{b2}^2}{2} + \sum h_f \tag{1-82}$$

式(1-82)即为**实际流体沿管道稳态流动的机械能衡算方程**，亦称为工程伯努利方程。

式(1-82)是流体力学中应用最广的一个基本方程式，它和连续性方程式(1-54)一起，是解决实际流体流动问题的两个最重要的方程。因此，必须深入领会这一方程的适用条件、物理意义，并能正确运用这一方程式。

式(1-82)的适用条件为：不可压缩流体的稳态流动，沿程流量保持不变；作用于流体上的质量力仅限于重力；所选的上、下游截面必须处在均匀截面。但在两截面之间的流动可以是均匀流段，也可以是非均匀流段。例如，在图 1-18 所示的控制体中，截面 1—1′、2—2′、B、D 和 F 为均匀流段，而截

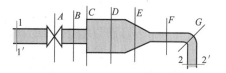

图 1-18　流体在管路中的流动

面 A、C、E 和 G 为非均匀流段。通常在管路的管件、阀门、突然扩大或缩小附近均为非均匀流段。因此，式(1-82)中的 $\sum h_f$ 应包括这部分损失。这一内容将在下一节详细讨论。

（2）对机械能衡算方程的进一步分析

① **动能校正系数 α**　α 是一个依赖于截面速度分布且大于 1 的数，它反映了流通截面上速度分布的不均匀性，速度分布越不均匀，α 值越大。对于管内层流，$\alpha = 2$；管内湍流 $\alpha \approx 1$。但动能项与其他各项相比，其值要小得多，故实际应用中常取 $\alpha = 1$。

② **方程的物理意义**　式(1-82)中的各项 gz、$u_b^2/2$、p/ρ 分别表示 1kg 流体在截面 1—1′ 或截面 2—2′ 上所具有的位能、动能和压力能；$\sum h_f$ 表示 1kg 流体由截面 1—1′ 流至截面

2—2′沿程(包括所有均匀流段和非均匀流段)所产生的总机械能损失；W_e为控制体内的输送机械对1kg流体所作的有效功。各项的单位均为J/kg。

当理想流体在管内流动时，因管截面上速度分布均匀，$u=u_b=$常数，故$\alpha=1$。若无外功加入，则式(1-82)变为

$$gz_1+\frac{p_1}{\rho}+\frac{u_{b1}^2}{2}=gz_2+\frac{p_2}{\rho}+\frac{u_{b2}^2}{2} \tag{1-83}$$

式(1-83)表明，在管路的任意截面上，各种形式的机械能不等，但总机械能为常数。例如，理想流体在水平管路内流动时，若在某处的截面积缩小，则此处的流速必然增大，动能增加。但因总机械能为常数，压力能要相应降低，即一部分压力能转变为动能。

③ **输送机械的功率**　W_e为输送机械对单位质量流体所做的功(J/kg)，是选择流体输送设备的重要依据。单位时间内输送机械对流体所做功称为有效功率，以N_e表示，即

$$N_e=w_sW_e=\rho V_sW_e \tag{1-84}$$

式中，w_s为流体的质量流量，kg/s；N_e为输送机械的有效功率，W。

④ 对于可压缩流体，若所选控制体两截面上的相对压力$\dfrac{p_1-p_2}{p_1}<20\%$，则仍可用式(1-82)近似计算，但此时式中的流体密度应以两截面的平均密度ρ_m来代替。

⑤ **其他基准的机械能衡算方程**　式(1-82)是以1kg流体为基准表示的，若以1N或1m³流体为基准，则有

1N 流体：
$$z_1+\frac{u_{b1}^2}{2g}+\frac{p_1}{\rho g}+H_e=z_2+\frac{u_{b2}^2}{2g}+\frac{p_2}{\rho g}+H_f \tag{1-85}$$

式中，各项的单位均为J/N或m。z、$\dfrac{u^2}{2g}$与$\dfrac{p}{\rho g}$分别称为位头、速度头(动压头)与压力头；H_e是流体接受外功所增加的压头；H_f是流体流经相应控制体的压头损失。

1m³ 流体：
$$\rho gz_1+\frac{\rho u_{b1}^2}{2}+p_1+\rho W_e=\rho gz_2+\frac{\rho u_{b2}^2}{2}+p_2+\rho\sum h_f \tag{1-86}$$

式中，各项单位均为J/m³或Pa。$\rho\sum h_f$为单位体积流体流经控制体的机械能损失，令$\Delta p_f=\rho\sum h_f$，Δp_f称为压力降，简称压降。

1.4.4　管流机械能衡算方程的应用

1. 应用机械能衡算方程的解题要点

① **确定控制体的范围**　根据题意明确衡算的范围以及上、下游截面。

② **控制面的选取**　所选控制体的上、下游截面均应选在均匀流段上，流通截面应垂直于流动方向；流体在两截面间应是连续的，截面上的物理量如u_b、z、p等(不包括待求的未知量)应在截面上或在两截面之间。

③ **基准水平面的选取**　流体位能的大小与所选基准水平面有关。原则上，基准水平面可任意选取，但必须与地面平行。为计算方便，常取所选的两截面中位置较低者为基准面，若该截面与地面垂直，则取水平基准面通过该截面的中心线。这样，在该截面上位能为零。

④ **单位必须一致**　机械能衡算方程中的物理量要采用一致的单位，特别强调压力单位的基准要一致，如全部采用表压或者全部采用绝压，不可混用。

2. 机械能衡算方程的应用示例

(1)确定输送机械的功率

【例1-15】 如本题附图所示，用离心泵 b 将储罐 a 中的某有机混合液送至精馏塔 c 的中部进行分离。已知储罐内液面维持恒定，其上方表压为 $1.013 \times 10^5 Pa$。液体密度为 $800kg/m^3$。精馏塔进料口处的塔内表压为 $1.21 \times 10^5 Pa$。进料口高于储罐内液面 8m，输送管道直径为 $\phi 68mm \times 4mm$，进料量为 $20m^3/h$。料液流经全部管道的能量损失为 70J/kg，求泵的有效功率。

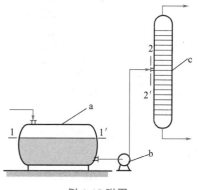

例1-15附图

解 以储罐液面为上游截面 1—1′，管路出口为下游截面 2—2′，并以 1—1′ 为基准水平面。在两截面间列机械能衡算方程，即

$$gz_1 + \frac{u_{b1}^2}{2} + \frac{p_1}{\rho} + W_e = gz_2 + \frac{u_{b2}^2}{2} + \frac{p_2}{\rho} + \sum h_f$$

或

$$W_e = g(z_2 - z_1) + \frac{u_{b2}^2 - u_{b1}^2}{2} + \frac{p_2 - p_1}{\rho} + \sum h_f \qquad (1)$$

式中，$z_1 = 0$，$z_2 = 8m$，$p_1 = 1.013 \times 10^5 Pa$(表压)，$p_2 = 1.21 \times 10^5 Pa$(表压)，$\rho = 800kg/m^3$，$\sum h_f = 70J/kg$，储罐截面比管道截面大得多，故 $u_{b1} \approx 0$。

$$u_{b2} = \frac{20}{3600 \times \pi/4 \times 0.06^2} = 1.97 m/s$$

将以上数据代入式(1)，得

$$W_e = 8 \times 9.81 + \frac{1.97^2}{2} + \frac{1.21 \times 10^5 - 1.013 \times 10^5}{800} + 70$$

$$= 175 J/kg$$

泵的有效功率为

$$N_e = W_e w_s = W_e V_s \rho = 175 \times 20/3600 \times 800 = 0.778 kW$$

> 从本例计算结果可知，流体输送机械对流体所做功主要用于增加流体的位能、压力能以及补偿机械能损失，而受输送管路的制约，流体的动能变化很小。这是流体输送管路的一个重要特点。

(2)确定管路中流体的压力

【例1-16】 如本题附图所示，用压缩空气将密闭容器中98%的浓硫酸(密度为 $1840kg/m^3$)压送至高位槽中，输送量为 $3m^3/h$，输送管路为 $\phi 37mm \times 3.5mm$ 的无缝钢管。已知容器中液面与压出管口之间的位差为 10m，并在压送过程中保持不变，总机械能损失 $\sum h_f = 15J/kg$。试求所需压缩空气的压力。

解 取密闭容器内液面为 1—1′截面和基准面，压出管出口为 2—2′截面，在两截面之间列机械能衡算方程得

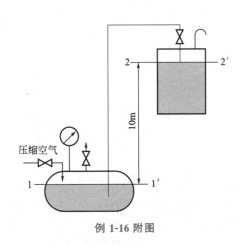

例 1-16 附图

$$gz_1 + \frac{p_1}{\rho} + \frac{u_{b1}^2}{2} = gz_2 + \frac{p_2}{\rho} + \frac{u_{b2}^2}{2} + \sum h_f \quad (1)$$

式中，$z_1 = 0$，$z_2 = 10\text{m}$，$p_2 = 0$（表压），$u_{b1} = 0$，

$\sum h_f = 15\text{J/kg}$，$u_{b2} = \dfrac{3}{(\pi/4) \times 0.03^2 \times 3600} = 1.18\text{m/s}$。

将以上数据代入式(1)得

$$p_1 = \rho\left(gz_2 + \frac{p_2}{\rho} + \frac{u_{b2}^2}{2} + \sum h_f\right)$$

$$= 1840 \times \left(9.81 \times 10 + \frac{1.18^2}{2} + 15\right)$$

$$= 0.209\text{MPa}$$

因此，需要 0.209MPa（表压）的压缩空气才能
完成要求的输送任务。

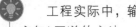

工程实际中，输送强腐蚀性的液体如强酸或超强酸、剧毒液体等，常采用气体（如空气）压送的方法。如果所输送液体容易被空气氧化，则可采用惰性气体如氮气等。

(3) 确定管路中流体的流量

【例 1-17】 如本题附图所示，20℃的空气在直径为 100mm 的水平管道内流过。管路中接一文丘里管，在其上游处接一水银 U 形管压差计，在直径为 50mm 的喉颈处接一细管，

其下部插入水槽中。设空气流过文丘里管的能量损失可忽略。试求当 U 形管压差计读数 $R = 25\text{mm}$、$h = 200\text{mm}$ 时，空气的流量为多少？

已知水银的密度为 13600kg/m^3，水的密度为 998.1kg/m^3，当地大气压力为 $101.33 \times 10^3\text{Pa}$。

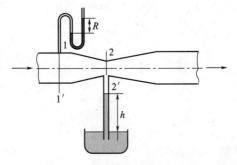

例 1-17 附图

解 如图，选 1—1′为上游截面，2—2′为下游截面，管道中心线为基准水平面。由题意 1—1′处的压力为

$$p_1 = \rho_{Hg}gR = 13600 \times 9.81 \times 0.025 = 3335\text{Pa}（表压）$$

截面 2—2′处的压力为

$$p_2 = -\rho_{H_2O}gh = -998.1 \times 9.81 \times 0.2 = -1958\text{Pa}（表压）$$

空气流经两截面的压力变化为

$$\frac{p_1 - p_2}{p_1} = \frac{3335 + 1958}{101330 + 3335} = 0.051 = 5.1\% < 20\%$$

可按不可压缩流体处理。

$$\rho_m = \frac{M}{22.4}\frac{T_0}{T}\frac{p_m}{p_0} = \frac{29}{22.4} \times \frac{273}{293} \times \frac{101330 + 1/2 \times (3335 - 1958)}{101330} = 1.21\text{kg/m}^3$$

在截面 1—1′与 2—2′间列机械能衡算方程得

$$\frac{u_{b1}^2}{2} + \frac{p_1}{\rho_m} = \frac{u_{b2}^2}{2} + \frac{p_2}{\rho_m}$$

代入已知数据并整理，可得

$$u_{b2}^2 - u_{b1}^2 = 2276 \qquad (1)$$

由连续性方程可得 u_{b1} 与 u_{b2} 间的关系为

$$u_{b2} = u_{b1}\left(\frac{d_1}{d_2}\right)^2 = u_{b1}\left(\frac{100}{50}\right)^2 = 4u_{b1} \qquad (2)$$

联立式(1)与式(2)解得

$$u_{b1} = 12.32\text{m/s}$$

因此空气的流量为

$$V_s = 3600 \times \frac{\pi}{4} \times 0.1^2 \times 12.32 = 348\text{m}^3\text{/h}$$

> 应用机械能衡算方程计算气体管路时，应当注意方程的适用条件，即 $(p_1 - p_2)/p_1$ < 20%，才可近似按不可压缩流体处理，否则会带来较大的计算误差。

(4)非稳态流动的计算

【例1-18】　如附图所示，敞口贮槽内液面与排液口之间的垂直距离为7m，贮槽内径 $D = 2\text{m}$，排液管的内径 $d = 0.03\text{m}$，液体流过管路的能量损失可按 $\sum h_f = 40u_b^2$ 计算，式中 u_b 为流体在管内的平均流速。试求经3h后贮槽内液面下降的高度。

解　本题为非稳态流动过程，对贮槽内液体作质量衡算，得

$$w_{s2} - w_{s1} + \frac{\mathrm{d}m}{\mathrm{d}\theta} = 0 \qquad (1)$$

式(1)中，$w_{s1} = 0$，$w_{s2} = \frac{\pi}{4}d^2 u_b \rho$，$m = \frac{\pi}{4}D^2\rho(z-h)$，$h$ 为贮槽底至管路出口的垂直距离。

将以上各量代入式(1)得

$$\frac{\pi}{4}d^2 u_b \rho + \frac{\pi}{4}D^2\rho\frac{\mathrm{d}z}{\mathrm{d}\theta} = 0$$

即

$$u_b + \left(\frac{D}{d}\right)^2\frac{\mathrm{d}z}{\mathrm{d}\theta} = 0 \qquad (2)$$

设在任一瞬时 θ，液面下降至 z 处，则在此瞬间，在液面1—1′与排液管出口2—2′之间列机械能衡算(以2—2′为基准水平面)方程，得

$$gz_1 + \frac{u_{b1}^2}{2} + \frac{p_1}{\rho} = gz_2 + \frac{u_{b2}^2}{2} + \frac{p_2}{\rho} + \sum h_f \qquad (3)$$

式(3)中，有 $z_1 = z$，$z_2 = 0$，$u_{b1} \approx 0$，$u_{b2} = u_b$，$p_1 = p_2$，$\sum h_f = 40u_b^2$，代入后得

$$9.81z = 40.5u_b^2$$

即

$$u_b = 0.492\sqrt{z} \qquad (4)$$

将式(4)代入式(2)得

$$0.492\sqrt{z} + \left(\frac{D}{d}\right)^2\frac{\mathrm{d}z}{\mathrm{d}\theta} = 0$$

即

$$\mathrm{d}\theta = -9033.4\frac{\mathrm{d}z}{\sqrt{z}} \qquad (5)$$

例1-18附图

初始条件为 $\theta=0$，$z=7\text{m}$，$\theta=3\times3600\text{s}$，$z=z$。

式(5)积分得

$$3\times3600=-9033.4\times2(\sqrt{z}-\sqrt{7})$$

$$z=4.19\text{m}$$

因此，经 3h 后贮槽内液面下降高度为 $7-4.19=2.81\text{m}$。

> 本题属于连续性方程与机械能衡算方程联立求解不稳态流动问题的典型示例。由解题过程可见，机械能衡算方程虽然是在稳态流动下导出的，但对于非稳态流动的任一瞬时，各种机械能间的关系仍满足此方程。

1.5 流体流动的阻力

由 1.4 节机械能衡算方程的推导过程可知：实际流体在运动时，由于要克服流体质点间阻碍运动的内摩擦力，必然要消耗一部分机械能。因此，流体的机械能损失 $\sum h_f$ 是分析和计算流体输送问题的重要内容。本节将重点讨论阻力产生的机理、管内流动阻力的计算问题。

1.5.1 流动阻力与能量损失的概念

1. 动量传递与流动阻力产生的机理

前已述及，流体的运动有两种型态——层流和湍流。由于流动型态的不同，产生流动阻力的原因各不相同，这可用层流和湍流运动的动量传递机理来解释。

(1)层流——分子动量传递

层流运动时，在任意相邻的流体层之间，由于速度不同发生的动量传递称为分子动量传递。其传递的机理为：当运动着的两相邻流体层之间存在速度梯度时，流速较快的流体层中的分子因随机运动会有一部分进入流速较慢的流体层中，与那里的流体分子相互碰撞使其流速加快，从而使慢速流体分子的动量增大；另一方面，慢速流体层中亦有等量随机运动的分子进入快速流体层中，使得快速流体层的分子动量减小。

分子动量通量即为作用在单位面积上的内摩擦力，这可从牛顿黏性定律中各物理量的单位来分析。对于不可压缩流体，牛顿黏性定律[式(1-12d)]可写成

$$\tau=-\frac{\mu}{\rho}\frac{\mathrm{d}(\rho u_x)}{\mathrm{d}y}=-\nu\frac{\mathrm{d}(\rho u_x)}{\mathrm{d}y} \tag{1-87}$$

式中，τ 为动量通量，单位为 $[\text{N/m}^2]=\left[\dfrac{\text{kg}\cdot\text{m/s}}{\text{m}^2\cdot\text{s}}\right]$；$\mathrm{d}(\rho u_x)/\mathrm{d}y$ 为动量浓度梯度，其单位为 $\left[\dfrac{\text{kg/m}^3\cdot\text{m/s}}{\text{m}}\right]=\left[\dfrac{\text{kg}\cdot\text{m/s}}{\text{m}^3\cdot\text{m}}\right]$；$\nu$ 为动量扩散系数，单位为 $[\text{m}^2/\text{s}]$。

式(1-87)表明，分子动量通量的大小与 y 方向上的动量浓度梯度成正比，负号表示动量传递的方向与动量浓度梯度的方向相反，即动量传递的方向是沿动量降低的方向。

由此可以得出，在作层流运动的流体内部，凡是存在速度梯度或动量浓度梯度的区域，都会产生动量的自发传递现象，而动量传递的速率即反映了流体阻力的大小。

但应注意，不能把流体运动时的内摩擦力简单地理解为壁面对运动流体的"摩擦阻力"。

事实上，流体与固体接触时，紧贴固体壁面的一层流体，由于流体在固体壁面上的附着作用，会紧贴固体壁面，不会与固体表面发生相对运动。流动阻力虽不是流体与固体边界的摩擦力，但并不是说固体边界对流动阻力没有影响；相反，**固体壁面会影响流体流动的结构，使之产生动量梯度，从而造成流体的内摩擦和产生能量损失。**

(2)湍流特性与涡流传递

宏观上，层流是一种规则的流动，流体层的各质点之间无宏观混合。从微观上看，分子在流体层之间作随机运动产生内摩擦力。

与层流相比，湍流流体的质点除了向下游流动之外，在其他方向还存在着随机的速度脉动，流体质点之间发生强烈混合，即任意空间点的流速、压力等运动参数均随时间 θ 变化。雷诺数越大，这种脉动越剧烈。而且，由于质点之间相互碰撞，使得流体层之间的内摩擦力急剧增加。这种由于质点碰撞与混合所产生的湍流应力，较之由于流体黏性引起的内摩擦力要大得多。

湍流的另一特点是由于质点的高频脉动与混合，使得在与流动垂直的方向上流体的速度分布较层流均匀。图 1-19(a)、(b)分别表示流体在圆管内作层流和湍流流动的速度分布。由图 1-19 可见，在大部分区域，湍流速度分布较层流均匀，但在管壁附近，湍流的速度梯度远大于层流。

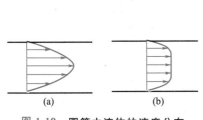

图 1-19　圆管中流体的速度分布

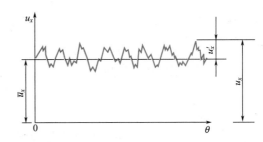

图 1-20　湍流中的速度脉动

图 1-20 示出了某空间点上 x 方向的速度 u_x 随时间脉动的曲线。由图 1-20 可见，在一段时间内，这种脉动始终在某一平均值上下波动。据此可将任意一点的速度分解成两部分：一是按时间的平均值，称为时均速度；另一个是因脉动而高于或低于时均速度的部分，称为脉动速度，则

$$u_x = \overline{u}_x + u_x' \tag{1-88a}$$

$$u_y = \overline{u}_y + u_y' \tag{1-88b}$$

$$u_z = \overline{u}_z + u_z' \tag{1-88c}$$

式中，u_x、u_y、u_z 分别为 x、y、z 方向的瞬时速度分量；$\overline{u}_x$、$\overline{u}_y$、$\overline{u}_z$ 分别为时均速度分量；u_x'、u_y'、u_z' 分别为脉动速度分量。

除流速之外，湍流中的其他运动参数，如温度、压力、密度等也都是脉动的，亦采用同样的方法来表征。

上述时均速度的定义，可以用数学式表达。以 x 方向为例，$\overline{u}_x$ 可以表达为

$$\overline{u}_x = \frac{1}{\theta_1} \int_0^{\theta_1} u_x \, \mathrm{d}\theta \tag{1-89}$$

式中，θ_1 是使 $\overline{u}_x$ 不随时间而变的一段时间，由于湍流中速度脉动的频率很高，故一般只需数秒即可满足上述积分要求。

从微观上讲，所有湍流均为非稳态流动，因为流场中各运动参数均随时间而变。通常我

们所说的稳态湍流，系指这些参数的时均值不随时间改变。

在湍流运动的流体内部，不仅有因分子随机运动产生的分子动量传递，还存在着流体质点高频脉动所引起的涡流动量传递，而且后者远大于前者。涡流通量可写成

$$\tau^r = \varepsilon \frac{\mathrm{d}(\rho \bar{u}_x)}{\mathrm{d}y} \tag{1-90}$$

式中，τ^r 称为湍流应力(雷诺应力)或湍流动量通量，N/m^2；ε 是涡流黏度或涡流动量扩散系数，m^2/s。ε 不是流体物理性质的函数，而是湍动程度、位置等的复杂函数。

湍流的总动量通量可表示为

$$\tau^t = \tau + \tau^r = (\nu + \varepsilon) \frac{\mathrm{d}(\rho \bar{u}_x)}{\mathrm{d}y} \tag{1-91}$$

湍流中的动量传递现象可用图 1-21 解释。在湍流流场中任取两个平行于 x 轴的流体层①与②，因 y 方向上存在速度的脉动，故在 y 截面的上、下两层流体①与②之间将交换动量而产生湍流应力。在①层中质量为 m 的流体团沿 y 方向向下脉动且携带动量 $\overline{mu_1}$ 进入②层；另一方面，②层内的流体团将携带动量 $\overline{mu_2}$ 进入①层。由于 $\bar{u}_1 > \bar{u}_2$，因此因脉动产生的涡流传递通量的方向是由①层到②层，即动量浓度梯度降低的方向。

由于脉动微团或质点的尺度远远大于流体分子本身，因此涡流动量传递的通量要远远大于分子动量通量。这也意味着湍流流动产生的流动阻力要比层流大得多。

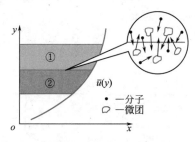

图 1-21 涡流动量传递

2. 管内流动阻力的分类

由机械能衡算方程式(1-82)可知，单位质量流体在控制体内流动的机械能损失为 $\sum h_f$。若以 $1m^3$ 为基准，则能量损失为 $\Delta p_f = \rho \sum h_f$，$\Delta p_f$ 称为压力降。

流体在管内流动时，按照流动阻力产生的方式不同，可分为直管摩擦阻力和局部阻力。

① **直管摩擦阻力**　流体在等径直管道内运动时，由于壁面的作用，使得流体内部产生动量梯度从而发生分子或涡流动量传递(亦即流体质点间的内摩擦力)，以及流体与管壁之间的黏附作用等，沿程阻碍着流体的运动，这种阻力称为直管摩擦阻力。为克服直管阻力而消耗的机械能称为直管能量损失。单位质量流体的直管能量损失以 h_f 表示。

② **局部阻力**　当流体流经弯管、流道突然扩大或缩小、阀门、三通等局部区域时，流速的大小和方向被迫急剧改变，因而发生流体质点的撞击，出现涡旋、流体与壁面分离等现象。此时由于黏性的作用，质点间发生剧烈的摩擦和动量交换，从而消耗流体的机械能，这种在局部障碍处产生的阻力称为局部阻力。流体为克服局部阻力而消耗的机械能称为局部能量损失，以 h_j 表示。

因此，实际流体在管路中流动的总机械能损失 $\sum h_f$ 应为直管阻力损失与局部阻力损失之和，即

$$\sum h_f = h_f + h_j \tag{1-92}$$

或写成

$$\Delta p_f = \Delta p_{sf} + \Delta p_j \tag{1-93}$$

式中，Δp_{sf} 为由于摩擦阻力引起的压降，Δp_j 为由于局部阻力引起的压降。

3. 计算直管摩擦阻力的通式

以实际流体在水平直圆管内作稳态流动进行讨论。如图 1-22 所示，在流体中沿管中心

取一长为 L、半径为 r 的控制体作力的分析。在此控制体上作用着两个力：一个是促使流体流动的推动力，$(p_1-p_2)\pi r^2$，它与流动方向相同；另一个是由内摩擦力而引起的摩擦阻力，$\tau 2\pi rL$，它与流动方向相反。在稳态下，流体不被加速，故有

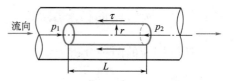

图 1-22　直管摩擦阻力通式的推导

$$(p_1-p_2)\pi r^2 = \tau 2\pi rL$$

即

$$\tau = -\frac{\Delta p}{2L}r \tag{1-94}$$

式(1-94)表明，流体在管内流动时，内摩擦力沿径向线性变化，在壁面处内摩擦力达到最大，而管中心为零。这一规律对于层流和湍流均适用。

在壁面处，$r=r_i=d/2$，式(1-94)变为

$$\tau_s = -\frac{\Delta p}{4L}d$$

式中，τ_s 表示壁面处的剪应力。由于流体是在水平直管内流动，$-\Delta p=\Delta p_{sf}$，故上式可以写成

$$\Delta p_{sf} = 4\tau_s\frac{L}{d} \tag{1-95}$$

将式(1-95)写成下面的形式

$$\Delta p_{sf} = \left(\frac{8\tau_s}{\rho u^2}\right)\left(\frac{L}{d}\right)\frac{\rho u_b^2}{2} \tag{1-96}$$

令

$$\lambda = \frac{8\tau_s}{\rho u_b^2} \tag{1-97}$$

则式(1-96)变为

$$\Delta p_{sf} = \lambda\frac{L}{d}\frac{\rho u_b^2}{2} \tag{1-98}$$

或

$$h_f = \frac{\Delta p_{sf}}{\rho} = \lambda\frac{L}{d}\frac{u_b^2}{2} \tag{1-99}$$

式中，λ 为直管摩擦阻力系数，它与流动型态、管壁的粗糙程度等有关；L 为管道长度；d 为管径；u_b 为管内平均流速。

式(1-98)或式(1-99)是计算直管摩擦阻力的通式，称为达西(Darcy)公式。此式将流动阻力的求解转化为摩擦阻力系数的求解问题。

为了讨论 λ 的物理意义，可将式(1-97)写成如下形式

$$\tau_s = \frac{\lambda}{8}\rho u_b^2 = \frac{\lambda u_b}{8}(\rho u_b - \rho u_s) = K(\rho u_b - \rho u_s) \tag{1-100}$$

式中，τ_s 为流体与壁面之间动量传递的通量，其单位为 $N/m^2 = kg\cdot m\cdot s^{-1}/(m^2\cdot s)$；$(\rho u_b - \rho u_s)$ 为管截面的平均动量浓度与壁面动量浓度之差(注意：由于流体的黏性，在壁面处速度 $u_s=0$)，即动量传递的推动力，其单位为 $kg\cdot m\cdot s^{-1}/m^3$；$K$ 为流体-壁面间的动量传递系数，其单位为 m/s。类似于式(1-100)的表达式在后续的传热、传质课程中还会遇到。

式(1-98)或式(1-99)既可用于层流也可用于湍流，但由于这两类流动的动量传递机理不同，故 λ 的求解方法也不同，下面分别予以讨论。

1.5.2 圆管内的稳态层流

1. 圆管层流的两种分析方法

(1)方法一

这种方法是从运动方程和连续性方程出发，并结合层流的特点建立微分方程。我们知道，层流的特点是流体质点只有轴向运动而无径向运动。如果将圆管水平放置，并使管轴与 z 坐标轴重合，如图 1-22 所示，则 $u_x = u_y = 0$。在稳态下，连续性方程简化为

$$\frac{\partial u_z}{\partial z} = 0 \tag{1-101}$$

当忽略质量力的影响时，式(1-69)的 N-S 方程可以简化为

$$\frac{\partial p}{\partial z} = \mu \left(\frac{\partial^2 u_z}{\partial x^2} + \frac{\partial^2 u_z}{\partial y^2} \right) \tag{1-102a}$$

$$\frac{\partial p}{\partial x} = 0 \tag{1-102b}$$

$$\frac{\partial p}{\partial y} = 0 \tag{1-102c}$$

式(1-102b)与式(1-102c)表明，p 仅是 z 的函数，而流速 u_z 仅是 x、y 的函数。因此，只有等式两侧都等于常数时才能成立，即

$$\frac{\mathrm{d}p}{\mathrm{d}z} = 常数 = \frac{p_2 - p_1}{L} = -\frac{\Delta p_{\mathrm{sf}}}{L}$$

式中，Δp_{sf} 是长度为 L 的水平直管上的压降。将上式代入式(1-102a)得

$$\frac{\partial^2 u_z}{\partial x^2} + \frac{\partial^2 u_z}{\partial y^2} = \frac{1}{\mu} \frac{\partial p}{\partial z} = -\frac{\Delta p_{\mathrm{sf}}}{\mu L} \tag{1-103}$$

对于管内流动，采用柱坐标方程求解式(1-103)更为方便。为此令

$$x = r\cos\theta, \quad y = r\sin\theta$$

式中，r 为径向坐标；θ 为方位角。将上式代入式(1-103)进行坐标变换得

$$\frac{1}{r} \frac{\mathrm{d}}{\mathrm{d}r} \left(r \frac{\mathrm{d}u_z}{\mathrm{d}r} \right) = -\frac{\Delta p_{\mathrm{sf}}}{\mu L} \tag{1-104}$$

积分得

$$\frac{\mathrm{d}u_z}{\mathrm{d}r} = -\frac{\Delta p_{\mathrm{sf}}}{2\mu L} r + C$$

当 $r = 0$ 时，管轴线上的速度有最大值，故 $\mathrm{d}u_z/\mathrm{d}r = 0$。于是积分常数 $C = 0$。

$$\frac{\mathrm{d}u_z}{\mathrm{d}r} = -\frac{\Delta p_{\mathrm{sf}}}{2\mu L} r \tag{1-105}$$

式(1-105)即为采用方法一所得到的一个一阶常微分方程。

(2)方法二

从 1.5.1 节对水平圆管内流体元的受力平衡分析可知，流体在管内流动时，内摩擦力沿径向线性变化，即式(1-94)所示

$$\tau = -\frac{\Delta p}{2L} r \tag{1-94}$$

式(1-94)既适用于层流也适用于湍流。层流时，内摩擦力可用牛顿黏性定律表示，即

$$\tau = -\mu \frac{\mathrm{d}u_z}{\mathrm{d}r} \tag{1-106}$$

将式(1-95)与式(1-106)联立，同样可得式(1-105)。

2. 速度分布、平均流速、摩擦阻力及摩擦系数

对式(1-105)积分得

$$u_z = \frac{\Delta p_{sf}}{4\mu L} r^2 + C$$

式中，C 为积分常数，可由边界条件确定。当 $r = r_i$(管壁上)，$u_z = 0$，代入上式得

$$C = -\frac{\Delta p_{sf}}{4\mu L} r_i^2$$

故

$$u_z = \frac{\Delta p_{sf}}{4\mu L}(r_i^2 - r^2) \tag{1-107}$$

式(1-107)即为圆管稳态层流的速度分布曲线，该式表明流速沿径向按抛物线规律分布。显然，在管中心处($r=0$)流速最大，即

$$u_{max} = \frac{\Delta p_{sf}}{4\mu L} r_i^2 \tag{1-108}$$

因此，速度分布又可写成

$$u_z = u_{max}\left[1 - \left(\frac{r}{r_i}\right)^2\right] \tag{1-109}$$

管截面的平均流速为

$$u_b = \frac{1}{A}\iint_A u_z \mathrm{d}A = \frac{1}{\pi r_i^2}\int_0^{2\pi}\int_0^{r_i} u_{max}\left[1 - \left(\frac{r}{r_i}\right)^2\right] r \mathrm{d}r \mathrm{d}\theta = \frac{u_{max}}{2} = \frac{\Delta p_{sf}}{8\mu L} r_i^2$$

由上式可得

$$\Delta p_{sf} = \frac{8\mu u_b L}{r_i^2} = \frac{32\mu u_b L}{d^2} \tag{1-110}$$

或

$$h_f = \frac{\Delta p_{sf}}{\rho} = \frac{32\mu u_b L}{\rho d^2} \tag{1-111}$$

式(1-110)为流体在圆管内作层流流动时的直管阻力计算式，称为哈根-泊谡叶(Hagen-Poiseuille)方程。式(1-110)或式(1-111)表明，**圆管内层流流动的摩擦阻力损失与平均流速及管长的一次方成正比，与管直径的平方成反比**。因此，流体在管内以一定流速流动时，管路越长、管径越小，直管阻力越大。在远距离输送流体时，可适当加大管径，以减少直管阻力损失。

比较式(1-99)与式(1-111)可得

$$\lambda = 64/Re \tag{1-112}$$

或

$$f = 16/Re \tag{1-112a}$$

式中，f 称为范宁摩擦因子。

【例 1-19】 牛顿型液体在直径为 0.05m 的圆管内流动，实验测得每米管长的压降为 3000Pa，已知液体的密度为 $\rho = 1100 \mathrm{kg/m}^3$、黏度为 $\mu = 0.10 \mathrm{Pa \cdot s}$。试求：(1)管中心处的流速；(2)体积流量；(3)摩擦系数 λ。

解 先假定流动为层流，由哈根-泊谡叶方程(1-110)得

$$\frac{\Delta p_{sf}}{L} = \frac{32\mu u_b}{d^2} = 3000$$

故
$$u_b = \frac{3000 \times 0.05^2}{32 \times 0.1} = 2.344 \text{m/s}$$

$$Re = \frac{du_b\rho}{\mu} = \frac{0.05 \times 2.344 \times 1100}{0.1} = 1289$$

确为层流。

(1) $u_{max} = 2u_b = 4.688 \text{m/s}$

(2) $V_s = \frac{\pi}{4}d^2 u_b = 0.785 \times 0.05^2 \times 2.344 = 4.60 \times 10^{-3} \text{m}^3/\text{s}$

(3) 摩擦系数 λ 可由式(1-112)计算

$$\lambda = \frac{64}{Re} = \frac{64}{1289} = 0.0496$$

也可按式(1-98)计算

$$\lambda = 2\frac{\Delta p_{sf}}{L}\frac{d}{\rho u_b^2} = 2 \times 3000 \times \frac{0.05}{1100 \times 2.344^2} = 0.0496$$

本例题求解的关键是确定流动的 Re 数。通常在进行管路计算时，如果流体的流量或平均流速未知，就需要采用本例的试差法求解。

【例 1-20】 试求流体在圆管内作层流流动时的动能校正系数 α。

解 由 α 的计算式(1-79)得

$$\alpha = \frac{1}{u_b^3 A}\iint_A u^3 dA = \frac{u_{max}^3}{u_b^3 A}\int_0^{r_i}\left[1 - \left(\frac{r}{r_i}\right)^2\right]^3 2\pi r\, dr$$

$$= \frac{2\pi u_{max}^3}{\pi r_i^2 u_b^3}\int_0^{r_i}\left[r - 3\frac{r^3}{r_i^2} + 3\frac{r^5}{r_i^4} - \frac{r^7}{r_i^6}\right]dr$$

$$= \frac{2\pi u_{max}^3}{\pi r_i^2 u^3}\frac{r_i^2}{8} = \frac{u_{max}^3}{4u_b^3} = 2.0$$

1.5.3 非圆形管路中的层流

在工程实际中，有时会遇到各种非圆形截面的管道，例如流体在套管换热器环隙内的流动、流体在矩形截面的管路内流动等。对于流体在非圆形管中的层流流动，可从运动方程出发，并结合层流的特点建立微分方程。

1. 套管环隙中的轴向稳态层流

流体在同心套管环隙间作轴向稳态流动在物料的加热或冷却过程中经常遇到。如图 1-23 所示，有两根同心套管，内管外半径为 r_1，外管内半径为 r_2，不可压缩流体在两管环隙间沿轴向作稳态流动。由于这是简单一维流动，连续性方程及运动方程的化简与圆管相同，其结果为

$$\frac{1}{r}\frac{d}{dr}\left(r\frac{du_z}{dr}\right) = -\frac{\Delta p_{sf}}{\mu L} \qquad (1\text{-}104)$$

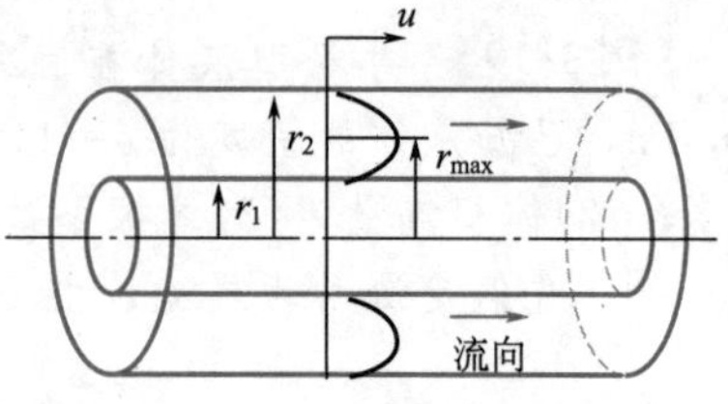

对于套管环隙，上式的边界条件为

① $r = r_1$，$u_z = 0$；

图 1-23　套管环隙中的稳态层流

② $r=r_2$，$u_z=0$；

③ $r=r_{max}$，$u_z=u_{max}$，$\dfrac{\mathrm{d}u_z}{\mathrm{d}r}=0$。式中，$r_{max}$ 是环隙截面上最大流速 u_{max} 处距管中心的距离。

对式(1-104)积分，并代入边界条件③，可得

$$r\,\frac{\mathrm{d}u_z}{\mathrm{d}r}=-\frac{1}{2\mu}\frac{\mathrm{d}p}{\mathrm{d}z}(r^2-r_{max}^2) \tag{1-113}$$

根据边界条件①，对式(1-113)再进行一次积分，得

$$u_z=\frac{1}{2\mu}\frac{\mathrm{d}p}{\mathrm{d}z}\left(\frac{r^2-r_1^2}{2}-r_{max}^2\ln\frac{r}{r_1}\right) \tag{1-114}$$

若根据边界条件②，对式(1-113)积分，可得另一表达式

$$u_z=\frac{1}{2\mu}\frac{\mathrm{d}p}{\mathrm{d}z}\left(\frac{r^2-r_2^2}{2}-r_{max}^2\ln\frac{r}{r_2}\right) \tag{1-115}$$

式(1-114)与式(1-115)联立得

$$r_{max}=\sqrt{\frac{r_2^2-r_1^2}{2\ln(r_2/r_1)}} \tag{1-116}$$

在环隙截面上的平均流速为

$$
\begin{aligned}
u_b&=\frac{1}{A}\iint_A u_z\,\mathrm{d}A=\frac{1}{\pi(r_2^2-r_1^2)}\int_{r_1}^{r_2}u_z 2\pi r\,\mathrm{d}r\\
&=\frac{1}{\pi(r_2^2-r_1^2)}\int_{r_1}^{r_2}2\pi\frac{1}{2\mu}\frac{\mathrm{d}p}{\mathrm{d}z}\left(\frac{r^2-r_1^2}{2}-r_{max}^2\ln\frac{r}{r_1}\right)r\,\mathrm{d}r\\
&=-\frac{1}{8\mu}\frac{\mathrm{d}p}{\mathrm{d}z}(r_2^2+r_1^2-2r_{max}^2)
\end{aligned} \tag{1-117}
$$

于是，z 方向上的压降可表示为

$$\Delta p_{sf}=\frac{8\mu u_b L}{r_2^2+r_1^2-2r_{max}^2}=\frac{32\mu u_b L}{d_2^2+d_1^2-2d_{max}^2} \tag{1-118}$$

式中，d_1、d_2、d_{max} 分别为内管外径、外管内径和截面最大流速 u_{max} 处的直径，其中

$$d_{max}=\sqrt{\frac{d_2^2-d_1^2}{2\ln(d_2/d_1)}}$$

将式(1-98)中的圆管直径用套管环隙的当量直径 $d_e=d_2-d_1$ 代替，并与式(1-118)比较，可得

$$\lambda=\frac{64}{Re}\frac{(d_2-d_1)^2}{d_2^2+d_1^2-2d_{max}^2} \tag{1-119}$$

式中，$Re=\rho d_e u_b/\mu$ 是以当量直径 d_e 表示的雷诺数。

【例 1-21】 常压下，温度为 45℃ 的空气以 $10\mathrm{m}^3/\mathrm{h}$ 的流量在水平套管环隙内流动，套管的内管外径为 50mm，外管内径为 100mm，试求：(1)空气最大流速处的径向距离；(2)单位长度的压力降；(3)空气的最大流速；(4)$r=r_1$ 及 $r=r_2$ 处的剪应力。

解 常压下，45℃ 空气的物性为 $\rho=1.11\mathrm{kg/m}^3$，$\mu=1.94\times10^{-5}\mathrm{Pa\cdot s}$。为确定流型，先计算流动的 Re 数。套管环隙的当量直径为

$$d_e=d_2-d_1=100-50=50\mathrm{mm}$$

$$u_b = \frac{V_s}{A} = \frac{10/3600}{(\pi/4)(0.1^2 - 0.05^2)} = 0.472 \text{m/s}$$

$$Re = \frac{0.05 \times 0.472 \times 1.11}{1.94 \times 10^{-5}} = 1349 < 2000 \text{ 为层流}$$

(1)最大流速处的径向距离

$$r_{max} = \sqrt{\frac{r_2^2 - r_1^2}{2\ln(r_2/r_1)}} = \sqrt{\frac{0.05^2 - 0.025^2}{2\ln(0.05/0.025)}} = 0.0368 \text{m}$$

(2)单位长度的压力降

$$\frac{\Delta p_{sf}}{L} = \frac{8\mu u_b}{r_2^2 + r_1^2 - 2r_{max}^2}$$

$$= \frac{8 \times 1.94 \times 10^{-5} \times 0.472}{0.05^2 + 0.025^2 - 2 \times 0.0368^2} = 0.176 \text{Pa/m}$$

(3)空气的最大流速

$$u_{max} = \frac{1}{2\mu} \frac{dp}{dz} \left[\frac{r_{max}^2 - r_2^2}{2} - r_{max}^2 \ln \frac{r_{max}}{r_2} \right]$$

$$= \frac{(-0.176)}{2 \times 1.94 \times 10^{-5}} \left[\frac{0.0368^2 - 0.05^2}{2} - 0.0368^2 \ln \frac{0.0368}{0.05} \right] = 0.716 \text{m/s}$$

(4)$r = r_1$ 及 $r = r_2$ 处的剪应力。在内管壁处，速度梯度与 r 方向相同，则

$$\tau_{s1} = \mu \frac{du_z}{dr} \Big|_{r=r_1} \tag{1}$$

而在外管壁处，速度梯度与 r 方向相反，则

$$\tau_{s2} = -\mu \frac{du_z}{dr} \Big|_{r=r_2} \tag{2}$$

将套管环隙的速度分布式代入式(1)和式(2)中，可得

$$\tau_{s1} = -\frac{1}{2} \frac{\Delta p_{sf}}{L} \left(\frac{r_1^2 - r_{max}^2}{r_1} \right) = -\frac{1}{2} \times 0.176 \times \frac{0.025^2 - 0.0368^2}{0.025} = 2.564 \times 10^{-3} \text{Pa}$$

$$\tau_{s2} = \frac{1}{2} \frac{\Delta p_{sf}}{L} \left(\frac{r_2^2 - r_{max}^2}{r_2} \right) = \frac{1}{2} \times 0.176 \times \frac{0.05^2 - 0.0368^2}{0.05} = 2.014 \times 10^{-3} \text{Pa}$$

从计算结果可知，流体在内管外壁面处的剪应力 τ_{s1} 与在外管内壁面处的剪应力 τ_{s2} 的数值不同。这是由于流体在套管环隙间流动的非对称性所造成的，亦即流体的最大流速并不在 $r_{max} = (r_1 + r_2)/2$ 处，而是在 $r_{max} = \sqrt{\frac{r_2 - r_1}{2\ln(r_2/r_1)}}$ 处。

2. 矩形截面管道中的层流

设水平矩形截面管道的长、短边分别为 a 和 b，在层流时，可采用运动方程进行求解。

(1)速度分布

$$u_z = \frac{\Delta p_{sf}}{8\mu L} y(y - a) + \sum_{m=1}^{\infty} \sin\left(\frac{m\pi y}{a}\right) \left(A_m \text{ch} \frac{m\pi z}{a} + B_m \text{sh} \frac{m\pi z}{a} \right) \tag{1-120}$$

式中 $\qquad A_m = \frac{a^2}{\mu m^3 \pi^3} \frac{\Delta p_{sf}}{L} (\cos m\pi - 1), \quad B_m = -A_m \frac{\coth(mb\pi/a) - 1}{\text{sh}(mb\pi/a)}$

(2)平均流速

$$u_b = \frac{b^2 \Delta p_{sf}}{12\mu L} \left[1 - \frac{192b}{\pi^5 a} \mathrm{th}\left(\frac{\pi a}{2b}\right) \right] \tag{1-121}$$

(3)压降

$$\Delta p_{sf} = \frac{12\mu u_b L}{b^2} \left[1 - \frac{192b}{\pi^5 a} \mathrm{th}\left(\frac{\pi a}{2b}\right) \right]^{-1} \tag{1-122}$$

其他截面的管道,如三角形截面、椭圆形截面中的层流流动,也可采用运动方程求解,读者可参阅有关流体力学的专著,在此从略。

【例 1-22】 试求流体在长为 a、宽为 b 的矩形截面管道内作层流流动时的摩擦系数 λ 的表达式。

解 将式(1-122)与式(1-98)联立可得

$$\lambda = \frac{24\mu d_e}{\rho u_b b^2} \left[1 - \frac{192b}{\pi^5 a} \mathrm{th}\left(\frac{\pi a}{2b}\right) \right]^{-1} = \frac{24\mu d_e^2}{d_e \rho u_b b^2} \left[1 - \frac{192b}{\pi^5 a} \mathrm{th}\left(\frac{\pi a}{2b}\right) \right]^{-1} \tag{1}$$

式中

$$d_e = \frac{2ab}{a+b}$$

将上式代入式(1)得

$$\lambda = \frac{96}{Re} \left(\frac{a}{a+b} \right)^2 \left[1 - \frac{192b}{\pi^5 a} \mathrm{th}\left(\frac{\pi a}{2b}\right) \right]^{-1}$$

式中,$Re = d_e \rho u_b / \mu$ 是以当量直径表示的雷诺数。

1.5.4 圆管湍流的速度分布

1. 管内湍流的速度结构与壁面粗糙度的概念

(1)管内湍流的速度结构

湍流运动要比层流复杂得多。实验研究发现,流体在管内作湍流运动时,并非全管中都处于同样的湍流状态。在靠近管壁处,由于流体的黏性作用,紧贴壁面的流体质点将黏附于管壁上,其流速为零。继而它们又影响到邻近的流体层,使其速度也随之变小,从而在这一很靠近壁面的流层中有显著的速度梯度。也就是说,在靠近壁面处有一极薄的层流层存在,称之为黏性底层或层流底层。在层流底层之外,还有一层很薄的过渡层,在此之外的大部分区域才是湍流的核心区。

在层流底层内,速度梯度很大,故黏性力对流动起主导作用;而在湍流核心区,由于流体质点的高频脉动,速度分布趋于均匀化,流体黏性的影响相应变得很小。但因质点脉动引起的内摩擦力(雷诺应力)远远大于黏性力;当然在过渡层,既存在雷诺应力,又有黏性力的影响。

黏性底层的厚度 δ_b 与主流的湍动程度有关,即雷诺数越大,δ_b 越小。δ_b 可近似按下式计算

$$\delta_b = \frac{62.6d}{Re^{0.875}} \tag{1-123}$$

式中,d 为管径。

(2)光滑管与粗糙管的概念

任何一个管道,由于各种因素(如管子的材料、加工方法、使用条件及锈蚀等)的影响,

管壁内表面总是凹凸不平的。通常把管壁内表面凸出的平均高度称为**绝对粗糙度**，以 e 表示。

当层流底层厚度 δ_b 大于管壁的绝对粗糙度 e 时，管壁凸起的部分完全被层流底层所覆盖，湍流核心区与凸起部分不接触，流动不受管壁粗糙度的影响，因而摩擦阻力损失与壁面粗糙度无关。这时的管道称为**水力光滑管**，如图 1-24(a)所示。

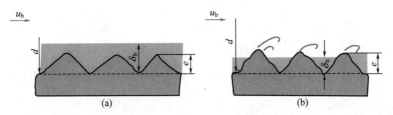

图 1-24　流体流过管壁面的情况

当 $\delta_b < e$ 时，管壁的凸起部分完全暴露在黏性底层之外，湍流核心区与凸起部分直接接触，流体冲击凸起部分，不断产生新的旋涡，使流体的湍动加剧，消耗流体的机械能。此时阻力损失与壁面的粗糙度有关，这种情况称为**水力粗糙管**，如图 1-24(b)所示。

水力光滑管或粗糙管的概念是相对的，随着流动的 Re 的变化，δ_b 也在变化，因此对同一管道（e 固定不变），Re 小时可能是光滑管，Re 大时就可能是粗糙管。

2. 圆管稳态湍流的对数速度分布

前已述及，在湍流运动的流体内部，不仅有因分子随机运动产生的分子动量传递，还存在着流体质点高频脉动所引起的涡流动量传递，故湍流的总动量通量为二者之和，即

$$\tau^t = \tau + \tau^r = (\nu + \varepsilon)\frac{\mathrm{d}(\overline{\rho u_x})}{\mathrm{d}y} \tag{1-91}$$

由湍流的速度结构可知，在层流内层中，黏性力起主导作用，雷诺应力可忽略不计，即 $\tau^t = \tau$；在湍流主体区域，因流体质点脉动引起的雷诺应力起决定作用，黏性应力的影响可以忽略，$\tau^t = \tau^r$。因此，在建立圆管内的速度分布方程时，应该对各流体层分别考虑。

(1)层流内层

在层流内层，黏性应力与速度梯度的关系可用牛顿黏性定律描述，即

$$\mathrm{d}\overline{u}_x = \frac{\tau}{\mu}\mathrm{d}y$$

式中，y 是由管壁算起的距离坐标。

由于层流内层很薄，上式中的 τ 可近似用壁面剪应力 τ_s 代替，于是积分上式并代入边界条件 $y=0$，$\overline{u}_x = 0$ 得

$$\overline{u}_x = \frac{\tau_s}{\mu}y \tag{1-124}$$

上式表明，在层流内层中的速度为线性分布。

(2)湍流核心

在湍流核心，雷诺应力起主导作用。普朗特（Prandtl）对此做了大量研究，根据他提出的混合长理论，雷诺应力与时均流速的关系可表示为

$$\tau^r = \rho\ell^2\left(\frac{\mathrm{d}\overline{u}_x}{\mathrm{d}y}\right)^2 \tag{1-125}$$

式中，ℓ 为流体质点的掺混路程，称为普朗特混合长；$\mathrm{d}\overline{u}_x/\mathrm{d}y$ 为时均速度梯度。

由 1.5.1 节可知，对于管内湍流，剪应力沿管径亦为线性分布，即

$$\tau^r = \tau_s \frac{r}{r_i} = \tau_s \left(1 - \frac{y}{r_i}\right) \tag{1-126}$$

又根据卡门(Karman)的实验结果，混合长可表示为

$$\ell = Ky \sqrt{1 - y/r_i} \tag{1-127}$$

式中，K 是与湍动程度有关的待定常数，需由实验确定。

将式(1-126)和式(1-127)代入式(1-125)中得

$$\tau_s = \rho K^2 y^2 \left(\frac{d\overline{u}_x}{dy}\right)^2 \tag{1-128}$$

令

$$u^* = \sqrt{\tau_s/\rho} \tag{1-129}$$

式中，u^* 称为摩擦速度，单位为 m/s。将式(1-129)代入式(1-128)整理得

$$u^* = Ky\left(\frac{d\overline{u}_x}{dy}\right) \tag{1-130}$$

将式(1-130)积分并略去 $\overline{u}_x$ 的时均值标记，可得

$$u_x = \frac{u^*}{K}\ln y + C = \frac{u^*}{K}\ln\left(\frac{yu^*}{\nu}\right) + C_1 \tag{1-131}$$

式中，C_1 为积分常数，它与壁面情况有关。K 与 C_1 值均需由实验确定。

式(1-131)表明，在圆管湍流的核心区域，速度分布可用对数形式表达。与层流的抛物线分布相比，湍流的速度分布要均匀得多。

① 对于光滑或水力光滑管内的湍流，1930 年尼古拉则(Nikurades)采用各种不同粗糙度的圆管进行了大量实验研究，求得 $K = 0.4$，$C_1 = 5.5$。故速度分布为

$$\frac{u_x}{u^*} = 2.5\ln\frac{yu^*}{\nu} + 5.5$$

或写成

$$\frac{u_x}{u^*} = 5.75\lg\frac{u^*y}{\nu} + 5.5 \tag{1-132}$$

管内平均流速可按式(1-133)求得

$$u_b = \frac{1}{\pi r_i^2}\int_0^{r_i} u_x 2\pi(r_i - y)dy = \int_0^{r_i} 2u\left(1 - \frac{y}{r_i}\right)d\left(\frac{y}{r_i}\right) \tag{1-133}$$

由于层流内层非常薄，因此在求算 u_b 时可以用式(1-132)代替整个速度分布，其所产生的误差可忽略不计。将式(1-132)代入上式积分得

$$\frac{u_b}{u^*} = 5.75\lg\frac{r_i}{\nu}u^* + 1.75 \tag{1-134}$$

② 对于粗糙管，根据尼古拉则的数据，流速分布可表示为

$$\frac{u_x}{u^*} = 5.75\lg\frac{y}{e} + 8.5 \tag{1-135}$$

平均流速为

$$\frac{u_b}{u^*} = 5.75\lg\frac{r_i}{e} + 4.75 \tag{1-136}$$

【例 1-23】 20℃的水在内径为 75mm 的光滑圆管内作稳态流动。已知壁面处的剪应力为 $3.68N/m^2$，水的物性：$\rho=998.2kg/m^3$，$\nu=1.006\times10^{-6}m^2/s$。试求管内平均流速、质量流量、管中心流速以及每米管长的压降。

解 假设流动为湍流，由给定的壁面剪应力值求得摩擦速度为

$$u^*=\sqrt{\frac{\tau_s}{\rho}}=\sqrt{\frac{3.68}{998.2}}=0.0607m/s$$

由光滑圆管内的平均流速计算式(1-134)得

$$u_b=u^*\left(5.75\lg\frac{r_i}{\nu}u^*+1.75\right)=0.0607\times\left(5.75\times\lg\frac{0.0607\times0.0375}{1.006\times10^{-6}}+1.75\right)$$
$$=1.28m/s$$

验证 Re 数

$$Re=\frac{du_b}{\nu}=\frac{0.075\times1.28}{1.006\times10^{-6}}=95430>4000$$

确为湍流，故计算正确。

质量流量为

$$w_s=\rho u_b\pi r^2=998.2\times1.28\times3.14\times0.0375^2=5.64kg/s$$

管中心流速为

$$u_{max}=u^*\left(5.75\lg\frac{r_i}{\nu}u^*+5.5\right)=0.0607\times\left(5.75\times\lg\frac{0.0607\times0.0375}{1.006\times10^{-6}}+5.5\right)$$
$$=1.51m/s$$

由式(1-95)，可得每米管长的压降为

$$\frac{\Delta p_{sf}}{L}=\frac{4}{d}\tau_s=\frac{4}{0.075}\times3.68=196.3Pa/m$$

> 在进行管路计算时，应先判断流体的流动型态再做相应的计算。如果流体流量或流速未知，则需要采用试差法计算。此外由计算结果可知，与管内层流时的 $u_b=u_{max}/2$ 不同，在本例的湍流条件下，$\dfrac{u_b}{u_{max}}=\dfrac{1.28}{1.51}=0.848$。通常对于湍流，该比值随 Re 改变。

3. 圆管稳态湍流速度分布的经验公式

光滑圆管内湍流的速度分布还可用如下经验公式近似表示

$$u=u_{max}\left(1-\frac{r}{r_i}\right)^{1/n} \tag{1-137}$$

式中，指数 n 随流动的 Re 数变化。在 $Re=1\times10^5$ 左右，$n=7$，则式(1-137)可写成

$$u=u_{max}\left(1-\frac{r}{r_i}\right)^{1/7} \tag{1-138}$$

式(1-138)称为管内湍流的 1/7 次方定律。它只是一种近似表示，不能描述壁面处的情况。在壁面处其速度梯度 $\dfrac{du}{dr}\rightarrow\infty$，显然与实际不符。

由式(1-138)可求得平均流速与管中心最大速度 u_{max} 之间的关系为

$$u_b=0.817u_{max} \tag{1-139}$$

【例 1-24】 利用圆管湍流速度分布的经验式(1-138)求圆管湍流的动能校正系数 α。

解 由 α 的计算式(1-79)得

$$\alpha = \frac{1}{u_b^3 A}\iint_A u^3 \, \mathrm{d}A = \frac{2\pi u_{max}^3}{\pi r_i^2 u_b^3}\int_0^{r_i}\left[\left(1-\frac{r}{r_i}\right)^{1/7}\right]^3 r\,\mathrm{d}r = \frac{2}{r_i^2}\left(\frac{u_{max}}{u_b}\right)^3\int_0^{r_i}\left(1-\frac{r}{r_i}\right)^{3/7} r\,\mathrm{d}r \quad (1)$$

式中

$$\left(\frac{u_{max}}{u_b}\right)^3 = \left(\frac{1}{0.817}\right)^3 = 1.834$$

令 $y = r_i - r$，则式(1)可写成

$$\alpha = \frac{2\times 1.834}{r_i^2}\int_0^{r_i}\frac{y^{3/7}}{r_i^{3/7}}(r_i - y)\,\mathrm{d}y = \frac{3.668}{r_i^{17/7}}\int_0^{r_i}(r_i y^{3/7} - y^{10/3})\,\mathrm{d}y$$

$$= \frac{3.668}{r_i^{17/7}}\int_0^{r_i}(r_i y^{3/7} - y^{10/3})\,\mathrm{d}y = \frac{3.668}{r_i^{17/7}}\left(\frac{7}{10}r_i^{17/7} - \frac{7}{17}r_i^{17/7}\right)$$

$$= 1.057$$

1.5.5 管内湍流的摩擦阻力

管内湍流是工程实际中最常见和最重要的流动，它的摩擦阻力可采用通用的达西公式来计算，即式(1-99)

$$h_f = \frac{\Delta p_{sf}}{\rho} = \lambda\frac{L}{d}\frac{u_b^2}{2} \tag{1-99}$$

λ 是计算沿程摩擦阻力的关键。但由于湍流的复杂性，目前还不能像层流那样严格地用理论方法求解。现有的确定 λ 值的方法仍然是经验和半经验的方法。

1. 管内湍流摩擦系数 λ 的半经验公式

在 1.5.4 节中，根据管内湍流的特点以及普朗特的半经验理论并结合实验数据，获得了管内湍流的速度分布表达式。这些速度分布式是进一步推导摩擦阻力系数的基础。

(1)光滑管或水力光滑管的摩擦系数

所谓水力光滑管是指图 1-24(a)的流动情况。此时 $\delta_b > e$，管壁虽然是粗糙的，但其对于流动并无影响。将式(1-97)写成如下形式

$$u^* = u_b\sqrt{\lambda/8} \tag{1-140}$$

将式(1-140)代入光滑管的平均速度表达式(1-134)并用实验数据稍加修正，可得

$$\frac{1}{\sqrt{\lambda}} = 2.0\lg(Re\sqrt{\lambda}) - 0.80 \tag{1-141}$$

上式的适用条件为 $4000 < Re < 26.98(d/e)^{8/7}$。

(2)完全粗糙管的摩擦系数

完全粗糙管是指图 1-24(b)的流动情况。此时 $\delta_b < e$，管壁的凸起部分完全暴露在层流底层之外，以至于流动的状况即湍动的程度完全取决于表面的粗糙度。

在此情况下，将式(1-140)代入式(1-136)中，整理可得

$$\frac{1}{\sqrt{\lambda}} = 1.74 - 2.0\lg\left(2\frac{e}{d}\right) \tag{1-142}$$

适用条件为 $Re > 2308\left(\frac{d}{e}\right)^{0.85}$。

(3)计算管内湍流摩擦系数的通式

流体在管内作完全湍流流动，或者作水力光滑的湍流流动是两种极端情况。有些情况

下，管内湍流流动状态处于二者之间，即管壁的凸起部分仅部分地被层流底层所覆盖，此时壁面粗糙度和流动状况即 Re 数对摩擦系数均有影响。

柯尔布鲁克(Colebrook)综合了完全湍流和水力光滑的结果，给出了如下计算式

$$\frac{1}{\sqrt{\lambda}} = 1.74 - 2.0 \lg \left(2\frac{e}{d} + \frac{18.7}{Re\sqrt{\lambda}} \right) \tag{1-143}$$

适用条件为 $Re > 40000$。

显然，当 Re 很大时，式(1-143)右侧括号中的第二项可忽略，简化为完全粗糙管的计算式(1-142)；当 $e/d = 0$，右侧括号中的第一项为零，简化为水力光滑管的计算式(1-141)。

2. 管内湍流摩擦系数 λ 的经验公式

影响管内湍流摩擦系数 λ 的因素很多，如流体的物性、流速、管道尺寸等等。采用实验方法获得摩擦系数 λ 是一项非常繁复的工作。为了减少实验的工作量，通常先通过量纲分析减少实验的变量。

(1)量纲分析的概念与伯金汉 π 定理

量纲分析是指导实验的一种有力工具。采用量纲分析法，可将影响物理现象的各种变量组合成为量纲为 1 数群。由于组合后的量纲为 1 数群小于原来的变量数，因此用量纲为 1 数群代替原始变量可大大减少实验的工作量。

量纲是用来表示物理量类别的符号。如长度 L、时间 θ、质量 m 和速度 u 的量纲分别为 $[L] = \mathrm{L}$、$[\theta] = \mathrm{T}$、$[m] = \mathrm{M}$ 和 $[u] = \mathrm{L/T}$。符号 $[\ ]$ 表示取其中的物理量的量纲。L、M、T 和 L/T 分别表示 L、θ、m 和 u 的量纲符号。量纲与单位不同，例如长度的单位可以是 m、cm 或 mm，但它的量纲总是 $[L]$。

物理量的量纲分为基本量纲和导出量纲。基本量纲是人为规定的独立量纲，而导出量纲是用基本量纲的乘幂组合而成的量纲。在流体流动研究中，将长度 $[L]$、时间 $[\theta]$ 和质量 $[m]$ 作为基本量纲，其他一切物理量的量纲均可用这三个基本量纲的组合来表示。如压力 $[p] = \mathrm{ML^{-1}T^{-2}}$、密度 $[\rho] = \mathrm{ML^{-3}}$ 及黏度 $[\mu] = \mathrm{ML^{-1}T^{-1}}$。

量纲分析法的基础是量纲一致性原则。也就是说，任何由物理定律导出的方程，其各项的量纲是相同的。

伯金汉(Buckingham)π 定理：若影响某一物理过程的物理变量有 n 个，即

$$f(x_1, x_2, \cdots, x_n) = 0 \tag{1-144}$$

设这些物理变量中有 m 个基本量纲，则该过程可用 $N = n - m$ 个量纲为 1 数群所表示的关系式来描述，即

$$F(\pi_1, \pi_2, \cdots, \pi_N) = 0 \tag{1-145}$$

式中，每一个 π 项都是独立的、由若干物理变量组合而成的量纲为 1 数群。π 项中所含的基本物理变量的选择原则是：①m 个基本物理变量中必须包含 m 个基本量纲；②所选择的基本物理变量中至少应包含一个几何特征参数、一个流体性质参数和一个流动特征参数。在流体力学研究中，常选取 d、u_b 和 ρ 作为基本变量；③非独立变量不能作为基本变量。

(2)管内流动摩擦阻力的量纲分析

根据理论分析及相关实验可知，与管内流动压降 Δp_{sf} 有关的因素有：管径 d、管长 L、平均流速 u_b、流体密度 ρ、流体黏度 μ 以及壁面粗糙度 e，即

$$f(\Delta p_{sf}, d, L, u_b, \rho, \mu, e) = 0 \tag{1-146}$$

式中，$n = 7$，因所涉及的基本量纲为 M、L 和 T，故 $m = 3$，$N = 7 - 3 = 4$。经量纲分析后，以量纲为 1 数群所表示的函数方程为

$$F(\pi_1, \pi_2, \pi_3, \pi_4) = 0 \tag{1-147}$$

现选取 d、u_b 和 ρ 作为基本物理变量，则有

$$\pi_1 = \Delta p_{sf} d^{a_1} u_b^{b_1} \rho^{c_1} \tag{1-148a}$$

$$\pi_2 = L d^{a_2} u_b^{b_2} \rho^{c_2} \tag{1-148b}$$

$$\pi_3 = e d^{a_3} u_b^{b_3} \rho^{c_3} \tag{1-148c}$$

$$\pi_4 = \mu d^{a_4} u_b^{b_4} \rho^{c_4} \tag{1-148d}$$

将各相关物理变量的量纲代入式(1-148a)得

$$1 = M^0 L^0 T^0 = (ML^{-1}T^{-2})(L)^{a_1}(LT^{-1})^{b_1}(ML^{-3})^{c_1}$$

根据量纲一致原则，上式两端 M、L 和 T 的指数应相等，即

$$0 = 1 + c_1$$
$$0 = -1 + a_1 + b_1 - 3c_1$$
$$0 = -2 - b_1$$

解得 $a_1 = 0$，$b_1 = -2$，$c_1 = -1$。故有

$$\pi_1 = \frac{\Delta p_{sf}}{\rho u_b^2} = Eu$$

同理可得 $\qquad \pi_2 = \dfrac{L}{d}, \qquad \pi_3 = \dfrac{e}{d}, \qquad \pi_4 = \dfrac{\mu}{d\rho u_b} = Re^{-1}$

因此式(1-147)可表示为

$$\frac{\Delta p_{sf}}{\rho u_b^2} = F\left(Re, \frac{L}{d}, \frac{e}{d}\right) \tag{1-149}$$

式中，$\pi_1 = Eu$ 称为欧拉(Euler)数，表示压力与惯性力之比；$\pi_2 = L/d$ 是表征管道几何特性的量纲为 1 数群；$\pi_3 = e/d$ 是表征管壁粗糙度影响的量纲为 1 数群；$\pi_3 = Re$ 表示流动的惯性力与黏性力之比。

由于压降的大小与管长成正比而与管径成反比，故式(1-149)可直接写成如下形式

$$\frac{\Delta p_{sf}}{\rho u_b^2} = F_1\left(Re, \frac{e}{d}\right)\frac{L}{d} \tag{1-150}$$

将式(1-150)与式(1-98)对比，可得

$$\lambda = F_1\left(Re, \frac{e}{d}\right) \tag{1-151}$$

式(1-151)表明，管内流动的摩擦系数与雷诺数及管壁的粗糙度有关。这一结论与半经验理论所获得的结果一致。

(3)管内湍流摩擦系数的经验公式

关于管内湍流摩擦系数经验公式的文献报道很多，下面列举几个常用的经验式。

对于光滑管或水力光滑管，布拉休斯(Blasius)提出如下计算式

$$\lambda = 0.3164 Re^{-0.25} \tag{1-152}$$

适用范围为 $Re = 3 \times 10^3 \sim 1.0 \times 10^5$。

化工中常用的另一经验方程为

$$\lambda = 0.184 Re^{-0.2} \tag{1-153}$$

适用范围为 $Re = 5 \times 10^3 \sim 2.0 \times 10^5$。

对于粗糙管内的湍流，1983 年哈兰德(Haaland)提出如下计算式

$$\lambda = \left\{-1.8\lg\left[\left(\frac{e/d}{3.7}\right)^{1.11} + \frac{6.9}{Re}\right]\right\}^{-2} \tag{1-154}$$

适用范围为 $Re = 4000 \sim 1 \times 10^8$，$e/d = 0.000001 \sim 0.05$。

3. 摩擦系数图

为计算方便，将式(1-112)、式(1-141)、式(1-142)和式(1-143)绘制成图线，这就是莫迪(Moody)摩擦系数图，如图 1-25 所示。

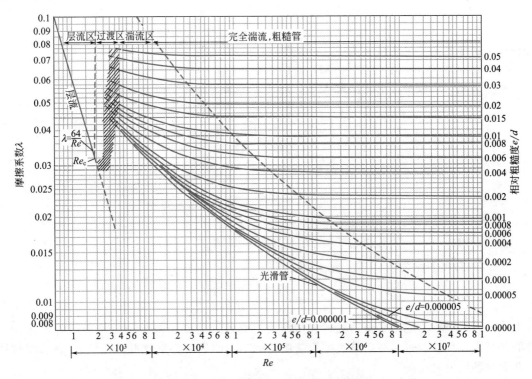

图 1-25　管流摩擦系数 λ 与雷诺数 Re 及相对粗糙度 e/d 的关系

图中有 5 个不同的区域：

① **层流区**　$Re \leqslant 2000$。此时 λ 与 Re 成线性关系，即 $\lambda = 64/Re$，λ 与 e/d 无关。由式(1-111)可知，在层流区，流动阻力与平均流速的一次方成正比，即 $h_f \propto u_b$，故该区又称线性阻力区。

② **从层流向湍流的过渡区**　$Re = 2000 \sim 4000$。此区内流态不稳定，可能是层流，也可能是湍流。在工程计算时，λ 值通常按湍流考虑。

③ **水力光滑区**　$Re \geqslant 4000$ 时，图 1-25 中的光滑管曲线。此时 λ 仅与 Re 有关，而与壁面的相对粗糙度 e/d 无关。

④ **湍流粗糙区**　$Re \geqslant 4000$ 及虚线以下的区域。在该区内，λ 既与 Re 有关，又与 e/d 有关。

⑤ **完全湍流区**　又称阻力平方区，$Re \geqslant 4000$ 及虚线以上的区域。在该区域内，λ 只与 e/d 有关。由式(1-99)可知，当 e/d 一定，此区内的流动阻力与平均流速的平方成正比，即 $h_f \propto u_b^2$，故该区又称阻力平方区。

需要指出，在做 λ 的测定实验时，所采用的管道均是人工粗糙管。它是将大小相同的砂粒均匀地黏着在管壁上，人为地造成粗糙度，因而其粗糙度可以精确测定。工业管道内壁凹凸不平，其粗糙度是难以直接测定的，而是先由实验测出摩擦阻力损失 h_f 和平均流速 u_b 后，在已知管长和直径的条件下，由式(1-99)确定出 λ 值，再由粗糙管公式(1-142)求出相应的 e 值。将此绝对粗糙度 e 值作为工业管道的表面粗糙度，称为当量绝对粗糙度。

莫迪摩擦系数图适用于各种工业管道。但在使用该图时，需采用当量绝对粗糙度的概念。常见工业管道的当量绝对粗糙度值列于表 1-2。

表 1-2　某些工业管道的当量绝对粗糙度

金属管	当量绝对粗糙度 e/mm	非金属管	当量绝对粗糙度 e/mm
无缝黄铜管、铜管及铝管	$0.01 \sim 0.05$	干净玻璃管	$0.0015 \sim 0.01$
新的无缝钢管、镀锌铁管	$0.1 \sim 0.2$	橡皮软管	$0.01 \sim 0.03$
新的铸铁管	0.3	木管道	$0.25 \sim 1.25$
具有轻度腐蚀的无缝钢管	$0.2 \sim 0.3$	陶土排水管	$0.45 \sim 6.0$
具有显著腐蚀的无缝钢管	0.5 以上	很好整平的水泥管	0.33
旧的铸铁管	0.85 以上	棉水泥管	$0.03 \sim 0.8$

流体在非圆形管内作湍流流动时，其摩擦系数亦可按图 1-25 进行近似估算。但需用管道的当量直径 d_e 代替圆管直径 d。

【例 1-25】 20℃的水以 2m/s 的平均流速流过一内径为 68mm、长为 200m 的水平直管，管的材质为新的铸铁管。试求直管能量损失和压力降。

解　20℃水的物性为

$$\rho = 998.2 \text{kg/m}^3，\mu = 1.005 \times 10^{-3} \text{Pa·s}$$

$$Re = \frac{d u_b \rho}{\mu} = \frac{0.068 \times 2 \times 998.2}{1.005 \times 10^{-3}} = 1.351 \times 10^5$$

故流动为湍流。

由表 1-2，新的铸铁管 $e \approx 0.3$mm，则

$$\frac{e}{d} = \frac{0.3 \times 10^{-3}}{0.068} = 0.00441$$

根据 $Re = 1.351 \times 10^5$ 及 $e/d = 0.00441$，查图 1-25 得

$$\lambda = 0.03$$

因此

$$h_f = \lambda \left(\frac{L}{d}\right)\left(\frac{u_b^2}{2}\right) = 0.03 \times \frac{200}{0.068} \times \frac{2^2}{2} = 176.5 \text{J/kg}$$

$$\Delta p_{sf} = \rho h_f = 998.2 \times 176.5 = 1.762 \times 10^5 \text{Pa}$$

在计算粗糙管湍流的摩擦系数时，最为简便的方法是由摩擦系数图 1-25 查得，但会带来较大的人为误差。故推荐用经验关联式(1-154)计算，如将本例 $e/d = 0.00441$ 及 $Re = 1.351 \times 10^5$ 代入式(1-154)可得 $\lambda = 0.0300$，既简便又准确，但应注意该式的适用范围。

1.5.6　边界层的概念与局部阻力

前已述及，当流体流经弯管、流道突然扩大或缩小、阀门、三通等局部区域时，都会产生局部阻力 h_j。局部阻力的产生与边界层分离现象有关。在此先讨论边界层与边界层分离的概念。

1. 边界层的概念

当实际流体与固体壁面作相对运动时，流体内部产生剪应力的作用。当流动的雷诺数较

高时，剪应力（或速度梯度）将集中在壁面附近区域。而远离壁面处的速度梯度很小，这部分流体可视为理想流体。据此可将流动分成两个区域：①远离壁面的主流区域，可按理想流体处理；②壁面附近的薄层流体，速度梯度很大，必须考虑黏性力的影响，这层流体被称为边界层。这就是普朗特(Prandtl)边界层理论的主要思想。边界层理论不但在流体力学中非常重要，它还与传热、传质过程密切相关。

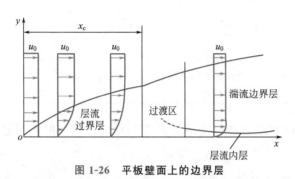

图 1-26 平板壁面上的边界层

图 1-26 为一水平放置的大平板，一黏性流体以均匀速度 u_0 流入平板，当到达平板前沿时，由于流体的黏性作用，紧贴壁面的流体附着在壁面上，其流速为零。在流体的剪切作用下，使相邻流体层的速度减慢。这种减速作用，由壁面开始依次向流体内部传递。换言之，离壁面越远，速度梯度越小。因此，在壁面附近存在一薄层流体，速度梯度很大。将壁面附近速度梯度较大的流体层定义为边界层。在边界层之外，速度梯度接近于零，称为外流区或主流区。

随着流体的向前流动，边界层逐渐加厚。在平板前部的一段距离内，边界层厚度较小，流体的流动为层流，该处的边界层称为层流边界层。随着流动距离 x 的增加，边界层中流体的流动经过一个过渡后逐渐由层流转变为湍流，此时的边界层称为湍流边界层。在湍流边界层中，靠近壁面的一极薄层流体，仍维持层流流动，称为层流内层或层流底层。在层流内层外缘处，有一流体层既非层流也非完全湍流，称为缓冲层。而后流体经缓冲层过渡到完全湍流，称为湍流主体或湍流核心。

由层流边界层开始转变为湍流边界层的距离称为临界距离，以 x_c 表示。x_c 与壁面前沿的形状、壁面粗糙度、流体性质以及流速的大小等因素有关。对于平板壁面上的流动，雷诺数的定义为

$$Re_x = \frac{xu_0\rho}{\mu}$$
(1-155)

式中，x 为由平板前沿算起的距离，m；u_0 为主流区流体流速，m/s。

相应地，临界雷诺数定义为

$$Re_c = \frac{x_c u_0 \rho}{\mu}$$
(1-156)

Re_c 需由实验确定。对于光滑的平板壁面，临界雷诺数的范围为 $2\times10^5 < Re_c < 3\times10^6$。

流体在管内流动时，在管入口附近也形成边界层。

当黏性流体以均匀速度 u_0 流进水平圆管时，由于流体的黏性作用在管内壁面上形成边界层并逐渐加厚。在距离进口的某一位置处，边界层在管中心汇合。据此可将管内流动分为两个区域：其一是边界层汇合以前的流动，称为流动进口段；其二是边界层汇合以后的流动，称为充分发展了的流动。

圆管内边界层的形成与发展有两种情况：其一是 u_0 较大，在入口附近区域首先形成层流边界层，然后逐渐过渡到湍流边界层，最后在管中心汇合而形成充分发展的湍流；其二是 u_0 较小，形成层流边界层后在管中心汇合，达到充分发展的层流。

与平板壁面上的湍流边界层类似，在圆管内的湍流边界层和充分发展的湍流流动内，径

向上也存在着层流内层、缓冲层和湍流主体三个区域。

在管内流动充分发展以后，流动型态不再随着 x 改变，以 x 定义的雷诺数已无意义。此时雷诺数定义为

$$Re = \frac{d\rho u_b}{\mu}\qquad(1\text{-}157)$$

式中，d 为圆管的内径，m；u_b 为管内平均流速，m/s。

前面指出，当 $Re < 2000$ 时，管内流动为层流。

管内流动的进口段，对于流体流动、传热和传质的速率有重要影响。对于层流，进口段长度可采用下式计算

$$L_f/d = 0.0575Re\qquad(1\text{-}158)$$

式中，L_f 为进口段长度，m；d 为管内径，m。

2. 边界层分离与局部阻力

边界层分离是边界层流动在一定条件下发生的一种极重要的流动现象。下面以黏性流体绕过一长圆柱的流动为例进行分析，如图 1-27 所示（图中仅绘出了圆柱体的上半部分）。

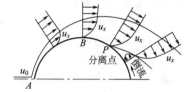

图 1-27　边界层分离示意图

设流体远离柱体的流速为 u_0，并取一条正对圆心的流线分析。该流线上的流速越接近柱体时越小，由于这条流线是水平的，根据机械能守恒方程，流体压力沿该流线越接近柱体就越大。当到达表面一点 A 时，流速减至零，压力达到最大，该点称为停滞点或驻点。流体质点到达驻点后便停滞不前，但由于流体是不可压缩的，后续流来的流体质点已无法在驻点停滞，而是在比圆柱体两侧压力较高的 A 点压力的作用下，将压力能转化为动能，改变原来的运动方向，沿圆柱两侧向前流动。由于柱体壁面的黏滞作用，从 A 点开始形成边界层流动。从 A 点到 B 点的上游区，因柱面的弯曲，使流线密集，边界层内流动处于加速减压的情况，即流体处在顺压梯度之下，压力推动流体向前流动。但在过了 B 点之后的下游区，则呈现相反态势，即由于流线的扩散，边界层内流动转而处于减速加压的情况下，流体处于逆压梯度之下，即压力阻止流体向前。此外在下游区，流体的动能除一部分转化为压力能之外，还需一部分克服摩擦阻力。在逆压和摩擦阻力的双重作用下，当流体质点到达某一点 P 处，其本身的动能将消耗殆尽而停止流动，形成了新的驻点。同样又由于流体的不可压缩性，后续流体到达 P 点时，在较高压力作用下被迫离开壁面沿新的路径向下游流去。这种边界层脱离壁面的现象称为边界层分离，P 点则称为分离点。

P 点的下游形成了流体的空白区。在逆压梯度的作用之下，必有倒流的流体来补充。这些流体当然不能靠近处于高压下的 P 点而被迫退回，产生旋涡。在主流与回流两区之间，存在一个分界面称为分离面，如图 1-27 所示。在回流区，流体质点强烈碰撞与混合而消耗能量。

边界层分离现象以及回流旋涡区的产生，在工程实际的流体流动中是很常见的。例如管道的突然扩大、突然缩小、转弯，或在流动中障碍物如管件、阀门等局部地方，都会出现边界层分离现象。由于在回流区中存在着许多各种尺度的涡体，它们在运动、破裂及再形成等过程中，从流体中吸取一部分机械能，通过摩擦和碰撞的方式转化为热能而损耗掉，形成了机械能损失，关于这一点将在下面的局部阻力损失中详细讨论。

3. 管路上的局部阻力

管路上的各种管件都会产生一定的能量损失，由于这种能量损失出现于管件内部及其邻近的上下游区域，因而称为局部阻力。局部阻力的计算有阻力系数法和当量长度法。

(1)阻力系数法

该法是将局部能量损失表示成流体动能因子 $u_b^2/2$ 的一个倍数，即

$$h_j = \zeta \frac{u_b^2}{2} \tag{1-159}$$

或

$$\Delta p_j = \zeta \frac{\rho u_b^2}{2} \tag{1-160}$$

式中，ζ 称为局部阻力系数。下面介绍几种常见的局部阻力系数的求法。

① **截面突然扩大** 当流体由小直径管流入大直径管突然扩大时，流体脱离壁面形成射流注入扩大了的截面中，射流与壁面之间的空间产生涡流，出现边界层分离现象，如图1-28所示。

以图1-28中的截面 A_1 为上游截面，A_2 截面为下游截面，并以管中心线为基准面，在两截面之间列机械能衡算方程，得

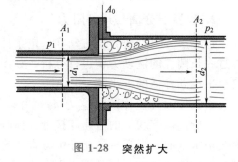

图1-28　突然扩大

$$gz_1 + \frac{p_1}{\rho} + \frac{u_{b1}^2}{2} = gz_2 + \frac{p_2}{\rho} + \frac{u_{b2}^2}{2} + \sum h_f$$

式中，$z_1 = z_2 = 0$，A_1、A_2 两截面间的距离较短，可不计摩擦阻力 h_f，则 $\sum h_f = h_j$，于是

$$h_j = \frac{p_1 - p_2}{\rho} + \frac{u_{b1}^2 - u_{b2}^2}{2} \tag{1-161}$$

为了确定上式中压力与流速间的关系，再以截面 A_0、A_2 为上、下游截面，以两截面间所包围的流动空间为控制体，列出沿流动方向的动量衡算方程

$$\sum F = \frac{d(mu)}{d\theta} \tag{1-162}$$

即作用于控制体上的净力等于控制体内的动量变化速率。

由于作用在截面 A_0 上的压力等于流股未扩大前的压力 p_1，而作用在 A_2 截面上的压力为 p_2，则

$$\sum F = (p_1 - p_2)A_2 \tag{1-163}$$

设流体流经上游细管（截面积为 A_1）的速度为 u_{b1}，通过下游粗管（截面积为 A_2）的速度为 u_{b2}，则

$$\frac{d(mu)}{d\theta} = (\rho u_{b2} A_2)u_{b2} - (\rho u_{b1} A_1)u_{b1} \tag{1-164}$$

将式(1-163)、式(1-164)代入式(1-162)可得

$$(p_1 - p_2)A_2 = \rho u_{b2}^2 A_2 - \rho u_{b1}^2 A_1$$

由于 $\rho u_{b1} A_1 = \rho u_{b2} A_2$，故上式变为

$$(p_1 - p_2) = \rho u_{b2}(u_{b2} - u_{b1})$$

或

$$\frac{p_1 - p_2}{\rho} = u_{b2}(u_{b2} - u_{b1}) \tag{1-165}$$

将式(1-165)代入式(1-161)得

$$h_j = \frac{(u_{b1} - u_{b2})^2}{2}$$

由于 $A_1 u_{b1} = A_2 u_{b2}$，上式可写成

$$h_j = \left(1 - \frac{A_1}{A_2}\right)^2 \frac{u_{b1}^2}{2} \tag{1-166}$$

与式(1-159)比较可得

$$\zeta = \left(1 - \frac{A_1}{A_2}\right)^2 \tag{1-167}$$

式中，ζ 为突然扩大时的阻力系数。

注意，在应用式(1-159)计算阻力损失时，应按细管的平均流速计算动能因子。

② **截面突然缩小**　当管道截面突然缩小时(参见图1-29)，流体在顺压梯度下流动，故在收缩以前无边界层分离现象，因而此处能量损失不明显。但由于流体的惯性作用，当流体进入收缩口以后，不能立即充满小管的截面，而是继续缩小，当缩小至最小截面(缩脉)之后，才逐渐充满细管的整个截面。在缩脉附近处，流体产生边界层分离和大的涡流阻力。

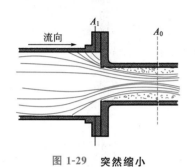

图1-29　突然缩小

采用与突然扩大相类似的推导，可得突然缩小的局部阻力系数为

$$\zeta = 0.5\left(1 - \frac{A_2}{A_1}\right) \tag{1-168}$$

在应用式(1-159)时，动能因子应按细管内的平均流速计算。

③ **管道入口与出口**　流体自容器流入管内，相当于突然缩小时 $A_1 \gg A_2$ 即 $A_2/A_1 \approx 0$，式(1-168)变为

$$\zeta_i = 0.5 \tag{1-169a}$$

当流体自管路流入容器，或自管路直接排放至管外空间时，相当于突然扩大时 $A_2 \gg A_1$ 即 $A_1/A_2 \approx 0$，式(1-167)变为

$$\zeta_o = 1 \tag{1-169b}$$

④ **管件与阀门**　管件与阀门的局部阻力系数需由实验确定。常见管件与阀门的局部阻力系数参见表1-3。

表1-3　常见管件与阀门的局部阻力系数

名称	阻力系数 ζ	名称	阻力系数 ζ
弯头,45°	0.35	标准阀	
弯头,90°	0.75	全开	6.0
三通	1	半开	9.5
回弯头	1.5	角阀,全开	2.0
管接头	0.04	止逆阀	
活接头	0.04	球式	70.0
闸阀		摇板式	2.0
全开	0.17	水表,盘式	7.0
半开	4.5		

(2)当量长度法

局部阻力亦可仿照直管阻力式(1-98)或式(1-99)写成如下形式

$$h_j = \lambda \frac{L_e}{d} \frac{u_b^2}{2} \qquad (1\text{-}170)$$

或

$$\Delta p_j = \lambda \frac{L_e}{d} \frac{\rho u_b^2}{2} \qquad (1\text{-}171)$$

式中，L_e 称为管件或阀门的当量长度，单位为 m，它表示流体流过某一管件或阀门时的局部阻力，相当于流过一段直径为 d、长为 L_e 的直管阻力。

管件与阀门的当量长度需由实验测定。在湍流情况下，某些管件与阀门的当量长度可由图 1-30 的共线图查得。

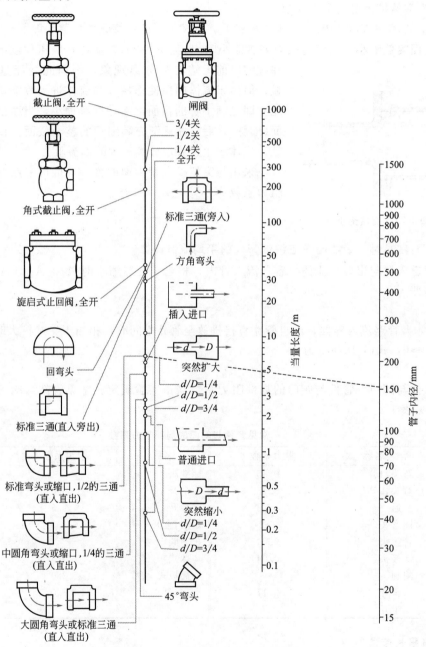

图 1-30　管件与阀门的当量长度共线图

应当指出，由于管件与阀门的构造细节及加工精度等的不同，即使规格、尺寸相同，其当量长度 L_e 及 ζ 值亦有很大差异。表 1-3 及图 1-30 中的数据只是 L_e 或 ζ 的粗略估计值。

(3)管路系统中的阻力计算小结

综上所述，管路系统中的总阻力，应包括直管摩擦阻力、突然扩大、突然缩小以及管件与阀门的局部阻力，其计算通式为

$$\sum h_f = \left(\lambda \frac{L}{d} + \sum \zeta\right) \frac{u_b^2}{2} \tag{1-172}$$

式中，$\sum \zeta$ 为各种局部阻力系数之和。

如果用当量长度 L_e 表示，式(1-172)可写成

$$\sum h_f = \lambda \frac{L + \sum L_e}{d} \frac{u_b^2}{2} \tag{1-173}$$

式中，$\sum L_e$ 为各种局部阻力当量长度之和。

应该注意，式(1-173)仅适用于直径相同的管段或管路系统的计算。当管路系统中存在若干不同直径的管段时，管路的总阻力应逐段计算，然后相加。

【例 1-26】 如附图所示，用泵将 20℃ 的甲苯从地下贮槽输送到高位槽，体积流量为 $5 \times 10^{-3} \mathrm{m}^3/\mathrm{s}$。高位槽高出贮槽液面 10m。泵吸入管为 $\phi 89\mathrm{mm} \times 4\mathrm{mm}$ 的无缝钢管，其直管部分总长为 10m，管路上装有一个底阀(可粗略地按旋启式止回阀全开计)，一个标准弯头；泵排出管用 $\phi 57\mathrm{mm} \times 3.5\mathrm{mm}$ 的无缝钢管，其直管部分总长为 20m，管路上装有一个全开的闸阀，一个全开的截止阀和三个标准弯头。贮槽及高位槽液面上方均为大气压。设贮槽液面维持恒定。试求泵的轴功率。设泵的效率为 70%。

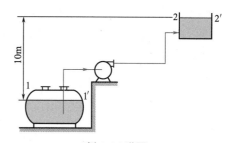

例 1-26 附图

解 以贮槽液面为截面 1—1′，并为基准面，高位槽液面为截面 2—2′，在两截面间列机械能衡算方程

$$gz_1 + \frac{u_{b1}^2}{2} + \frac{p_1}{\rho} + W_e = gz_2 + \frac{u_{b2}^2}{2} + \frac{p_2}{\rho} + \sum h_f \tag{1}$$

在本题条件下，贮槽和高位槽的截面都远大于相应的管路截面，故 $u_{b1} = 0$，$u_{b2} = 0$；$p_1 = p_2 = p_a$。于是式(1)变为

$$W_e = 10g + \sum h_f = 98.1 + \sum h_f \quad \mathrm{J/kg} \tag{2}$$

由于吸入管路与排出管路直径不同，故应分别计算。

(1)吸入管路能量损失 $(\sum h_f)_1$

$$(\sum h_f)_1 = (h_f)_1 + (h_j)_1 = \left(\lambda_1 \frac{L_1 + (\sum L_e)_1}{d_1} + \zeta\right) \frac{(u_b^2)_1}{2}$$

式中，$d_1 = 89 - 2 \times 4 = 81\mathrm{mm}$，由图 1-30 可查出相应管件的当量长度如下。

底阀(按旋启式止回阀全开考虑) $L_e = 6.3\mathrm{m}$

标准弯头 $L_e = 2.7\mathrm{m}$

故 $(\sum L_e)_1 = 6.3 + 2.7 = 9\mathrm{m}$

因管道进口阻力系数 $\zeta = 0.5$，得

$$(u_b)_1 = \frac{5 \times 10^{-3}}{\pi/4 \times 0.081^2} = 0.97\text{m/s}$$

由本书附录四查得 20℃ 时甲苯的物性为 $\rho = 867\text{kg/m}^3$，$\mu = 0.675 \times 10^{-3}\text{Pa·s}$，得

$$Re_1 = \frac{0.081 \times 0.97 \times 867}{0.675 \times 10^{-3}} = 1.01 \times 10^5 \quad (>4000\ \text{为湍流})$$

由表 1-2，取管壁粗糙度为 $e = 0.3\text{mm}$，则 $e/d_1 = 0.3/81 = 0.0037$。查图 1-25 得 $\lambda_1 = 0.027$，得

$$(\textstyle\sum h_f)_1 = \left(0.027 \times \frac{10+9}{0.081} + 0.5\right)\frac{0.97^2}{2} = 3.21\text{J/kg}$$

（2）排出管路能量损失 $(\textstyle\sum h_f)_2$

$$(\textstyle\sum h_f)_2 = \left(\lambda_2 \frac{L_2 + (\sum L_e)_2}{d_2} + \zeta\right)\frac{(u_b^2)_2}{2}$$

式中，$d_2 = 57 - 2 \times 3.5 = 50\text{mm} = 0.05\text{m}$，由图 1-30 查出相应管件的当量长度如下。

闸阀全开 $L_e = 0.33\text{m}$

截止阀全开 $L_e = 17\text{m}$

三个标准弯头 $L_e = 1.6 \times 3 = 4.8\text{m}$

故 $(\sum L_e)_2 = 0.33 + 17 + 4.8 = 22.13\text{m}$

管出口阻力系数 $\zeta = 1$

$$(u_b)_2 = \frac{0.005}{\pi/4 \times 0.05^2} = 2.55\text{m/s}$$

$$Re_2 = \frac{0.05 \times 2.55 \times 867}{0.675 \times 10^{-3}} = 1.64 \times 10^5 \quad (>4000\ \text{为湍流})$$

仍取壁面粗糙度 $e = 0.3\text{mm}$，$e/d_2 = 0.3/50 = 0.006$，由图 1-25 查得 $\lambda_2 = 0.032$，得

$$(\textstyle\sum h_f)_2 = \left(0.032 \times \frac{20 + 22.13}{0.05} + 1\right)\frac{2.55^2}{2} = 90.9\text{J/kg}$$

（3）管路系统的总能量损失

$$\textstyle\sum h_f = 3.21 + 90.9 = 94.12\text{J/kg}$$

于是 $W_e = 98.1 + 94.12 = 192.2\text{J/kg}$

甲苯的质量流量为

$$w_s = \rho V_s = 0.005 \times 867 = 4.34\text{kg/s}$$

泵的有效功率为

$$N_e = w_s W_e = 192.2 \times 4.34 = 834.1\text{W} = 0.83\text{kW}$$

因此，泵的轴功率为

$$N = N_e/\eta = 0.83/0.7 = 1.19\text{kW}$$

  由本例结果可见，泵所做功除用于提升流体的高度外（本例无压力能变化），主要用于克服在管路系统流动的机械能损失。因此设计合理的输送管路，尽可能减小管路的能量损失，提高能量效率，具有重要的工程意义。

1.6 管路计算

前面几节导出了管内流动的连续性方程、机械能衡算方程以及能量损失的计算式，据此可进行不可压缩流体输送管路的计算。对于可压缩流体输送管路的计算，还需要表征流体性质的状态方程。

管路计算可分为设计型计算和操作型计算两类。设计型计算通常指对于给定的流体输送任务(一定的流体体积流量)，选用合理且经济的管路和输送设备；操作型计算是指管路系统已给定，要求核算在某些条件下的输送能力或某些技术指标。上述两类计算可归纳为下述 3 种情况的计算。

① 欲将流体由一处输送至另一处，已规定出管径、管长、管件和阀门的设置，以及流体的输送量，要求计算输送设备的功率。这一类问题的计算比较容易，前节例 1-26 即属此种情况。

② 规定管径、管长、管件与阀门的设置以及允许的能量损失，求管路的输送量。

③ 规定管长、管件与阀门的设置、流体的输送量及允许的能量损失，求输送管路的管径。

对于②和③两种情况，平均流速 u_b 或管径 d 为未知量，无法计算 Re 以判别流动的型态，因此也就无法确定摩擦系数 λ。在这种情况下，需采用试差法求解。在进行试差计算时，由于 λ 值的变化范围较小，故通常将其作为迭代变量。将流动已进入阻力平方区的 λ 值作为计算的初值。

上述试差计算方法，是非线性方程组的求解过程。对于非线性方程或方程组，目前已发展了多种计算方法，利用计算机则上述问题很容易解决。

流体输送管路按其连接和配置情况大致可分为两类：一是无分支的简单管路；二是存在分支与合流的复杂管路。下面分别介绍。

1.6.1 简单管路

简单管路可以是管径不变的单一管路，亦可以是由若干异径管段串连组成的管路。描述简单管路中各变量间关系的控制方程共有 3 个，即

连续性方程
$$V_s = \pi d^2 u / 4 = 常数 \tag{a}$$

机械能衡算方程
$$gz_1 + \frac{u_{b1}^2}{2} + \frac{p_1}{\rho} + W_e = gz_2 + \frac{u_{b2}^2}{2} + \frac{p_2}{\rho} + \left(\lambda \frac{L}{d} + \sum \zeta\right)\frac{u_b^2}{2} \tag{b}$$

阻力系数方程
$$\lambda = f\left(\frac{du_b\rho}{\mu}, \frac{e}{d}\right) \tag{c}$$

它们构成一个非线性方程组。当被输送的流体给定，其物性 ρ、μ 已知，上述方程组共包含 13 个变量(V_s、d、u、u_{b1}(或 u_{b2})、p_1、p_2、z_1、z_2、λ、L、$\sum \zeta$、e、W_e)，若给定其中的 10 个独立变量，则可求出其他 3 个变量。

【例 1-27】 如本题附图所示，自水塔将水送至车间，输送管路采用 $\phi 114mm \times 4mm$ 的钢管，管路总长为 190m(包括管件与阀门的当量长度，但不包括进、出口损失)。水塔内水面维持恒定，并高于出水口 15m。设水温为 12℃，试求管路的输水量(m³/h)。

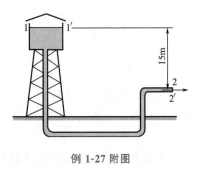

例 1-27 附图

解　取塔内水面为上游截面 1—1′，排水管出口外侧为下游截面 2—2′，并以排水管出口中心线作为基准水平面，则

$$gz_1 + \frac{u_{b1}^2}{2} + \frac{p_1}{\rho} = gz_2 + \frac{u_{b2}^2}{2} + \frac{p_2}{\rho} + \sum h_f \qquad (1)$$

式(1)中，$z_1 = 15\text{m}$，$z_2 = 0$，$u_{b1} = u_{b2} = 0$，$p_1 = p_2$，

$$\sum h_f = \left(\lambda \frac{L + \sum L_e}{d} + \sum \zeta \right) \frac{u_b^2}{2} = \left(\lambda \frac{190}{0.106} + 1.0 + 0.5 \right) \frac{u_b^2}{2}$$

将以上各值代入式(1)中，经整理得

$$u_b = \sqrt{\frac{2 \times 9.81 \times 15}{190\lambda / 0.106 + 1.5}} = \sqrt{\frac{294.3}{1792\lambda + 1.5}} \qquad (2)$$

式(2)中，$\lambda = f\left(\dfrac{d\rho u_b}{\mu}, \dfrac{e}{d} \right) = \phi(u_b)$。

以上二式中含两个未知数 λ 和 u_b。由于 λ 的求解依赖于 Re，而 Re 又是 u_b 的函数，故需要采用试差求解，其步骤如下。

① 设定一个 λ 的初值 λ_0；

② 根据式(2)求 u_b；

③ 根据此 u_b 值求 Re；

④ 用求出的 Re 及 e/d 值从摩擦系数图中查出新的 λ_1；

⑤ 比较 λ_0 与 λ_1，若二者接近或相符，u_b 即为所求，并据此计算输水量；否则以当前的 λ_1 值代入式(2)，按上述步骤重复计算直至二者接近或相符为止。

本题中，取管壁的绝对粗糙度 $e = 0.2\text{mm}$，则 $e/d = 0.2/106 = 0.00189$。查 12℃ 水的物性为 $\rho = 1000\text{kg/m}^3$，$\mu = 1.236\text{mPa·s}$。

根据上述步骤计算的结果如下。

	λ_0	u_b	Re	e/d	λ_1
第 1 次	0.02	2.81	2.4×10^5	0.00189	0.024
第 2 次	0.024	2.58	2.2×10^5	0.00189	0.0241

由于两次计算的 λ 值基本相符，故取 $u_b = 2.58\text{m/s}$，得输水量为

$$V_s = 3600 \times \frac{\pi}{4} d^2 u_b = 3600 \times \frac{\pi}{4} \times 0.106^2 \times 2.58 = 81.96\text{m}^3/\text{h}$$

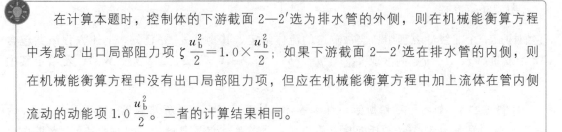

在计算本题时，控制体的下游截面 2—2′ 选为排水管的外侧，则在机械能衡算方程中考虑了出口局部阻力项 $\zeta \dfrac{u_b^2}{2} = 1.0 \times \dfrac{u_b^2}{2}$；如果下游截面 2—2′ 选在排水管的内侧，则在机械能衡算方程中没有出口局部阻力项，但应在机械能衡算方程中加上流体在管内侧流动的动能项 $1.0 \dfrac{u_b^2}{2}$。二者的计算结果相同。

【例 1-28】 20℃的水流过长为 70m 的水平钢管，要求输水量为 30m³/h，输送过程中允许的总能量损失为 4.5mH₂O。(1)若已知钢管的绝对粗糙度为 0.2mm，试求钢管的直径；(2)如果忽略管壁粗糙度的影响，其他条件不变，管径为多少？

解 20℃水的物性参数 $\rho = 998.2 \text{kg/m}^3$，$\mu = 1.005 \times 10^{-3} \text{Pa} \cdot \text{s}$。

(1)壁面 $e = 0.2 \text{mm}$ 的情况

设管径为 d，则流速为

$$u_b = \frac{V_s}{\pi d^2/4} = \frac{30}{0.785 \times 3600 \times d^2} = \frac{0.01062}{d^2}$$

由题给

$$\sum h_f = \lambda \frac{L}{d} \frac{u_b^2}{2g} = 4.5$$

代入已知数据，得

$$\lambda \frac{70}{d} \frac{(0.01062/d^2)^2}{2 \times 9.81} = 4.5$$

整理可得

$$d^5 = 8.942 \times 10^{-5} \lambda \tag{1}$$

式中

$$\lambda = f(Re, e/d) \tag{2}$$

采用试差法，联立求解式(1)和式(2)，可求得 2 个未知量 d 和 λ，步骤如下。

设 λ 的初值为 $\lambda_0 = 0.025$，由式(1)解出

$$d_0 = 0.0741 \text{m}, \quad u_{b0} = \frac{30}{0.785 \times 0.0741^2 \times 3600} = 1.933 \text{m/s}$$

$$Re_0 = \frac{1.933 \times 998.2 \times 0.0741}{1.005 \times 10^{-3}} = 1.423 \times 10^5$$

将 $e/d = 0.2/74.1 = 0.00270$ 以及 $Re_0 = 1.423 \times 10^5$ 代入哈兰德公式(1-154)，可得

$$\lambda_1 = \left\{ -1.8 \times \lg\left[\left(\frac{0.0027}{3.7}\right)^{1.11} + \frac{6.9}{1.423 \times 10^5} \right] \right\}^{-2} = 0.0264$$

由于 $\lambda_1 \neq \lambda_0$，再将 λ_1 代入式(1)得

$$d_1 = 0.0750 \text{m}, \quad u_{b1} = \frac{30}{0.785 \times 0.0750^2 \times 3600} = 1.887 \text{m/s}$$

$$Re_1 = \frac{1.887 \times 998.2 \times 0.0750}{1.005 \times 10^{-3}} = 1.406 \times 10^5$$

$$\lambda_2 = \left\{ -1.8 \times \lg\left[\left(\frac{0.0027}{3.7}\right)^{1.11} + \frac{6.9}{1.406 \times 10^5} \right] \right\}^{-2} = 0.0263$$

$\lambda_2 \approx \lambda_1$，故 $d_2 = 0.0749 \text{m} \approx d_1$，迭代结束。取管内径为 $d = 0.075 \text{m}$。

(2)忽略壁面粗糙度影响的情况

计算步骤同(1)，结果为

$$\lambda = 0.0169, \quad d = 0.069 \text{m}$$

由计算结果可知，管壁的粗糙度对流动有明显的影响。对于相同的输送任务，在给定相同能量损失的条件下，所用的管子的壁面越粗糙，其管径越大。

1.6.2 并联与分支管路

当管路中存在分流与合流时，称为复杂管路。如图 1-31(a)所示，在主管路 *A* 处分出两个或多个支路，然后在 *B* 处又汇合的管路，称为并联管路；在图 1-31(b)中，主管路 *A* 在 *O* 点分成 *B*、*C* 两支路后不再汇合，称为分支管路。

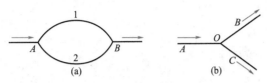

图 1-31　并联与分支管路示意图

并联管路与分支管路中各支管的流量彼此影响，相互制约，其流动规律虽比简单管路复杂，但仍满足连续性和能量守恒方程。

并联管路与分支管路计算的主要内容为：①规定总管流量和各支管的尺寸，计算各支管的流量；②规定各支管的流量、管长及管件与阀门的设置，选择合适的管径；③在已知的输送条件下，计算输送设备应提供的功率。

1. 并联管路

对于如图 1-31(a)所示的并联管路，在 *A*、*B* 两截面之间列机械能衡算方程式，可得

$$gz_A + \frac{u_{bA}^2}{2} + \frac{p_A}{\rho} = gz_B + \frac{u_{bB}^2}{2} + \frac{p_B}{\rho} + \sum h_{f,A-B} \tag{1-174}$$

对于支管 1，有

$$gz_A + \frac{u_{bA}^2}{2} + \frac{p_A}{\rho} = gz_B + \frac{u_{bB}^2}{2} + \frac{p_B}{\rho} + \sum h_{f,1} \tag{1-175}$$

对于支管 2，亦有

$$gz_A + \frac{u_{bA}^2}{2} + \frac{p_A}{\rho} = gz_B + \frac{u_{bB}^2}{2} + \frac{p_B}{\rho} + \sum h_{f,2} \tag{1-176}$$

比较以上各式，可得

$$\sum h_{f,A-B} = \sum h_{f,1} = \sum h_{f,2} \tag{1-177}$$

式(1-177)表明，并联管路中各支管的流动阻力损失相等。

此外，由流体的连续性条件，在稳态下，主管中的流量等于各支管流量之和，即

$$V_s = V_{s1} + V_{s2} \tag{1-178}$$

式(1-177)和式(1-178)为并联管路中流动必须满足的方程，尽管各支管的长度、直径可能相差很大，但单位质量流体流经各支管的能量损失相等。

【例 1-29】　设图 1-31(a)中的支管 1 与支管 2 的总长度(包括当量长度)如本题附表所示。各管均为光滑管，1、2 两管进出口的高度相等。管内输送 20℃的水。已知总管中的流量为 60m³/h，试求水在两支管中的流量。

例 1-29 附表

项目	d/m	$(L+L_e)$/m
支管 1	0.053	30
支管 2	0.0805	50

解　20℃水的物性为 $\rho = 998.2\text{kg/m}^3$，$\mu = 1.005 \times 10^{-3}\text{Pa·s}$。

设支管 1 内流速为 u_{b1}，支管 2 内流速为 u_{b2}，则由式(1-178)可得

$$\frac{60}{3600} = \frac{\pi}{4} 0.053^2 u_{b1} + \frac{\pi}{4} 0.0805^2 u_{b2}$$

即

$$u_{b1} = 7.56 - 2.31 u_{b2} \tag{1}$$

由式(1-177)可得

$$\lambda_1 \left(\frac{L_1 + \sum L_{e1}}{d_1} \right) \frac{u_{b1}^2}{2} = \lambda_2 \left(\frac{L_2 + \sum L_{e2}}{d_2} \right) \frac{u_{b2}^2}{2}$$

代入给定数值得

$$\lambda_1 \left(\frac{30}{0.053} \right) \frac{u_{b1}^2}{2} = \lambda_2 \left(\frac{50}{0.0805} \right) \frac{u_{b2}^2}{2}$$

即

$$283 \lambda_1 u_{b1}^2 = 310.6 \lambda_2 u_{b2}^2 \tag{2}$$

将式(1)代入式(2)中得

$$283 \lambda_1 (7.56 - 2.31 u_{b2})^2 = 310.6 \lambda_2 u_{b2}^2$$

初设 $\lambda_1 = \lambda_2 = 0.02$，则由上式可以解出 $u_{b2} = 2.25 \text{m/s}$，代入式(1)得

$$u_{b1} = 2.35 \text{m/s}$$

下面要检验所设 λ_1 与 λ_2 是否正确：

$$Re_1 = \frac{d_1 u_{b1} \rho}{\mu} = \frac{0.053 \times 2.35 \times 998.2}{1.005 \times 10^{-3}} = 1.237 \times 10^5$$

$$\lambda_1 = 0.017$$

$$Re_2 = \frac{d_2 u_{b2} \rho}{\mu} = \frac{0.0805 \times 2.25 \times 998.2}{1.005 \times 10^{-3}} = 1.799 \times 10^5$$

$$\lambda_2 = 0.0154$$

由于 λ_1 和 λ_2 二者有一定差别，故将当前 λ_1 与 λ_2 值代入式(2)中，重新求解 u_{b1} 和 u_{b2}，结果为：$u_{b2} = 2.28 \text{m/s}$；$u_{b1} = 2.29 \text{m/s}$。

由于两次计算的流速值差别不大，可停止迭代计算。按第二次求得的流速计算各支管的流量。

支管 1　$V_{s1} = \frac{\pi}{4} \times 0.053^2 \times 2.29 \times 3600 = 18.19 \text{m}^3/\text{h}$

支管 2　$V_{s2} = 60 - 18.19 = 41.81 \text{m}^3/\text{h}$

> 　本例为并联管路的操作型计算，需要用试差法求解：由并联管路的质量守恒方程 (1)、能量关系方程(2)以及阻力系数方程 $\lambda_1 = f(Re_1)$、$\lambda_2 = f(Re_2)$ 构成的方程组联立求解 4 个未知量 λ_1、λ_2、$u_{b1}(V_{s1})$ 以及 $u_{b2}(V_{s2})$。

2. 分支管路

对于如图 1-31(b)所示的简单分支管路，以分支点 O 处为上游截面，分别对支管 B 和支管 C 列机械能衡算方程，可得

$$gz_O + \frac{u_{bO}^2}{2} + \frac{p_O}{\rho} = gz_B + \frac{u_{bB}^2}{2} + \frac{p_B}{\rho} + \sum h_{f,B} \tag{1-179}$$

及

$$gz_O + \frac{u_{bO}^2}{2} + \frac{p_O}{\rho} = gz_C + \frac{u_{bC}^2}{2} + \frac{p_C}{\rho} + \sum h_{f,C} \tag{1-180}$$

比较以上二式可得

$$gz_B + \frac{u_{bB}^2}{2} + \frac{p_B}{\rho} + \sum h_{f,B} = gz_C + \frac{u_{bC}^2}{2} + \frac{p_C}{\rho} + \sum h_{f,C} \qquad (1\text{-}181)$$

式(1-181)表明，对于分支管路，单位质量流体在各支管流动终了时的总机械能与能量损失之和相等。

此外，主管流量等于各支管流量之和，即

$$V_s = V_{s,A} + V_{s,B} \qquad (1\text{-}178)$$

【例 1-30】 20℃的水在本题附图所示的分支管路系统中流动。已知与槽 A 连接的支管

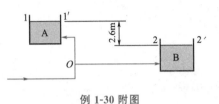

例 1-30 附图

的直径为 $\phi 73\text{mm} \times 3.5\text{mm}$，直管长度与管件、阀门的当量长度之和为 42m。与槽 B 连接的支管的直径为 $\phi 83\text{mm} \times 5.5\text{mm}$，直管长度与管件、阀门当量长度之和为 84m。两水槽内水面保持恒定。两槽水面的高度差为 2.6m，总管流量为 55m³/h，各支管的壁面粗糙度为 0.2mm。试求各支管的流量（连接两支管的三通及管路出口的局部阻力可以忽略）。

解 20℃水的物性为 $\rho = 998.2\text{kg/m}^3$，$\mu = 1.005 \times 10^{-3}\text{Pa·s}$。设与槽 A 连接的支管内的流速为 u_{bA}，与槽 B 连接的支管内的流速为 u_{bB}，则由式(1-178)可得

$$V_s = \frac{\pi}{4}d_A^2 u_{bA} + \frac{\pi}{4}d_B^2 u_{bB}$$

将已知数值代入上式得

$$\frac{55}{3600 \times \pi/4} = 0.066^2 u_{bA} + 0.072^2 u_{bB}$$

整理上式得

$$u_{bB} = 3.75 - 0.84 u_{bA} \qquad (1)$$

选取 A、B 两水槽的水面为截面 1—1′ 和 2—2′，分支处（O 点）为截面 $O—O'$。根据式(1-181)，单位质量流体在各支管流动终了时的总机械能与能量损失之和相等

$$gz_1 + \frac{u_{b1}^2}{2} + \frac{p_1}{\rho} + \sum h_{f,O\text{-}1} = gz_2 + \frac{u_{b2}^2}{2} + \frac{p_2}{\rho} + \sum h_{f,O\text{-}2}$$

式中，因 A、B 两槽均为敞口，故 $p_1 = p_2$；两水槽截面比管截面大得多，故 $u_{b1} = u_{b2} = 0$。若以 2—2′ 为基准水平面，则 $z_1 = 2.6\text{m}$，$z_2 = 0$。故上式可简化为

$$9.81 \times 2.6 + \sum h_{f,O\text{-}1} = \sum h_{f,O\text{-}2}$$

即

$$25.5 + \sum h_{f,O\text{-}1} = \sum h_{f,O\text{-}2} \qquad (2)$$

式中

$$\sum h_{f,O\text{-}1} = \lambda_A \frac{L_A + \sum L_{eA}}{d_A} \cdot \frac{u_{bA}^2}{2} = \lambda_A \left(\frac{42}{0.066}\right)\frac{u_{bA}^2}{2} = 318.2\lambda_A u_{bA}^2$$

$$\sum h_{f,O\text{-}2} = \lambda_B \frac{L_B + \sum L_{eB}}{d_B} \cdot \frac{u_{bB}^2}{2} = \lambda_B \left(\frac{84}{0.072}\right)\frac{u_{bB}^2}{2} = 583.3\lambda_B u_{bB}^2$$

将上二式代入式(2)中，可得

$$25.5 + 318.2\lambda_A u_{bA}^2 = 583.3\lambda_B u_{bB}^2 \qquad (3)$$

式中，λ_A、λ_B 为 Re 和 e/d 的函数，即

$$\lambda_A = f_1(Re_A, e/d_A) \qquad (4)$$

$$\lambda_B = f_2(Re_B, e/d_B) \qquad (5)$$

联立式(1)、式(3)~式(5)可求出 u_{bA}、u_{bB}、λ_A 和 λ_B。具体求解需采用试差法。

由于 λ 的变化范围很小，故选择 λ 作为试差的初值而求 u。其详细步骤与例 1-29 相同，最后结果为

$$u_{bA} = 2.10 \text{m/s}, \quad u_{bB} = 1.99 \text{m/s}$$

于是

$$V_{s,A} = \frac{\pi}{4} \times 0.066^2 \times 2.1 \times 3600 = 25.9 \text{m}^3/\text{h}$$

$$V_{s,B} = 55 - 25.9 = 29.1 \text{m}^3/\text{h}$$

 本例属于分支管路的操作型计算，与例 1-29 类似，需要试差法求解。

1.6.3 可压缩流体管路的计算

前面关于管路计算的讨论，都是针对不可压缩流体，即液体或进、出口压力或密度变化不大的气体。在气体输送中，若管路较长，则压力损失占初始压力的比例较大，气体密度 ρ 的变化已不容忽略。在此情况下，气体的可压缩效应必须予以考虑。

如图 1-32 所示，在等径水平管道的 1—1′ 和 2—2′ 截面间取一长为 $\mathrm{d}L$ 的微分段，在此微分段 $\mathrm{d}L$ 内列机械能衡算式，得

$$g\,\mathrm{d}z + \frac{\mathrm{d}u_b^2}{2} + \frac{\mathrm{d}p}{\rho} = \mathrm{d}W_e - \mathrm{d}(\textstyle\sum h_f) \quad (1\text{-}182)$$

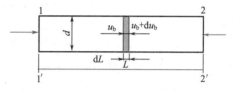

图 1-32　水平直管内可压缩流体的流动

式中，由于管路水平 $\mathrm{d}z = 0$，无外功输入 $\mathrm{d}W_e = 0$，$\mathrm{d}(\sum h_f) = \lambda \dfrac{\mathrm{d}L}{d} \dfrac{u_b^2}{2}$，由于 $\rho = 1/v$，则

$$\mathrm{d}u_b^2 = \mathrm{d}\left(\frac{G}{\rho}\right)^2 = \mathrm{d}(Gv)^2 = 2G^2 v\,\mathrm{d}v$$

将以上各式代入式(1-182)中，可得

$$G^2 v\,\mathrm{d}v + v\,\mathrm{d}p = -\lambda\left(\frac{\mathrm{d}L}{d}\right)\frac{G^2 v^2}{2}$$

即

$$\frac{G^2\,\mathrm{d}v}{v} + \frac{\mathrm{d}p}{v} = -\lambda\left(\frac{\mathrm{d}L}{d}\right)\frac{G^2}{2}$$

将上式在截面 1—1′ 与 2—2′ 之间积分得

$$G^2 \ln\frac{v_2}{v_1} + \int_{p_1}^{p_2}\frac{\mathrm{d}p}{v} + \lambda\frac{L}{d}\frac{G^2}{2} = 0 \tag{1-183}$$

式中的积分项取决于流动过程的 p-v 关系。对于通常的等温过程，可按理想气体处理，即

$$p_1 v_1 = p_2 v_2 = pv = RT/M$$

故

$$\int_{p_1}^{p_2}\frac{\mathrm{d}p}{v} = \frac{M}{RT}\int_{p_1}^{p_2} p\,\mathrm{d}p = \frac{M}{RT}\frac{p_2^2 - p_1^2}{2}$$

将上式代入式(1-183)中，可得

$$G^2 \ln\frac{p_1}{p_2} + \frac{M(p_2^2 - p_1^2)}{2RT} + \frac{\lambda L G^2}{2d} = 0$$

或

$$p_1^2 - p_2^2 = \frac{2RTG^2}{M}\left(\ln\frac{p_1}{p_2} + \frac{\lambda L}{2d}\right) \qquad (1\text{-}184)$$

式(1-184)为可压缩流体作等温流动时的机械能衡算方程。若忽略动能项的影响，即令 $du_b^2/2 = 0$，则式(1-184)变为

$$p_1^2 - p_2^2 = \lambda\left(\frac{L}{d}\right)\left(\frac{RT}{M}\right)G^2 \qquad (1\text{-}185)$$

或写成

$$p_1 - p_2 = \lambda\left(\frac{L}{d}\right)G^2\frac{RT}{M(p_1+p_2)} \qquad (1\text{-}186)$$

由于

$$\rho_1 = \frac{p_1 M}{RT}, \qquad \rho_2 = \frac{p_2 M}{RT}$$

令 $\rho_m = (\rho_1 + \rho_2)/2 = M(p_1+p_2)/(2RT)$，并代入式(1-186)中，可得

$$p_1 - p_2 = \lambda\left(\frac{L}{d}\right)\frac{G^2}{2\rho_m} \qquad (1\text{-}187)$$

上述推导过程中，系假定 $Re = \dfrac{dG}{\mu}$ 不随压力改变，从而 λ 为定值。对于理想气体，μ 与压力无关，因此这一假定是正确的。

但值得注意的是，式(1-187)仅适用于 $(p_1-p_2)/p_1$ 比较小的情况。如果 $(p_1-p_2)/p_1$ 超过 20%～30%时，则动能项不能忽略，此时需要用式(1-184)进行计算。

【例 1-31】 用直径为 500mm 的钢管将天然气(以 100%甲烷计，标准状态)输送至 5km 远处，输送量为 50000m³/h。已知在管入口处压力为 0.52MPa，试求出口压力。管壁绝对粗糙度取 0.1mm，温度为 25℃。

解 天然气的质量流速为

$$G = \frac{50000 \times 16}{3600 \times 22.4 \times 0.5^2 \times \pi/4} = 50.5\,\text{kg} \cdot \text{m}^{-2} \cdot \text{s}^{-1}$$

25℃下甲烷的黏度 $\mu = 1.16 \times 10^{-5}\,\text{Pa} \cdot \text{s}$

$$Re = \frac{dG}{\mu} = \frac{0.5 \times 50.5}{1.16 \times 10^{-5}} = 2.18 \times 10^6$$

$$e/d = 0.1/500 = 0.0002$$

查图 1-25，$\lambda = 0.014$。先假设动能项可忽略，由式(1-185)得

$$p_2^2 = p_1^2 - \lambda\left(\frac{L}{d}\right)\left(\frac{RT}{M}\right)G^2$$

$$= (52 \times 10^4)^2 - 0.014 \times (5 \times 1000/0.5) \times (8314 \times 298/16) \times 50.5^2$$

$$= 2.151 \times 10^{11}$$

$$p_2 = 0.464\,\text{MPa}$$

计算进出口压力的相对变化值

$$\frac{p_1 - p_2}{p_1} = \frac{0.54 - 0.464}{0.54} = 10.8\%$$

故假设成立，计算结果是正确的。

 对于可压缩管路的计算，当气体的进、出口压力变化较小时，可忽略动能项的影响。

1.7 流量测量

流体的流量是工业生产中必须测量并加以调节、控制的重要参数之一。流量测量仪表种类繁多，本节仅介绍几种根据流体的机械能守恒原理设计的流速与流量计。

1.7.1 测速管

测速管又称为毕托管(Pitot tube)，如图 1-33 所示。它由两根同心套管组成，内管前端管口敞开，朝着迎面而来的被测流体；两管前端的环隙封闭，但在前端壁面四周开有若干小孔，流体可经小孔流入环隙之内。内管及环隙分别与 U 形管压差计的两臂相连接。

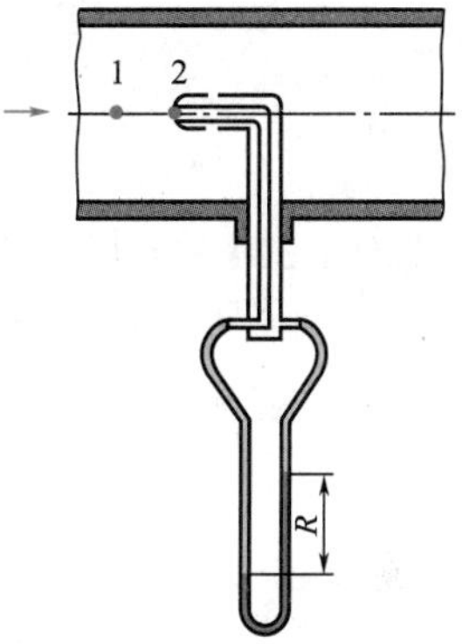

当流速为 u 的流体质点到达测速管的前端时，由于内管中已被先前流入的流体所占据，于是在管口 2 处便停滞下来，形成驻点。此时，流体的动能全部转变为驻点压力 p_2。参见图 1-33，在点 2 前方的同一流线上未受干扰处取点 1(流速为 u)，在点 1 与 2 之间列伯努利方程

$$p_2 = p + \frac{\rho u^2}{2} \tag{1-188}$$

图 1-33 测速管

另一方面，当流体平行流过外管侧壁上的小孔时，其速度仍为点 1 处的值，故侧壁小孔外的流体通过小孔传递至套管环隙内的压力为点 1 处的压力 p。

由此可知，U 形管压差计的读数反映的是 $\Delta p = p_2 - p$。由式(1-188)可得

$$u = \sqrt{2\Delta p / \rho} \tag{1-189}$$

式中，u 为待测点的流速。

若 U 形管压差计的指示液的密度为 ρ_A，读数为 R，则

$$\Delta p = (\rho_A - \rho)gR$$

将上式代入式(1-189)，可得

$$u = \sqrt{2(\rho_A - \rho)gR / \rho} \tag{1-190}$$

测速管测量的准确度与其制造精度有关。一般情况下，式(1-190)右侧需引入一个校正系数 C，即

$$u = C\sqrt{2(\rho_A - \rho)gR / \rho} \tag{1-191}$$

通常 $C = 0.98 \sim 1.00$。

测速管测定的流速是管道截面上某一点的局部值，称为点速度。欲获得管截面上的平均流速 u_b，需测量径向上若干点的速度，然后用数值法或图解法积分求得截面平均速度。

对于内径为 d 的圆管，可以只测出管中心点的速度 u_{max}，然后根据 u_{max} 与平均流速 u_b 的关系求出 u_b。此关系随 Re 改变，如图 1-34 所示。

测速管的优点是流体的能量损失较小，通常适合测量大直径管路中的气体流速，但不能直接测量平均流速，且压差读数较小，通常需配用微压差计。当流体中含有固体杂质时，会堵塞测压孔。

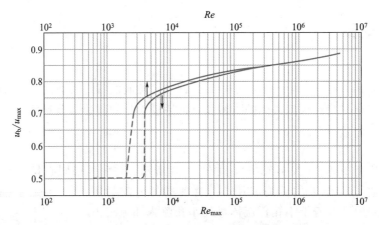

图 1-34　圆管中 u_b 与 u_{max} 的关系图

【例 1-32】　用毕托管测量直径 300mm 管道内空气的流量，将毕托管插至管道的中心线处。已知测量点处的温度为 20℃，真空度为 490Pa，当地大气压力为 98.66×10^3 Pa。U 形管压差计的指示液为水，密度为 998kg/m³，读数为 100mm。试求空气的质量流量。

解　在测量点处，温度为 20℃，绝对压力为 $98660 - 490 = 98170$ Pa，则

$$\rho = \frac{29}{22.4} \times \frac{273}{273 + 20} \times \frac{98170}{101330} = 1.17 \text{kg/m}^3$$

由式(1-190)，管中心处空气的最大流速为

$$u_{max} = \sqrt{\frac{2(\rho_A - \rho)gR}{\rho}} = \sqrt{\frac{2 \times (998 - 1.17) \times 9.81 \times 0.1}{1.17}} = 40.89 \text{m/s}$$

按最大速度计的雷诺数为

$$Re_{max} = \frac{du_{max}\rho}{\mu} = \frac{0.3 \times 40.89 \times 1.17}{1.81 \times 10^{-5}} = 7.929 \times 10^5$$

由图 1-34 查得，当 $Re_{max} = 7.929 \times 10^5$ 时，$u_b/u_{max} = 0.852$，故气体的平均流速为

$$u_b = 0.852 u_{max} = 0.852 \times 40.89 = 34.8 \text{m/s}$$

空气的质量流量为

$$w_s = 3600 \times \frac{\pi}{4}d^2 \times u_b\rho = 3600 \times \frac{\pi}{4} \times 0.3^2 \times 34.8 \times 1.17 = 1.04 \times 10^4 \text{kg/h}$$

1.7.2　孔板流量计

孔板流量计是利用孔板对流体的节流作用，使流体的流速增大，压力减小，以产生的压力差作为测量的依据。

如图 1-35 所示，在管道内与流动垂直的方向插入一片中央开圆孔的板，孔的中心位于管路的中心线上，即构成孔板流量计。

当被测流体流过孔板的孔口时，流动截面收缩至小孔的截面积，在小孔之后流体由于惯性作用继续收缩一段距离，然后逐渐扩大至整个管截面。流动截面最小处（图中 2—2' 截面）称为缩脉。根据机械能守恒原理，在缩脉处，流速最大，流体的压力降至最低。当流体以一定的流量流经孔板时，流量越大，压力变化的幅度也越大。换言之，压力变化的幅度反映了流体流量的大小。

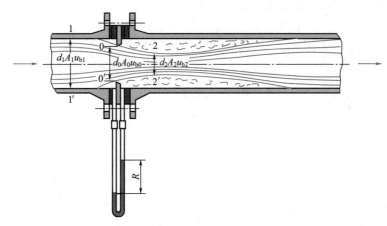

图 1-35　孔板流量计

需要指出，流体在孔板前后的压力变化，一部分是由于动能转变为压力能所引起的，还有一部分是由于流过孔板时的局部阻力造成的。因此，当下游流速恢复到流经孔板前的数值时，其压力并不能完全复原，产生永久压力降。

为建立流量与孔板前后压力变化的定量关系，取孔板上游尚未收缩的流动截面为 1—1′，下游截面取在缩脉处，以便测得最大压差读数，但由于缩脉的位置及其截面积难以确定，故以孔口处为下游截面 0—0′，在 1—1′ 和 0—0′ 两截面之间列机械能衡算方程，并暂时略去能量损失，可得

$$\frac{p_1}{\rho}+\frac{u_{b1}^2}{2}=\frac{p_0}{\rho}+\frac{u_{b0}^2}{2} \tag{1-192}$$

或

$$\sqrt{u_{b0}^2-u_{b1}^2}=\sqrt{2(p_1-p_0)/\rho} \tag{1-193}$$

若考虑流体流经孔板时的能量损失，可在式(1-193)中引入一校正系数 C_1，即

$$\sqrt{u_{b0}^2-u_{b1}^2}=C_1\sqrt{2(p_1-p_0)/\rho} \tag{1-194}$$

此外，由于孔板厚度很小，如标准孔板的厚度 $\leqslant 0.05d_1$，而测压孔的直径 $\leqslant 0.08d_1$，一般为 6～12mm，故不能将下游测压口正好取在孔板上。通常的做法是将上、下游两个测压口装在紧靠着孔板前后的位置上，如图 1-35 所示。此种测压方法称为角接取压法，由此测出的压差与式(1-194)中的 p_1-p_0 有所区别。若以 p_a-p_b 表示角接取压法所测定的孔板前后的压差，以其代替式中的 p_1-p_0，并引入另一校正系数 C_2，以校正上、下游测压口的位置影响，则式(1-194)可写成

$$\sqrt{u_{b0}^2-u_{b1}^2}=C_1 C_2\sqrt{2(p_a-p_b)/\rho} \tag{1-195}$$

设管路与孔板小孔的截面积分别为 A_1 和 A_0，则 $V_s=A_1 u_{b1}=A_0 u_{b0}$。代入式(1-195)得

$$u_{b0}=\frac{C_1 C_2\sqrt{2(p_a-p_b)/\rho}}{\sqrt{1-(A_0/A_1)^2}} \tag{1-196}$$

令 $C_0=\dfrac{C_1 C_2}{\sqrt{1-(A_0/A_1)^2}}$，则式(1-196)变为

$$u_{b0}=C_0\sqrt{2(p_a-p_b)/\rho} \tag{1-197}$$

将式(1-197)两端同乘以孔板小孔的截面积,可得体积流量为

$$V_s = A_0 u_{b0} = C_0 A_0 \sqrt{2(p_a - p_b)/\rho} \tag{1-198}$$

若式(1-198)两端同乘以流体密度 ρ ,则得质量流量

$$w_s = A_0 \rho u_{b0} = C_0 A_0 \sqrt{2\rho(p_a - p_b)} \tag{1-199}$$

若 U 形管压差计读数为 R ,指示液密度为 ρ_A ,则

$$p_a - p_b = (\rho_A - \rho)gR$$

将上式代入式(1-198)或式(1-199)可得

$$V_s = C_0 A_0 \sqrt{2gR(\rho_A - \rho)/\rho} \tag{1-200}$$

$$w_s = C_0 A_0 \sqrt{2gR\rho(\rho_A - \rho)} \tag{1-201}$$

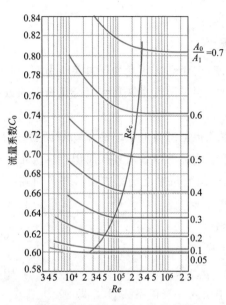

图 1-36　流量系数与 Re 的关系

式中, C_0 为流量系数或孔流系数,其值与 Re 、面积比 A_0/A_1 以及取压法有关,需由实验测定。采用角接法时,流量系数 C_0 与 Re 、 A_0/A_1 的关系如图 1-36 所示。图中 $Re = \dfrac{d_1 u_{b1} \rho}{\mu}$ 为流体流经管路的雷诺数, A_0/A_1 为孔口截面积与管截面积之比。由图1-36可见,对于任意 A_0/A_1 值,当 Re 超过某一临界值 Re_c 后, C_0 即变为一个常数。流量计的测量范围最好落在 C_0 为常数的区域。设计合理的孔板流量计, C_0 在 $0.6 \sim 0.7$ 为宜。

在应用式(1-200)或式(1-201)时,需预先确定流量系数 C_0 的值。但由于 C_0 与 Re 及 A_0/A_1 有关,因此不论是设计型计算(确定孔板孔径 d_0)或操作型计算(确定流量或流速)均需采用试差法,具体步骤详见例 1-33。

孔板流量计安装位置的上、下游都要有一段内径不变的直管作为稳定段,根据经验,其上游直管长度至少应为 $10d_1$,下游长度至少为 $5d_1$ 。

孔板流量计制造简单,安装与更换方便,其主要缺点是流体的能量损失大, A_0/A_1 越小,能量损失越大。孔板流量计的永久能量损失,可按式(1-202)估算

$$h_f' = \frac{p_a - p_b}{\rho}(1 - 1.1 A_0/A_1) \tag{1-202}$$

【例 1-33】　为测量某溶液在 $\phi 83\text{mm} \times 3.5\text{mm}$ 的钢管内流动的质量流量,在管路中装一标准孔板流量计,用 U 形管水银压差计测量孔板前、后的压力差。溶液的最大流量为 $36\text{m}^3/\text{h}$,希望在最大流速下压差计读数不超过 600mm,采用角接取压法,试求孔板孔径。已知溶液黏度为 $1.5 \times 10^{-3} \text{Pa} \cdot \text{s}$,密度为 1600kg/m^3 。

解　本题需采用试差法求解,设 $Re > Re_c$,并取 $C_0 = 0.65$,则由式(1-200),可得

$$\begin{aligned} A_0 &= \frac{V_s}{C_0 \sqrt{2gR(\rho_A - \rho)/\rho}} = \frac{36/3600}{0.65 \times \sqrt{2 \times 0.6(13600 - 1600) \times 9.81/1600}} \\ &= 0.00164\text{m}^2 \end{aligned}$$

相应的孔板孔径为

$$d_0 = \sqrt{4A_0/\pi} = \sqrt{4 \times 0.00164/\pi} = 0.0457\text{m}$$

于是

$$A_0/A_1 = (d_0/d_1)^2 = (45.7/76)^2 = 0.362$$

校核 Re 值是否大于 Re_c

$$u_{b1} = \frac{V_s}{A_1} = \frac{36/3600}{0.076^2 \times \pi/4} = 2.21\text{m/s}$$

故

$$Re = \frac{d_1 u_{b1} \rho}{\mu} = \frac{0.076 \times 2.21 \times 1600}{1.5 \times 10^{-3}} = 1.79 \times 10^5$$

由图 1-36 可知，当 $A_0/A_1 = 0.362$ 时，上述 $Re > Re_c$，即 C_0 确为常数，其值仅由 A_0/A_1 所决定。从图亦可查得 $C_0 = 0.65$，与原假定相符。因此，孔板的孔径 $d_0 = 45.7\text{mm}$。

 本例题亦可根据所设 $Re > Re_c$ 及 C_0，直接由图 1-36 查得 A_0/A_1 值，从而求出 A_0。然后再按同样的步骤校核假设是否正确。

1.7.3 文丘里流量计

为减少流体节流造成的能量损失，可用一段渐缩渐扩的短管代替孔板，这就构成了文丘里（venturi）流量计，如图 1-37 所示。

当流体在渐缩渐扩段内流动时，流速变化平缓，涡流减少，于喉颈处（即最小流通截面处）流体的动能最高，压力最低。此后在渐扩的过程中，流体的速度又平缓降低，相应的流体压力逐渐恢复。如此缓变流动可避免涡流的形成，大大降低能量的损失。

由于文丘里流量计的工作原理类似于孔板流量计，故流体的流量可按式（1-203）计算

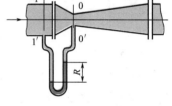

图 1-37　文丘里流量计

$$V_s = C_V A_0 \sqrt{2(p_1 - p_0)/\rho} \tag{1-203}$$

式中，C_V 为文丘里流量计的流量系数，其值由实验测定。C_V 值一般为 $0.98 \sim 0.99$。A_0 为喉颈处截面积，$p_1 - p_0$ 为上游截面 $1 - 1'$ 与喉管截面 $0 - 0'$ 的压力差。通常文丘里流量计上游的测压点距管径开始收缩处的距离至少应为管径的 $1/2$ 长度，而下游测压口设在喉颈处。

文丘里流量计的优点是能量损失小，但不如孔板那样容易更换以适用于各种不同的流量测量；文丘里流量计的喉颈是固定的，致使其测量的流量范围受到实际 Δp 的限制。

1.7.4 转子流量计

上述各流量计的共同特点是收缩口的截面积保持不变，而压力随流量的变化而改变，这类流量计统称为变压力流量计。另一类流量计是保持压力差几乎不变，让收缩的截面积变化，这类流量计称为变截面流量计，其中最为常见的是转子流量计（rotary flowmeter）。

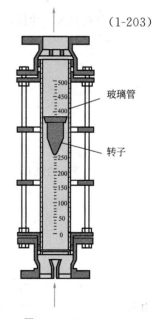

图 1-38　转子流量计

图 1-38 为转子流量计示意图，它由一个截面自下而上逐渐扩大的锥形垂直玻璃管(锥角约 4°)和一个能够旋转自如的金属或其他材质的转子所构成。被测流体由底端进入，由顶端流出。

当被测流体以一定流量流过转子流量计时，流体在环隙的速度变大，压力减小，于是在转子的上、下端面形成一个压差，将转子浮起。随着转子的上浮，环隙面积逐渐增大，环隙内的流速又将减小，转子两端的压差随之降低。当转子上浮至某一高度，转子上、下两端压差引起的升力等于转子本身所受的重力时，转子停留在某一位置。若流体的流量改变，平衡被打破，转子移到新的位置，以建立新的平衡。由此可见，转子所处的不同位置与流体的流量一一对应。

转子流量计的计算式可通过转子的受力平衡分析导出。参见图 1-39，设转子为一圆柱体，其体积为 V_f，密度为 ρ_f，截面积为 A_f。当转子处于平衡位置时，流体施加于转子的力与转子所受重力相等，即

$$(p_1 - p_2)A_f = \rho_f g V_f \tag{1-204}$$

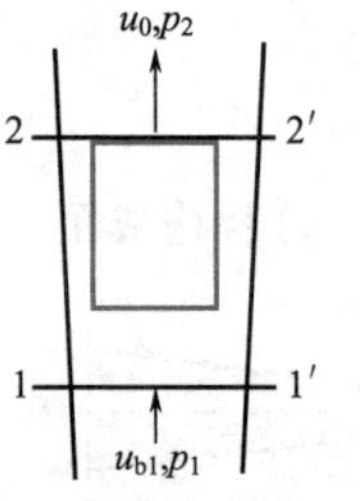

图 1-39 转子的
受力分析

式中，p_2 和 p_1 分别为转子上、下端面处流体的压力。在图 1-39 所示的 1—1′ 和 2—2′ 两截面之间列机械能衡算方程并略去能量损失，可得

$$\frac{p_1}{\rho} + g z_1 + \frac{u_{b1}^2}{2} = \frac{p_2}{\rho} + g z_2 + \frac{u_{b2}^2}{2} \tag{1-205}$$

式中，u_{b2} 为截面 2—2′ 处的流速，采用环隙流速 u_0 代替，式(1-205)可写成

$$p_1 - p_2 = (z_2 - z_1)\rho g + \left(\frac{u_0^2}{2} - \frac{u_{b1}^2}{2}\right)\rho \tag{1-206}$$

由式(1-206)可知，转子上、下端面形成压差的原因是：①两截面的位差；②两截面存在的动能差。将式(1-206)各项乘以转子截面积 A_f，可得

$$(p_1 - p_2)A_f = V_f \rho g + \left(\frac{u_0^2}{2} - \frac{u_{b1}^2}{2}\right)A_f \rho \tag{1-207}$$

式(1-207)左侧为流体作用于转子的力，右侧第一项为浮力。

设玻璃管内径为 A_1，环隙截面积为 A_R，则 $u_{b1} = u_0 A_R/A_1$，代入式(1-207)得

$$(p_1 - p_2)A_f = V_f \rho g + \left[1 - \left(\frac{A_R}{A_1}\right)^2\right]\frac{u_0^2}{2}A_f \rho$$

将式(1-204)代入上式得

$$u_0 = \frac{1}{\sqrt{1-(A_R/A_1)^2}}\sqrt{\frac{2V_f(\rho_f - \rho)g}{\rho A_f}} \tag{1-208}$$

若考虑流体的能量损失以及转子形状的影响，可在式(1-208)中引入一校正系数 C_1，即

$$u_0 = \frac{C_1}{\sqrt{1-(A_R/A_1)^2}}\sqrt{\frac{2V_f(\rho_f - \rho)g}{\rho A_f}}$$

或

$$u_0 = C_R \sqrt{\frac{2V_f(\rho_f - \rho)g}{\rho A_f}} \tag{1-209}$$

式中，$C_R = C_1/\sqrt{1-(A_R/A_1)^2}$ 为转子流量计的流量系数，其值与 Re 及转子形状有关，需由实验测定。

由式(1-209)可得转子流量计的体积流量为

$$V_s = C_R A_R \sqrt{\frac{2V_f(\rho_f - \rho)g}{A_f \rho}} \tag{1-210}$$

由式(1-210)可知，对于特定的转子流量计，如果在所测量的流量范围内，流量系数 C_R 不变，则流量仅随 A_R 而变。由于玻璃管为上大下小的锥体，故 A_R 值随转子所处的位置而变，因而转子所处位置的高低反映了流量的大小。

转子流量计由专门厂家生产。通常厂家选用水或空气作为标定流量计的介质。因此，当测量其他流体时，需要对原有的刻度加以校正。

转子流量计的优点是能量损失小，测量范围宽，但耐温、耐压性差。

1.8 非牛顿型流体的流动

1.8.1 非牛顿型流体的流动特性

本节以前所涉及的流体都服从牛顿黏性定律，称为牛顿型流体。工程上还经常遇到另一类流体，它们的流动特性不遵循牛顿黏性定律，这类流体统称为非牛顿型流体。

根据剪应力与速度梯度(或称剪切速率)关系的不同，可将非牛顿型流体分为若干类型。图 1-40 示出了几种常见类型的非牛顿型流体的剪应力与剪切速率之间的关系曲线(a线为牛顿型流体)。

与牛顿型流体不同，非牛顿型流体的 τ-$\mathrm{d}u_x/\mathrm{d}y$ 曲线是多种多样的。然而，许多非牛顿型流体，在很大的剪切速率范围内，都可以用如下幂律形式的方程来描述

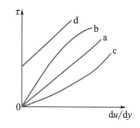

图 1-40 流体的流变图
a—牛顿型流体；b—假塑性流体；
c—胀塑性流体；d—宾汉塑性流体

$$\tau = K\left(\frac{\mathrm{d}u_x}{\mathrm{d}y}\right)^n \tag{1-211}$$

式中，n 为流动特性指数；K 为稠度系数，其单位为 $\mathrm{Pa \cdot s}^n$。牛顿型流体作为其中的一个特例，$n=1$，$K=\mu$。但应注意，对于非牛顿型流体，K 并非黏度。

1. 假塑性流体

大多数非牛顿型流体属于假塑性流体(图 1-40 中的 b 线)，如聚合物溶液或熔融体、油脂、淀粉溶液等。对于假塑性流体，τ 与 $\mathrm{d}u_x/\mathrm{d}y$ 的关系可用式(1-211)描述。若将式(1-211)写成如下形式

$$\tau = K\left|\frac{\mathrm{d}u_x}{\mathrm{d}y}\right|^{n-1}\frac{\mathrm{d}u_x}{\mathrm{d}y} \tag{1-212}$$

则

$$\eta = K\left|\frac{\mathrm{d}u_x}{\mathrm{d}y}\right|^{n-1} \tag{1-213}$$

式中，η 称为表观黏度。对于假塑性流体，表观黏度随剪切速率的增加而减小，故 $n<1$。

2. 胀塑性流体

式(1-211)中，$n>1$ 时称为胀塑性流体(图 1-40 的 c 线)。这类流体在流动时，表观黏度随剪切速率的增大而增大。某些湿沙，含有硅酸钾、阿拉伯树胶等的水溶液均属于胀塑性流体。

3. 宾汉塑性流体

某些液体，如润滑脂、牙膏、纸浆、污泥、泥浆等，流动时存在着一个所谓的极限剪应力或屈服剪应力 τ_0，在剪应力值小于 τ_0 时，液体根本不流动；只有当剪应力大于 τ_0 时，液体才开始流动(图 1-40 中的 d 线)。

对于宾汉塑性流体的这种行为，通常的解释是：在静止时，这种流体具有三维结构，其坚固性足以经受某一数值的剪应力。当应力超出此值后，此结构即被破坏，而显示出牛顿型流体的行为，其 τ 与 du_x/dy 的关系可用式(1-214)表示

$$\tau = \tau_0 + K\,\frac{du_x}{dy} \tag{1-214}$$

1.8.2 幂律流体在管内流动的阻力

下面简要讨论幂律流体在管内的流动阻力。

1. 管内层流

前面讨论牛顿型流体在管内流动时曾经指出，剪应力沿管径方向的分布与流动性质无关，即式(1-94)所表示

$$\tau = -\frac{\Delta p}{2L}r = \frac{\Delta p_{sf}}{2L}r$$

式(1-94)同样适用于非牛顿型流体。对于幂律流体在管内的流动，式(1-211)可写成

$$\tau = K\left(-\frac{du_z}{dr}\right)^n \tag{1-215}$$

式(1-94)与式(1-215)联立得

$$-\frac{du_z}{dr} = \left(\frac{\Delta p_{sf}}{2KL}\right)^{1/n} r^{1/n} \tag{1-216}$$

边界条件为 $r = r_i$，$u_z = 0$。

将式(1-216)积分并代入边界条件，可得

$$u_z = \frac{n}{n+1}\left(\frac{\Delta p_{sf}}{2KL}\right)^{1/n}\left[r_i^{\frac{n+1}{n}} - r^{\frac{n+1}{n}}\right] \tag{1-217}$$

管中心最大流速为

$$u_{max} = \frac{n}{n+1}\left(\frac{\Delta p_{sf}}{2KL}\right)^{1/n} r_i^{\frac{n+1}{n}}$$

管截面平均流速为

$$u_b = \frac{1}{\pi R^2}\int_0^{r_i} 2\pi r u_z\,dr = \frac{n}{3n+1}\left(\frac{\Delta p_{sf}}{2KL}\right)^{1/n} r_i^{\frac{n+1}{n}} \tag{1-218}$$

因此，式(1-217)又可写成

$$\frac{u_z}{u_b} = \frac{3n+1}{n+1}\left[1 - \left(\frac{r}{r_i}\right)^{\frac{n+1}{n}}\right]$$

式中，当 $n=1$(牛顿型流体)时的速度分布为

$$u_z = 2u_b\left[1 - \left(\frac{r}{r_i}\right)^2\right]$$

n 值越小，速度分布越平坦；极限情况 $n=0$，则为活塞流速度分布，$u_z/u_b = 1$；当 $n > 1$，

则速度分布曲线趋于尖锐，$n=\infty$ 表示胀缩性流体的极限情况，此时速度分布成线性关系。

式(1-218)可写成如下形式

$$\Delta p_{sf}=2KL\left(\frac{3n+1}{n}\right)^n\frac{u_b^n}{r_i^{n+1}} \tag{1-219}$$

由于

$$\Delta p_{sf}=\lambda\frac{L}{d}\frac{\rho u_b^2}{2} \tag{1-98}$$

将式(1-219)与式(1-98)联立得

$$\lambda=8K\left(\frac{3n+1}{n}\right)^n\frac{u_b^{n-2}}{\rho(d/2)^n}=64K\left(\frac{3n+1}{n}\right)^n\frac{u_b^{n-2}}{\rho d^n}8^{n-1}=\frac{64}{\dfrac{\rho d^n u_b^{2-n}8^{1-n}}{K\left(\dfrac{3n+1}{n}\right)^n}}=\frac{64}{Re^*} \tag{1-220}$$

其中

$$Re^*=\frac{\rho d^n u_b^{2-n}}{K}\left(\frac{4n}{3n+1}\right)^n 8^{1-n} \tag{1-221}$$

式中，Re^* 称为非牛顿型流体的广义雷诺数，当 $Re^*<2100$ 时流动为层流。式(1-220)在形式上与牛顿型流体管内层流摩擦系数计算式(1-112)完全一致。实际上当 $n=1$，Re^* 已经包括了牛顿型流体的情况。

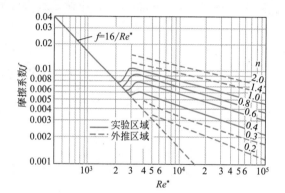

图1-41 非牛顿型流体的范宁摩擦因子

2. 管内湍流

幂律流体在光滑管中作湍流流动时的摩擦系数可用如下经验公式计算

$$\frac{1}{\sqrt{\lambda}}=\frac{2.0}{n^{0.75}}\lg\left[Re^*\left(\frac{\lambda}{4}\right)^{1-n/2}\right]-\frac{0.2}{n^{1.2}} \tag{1-222}$$

为便于计算可将式(1-222)绘成图线，如图1-41所示。在 $n=0.36\sim1.0$，$Re^*=2900\sim36000$ 范围内，上式计算结果与实验符合很好。但应注意，此图仅适用于光滑管，不可用于粗糙管。

【例1-34】 某幂律流体以 1.5m/s 的平均流速流经直径 0.15m、长 4.5m 的光滑管。已知流体密度为 950kg/m³，稠度系数 $K=3.88Pa\cdot s^n$，流性指数 $n=0.3$。求流动的雷诺数 Re^* 以及压力降。

解

$$Re^*=\frac{\rho d^n u_b^{2-n}}{K}\left(\frac{4n}{3n+1}\right)^n 8^{1-n}$$

$$=\frac{950\times0.15^{0.3}\times1.5^{2-0.3}}{3.88}\left(\frac{4\times0.3}{3\times0.3+1}\right)^{0.3}8^{1-0.3}$$

$$=1013$$

故流动为层流。

$$\lambda=\frac{64}{Re^*}=\frac{64}{1013}=0.0632$$

$$\Delta p_{sf}=\lambda\frac{L}{d}\frac{\rho u_b^2}{2}=0.0632\times\frac{4.5}{0.15}\times\frac{950\times1.5^2}{2}=2026Pa$$

【例 1-35】 若取上题中流体的稠度系数 $K = 0.355 N \cdot s^n / m^2$，其他条件不变，求流动特性指数 $n = 0.3$ 时的压力降。

解

$$Re^* = \frac{\rho d^n u_b^{2-n}}{K} \left(\frac{4n}{3n+1}\right)^n 8^{1-n}$$

$$= \frac{950 \times 0.15^{0.3} \times 1.5^{2-0.3}}{0.355} \left(\frac{4 \times 0.3}{3 \times 0.3 + 1}\right)^{0.3} 8^{1-0.3}$$

$$= 11070$$

流动为湍流。由式(1-222)或图 1-41 得

$$\lambda = 4f = 4 \times 0.0031 = 0.0124$$

$$\Delta p_{sf} = \lambda \frac{L}{d} \frac{\rho u_b^2}{2} = 0.0124 \times \frac{4.5}{0.15} \times \frac{950 \times 1.5^2}{2} = 398 Pa$$

 对于幂律流体的管路计算，不论是层流还是湍流，都与牛顿型流体的管路计算类似。

本章符号说明

英文

A——面积，截面积，m^2；

C——毕托管的校正系数，量纲为 1；

C_0——孔板流量计的校正系数，量纲为 1；

C_R——转子流量计的校正系数，量纲为 1；

C_V——文丘里流量计的校正系数，量纲为 1；

d——管内径，m；

d_e——当量直径，m；

e——绝对粗糙度，m；

Eu——欧拉数 $[= p/(\rho u^2)]$，量纲为 1；

f——范宁摩擦因子，量纲为 1；

$\boldsymbol{F}$——作用在流体上的力，N；

$\boldsymbol{F}_B$——质量力，N；

$\boldsymbol{F}_n$——表面力的法向分量，N；

$\boldsymbol{F}_s$——表面力，N；

$\boldsymbol{F}_t$——表面力的切向分量，N；

F_x, F_y, F_z——力在 x、y、z 方向上的分量，N；

G——质量平均速度，$kg/(m^2 \cdot s)$；

h_f——单位质量流体的摩擦阻力损失，J/kg；

h_j——单位质量流体的局部阻力损失，J/kg；

H_e——流体接受外界功所增加的压头，m；

H_f——压头损失，m；

K——系数，量纲为 1；

L——长度，m；

L_e——当量长度，m；

L_f——流动进口段长度，m；

m——质量，kg；

M——摩尔质量，kg/kmol；

n——物理变量个数；

N——轴功率，kW；

N_e——输送设备的有效功率，kW；

p——压力，Pa；

Δp_{sf}——摩擦阻力引起的压降，Pa；

Δp_j——局部阻力引起的压降，Pa；

r_H——水力半径，m；

r_i——管半径，m；

τ_0——屈服应力，Pa；

τ_s——壁面剪应力，Pa；

τ^r——雷诺应力，Pa；

r_{max}——流体最大流速处的半径，m；

R——气体常数 $[= 8314 J/(kmol \cdot K)]$；液柱高度，m；

Re——雷诺数 $(= du_b \rho/\mu)$，量纲为 1；

Re_x——雷诺数 $(= xu_0 \rho/\mu)$，量纲为 1；

Re_c——临界雷诺数($=x_c u_0 \rho/\mu$)，量纲　希文
　　　为1；

Re^*——广义雷诺数，量纲为1；

T——热力学温度，K；

u——速度，m/s；

u_b——平均流速，m/s；

u_{max}——管截面上的最大流速，m/s；

u_x、u_y、u_z——x、y、z方向的速度分量，m/s；

u'_x、u'_y、u'_z——脉动速度分量，m/s；

$\overline{u}_x$、$\overline{u}_y$、$\overline{u}_z$——时均速度分量，m/s；

u^*——摩擦速度，m/s；

v——比体积，kg/m³；

V_s——体积流量，m³/s；

w——质量分数，kg/kg；

w_s——质量流量，kg/s；

W_e——输送机械对单位质量流体所做功，J/kg；

X——x方向的单位质量力，N/kg；

Y——y方向的单位质量力，N/kg；

Z——z方向的单位质量力，N/kg。

α——体积膨胀系数，K⁻¹；动能校正系数，量纲为1；

β——体积压缩系数，Pa⁻¹；

δ_b——层流内层厚度，m；

ε——涡流动量扩散系数，m²/s；

φ——体积分数，m³/m³；

η——效率，量纲为1；表观黏度，N²/m；

ζ——局部阻力系数，量纲为1；

θ——时间，s；

λ——摩擦系数，量纲为1；

μ——流体黏度，Pa·s；

μ_m——混合物的黏度，Pa·s；

ν——流体的运动黏度，m²/s；

ρ——流体的密度，kg/m³；

ρ_m——混合物的密度，kg/m³；

τ——剪应力，表面应力，Pa；

τ^t——总应力，Pa；

$\tau_{ii}(i=x,y,z)$——法向应力，Pa；

$\tau_{ij}(i,j=x,y,z)$——剪应力，Pa。

习　题

基础习题

1. 将60kg密度为830kg/m³的油与40kg密度为710kg/m³的油混在一起，试求混合油的密度。设混合油为理想溶液。

2. 在大气压为101.3×10³Pa的地区，某设备上真空表的读数为14.5×10³Pa。试将其换算成绝对压力和表压力。

3. 油罐中盛有密度为960kg/m³的重油（如附图所示），油面最高时离罐底9.5m，油面上方与大气相通。在罐侧壁的下部有一直径为760mm的人孔，其中心距罐底1000mm，孔盖用14mm的钢制螺钉紧固。若螺钉材料的工作压力为39.5×10⁶Pa，问至少需要几个螺钉（大气压力为101.3×10³Pa）？

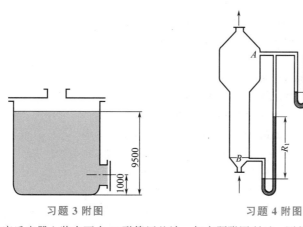

习题 3 附图　　　　　　　　习题 4 附图

4. 某气体流化床反应器上装有两个U形管压差计，如本题附图所示。测得$R_1=500$mm，$R_2=80$mm，指示液为水银。为防止水银蒸气向空间扩散，于右侧的U形管与大气连通的玻璃管内灌入一段水，其高度$R_3=100$mm。试求A、B两处的表压力。

5. 在本题附图所示的油水分离器内，油的密度为 $800kg/m^3$，水的密度为 $1000kg/m^3$，分离器导管流动阻力可忽略不计。油水分离器内的油水界面距顶部液面的距离为 h，导管口距器内顶部液面的距离为 x。

(1)在图(a)中，当 $h=1m$ 时，下列四种结论哪种正确？

$x=1m$；$x=0$；$x>1m$；$0<x<1m$。

(2)在图(b)中，当 $x=0.1m$ 时，h 为多少米？

6. 用串联的 U 形管压差计测量蒸汽锅炉水面上方的蒸气压，如本题附图所示，U 形管压差计的指示液为水银，两 U 形管间的连接管内充满水。已知水银面与基准面的垂直距离分别为：$h_1=2.4m$，$h_2=1.3m$，$h_3=2.6m$ 及 $h_4=1.5m$。锅炉中水面与基准面的垂直距离 $h_5=3m$。当地大气压为 $p_a=98.7\times10^3Pa$。试求锅炉上方水蒸气的压力。

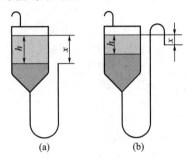

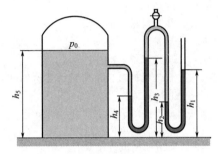

习题 5 附图   习题 6 附图

7. 将真空蒸发操作中产生的水蒸气送至混合冷凝器中与冷水直接接触而冷凝，如本题附图所示。为了维持操作的真空度，在冷凝器上方接有真空泵，以抽走器内的不凝气(空气)。同时，为防止外界空气由气压管漏入，将此气压管插入液封槽中，水即在管内上升一定的高度 h，这种措施称为液封。若真空表的读数为 60×10^3Pa，试求气压管中水上升的高度 h。

8. 大气的压力、密度及温度均随高度变化。国际标准规定取海平面为基准平面($z=0$)。在基准面上，$T_0=288K(15℃)$，$p_0=101.3kPa$，$\rho_0=1.225kg/m^3$。从海平面至 11km 的高空为大气的对流层，在对流层内温度随高度的变化可用下式表示

$$T=T_0-\beta z \qquad (1)$$

式中，$\beta=0.0065K/m$，$T_0=288K$。设大气层处于静止状态，试用静力学方程推导对流大气层中压力、密度随高度变化的关系式，并求海拔 10000m 高度的大气层压力为多少？

9. 非稳态二维流场的速度向量为：

$$u(x,\ y,\ \theta)=2x^2\pmb{i}+4xy\theta\pmb{j}$$

试导出点(1,3)处在 $\theta=1$ 和 $\theta=1/2$ 两时刻的流线方程。

10. 用 $\phi168mm\times5mm$ 的无缝钢管输送燃料油，油的运动黏度为 80cSt，密度为 $900kg/m^3$，试求燃料油作层流流动时的临界速度。设 Re 的临界值为 2000。

11. 某不可压缩流体稳态流过本题附图所示的分支管路。已知主管的内径为 25mm，支管 1 的内径为 10mm，平均流速为 2m/s；支管 2 的内径为 20mm，平均流速为 1m/s。试求通过主管的平均流速和体积流量。

12. 某不可压缩流体在 x 方向流动的速度分量为 $u_x=ax^2+by$，z 方向的速度分量 $u_z=0$，求 y 方向的速度分量 u_y，其中 a、b 为常数。已知 $y=0$，$u_y=0$。

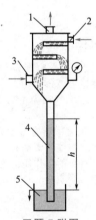

习题 7 附图

1—与真空泵相通的不凝性气体出口；2—冷凝水进口；3—水蒸气进口；4—气压管；5—液封槽

习题 11 附图

13. 有一装满水的储槽，直径 1m，高 3m。现由槽底部的小孔向外排水。小孔的直径为 4cm，测得水流过小孔的平均流速 u_0 与槽内水面高度 z 的关系为：

$$u_0 = 0.62\sqrt{2zg}$$

试求放出 $1m^3$ 水所需的时间（设水的密度为 $1000kg/m^3$）。

若将槽中的水改为煤油，其他条件不变，试求放出 $1m^3$ 煤油所需的时间（设煤油密度为 $800kg/m^3$）？

14. 水以 150kg/h、食盐以 30kg/h 的流量加入本题附图所示的搅拌槽中。制成溶液后，以 120kg/h 的流量离开容器。由于搅拌充分，槽内溶液浓度各处均匀。开始时槽内预先盛有新鲜水 100kg。试求 1h 后从槽中流出的溶液浓度（以食盐的质量分数表示）。

15. 不可压缩流体流过由两块相距为 $2h$ 的水平大平板构成的通道，已知平板间的距离远远小于平板的面积。试从连续性方程和运动方程出发，求平板间流体作稳态层流时的速度分布方程。

16. 黏性流体沿一个无限宽的垂直壁面下流，形成厚度为 0.5mm 的液膜。设液膜内流体的流动为匀速、稳态的层流，且流动仅受重力的影响。试求单位宽度液膜流体下流的质量流量（kg/s）。已知流体的 $\nu = 2 \times 10^{-6} m^2/s$，$\rho = 0.8 \times 10^3 kg/m^3$。

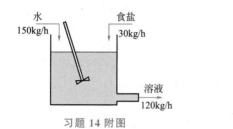

习题 14 附图　　　　　　习题 17 附图

17. 高位槽内的水面高于地面 7m，水从 $\phi108mm \times 4mm$ 的管路中流出，管路出口高于地面 1.5m（如本题附图所示）。在本题条件下，水流经系统的总能量损失可按 $\sum h_f = 5.5u_b^2$ 计算，其中 u_b 为水在管内的平均流速，m/s。流动为稳态，试计算：(1)$A—A'$ 截面处水的平均流速；(2)水的流量（m^3/h）。

18. 用离心泵将 20℃ 的水自贮槽送至水洗塔底部，槽内水位维持恒定，各部分相对位置如本题附图所示。管路均为 $\phi76mm \times 3.5mm$，在操作条件下，泵入口处真空表的读数为 $25.6 \times 10^3 Pa$；水流经吸入管与排出管（不包括喷头）的能量损失可分别按 $\sum h_{f,1} = 4u_b^2$ 与 $\sum h_{f,2} = 8u_b^2$ 计算，由于管径不变，故式中 u_b 为吸入或排出管的平均流速（m/s）。排水管与喷头连接处的压力为 $87.5 \times 10^3 Pa$（表压）。试求泵的有效功率。

19. 本题附图所示的贮槽内径 D 为 2m，槽底与内径 d_0 为 32mm 的钢管相连，槽内无液体补充，其初始液面高度 h_1 为 2m（以管子中心线为基准）。液体在管内流动时的全部能量损失可按 $\sum h_f = 20u_b^2$ 计算，式中的 u_b 为液体在管内的平均流速（m/s）。试求当槽内液面下降 1m 时所需的时间。

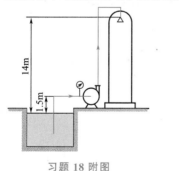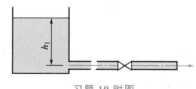

习题 18 附图　　　　　　习题 19 附图

20. 用压缩空气将密度为 $1100kg/m^3$ 的某腐蚀性液体自低位槽送到敞口高位槽，两槽的液面维持恒定。管路均为 $\phi60mm \times 3.5mm$，其他尺寸见附图。各管段的能量损失为 $\sum h_{f,AB} = \sum h_{f,CD} = u_b^2$，$\sum h_{f,BC} = 1.18u_b^2$。两压差计中的指示液均为水银。试求当 $R_1 = 45mm$，$h = 200mm$ 时：(1)压缩空气的压力 p_1 为多少（表压）；(2)U 形管压差计读数 R_2 为多少？

21. 在本题附图所示的实验装置中，于异径水平管段两截面间连接一个倒置 U 形管压差计，以测量两截面之间的压力差。当水的流量为 10500kg/h 时，U 形管压差计读数 R 为 100mm。粗、细管分别为 $\phi60mm \times 3.5mm$ 与 $\phi42mm \times 3mm$。计算：(1)1kg 水流经两截面间的能量损失；(2)与该能量损失相当的压降为多少(Pa)？水的密度按 $1000kg/m^3$ 计算。

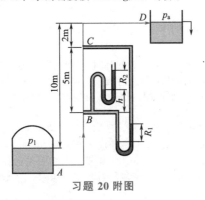

习题 20 附图

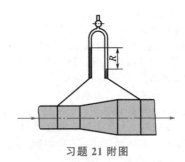

习题 21 附图

22. 烟囱排烟的原理是烟囱内的高温烟气(其密度低于大气密度)受到大气浮力的作用，使之自下而上自然流动，在烟囱底部形成负压，从而使炉内热烟气源源不断地流入烟囱底部。如本题附图所示，某工业锅炉产生的烟气通过烟囱排入大气，烟囱内径为 1.2m，烟气在烟囱内的平均温度为 200℃，在此温度下烟气的平均密度为 $0.6kg/m^3$，烟气的流量为 $45000m^3/h$，烟气在烟囱内流动的摩擦系数为 0.025。在烟囱的高度范围内，外部空气的平均密度为 $1.2kg/m^3$。试求：(1)当烟囱内底部的真空度为 15mmH$_2$O 时，烟囱的高度为多少米？(2)当烟囱高度为 50m 时，烟囱内底部的真空度为多少(mmH$_2$O)？

23. 稳态下 26℃的甘油在长为 0.3048m，内径为 25.4mm 的水平毛细圆管中流动，实验测得当体积流量为 $1.127×10^{-4}m^3/s$ 时，毛细管两端的压降为 1.915kPa。已知 26℃时甘油的密度为 $1261kg/m^3$，试求甘油的黏度(Pa·s)。

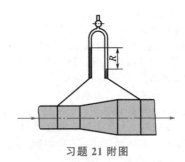

习题 22 附图

24. 常压下 30℃的空气流过内径为 10mm、长度为 5m 的管道。测得管中心处的流速为 0.1m/s，试计算空气流过 5m 长管道时的压力降。又在相同的条件下令水流过上述管道，压力降应为多少？试对两种情况下的计算结果进行比较，并分析结果不同的原因。

25. 一定量的液体在水平直圆管内作层流流动。若管长及液体物性不变，而管径减至原有的 1/2，问因流动阻力而产生的能量损失为原来的多少倍？

26. 用泵将 $2×10^4kg/h$ 的溶液自反应器送至高位槽(见本题附图)。反应器液面上方保持 $25.9×10^3Pa$ 的真空度，高位槽液面上方为大气压。管道为 $\phi76mm×4mm$ 的钢管，总长为 35m，管线上有两个全开的闸阀、一个孔板流量计(局部阻力系数为 4)、五个标准弯头。反应器内液面与管路出口的距离为 17m。若泵的效率为 0.7，求泵的轴功率。

已知溶液的密度为 $1073kg/m^3$，黏度为 $6.3×10^{-4}Pa·s$。管壁绝对粗糙度可取为 0.3mm。

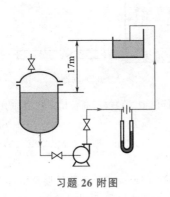

习题 26 附图

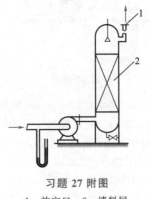

习题 27 附图
1—放空口；2—填料层

27. 从设备排出的废气中含有少量可溶物质，在放空之前令其通过一个洗涤器，以回收这些物质进行综合利用，并避免环境污染。气体流量为3600m³/h(在操作条件下)，其物理性质与50℃的空气基本相同。如本题附图所示，气体进入鼓风机前的管路上安装有指示液为水的U形管压差计，其读数为60mm。输气管与放空管的内径均为250mm，管长与管件、阀门的当量长度之和为55m(不包括进、出塔及管出口阻力)，放空口与鼓风机进口的垂直距离为15m，已估计气体通过填料层的压力降为$2.45×10^3$Pa。管壁的绝对粗糙度可取为0.15mm，大气压为$101.33×10^3$Pa。求鼓风机的有效功率。

28. 如本题附图所示，贮槽内水位维持不变。槽的底部与内径为100mm的钢质放水管相连，管路上装有一个闸阀，距管路入口端15m处安有以水银为指示液的U形管压差计，其一臂与管道相连，另一臂与大气相通。压差计连接管内充满了水，测压点与管路出口端之间的直管长度为20m。

(1)当闸阀关闭时，测得$R=600$mm、$h=1500$mm；当闸阀部分开启时，测得$R=400$mm、$h=1400$mm。摩擦系数λ可取为0.025，管路入口处的局部阻力系数取为0.5。试求闸阀部分开启时水的流量(m^3/h)。

(2)当闸阀全开时，U形管压差计测压处的压力为多少(表压)？闸阀全开时，$L_e/d≈15$，摩擦系数仍可取0.025。

29. 10℃的水以500L/min的流量流经一长为300m的水平管，管壁的绝对粗糙度为0.05mm。有6m的压头可供克服流动的摩擦阻力，试求管径的最小尺寸。

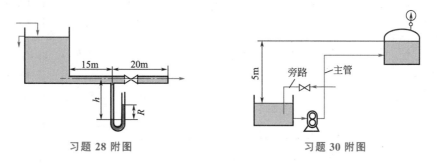

习题 28 附图　　　　　　　　　　习题 30 附图

30. 用效率为80%的齿轮泵将某黏稠液体从敞口槽送至密闭容器内，两者液面均维持恒定，容器顶部压力表的读数为$30×10^3$Pa。用旁路调节流量，其流程如本题附图所示。主管流量为14m³/h，管路为$\phi66$mm×3mm，管长为80m(包括所有局部阻力的当量长度)。旁路的流量为5m³/h，管路为$\phi32$mm×2.5mm，管长为20m(包括除了阀门外的所有局部阻力的当量长度)。两管路的流型相同，忽略贮槽液面至分支点之间的能量损失。被输送液体的黏度为50mPa·s，密度为1100kg/m³。试计算：(1)泵的轴功率；(2)旁路阀门的阻力系数。

31. 水在如附图所示的并联管路中稳态流动。两支管均为$\phi89$mm×4.5mm，直管摩擦系数均为0.03，两支路各装有阀门1个、换热器1个，阀门全开时的局部阻力系数均等于0.17，换热器的局部阻力系数均等于3。支路ADB长25m(包括管件，但不包括阀门的当量长度)，支路ACB长6m(包括管件，但不包括阀门的当量长度)。当总流量为50m³/h时，试求：(1)两阀门全开时两

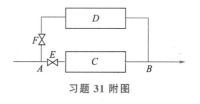

习题 31 附图

支路的流量；(2)若其他条件不变，阀门E的阻力系数应为多少才能使两支路流量相等？

32. 在$\phi38$mm×2.5mm的管路上装有标准孔板流量计，孔板的孔径为16.4mm，管中流动的是20℃的甲苯，采用角接取压法用U形管压差计测量孔板两侧的压力差，以水银为指示液，测压连接管中充满甲苯。现测得U形管压差计的读数为600mm，试计算管中甲苯的流量为多少(kg/h)？

综合习题

33. 密度为800kg/m³、黏度为20Pa·s的某液体自贮槽A经内径为40mm的管路流入贮槽B，如本题附图所示。两贮槽均为敞口，液面维持不变。管路上装有一阀门，阀前管长60m，阀后管长30m(均包括全

部局部阻力的当量长度）。当阀门全关时，阀前、后的压力表读数分别为 90kPa 和 45kPa。当阀门打开至 1/4 开度时，其局部阻力的当量长度为 20m。试求阀门打开至 1/4 开度时：(1)管路的流量；(2)阀前、阀后压力表的读数有何变化？

34. 用泵将 20℃ 的清水从敞口水池送入气体洗涤塔的顶部。已知管道均为 $\phi114mm\times4mm$ 的无缝钢管，水的流量为 56m³/h。泵前的吸入管路长 10m，其上有一个 90°弯头、一个吸滤底阀（阻力系数 $\zeta=3.5$）；从泵出口到塔顶喷嘴的管线总长 36m，其上有 2 个 90°弯头、一个闸阀（阻力系数 $\zeta=4.5$）；从泵出口至 $A\!-\!A'$ 截面的管段为 2.0m，至 $B\!-\!B'$ 截面的管段为 2.5m。塔内喷头与管子连接处高出地面 26m，其他各截面相对地面的尺寸如附图所示。塔内压力为 700mmH₂O（表压），喷嘴进口处的压力比塔内压力高 0.1kgf/cm²。输水管的绝对粗糙度为 0.2mm。20℃水的黏度为 1.005×10^{-3} Pa·s，密度为 998.2kg/m³。(1)试求泵所需的功率；(2)试求 $B\!-\!B'$ 截面的压力 p_B；(3)若将闸阀关小，则管路上 $A\!-\!A'$ 和 $B\!-\!B'$ 两截面的压力将如何改变（设泵的功率不变）；(4)计算闸阀关小（$\zeta=14$）时，p_A 和 p_B 的值。

提示：因摩擦系数 λ 值变化不大，可认为(2)、(3)、(4)题中的 λ 值与题(1)相同。

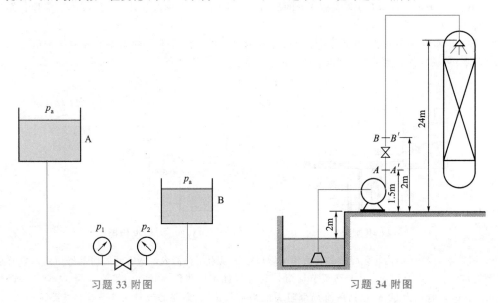

习题 33 附图　　　　　　　　　　习题 34 附图

35. 用泵将某溶液从贮槽 A 输送到贮槽 B 和贮槽 C，各槽液面维持恒定，槽内液面距地面高度如附图所示。A、B 和 C 各槽液面上方压力分别为 50kPa、200kPa 和 100kPa（均为表压），所有管子均为 $\phi108mm\times4mm$。主管路长 50m，B 和 C 两支路管长分别为 100m 和 200m（上述长度均包括所有局部阻力的当量长度）。当泵出口阀门全开时，B 支路上孔板流量计的读数为 200mm。各管路摩擦系数 $\lambda=0.02$。(1)若泵的效率为 75%，试求泵出口阀门全开时，泵的轴功率(kW)；(2)若泵出口压力表安装位置距离地面 2m，从贮槽 A 到压力表所在截面的压头损失为 2m，试求压力表的读数(kPa)。

已知溶液密度为 1200kg/m³；指示液为水银，密度为 13.6×10^3 kg/m³；孔板流量计的孔流系数 C_0 为 0.6，孔径为 40mm；当地大气压可取为 100kPa；泵内阻力可忽略。g 值近似取为 10m/s²。

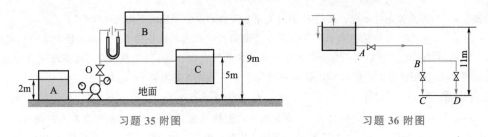

习题 35 附图　　　　　　　　　　习题 36 附图

36. 本题附图所示为一输水系统，高位槽的水面维持恒定，水分别从 BC 与 BD 两支管排出，高位槽液面与两支管出口间的距离均为 11m。AB 管段内径为 38mm、长为 58m；BC 支管的内径为 32mm、长为 12.5m；BD 支管的内径为 26mm、长为 14m，各段管长均包括管件及阀门全开时的当量长度(但不包括进、出口)。AB 与 BC 管段的摩擦系数 λ 均可取为 0.03。试计算：(1)当 BD 支管的阀门关闭时，BC 支管的最大排水量为多少(m³/h)。(2)当所有阀门全开时，两支管的排水量各为多少(m³/h)？BD 支管的管壁绝对粗糙度可取为 0.15mm，水的密度为 1000kg/m³，黏度为 0.001Pa·s。

思 考 题

1. 黏性流体在静止时有无剪应力，理想流体在运动时有无剪应力？若流体在静止时无剪应力，是否意味着它们没有黏性？

2. 试通过动量传递的机理分析流体流动产生摩擦阻力的原因。

3. 写出流体密度 ρ 随时间 θ 的随体导数，并说明其物理意义。

4. 某液体分别在本题附图所示的三根管道中稳定流过，各管绝对粗糙度、管径均相同，上游截面 1—1′ 的压力、流速也相等。问：(1)在三根管的下游截面 2—2′ 的流速是否相等？(2)在三根管的下游截面 2—2′ 的压力是否相等？

如果不相等，指出哪一种情况的数值最大，哪一种情况的数值最小？其理由何在。

5. 本题附图所示的高位槽液面维持恒定，管路中 ab 和 cd 两段的长度、直径及粗糙度均相同。某液体以一定流量流过管路，液体在流动过程中温度可视为不变。问：(1)液体通过 ab 和 cd 两管段的能量损失是否相等？(2)此两管段的压力差是否相等？并写出它们的表达式。

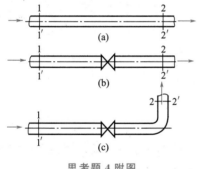

思考题 4 附图

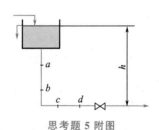

思考题 5 附图

6. 上题附图所示的管路上装有一个阀门，如减小阀门的开度。试讨论：(1)液体在管内的流速及流量的变化情况；(2)液体流经整个管路系统的能量损失情况。

7. 当流体绕物体流动时，在什么情况下会出现逆压梯度？有逆压梯度存在时是否一定会发生边界层分离？为什么？

8. 湍流与层流有何不同，湍流的主要特点是什么？

9. 从水塔引水至车间，水塔的水位可视为不变。送水管的内径为 50mm，管路总长为 L 且 $L \gg L_e$，流量为 V_h，水塔水面与送水管出口间的垂直距离为 h。今用水量增加 50%，需对送水管进行改装。

(1)有人建议将管路换成内径为 75mm 的管子[见本题附图(a)]；

(2)有人建议将管路并联一根长度为 $L/2$、内径为 50mm 的管子[见本题附图(b)]；

(3)有人建议将管路并联一根长度为 L、内径为 25mm 的管子[见本题附图(c)]。

试分析这些建议的效果。假设在各种情况下，摩擦系数 λ 变化不大，水在管内的动能可忽略。

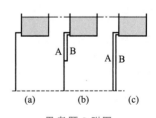

思考题 9 附图

A—原有管路；B—新并联管路

第2章
流体输送机械

📝 学习指导

一、学习目的

通过本章学习，应掌握化工中常用流体输送机械的基本结构、工作原理、性能参数及其在特定管路系统中的运行特性，能够根据生产工艺要求和流体性质，合理地选择并正确使用输送机械，使之在高效下安全可靠地运行。

二、学习要点

1. 应重点掌握的内容

离心泵的基本结构、工作原理、性能参数、在特定管路系统中的运行特性（包括工作点、操作调节及安装）及选型。

2. 应掌握的内容

其他类型液体输送机械的工作原理及操作调节。

3. 一般了解的内容

气体输送机械的结构特点及适用场合。

三、学习方法

本章将离心泵作为流体力学原理应用的典型实例加以重点讨论。确定离心泵在特定管路系统中的工作点是关注的重点。泵在工作点所提供的参数由管路特性和泵的特性共同决定，故本章采用分解-综合的工程方法，即在分别讨论管路特性及泵特性基础上再定泵的工作点参数。

要能够根据离心泵的特性曲线分析或判断某一操作参数改变时，泵的输送能力及其他相关参数的变化趋势。

在全面掌握离心泵相关内容的前提下，通过对比，掌握其他流体输送机械的结构特点、操作调节及选型。

流体输送是化工生产及其他过程工业中最常见、最重要的单元操作之一，并且和我们的日常生活密切相关。本章介绍化工中常用流体输送机械的基本结构、工作原理及操作特性，以便根据生产工艺要求和流体性质，合理地选择和正确使用流体输送机械，使之在高效下安全、可靠运行。

2.1 流体输送概述

2.1.1 管路系统对流体输送机械的基本要求

1. 管路系统对流体输送机械的能量要求——管路特性方程

流体输送机械的功能是对流体做功以提高其机械能。流体从输送机械获得能量后,其直接表现是静压能的增大。增加的静压能在输送过程中再转变为其他机械能(如动能、位能、静压能)或消耗于克服流动阻力。管路对流体输送机械的能量要求由伯努利方程计算。

当离心泵安装到图 2-1 所示的管路系统中操作时,若贮槽与受液槽两液面保持恒定,则泵对单位重量(1N)液体所做的净功为

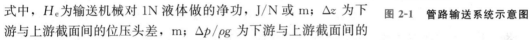

$$H_e = \Delta z + \frac{\Delta p}{\rho g} + \frac{\Delta u_b^2}{2g} + \sum H_f \tag{2-1}$$

式中,H_e 为输送机械对 1N 液体做的净功,J/N 或 m;Δz 为下游与上游截面间的位压头差,m;$\Delta p/\rho g$ 为下游与上游截面间的静压头差,m;$\Delta u_b^2/2g$ 为下游与上游截面间的动压头差,m;$\sum H_f$ 为两截面之间压头损失,m。

图 2-1　管路输送系统示意图

在特定的管路系统中,于一定条件下操作时,式(2-1)中 $\Delta u_b^2/2g$ 一项常可忽略,Δz 与 $\Delta p/\rho g$ 均为定值,令 $K = \Delta z + \dfrac{\Delta p}{\rho g}$,则式(2-1)可简化为

$$H_e = K + \sum H_f \tag{2-1a}$$

对于直径均一的管路系统,压头损失可表达为

$$\sum H_f = \left(\lambda \frac{L + \sum L_e}{d} + \sum \zeta \right) \frac{u_b^2}{2g} = \left(\lambda \frac{L + \sum L_e}{d} + \sum \zeta \right) \left(\frac{Q_e}{\frac{\pi}{4} d^2} \right)^2 / 2g \tag{2-2}$$

式中,λ 为摩擦系数,量纲为 1;L 为管路长度,m;L_e 为局部阻力的当量长度,m;d 为管路直径,m;ζ 为局部阻力系数,量纲为 1;Q_e 为液体流量,m^3/s;g 为重力加速度,m/s^2。

对特定的管路,若忽略 λ 随 Re 的变化,且式(2-2)中的 d、L、L_e、ζ 均为常数,于是可令

$$G = \left(\lambda \frac{L + \sum L_e}{d} + \sum \zeta \right) \frac{8}{\pi^2 d^4 g}$$

式中,G 为管路阻抗,指单位体积流体流经管路系统的压头损失,s^2/m^5。则式(2-2)可简化为

$$\sum H_f = G Q_e^2 \tag{2-2a}$$

将式(2-2a)代入式(2-1a),得到

$$H_e = K + G Q_e^2 \tag{2-3}$$

式(2-3)表明管路中液体的压头与流量之间的关系,称为**管路特性方程式**。在图 2-2 中表示 H_e 与 Q_e 的关系曲线,称为**管路特性曲线**。此曲线的形状由管路布局和流量等条件来确定,与泵的性能无关。

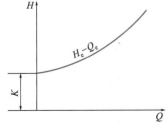

图 2-2　管路特性曲线

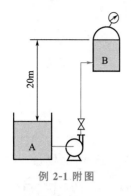

例 2-1 附图

【例 2-1】 用离心泵向密闭容器输送清水，管路情况如本例附图所示。贮槽 A 和密闭容器 B 内液面恒定，位差 20m。管路系统有关参数为：管径为 $\phi 104\text{mm} \times 4\text{mm}$，管长（包括所有局部阻力的当量长度）为 150m，密闭容器内表压力为 $9.81 \times 10^4\text{Pa}$，流动在阻力平方区，管路摩擦系数 λ 为 0.016，要求的输水量为 $45\text{m}^3/\text{h}$。试计算：(1)管路的特性方程；(2)泵的升扬高度与扬程（压头）；(3)泵的轴功率（效率为 70%，水的密度可取 1000kg/m^3）。

解 该题是讨论管路系统对泵提出的性能要求，流量为任务给定，其他各项计算如下。

(1)管路特性方程 管路特性方程由式(2-3)计算。

$$K = \Delta z + \frac{\Delta p}{\rho g} = 20 + \frac{9.81 \times 10^4}{9.81 \times 10^3} = 30\text{m}$$

$$G = \left(\lambda \frac{L + \sum L_e}{d} + \sum \zeta\right)\frac{8}{\pi^2 d^4 g} = 0.016 \times \frac{150}{0.096} \times \frac{8}{9.81 \times \pi^2 \times 0.096^4}$$
$$= 2.432 \times 10^4 \text{s}^2/\text{m}^5$$

将 K、G 值代入式(2-3)，可得

$$H_e = 30 + 2.432 \times 10^4 Q_e^2 \quad (Q_e \text{ 的单位为 } \text{m}^3/\text{s})$$

(2)泵的升扬高度和扬程 泵的升扬高度即 Δz，其值为 20m，泵的扬程可由管路特性方程式计算，即

$$H = 30 + 2.432 \times 10^4 \left(\frac{45}{3600}\right)^2 = 33.8\text{m}$$

(3)泵的功率

$$N = \frac{HgQ\rho}{1000\eta} = \frac{33.8 \times 9.81 \times \left(\frac{45}{3600}\right) \times 1000}{1000 \times 0.7} = 5.92\text{kW}$$

注意区别泵的升扬高度和泵的扬程（压头）的含义。

2. 管路系统对输送机械的其他性能要求

流体输送机械除满足工艺上对流量和压头（对气体为风压与风量）两项主要技术指标的要求外，还应满足如下要求：

① 结构简单，质量轻，投资费用低；

② 运行可靠，操作效率高，日常操作费用低；

③ 能适应被输送流体的特性，如黏度、可燃性、毒性、腐蚀性、爆炸性、含固体杂质等。

上述的诸项要求中，满足流量和能量的要求最为重要。

2.1.2 流体输送机械的分类

由于流体种类、特性的多样性，生产工艺条件的复杂性，流体输送机械的种类很多。通常，输送液体的机械称为泵，输送气体的机械根据其产生的压力高低分别称为通风机、鼓风机、压缩机与真空泵。根据施加给流体机械能的手段和工作原理，输送机械大致可分为表 2-1 所示的四大类。

表 2-1 中的回转式和往复式输送机械统称为容积式（又称正位移式），其突出特点是在一定工况下能保持被输送流体排出量恒定。因此又称定排量式。

表 2-1 流体输送机械的分类

输送形式	离心式	回转式	往复式	流体作用式
液体输送	离心泵、旋涡泵、轴流泵	齿轮泵、螺杆泵	往复泵、柱塞泵、计量泵、隔膜泵	喷射泵、虹吸管、空气升液器
气体输送	离心式通风机、鼓风机与压缩机	罗茨鼓风机、液环（水环）压缩机与真空泵	往复压缩机与真空泵、隔膜压缩机	蒸汽或水喷射真空泵

相对应同大类的气体与液体输送机械在基本结构、工作原理、主要操作特性等方面大体相同，但由于气体的密度小且具有可压缩性，从而导致气液输送机械在某些方面的差异，因而将二者分别讨论。

本章以离心泵为重点进行讨论，其他输送机械通过和离心泵对比来掌握其在结构上和操作控制上的特殊性。

2.1.3 流体输送机械的发展趋势和研究重点

对于泵和输送技术来说，人们主要关注的是输送费用、节能及可靠性。流体输送机械的发展趋势是提高转速、工作压力、温度及功率。对于液体用泵而言，则是提高转速、单级扬程、工作压力及改进金属材料。目前，高速离心泵的转速已达 24700r/min，单级扬程可达 1700m。开发新材料是突破离心泵单级扬程极限的重要前提。同时，开发泵用新材料，提高泵零部件的使用寿命和对苛刻运行条件的适应性，对泵的安全、可靠操作也具有重要意义。

未来的开发重点是叶轮设计及解决水力稳定性问题。诱导轮的采用可望取得显著效果。

2.2 离心泵

离心泵在化工生产中应用最为广泛，这是由于其具有性能适应范围广（包括流量、压头及对介质性质的适应性）、体积小、结构简单、操作容易、流量均匀、故障少、寿命长、购置费和操作费均较低等突出优点。因而，本章将离心泵作为流体力学原理应用的典型实例加以重点介绍。

2.2.1 离心泵的基本结构和工作原理

1. 离心泵的基本结构

离心泵的装置简图示于图 2-3。它的基本部件是高速旋转的叶轮和固定的蜗牛形泵壳。具有若干个（通常为 4～12 个）后弯叶片的叶轮紧固于泵轴上，并随泵轴由电机驱动作高速旋转。叶轮是直接对泵内液体做功的部件，为离心泵的供能装置。泵壳中央的吸入口与吸入管路相连接，吸入管路的底部装有单向底阀。泵壳侧的排出口与装有调节阀门的排出管路相连接。

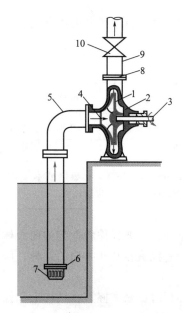

图 2-3　离心泵的装置简图

1—叶轮；2—泵壳；3—泵轴；4—吸入口；5—吸入管；6—单向底阀；7—滤网；8—排出口；9—排出管；10—调节阀

2. 离心泵的工作原理

当离心泵启动后，泵轴带动叶轮一起作高速旋转运动，迫使预先充灌在叶片间的液体旋转，在惯性离心力作用下，液体自叶轮中心向外周作径向运动。液体在流经叶轮的运动过程获得了能量，静压能增高，流速增大。当液体离开叶轮进入泵壳后，由于壳内流道逐渐扩大而减速，部分动能转化为静压能，最后沿切向流入排出管路。所以蜗形泵壳不仅是汇集由叶轮流出液体的部件，而且又是一个**转能装置**。当液体自叶轮中心甩向外周的同时，叶轮中心形成低压区，在贮槽液面与叶轮中心总势能差的作用下，致使液体被吸进叶轮中心。依靠叶轮的不断运转，液体便连续地被吸入和排出。液体在离心泵中获得的机械能量最终表现为静压能的提高。

需要强调指出的是，若在离心泵启动前没向泵壳内灌满被输送的液体，由于空气密度低，叶轮旋转后产生的离心力小，叶轮中心区不足以形成吸入贮槽内液体的低压，因而虽启动离心泵也不能输送液体。这表明离心泵**无自吸力**，此现象称为**气缚**。这就是启动前需先向泵内灌满被输送液体的缘故。吸入管路安装单向底阀是为了防止启动前灌入泵壳内的液体从壳内流出，也是为了防止气缚现象发生。空气从吸入管道进到泵壳中都会造成气缚。

3. 离心泵的叶轮和其他部件

(1) 离心泵的叶轮

叶轮是离心泵的关键部件。按其机械结构可分为闭式、半闭式和开式三种，如图 2-4 所示。闭式叶轮适用于输送清洁液体；半闭式和开式叶轮适用于输送含有固体颗粒的悬浮液，这类泵的效率较低。

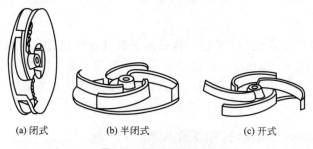

(a) 闭式　　　　(b) 半闭式　　　　(c) 开式

图 2-4　离心泵的叶轮

闭式和半闭式叶轮在运转时，离开叶轮的一部分高压液体可漏入叶轮与泵壳之间的空腔中，因叶轮前侧液体吸入口处压力低，故液体作用于叶轮前、后侧的压力不等，便产生了指向叶轮吸入口侧的**轴向推力**。该力推动叶轮向吸入口侧移动，引起叶轮和泵壳接触处的磨损，严重时造成泵的振动，破坏泵的正常操作。在叶轮后盖板上钻若干个小孔，可减少叶轮两侧的压力差，从而减轻了轴向推力的不利影响，但同时也降低了泵的效率。这些小孔称为**平衡孔**。

按吸液方式不同可将叶轮分为单吸式与双吸式两种，如图 2-5 所示。单吸式叶轮结构简单，液体只能从一侧吸入。图 2-5(a)中的 1 代表平衡孔。双吸式叶轮可同时从叶轮两侧对称地吸入液体，它不仅具有较大的吸液能力，而且基本上消除了轴向推力。

根据叶轮上叶片的几何形状，可将叶片分为后弯、径向和前弯三种，由于后弯叶片有利于液体的动能转换为静压能，故而被广泛采用。

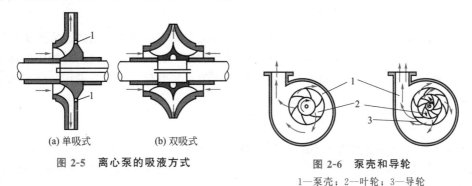

图 2-5　离心泵的吸液方式

图 2-6　泵壳和导轮
1—泵壳；2—叶轮；3—导轮

(2)离心泵的其他部件

① **导轮**　为了减少离开叶轮的液体直接进入泵壳时因冲击而引起的能量损失，在叶轮与泵壳之间有时装一个固定不动而带有叶片的导轮，如图 2-6 中的 3 所示。导轮中的叶片使进入泵壳的液体逐渐转向而且流道连续扩大，从而减少了能量损失，使部分动能有效地转换为静压能。多级离心泵通常安装导轮。

蜗牛形的泵壳、叶轮上的**后弯叶片**及**导轮**均能提高动能向静压能的转换率，故均可视作转能部件。

② **轴封装置**　由于泵轴转动而泵壳固定不动，在轴和泵壳的接触处必然有一定间隙。为避免泵内高压液体沿间隙漏出，或防止外界空气从相反方向进入泵内，必须设置轴封装置。离心泵的轴封装置有图 2-7 所示的填料密封(填料函)和图 2-8 所示的机械(端面)密封。所谓填料密封是将泵轴穿过泵壳的环隙作成密封圈，于其中装入软填料(如浸油或涂石墨的石棉绳等)，既能将泵壳内、外隔开，又能容泵轴转动。机械密封由一个装在转轴上的动环和另一固定在泵壳上的静环构成。两环的端面借弹簧力互相贴紧而作相对转动，起到了密封

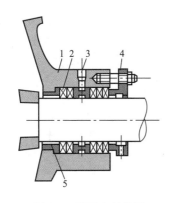

图 2-7　填料密封装置
1—填料函壳；2—软填料；3—液封圈；
4—填料压盖；5—内衬套

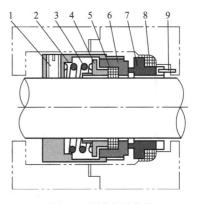

图 2-8　机械密封装置
1—螺钉；2—传动座；3—弹簧；4—椎环；5—动环密封圈；6—动环；7—静环；8—静环密封圈；9—防转销

的作用。机械密封适用于密封要求较高的场合，如输送酸、碱、易燃、易爆及有毒的液体。

随着磁能应用技术的发展，磁防漏技术已引起人们的注意。借助加在泵壳内的磁性液体可达到密封和润滑作用。

由于泵的故障中 70% 与泵的轴承或密封有关，故应给予足够关注。

2.2.2 离心泵的基本方程和特性方程

离心泵的基本方程式是从理论上描述在理想情况下离心泵可能达到的最大压头（扬程）与泵的结构、尺寸、转速及液体流量诸因素之间关系的表达式。由于液体在叶轮中的运动情况十分复杂，很难提出一个定量表达上述各因素之间关系的方程，工程上采用数学模型法来研究此类问题。

1. 简化假设

为了便于分析研究液体在叶轮内的运动情况，特作如下简化假设：

① 叶轮为具有无限薄、无限多叶片的理想叶轮，液体质点将完全沿着叶片表面而流动，液体无旋涡、无冲击损失；

② 被输送的是理想液体，液体在叶轮内流动不存在流动阻力；

③ 泵内为稳态流动过程。

按上面假想模型推导出来的压头必为在指定转速下可能达到的最大压头——理论压头。

2. 液体通过叶轮的流动

理想液体在理想叶轮中的旋转运动应是等角速度的。考察等角速度旋转运动有两种坐标系可供选择。一种是以与液体一起作等角速度运动的旋转坐标为参照系，此时液体在叶轮中作径向运动，与普通管内流动十分相似。另一种是以地面为参照系，液体质点在作等角速度旋转运动的同时还伴有径向流动，考察结果是液体沿螺旋线由叶轮内缘流向外缘，作二维流动。由于旋转坐标无法考察液体所具有的总机械能，所以此处选择地面静止参照系。

如图 2-9 所示，液体质点以绝对速度 c_0 沿着轴向进入叶轮后，随即转为径向运动，此时液体一方面以圆周速度 u_1 随叶轮旋转，其运动方向即液体质点所在位置的切线方向，而大小沿半径而变化；另一方面以相对速度 ω_1 在叶片间的径向作相对运动，其运动方向是液体质点所在处叶片的切线方向，大小从里向外由于流道变大而降低。二者的合速度为绝对速

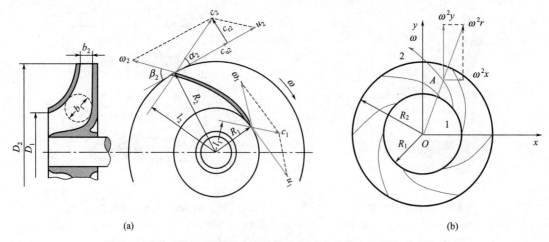

(a)   (b)

图 2-9 液体在离心泵中流动的速度三角形及叶轮内流体的受力分析

度 c_1，此即液体质点相对于泵壳的绝对速度。上述三个速度 u_1、ω_1、c_1 所组成的矢量图称为**速度三角形**。同样，在叶轮出口处，圆周速度 u_2、相对速度 ω_2 及绝对速度 c_2 也构成速度三角形。图 2-9 中，α 表示绝对速度与圆周速度两矢量之间的夹角，β 表示相对速度与圆周速度反方向延线的夹角，称之为流动角。α 及 β 的大小与叶片的形状有关。

速度三角形是研究叶轮内液体流动的重要工具，在分析泵的性能、确定叶轮进出口几何参数时都要用到它。

由图 2-9 的速度三角形并应用余弦定律得到

$$\omega_1^2 = c_1^2 + u_1^2 - 2c_1 u_1 \cos\alpha_1 \tag{2-4}$$

$$\omega_2^2 = c_2^2 + u_2^2 - 2c_2 u_2 \cos\alpha_2 \tag{2-4a}$$

3. 离心泵的基本方程

离心泵基本方程可由离心力做功推导，也可根据动量理论得到。本节采用前者。推导的出发点在于说明如何有效提高液体的静压能。

(1) 离心力场中流体的机械能转换分析

如图 2-9(b)所示，设有一个具有无限多叶片的理想叶轮以恒定角速度 ω 绕中心轴 O 旋转，液体从半径为 R_1 的圆周进入叶轮，流经被叶片隔开的通道，从半径为 R_2 的叶轮出口流出。若以等速转动的叶轮作为参照系(旋转坐标)，则液体相对于叶轮的流动是稳态的，液体质点沿叶片运动的轨迹即为流线，因此可用理想流体沿流线流动的伯努利方程(2-5)描述，即

$$d\left(\frac{\omega^2}{2}\right) = X\,dx + Y\,dy + Z\,dz - \frac{dp}{\rho} \tag{2-5}$$

式中，ω 为流体相对叶轮的流速；p 为流体压力；X、Y 和 Z 分别为流体所受的单位质量力在 x、y 和 z 方向的分量，对于离心力场与重力场共同作用的情况，流体受到的质量力包括重力和惯性离心力。

为便于分析，将叶轮水平放置，并取叶轮中心为旋转坐标的原点，z 轴向上。先在叶轮通道中取一流线 1-2[参见图 2-9(b)]，在该流线上取一点 A，此处的半径为 r，则该质点所受的单位质量力在 x、y 和 z 方向的分量为

$$X = \omega^2 x, \quad Y = \omega^2 y, \quad Z = -g$$

将 X、Y 及 Z 代入式(2-5)中得

$$d\left(\frac{\omega^2}{2}\right) = \omega^2(x\,dx + y\,dy) - g\,dz - \frac{dp}{\rho} \tag{2-5a}$$

因 $x^2 + y^2 = r^2$，两边微分可得

$$x\,dx + y\,dy = r\,dr$$

将上式以及 $u = \omega r$ 代入式(2-5a)并整理得

$$d\left(\frac{p}{\rho g} + z + \frac{\omega^2}{2g} - \frac{u^2}{2g}\right) = 0$$

上式沿流线积分，可得

$$\frac{p}{\rho g} + z + \frac{\omega^2}{2g} - \frac{u^2}{2g} = 常数 \tag{2-6}$$

对于流线上的任意两点 1、2，或视为叶轮入口、出口两点，式(2-6)可写为

$$\frac{p_1}{\rho g} + z_1 + \frac{\omega_1^2}{2g} - \frac{u_1^2}{2g} = \frac{p_2}{\rho g} + z_2 + \frac{\omega_2^2}{2g} - \frac{u_2^2}{2g} \tag{2-6a}$$

式(2-6)或式(2-6a)即为流体在离心力场中以等角速度作相对运动时的伯努利方程。

为便于分析，将式(2-6a)写成如下形式

$$\left(z_2+\frac{p_2}{\rho g}+\frac{\omega_2^2}{2g}\right)-\left(z_1+\frac{p_1}{\rho g}+\frac{\omega_1^2}{2g}\right)=\frac{u_2^2-u_1^2}{2g} \tag{2-6b}$$

式中，$\left(z_2+\dfrac{p_2}{\rho g}+\dfrac{\omega_2^2}{2g}\right)$ 表示相对运动叶轮出口处单位质量液体具有的总机械能；$\left(z_1+\dfrac{p_1}{\rho g}+\dfrac{\omega_1^2}{2g}\right)$ 为相对运动叶轮入口处单位质量液体具有的总机械能。

式(2-6b)右侧 $\dfrac{u_2^2-u_1^2}{2g}$ 的意义：由于 $R_2>R_1$，故 $\dfrac{u_2^2}{2g}>\dfrac{u_1^2}{2g}$，由式(2-6b)可知，叶轮出口的总机械能永远大于入口的总机械能。叶轮出口与入口之间的机械能增加值是由原动机通过离心力对液体做功提供的。设在流线 1-2 上的某一点 A 处，单位重量液体(1N)所受到的惯性离心力为 $\dfrac{\omega^2}{g}r$，并沿径向移动了微分距离 $\mathrm{d}r$，则惯性离心力所做的微功为 $\mathrm{d}H_{离}=\dfrac{\omega^2}{g}r\mathrm{d}r$。因此，从叶轮入口至出口惯性离心力所做的功为

$$H_{离}=\int_{R_1}^{R_2}\frac{\omega^2}{g}r\mathrm{d}r=\frac{\omega^2 R_2^2}{2g}-\frac{\omega^2 R_1^2}{2g}=\frac{u_2^2-u_1^2}{2g}$$

(2)离心泵的理论压头

单位重量液体(1N)流经具有无限多叶片的叶轮后所增加的机械能称为离心泵的理论压头，以 $H_{\mathrm{T},\infty}$ 表示。以静止坐标为参照系，在叶轮入口 1 和出口 2 列伯努利方程并忽略机械能损失，可得

$$z_1+\frac{p_1}{\rho g}+\frac{c_1^2}{2g}+H_{\mathrm{T},\infty}=z_2+\frac{p_2}{\rho g}+\frac{c_2^2}{2g} \tag{2-7}$$

或写为

$$H_{\mathrm{T},\infty}=(z_2-z_1)+\frac{p_2-p_1}{\rho g}+\frac{c_2^2-c_1^2}{2g} \tag{2-8}$$

由相对运动的伯努利方程式(2-6b)知

$$\frac{p_2-p_1}{\rho g}+(z_2-z_1)=\frac{u_2^2-u_1^2}{2g}+\frac{\omega_1^2-\omega_2^2}{2g} \tag{2-8a}$$

将上式代入式(2-8)，可得

$$H_{\mathrm{T},\infty}=\frac{u_2^2-u_1^2}{2g}+\frac{\omega_1^2-\omega_2^2}{2g}+\frac{c_2^2-c_1^2}{2g} \tag{2-9}$$

式(2-9)即为离心泵理论压头(扬程)的表达式。从式(2-9)可以看出，离心泵的理论压头由三项组成。由式(2-8a)显见，前两项 $\left(\dfrac{u_2^2-u_1^2}{2g}+\dfrac{\omega_1^2-\omega_2^2}{2g}\right)$ 是液体流经叶轮所增加的压力能，其中第一项是由于惯性离心力对液体做功所增加的压力能，第二项是由于叶轮流通截面的扩大，使一部分动能转化为压力能，二者统称为静压头；第三项是液体流经叶轮增加的动能部分，称为动压头。

令 H_{p} 为液体流经叶轮后静压头的增量，H_{c} 为动压头的增量，则

$$H_{\mathrm{p}}=\frac{u_2^2-u_1^2}{2g}+\frac{\omega_1^2-\omega_2^2}{2g},\quad H_{\mathrm{c}}=\frac{c_2^2-c_1^2}{2g}$$

式(2-9)可写为

$$H_{\mathrm{T},\infty}=H_{\mathrm{p}}+H_{\mathrm{c}} \tag{2-10}$$

(3)离心泵理论压头影响因素分析

将式(2-4)、式(2-4a)代入式(2-10),并整理可得

$$H_{\mathrm{T},\infty}=\frac{u_2c_2\cos\alpha_2-u_1c_1\cos\alpha_1}{g} \tag{2-11}$$

在离心泵的设计中,为提高理论压头,一般使 $\alpha_1=90°$,则 $\cos\alpha_1=0$,故式(2-11)可简化为

$$H_{\mathrm{T},\infty}=\frac{u_2c_2\cos\alpha_2}{g} \tag{2-11a}$$

式(2-11)和式(2-11a)为离心泵基本方程式的又一表达形式。为了能明显地看出影响离心泵理论压头的因素,需要将式(2-11a)作进一步变换。

离心泵的**理论流量**可表示为在叶轮出口处的液体径向速度和叶片末端圆周出口面积的乘积,即

$$Q_{\mathrm{T}}=c_{\mathrm{R}_2}\pi D_2b_2 \tag{2-12}$$

式中, D_2 为叶轮外径,m; b_2 为叶轮外缘宽度,m; c_{R_2} 为液体在叶轮出口处绝对速度的径向分量,m/s。

由图 2-9 的速度三角形可得

$$c_2\cos\alpha_2=u_2-c_{\mathrm{R}_2}\mathrm{ctg}\beta_2 \tag{2-13}$$

将式(2-12)及式(2-13)代入式(2-11a)可得到

$$H_{\mathrm{T},\infty}=\frac{u_2^2}{g}-\frac{u_2\mathrm{ctg}\beta_2}{g\pi D_2b_2}Q_{\mathrm{T}} \tag{2-14}$$

$$u_2=\frac{\pi D_2n}{60} \tag{2-15}$$

式中, n 为叶轮转速,r/min。

式(2-14)是离心泵基本方程式的另一种表达形式,可用来分析各项因素对离心泵理论压头的影响。

① **叶轮的转速和直径** 由式(2-14)与式(2-15)可看出,当理论流量 Q_{T} 和叶片几何尺寸(b_2、β_2)一定时, $H_{\mathrm{T},\infty}$ 随 D_2、n 的增大而增大,即加大叶轮直径,提高转速均可提高泵的压头。这是后面将要介绍的离心泵的比例定律和切割定律的理论根据。

② **叶片的几何形状** 根据流动角 β_2 的大小,叶片形状可分为后弯、径向、前弯三种,如图 2-10 所示。

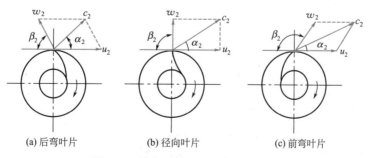

(a) 后弯叶片   (b) 径向叶片   (c) 前弯叶片

图 2-10 叶片形状及出口速度三角形

由式(2-14)可看出,当 n、D_2、b_2 及 Q_{T} 一定时,离心泵的理论压头 $H_{\mathrm{T},\infty}$ 随叶片形状

而变，即

后弯叶片 $\qquad \beta_2 < 90° \qquad \mathrm{ctg}\beta_2 > 0 \qquad H_{T,\infty} < \dfrac{u_2^2}{g}$

径向叶片 $\qquad \beta_2 = 90° \qquad \mathrm{ctg}\beta_2 = 0 \qquad H_{T,\infty} = \dfrac{u_2^2}{g}$

前弯叶片 $\qquad \beta_2 > 90° \qquad \mathrm{ctg}\beta_2 < 0 \qquad H_{T,\infty} > \dfrac{u_2^2}{g}$

可见，在三种叶片中，前弯叶片产生的理论压头最高，但工业上的离心泵为什么不采用前弯而采用后弯叶片呢？这是因为离心泵的理论压头如式(2-10)所示，由静压头和动压头两部分构成。由图2-11所示的 $H_{T,\infty}$、H_p、H_c 与 β_2 的关系曲线可看出，对于前弯叶片，动压头的提高大于静压头的提高。动压头在液体流经泵壳和导轮后虽可部分地转换为静压头，但在转化中导致过高的能量损失；而对后弯叶片，静压头的提高大于动压头的提高，其净结果是获得较高的有效压头。为获得较高的能量利用率，提高离心泵的经济指标，宜采用后弯叶片。

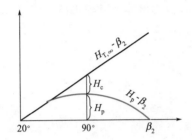

图2-11 $H_{T,\infty}$、H_p、H_c 与 β_2 的关系曲线

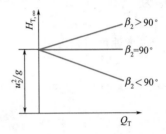

图2-12 $H_{T,\infty}$ 与 Q_T 关系曲线

③ **理论流量** 式(2-14)表达了一定转速下指定离心泵(即 D_2、b_2、β_2 一定)的理论压头与理论流量的关系。这个关系是离心泵的主要特性。图2-12所示 $H_{T,\infty}$-Q_T 的关系曲线称为离心泵的**理论特性曲线**。该线的截距 $A = u_2^2/g$，斜率 $B' = u_2 \mathrm{ctg}\beta_2 / (g\pi D_2 b_2)$。于是式(2-14)可表示为

$$H_{T,\infty} = A - B'Q_T \tag{2-16}$$

显然，对后弯叶片，$B' > 0$，$H_{T,\infty}$ 随 Q_T 的增加而降低。

④ **液体密度** 在式(2-14)中并未出现液体密度这样一个重要物性参数，这表明离心泵的理论压头与液体密度无关。因此，同一台离心泵，只要转速恒定，不论输送何种液体，都可提供相同的理论压头。但是，在同一压头下，离心泵进出口的压力差却与液体密度成正比。

4. 离心泵特性方程式的实验测定

实际上，由于叶轮的叶片数目是有限的，且输送的是黏性液体，因而必然引起液体在叶轮内的非理想流动，致使泵的实际压头和流量小于理论值。主要表现在以下几个方面：①在非理想叶轮内，液体不可能完全沿叶片形状运动，而且在流道内产生与旋转方向不一致的旋涡(称为轴向涡流)，使得实际的圆周速度 u_2 和绝对速度 c_2 比理想叶轮的小；②实际液体流过叶片的间隙

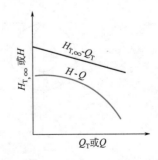

图2-13 离心泵的 H-Q 关系曲线

和泵内流道时必然产生能量损失；③泵内存在泄漏损失。所以泵的实际压头与流量的关系曲线应在离心泵理论特性曲线的下方，如图 2-13 所示。离心泵的 H-Q 关系曲线通常在一定条件下由实验测定。

离心泵的实际 H-Q 关系可表达为

$$H = A_a - BQ^2 \tag{2-17}$$

式(2-17)称为离心泵的特性方程。

2.2.3 离心泵的性能参数与特性曲线

针对具体的液体输送任务，要选择合适规格的离心泵并使之安全高效运行，就需要了解泵的性能及其相互之间的关系。离心泵的主要性能参数有流量、压头、效率、轴功率等，它们之间的关系常用特性曲线来表示。

1. 离心泵的性能参数

(1)流量

流量是指单位时间内排到管路系统的液体体积，常用单位为 L/s、m^3/s 或 m^3/h 等。离心泵的流量与泵的结构、尺寸和转速有关。

(2)压头(扬程)

压头即离心泵对单位重量(1N)液体所提供的有效能量，单位为 J/N 或 m。压头的影响因素在前节已作过介绍。

(3)效率

离心泵在实际运转中，由于存在各种能量损失，致使泵的实际(有效)压头和流量均低于理论值，而输入泵的功率比理论值高。反映能量损失大小的参数称为效率。

离心泵的能量损失包括以下三项。

① **容积损失**　即泄漏造成的损失，如部分获得能量的液体由旋转叶轮与泵壳之间的缝隙反渗到泵的吸入口，平衡孔的泄漏等。无容积损失时泵的功率与有容积损失时泵的功率之比称为容积效率 η_v。显然，闭式叶轮的容积效率高于半闭式与开式，其值在 0.85~0.95。

② **水力损失**　由于液体流经叶片、蜗壳的沿程阻力，流道面积和方向变化的局部阻力，以及叶轮通道中的环流和旋涡等因素造成的能量损失。这种损失可用水力效率 η_h 来反映。水力损失除与泵的结构(加导轮可减少水力损失)、液体性质有关外，还随液体的流量变化而变化。额定流量 Q_s 下，液体的流动方向恰与叶片的入口角一致，这时损失最小，水力效率最高，在 0.8~0.9 的范围。

③ **机械损失**　由于高速旋转的叶轮表面与液体之间的摩擦，泵轴在轴承、轴封等处的机械摩擦造成能量损失。机械损失可用机械效率 η_m 来反映，其值在 0.96~0.99 之间。

离心泵的总效率由上述三部分构成，即

$$\eta = \eta_v \eta_h \eta_m \tag{2-18}$$

离心泵的效率与泵的类型、尺寸、加工精度、液体流量和性质等因素有关。通常，小型泵效率为 50%~70%，而大型泵可达 90%。

(4)轴功率

由电动机输入泵轴的功率称为泵的轴功率，单位为 W 或 kW。离心泵的有效功率是指液体在单位时间内从叶轮获得的能量，则有

$$N_e = HQ\rho g \tag{2-19}$$

式中，N_e 为离心泵的有效功率，W；Q 为泵的实际流量，m^3/s；H 为泵的有效压头，m。

由于泵内存在上述三项能量损失，轴功率必大于有效功率，即

$$N = \frac{N_e}{1000\eta} = \frac{HQ\rho}{102\eta} \tag{2-20}$$

式中，N 为轴功率，kW。

2. 离心泵的特性曲线

离心泵压头 H，轴功率 N 及效率 η 均随流量而变，它们之间的关系可用图 2-14 所示的泵的特性曲线或离心泵工作性能曲线表示。在离心泵出厂前由泵制造厂测定出 H-Q、N-Q 及 η-Q 等曲线，列入产品样本或说明书中，供使用部门选泵和操作时参考。各种型号的离心泵都有其本身独有的特性曲线，但它们都具有一些共同规律。

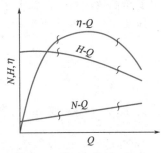

图 2-14 离心泵特性曲线

① 离心泵的压头一般随流量加大而下降（在流量极小时可能有例外），这一点和离心泵的基本方程相吻合。

② 离心泵的轴功率在流量为零时最小，随流量的增大而增大。故在启动离心泵时，应关闭泵的出口阀门，以减小启动电流，保护电机。停泵时先关闭出口阀门主要是为防止高压液体倒流损坏叶轮。

③ 当流量为零时，离心泵的效率为零，随着流量加大，泵的效率出现极大值。离心泵在与最高效率点相对应的流量及压头下运转最为经济。该最高效率点称为泵的设计点，对应的 Q_s、H_s、N_s 值称为最佳工况参数。离心泵铭牌上标出的性能参数即是最高效率点对应的参数。离心泵一般不大可能恰好在设计点运行，但应尽可能在高效区（在最高效率的 92% 范围内，如图中波折号所示的区域）工作。

需要强调指出的是，离心泵的特性曲线随转速而变，因而特性曲线图上或说明书中一定标出测定时的转速。一般特性曲线的测定是用 20℃ 的清水，在 98.1kPa 的气压下进行的。

【例 2-2】 在本例附图所示的实验装置上，用 20℃ 的清水于 98.1kPa 的条件下测定离心泵的性能参数。泵的吸入管内径为 80mm，排出管内径为 50mm。实验测得一组数据为：泵入口处真空度为 72.0kPa，泵出口处表压力为 253kPa，两测压表之间的垂直距离为 0.4m，流量为 19.0m³/h，电动机功率为 2.3kW，泵由电动机直接带动，电动机传动效率为 93%，泵的转速为 2900r/min。

试求该泵在操作条件下的压头、轴功率和效率，并列出泵的性能参数。

解 ① 泵的压头 在泵入口真空表和泵出口压力表之间列伯努利方程，在忽略两测压口之间的流动阻力时，可得测量泵压头的一般表达式为

$$H = h_0 + H_1 + H_2 + \frac{u_{b2}^2 - u_{b1}^2}{2g} \tag{1}$$

式中，h_0 为泵的进出口两测压截面之间的垂直距离，m；H_1 为与泵入口真空度对应的静压头，m，$H_1 = p_1/(\rho g)$（p_1 为真空度）；H_2 为与泵出口表压对应的静压头，m，$H_2 = p_2/(\rho g)$；u_{b1}、u_{b2} 为泵的入口和出口液体的流速，m/s。

$$u_{b1} = \frac{V_s}{\pi d_1^2} = \frac{19.0 \times 4}{3600 \times 0.08^2 \times \pi} = 1.05 \text{m/s}$$

$$u_{b2} = u_{b1}\left(\frac{d_1}{d_2}\right)^2 = 1.05\left(\frac{80}{50}\right)^2 = 2.69 \text{m/s}$$

取水的密度 $\rho = 1000 \text{kg/m}^3$，将已知条件代入式(1)，得

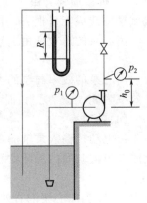

例 2-2 附图

$$H = 0.4 + \frac{72.0 \times 10^3}{10^3 \times 9.81} + \frac{253 \times 10^3}{10^3 \times 9.81} + \frac{2.69^2 - 1.05^2}{2 \times 9.81} = 33.84 \text{m}$$

② 泵的轴功率 N

$$N = 0.93 \times 2.3 = 2.139 \text{kW}$$

③ 泵的效率 η　泵的有效功率为

$$N_e = HQ\rho g = 33.84 \times \frac{19}{3600} \times 10^3 \times 9.81 = 1752 \text{W}$$

故　　　　　　$$\eta = N_e / N = 1.752/2.139 = 0.819 \quad (\text{即 81.9\%})$$

泵的性能参数为：转速 n 为 2900r/min，流量 Q 为 19m³/h，压头 H 为 33.84m，轴功率 N 为 2.139kW，效率 η 为 81.9%。

 测得若干组上述数据，便可作出离心泵的特性曲线。

3. 影响离心泵性能的因素分析和性能换算

泵的生产厂家提供的特性曲线都是针对特定型号的泵，在一定转速和常压下，用常温水

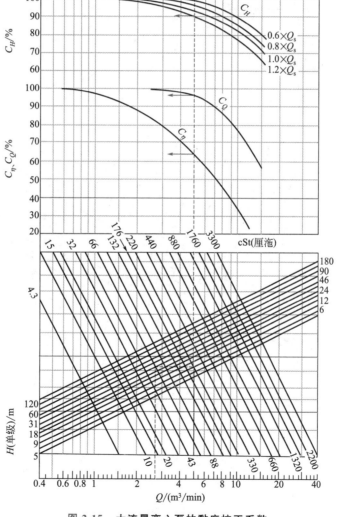

图 2-15　大流量离心泵的黏度校正系数

为工质测得的。影响离心泵性能的因素很多，其中包括液体性质(密度 ρ 和黏度 μ 等)、泵的结构尺寸(如 D_2 和 β_2)、泵的转速等。当任意一个参数发生变化时，都会改变泵的性能，此时需要对泵的性能参数或特性曲线进行换算。

(1)液体物性的影响

① **密度的影响** 离心泵的流量、压头均与液体密度无关，效率也不随液体密度而改变，因而当被输送液体密度发生变化时，$H-Q$ 与 $\eta-Q$ 曲线基本不变，但泵的轴功率与液体密度成正比。此时，$N-Q$ 曲线不再适用，N 需要用式(2-20)重新计算。

② **黏度的影响** 当被输送液体的黏度大于常温水的黏度时，泵内液体的能量损失增大，导致泵的流量、压头减小，效率下降，但轴功率增加，泵的特性曲线均发生变化。当液体运动黏度 ν 大于 $20\times10^{-6}\,\mathrm{m^2/s}$ 时，离心泵的性能需按式(2-21)进行修正，即

$$Q'=C_Q Q, \quad H'=C_H H, \quad \eta'=C_\eta \eta \tag{2-21}$$

式中，C_Q、C_H、C_η 分别为离心泵的流量、压头和效率的黏度校正系数，其值从图 2-15 和图 2-16 查得；Q、H、η 分别为离心泵输送清水时的流量、压头和效率；Q'、H'、η' 分别为离心泵输送高黏度液体时的流量、压头和效率。

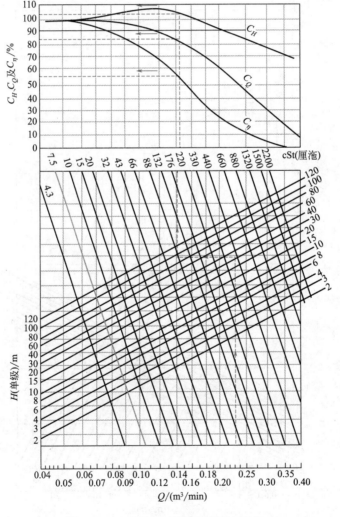

图 2-16 小流量离心泵的黏度校正系数

图 2-15 与图 2-16 是由在单级离心泵上进行多次实验得到的数据的平均值绘制出来的，用于多级离心泵时，应采用每一级的压头。两图均仅适用于牛顿型液体，且只能在刻度范围内使用，不得外推。图 2-15 中的 Q_s 表示输送清水时的额定流量，单位为 m^3/min。**黏度校正系数图**的使用方法见例 2-3。

【**例 2-3**】 IS100—80—125 型水泵的特性曲线如本例附图所示。设计点对应的流量为 $100 m^3/h(1.67 m^3/min)$，压头 20m，效率 78%。若用此泵输送密度为 $900 kg/m^3$、运动黏度为 $220 \times 10^{-6} m^2/s$ 的油品，试作出该离心泵输送油品时的特性曲线。

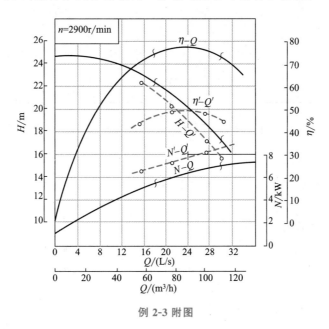

例 2-3 附图

解 由于油品运动黏度 ν 大于 $20 \times 10^{-6} m^2/s$，需对送水时的特性曲线进行校正。输送油品时泵的有关性能参数用式(2-21)计算，即

$$Q' = C_Q Q, \quad H' = C_H H, \quad \eta' = C_\eta \eta$$

式中的黏度校正系数由图 2-15 查取。由于压头换算系数有四条曲线，为避免内插带来误差，则可取与图中对应的 $0.6 Q_s$、$0.8 Q_s$、$1.0 Q_s$ 及 $1.2 Q_s$ 四个流量列入本例附表中，以备查 C_H 值之用。查图方法如下：

由输送清水时的额定流量 $Q_s = 1.67 m^3/min$ 在图 2-15 的横坐标上找出相应的点，由该点作垂线与已知的压头线($H = 20m$)相交。从交点引水平线与表示油品运动黏度($\nu = 220 \times 10^{-6} m^2/s$)的斜线交得一点，再由此点作垂线分别与 C_Q、C_H、C_η 曲线相交，可从纵坐标读得相应值并填入本例附表中。

于是，输送油品时泵的性能参数为(以 Q_s 为例)：

$$Q' = C_Q Q = 0.95 \times 1.67 = 1.587 m^3/min$$

$$H' = C_H H = 0.87 \times 20 = 18.4 m$$

$$\eta' = C_\eta \eta = 0.64 \times 0.78 = 0.499 \quad (即 49.9\%)$$

$$N' = \frac{Q'H'\rho'}{102\eta'} = \frac{1.587 \times 18.4 \times 900}{60 \times 102 \times 0.499} = 8.61 kW$$

用同样方法可求得其他流量下对应的性能参数。所有计算结果均列入本例附表中。

项目	0.6Q_c	0.8Q_c	1.0Q_c	1.2Q_c
$Q/(\text{m}^3/\text{min})$	1.002	1.336	1.67	2.004
H/m	23.3	22	20	17.3
$\eta/\%$	70	76	78	73
C_Q	0.95	0.95	0.95	0.95
C_H	0.97	0.96	0.92	0.90
C_η	0.64	0.64	0.64	0.64
$Q'/(\text{m}^3/\text{min})$	0.953	1.269	1.587	1.904
H'/m	22.6	21.1	18.4	15.6
$\eta'/\%$	44.8	48.6	49.9	46.7
N'/kW	7.10	8.102	8.61	9.35

将本例附表中各组 Q'、H'、η' 及 N' 值标绘于本题附图中，图中虚线即为输送油品时离心泵的特性曲线。

解题要点：利用黏度校正系数图准确查取 C_Q、C_H 及 C_η 的数值。

(2) 离心泵转速的影响

由离心泵的基本方程可知，当泵的转速发生改变时，泵的流量、压头随之发生变化，并引起泵的效率和功率的相应改变。当液体的黏度不大，效率变化不明显时，不同转速下泵的流量、压头和功率与转速的关系可近似表达成如下各式，即

$$\frac{Q_1}{Q_2}=\frac{n_1}{n_2}, \quad \frac{H_1}{H_2}=\left(\frac{n_1}{n_2}\right)^2, \quad \frac{N_1}{N_2}=\left(\frac{n_1}{n_2}\right)^3 \tag{2-22}$$

式中，Q_1、H_1、N_1 为转速为 n_1 时泵的性能；Q_2、H_2、N_2 为转速为 n_2 时泵的性能。

若在转速为 n_1 的特性曲线上选取若干个点，可利用上述关系式计算出 n_2 转速下的相应数据，将结果标绘于坐标纸上，便可得到转速为 n_2 时离心泵的特性曲线。

式(2-22)称为**离心泵的比例定律**。其适用条件是离心泵的转速变化不大于±20％。

(3) 离心泵叶轮直径的影响

当离心泵的转速一定时，泵的基本方程表明，其流量、压头与叶轮直径有关。对于同一型号的泵，可换用直径较小的叶轮(除叶轮出口处宽度稍有变化外，其他尺寸不变)，此时泵的流量、压头与叶轮直径之间的近似关系为

$$\frac{Q'}{Q}=\frac{D'_2}{D_2}, \quad \frac{H'}{H}=\left(\frac{D'_2}{D_2}\right)^2, \quad \frac{N'}{N}=\left(\frac{D'_2}{D_2}\right)^3 \tag{2-23}$$

式中，Q'、H'、N' 为叶轮直径为 D'_2 时泵的性能；Q、H、N 为叶轮直径为 D_2 时泵的性能。

式(2-23)称为**离心泵的切割定律**。其适用条件是固定转速下，叶轮直径的车削不大于 $5\%D_2$。

2.2.4　离心泵在管路中的运行

一定型号的离心泵安装在特定管路系统中，其运行参数由泵的特性和管路特性共同决定，同时受泵安装高度的制约。

1. 离心泵的工作点

离心泵在管路中正常运行时，泵所提供的流量和压头应与管路系统所要求的数值一致。此组参数即为离心泵在此管路中的工作点。联立泵的特性方程式(2-17)和管路特性方程式(2-3)所解得的流量和压头即泵的工作点对应的参数。

在特性曲线图上，泵的工作点则为管路特性曲线与泵的特性曲线的交点，如图 2-17 中的点 M 所示。

对所选定的泵以一定转速在此管路系统操作时，只能在此点工作。在此点，$H=H_e$，$Q=Q_e$。

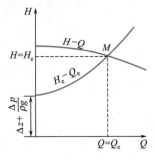

图 2-17　泵的工作点

【例 2-4】　用离心泵将水库内的水送至灌溉渠，假设两液面恒定且位差为 12m。管路系统的压头损失可表示为

$$H_f=0.5\times10^6 Q_e^2 \qquad (Q_e \text{ 的单位为 } m^3/s)$$

在特定转速下泵的特性方程为

$$H=26-0.4\times10^6 Q^2 \quad (Q \text{ 的单位为 } m^3/s)$$

试求每天的送水量。

解　由于两液面恒定，其差值 $\Delta z=12m$，且液面上均为大气压，$\Delta p=0$，故管路特性方程为

$$H_e=12+0.5\times10^6 Q_e^2$$

联解管路特性方程与泵的特性方程便可求得每天的送水量，即

$$12+0.5\times10^6 Q^2=26-0.4\times10^6 Q^2$$
$$Q=3.94\times10^{-3} m^3/s$$

所以
$$Q_d=24\times3600\times3.94\times10^{-3}=340.4 m^3/d$$

 解题要点：写出管路特性方程。

【例 2-5】　用离心泵 B 将 A 池中 20℃清水送至容器 C 中，其流程如本例附图所示。启动离心泵、关闭泵出口阀 D 时，压力表 1 的读数为 $5.66\times10^2 kPa$；阀 D 开至某一开度时，压力表 2 的读数为 $4.1\times10^2 kPa$，管内水的流量为 40m³/h，此时，管内流动在阻力平方区，管路总压头损失可表达为 $\sum H_f=1.8\times10^5 Q_e^2 (Q_e$ 的单位为 $m^3/s)$；当阀 D 全开时，管内水的流量为 48m³/h。试求：(1)泵的特性方程；(2)阀 D 全开时的管路特性方程和压力表 2 的读数。

解　(1)离心泵的特性方程　当阀 D 关闭时，流量 $Q_e=0$，在池 A 中 1—1 液面与压力

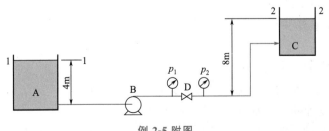

例 2-5 附图

表 1 截面之间列伯努利方程，可得到离心泵特性方程中的 A_a 值，即

$$A_a = \frac{p_1}{\rho g} - z_1 = \frac{5.66 \times 10^5}{1000 \times 9.81} - 4 = 53.7\text{m}$$

则

$$H = A_a - BQ^2 = 53.7 - BQ^2 \quad (Q \text{ 的单位为 } \text{m}^3/\text{s})$$

管路特性方程为

$$H_e = 4 + 1.8 \times 10^5 Q_e^2$$

当阀 D 部分开启时，将 $Q_e = 40\text{m}^3/\text{h}$ 代入上两式，得

$$B = \frac{A_a - H_e}{Q^2} = \frac{53.7 - 4 - 1.8 \times 10^5 \times \left(\dfrac{40}{3600}\right)^2}{\left(\dfrac{40}{3600}\right)^2} = 2.226 \times 10^5 \text{s}^2/\text{m}^5$$

于是

$$H = 53.7 - 2.226 \times 10^5 Q^2$$

（2）阀 D 全开时的管路特性方程及压力表 2 读数　阀门 D 开度加大使管路特性方程中的 G 值变小，即

$$G' = \frac{H - 4}{Q_e^2} = \frac{53.7 - 2.226 \times 10^5 \times \left(\dfrac{48}{3600}\right)^2 - 4}{\left(\dfrac{48}{3600}\right)^2} = 5.696 \times 10^4 \text{s}^2/\text{m}^5$$

则

$$H_e = 4 + 5.696 \times 10^4 Q_e^2$$

在压力表 2 所在截面与 2—2 液面之间列伯努利方程，得

$$p_2 - \rho g z_2 = \left(\lambda \frac{L + \sum L_e}{d} - 1\right)\frac{u^2}{2}\rho$$

两个流量下，符合如下关系

$$\frac{p_2' - \rho g z_2}{p_2 - \rho g z_2} = \left(\frac{u'}{u}\right)^2 = \left(\frac{Q'}{Q}\right)^2$$

则

$$p_2' = (p_2 - \rho g z_2)\left(\frac{Q'}{Q}\right)^2 + \rho g z_2$$

$$= (4.1 \times 10^5 - 1000 \times 9.81 \times 8)\left(\frac{48}{40}\right)^2 + 1000 \times 9.81 \times 8$$

$$= 5.559 \times 10^5 \text{Pa} = 5.559 \times 10^2 \text{kPa}$$

> 解题要点：一定型号的离心泵安装到特定的管路中，泵的工作点受管路特性制约。泵出口阀开度的变化将导致管路特性方程中 G 值的变化。在工作点，泵所提供的流量和压头与管路要求一致。
>
> 解题中要注意截面的选取。

2. 离心泵的流量调节

通常，所选择离心泵的流量和压头可能会和管路中要求的不完全一致，或生产任务发生变化，此时都需要对泵进行流量调节，实质上是改变泵的工作点。由于工作点是由泵及管路特性共同决定的，因此，改变任意一条特性曲线均可达到流量调节的目的。

(1) 改变管路特性曲线——改变泵出口阀开度

改变离心泵出口管路上阀门开度，便可改变管路特性方程式(2-3)中的 G 值。从而使管路特性曲线发生变化。例如，开大阀门，使 G 值变小，管路特性曲线变平坦，使流量向增大方向变化，如图 2-18 中的曲线 2 所示；反之，关小阀门，流量变小，如图 2-18 中的曲线 1 所示。

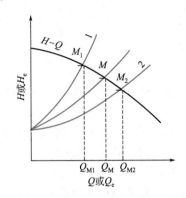 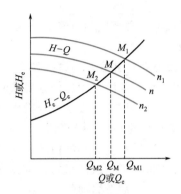

图 2-18　改变阀门开度时工作点变化　　图 2-19　改变泵转速时工作点变化

采用阀门调节流量快速简便，流量可连续变化，因而应用广泛。其缺点是阀门关小时，不仅增大了管路系统流动阻力，而且使泵的效率下降，经济上不太合理。

(2) 改变泵的特性曲线

根据比例定律和切割定律，改变泵的转速、车削叶轮直径均可改变泵的特性曲线，从而达到调节流量(同时改变压头)的目的。图 2-19 为改变泵的转速时流量变化示意图，图中 $n_1 > n > n_2$。这两种方法在一定范围内能保持泵在高效区工作，能量利用较合理，但改变泵的转速需配置变速装置或价格昂贵的变速原动机，车削叶轮又不太方便，故生产上很少采用。

【例 2-6】　在规定转速下，离心泵的送水量为 $0.012\text{m}^3/\text{s}$，对应的压头为 45m。当泵的出口阀门全开时，管路特性方程为

$$H_e = 19 + 1.3 \times 10^5 Q_e^2 \quad (Q_e \text{的单位为 } \text{m}^3/\text{s})$$

为了适应泵的特性，将泵出口阀门关小而改变管路特性。试计算：(1)关小阀门后的管路特性方程式；(2)关小阀门造成的压头损失占泵提供压头的百分数。

解　(1)关小阀门后管路特性方程　管路特性方程的通式为

$$H_e = K + G Q_e^2$$

在本例条件下，式中的 $K\left(=\Delta z + \dfrac{\Delta p}{\rho g}\right)$ 不发生变化，当关小阀门后，管路的流量及压头应和泵提供值一致，G 值则变化。于是，应该满足下面关系，即

$$45 = 19 + G' \times 0.012^2$$

解得　　　　　　　　　　$G' = 1.806 \times 10^5 \, \text{s}^2/\text{m}^5$

关小阀门后的管路特性方程为

$$H_e = 19 + 1.806 \times 10^5 Q_e^2$$

(2)关小阀门后的压头损失　当 $Q = 0.012\text{m}^3/\text{s}$ 时，$H = 45\text{m}$，关小阀门前管路要求的压头为

$$H_e = 19 + 1.3 \times 10^5 \times 0.012^2 = 37.72\text{m}$$

因关小阀门而多损失的压头为

$$H_f = 45 - 37.72 = 7.28\text{m}$$

该损失压头占泵提供压头的百分数为

$$\frac{7.28}{45} = 0.162 = 16.2\%$$

 通过出口阀开度调节流量造成有效能量利用率的下降。

(3)离心泵的并联和串联操作

当单台泵不能满足输送任务要求时,可采用离心泵的并联或串联操作。下面以两台性能相同的泵为例,讨论离心泵组合操作的特性。

① **离心泵的并联** 设将两台型号相同的泵并联于管路系统,且各自的吸入管路相同,则两台泵的流量和压头必定相同。显然,在同一压头下,并联泵的流量为单台泵的两倍。并联泵的特性曲线可以这样得到:依据图 2-20 上单台泵特性曲线 1 上一系列坐标点,保持纵坐标不变,而将横坐标加倍,连接一系列加倍横坐标值的点便可得到两台泵并联操作的合成特性曲线 2。

并联泵的工作点由并联特性曲线与管路特性曲线的交点决定。由图可见,由于流量加大使管路流动阻力加大。因此,并联后的总流量必低于单台泵流量的两倍,而并联压头略高于单台泵的压头。并联泵的总效率与单台泵的效率相同。

② **离心泵的串联** 两台型号相同的泵串联操作时,每台泵的流量和压头也各自相同。因此,在同一流量下,两台串联泵的压头为单台泵压头的两倍。串联泵的合成特性曲线可用图 2-21 上单台泵特性曲线得到,保持横坐标不变、纵坐标加倍,合成曲线 2。

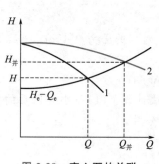

图 2-20　离心泵的并联

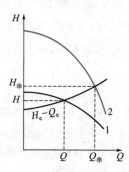

图 2-21　离心泵的串联

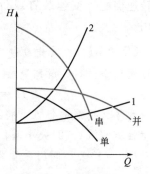

图 2-22　离心泵组合
方式的选择

同样,串联泵的工作点由合成特性曲线与管路特性曲线的交点来决定。由图 2-21 可见,两台泵串联操作的总压头必低于单台泵压头的两倍,流量大于单台泵的,串联泵的效率为 $Q_{串}$ 下单台泵的效率。

③ **离心泵组合方式的选择** 生产中采取何种组合方式能够取得最佳经济效果,应视管路要求的压头和特性曲线形状而定:

a. 如果单台泵所能提供的最大压头小于管路两端的 $\left(\Delta z + \dfrac{\Delta p}{\rho g}\right)$ 值,则只能采用泵的串联操作。

b. 对于管路特性曲线较平坦的低阻型管路(图 2-22 中的曲线 1),采用并联组合方式可获得较串联组合为高的流量和压头;反之,对于管路特性曲线较陡的高阻型管路,则宜采用串联组合方式(图 2-22 中曲线 2)。

【例 2-7】 如附图所示,用离心泵将卤水输送至蒸发器进行连续蒸发制盐,输卤管径为 $\phi 59mm \times 4.5mm$,管路总长度为 236m(包括管路系统除出口阀外的所有局部阻力的当量长度),卤水的密度为 $1200kg/m^3$,离心泵的特性方程为 $H = 62.5 - 3.125 \times 10^{-4} Q^2$,式中 H 的单位为 m,Q 的单位为 m^3/h。开车操作时,蒸发器为常压,离心泵出口阀全开(此时该阀门的当量长度很短,可忽略),输卤流量为 $250m^3/h$,待蒸发器卤水达到一定液位后,开始通蒸汽加热,启动蒸发器转入生产操作。生产操作稳定后,蒸发器压力为 1.5atm(表压),所需卤水流量为 $200m^3/h$ 左右。假设在生产操作流量下,卤水在管内的流动已进入完全湍流区。

试求:(1)开车操作时管路的特性方程;(2)生产操作时,输卤流量 Q 与阀门开度(以当量长度 L_e 表示)的关系方程;(3)开车操作时,有人建议将输卤备用泵同时启动,以增加输卤流量,缩短开车时间。启动备用泵后,输卤流量增加的百分数为多少?

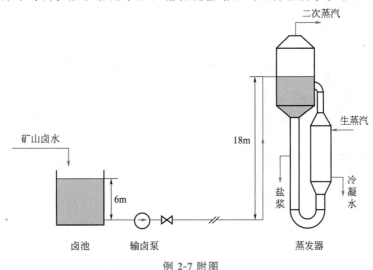

例 2-7 附图

解 (1)开车时管路特性方程 管路特性方程的一般表达式为

$$H_e = K + G Q_e^2$$

式中

$$K = \Delta z + \frac{\Delta p}{\rho g} = 18 - 6 = 12m$$

$$G = \frac{H - K}{Q_e^2} = \frac{62.5 - 3.125 \times 10^{-4} \times 250^2 - 12}{250^2} = 4.955 \times 10^{-4} h^2/m^5$$

则

$$H_e = 12 + 4.955 \times 10^{-4} Q_e^2$$

(2)流量 Q 与 L_e 的关系式 L_e 影响管路阻抗 G,即

$$G' = \frac{236 + L_e}{236} G = \frac{236 + L_e}{236} \times 4.955 \times 10^{-4}$$

则

$$62.5 - 3.125 \times 10^{-4} Q^2 = \left(12 + \frac{1.5 \times 101.33 \times 10^3}{1200 \times 9.81}\right) + \frac{236 + L_e}{236} \times 4.955 \times 10^{-4} Q^2$$

整理可得

$$Q = 4231/\sqrt{384.8 + L_e} \quad m^3/h$$

（3）泵的组合操作　下面比较并联和串联的效果。

当两泵并联时，每台泵的流量是管路总流量的一半，即

$$62.5-3.125\times10^{-4}\left(\frac{Q_{并}}{2}\right)^2=12+4.955\times10^{-4}Q_{并}^2$$

解得
$$Q_{并}=296.7\text{m}^3/\text{h}$$

两泵串联时，泵的压头加倍，即

$$2(62.5-3.125\times10^{-4}Q_{串}^2)=12+4.955\times10^{-4}Q_{串}^2$$

解得
$$Q_{串}=317.6\text{m}^3/\text{h}$$

本例条件下，串联效果更好，增量达 27.04%。

3. 离心泵的气蚀现象与安装高度

离心泵在管路系统中安装位置是否合适，将会影响泵的运行及使用寿命。

(1)离心泵的气蚀现象

由离心泵的工作原理可知，在图 2-23 所示的输液装置中，泵的吸液作用是依靠 0—0′ 液面与泵吸入口截面 1—1′ 之间的势能 $(z+p/\rho g)$ 差而实现的，也就是说在泵的吸入口附近为

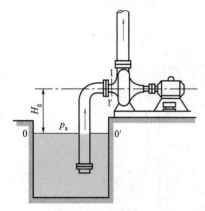

图 2-23　离心泵吸液示意图

低压区。当叶片入口附近的最低压力等于或小于输送温度下液体的饱和蒸气压时，液体将在此处汽化或者是溶解在液体中的气体析出并形成气泡。含气泡的液体进入叶轮高压区后，气泡在高压作用下急剧地缩小而破灭，气泡的消失产生局部真空，周围的液体以极高的速度冲向原气泡所占据的空间，造成冲击和振动。在巨大冲击力反复作用下，使叶片表面材质疲劳，从开始点蚀到形成裂缝，导致叶轮或泵壳破坏。这种现象称为气蚀。

气蚀现象发生时，由于部分流道空间被气泡占据，致使泵的流量、压头及效率下降，严重时，吸不上液体，泵不能正常操作。

气蚀发生的原因归根结底是叶片吸入口附近的压力过低。而造成吸入口压力过低的原因是多方面的，诸如泵的安装高度超过规定值、吸入管路局部阻力过大、泵送液体的温度超过允许值，泵的工作点偏离额定流量过远等。为避免气蚀的发生就要采取措施使叶片入口附近的最低压力必须维持在某一数值以上，通常取输送温度下液体的饱和蒸气压作为最低压力。根据泵的抗气蚀性能，合理地确定泵的安装高度，是避免气蚀发生的有效措施。

(2)离心泵的允许安装(或吸上)高度

泵的允许安装高度或允许吸上高度是指上游贮槽液面与泵吸入口之间允许达到的最大垂直距离，以 H_g 表示。离心泵的允许安装高度 H_g 可在图 2-23 中的 0—0′ 与 1—1′ 两截面列伯努利方程式求得，即

$$H_g=\frac{p_0-p_1}{\rho g}-\frac{u_{b1}^2}{2g}-H_{f,0\text{-}1} \tag{2-24}$$

式中，H_g 为泵的允许安装高度，m；p_1 为泵入口处可允许的最低压力，也可写作 $p_{1,\min}$，Pa；$H_{f,0\text{-}1}$ 为液体流经吸入管路的压头损失，m；p_0 为贮槽液面上的压力，若贮槽上方与大

气相通，则 p_0 即为大气压 p_a。式(2-24)可表示为

$$H_g = \frac{p_a - p_1}{\rho g} - \frac{u_{b1}^2}{2g} - H_{f,0\text{-}1} \qquad (2\text{-}25)$$

1）离心泵的抗气蚀性能参数

为了确定离心泵的允许安装高度，在国产离心泵标准中，采取抗气蚀性能指标来限定泵吸入口附近的最低压力。

① 离心泵的气蚀余量 为了防止气蚀现象发生，在离心泵的入口处液体的静压头与动压头之和 $(p_1/\rho g + u_{b1}^2/2g)$ 必须大于操作温度下液体的饱和蒸气压头 $(p_v/\rho g)$ 某一数值。此数值即离心泵的气蚀余量。其定义式为

$$NPSH = \frac{p_1}{\rho g} + \frac{u_{b1}^2}{2g} - \frac{p_v}{\rho g} \qquad (2\text{-}26)$$

式中，$NPSH$ 为离心泵的气蚀余量，m；p_v 为操作温度下液体的饱和蒸气压，Pa。

② 离心泵的临界气蚀余量 前已提到，泵内发生气蚀的临界条件是叶轮入口附近（取作 $k-k'$ 截面，图2-23中未画出）的最低压力 $\Delta p_{p,min}$ 等于液体的饱和蒸气压 p_v，相应地泵入口处（图2-23中的 $1-1'$ 截面）的压力 p_1 必等于确定的最小值 $p_{1,min}$。在泵入口 $1-1'$ 和叶轮入口 $k-k'$ 两截面之间列伯努利方程式，得

$$\frac{p_{1,min}}{\rho g} + \frac{u_{b1}^2}{2g} = \frac{p_v}{\rho g} + \frac{u_k^2}{2g} + H_{f,1\text{-}k} \qquad (2\text{-}27)$$

比较式(2-26)和式(2-27)可得

$$(NPSH)_c = \frac{p_{1,min} - p_v}{\rho g} + \frac{u_{b1}^2}{2g} = \frac{u_k^2}{2g} + H_{f,1\text{-}k} \qquad (2\text{-}28)$$

式中，$(NPSH)_c$ 为临界气蚀余量，m。

$(NPSH)_c$ 由泵制造厂家通过实验测定。实验时在流量不变条件下逐渐降低 p_1（例如关小泵吸入管路中的阀门），当泵内刚好发生气蚀（以泵的扬程较正常值下降3%作为发生气蚀的标志）时测取相应的 $p_{1,min}$，然后按式(2-28)计算出该流量下离心泵的临界气蚀余量。其值随流量增加而加大。

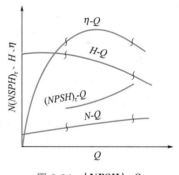

图 2-24 $(NPSH)_r$-Q
曲线示意图

③ 离心泵的必需气蚀余量 为确保离心泵正常操作，将所测定的 $(NPSH)_c$ 加上一定的安全量作为**必需气蚀余量** $(NPSH)_r$，并列入泵产品样本。也有将 $(NPSH)_r$-Q 关系绘在离心泵特性曲线上，如图2-24所示。标准还规定，实际气蚀余量 $NPSH$ 比 $(NPSH)_r$ 还要加大 0.5m 以上。由式(2-28)不难看出，当流量一定且流动在阻力平方区时，$(NPSH)_c$ 只与泵的结构尺寸有关，是泵的一个抗气蚀性能参数。

2）离心泵的允许安装高度

将式(2-26)代入式(2-24)，并整理得

$$H_g = \frac{p_0 - p_v}{\rho g} - NPSH - H_{f,0\text{-}1} \qquad (2\text{-}29)$$

式中，p_0 为吸入贮槽内液面上方的压力，单位为 Pa。若贮槽敞口，则 $p_0 = p_a$。

由于大流量下 $(NPSH)_r$ 较大，因此在计算泵的允许安装高度时，应以操作中可能出现

的最高温度和最大流量为依据。

应予指出，离心油泵的气蚀余量用 Δh 表示。

为确保离心泵的正常操作，泵的实际安装高度比允许安装高度再度降低 0.5m 左右。

【例 2-8】 用 IS80—65—125 型离心泵将池中 20℃清水送至某敞口容器。送水量为 50m³/h。其装置如本例附图所示。已知泵吸入管路的动压头和压头损失分别为 0.5m 和

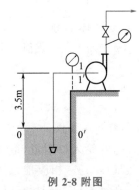

例 2-8 附图

2.0m，泵的实际安装高度为 3.5m。试计算：(1)离心泵入口真空表的读数，Pa；(2)若改送 50℃的清水，原安装高度是否能正常运转。

当地大气压为 98.1kPa。

解 (1)真空表读数 以池内水面为 0—0′截面（基准面）、泵吸入口真空表处为 1—1′截面，在两截面之间列伯努利方程式，并整理得

$$p_a - p_1 = \rho g \left(z_1 + \frac{u_{b1}^2}{2g} + H_{f,0-1} \right) = 1000 \times 9.81 \times (3.5 + 2.5)$$
$$= 58860 \text{Pa}$$

此即真空表的读数——真空度。

(2)输送 50℃清水安装高度核算 由附录十七查得，在送水量为 50m³/h 时，IS80—65—125 型水泵的 $(NPSH)_r = 3.0$m，50℃时水的密度 $\rho = 988.1$kg/m³，饱和蒸气压 $p_v = 12.34 \times 10^3$Pa，则用式(2-29)计算泵的允许安装高度，即

$$H_g = \frac{p_0 - p_v}{\rho g} - NPSH - H_{f,0-1} = \frac{98100 - 12340}{988.1 \times 9.81} - (3 + 0.5) - 2.0$$
$$= 3.35 \text{m}$$

泵的实际安装高度大于允许安装高度，故泵在保持原流量下运行时可能发生气蚀现象。对于已选定型号的离心泵，为避免气蚀可采取如下措施：

① 降低泵的安装高度至 3m 以下；

② 尽量减小吸入管路的压头损失，如加大吸入管径，缩短其长度，减少其他管件等。

【例 2-9】 用 50AY—80 型油泵将常压精馏塔底的釜液送至贮槽，其流程如本例附图所示。液体的流量为 12.5m³/h，密度为 880kg/m³，塔内液面上方的压力为溶液的饱和蒸气压(106kPa)。操作流量下，吸入管路的压头损失为 1.1m。试估算油泵的安装高度。

解 由附录十七查得，50AY—80 型油泵在输送流量下的气蚀余量 $\Delta h = 3.1$m。用式(2-29)计算泵的允许安装高度，即

$$H_g = \frac{p_0 - p_v}{\rho g} - \Delta h - H_{f,0-1}$$

在本例条件下，塔内液面上方为溶液的饱和蒸气压，即 $p_0 = p_v$，故泵的安装高度为

$$H_g = \frac{(106 - 106) \times 10^3}{9.81 \times 880} - 3.1 - 1.1 = -4.2 \text{m}$$

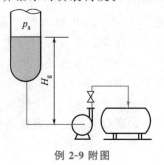

例 2-9 附图

负值表示泵应安装在液面以下。为安全起见，泵应安装在液面下 4.5m。实际上，凡输送高温或低沸点液体，一般都将泵安装在液面之下，并称之为"倒灌"。

2.2.5 离心泵的类型与选择

1. 离心泵的类型

由于化工生产及石油工业中被输送液体的性质相差悬殊、对流量和扬程的要求千变万化，因而设计和制造出种类繁多的离心泵。按叶轮数目分为单级泵和多级泵；按叶轮吸液方式可分为单吸泵和双吸泵；按泵送液体性质和使用条件分为清水泵、油泵、耐腐蚀泵、杂质泵、高温泵、高温高压泵、低温泵、液下泵等。20世纪80年代后问世的磁力泵在科研和工业生产中得到广泛的应用。各种类型离心泵按其结构特点自成一个系列。同一系列中又有各种规格。泵样本列有各类离心泵的性能和规格。

综合如上分类，工业上应用广泛的几类离心泵如下所示：

$$
\text{离心泵}
\begin{cases}
\text{水泵}
\begin{cases}
\text{IS 型（单级单吸）} \\
\text{D 型（多级泵）} \\
\text{Sh 型（双吸泵）}
\end{cases}
\text{输送清水及理化性质类似于水的液体} \\
\text{油泵（AY 型）——输送石油产品，具有良好密封性能} \\
\text{耐腐蚀泵（FM 型）——输送酸、碱等腐蚀性液体，由耐腐材料制造} \\
\text{杂质泵（P 型）——输送悬浮液及稠厚的浆液，开式或半闭式叶轮} \\
\text{屏蔽泵（无密封泵）——输送易燃、易爆、剧毒及放射性液体} \\
\text{磁力泵（C 型）——输送易燃、易爆、腐蚀性液体，高效节能}
\end{cases}
$$

下面仅对几种主要类型离心泵作简要介绍。

(1)清水泵(IS型、D型、Sh型)

清水泵是应用最广泛的离心泵。用于输送各种工业用水以及物理、化学性质类似于水的其他液体。

最普遍使用的是单级单吸悬臂式离心水泵，系列代号为IS，其结构如图2-25所示。全系列扬程范围为 $8 \sim 98\text{m}$，流量范围为 $4.5 \sim 360\text{m}^3/\text{h}$。图2-26为IS型水泵系列特性曲线（或称选择曲线），以便于泵的选用。曲线上的点表示额定参数。

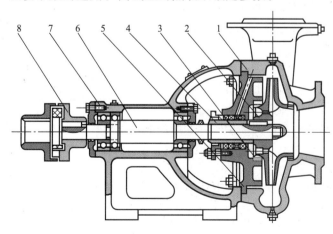

图 2-25　IS型水泵结构图

1—泵体；2—叶轮；3—密封环；4—护轴；5—后盖；6—泵轴；7—托架；8—联轴器部件

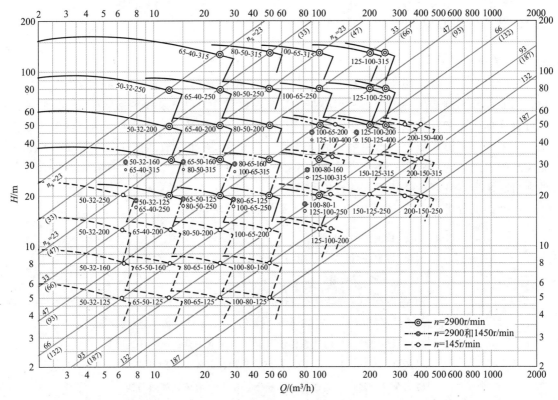

图 2-26　IS 型水泵系列特性曲线

若工艺所要求流量下其扬程高于单级泵所能提供的扬程时，可采用图 2-27 所示的多级离心泵。国产多级离心泵的系列代号为 D，称为 D 型离心泵。叶轮级数通常为 2～9 级，最多 12 级。全系列扬程范围为 14～351m，流量范围为 10.8～850m³/h。

若泵送液体的流量较大而所需扬程并不高时，则可采用双吸离心泵。国产双吸泵系列代号为 Sh。全系列扬程范围为 9～140m，流量范围为 120～20000m³/h。

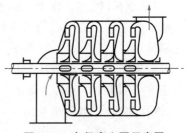

图 2-27　多级离心泵示意图

（2）油泵（AY 型）

输送石油产品的泵称为油泵。因为油品易燃易爆，因此要求油泵必须有良好的密封性能。当输送高温油品（200℃以上）时，需采用具有冷却措施的高温泵，其轴承和轴封装置均需借助冷却水夹套进行冷却。

油泵有单吸与双吸、单级与多级之分。国产油泵系列代号为 AY、双吸式为 AYS。全系列的扬程范围为 60～603m，流量范围为 6.25～500m³/h。温度范围为 -45～500℃。

（3）耐腐蚀泵（FM 型）

当输送酸、碱及浓氨水等腐蚀性液体时应采用防腐蚀泵。该类泵中所有与腐蚀液体接触的部件都用抗腐蚀材料制造，其系列代号为 FM。FM 型泵多采用机械密封装置，以保证高度密封要求。FM 泵全系列扬程范围为 15～105m，流量范围为 2～400m³/h。

需要指出，用玻璃、陶瓷、橡胶等材料制造的小型耐腐蚀泵，不属于 FM 系列的泵。

（4）杂质泵（P 型）

用于输送悬浮液及稠厚的浆液时用杂质泵，其系列代号为 P。根据其用途又可细分为污水泵 PW、砂泵 PS、泥浆泵 PN 等。这类泵的特点是叶轮流道宽、叶片数目少，常采用半闭式或开式叶轮，泵的效率低。

(5)屏蔽泵

近年来，输送易燃、易爆、剧毒及具有放射性液体时，常采用一种图 2-28 所示的无泄漏的屏蔽泵。其结构特点是叶轮和电机联为一个整体封在同一泵壳内，不需要轴封装置，又称无密封泵。

(6)磁力泵(C型)

磁力泵是高效节能的特种离心泵。其结构特点是采用一对永磁性联轴器将电机力矩透过隔板和气隙传递给一个密封容器带动叶轮旋转。由于采用永磁联轴驱动，无轴封，消除液体渗

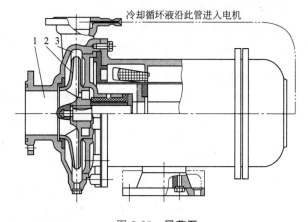

冷却循环液沿此管进入电机

图 2-28　屏蔽泵
1—吸入口；2—叶轮；3—集液室

漏，使用极为安全，在泵运转时无摩擦，故能高效节能。该泵与液体接触的部分可用耐腐蚀、高强度的刚玉陶瓷、工程塑料、不锈钢等材料制造，因而具有良好的抗腐蚀性能，主要用于输送不含固粒的酸、碱、盐溶液和挥发性、剧毒性液体等。特别适用于输送易燃易爆液体。广泛用于稀土冶炼、化工、电镀、制药、废液处理及环保等领域。

C 型磁力驱动泵的全系列扬程范围为 1.2～100m，流量范围为 0.1～100m³/h。需要时可查产品目录或手册。

磁力泵一般安装为倒灌式，开车前必须使泵内灌满液体。介质温度不宜大于 90℃。

本书附录十七"泵的规格"中摘录了 IS 型水泵、AY 型油泵及 FM 型耐腐蚀泵的性能参数，供选用时参考。表中泵的型号由字母和数字组合而成，代表泵的类型和规格。举例说明如下。

IS100—80—125

其中，IS——单级单吸离心水泵；100——泵的吸入管内径，mm；80——泵的排出管内径，mm；125——泵的叶轮直径，mm。

50AY80×2A

其中，50——泵吸入口直径，mm；A——采用美国石油学会 AP1610 标准第一次改进；Y——单吸离心油泵；80——泵的单级扬程，m；2——叶轮级数；A——该型号泵比基本型号 50AY80×2 离心油泵叶轮直径小一级。

40FMG—26

其中，40——泵吸入口直径，mm；FM——悬臂式不锈钢耐腐蚀离心泵；G——固定式；26——泵的扬程，m。

2. 离心泵的选择

离心泵的选择原则上按下列步骤进行。

① 根据被输送液体的性质和操作条件，确定泵的类型。

② 根据管路系统对泵提出的流量 Q_e 和扬程 H_e 的要求，从泵的样本、产品目录或系列特性曲线选出合适的型号。在确定泵的型号时，要考虑操作条件的变化而留出一定的裕量，

即所选泵所能提供的流量 Q 和压头 H 比管路要求值可稍大一点，并使泵在高效范围内工作。当几种型号的泵都能在最佳工作范围内满足流量和压头的要求时，应该选择效率最高者，并参考泵的价格作综合权衡。

选出泵的型号后，应列出泵的有关性能参数和转速。

③ 若输送液体的密度大于水的密度，则要核算泵的轴功率。

【例 2-10】 用离心泵从敞口贮槽向密闭高位容器输送稀酸溶液，两液面位差为 20m，容器液面上压力表的读数为 49.1kPa。泵的吸入管和排出管均为内径 50mm 的不锈钢管，管路总长度为 86m（包括所有局部阻力当量长度），液体在管内的摩擦系数为 0.023。要求酸液的流量为 12m³/h，其密度为 1350kg/m³。试选择适宜型号的离心泵。

解 由于输送的稀酸溶液具有腐蚀性，故应选择 FM 型离心泵。至于泵的型号，要由管路要求的流量和压头来确定。生产任务规定，酸液的流量 $Q_e=12$m³/h，压头计算如下。

$$u_b = \frac{Q_e}{3600 \times \frac{\pi}{4} d^2} = \frac{12 \times 4}{3600 \times \pi \times 0.05^2} = 1.698 \text{m/s}$$

$$\sum H_f = \lambda \frac{L}{d} \cdot \frac{\Delta p}{\rho g} = 0.023 \times \frac{86}{0.05} \times \frac{1.698^2}{2 \times 9.81} = 5.81 \text{m}$$

$$H_e = \Delta z + \frac{\Delta p}{\rho g} + \frac{\Delta u_b^2}{2g} + \sum H_f = 20 + \frac{49.1 \times 10^3}{1350 \times 9.81} + 0 + 5.81 = 29.52 \text{m}$$

根据 $Q_e=12$m³/h 及 $H_e=29.52$m，从防腐蚀泵 FM 系列中选取 50FMG—40 型离心泵。在 $n=2960$r/min 下的有关性能参数为：$Q=14.4$m³/h，$H=39.5$m，$N=5.5$kW，$\eta=46\%$，$(NPSH)_r=2.8$m。

由于酸液的密度 $\rho=1350$kg/m³ 大于水的密度，需用式(2-20)核算泵所需的轴功率

$$N = \frac{HQ\rho}{102\eta} = \frac{29.52 \times 12 \times 1350}{3600 \times 102 \times 0.46} = 2.83 \text{kW}$$

从上面有关数据可看出，泵所提供的流量 Q 和扬程 H 均稍大于管路系统要求值，留有一定的裕量，可通过泵出口阀开度来调节。输送酸液要求的轴功率 $N=2.83$kW，所配电机功率为 5.5kW，可维持正常操作。

【例 2-11】 如附图所示，用离心泵将水池中的清水输送至某带压高位容器，离心泵的特性方程为 $H=20-2.0 \times 10^5 Q^2$（式中 H 的单位为 m，Q 的单位为 m³/s）。吸入管路和排出管路的直径均为 ϕ56mm×3mm，吸入管路的总长度为 5m（包括所有局部阻力的当量长度）。当高位容器压力表 A 的读数为 97.20kPa 时，将阀门 C 开至某一开度，使清水在管路系统中的流动进入阻力平方区，此时管路流动摩擦系数为 0.03、离心泵入口处真空表 B 的读数为 28.0kPa。若保持阀门 C 的开度及其他管路情况不变，当压力表 A 读数降至 43.61kPa 时，试求：(1)管路的特性方程；(2)真空表 B 的读数(kPa)；(3)离心泵的有效功率(kW)；(4)试根据离心泵工作点的概念，图示定性分析当压力表 A 的读数降低时离心泵的轴功率 N 将如何变化。

（清水密度近似取为 1000kg/m³；忽略真空表导管的高度。）

解 本题的解题思路是：根据吸入管路已知参数计算管内流速及流量，当压力表 A 读数为 97.2kPa 时，由泵工作点的对应关系确定管路特性方程。当压力表 A 读数改为 43.61kPa 时，则调整管路特性方程中的 K 值，进而联立管路特性方程和泵的特性方程，计算泵的流量、压头、真空表读数和有效功率。解题的技巧是合理选取截面。

(1)管路特性方程 当 $p_A = 97.2\text{kPa}$ 时，管路特性方程为

$$H_e = \Delta z + \frac{\Delta p}{\rho g} + BQ_e^2$$
$$= 6 + \frac{97.2 \times 10^3}{9.81 \times 1000} + BQ_e^2$$
$$= 15.91 + BQ_e^2 \qquad (1)$$

关键是确定 B 值。

在水池水面（基准面）与离心泵入口真空表处截面间列伯努利方程并化简得

$$\frac{28 \times 10^3}{9.81 \times 1000} = 2 + \frac{u_1^2}{2g} + 0.03 \times \frac{5}{0.05} \times \frac{u_1^2}{2g}$$

解得 $u_1 = 2.047\text{m/s}$, $Q = 0.05^2 \times 2.047 \times \frac{\pi}{4} = 4.019 \times 10^{-3}\text{m}^3/\text{s}$

联立泵的特性方程与式(1)，便可求得 B 值，即

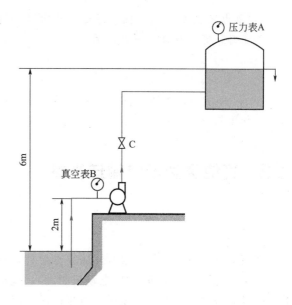

例 2-11 附图 1

$$20 - 2.0 \times 10^5 \times (4.019 \times 10^{-3})^2 = 15.91 + B(4.019 \times 10^{-3})^2$$

得 $$B = 5.33 \times 10^4 \text{s}^2/\text{m}^5$$

当压力表 A 的读数降至 43.61kPa 时，由于阀门 C 的开度不变，管路特性方程中的 B 值不变，而 K 值变为

$$K' = 6 + \frac{43.61 \times 10^3}{9.81 \times 1000} = 10.45\text{m}$$

则管路特性方程为

$$H_e = 10.45 + 5.33 \times 10^4 Q_e^2 \qquad (2)$$

式中，H_e 的单位为 m，Q_e 的单位为 m^3/s。

(2)真空表 B 的读数 联立管路特性方程与泵的特性方程，得

$$20 - 2.0 \times 10^5 Q^2 = 10.45 + 5.33 \times 10^4 Q^2$$

解得 $$Q = 6.14 \times 10^{-3}\text{m}^3/\text{s}, \quad u_1 = 3.127\text{m/s}$$

在水池水面（基准面）与真空表处截面间列伯努利方程并化简得

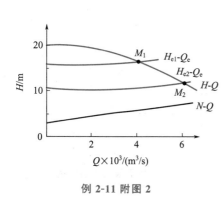

例 2-11 附图 2

$$p_a - p_1 = \left(gz_B + \frac{u_1^2}{2} + \lambda \frac{L_1}{d} \frac{u_1^2}{2} \right) \rho$$
$$= \left(9.81 \times 2 + \frac{3.127^2}{2} + 0.03 \times \frac{5}{0.05} \times \frac{3.127^2}{2} \right)$$
$$\times 1000 = 39.2 \times 10^3 \text{Pa}$$

(3)离心泵的有效功率

$$H = 20 - 2.0 \times 10^5 \times (6.14 \times 10^{-3})^2 = 12.46\text{m}$$
$$N_e = HQ\rho g/1000$$
$$= \frac{12.46 \times 6.14 \times 10^{-3} \times 9.81 \times 1000}{1000} = 0.751\text{kW}$$

(4)压力表 A 的读数降低时离心泵轴功率 N 的变化趋势　在本题条件下，当阀门 C 的开度不变时，管路特性方程可表示为

$$H_e = 6 + \frac{p_A}{\rho g} + 5.33 \times 10^4 Q_e^2$$

当 p_A 降低时，管路特性曲线将平行下降，泵的工作点将右移，泵的流量增加，轴功率加大，如本例附图 2 所示。

2.3 其他类型液体输送机械

2.3.1 往复泵

往复泵是活塞泵、柱塞泵和隔膜泵的总称，它是容积式泵中应用比较广泛的一种。按驱动方式，往复泵可分为机动泵（电动机驱动）、直动泵（蒸汽、气体或液体驱动）和手动泵三大类。往复泵是通过活塞的往复运动直接以压力能的形式向液体提供能量的液体输送机械。

1. 往复泵

(1)往复泵的基本结构和工作原理

图 2-29 所示为往复泵的装置简图。其主要部件是泵缸、活塞、活塞杆、单向开启的吸入阀和排出阀。泵缸内活塞与阀门间的空间为工作室。

当活塞自左向右移动时，工作室的容积增大形成低压，吸入阀被泵外液体推开而进入泵缸内，排出阀因受排出管内液体压力而关闭。活塞移至右端点时即完成吸入行程。当活塞自右向左移动时，泵缸内液体受到挤压使其压力增高，从而推开排出阀而压入排出管路，吸入阀则被关闭。活塞移至左端点时排液结束，完成了一个工作循环。活塞如此往复运动，液体间断地被吸入泵缸和排入压出管路，达到输液目的。

活塞从左端点到右端点（或相反）的距离叫做冲程或位移。活塞往复一次只吸液一次和排液一次的泵称为单动泵。单动泵的吸入阀和排出阀均装在泵缸的同一侧（图 2-29 中是在左

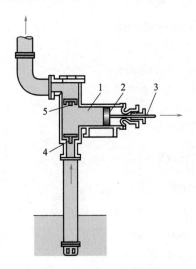

图 2-29　往复泵装置简图

1—泵缸；2—活塞；3—活塞杆；4—吸入阀；5—排出阀

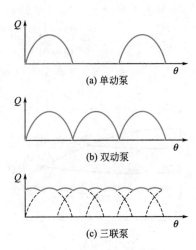

(a) 单动泵

(b) 双动泵

(c) 三联泵

图 2-30　往复泵的流量曲线

侧），吸液时不能排液，因此排液不连续。对于机动泵，活塞由连杆和曲轴带动，它在左右两端点之间的往复运动是不等速的，于是形成了图 2-30(a)所示的单动泵的流量曲线。

单缸单动泵供液的不均匀性是往复泵的严重缺点，它使整个管路内的液体处于变速运动状态，增加了惯性能量损失，引起泵吸液能力的下降。同时，某些对流量均匀性要求较高的场合，也不适宜采用往复泵。

（2）改善单动泵流量不均匀性的措施

为了改善单动泵流量的不均匀性，设计出了双动泵和三联泵。图 2-31 为双动泵的原理图，在活塞两侧的泵缸内均装有吸入阀和排出阀，活塞每往复一次各吸液和排液两次，使吸入管路和压出管路总有液体流过，所以送液连续，但由于活塞运动的不匀速性，流量曲线仍有起伏。由于活塞连杆占据一定容积，使两行程的排液量不完全相同。双动泵和三联泵的流量曲线分别示于图 2-30 的（b）、（c）。

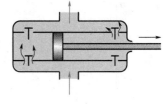

图 2-31　双动泵示意图

在吸入管路的终端和压出管路的始端装置空气室，利用气体的压缩和膨胀来贮存或放出部分液体，可使管路系统流量的变化减小到允许的范围内。

（3）往复泵的性能参数与特性曲线

① **流量（排液能力）**　往复泵的流量由泵缸尺寸、活塞冲程及往复次数所决定，理论平均流量可按下式计算。

单动泵 $$Q_T = ASn_r \qquad (2\text{-}30)$$

式中，Q_T 为往复泵的理论流量，m^3/min；A 为活塞的截面积，m^2；S 为活塞冲程，m；n_r 为活塞每分钟往复次数，min^{-1}。

双动泵 $$Q_T = (2A - a)Sn_r \qquad (2\text{-}31)$$

式中，a 为活塞杆的截面积，m^2。

实际上，由于活塞与泵缸内壁之间的泄漏，而且泄漏量随泵压头升高而更加明显，吸入阀和排出阀启闭滞后等原因，往复泵的实际流量低于理论流量，即

$$Q = \eta_v Q_T \qquad (2\text{-}32)$$

式中，η_v 为往复泵的容积效率，其值在 0.85～0.99 的范围内，一般说泵愈大，容积效率愈高。

② **功率与效率**　往复泵的功率计算与离心泵相同，即

$$N = \frac{HQ\rho g}{60\eta} \qquad (2\text{-}33)$$

式中，N 为往复泵的轴功率，W；η 为往复泵的总效率，通常 $\eta = 0.65～0.85$，其值由实验测定。

由于往复泵的排液量恒定，故其功率和效率随泵出口压力（压头）而变。

③ **压头和特性曲线**　往复泵的压头与泵本身的几何尺寸和流量无关，只决定于管路情况。只要泵的机械强度和原动机提供的功率允许，输送系统要求多高压头，往复泵即可提供多高的压头。往复泵的流量与压头的关系曲线，即泵的特性曲线如图2-32所示。

往复泵的输液能力只取决于活塞的位移而与管路情况无关，泵的压头仅随输送系统要求而定，这种性质称为正位移特性，具有这种特性的泵称为正位移（定排量）泵。往复泵是正位移泵的一种。

(4)往复泵的工作点与流量调节

任何类型泵的工作点都是由管路特性曲线和泵的特性曲线的交点所决定的，往复泵也不例外，如图 2-32 的点 M 所示。由于往复泵的正位移特性，工作点只能沿 $Q=$ 常数的垂直线移动。要想改变往复泵的输液能力，可采取如下措施：

① **旁路调节装置** 往复泵的流量与管路特性无关，所以不能通过出口阀开度调节流量，简便的方法是增设旁路调节装置，通过调节旁路流量来达到主管路流量调节的目的，如图 2-33所示。一般容积式泵都可采取这种流量调节方法。显而易见，旁路调节流量并没有改变泵的总流量，只是改变了流量在旁路和主管路之间的分配。旁路调节造成了功率的无谓消耗，经济上并不合理，但对于流量变化幅度较小的经常性调节非常方便，生产上常采用。

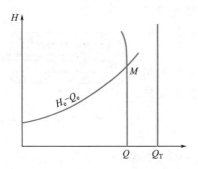

图 2-32　往复泵的特性曲线及工作点

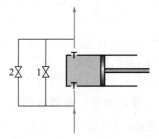

图 2-33　往复泵旁路流量调节
1—旁路阀；2—安全阀

② **改变活塞冲程或往复频率** 由式(2-33)和式(2-34)可知，调节活塞冲程 S 或往复频率 n_r 均可达到改变流量的目的，而且能量利用合理，但不宜于经常性流量调节。

对于输送易燃易爆液体，采用直动泵可以方便调节进入蒸气缸的蒸气压力，进而实现流量调节。

(5)往复泵的安装高度

往复泵的吸上高度取决于贮液槽液面上方的压力、液体的性质和温度、活塞的运动速度等因素，因此往复泵的吸上高度也有一定的限制。

与离心泵不同的是，往复泵内的低压是靠工作室的扩大而形成的，往复泵有自吸作用，所以在启动前无需向泵内灌满被输送的液体。

基于以上特性，往复泵主要适用于流量较小、高扬程、清洁高黏度液体的输送，它不宜于输送腐蚀性液体和含有固体粒子的悬浮液。

【例 2-12】 用单动往复泵向表压为 490.5kPa 的密闭容器输送密度为 1230kg/m³ 的黏稠液体。贮槽与密闭容器中两液面位差为 15m。在泵出口连接一旁路供调节流量用。主管内径为 50mm，总长度为 80m(包括所有局部阻力当量长度)，旁路内径为 30mm，主管和支管中摩擦系数均取 0.031。已知泵的活塞直径 $D=120$mm，冲程 $S=225$mm，往复次数 $n_r=200$min⁻¹，在操作范围内泵的容积效率 $\eta_v=0.96$，总效率 $\eta=0.85$。试计算：(1)旁路阀全闭时主管的流量和泵的功率；(2)欲用旁路调节使主管流量减少 1/3，则旁路的总长度(包括所有局部阻力当量长度)及泵的功率为多少；(3)若改变冲程 S 使主管流量减少 1/3，再求泵的功率。

解 本题的主要目的是比较往复泵不同流量调节方法的经济性，但计算内容包括了往复泵性能的基本计算。

(1)旁路阀全闭时泵的流量和功率　泵的实际流量为

$$Q = \eta_{\mathrm{v}} A S n_{\mathrm{r}} = 0.96 \times \frac{\pi}{4} \times 0.12^2 \times 0.225 \times 200$$

$$= 0.4886 \mathrm{m^3/min} = 8.143 \times 10^{-3} \mathrm{m^3/s}$$

主管内的流速为

$$u_{\mathrm{b}} = \frac{V_{\mathrm{s}}}{\frac{\pi}{4} d^2} = \frac{8.143 \times 10^{-3} \times 4}{\pi \times 0.05^2} = 4.147 \mathrm{m/s}$$

则

$$\sum H_{\mathrm{f}} = \lambda \frac{L + \sum L_{\mathrm{e}}}{d} \cdot \frac{u_{\mathrm{b}}^2}{2g} = 0.031 \times \frac{80}{0.05} \times \frac{4.147^2}{2 \times 9.81} = 43.5 \mathrm{m}$$

在贮槽及密闭容器中两液面之间列伯努利方程(忽略动能项)，得到

$$H_{\mathrm{e}} = \Delta z + \frac{\Delta p}{\rho g} + \sum H_{\mathrm{f}} = 15 + \frac{490.5 \times 10^3}{9.81 \times 1230} + 43.5 = 99.15 \mathrm{m}$$

则泵的功率为

$$N = \frac{HQ\rho}{102\eta} = \frac{99.15 \times 8.143 \times 10^{-3} \times 1230}{102 \times 0.85} = 11.45 \mathrm{kW}$$

(2)旁路的管长及泵的功率　因主管流量减少 1/3，使其压头损失减小，总压头降低，而泵的流量不变，因而使泵的功率下降。

在新工况下的有关参数计算如下(加上标"'"表示)

$$u_{\mathrm{b}}' = \frac{2}{3} u_{\mathrm{b}} = \frac{2}{3} \times 4.147 = 2.765 \mathrm{m/s}$$

$$\sum H_{\mathrm{f}}' = \sum H_{\mathrm{f}} \left(\frac{u_{\mathrm{b}}'}{u_{\mathrm{b}}} \right)^2 = 43.5 \times \left(\frac{2.765}{4.147} \right)^2 = 19.34 \mathrm{m}$$

$$H_{\mathrm{e}}' = 15 + \frac{490.5 \times 10^3}{9.81 \times 1230} + 19.34 = 74.99 \mathrm{m}$$

$$N' = \frac{74.99 \times 8.143 \times 10^{-3} \times 1230}{102 \times 0.85} = 8.66 \mathrm{kW}$$

对于旁路，泵对它提供的压头也为 74.99m，其管长计算如下

$$u_{\mathrm{旁}} = \frac{\frac{1}{3} Q}{\frac{\pi}{4} d_{\mathrm{旁}}^2} = \frac{\frac{1}{3} \times 8.143 \times 10^{-3}}{\frac{\pi}{4} \times 0.03^2} = 3.84 \mathrm{m/s}$$

$$H_{\mathrm{e}}' = \lambda \frac{(L + \sum L_{\mathrm{e}})_{\mathrm{旁}}}{d_{\mathrm{旁}}} \cdot \frac{u_{\mathrm{旁}}^2}{2g}$$

所以

$$(L + \sum L_{\mathrm{e}})_{\mathrm{旁}} = \frac{2 H_{\mathrm{e}}' g d_{\mathrm{旁}}}{\lambda u_{\mathrm{旁}}^2} = \frac{2 \times 74.99 \times 9.81 \times 0.03}{0.031 \times 3.84^2} = 96.56 \mathrm{m}$$

(3)冲程调节流量　改变冲程使流量减少 1/3，即通过泵的流量为原来的 2/3，主管路要求的压头仍为 74.99m，则泵的功率为

$$N'' = \frac{H_{\mathrm{e}}' Q' \rho}{102\eta} = \frac{74.99 \times \frac{2}{3} \times 8.143 \times 10^{-3} \times 1230}{102 \times 0.85} = 5.78 \mathrm{kW}$$

由上面计算结果可看出，用改变冲程方法调节往复泵的流量最为经济。但若需要经常进行流量调节，旁路调节操作更为方便。

2. 计量泵

计量泵又称比例泵，其装置特点是通过改变柱塞的冲程大小来调节流量，如图 2-34 所示，当要求精确输送流量恒定的液体时，可以方便而准确地借助调节偏心轮的偏心距离，来改变柱塞的冲程而实现。有时，还可通过一台电机带动几台计量泵的方法将几种液体按比例输送或混合。

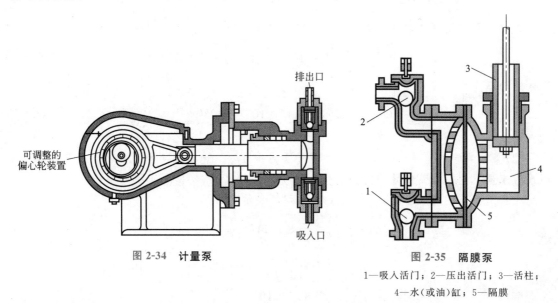

图 2-34　计量泵

图 2-35　隔膜泵

1—吸入活门；2—压出活门；3—活柱；
4—水（或油）缸；5—隔膜

3. 隔膜泵

当输送腐蚀性液体或悬浮液时，可采用隔膜泵。隔膜泵实际上就是柱塞泵，其结构特点是借弹性薄膜将被输送液体与活柱隔开，如图 2-35 所示，从而使活柱和泵缸得以保护。隔膜左侧与液体接触的部分均由耐腐蚀材料制造或涂一层耐腐蚀物质；隔膜右侧充满水或油。当柱塞作往复运动时，迫使隔膜交替地向两侧弯曲，将被输送液体吸入和排出。弹性隔膜采用耐腐蚀橡胶或金属薄片制成。

隔膜式计量泵可用来定量输送剧毒、易燃、易爆和腐蚀性液体。

2.3.2　回转泵

回转泵又称转子泵，属正位移泵，它们的工作原理是依靠泵内一个或多个转子的旋转来吸液和排液的。化工中较为常用的有齿轮和螺杆泵。

1. 齿轮泵

图 2-36(a)所示为目前化工中常用的外啮合齿轮泵的结构示意图。泵壳内有两个齿轮，其中一个为主动轮，它由电机带动旋转；另一个称为从动轮，它靠与主动轮的相啮合而转动。两齿轮将泵壳内分成互不相通的吸入室和排出室。当齿轮按图中箭头方向旋转时，吸入室内两轮的齿互相拨开，形成低压而将液体吸入；然后液体分两路封闭于齿穴和壳体之间随

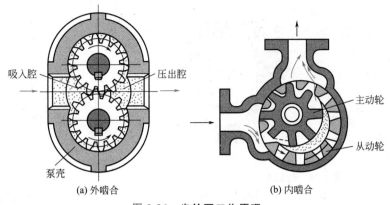

图 2-36　齿轮泵工作原理

齿轮向排出室旋转，在排出室两齿轮的齿互相合扰，形成高压而将液体排出。此种泵的流量和压头有些波动，且有噪音和振动。近年来已逐步采用图 2-36(b)所示的内啮合式的齿轮泵，其较外啮合齿轮泵工作平稳，但制造较复杂。

齿轮泵的流量小而扬程高，适用于黏稠液体乃至膏状物料的输送，但不能输送含有固体粒子的悬浮液。

2. 螺杆泵

螺杆泵由泵壳和一根或多根螺杆所构成。图 2-37 所示为双螺杆泵，其工作原理与齿轮泵十分相似，它是依靠互相啮合的螺杆来吸送液体的。当需要较高压头时，可采用较长的螺杆。

螺杆泵的压头高、效率高、运转平稳、噪音低，适用于高黏度液体的输送。

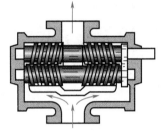

图 2-37　双螺杆泵

3. 回转泵的操作特性

回转泵的操作特性与往复泵相似。在一定转速下，泵的流量不随泵的扬程而变，有自吸能力，启动前不需要灌泵；采用旁路调节流量。由于转动部件严密性的限制，回转泵的压头不如往复泵高。

2.3.3　旋涡泵

旋涡泵是一种特殊类型的离心泵，其工作原理和离心泵相同，即依靠叶轮旋转产生的惯性离心力而吸液和排液。

旋涡泵的基本结构如图 2-38(a)所示，它主要由叶轮和泵壳组成。叶轮和泵壳之间形成引液道，吸入口和排出口之间由间壁(隔舌)隔开。叶轮上有呈辐射状排列、多达数十片的叶片，如图 2-38(b)所示。当叶轮旋转时，泵内液体随叶轮旋转的同时，又在各叶片与引液道之间作反复的迂回运动，被叶片多次拍击而获得较高能量。旋涡泵的特性曲线如图 2-39 所示。

旋涡泵的压头和功率随流量减少而增加，因而启动泵时出口阀应全开，并采用旁路调节流量，避免泵在很小流量下运转。由于泵内液体剧烈的旋涡运动使能量损失增大，因而旋涡泵的效率比离心泵的低。

旋涡泵分开式和闭式两种类型。开式抗气蚀性能好，可输送气液混合物料，有自吸能力，启动时不需要灌泵，但其效率更低(20%～40%)。闭式无自吸能力，启动前需向泵壳内灌满被输送液体。

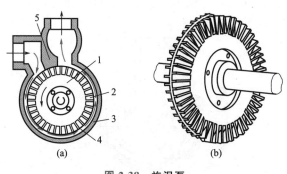

图 2-38　旋涡泵

1—叶轮；2—叶片；3—泵壳；4—引液道；5—间壁

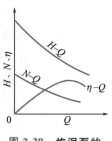

图 2-39　旋涡泵的
特性曲线

旋涡泵适用于输送流量小、压头高且黏度不高的清洁液体。

2.3.4　常用液体输送机械的性能比较

化工中常用液体输送机械的性能比较列于表 2-2 中。

表 2-2　几种常用泵的性能比较

泵的类型		离心式			容积泵		流体作用式
		离心泵	旋涡泵	轴流泵	往复泵	回转泵	射流泵、酸旦
工作原理		惯性离心力（无自吸力-灌泵，防气缚）（开式旋涡泵有自吸力）			活塞往复运动，有自吸力	转子的排挤作用，有自吸力	能量转换（射流泵有自吸力）
特性曲线形状							
操作	启动	灌泵，关闭出口阀	灌泵，全开出口阀		不灌泵，全开出口阀	全开出口阀	
	流量调节	改变出口阀开度	旁路调节	旁路或改变叶片角度	旁路或改变冲程与往复频率	旁路调节	改变工作液体的流量或压力
	维修	简便			麻烦	较麻烦	简便
流量	均匀性	均匀			脉动	尚均匀	均匀
	恒定性	随管路特性而变			恒定		随管路特性而变
	范围	从小到大均可	小流量	大流量	较小流量	小流量	小流量
效率		稍低	低	稍低	高	较高	低
适用场合		流量、压头适用范围广，特别适宜大流量、中压头；液体黏度不能太大	小流量较高压头，低黏度清洁液体	黏度不太高，大流量低压头	不含杂质的高黏度液体，小流量高压头。腐蚀液体用隔膜泵	膏糊状高黏度、小流量高压头	腐蚀性液体

2.4 气体输送机械

气体输送机械的基本结构、工作原理与液体输送机械大同小异，它们的作用都是对流体做功以提高其机械能(主要表现为静压能)。但是，由于气体的密度比液体小得多和气体的可压缩性和压缩升温，从而使得气体输送机械具有某些特点。

气体输送机械除按结构及工作原理分为离心式、往复式、回转式及流体作用式外，还可按出口气体的压力(终压)或压缩比(指压送机械出口与入口气体绝对压力的比值)来分类，即

① **通风机**　出口压力不大于 14.7kPa(表压)，压缩比为 1~1.15。
② **鼓风机**　终压为 14.7~294kPa(表压)，压缩比小于 4。
③ **压缩机**　终压为 294kPa(表压)以上，压缩比大于 4。
④ **真空泵**　用于减压，终压为大气压，压缩比由真空度决定。

通常，通风机用于克服输送过程中的流动阻力，达到输送气体的目的；鼓风机和压缩机用于产生高压气体，以满足化学反应(如氨的合成)和单元操作(如用水吸收二氧化碳、冷冻等)所需要的工艺条件；真空泵则用在某些单元操作中(如过滤、真空蒸发、真空精馏等)对于负压的要求。

2.4.1　离心式通风机、鼓风机和压缩机

离心式气体输送机械和离心泵的工作原理相似，但在结构上随压缩比的变化而有某些差异。通风机都是单级的，对气体只起输送作用；鼓风机和压缩机都是多级的，两者对气体都有明显的压缩作用。在离心压缩机系统中，需要采取冷却措施，以防气体温度过高。

1. 离心通风机

风机对单位体积气体所做的有效功称为风压，以 H_T 表示，单位为 $J/m^3 = Pa$。根据风压的不同，将离心通风机分为三类：

低压离心通风机　出口风压低于 $0.981 \times 10^3 Pa$(表压)；
中压离心通风机　出口风压为 $0.981 \times 10^3 \sim 2.94 \times 10^3 Pa$(表压)；
高压离心通风机　出口风压为 $2.94 \times 10^3 \sim 14.7 \times 10^3 Pa$(表压)。

(1)离心通风机的结构和工作原理

离心通风机的结构和工作原理与离心泵大致相同。图 2-40 所示为低压离心通风机的示意图，它主要由蜗形机壳和多叶片的叶轮组成，气体流通的断面多为方形(高压风机多为圆形)。低压通风机的叶片数目多、与轴心成辐射状平直安装。中、高压通风机的叶片则是后弯的，所以高压通风机的外形及结构和单级离心泵更相似。

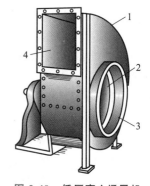

图 2-40　低压离心通风机
1—机壳；2—叶轮；3—吸入口；4—排出口

(2)离心通风机的性能参数

离心通风机的主要性能参数有风量、风压、轴功率和效率。由于气体通过风机时压力变化不大于入口压力的 20%，在风机内运动的气体可视为不可压缩流体，因此离心泵的基本方程也可用来分析离心通风机的性能。

① **风量** 风量是指单位时间内从风机出口排出的气体体积；并以风机进口处的气体状态计，以 Q 表示，单位为 m^3/h。

② **风压** 离心通风机的风压习惯上用 mmH_2O 来计量。风压的大小取决于风机的结构、叶轮尺寸、转速，并正比于气体的密度。风压一般由实验测定。设风机进口为截面 $1—1'$，风机出口为截面 $2—2'$，则由以单位体积为基准的伯努利方程式可得到离心通风机的风压为

$$H_T = W_e\rho = (z_2 - z_1)\rho g + (p_2 - p_1) + \frac{u_{b2}^2 - u_{b1}^2}{2}\rho + \rho\sum h_{f,1-2}$$

式中，各项均为压力的单位，Pa。由于 ρ 及 $(z_2 - z_1)$ 值都很小，故 $(z_2 - z_1)\rho g$ 一项可忽略；风机进、出口管段很短，$\rho\sum h_{f,1-2}$ 项也可忽略；又若风机进口处直接与大气相通，且截面 $1—1'$ 取在进口管外侧，则 $u_1 = 0$，于是上式可简化为

$$H_T = (p_2 - p_1) + \frac{u_{b2}^2}{2}\rho \tag{2-34}$$

式中，$(p_2 - p_1)$ 称为静风压，以 H_{st} 表示。$\rho u_{b2}^2/2$ 称为动风压。离心通风机的风压由静风压与动风压构成，又称全风压。通风机性能表上所列的风压为全风压。

由式(2-34)看出，风机的风压随进入风机的气体密度而变。风机性能表上的风压，一般都是在 $20℃$、$101.3kPa$ 的条件下用空气作介质测定的。该条件下空气的密度为 $1.2kg/m^3$。若实际的操作条件与上述的实验条件不同，则在选择离心通风机时，应将操作条件下的风压 H_T' 按下式换算为实验条件下的风压 H_T，即

$$H_T = H_T'\frac{\rho}{\rho'} = H_T'\frac{1.2}{\rho'} \tag{2-35}$$

式中，ρ' 为操作条件下空气的密度，kg/m^3。

③ **轴功率与效率** 离心通风机的轴功率为

$$N = \frac{H_T Q}{1000\eta} \tag{2-36}$$

式中，N 为轴功率，kW；H_T 为全风压，Pa；Q 为风量，m^3/s；η 为效率，应按全风压定出，因而又称全压效率。

应予注意，用式(2-36)计算功率时，H_T 和 Q 必须是同一状态下的数值。

(3)离心通风机的特性曲线

和离心泵一样，通风机在出厂前在 $20℃$ 和 $101.3kPa$ 条件下通过实验测定其特性曲线，如图 2-41 所示。它表示在一定转速下某型号通风机的风量 Q 与全风压 H_T、静风压 H_{st}、轴功率 N 和效率 η 四者之间的关系。显然，离心通风机的特性曲线比离心泵的特性曲线多了一条 H_{st}-Q 关系曲线。

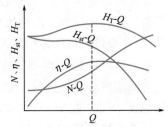

图 2-41　离心通风机特性曲线示意图

(4)离心通风机的选择

离心通风机选择的步骤如下：

① 根据管路布局和工艺条件，计算输送系统所需的实际风压 H_T'，并按式(2-35)换算为风机实验条件下的风压 H_T。

② 根据所输送气体的性质(如清洁空气、易燃、易爆或腐蚀性气体及含尘气体)及所需的风压范围，确定风机的类型。对于清洁空气或与空气性质相近的气体，可选用一般类型的离心通风机。工业中常用的中、低压通风机为 4—72 型，高压通风机为 8—18 型和 9—27

型。附录十八摘录了 4—72 型离心通风机的性能参数。

③ 根据以风机进口状态计的实际风量和实验条件下的风压，从风机样本的性能表或特性曲线选择适宜的风机型号。选择原则与离心泵的相同。

【例 2-13】 用离心通风机将 30℃、101.3kPa 的清洁空气，以 28000m³/h 的流量经加热器升温至 90℃后送入干燥器。在平均条件下(60℃及 101.3kPa)输送系统所需的全风压为 2460Pa。试选择合适型号的通风机，并比较将选定的通风机安装到加热器后面是否适宜。

解 由于输送清洁空气，可选用一般类型的离心通风机。至于具体型号，则需根据操作条件下的风量和实验条件下的风压来确定。

根据工艺要求，将风机安装在空气加热器前较为合理。这样，风机入口的气体状态为 30℃和 101.3kPa，其流量为 $Q=28000\text{m}^3/\text{h}$。而风压给出的是 60℃和 101.3kPa 下的数值，需要用式(2-35)换算为实验条件下的数值，即

$$\rho'=1.2\times\frac{273+20}{273+60}=1.06\text{kg/m}^3$$

$$H_\text{T}=H_\text{T}'\frac{1.2}{\rho'}=2460\times\frac{1.2}{1.06}=2785\text{Pa}$$

根据风量 $Q=28000\text{m}^3/\text{h}$ 和风压 $H_\text{T}=2785\text{Pa}$，于本教材附录十八中查得 4—72 型 C 类联接离心通风机可满足要求。在 1800r/min 的转速下其有关性能参数为

$$H_\text{T}=2920\text{Pa}, \quad Q=28105\text{m}^3/\text{h}, \quad N=31.77\text{kW}, \quad \eta=86\%$$

若将风机安放到空气加热器之后，假定其转速及风压不变，但风机入口气体状态为 90℃及 101.3kPa，与此对应的空气流量变为

$$Q=28000\times\frac{273+90}{273+30}=33540\text{m}^3/\text{h}$$

显然，将离心通风机安装到空气加热器之后，在维持原转速不变的情况下，将不能满足输送风量的要求。因而，风机放在加热器之前为较佳流程。

2. 离心鼓风机与压缩机

离心鼓风机与压缩机又称透平鼓风机和压缩机，其结构类似于多级离心泵，每级叶轮之间都有导轮，工作原理和离心通风机相同。离心鼓风机与离心压缩机的规格、性能及用途详见有关产品目录或手册。

图 2-42 所示为一台五级离心鼓风机示意图，气体由进气口吸入后，依次经过各级叶轮和导轮，最后由排气口排出。

离心鼓风机的送气量大，但出口表压一般不超过 300kPa。由于气体压缩比不高，所以不必设置冷却装置，各级叶轮直径也大致上相等。

离心压缩机的叶轮级数多(可在 10 级以上)，转速也较高，可产生更高的出口压力。由于气体的压缩较高，气体的体积变化比较大，温度升高也较明显，因而离心压缩机的叶轮直径和宽度逐级缩小，并且将叶轮分成几段，每段又包括几级，段与段之间设置冷却器，以免气体温度过高。

离心压缩机生产能力大，供气均匀，机体内易损部件少，能安全可靠连续运行，维修方便，且机体无润滑油污染气体，因此，除要求很高的压缩比外，大都采用离心压缩机，在现代化合成氨和石油化工企业中应用广泛。

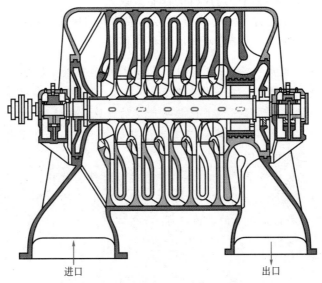

进口   出口

图 2-42　五级离心鼓风机示意图

2.4.2　往复式压缩机

1. 往复压缩机的基本结构和工作原理

往复压缩机的基本结构和工作原理与往复泵相近。其主要部件有活塞、气缸、吸气阀和排气阀，依靠活塞的往复运动而将气体吸入和排出。但是，由于往复压缩机处理的气体密度小、可压缩，压缩后气体的体积变小、温度升高，因而往复压缩机的吸气阀门和排气阀门必须灵巧精制，为移除压缩放出的热量以降低气体的温度，还应附设冷却装置。往复压缩机实际的工作过程也比往复泵的更加复杂。

2. 往复压缩机的理想压缩循环

为了便于分析往复压缩机的工作过程，可作如下简化假设。

① 被压缩的气体为理想气体。

② 气体流经吸气阀的流动阻力可忽略不计。这样，在吸气过程中气缸内气体的压力与入口处气体的压力 p_1 相等。同理，排气过程中气体的压力恒等于出口处的压力 p_2。

③ 压缩机无泄漏。

④ 排气终了时活塞与气缸端盖之间没有空隙（又称余隙），这样吸入气缸中的气体在排气终了时全部被排净。

单动往复机的理想压缩循环过程按图 2-43 所示的三个阶段进行。

① **吸气阶段**　当活塞自左向右运动时，排气阀关闭，吸气阀打开，气体被吸入，直至活塞移到最右端，缸内气体压力为 p_1，体积为 V_1，其状态如 p-V 图上的点 1 所示，吸气过程由水平线 4-1 表示。

② **压缩阶段**　活塞自最右端向左运动，由于吸气阀和排气阀都是关闭的，气体的体积逐渐缩小，压力逐渐升高，直至气

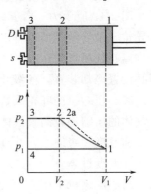

图 2-43　理想压缩循环的 p-V 图

缸内气体的压力升高至排气阀外的气体压力 p_2 为止，此时对应的气体体积为 V_2。根据压缩过程中气体和外界的换热情况，可分为等温、绝热和多变三种压缩过程。若压缩过程为等温过程，则气体状态变化如 $p\text{-}V$ 图中曲线 1-2 所示；若压缩过程为绝热过程，则气体状态变化如 $p\text{-}V$ 图中曲线 1-2a 所示。

③ **排气阶段**　当气缸内气体压力达到 p_2 时，排气阀被顶开，随活塞继续向左运动，气体在压力 p_2 下全部被排净。气体状态变化如 $p\text{-}V$ 图中的水平线 2(2a)-3 所示。

当活塞再从左端向右开始运动时，因气缸内无气体，缸内压力立即降至 p_1，从而开始下一个工作循环。

一个理想压缩循环所需的外功为

$$W = \int_{p_1}^{p_2} V \mathrm{d}p \tag{2-37}$$

式中，W 为压缩机理想压缩循环所消耗的理论功，J；p_1、p_2 分别为吸入和排出气体的压力，Pa。

根据理想气体的 $p\text{-}V$ 关系，对于等温压缩过程积分式(2-37)，得到其循环功为

$$W = p_1 V_1 \ln \frac{p_2}{p_1} \tag{2-38}$$

式中，V_1 为吸入气体的体积，m^3。

在图 2-43 中的 $p\text{-}V$ 图上，等温压缩循环功 W 对应于 1-2-3-4-1 所包围的面积。

同理，绝热压缩循环功为

$$W = p_1 V_1 \frac{k}{k-1} \left[\left(\frac{p_2}{p_1} \right)^{\frac{k-1}{k}} - 1 \right] \tag{2-39}$$

式中，k 为绝热压缩指数。

在图 2-43 的 $p\text{-}V$ 图上，绝热压缩循环功 W 对应于 1-2a-3-4-1 所包围的面积。

绝热压缩时，排出气体的温度为

$$T_2 = T_1 \left(\frac{p_2}{p_1} \right)^{\frac{k-1}{k}} \tag{2-40}$$

式中，T_1、T_2 分别为吸入和排出气体的温度，K。

对于介于等温和绝热过程间的多变压缩过程，其压缩循环功和排出气体温度仍可分别用式(2-39)和式(2-40)计算，只是式中的绝热压缩指数 k 应以多变压缩指数 m 代替。

显然，等温压缩过程所需的外功最少，而绝热压缩过程消耗的外功最多。工程上，要实现等温压缩过程是不可能的，但常用来衡量压缩机实际工作过程的经济性。实际上，绝热压缩过程也是难以实现的，但它较为接近压缩机的实际工作情况，常常以此作为近似计算的依据。

3. 有余隙存在的压缩循环

有余隙存在的实际压缩循环过程如图 2-44 所示。它与理想压缩循环的区别是由于有余隙的存在，排气终了时使气缸内残留压力为 p_2、体积为 V_3 的气体。当活塞向右运动时，存在于余隙内的气体将不断膨胀，直到压力降至与吸入压力 p_1 相等为止，此过程称为余隙气体的膨胀阶段，如图 2-44 中的曲线 3-4 所示。当活塞从截面 4 继续向右移动时，吸气

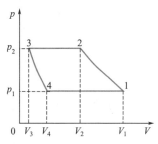

图 2-44　实际压缩循环 $p\text{-}V$ 图

阀被打开，在恒定压力 p_1 下进行吸气过程，气体的状态沿 p-V 图上的水平线 4-1 而变化。

综上所述，有余隙的理想气体实际循环过程由吸气、压缩、排气和膨胀四个阶段所组成。在一个实际压缩循环中，活塞一次扫过的体积为(V_1-V_3)，但吸入的气体体积只是(V_1-V_4)。余隙的存在减少了每一压缩循环的实际吸气量，同时还增加了动力消耗。因此，应尽量减小压缩机的余隙。

在实际压缩循环中，若按多变压缩过程来考虑，活塞对气体所做的理论功为

$$W=p_1(V_1-V_4)\frac{m}{m-1}\left[\left(\frac{p_2}{p_1}\right)^{\frac{m-1}{m}}-1\right]\tag{2-41}$$

(1)余隙系数 ε

余隙体积 V_3 与活塞一次扫过的体积(V_1-V_3)之比的百分率称为余隙系数，用 ε 表示，即

$$\varepsilon=\frac{V_3}{V_1-V_3}\times100\%\tag{2-42}$$

通常，大中型压缩机低压气缸的 ε 值约在 8% 以下，而高压气缸可达 12%。

(2)容积系数 λ_0

压缩机一个循环吸入气体的体积(V_1-V_4)与活塞一次扫过体积(V_1-V_3)之比，称为容积系数，用 λ_0 表示，即

$$\lambda_0=\frac{V_1-V_4}{V_1-V_3}\tag{2-43}$$

将 $V_4=V_3\left(\frac{p_2}{p_1}\right)^{\frac{1}{k}}$ 代入上式并经整理即可得到容积系数和余隙系数之间的关系为

$$\lambda_0=1-\varepsilon\left[\left(\frac{p_2}{p_1}\right)^{\frac{1}{k}}-1\right]\tag{2-44}$$

由式(2-44)可看出，容积系数与余隙系数和压缩比有关：

① 当压缩比一定时，余隙系数加大，容积系数变小，压缩机的吸气量就减少；

② 对于一定的余隙系数，气体的压缩比愈高，容积系数则愈小，即每一压缩循环的吸气量愈小，当压缩比高到某极限值时，容积系数可能变为零。例如，对于绝热压缩指数 $k=1.4$ 的气体，气缸的余隙系数为 8%，单级压缩的压缩比(p_2/p_1)达 38.2 时，λ_0 即为零。它表明，残留在余隙中的高压气体膨胀后完全充满气缸，以致不能再吸入新的气体。$\lambda_0=0$ 时的压缩比 p_2/p_1 称为**压缩极限**。

4. 多级压缩

在单级压缩中，在相同的 ε 值下，当压缩比太高时，容积系数 λ_0 严重下降，同时，动力消耗显著增加，气体温升过大，对压缩过程带来极不利的影响。因此，当生产过程的压缩比大于 8 时，工业上大都采用多级压缩。所谓多级压缩是指气体连续地依次经过若干气缸的多次压缩达到所要求的最终压力，如图 2-45 所示。每经过一次压缩称为一级。级间设置冷却器和油水分离器。每一级的压缩比只占总压缩比的一个分数。

根据理论计算可知，**当每级的压缩比相等时，多级压缩所消耗的总理论功为最小**，即

$$W=p_1V_1\frac{ik}{k-1}\left[\left(\frac{p_2}{p_1}\right)^{\frac{k-1}{ik}}-1\right]\tag{2-45}$$

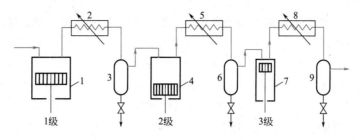

图 2-45　三级压缩示意图

1,4,7—气缸；2,5—中间冷却器；8—出口气体冷却器；3,6,9—油水分离器

式中，i 为压缩机的级数。当总压缩比为 p_2/p_1 时，每一级的压缩比为

$$\chi = \left(\frac{p_2}{p_1}\right)^{\frac{1}{i}} \tag{2-46}$$

采取多级压缩，可提高气缸容积利用率(提高 λ_0)，避免气体温度过高，减少功率消耗，并使压缩机的结构更为合理。但压缩机的级数愈多，整个压缩系统结构复杂，冷却器、油水分离器等辅助设备也随之增多，克服系统流动阻力的能耗加大。因此，必须根据具体情况，恰当地确定级数。

【例 2-14】　有一台单级往复压缩机，余隙系数为 0.06，多变压缩指数为 1.25，要求的压缩比为 16。试求：(1)压缩机的容积系数；(2)气体的初温为 20℃，则压缩后的温度为多少；(3)改为两级压缩，每级入口温度均为 20℃，再求容积系数和气体的终温。

解　(1)容积系数　容积系数可由式(2-44)求得，即

$$\lambda_0 = 1 - \varepsilon\left[\left(\frac{p_2}{p_1}\right)^{\frac{1}{m}} - 1\right] = 1 - 0.06\left[(16)^{\frac{1}{1.25}} - 1\right] = 0.5086$$

(2)压缩终了气体温度　T_2 可由式(2-40)(式中的 k 用 m 代替)计算，即

$$T_2 = T_1\left[\left(\frac{p_2}{p_1}\right)^{\frac{m-1}{m}}\right] = 293 \times 16^{\frac{1.25-1}{1.25}} = 510.1\text{K} \quad (\text{即 } 237.1℃)$$

(3)两级压缩的容积系数和气体终温　改双级压缩的计算有关参数用带上标的"′"表示，则

$$\lambda_0' = 1 - \varepsilon\left[\left(\frac{p_2}{p_1}\right)^{\frac{1}{2m}} - 1\right] = 1 - 0.06\left(16^{\frac{1}{2\times1.25}} - 1\right) = 0.8781$$

$$T_2' = T_1\left[\left(\frac{p_2}{p_1}\right)^{\frac{m-1}{2m}}\right] = 293 \times 16^{\frac{1.25-1}{2\times1.25}} = 386.6\text{K} \quad (\text{即 } 113.6℃)$$

由上面计算结果看出，由单级压缩改为两级压缩后，容积系数 λ_0 提高(37.4%)，而出口温度 T_2 下降(降低 123.5℃)。因此，当压缩比较高时，多级压缩比较经济合理。

5. 往复压缩机的主要性能参数

(1)排气量

往复压缩机的排气量又称压缩机的生产能力，它是指压缩机单位时间排出的气体体积，

其值以入口状态计算。

若无余隙存在，往复压缩机的理论吸气量计算式和往复泵的相类似，即

单动往复压缩机 $\qquad\qquad\qquad V'_{\min}=ASn_{\mathrm{r}}$ (2-47)

双动往复压缩机 $\qquad\qquad\qquad V'_{\min}=(2A-a)Sn_{\mathrm{r}}$ (2-47a)

式中，$V'_{\min}$ 为理论吸气量，$\mathrm{m^3/min}$；A 为活塞的截面积，$\mathrm{m^2}$；S 为活塞的冲程，m；n_{r} 为活塞每分钟往复次数，$\mathrm{min^{-1}}$；a 为活塞杆的截面积，$\mathrm{m^2}$。

由于压缩机余隙的存在、气体通过阀门的流动阻力、气体吸入气缸后温度的升高及压缩机的各种泄漏等因素的影响，使压缩机的生产能力比理论值低。实际的排气量为

$$V_{\min}=\lambda_{\mathrm{d}}V'_{\min}$$ (2-48)

式中，$V_{\min}$ 为实际排气量，$\mathrm{m^3/min}$；λ_{d} 为排气系数，其值约为 $(0.8\sim0.95)\lambda_0$。

和往复泵一样，往复压缩机的排气量也是脉动的。压缩机出口安装油水分离器既对气体中夹带的油沫和水沫起沉降分离作用，又对管路内流量起缓冲作用。为安全起见，分离器要安装压力表及安全阀。压缩机的吸入口需装过滤器，以免吸入灰尘杂物。

(2) 轴功率和效率

以绝热压缩过程为例，压缩机的理论功率为

$$N_{\mathrm{a}}=p_1V_{\min}\frac{k}{k-1}\left[\left(\frac{p_2}{p_1}\right)^{\frac{k-1}{k}}-1\right]\times\frac{1}{60\times1000}$$ (2-49)

式中，N_{a} 为按绝热压缩考虑的压缩机理论功率，kW。

实际所需的轴功率比理论功率要大，即

$$N=N_{\mathrm{a}}/\eta_{\mathrm{a}}$$ (2-50)

式中，N 为压缩机的轴功率，kW；η_{a} 为绝热总效率，一般取 $\eta_{\mathrm{a}}=0.7\sim0.9$，设计完善的压缩机，$\eta_{\mathrm{a}}\geq0.8$。

绝热总效率考虑了压缩机泄漏、流动阻力、运动部件的摩擦所消耗的功率。

【例 2-15】 某单级双动往复压缩机，活塞直径为 0.2m，活塞杆直径为 0.04m，活塞冲程为 0.24m，每分钟往复 380 次。当地大气压为 101.3kPa，压缩比为 6。设气缸的余隙系数为 5%，绝热总效率为 75%，气体绝热压缩指数为 1.4，排气系数 λ_{d} 为 $0.86\lambda_0$。试求往复压缩机的生产能力及轴功率。

解 该题为在规定压缩比及绝热总效率的前提下，根据设备的尺寸和有关操作条件，由相应的公式计算往复压缩机的主要性能参数——生产能力和轴功率。

(1) 生产能力 对于单级双动往复压缩机，先由式(2-47a)计算理论吸气量，然后再应用式(2-48)计算生产能力。

$$A=\frac{\pi}{4}D^2=\frac{\pi}{4}\times0.2^2=0.03142\mathrm{m^2}$$

$$a=\frac{\pi}{4}d^2=\frac{\pi}{4}\times0.04^2=1.257\times10^{-3}\mathrm{m^2}$$

$$V'_{\min}=(2A-a)Sn_{\mathrm{r}}=(2\times0.03142-0.001257)\times0.24\times380$$
$$=5.616\mathrm{m^3/min}$$

往复压缩机的容积系数为

$$\lambda_0=1-\varepsilon\left[\left(\frac{p_2}{p_1}\right)^{\frac{1}{k}}-1\right]=1-0.05(6^{\frac{1}{1.4}}-1)=0.8702$$

则 $\qquad \lambda_d = 0.86\lambda_0 = 0.86 \times 0.8702 = 0.7484$

往复压缩机的生产能力为

$$V_{min} = \lambda_d V'_{min} = 0.7484 \times 5.616 = 4.203 \, m^3/min$$

(2)轴功率 由式(2-49)计算压缩机的理论功率，即

$$N_a = p_1 V_{min} \frac{k}{k-1} \left[\left(\frac{p_2}{p_1} \right)^{\frac{k-1}{k}} - 1 \right] \times \frac{1}{60 \times 1000}$$

$$= 1.013 \times 10^5 \times 4.203 \times \frac{1.4}{1.4-1} (6^{\frac{1.4-1}{1.4}} - 1) \frac{1}{60 \times 1000}$$

$$= 16.6 \, kW$$

往复压缩机的轴功率为

$$N = \frac{N_a}{\eta_a} = \frac{16.6}{0.75} = 22.13 \, kW$$

6. 往复压缩机的类型与选择

(1)往复压缩机的类型

往复压缩机有多种分类方法：

按照所处理的气体种类可分为空气压缩机、氨气压缩机、氢气压缩机、石油气压缩机、氧气压缩机等；

按吸气和排气方式可分为单动与双动式压缩机；

按压缩机产生的终压分为低压($9.81 \times 10^5 \, Pa$ 以下)、中压($9.81 \times 10^5 \sim 9.81 \times 10^6 \, Pa$)和高压($9.81 \times 10^6 \, Pa$ 以上)压缩机；

按排气量大小分为小型($10 \, m^3/min$ 以下)、中型($10 \sim 30 \, m^3/min$)和大型($30 \, m^3/min$ 以上)压缩机；

按气缸放置方式或结构型式分为立式(垂直放置)、卧式(水平放置)、角式(几个气缸互相配置成 L 型、V 型和 W 型)压缩机。

(2)压缩机的选用

选用压缩机时，首先应根据所输送气体的性质，确定压缩机的种类；然后，根据生产任务及厂房具体条件，选择压缩机的结构型式；最后，根据排气量和排气压力(或压缩比)，从压缩机样本或产品目录中选取适宜的型号。

2.4.3 回转鼓风机、压缩机

回转鼓风机、压缩机与回转泵相似，是依靠机壳内转子的回转运动使工作容积交替扩大和缩小，从而将气体吸入并提高气体的压力。回转式气体压缩机械结构简单、紧凑、体积小、排气连续而均匀，适用于所需压力不高而流量较大的场合。常见的回转式气体压缩机械有罗茨鼓风机、叶氏鼓风机、液环压缩机、滑片压缩机、滚动活塞压缩机、螺杆压缩机等多种型式。本节仅对罗茨鼓风机、液环压缩机作简要介绍。

1. 罗茨鼓风机

普通型罗茨鼓风机的基本结构如图 2-46 所示，机壳内有两个特殊形状的转子(常为腰形或三星形)，转子之间、转子与机壳之间的缝隙很小，转子可自由旋转而无过多气体泄漏。罗茨鼓风机的工作原理和齿轮泵相似，两个转子的旋转方向相反，气体从机壳一侧吸入，从另一侧排出。

图 2-46　罗茨鼓风机

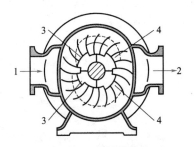

图 2-47　液环压缩机

1—进口；2—出口；3—吸气口；4—排气口

罗茨鼓风机属容积式机械，其排气量与转速成正比。当转速一定时，风量与风机出口压力无关，其风量范围是 $2\sim500m^3/min$，最大可达 $1400m^3/min$。鼓风机出口压力在 80kPa（表压）以内，表压为 40kPa 上下时效率较高。

罗茨鼓风机一般用回路调节流量，其出口应安装气体稳压罐并配置安全阀。出口阀不能完全关闭。操作温度应在 85℃以下，以防转子受热膨胀，发生碰撞。

2. 液环压缩机

液环压缩机又称纳氏泵。其基本结构如图 2-47 所示，它主要由略似椭圆的外壳和旋转叶轮组成，壳中盛有适量的液体。当叶轮旋转时，由于离心力的作用，液体被抛向壳体，形成椭圆形的液环，在椭圆形长轴两端形成两个月牙形空隙。当叶轮回转一周时，叶片和液环间所形成的密闭空间逐渐变大和变小各两次，气体从两个吸入口进入机内，而从两个排出口排出。

液环压缩机内的液体将被压缩的气体与机壳隔开，气体仅与叶轮接触，只要叶轮用耐腐蚀材料制造，则便适宜于输送腐蚀性气体。壳内的液体应不与被输送气体起作用，例如压送氯气时，壳内的液体可采用硫酸。

液环压缩机的压缩比可达 $6\sim7$，但出口表压在 $150\sim180kPa$ 的范围内效率最高。

2.4.4　真空泵

从设备或系统中抽出气体使其中的绝对压力低于大气压，此种抽气机械称为真空泵。从原则上讲，真空泵就是在负压下吸气，一般是大气压下排气的输送机械。在真空技术中，通常把真空状态按绝对压力高低划分为低真空（$10^5\sim10^3$Pa）、中真空（$10^3\sim10^{-1}$Pa）、高真空（$10^{-1}\sim10^{-6}$Pa）、超高真空（$10^{-6}\sim10^{-10}$Pa）及极高真空（$<10^{-10}$Pa）五个真空区域。为了产生和维持不同真空区域强度的需要，设计出多种类型的真空泵。下面简要介绍几种用于产生低、中真空的真空泵。

1. 往复真空泵

往复真空泵的构造和工作原理与往复压缩机基本相同。但是，由于真空泵所抽吸气体的压力很小，且其压缩比又很高（通常大于 20），因而真空泵吸入和排出阀门必须更加轻巧灵活、余隙容积必须更小。为了减小余隙的不利影响，真空泵气缸设有连通活塞左右两侧的平衡气道。在排出行程终了时，使平衡气道连通一个很短时间，以便余隙中的残余气体从活塞的一侧流入另一侧，从而提高容积系数 λ_0。

往复真空泵属干式真空泵，如果被抽吸的气体中含有较大量可凝性气体，必须设法（一般采取冷凝法)将可疑性气体除去后再进入泵内,若气体具有腐蚀性,可采用隔膜真空泵。

2. 旋转真空泵

(1)液环真空泵

用液体作工作介质的粗抽泵称作液环泵。其中,用水作工作介质的叫水环真空泵,其他还可用油、硫酸及醋酸等作工作介质。工业上水环泵应用居多。

图 2-48 所示即为水环真空泵的结构示意图。它的外壳内偏心地装有叶轮,叶轮上有辐射状叶片 2,泵壳内约充有一半容积的水。当叶轮旋转时,形成水环 3。水环有液封作用,使叶片间空隙形成大小不等的密封小室。当小室的容积增大时,气体通过吸入口 4 被吸入;当小室变小时,气体由排出口 5 排出。水环真空泵运转时,要不断补充水以维持泵内液封。水环真空泵属湿式真空泵,吸气中可允许夹带少量液体。

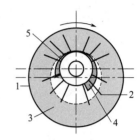

图 2-48 水环真空泵简图
1—外壳;2—叶片;3—水环;4—吸入口;5—排出口

水环真空泵可产生的最大真空度为 83kPa 左右。当被抽吸的气体不宜与水接触时,泵内可充以其他液体。2.4.3 节中介绍的液环压缩机(纳氏泵)便可当作真空泵使用。

液环真空泵的特点是结构简单、紧凑,易于制造和维修,使用寿命长、操作可靠。它适用于抽吸含有液体的气体。但是它的效率很低,约为 30%～50%,所产生的真空度受操作温度下泵内液体饱和蒸气压的限制。

(2)旋片真空泵

旋片泵是获得低中真空的主要泵种之一。它可分为油封泵和干式泵。根据所要求的真空度,可采用单级泵(极限压力为 4Pa,通常为 50～200Pa)和双级泵[极限压力为 $(6～1) \times 10^{-2} Pa$],其中以双级泵应用更为普遍。

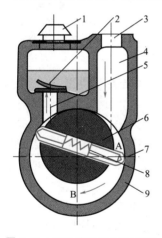

图 2-49 旋片真空泵工作原理
1—排气口;2—排气阀片;3—吸气口;4—吸气管;5—排气管;6—转子;7—旋片;8—弹簧;9—泵体

旋片泵的工作原理如图 2-49 所示。当带有两个旋片 7 的偏心转子按图中箭头方向旋转时,旋片在弹簧 8 的压力及自身离心力的作用下,紧贴着泵体 9 的内壁滑动,吸气工作室 A 的容积不断扩大,被抽气体流经吸气口 3 和吸气管 4 进入其中,直到旋片转到垂直位置时吸气结束,吸入的气体被旋片隔离。转子继续旋转,被隔离气体逐渐被压缩、压力升高。当压力超过排气阀片 2 上的压力时,则气体从排气口 1 排出。泵在工作过程中,旋片始终将泵腔分成吸气 A 和排气 B 两个工作室,转子每旋转一周有两次吸气和排气过程。

两级旋片真空泵的简图示于图 2-50。气体从高真空腔 A 进入低真空腔后再排出泵外。

旋片真空泵具有使用方便、结构简单、工作压力范围宽、可在大气压下直接启动等优点,应用比较广泛。但旋片真空泵不适于抽除含氧过高、有爆炸性、有腐蚀性、对油起化学反应及含颗粒状尘埃的气体。

3. 喷射泵

喷射泵是利用流体流动时静压能转换为动能而造成的真空来抽送流体的。它既可用来抽送气体，也可用来抽送液体。在化工生产中，喷射泵常用于抽真空，故它又称为喷射真空泵。

喷射泵的工作流体可以是蒸气，也可以是液体。图2-51所示的是单级蒸气喷射泵。工作蒸气以很高的速度从喷嘴3喷出，在喷射过程中，蒸气的静压能转变为动能，产生低压，而将气体吸入。吸入的气体与蒸气混合后进入扩散管4，使部分动能转变为静压能，而后从压出口5排出。

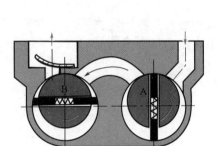

图 2-50　双级旋片泵

A—高级腔转子；B—低级腔转子

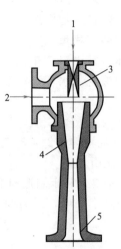

图 2-51　单级蒸气喷射泵

1—工作蒸气入口；2—气体吸入口；3—喷嘴；4—扩散管；5—压出口

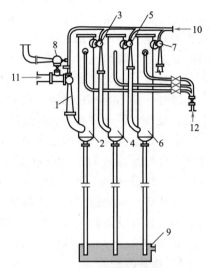

图 2-52　三级蒸气喷射泵

1,3,5—第一、二、三级喷射泵；2,4,6—冷凝器；7—排出喷射泵；8—辅助喷射泵；9—槽；10—工作蒸气；11—气体入口；12—水进口

单级蒸气喷射泵可达到90%的真空度，极限压力为6.66kPa，若要获得更高的真空度，可以采用多级蒸气喷射泵。

图2-52所示为三级蒸气喷射泵。工作蒸气与被抽吸气体先进入第一级喷射泵，混合气体经冷凝器2使蒸气冷凝，气体则进入第二级喷射泵3，而后顺序通过冷凝器4、第三级喷射泵5及冷凝器6，最后由喷射泵7排出。辅助喷射泵8与主要喷射泵并联，用以增加启动速度。当系统达到指定的真空度时，辅助喷射泵可停止工作。

喷射泵结构简单，无运动部件，抽气量大，可抽吸有灰尘及腐蚀性、易燃、易爆的气体。其缺点是效率很低(一般只有10%～25%)，工作流体消耗量很大。同时，由于抽送流体与工作流体混合，其应用范围受到一定的限制。

2.4.5　常用气体压送机械的操作特性和适用场合

化工生产中，常用气体压送机械的操作特性与适用场合列于表2-3。

表 2-3　常用气体压送机械的操作特性与适用场合

机械类型		出口压强/kPa	操作特性	适用场合
离心式	通风机	低压 0.981(表压) 中压 2.94(表压) 高压 14.7(表压)	风量大(可达 186300m³/h)，连续均匀,通过出口阀或风机并、串联调节流量	主要用于通风

机械类型		出口压强/kPa	操作特性	适用场合
离心式	鼓风机（透平式）	≤294（表压）	多级,温升不高,不设级间冷却装置	主要用于高炉送风
	压缩机（透平式）	>294（表压）	多级,级间设冷却装置	气体压缩
往复式	压缩机	低压<981 中压 981～9810 高压>9810	脉冲式供气,旁路调节流量,高压时要多级,级间设冷却装置	适用于高压气体场合,如合成氨生产
旋转式	罗茨鼓风机	181	流量可达 120～3×10⁴ m³/h,旁路调节流量	操作温度不大于 85℃
	液环压缩机（纳氏泵）	490～588（表压）	风量大,供气均匀	腐蚀性气体压送（如 H_2SO_4 作工作介质送 Cl_2）
真空泵	水环真空泵	最高真空度 83.4	结构简单,操作平稳可靠	可产生真空,也可用作鼓风机
	蒸气喷射真空泵	绝对压力 0.07～13.3	结构简单,无运动部件	多级可达高真空度

本章符号说明

英文

a——活塞杆的截面积，m^2；

A——活塞的截面积，m^2；

B——常数；

c——离心泵叶轮内液体质点的绝对速度，m/s；

C_H、C_Q、C_η——压头、流量、效率的黏度校正系数；

d——管子直径，m；

D——叶轮或活塞直径，m；

g——重力加速度，m/s^2；

G——常数；

Δh——油泵允许气蚀余量，m；

H——泵的压头，m；

H_c——泵的动压头，m；

H_e——管路系统所需的压头，m；

H_f——压头损失，m；

H_g——泵的允许安装高度，m；

H_p——泵的静压头，m；

H_{st}——离心通风机的静风压，Pa；

$H_{T,\infty}$——离心泵的理论压头，m；

k——绝热指数；

L——管长，m；

L_e——管路当量长度，m；

m——多变指数；

n——转速，r/min；

n_r——活塞往复次数，min^{-1}；

N——轴功率，kW；

N_e——有效功率，kW；

$NPSH$——清水泵气蚀余量，m；

p——压力，Pa；

p_a——大气压力，Pa；

p_v——液体的饱和蒸气压，Pa；

Q——流量，m^3/s；

Q_e——管路系统要求的流量，m^3/s；

Q_s——泵的额定流量，m^3/s；

Q_T——泵的理论流量，m^3/s；

S——活塞的冲程，m；

t——摄氏温度，$℃$；

T——热力学温度，K；

u——离心泵内液体质点的圆周速度，m/s；

u_b——流速，m/s；

V——体积，m^3；

V_{min}——排气量，m^3/min；

w——离心泵叶轮内液体质点的相对速度，m/s；

z——位压头，m。

希文

α——绝对速度与圆周速度的夹角；

β——流动角；

ε——余隙系数；

ζ——阻力系数；

η——效率；

λ——摩擦系数；

λ_d——排气系数；

λ_0——容积系数；

μ——黏度，Pa·s；

ν——运动黏度，m^2/s；

ρ——密度，kg/m^3；

ω——叶轮旋转角速度，s^{-1}。

习 题

基础习题

1. 已知某离心泵的叶轮外径为 0.162m，叶轮出口宽度为 0.012m，叶片出口流动角为 35°，泵的转速为 2900r/min，试推导该泵的理论压头和理论流量之间的关系，并求当泵的理论流量为 $20m^3/h$ 时的理论压头。

2. 在例 2-2 附图所示实验装置上用 20℃清水于 101.3kPa 下测定某型号离心水泵的性能参数。泵的吸入管和压出管内径相同，其转速为 2900r/min。当流量为 $26m^3/h$ 时，测得的一组数据为：泵入口真空表及泵出口压力表的读数分别为 68kPa 和 190kPa，两测压表之间的垂直距离为 0.4m，电动机功率为 3.2kW，泵由电动机直接带动，电机效率为 96%。试求实验条件下泵的压头、轴功率和效率，并列出泵的性能参数。

3. 65AY60 型油泵送清水时的额定流量为 $25m^3/h$，对应的扬程为 60m，效率为 52%。试求用该泵输送密度为 $920kg/m^3$、运动黏度为 $200\times10^{-6}m^2/s$ 的油品时的流量、扬程和轴功率。

4. 欲用离心泵将 20℃的清水从蓄水池送至某密闭设备，送水量为 $45m^3/h$。设水池和容器内水面保持恒定位差 14m，密闭设备中水面上方压力表读数为 49kPa。输水管路为 $\phi140mm\times4.5mm$，管长 200m(包括所有局部阻力当量长度)，流动在阻力平方区，摩擦系数可取为定值 0.02。试推导管路特性方程，并选择适宜型号的离心水泵。

5. 用离心泵将 20℃的清水从水池送至敞口高位槽。输水管出口端浸在高位槽液面下边，两液面的垂直距离为 10m。输水管内径为 108mm，管长 120m(包括所有局部阻力的当量长度)，流动在阻力平方区，摩擦系数取作常数 0.02。所用离心泵的特性如本题附表所示。试确定泵工作点的流量、压头、效率和轴功率。

习题 5 附表

$Q/(m^3/h)$	0.00	36.0	54.0	72.0	108.0	144.0	180.0
H/m	23.6	23.0	22.3	21.0	17.5	13.3	8.70
$\eta/\%$	0.00	36.1	47.0	56.0	61.0	54.0	37.0

6. 某型号离心泵的特性方程为

$$H=26-5.6\times10^{-4}Q^2 \quad (Q \text{ 的单位为 } m^3/h)$$

若将此泵装在习题 4 的管路系统中，为保证 $45m^3/h$ 的输水量，需关小泵出口阀。试求：(1)关小阀门后管路的特性方程；(2)关小阀门所造成的功率损失(泵的效率为 70%)。

7. 有两台型号完全相同的离心泵，其特性方程为

$$H = 25 - 6.0 \times 10^{-4} Q^2 \quad (Q\ \text{的单位为}\ \text{m}^3/\text{h})$$

管路特性方程为　　　　　$H_e = 20 + 7.2 \times 10^{-4} Q_e^2 \quad (Q_e\ \text{的单位为}\ \text{m}^3/\text{h})$

为获得尽可能大的流量而对压头要求不高，试确定两台泵是并联还是串联？

8. 用离心油泵从密闭油罐以 $18\text{m}^3/\text{h}$ 的流率向反应器输送液态烷烃。操作条件下，烷烃的密度为 740kg/m^3，饱和蒸气压为 130kPa，油罐液面上方为烃的饱和蒸气压，反应器内的表压力为 225kPa，反应器内烃液出口比油罐内液面高出 5.0m。已知吸入管路和压出管路的压头损失分别为 1.5m 和 3.5m。当地大气压为 101.3kPa。

现仓库里有 65AY—60B 型油泵一台(油泵的性能参数为：$n = 2960\text{r/min}$，$Q = 20\text{m}^3/\text{h}$，$H = 37.5\text{m}$，$N = 3.9\text{kW}$，$\Delta h = 2.5\text{m}$，$\eta = 52\%$)，其是否合用？若合用，再确定泵的允许安装高度。

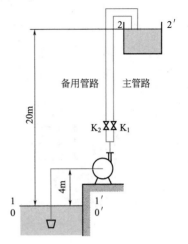

习题 9 附图 1

综合习题

9. 用 IS100—80—125 型离心泵将池中清水送至常压水塔，其流程如本例附图1所示。泵的安装高度为 4m，吸入管长度为 12m(包括所有局部阻力当量长度)；排出管路由主管路和备用管路并联组成，其长度均为 376m(包括所有局部阻力当量长度)。管路均为 $\phi89\text{mm} \times 4\text{mm}$。摩擦系数为 0.026。泵的性能参数见本例附表所示。

试求：(1)备用管路上阀门关闭时的送水量($\rho = 1000\text{kg/m}^3$)；(2)夏天水温为 35°C ($\rho = 994\text{kg/m}^3$)，要求送水量为 $60\text{m}^3/\text{h}$。此时，需启用备用管路，能否达到如上要求？需采用何措施？

习题 9 附表

$Q/(\text{m}^3/\text{h})$	H/m	$(NPSH)_r/\text{m}$
30	62	2.5
45	57	3.7
60	50	5.0
70	44.5	6.4

10. 如附图所示，用离心泵将敞口容器中的清水输送至某高位密闭容器，已知离心泵的特性方程为 $H = 42.0 - 5.248 \times 10^4 Q^2$(式中 H 的单位为 m，Q 的单位为 m^3/s)。保持离心泵出口阀开度一定，当输送至某一时刻时，两容器液面落差为 20m，此时管路系统的特性方程为 $H_e = 30.0 + 2.432 \times 10^4 Q_e^2$(式中 H_e 的单位为 m，Q_e 的单位为 m^3/s)。假设此时清水在完全阻力平方区流动。

(1)求此时清水的输送流量(m^3/h)；(2)求此时密闭容器压力表 A 的读数(kPa)；(3)若将清水换成密度为 1260kg/m^3 的某种液体，试求输送此液体时离心泵的有效功率(kW)(假设该液体的其他物性参数与清水相同)；(4)此时若将出口阀全开，试计算说明此时清水输送流量不可能超过多少(m^3/h)？

(清水密度近似取为 1000kg/m^3)

11. 如本题附图所示，用离心泵将清水从敞口贮槽输送至某密闭高位槽。两槽液面维持恒定，高位槽液面上方压力为 100kPa(表压)。管路均为 $\phi89\text{mm} \times 4.5\text{mm}$，离心泵出口阀门全开时，全部管路长度为 150m(包括所有局部阻力的当量长度)，此时管路流动处于阻力平方区，流动摩擦系数 λ 为 0.02；离心泵的效率为 70%，必需气蚀余量 $(NPSH)_r$ 为 3m，泵的吸入管路阻力损失为 1.0m。离心泵的特性方程为 $H = 25 - 3.6 \times 10^4 Q^2$($H$ 的单位为 m，Q 的单位为 m^3/s)。试确定：(1)泵的出口阀门全开时，泵的安装高度是否合适并给出依据；(2)泵的出口阀门全开时，管路中流体的流量(m^3/h)和离心泵的轴功率(kW)；(3)若将泵的出口阀门关小，离心泵进口真空表和出口压力表的读数如何变化，并给出依据。

(当地大气压为 100kPa，操作温度下清水的饱和蒸气压为 10kPa，清水密度近似取为 1000kg/m^3)

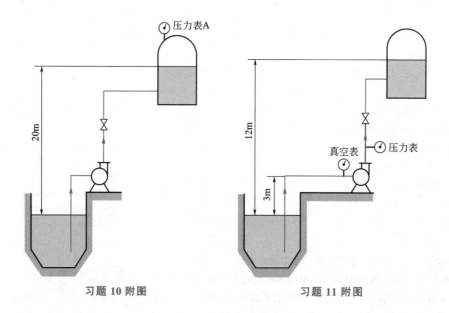

习题 10 附图   习题 11 附图

12. 用离心泵将 20℃ 的清水从蓄水池送至水洗塔，塔顶压力表读数为 49.1kPa，输水量为 31.2m³/h。输水管出口与水池液面保持恒定高度差 10m，管路内径 80mm，直管长度 18m，管线中阀门全开时所有局部阻力系数之和为 13，摩擦系数可取 0.021。在规定转速下，泵的特性方程为

$$H = 22.4 + 5Q - 20Q^2 \quad (Q \text{ 的单位为 } m^3/min, \text{下同})$$

泵的效率可表达为
$$\eta = 2.5Q - 2.1Q^2$$

(1) 计算泵的轴功率，kW；(2) 评价泵的适用性(在规定流量下，压头能否满足管路要求，是否在高效区操作)。

13. 用双动往复泵将敞口贮槽中密度为 1260kg/m³ 的黏稠液体送至表压力为 1.216×10^3 kPa 的密闭容器内。容器和贮槽中两液位差为 12m，管路系统的总压头损失为 10.2m，要求的输液量为 54m³/h。往复泵活塞直径为 0.16m，冲程为 0.2m，活塞杆直径为 40mm，泵的总效率和容积效率分别为 0.84 和 0.91。试计算：(1) 活塞每分钟往复次数和轴功率；(2) 欲使主管流量减少 40%，用内径 40mm 的旁路调节流量，则支管长度(包括所有局部阻力当量长度)和轴功率为多少？(3) 若改变冲程使流量减少 40%，再求轴功率。

设主管和旁路的摩擦系数均为 0.026，流动在阻力平方区。

14. 用离心通风机将 35℃、101.3kPa 的空气以 1.54×10^4 m³/h 风量沿内径为 0.6m，管长为 600m(包括所有局部阻力当量长度)的管路送至另一常压设备。设摩擦系数为 0.016。试选择合适的风机型号并核算轴功率。

15. 欲采用单动往复压缩机将 25℃、101.3kPa 的空气绝热压缩至 911.7kPa，压缩机的余隙系数为 0.04，空气的绝热压缩指数为 1.4，空气的处理量为 1200kg/h。试计算：(1) 单级压缩的容积系数、终温及功率消耗($\eta = 82\%$)；(2) 双级压缩的容积系数、终温及功率消耗($\eta = 82\%$)，假设第二级压缩机入口空气温度仍为 25℃；(3) 采用单级压缩，容积系数 $\lambda_0 = 0$ 的极限压缩比。

思 考 题

1. 为有效地提高离心泵的静压能，都采取哪些措施？

2. 搞清楚离心泵的气缚与气蚀、扬程与升扬高度、允许气蚀余量、允许吸上高度和安装高度各组概念的区别和联系。

3. 刚安装好的一台离心泵，启动后出口阀已经开至最大，但不见水流出，试分析原因并采取措施使泵正常运行。

4. 试选择适宜的输送机械来完成如下输送任务：

(1)将45℃的热水以300m³/h的流量送至18m高的凉水塔；

(2)将膏糊状物料以5.5m³/h的流量送至高压容器；

(3)将碱液按控制的流量加到反应釜；

(4)以4m³/h的流量输送低黏度有机液体，要求的压头为65m；

(5)向空气压缩机的气缸中注润滑油；

(6)低压氯气，要求出口压力为75kPa；

(7)将101.3kPa的空气压缩到506.5kPa，风量为550m³/h；

(8)以60000m³/h风量的空气送至气柜，风压为1300mmH₂O(1mmH₂O=9.81Pa)。

5. 试比较往复泵用旁路、改变冲程或每分钟往复次数方法调节流量的适用场合和经济性。

6. 管路特性方程式$H_e=K+GQ_e^2$中K与G的数值受哪些因素影响？

7. 何谓正位移特性？何谓正位移(定排量或容积式)泵？正位移泵的安装高度是否有限制？

8. 离心通风机的特性曲线与离心泵的特性曲线有何异同？为什么离心通风机的全风压H_T与气体的密度ρ有关？

9. 用IS80—65—125($n=2900$r/min)型离心水泵将50℃性质和水相近($\rho=1000$kg/m³)的溶液送至密闭高位槽(压力表读数为49kPa)，要求流量为43m³/h，提出如下图所示的三种方案，三种安装方式的管径、粗糙度和管长(包括所有局部阻力的当量长度)均相同，且管路的总压头损失均为3m。试分析：

(1)三种安装方式是否都能将溶液送至高位槽？若能送到，是否都能保证流量？泵的轴功率是否相同？

(2)其他条件都不变，改送$\rho=1200$kg/m³的浓溶液，则泵出口压力表的读数、流量、压头和轴功率将如何变化？

(3)若将高位槽改为敞口，则送稀溶液($\rho=1000$kg/m³)和浓溶液($\rho=1200$kg/m³)的流量是否相同。

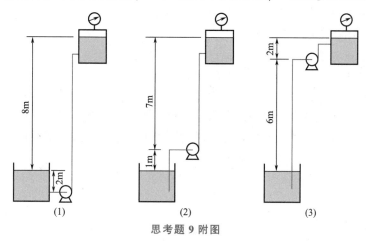

思考题 9 附图

第3章
流体与颗粒之间的相对运动

📝 **学习指导**

一、学习目的

通过本章学习，能够利用流体力学原理实现非均相物系的分离(包括沉降分离和过滤分离)，掌握分离过程的基本原理、过程和设备的计算及分离设备的选型。

二、学习要点

1. 应重点掌握的内容

沉降分离(包括重力沉降和离心沉降)的原理、过程计算和分离设备的选型；过滤操作的原理、过滤基本方程推导的思路、恒压过滤的计算及过滤常数的测定；过滤过程的强化。

2. 应掌握的内容

离心机的类型及适用场合；悬浮液的沉降分离。

3. 一般了解的内容

固体流态化现象及气力输送。

三、学习方法

本章应用流体力学原理分析颗粒相对于流体及流体通过颗粒床层的流动规律，并用于解决工业中的沉降、过滤及固体流态化技术问题。其中涉及流体相对于固体的绕流及流体通过颗粒床层流动等复杂的工程问题。要注意学习并理解对复杂的工程问题进行简化处理的思路和方法，以取得学以致用的效果。

3.1 流体与颗粒之间相对运动概述

3.1.1 混合物的分类

自然界内的物质可分为纯物质和混合物，混合物中有均相混合物和非均相混合物。均相混合物(或均相物系)内各处均匀且无相界面，如溶液和混合气体都属于均相混合物。非均相混合物物系内部存在相界面，且界面两侧物料的性质有差别，如悬浮液、乳浊液、泡沫液、含尘气体、含雾气体等都属于非均相混合物，其中悬浮液、乳浊液、泡沫液是液态非均相混合物，含尘气体、含雾气体则是气态非均相混合物。非均相混合物中，处于分散状态的物质(如分散在流体中的固体颗粒、液滴、气泡等)称为**分散相**或**分散物质**；包围着分散相而处于连续状态的物质(如气态非均相混合物中的气体、液态非均相混合物中的液体)称为**连续相**或**分散介质**。

3.1.2　非均相混合物分离方法的分类

非均相物系通常采用机械方法分离，即利用非均相混合物中两相的物理性质（如密度、颗粒形状、尺寸等）的差异，使两相之间发生相对运动而使其分离。根据两相运动方式的不同，机械分离可按沉降和过滤两种操作方式进行。

气态非均相物系的分离，工业上主要采用重力沉降和离心沉降的方法。某些场合下，根据分散物质尺寸和分离程度要求，还可采用其他方法，如表 3-1 所示。

表 3-1　气固分离设备性能

分离设备类型	分离效率/%	压降/Pa	应用范围
重力沉降室	50～60	50～150	除大粒子,$d > 75\mu m$
惯性分离器及一般旋风分离器	50～70	250～800	除大粒子,$d > 20\mu m$
高效旋风分离器	80～90	1000～1500	$d > 10\mu m$
袋式分离器	95～99	800～1500	细尘,$d \leqslant 1\mu m$
文丘里（湿式）除尘器	95～99	2000～5000	细尘,$d \leqslant 1\mu m$
静电除尘器	90～98	100～200	细尘,$d \leqslant 1\mu m$

对于液态非均相物系，根据工艺过程要求可采用不同的分离设备。若仅要求悬浮液在一定程度上增浓，可采用重力沉降和离心沉降设备；若要求固液较彻底地分离，则可采用过滤操作来实现；乳浊液的分离，则常在旋液分离器及离心分离机中进行。

另外，膜过滤作为一种精密分离技术，已应用于许多行业。

非均相混合物的各种有效分离方法如图 3-1 所示。

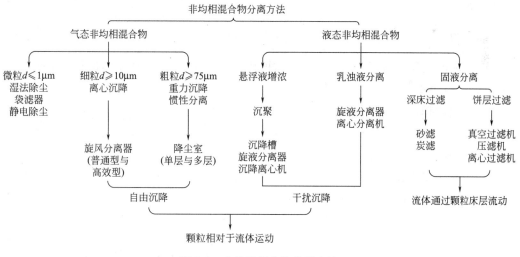

图 3-1　非均相混合物分离方法

3.1.3　非均相混合物分离的目的

机械分离方法在工业生产中的应用主要有以下几个方面。

① **收集分散物质**　例如收取从气流干燥器或喷雾干燥器出来的气体以及从结晶器出来

的晶浆中带有的固体颗粒，这些悬浮的颗粒作为产品必须回收；又如回收从催化反应器出来的气体中夹带的催化剂颗粒以循环使用。再如某些金属冶炼过程中，有大量的金属化合物或冷凝的金属烟尘悬浮在烟道气中，收集这些烟尘不仅能提高该种金属的收率，而且是提炼其他金属的重要途径。

② **净化分散介质** 某些催化反应，原料气中夹带有杂质会影响催化剂的效能，必须在气体进反应器之前清除催化反应原料气中的杂质，以保证催化剂的活性。

③ **环境保护与安全生产** 近年来，工业污染对环境的危害愈来愈明显，利用机械分离方法处理工厂排出的废气、废液，使其达到规定的排放标准，以保护环境，消除隐患，确保生产安全。

机械分离操作涉及颗粒相对于流体以及流体相对于颗粒床层的流动，同时，化工生产中经常采用的流态化技术同样涉及气、固(或液)两相间的流动，因此，本章从研究颗粒与流体间的相对运动规律入手，介绍沉降和过滤操作的基本原理及设备，同时简单介绍流态化技术的基本概念。

3.2 流体与颗粒的相对运动

3.2.1 颗粒的特性

1. 球形颗粒

球形颗粒的尺寸由直径 d 确定。其他参数均可表示为直径的函数，如

体积
$$V = \frac{\pi d^3}{6} \tag{3-1}$$

表面积
$$S = \pi d^2 \tag{3-2}$$

比表面积
$$a = \frac{S}{V} = \frac{6}{d} \tag{3-3}$$

式中，d 为球形颗粒的直径，m；S 为颗粒的表面积，m^2；V 为颗粒的体积，m^3；a 为颗粒的比表面积(单位颗粒体积具有的表面积)，m^2/m^3。

2. 非球形颗粒

非球形颗粒则必须有形状和尺寸两个参数才能确定其特性，工程上常用以下参数描述。

(1)球形度 φ_s

颗粒的**球形度**描述颗粒的**形状**，它表示颗粒形状与球形的差异，定义为与该颗粒体积相等的球体的表面积除以颗粒的表面积，即

$$\varphi_s = \frac{S}{S_p} \tag{3-4}$$

式中，φ_s 为颗粒的球形度或形状系数，量纲为 1；S 为与该颗粒体积相等的球体的表面积，m^2；S_p 为颗粒的表面积，m^2。

由于同体积不同形状的颗粒中，球形颗粒的表面积最小，因此对非球形颗粒，总有 $\varphi_s < 1$，颗粒的形状越接近球形，φ_s 越接近 1；对球形颗粒，$\varphi_s = 1$。

(2)颗粒的当量直径

当量直径表示非球形颗粒的大小，通常有两种表示方法。

① **体积当量直径**　颗粒的体积当量直径为与该颗粒体积相等的球体的直径。

$$d_e = \sqrt[3]{\frac{6}{\pi} V_p} \tag{3-5}$$

式中，d_e 为颗粒的等体积当量直径，m；V_p 为颗粒的体积，m^3。

② **比表面积当量直径**　即与非球形颗粒比表面积相等的球形颗粒的直径为该颗粒的比表面积当量直径。根据此定义并结合式(3-3)得

$$d_a = \frac{6}{a} \tag{3-6}$$

式中，d_a 为颗粒的等比表面积当量直径，m。

依据式(3-5)和式(3-6)可以得出颗粒的等体积当量直径和等比表面积当量直径之间的关系

$$d_a = \varphi_s d_e \tag{3-7}$$

所以说，非球形颗粒的比表面积当量直径一定小于其体积当量直径。工程上用体积当量直径较多，下文中除特别指明外，均采用体积当量直径。

因此，对非球形颗粒，有

体积　　　　　　　　　$$V_p = \frac{\pi d_e^3}{6} \tag{3-8}$$

表面积　　　　　　　　$$S_p = \pi d_e^2 / \varphi_s \tag{3-9}$$

比表面积　　　　　　　$$a = \frac{6}{\varphi_s d_e} \tag{3-10}$$

3.2.2　球形颗粒自由沉降过程分析

若将一个表面光滑的刚性球形颗粒置于静止的流体中，如果颗粒的密度大于流体的密度，则颗粒所受重力大于浮力，颗粒将在流体中降落。颗粒一旦开始运动，就会受到流体施加于固体颗粒上阻碍颗粒运动的力，称为曳力。此时颗粒受到三个力的作用，即重力、浮力与曳力，如图 3-2 所示。重力向下，浮力向上，曳力与颗粒运动方向相反（即向上）。可仿照流体在管路中流动时局部阻力的表示方法，将曳力表示成速度头的若干倍。因此，若颗粒的密度为 ρ_s，直径为 d，流体的密度为 ρ，则颗粒所受的三个力为：

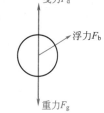

图 3-2　沉降颗粒的受力情况

重力　　　　　　　$$F_g = \frac{\pi}{6} d^3 \rho_s g \tag{3-11}$$

浮力　　　　　　　$$F_b = \frac{\pi}{6} d^3 \rho g \tag{3-12}$$

曳力　　　　　　　$$F_d = \zeta A \frac{\rho u^2}{2} \tag{3-13}$$

式中，ζ 为曳力系数，量纲为 1；A 为颗粒在垂直于其运动方向的平面上的投影面积，$A = \frac{\pi}{4} d^2$，m^2；u 为颗粒相对于流体的降落速度，m/s。

根据牛顿第二运动定律可知，上面三个力的合力应等于颗粒的质量与其加速度 a 的乘积，即

$$F_g - F_b - F_d = ma \tag{3-14}$$

或
$$\frac{\pi}{6}d^3(\rho_s-\rho)g-\zeta\frac{\pi}{4}d^2\left(\frac{\rho u^2}{2}\right)=\frac{\pi}{6}d^3\rho_s\frac{du}{d\theta} \tag{3-14a}$$

式中，m 为颗粒的质量，kg；a 为加速度，m/s^2；θ 为时间，s。

颗粒开始沉降的瞬间，初速度 u 为零使得曳力 F_d 为零，因此加速度 a 为最大值；颗粒开始沉降后，曳力随速度 u 的增加而加大，加速度 a 则相应减小，当速度达到某一值 u_t 时，曳力、浮力与重力平衡，颗粒所受合力为零，使加速度为零，此后颗粒的速度不再变化，开始做速度为 u_t 的匀速沉降运动。

从以上分析可见，静止流体中颗粒的沉降过程可分为两个阶段，即开始的**加速段**和后来的**匀速段**。

由于小颗粒的比表面积很大，使得颗粒与流体间的接触面积很大，颗粒开始沉降后，在极短的时间内曳力便与颗粒所受的净重力(即重力减浮力)接近平衡。因此，颗粒沉降时加速阶段时间很短，对整个沉降过程来说往往可以忽略。

匀速阶段中颗粒相对于流体的运动速度 u_t 称为沉降速度，由于该速度是加速段终了时颗粒相对于流体的运动速度，故又称为"**终端速度**"，也可称为**自由沉降速度**。从式(3-14a)可得出沉降速度的表达式。当 $a=0$ 时，$u=u_t$，则

$$u_t=\sqrt{\frac{4gd(\rho_s-\rho)}{3\zeta\rho}} \tag{3-15}$$

式中，u_t 为颗粒的自由沉降速度，m/s；d 为颗粒直径，m；ρ_s、ρ 分别为颗粒和流体的密度，kg/m^3；g 为重力加速度，m/s^2。

3.2.3 曳力系数 ζ

用式(3-15)计算沉降速度时，首先需要确定曳力系数 ζ 值。根据量纲分析可知，ζ 是颗粒与流体相对运动的雷诺数 Re_t 和球形度 φ_s 的函数，Re_t 的定义为

$$Re_t=\frac{du_t\rho}{\mu} \tag{3-16}$$

式中，d 为颗粒的直径或当量直径，m；μ 为流体的黏度，Pa·s。

ζ 随 Re_t 及 φ_s 变化的实验测定结果见图 3-3。

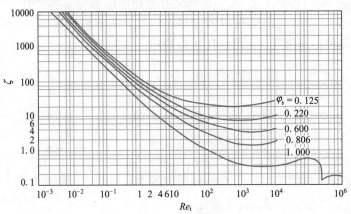

图 3-3 ζ-Re_t 关系曲线

从图 3-3 中可以看出，对球形颗粒($\varphi_s=1$)，曲线按 Re_t 值大致分为三个区域，各区域内的曲线可分别用如下关系式表达。

Re_t($10^{-4} < Re_t < 1$)非常低时的流动称为爬流(又称蠕动流),此时黏性力占主导地位,动量方程中的惯性力项可忽略不计,可以推出流体对球形颗粒的曳力为

$$F_d = 3\pi\mu u_t d \tag{3-17}$$

式(3-17)称为斯托克斯(Stokes)定律,$10^{-4} < Re_t < 2$ 的区域称为层流区或斯托克斯定律区。与式(3-13)比较可得

$$\zeta = \frac{24}{Re_t} \tag{3-18}$$

过渡区或艾仑(Allen)定律区($2 < Re_t < 500$)

$$\zeta = \frac{18.5}{Re_t^{0.6}} \tag{3-19}$$

湍流区或牛顿(Newton)定律区($500 < Re_t < 2\times10^5$)

$$\zeta = 0.44 \tag{3-20}$$

将式(3-18)~式(3-20)分别代入式(3-15),便可得到球形颗粒在相应各区的沉降速度公式,即

层流区

$$u_t = \frac{d^2(\rho_s - \rho)g}{18\mu} \tag{3-21}$$

过渡流区

$$u_t = 0.27\sqrt{\frac{d(\rho_s - \rho)g}{\rho}Re_t^{0.6}} \tag{3-22}$$

湍流区

$$u_t = 1.74\sqrt{\frac{d(\rho_s - \rho)g}{\rho}} \tag{3-23}$$

式(3-21)~式(3-23)分别称为斯托克斯(Stokes)公式、艾仑(Allen)公式和牛顿(Newton)公式。球形颗粒在流体中的沉降速度可根据不同流型,分别选用上述三式进行计算。

在层流沉降区内,由流体黏性引起的表面摩擦曳力占主要地位。在湍流区内,流体黏性对沉降速度已无明显影响,而是流体在颗粒后半部出现的边界层分离所引起的形体曳力占主要地位。在过渡区,则表面摩擦曳力和形体曳力都不可忽略。在整个范围内,随雷诺数 Re_t 的增大,表面摩擦曳力的作用逐渐减弱,形体曳力的作用逐渐增强。当雷诺数 Re_t 超过 2×10^5 时,出现湍流边界层,此时边界层分离的现象减弱,所以曳力系数 ζ 突然下降,但实际生产中沉降操作很少达到这个区域。

3.2.4　影响沉降速度的因素

沉降速度由颗粒特性(ρ_s、尺寸、形状、体积分数、运动取向)、流体物性(ρ、μ)、场力类型(重力场与离心力场)与强度、沉降环境(器壁效应)等综合因素所决定。上面得到的式(3-21)~式(3-23)是表面光滑的刚性球形颗粒在流体中作自由沉降时的速度计算式。自由沉降是指在沉降过程中,任一颗粒的沉降不因其他颗粒的存在而受到干扰。即流体中颗粒的浓度很低,颗粒之间的距离足够大,并且容器壁面的影响可以忽略。单个颗粒在大空间中的沉降或气态非均相物系中颗粒的沉降都可视为自由沉降。相反,如果分散相的体积分数较高,颗粒间有明显的相互作用,容器壁面对颗粒沉降的影响不可忽略,这时的沉降称为干扰沉降或受阻沉降。液态非均相物系中,当分散相浓度较高时,往往发生干扰沉降。在实际沉降操作中,影响沉降速度的因素有如下几点。

① **颗粒的体积分数**　当颗粒的体积分数小于0.2%时,前述各种沉降速度关系式的计算偏差在1%以内。当颗粒浓度较高时,由于颗粒间相互作用明显,便发生干扰沉降。

② **器壁效应** 容器的壁面和底面会对沉降的颗粒产生曳力，使颗粒的实际沉降速度低于自由沉降速度。当容器尺寸远远大于颗粒尺寸时（例如 100 倍以上），器壁效应可以忽略，否则，则应考虑器壁效应对沉降速度的影响。在斯托克斯定律区，器壁对沉降速度的影响可用式(3-24)修正

$$u'_t = \frac{u_t}{1 + 2.1\dfrac{d}{D}} \tag{3-24}$$

式中，u'_t 为颗粒的实际沉降速度，m/s；D 为容器直径，m。

③ **颗粒形状的影响** 同一种固体物质，球形或近球形颗粒比同体积的非球形颗粒的沉降要快一些。非球形颗粒的形状及其投影面积 A 均对沉降速度有影响。

由图 3-3 可见，相同 Re_t 下，颗粒的球形度越小，曳力系数 ζ 越大，但 φ_s 值对 ζ 的影响在层流区内并不显著。随着 Re_t 的增大，这种影响逐渐变大。

必须指出的是，上述自由沉降速度的公式不适用于非常细微颗粒(如 $<0.5\mu m$)的沉降计算，这是因为流体分子热运动使得颗粒发生布朗运动。当 $Re_t > 10^{-4}$ 时，布朗运动的影响可不考虑。

上述各区沉降速度关系式可用于多种情况下颗粒与流体在重力方向上相对运动的计算，例如：颗粒密度大于流体密度的沉降操作和颗粒密度小于流体密度的颗粒浮升运动；静止流体中颗粒的沉降和流体相对于静止颗粒的运动；颗粒与流体逆向运动和颗粒与流体做同向运动但速度不同时相对运动速度的计算。

3.3 沉降分离

沉降是用机械方法分离非均相混合物的一种单元操作，它是指在某种外力作用下，利用分散相和连续相之间的密度差异，使之发生相对运动而实现分离的操作过程。实现沉降操作的作用力可以是重力，也可以是惯性离心力。因此，沉降过程又可分为**重力沉降**和**离心沉降**。

3.3.1 重力沉降

在重力作用下发生的沉降过程称为重力沉降。

1. 重力沉降速度的计算

在给定介质中颗粒的重力沉降速度可采用以下方法计算：

(1)试差法

根据式(3-21)～式(3-23)可计算球形颗粒的沉降速度 u_t，但需要试差。即先假设沉降属于某一流型(例如层流区)，选用与该流型相对应的沉降速度公式计算 u_t，然后用求出的 u_t 计算 Re_t 值，检验是否在原假设的流型区域内。如果与原假设一致，则计算的 u_t 有效。否则，按计算的 Re_t 值所确定的流型，另选相应的计算公式求 u_t，直到用 u_t 的计算值算出的 Re_t 值与选用公式的 Re_t 值范围相符为止。

(2)摩擦数群法

为避免试差，将图 3-3 加以转换，使其两个坐标轴之一变成不包含 u_t 的量纲为 1 数群。

由式(3-15)可得

$$\zeta = \frac{4d(\rho_s - \rho)g}{3\rho u_t^2}$$

又因为

$$Re_t^2 = \frac{d^2 u_t^2 \rho^2}{\mu^2}$$

上两式相乘可消去 u_t，即

$$\zeta Re_t^2 = \frac{4d^3 \rho(\rho_s - \rho)g}{3\mu^2} \tag{3-25}$$

再令

$$K = d\sqrt[3]{\frac{\rho(\rho_s - \rho)g}{\mu^2}} \tag{3-26}$$

得到

$$\zeta Re_t^2 = \frac{4}{3}K^3 \tag{3-27}$$

因 ζ 是 Re_t 的函数，则 ζRe_t^2 必然也是 Re_t 的函数，所以，图 3-3 所示曲线可转化成 ζRe_t^2-Re_t 曲线，如图 3-4 所示。计算 u_t 时，可先将已知数据代入式(3-25)求出 ζRe_t^2 值，再由图 3-4 的 ζRe_t^2-Re_t 曲线查出 Re_t，最后由 Re_t 反求 u_t。

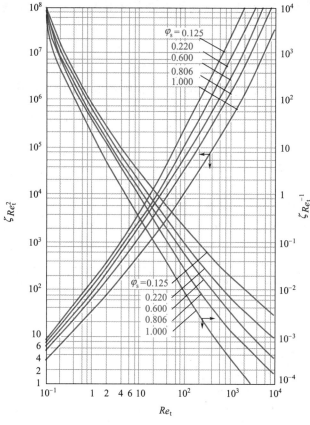

图 3-4　ζRe_t^2-Re_t 及 Re_t^{-1}-Re_t 关系曲线

若要计算介质中具有某一沉降速度 u_t 的颗粒的直径，可用 ζ 与 Re_t^{-1} 相乘，得到不含颗粒直径 d、量纲为 1 的数群 ζRe_t^{-1}，即

$$\zeta Re_t^{-1} = \frac{4\mu(\rho_s - \rho)g}{3\rho^2 u_t^3} \tag{3-28}$$

同理，转化 ζ-Re_t 曲线可得 ζRe_t^{-1}-Re_t 曲线，如图 3-4 所示。根据 ζRe_t^{-1} 值查出 Re_t，再反求直径。

采用摩擦数群法求 u_t 或 d 时可避免试差，非常方便。依照摩擦数群法的思路，可以设法找到一个不含 u_t 的量纲为 1 数群作为判别流型的判据。将式(3-21)代入雷诺数定义式，根据式(3-26)得

$$Re_t = \frac{d^3(\rho_s - \rho)\rho g}{18\mu^2} = \frac{K^3}{18} \tag{3-29}$$

在斯托克斯定律区，$Re_t \leqslant 2$，则 $K \leqslant 3.30$，同理，将式(3-23)代入雷诺数定义式，由 $Re_t = 500$ 可得牛顿定律区的下限值为 43.55。因此，$K \leqslant 3.30$ 为斯托克斯定律区，$3.30 < K < 43.55$ 为艾仑定律区，$K > 43.55$ 为牛顿定律区。

这样，计算已知直径的球形颗粒的沉降速度时，可根据 K 值选用相应的公式计算 u_t，从而避免试差。

【例 3-1】 直径为 $80\mu m$，密度为 $3000 kg/m^3$ 的固体颗粒分别在 25℃ 的空气和水中自由沉降，试计算其沉降速度。

解 (1)在 25℃ 水中的沉降 假设颗粒在层流区内沉降，沉降速度可用式(3-21)计算，即

$$u_t = \frac{d^2(\rho_s - \rho)g}{18\mu}$$

由附录四查得，25℃ 水的密度为 $996.9 kg/m^3$，黏度为 $0.8973 \times 10^{-3} Pa \cdot s$，则

$$u_t = \frac{(80 \times 10^{-6})^2(3000 - 996.9) \times 9.81}{18 \times 0.8973 \times 10^{-3}} = 7.786 \times 10^{-3} m/s$$

核算流型

$$Re_t = \frac{du_t\rho}{\mu} = \frac{80 \times 10^{-6} \times 7.786 \times 10^{-3} \times 996.9}{0.8973 \times 10^{-3}} = 0.6920 < 2$$

Re_t 小于 2，原设层流区正确，所求沉降速度有效。

(2)在 25℃ 空气中的沉降 由附录五查得，25℃ 时空气的密度为 $1.185 kg/m^3$，黏度为 $1.84 \times 10^{-5} Pa \cdot s$。根据量纲为 1 数群 K 值判别颗粒沉降流型。将已知数值代入式(3-26)得

$$K = d\sqrt[3]{\frac{\rho(\rho_s - \rho)g}{\mu^2}} = (80 \times 10^{-6})\sqrt[3]{\frac{1.185(3000 - 1.185) \times 9.81}{(1.84 \times 10^{-5})^2}} = 3.75$$

由于 K 值大于 3.30 而小于 43.55，所以沉降在过渡区，可用艾仑公式计算沉降速度。由式(3-22)得

$$u_t = \frac{0.154 g^{1/1.4} d^{\frac{1.6}{1.4}}(\rho_s - \rho)^{1/1.4}}{\rho^{\frac{0.4}{1.4}}\mu^{\frac{0.6}{1.4}}}$$

$$= \frac{0.154 \times 9.81^{1/1.4}(80 \times 10^{-6})^{1.6/1.4}(3000 - 1.185)^{1/1.4}}{1.185^{0.4/1.4}(1.84 \times 10^{-5})^{0.6/1.4}}$$

$$= 0.5076 m/s$$

颗粒的沉降速度也可用摩擦数群法计算。由式(3-27)计算不包括 u_t 的摩擦数群，即

$$\zeta Re_t^2 = \frac{4}{3}K^3 = \frac{4}{3} \times 3.75^3 = 70.31$$

对于球形颗粒，$\varphi_s = 1$，由 ζRe_t^2 数值查得 $Re_t = 2.4$，则

$$u_t = \frac{Re_t \mu}{d\rho} = \frac{2.4 \times 1.84 \times 10^{-5}}{80 \times 10^{-6} \times 1.185} = 0.4658 \text{m/s}$$

两法求得的 u_t 有差别，主要是因为查图存在误差。

 从以上计算看出，同一颗粒在不同介质中沉降时，具有不同的沉降速度，且属于不同的流型。所以，沉降速度 u_t 是由颗粒特性和流体特性综合决定的。

2. 重力沉降设备

(1)降尘室

降尘室是依靠重力沉降从气流中分离出尘粒的设备，最常见的降尘室如图 3-5(a)所示。含尘气体进入沉降室后，颗粒随气流有一水平向前的运动速度 u，m/s，同时，在重力作用下，以沉降速度 u_t，m/s，向下沉降。只要颗粒能够在气体通过降尘室的时间降至室底，便可从气流中分离出来。颗粒在降尘室的运动情况示于图 3-5(b)中。设降尘室的长度为 l，m；宽度为 b，m；高度为 H，m；生产能力（即含尘气通过降尘室的体积流量）为 V_s，m³/s，则位于降尘室最高点的颗粒沉降到室底所需的时间为

$$\theta_t = \frac{H}{u_t} \tag{3-30}$$

(a)降尘室

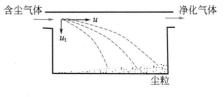

(b)颗粒在降尘室中的运动情况

图 3-5　降尘室示意图

气体通过降尘室的时间为

$$\theta = \frac{l}{u} \tag{3-31}$$

要使颗粒被分离出来，则气体在降尘室内的停留时间至少需等于颗粒的沉降时间，即

$$\theta \geqslant \theta_t \text{ 或 } \frac{l}{u} \geqslant \frac{H}{u_t} \tag{3-32}$$

根据降尘室的生产能力，气体在降尘室内的水平通过速度为

$$u = \frac{V_s}{Hb} \tag{3-33}$$

将此式代入式(3-32)并整理得

$$V_s \leqslant blu_t \tag{3-34}$$

式(3-34)表明，理论上降尘室的生产能力只与其沉降面积 bl 及颗粒的沉降速度 u_t 有关，而与降尘室高度 H 无关。所以降尘室一般设计成扁平形，或在室内均匀设置多层水平隔板，构成**多层降尘室**，如图 3-6 所示。通常隔板间距为

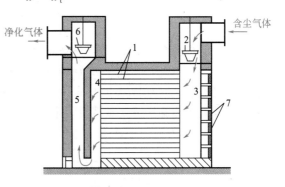

图 3-6　多层降尘室

1—隔板；2,6—调节闸阀；3—气体分配道；
4—气体集聚道；5—气道；7—清灰口

40～100mm。降尘室高度的选取还应考虑气体通过降尘室的速度，速度不应过高，一般应保证气体流动处于层流状态，气速过高会干扰颗粒的沉降或将已沉降的颗粒重新扬起。

若降尘室内设置 n 层水平隔板，则多层降尘室的生产能力变为

$$V_s = (n+1)blu_t \tag{3-34a}$$

通常，被处理的含尘气体中的颗粒大小不均，沉降速度 u_t 应根据需完全分离的最小颗粒尺寸计算。

降尘室结构简单，流动阻力小，但体积庞大，分离效率低，通常只适用于分离粒度大于 $75\mu m$ 的粗粒，一般作为预除尘使用。多层降尘室虽能分离较细的颗粒且节省占地面积，但清灰比较麻烦。

【例 3-2】 采用降尘室回收常压炉气中所含的球形固体颗粒。降尘室底面积为 $10m^2$，宽和高均为 2m。操作条件下，气体密度为 $0.75kg/m^3$，黏度为 $2.6×10^{-5}Pa\cdot s$；固体的密度为 $3000kg/m^3$；降尘室的生产能力为 $3m^3/s$。求：(1)理论上能完全收集的最小颗粒直径；(2)粒径为 $40\mu m$ 的颗粒的回收百分数；(3)欲完全回收直径为 $20\mu m$ 的尘粒，在原降尘室内应设置多少层水平隔板。

解 (1)理论上能完全捕集的最小颗粒直径　由式(3-34)可知，降尘室能够完全分离出来的最小颗粒的沉降速度为

$$u_t = \frac{V_s}{bl} = \frac{3}{10} = 0.3m/s$$

用摩擦数群法求与 u_t 相对应的颗粒直径即为 d_{min}，即

$$\zeta Re_t^{-1} = \frac{4\mu(\rho_s - \rho)g}{3\rho^2 u_t^3} = \frac{4×2.6×10^{-5}(3000-0.75)×9.81}{3×0.75^2×0.3^3} = 67.15$$

由图 3-4 查得 $Re_t = 0.59$，则

$$d_{min} = \frac{Re_t\mu}{\rho u_t} = \frac{0.59×2.6×10^{-5}}{0.75×0.3} = 6.82×10^{-5}m = 68.2\mu m$$

(2)粒径为 $40\mu m$ 的颗粒的回收百分数　由以上计算知，直径为 $40\mu m$ 的颗粒的沉降必定在层流区，其沉降速度可用斯托克斯公式计算，即

$$u_t' = \frac{d^2(\rho_s - \rho)g}{18\mu} = \frac{(40×10^{-6})^2(3000-0.75)×9.81}{18×2.6×10^{-5}} = 0.1006m/s$$

气体通过降尘室的时间为

$$\theta = \frac{H}{u_t} = \frac{2}{0.3} = 6.667s$$

直径为 $40\mu m$ 的颗粒在 6.667s 的沉降高度为

$$H' = u_t'\theta = 0.1006×6.667 = 0.6707m$$

假设在降尘室入口处的炉气中不同尺寸的颗粒是均匀分布的，则颗粒在降尘室内的沉降高度与降尘室高度之比约等于该尺寸颗粒被分离下来的百分数。因此，直径为 $40\mu m$ 的颗粒被回收的百分数约为

$$\frac{H'}{H} = \frac{0.6707}{2.0}×100\% = 33.53\%$$

因此，当颗粒沉降在斯托克斯定律区时，颗粒被回收的百分数与粒径的关系为

$$\frac{H'}{H} = \frac{u_t'\theta}{u_t\theta} = \left(\frac{d'}{d}\right)^2$$

（3）欲完全回收直径为 $20\mu m$ 的颗粒应设置的水平隔板数　多层降尘室中需设置的水平隔板数 n 用式(3-34a)计算。直径为 $20\mu m$ 的颗粒的沉降仍在层流区内，故

$$u_t = \frac{d^2(\rho_s - \rho)g}{18\mu} = \frac{(20 \times 10^{-6})^2 (3000 - 0.75) \times 9.81}{18 \times 2.6 \times 10^{-5}} = 0.02515 \mathrm{m/s}$$

采用多层降尘室

$$V_s = (n+1)blu_t$$

$$n = \frac{V_s}{blu_t} - 1 = \frac{3}{10 \times 0.02515} - 1 = 10.93$$

取 $n=11$，则隔板间距为

$$h = \frac{H}{n+1} = \frac{2}{12} = 0.167 \mathrm{m}$$

即在原降尘室内设置 11 层隔板，理论上可全部回收直径为 $20\mu m$ 的颗粒。

（2）沉降槽

沉降槽是利用重力沉降来提高悬浮液浓度并同时得到澄清液体的设备。所以，沉降槽又称为增浓器和澄清器。沉降槽可间歇操作也可连续操作。

间歇沉降槽通常是带有锥底的圆槽，需要处理的悬浮液在槽内静置足够时间后，增浓的沉渣由槽底排出，清液则由槽上部排出管抽出。

连续沉降槽是底部略成锥状的大直径浅槽，如图 3-7 所示。悬浮液经中央进料口送到液面以下 $0.3 \sim 1.0 \mathrm{m}$ 处，在尽可能减小扰动的情况下，迅速分散到整个横截面上，液体向上流动，清液经由槽顶端四周的溢流堰连续流出，称为溢流；固体颗粒下沉至底部，槽底有徐徐旋转的耙将沉渣缓慢地聚拢到底部中央的排渣口连续排出。排出的稠浆称为底流。

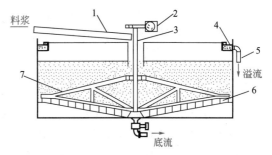

图 3-7　连续沉降槽

1—进料槽道；2—转动机构；3—料井；
4—溢流槽；5—溢流管；6—叶片；7—转耙

连续沉降槽的直径，小者为数米，大者可达数百米；高度为 $2.5 \sim 4 \mathrm{m}$。有时将数个沉降槽垂直叠放，共用一根中心竖轴带动各槽的转耙。这种多层沉降槽可以节省地面，但操作控制较为复杂。连续沉降槽适合于处理量大，浓度不高，颗粒不太细的悬浮液，常见的污水处理就是一例。经沉降槽处理后的沉渣内仍有约 50% 的液体。

沉降槽有澄清液体和增浓悬浮液的双重功能。为了获得澄清液体，沉降槽必须有足够大的横截面积，以保证任何瞬间液体向上的速度小于颗粒的沉降速度。为了把沉渣增浓到指定的稠度，要求颗粒在槽中有足够的停留时间。所以沉降槽的加料口以下的增浓段必须有足够的高度，以保证压紧沉渣所需要的时间。在沉降槽的增浓段中，大都发生颗粒的干扰沉降，所进行的过程称为沉聚过程。

为了在给定尺寸的沉降槽内获得最大的生产能力，应尽可能提高沉降速度。向悬浮液中添加少量电解质或表面活性剂，使颗粒发生"凝聚"或"絮凝"；改变一些物理条件（如加热、冷冻或震动），使颗粒的粒度或相界面积发生变化，都有利于提高沉降速度。沉降槽中装置搅拌耙，除能把沉渣导向排出口外，还能减低非牛顿型悬浮物物系的表观黏度，并能促使沉淀物的压紧，从而加速沉聚过程。搅拌耙的转速应选择适当，通常小槽耙的转速为 $1 \mathrm{r/min}$，

大槽的在 0.1r/min 左右。

(3)分级器

利用重力沉降可将悬浮液中不同粒度的颗粒进行粗略的分离，或将两种不同密度的颗粒进行分类，这样的过程统称为分级，实现分级操作的设备称为**分级器**。

【例 3-3】 附图所示为一个双锥分级器，利用它可将密度不同或尺寸不同的粒子混合物分开。混合粒子由上部加入，水经可调锥与外壁的环形间隙向上流过。沉降速度大于水在环隙处上升流速的颗粒进入底流，而沉降速度小于该流速的颗粒则被溢流带出。

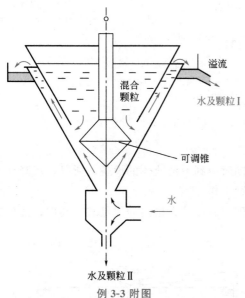

利用此双锥分级器对方铅矿与石英两种粒子的混合物进行分离。

已知：粒子形状为正方体，粒子棱长为 0.08～0.7mm，方铅矿密度 $\rho_{s1}=7500kg/m^3$，石英矿密度 $\rho_{s2}=2650kg/m^3$。25℃水的密度和黏度：$\rho=996.9kg/m^3$，$\mu=0.8973\times10^{-3}$ Pa·s

假设粒子在上升水流中作自由沉降，试求：(1)欲得纯方铅矿粒，水的上升流速至少应为多少(m/s)? (2)所得纯方铅矿粒的尺寸范围。

例 3-3 附图

解 (1)水的上升流速 为了得到纯方铅矿粒，应使全部石英粒子被溢流带出，因此，水的上升流速应等于或略大于最大石英粒子的自由沉降速度。

对于正方体颗粒，应先算出其当量直径和球形度。设 l 代表棱长，V_p 代表一个颗粒的体积。由式(3-5)计算颗粒的当量直径，即

$$d_e=\sqrt[3]{\frac{6}{\pi}V_p}=\sqrt[3]{\frac{6}{\pi}l^3}=\sqrt[3]{\frac{6}{\pi}(0.7\times10^{-3})^3}=8.686\times10^{-4}m$$

由式(3-4)计算颗粒的球形度，即

$$\varphi_s=\frac{S}{S_p}=\frac{\pi d_e^2}{6l^2}=\frac{\pi\left(l\sqrt[3]{\frac{6}{\pi}}\right)^2}{6l^2}=0.806$$

用摩擦数群法计算最大石英粒子的沉降速度，即

$$\zeta Re_t^2=\frac{4d_e^3\rho(\rho_{s2}-\rho)g}{3\mu^2}=\frac{4\times(8.686\times10^{-4})^3\times(2650-996.9)\times996.9\times9.81}{3\times(0.8973\times10^{-3})^2}=1.75\times10^4$$

已知 $\varphi_s=0.806$，由图 3-4 查得 $Re_t=70$，则

$$u_t=\frac{Re_t\mu}{d_e\rho}=\frac{70\times0.8973\times10^{-3}}{8.686\times10^{-4}\times996.9}=0.07254m/s$$

所以水的上升流速应取为 0.07254m/s 或略大于此值。

(2)纯方铅矿粒的尺寸范围 所得到的纯方铅矿粒中尺寸最小者应是沉降速度恰好等于 0.07254m/s 的粒子。用摩擦数群法计算该粒子的当量直径

$$\zeta Re_t^{-1}=\frac{4\mu(\rho_{s1}-\rho)g}{3\rho^2u_t^3}=\frac{4\times0.8973\times10^{-3}(7500-996.9)\times9.81}{3\times996.9^2\times0.07254^3}=0.2012$$

已知 $\varphi_s = 0.806$，由图 3-4 查得 $Re_t = 30$，则

$$d_e = \frac{Re_t \mu}{\rho u_t} = \frac{30 \times 0.8973 \times 10^{-3}}{996.9 \times 0.07254} = 3.722 \times 10^{-4} \, \text{m}$$

与当量直径 d_e 相对应的正方体棱长为

$$l = \frac{d_e}{\sqrt[3]{\dfrac{6}{\pi}}} = \frac{3.722 \times 10^{-4}}{\sqrt[3]{\dfrac{6}{\pi}}} = 3.00 \times 10^{-4} \, \text{m}$$

所得纯方铅矿粒的棱长范围为 $0.3 \sim 0.7 \text{mm}$。

> 由此可见，通过此分级器只能将 $0.3 \sim 0.7 \text{mm}$ 棱长范围内的方铅矿颗粒分离出来，而棱长在 $0.08 \sim 0.3 \text{mm}$ 范围内的方铅矿仍与石英矿混合在一起。因此，用这种方法只能实现混合物部分分离，而不能完全分离。

3.3.2 离心沉降

惯性离心力作用下实现的沉降过程称为离心沉降。

1. 惯性离心力作用下的沉降速度

当流体围绕某一中心轴作圆周运动时，便形成了惯性离心力场。在与轴距离为 R、切向速度为 u_T 的位置上，离心加速度为 $\dfrac{u_T^2}{R}$。显见，离心加速度不是常数，随位置及切向速度而变，其方向是沿旋转半径从中心指向外周。而重力加速度 g 基本上可视作常数，其方向指向地心。因此，在离心分离设备中，可使颗粒获得比重力大得多的离心力，特别是对于两相密度差较小、颗粒粒度较细的非均相物系，在重力场中的沉降速度很小，分离效率很低甚至完全不能分离时，若改用离心沉降则可大大提高沉降速度，设备尺寸也可缩小很多。

当流体带着颗粒旋转时，如果颗粒的密度大于流体的密度，则惯性离心力将会使颗粒在径向上与流体发生相对运动而飞离中心。和颗粒在重力场中受到三个力的作用相似，惯性离心力场中颗粒在径向上也受到三个力的作用，即惯性离心力、向心力（相当于重力场中的浮力，其方向为沿半径指向旋转中心）和曳力（与颗粒的运动方向相反，其方向为沿半径指向中心）。则对于一个球形颗粒，上述三个力分别为

$$\text{惯性离心力} = \frac{\pi}{6} d^3 \rho_s \frac{u_T^2}{R} \tag{3-35}$$

$$\text{向心力} = \frac{\pi}{6} d^3 \rho \frac{u_T^2}{R} \tag{3-36}$$

$$\text{曳力} = \zeta \frac{\pi}{4} d^2 \frac{\rho u_r^2}{2} \tag{3-37}$$

式中，d 为球形颗粒的直径，m；R 为颗粒与中心轴的距离，m；ρ_s 为球形颗粒的密度，kg/m^3；ρ 为流体密度，kg/m^3；u_T 为切向速度，m/s；u_r 为颗粒与流体在径向上的相对速度，m/s。

上述三个力达到平衡时

$$\frac{\pi}{6} d^3 \rho_s \frac{u_T^2}{R} - \frac{\pi}{6} d^3 \rho \frac{u_T^2}{R} - \zeta \frac{\pi}{4} d^2 \frac{\rho u_r^2}{2} = 0 \tag{3-38}$$

此时颗粒在径向上相对于流体的运动速度 u_r 便是它在此位置上的离心沉降速度

$$u_r = \sqrt{\frac{4d(\rho_s - \rho)}{3\rho\zeta} \frac{u_T^2}{R}} \tag{3-39}$$

比较式(3-39)与式(3-15)可以看出,颗粒的离心沉降速度 u_r 与重力沉降速度 u_t 具有相似的关系式,若将重力加速度 g 用离心加速度 $\dfrac{u_T^2}{R}$ 代替,则式(3-15)便成为式(3-37)。但是离心沉降速度 u_r 不是颗粒运动的绝对速度,而是绝对速度在径向上的分量,且方向不是向下而是沿半径向外;另外,离心沉降速度 u_r 随位置而变,不是恒定值,而重力沉降速度 u_t 则是恒定不变的。

同一颗粒所受的离心力与重力之比 K_c 为

$$K_c = \frac{u_T^2}{gR} \tag{3-40}$$

K_c 称为**离心分离因数**。分离因数是离心分离设备的重要指标。某些高速离心机,分离因数 K_c 值可高达数十万。旋风或旋液分离器的分离因数一般在 5~2500 之间。

对球形颗粒,根据颗粒相对于流体的运动处于不同的区域,曳力系数 ζ 可分别用式(3-18)~式(3-20)计算,从而得到相应的离心沉降速度计算式。比如,颗粒与流体的相对运动处于层流区时,离心沉降速度为

$$u_r = \frac{d^2(\rho_s - \rho)}{18\mu} \frac{u_T^2}{R} \tag{3-41}$$

2. 离心沉降设备

通常,气固非均相物质的离心沉降在旋风分离器中进行,液固悬浮物系的离心沉降可在旋液分离器或离心机中进行。这里介绍旋风分离器和旋液分离器,沉降式离心机将在 3.6 节介绍。

(1)旋风分离器

1)旋风分离器的结构与操作原理

旋风分离器是利用惯性离心力的作用从气体中分离出尘粒的设备。图 3-8 所示是旋风分离器代表性的结构形式,称为标准旋风分离器。主体的上部为圆筒形,下部为圆锥形。各部位尺寸均与圆筒直径成比例,比例标注于图中。含尘气体由圆筒上部的进气管切向进入,受器壁的约束由上向下作螺旋运动。在惯性离心力作用下,颗粒被抛向器壁,再沿壁面落至锥底的排灰口而与气流分离。净化后的气体在中心轴附近由下而上作螺旋运动,最后由顶部排气管排出。图 3-9 的侧视图上描绘了气流在器内的运动情况。通常,把下行的螺旋形气流称为外旋流,上行的螺旋形气流称为内旋流(又称气芯)。内、外旋流气体的旋转方向相同。外旋流的上部是主要除尘区。

旋风分离器内的静压力在器壁附近最高,仅稍低于气体进口处的压力,往中心逐渐降低,在气芯中可降至气体出口压力以下。旋风分离器内的低压气芯由排气管入口一直延伸至底部出灰口。因此,如果出灰口或集尘室密封不良,便易漏入气体,把已收集在锥形底部的粉尘重新卷起,严重降低分离效果。

旋风分离器的应用已有近百年的历史,因其结构简单,造价低廉,没有活动部件,可用多种材料制造,操作范围广,分离效率较高,所以至今仍在化工、采矿、冶金、机械、轻工等行业广泛采用。旋风分离器一般用来除去气流中直径在 $10\mu m$ 以上的颗粒。对颗粒含量高

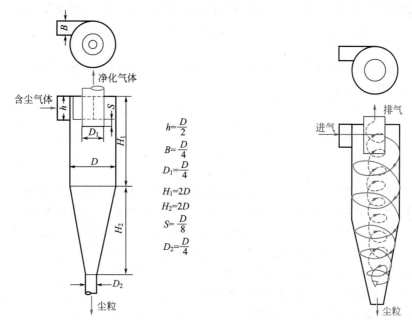

B
净化气体
含尘气体
h
S
D₁
H₁
D
H₂
D₂
尘粒
h=D/2
B=D/4
D₁=D/4
H₁=2D
H₂=2D
S=D/8
D₂=D/4

图 3-8　标准旋风分离器

排气
进气
尘粒

图 3-9　气体在旋风分离器内的运动情况

于 $200\mathrm{g/m^3}$ 的气体，由于颗粒聚结作用，它甚至能除去 $3\mu\mathrm{m}$ 以下的颗粒。旋风分离器还可以从气流中分离除去雾沫。对于直径在 $200\mu\mathrm{m}$ 以上的大颗粒，最好先用重力沉降法除去大颗粒，以减少其对旋风分离器器壁的磨损；对于直径在 $10\mu\mathrm{m}$ 以下的小颗粒，一般旋风分离器的捕集效率已不高，需用袋滤器或湿法捕集。旋风分离器不适用于处理黏性粉尘、含湿量高的粉尘及腐蚀性粉尘。此外，气量的波动对除尘效果及设备曳力影响较大。

2)旋风分离器的性能

评价旋风分离器性能的主要指标是从气流中分离颗粒的效果及气体经过旋风分离器的压力降。分离效果可用临界粒径和分离效率来表示。

① 临界粒径　**临界粒径**是指理论上能够完全被旋风分离器分离下来的最小颗粒直径。临界粒径是判断旋风分离器分离效率高低的重要依据。临界粒径越小，说明旋风分离器的分离性能越好。临界粒径的大小很难精确测定，一般可在如下简化条件下推出临界粒径的近似计算式。

- 进入旋风分离器的气流严格按螺旋形路线作等速运动，其切向速度恒定且等于进口气速 u_i。
- 颗粒向器壁沉降时，其沉降距离为整个进气管宽度 B。
- 颗粒在层流区作自由沉降，其径向沉降速度可用式(3-41)计算。

对气固混合物，因为固体颗粒的密度远大于气体密度，即 $\rho \leqslant \rho_s$，故式(3-41)中的 $\rho_s-\rho \approx \rho_s$；旋转半径 R 可取平均值 R_m，则气流中颗粒的离心沉降速度为

$$u_r=\frac{d^2\rho_s u_i^2}{18\mu R_m}$$

颗粒到达器壁所需的沉降时间为

$$\theta_t=\frac{B}{u_r}=\frac{18\mu R_m B}{d^2\rho_s u_i^2}$$

令气流的有效旋转圈数为 N_e，则气流在器内运行的距离为 $2\pi R_m N_e$，因此停留时间为

$$\theta = \frac{2\pi R_m N_e}{u_i}$$

若某种尺寸的颗粒满足 $\theta_t = \theta$，该颗粒就是理论上能被完全分离下来的最小颗粒。其直径即为临界粒径，用 d_c 表示

$$\frac{18\mu R_m B}{d_c^2 \rho_s u_i^2} = \frac{2\pi R_m N_e}{u_i}$$

得

$$d_c = \sqrt{\frac{9\mu B}{\pi N_e \rho_s u_i}} \tag{3-42}$$

在推导式(3-42)时所作的三项假设与实际情况差距较大，但这个公式非常简单，只要给出合适的 N_e 值，尚属可用。N_e 的数值一般为 $0.5\sim3.0$，标准旋风分离器的 N_e 为 5。

由式(3-42)可见，临界粒径 d_c 随分离器尺寸 B 增大而增大，因此分离效率随分离器尺寸增大而降低。所以，当气体处理量很大时，通常不采用一个大分离器，而是将若干个小尺寸的分离器并联使用(称为旋风分离器组)，以维持较好的除尘效果。

② **分离效率** 旋风分离器的分离效率有两种表示法，总效率 η_0 和分效率(粒级效率)η_p。

总效率是指进入旋风分离器的全部颗粒中被分离下来的质量分数，即

$$\eta_0 = \frac{C_1 - C_2}{C_1} \tag{3-43}$$

式中，C_1 为旋风分离器进口气体含尘浓度，g/m^3；C_2 为旋风分离器出口气体含尘浓度，g/m^3。

总效率是工程中最常用的，也是最易于测定的分离效率。但这种表示方法的缺点是不能表明旋风分离器对各种尺寸粒子的不同分离效率。

含尘气流中的颗粒通常是大小不均匀的，旋风分离器对各种尺寸颗粒的分离效率并不相同。按各种粒度分别表明其被分离下来的质量分数，称为分效率或粒级效率。通常是把气流中所含颗粒的尺寸范围分成 n 个小段，而其中有 i 个小段范围的颗粒(平均粒径为 d_i)的粒级效率定义为

$$\eta_{pi} = \frac{C_{1i} - C_{2i}}{C_{1i}} \tag{3-44}$$

式中，C_{1i} 为进口气体中粒径在第 i 小段范围内的颗粒的浓度，g/m^3；C_{2i} 为出口气体中粒径在第 i 小段范围内的颗粒的浓度，g/m^3。

粒级效率 η_p 与颗粒直径 d_i 的对应关系可用曲线表示，称为粒级效率曲线。粒级效率曲线可通过实测旋风分离器进、出气流中所含尘粒的浓度及粒度分布而获得。如果某旋风分离器的临界粒径为 d_c，理论上，凡直径大于 d_c 的颗粒，其粒级效率都应为 100%，而小于 d_c 的颗粒，粒级效率都应为零，即应以 d_c 为界作清晰的分离，但实际情况并非如此，由实测的粒级效率曲线可知，对于直径小于 d_c 的颗粒，也有可观的分离效率，而直径大于 d_c 的颗粒，粒级效率并未达到 100%，说明仍有部分颗粒未被分离下来。这主要是因为直径小于 d_c 的颗粒中，有些在旋风分离器进口处已很靠近壁面，在停留时间内能够到达壁面上；或者在器内聚结成了大的颗粒，因而具有较大的沉降速度能够到达器壁。直径大于 d_c 的颗粒中，有些受气体涡流的影响未能到达壁面，或者沉降后又被气流重新卷起带走。

有时也把旋风分离器的粒级效率 η_p 标绘成粒径比 $\dfrac{d}{d_{50}}$ 的函数曲线。d_{50} 是粒级效率恰为 50% 的颗粒直径，称为**分割粒径**。对图 3-8 所示的标准旋风分离器，其 d_{50} 可用式(3-45)估算

$$d_{50} \approx 0.27 \sqrt{\frac{\mu D}{u_i(\rho_s - \rho)}} \tag{3-45}$$

标准旋风分离器的 η_p-$\dfrac{d}{d_{50}}$ 曲线见图 3-10。对于同一型式且尺寸比例相同的旋风分离器，无论大小，皆可通用同一条 η_p-$\dfrac{d}{d_{50}}$ 曲线，这就给旋风分离器效率的估算带来了很大方便。

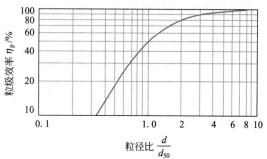

图 3-10　标准旋风分离器的 η_p-$\dfrac{d}{d_{50}}$ 曲线

旋风分离器总效率 η_0 不仅取决于各种颗粒的粒级效率，而且取决于气流中所含尘粒的粒度分布。即使同一设备处于同样操作条件下，如果气流含尘的粒度分布不同，也会得到不同的总效率。如果已知粒级效率曲线及气流中颗粒的粒度分布数据，则可按式(3-46)估算总效率

$$\eta_0 = \sum_{i=1}^{n} x_i \eta_{pi} \tag{3-46}$$

式中，x_i 为粒径在第 i 小段范围内的颗粒占全部颗粒的质量分数；η_{pi} 为第 i 小段粒径范围内颗粒的粒级效率；n 为全部粒径被划分的段数。

③ 压力降　气体经旋风分离器时，由于进气管和排气管及主体器壁所引起的摩擦阻力，流动时的局部阻力以及气体旋转运动所产生的动能损失等，造成气体的压力降。可以仿照第 1 章的方法，将压力降看作与气体进口动能成正比，即

$$\Delta p = \zeta \frac{\rho u_i^2}{2} \tag{3-47}$$

式中，ζ 为比例系数，亦即曳力系数。

对于同一结构型式及尺寸比例的旋风分离器，ζ 为常数，不因尺寸大小而变。例如图 3-7 所示的标准旋风分离器，其曳力系数 $\zeta = 8.0$。旋风分离器的压降一般为 500～2000Pa。

气流在旋风分离器内的流动情况和分离机理均非常复杂，因此影响旋风分离器性能的因素较多，其中最重要的是物系性质及操作条件。一般说来，颗粒密度大、粒径大、进口气速高及粉尘浓度高等情况均有利于分离。譬如，含尘浓度高则有利于颗粒的聚结，可以提高分离效率，而且颗粒浓度增大可以抑制气体涡流，从而使曳力下降，所以较高的含尘浓度对压力降与效率两个方面都是有利的。但进口气速对这两方面的影响是相互矛盾的，进口气速稍高有利于分离，但过高则导致涡流加剧，压力降增大，不利于分离。因此，旋风分离器的进口气速在 10～25m/s 范围内为宜。

【例 3-4】　用如图 3-8 所示的标准旋风分离器净化含尘气体。已知固体密度为 1100kg/m³，颗粒直径为 4.5μm；气体密度为 1.2kg/m³，黏度为 1.8×10^{-5}Pa·s，流量为 0.40m³/s；允许压力降为 2000Pa。试估算采用以下各方案时的设备尺寸及分离效率：(1)一台旋风分离器；(2)四台相同的旋风分离器串联；(3)四台相同的旋风分离器并联。

解　(1)一台旋风分离器　标准型旋风分离器的曳力系数为 8.0，依式(3-47)可得

$$u_i = \sqrt{\frac{2\Delta p}{\zeta \rho}} = \left(\frac{2 \times 2000}{8.0 \times 1.2}\right)^{0.5} = 20.41\text{m/s}$$

旋风分离器进口截面积为

$$hB = \frac{D^2}{8} \quad \text{及} \quad hB = \frac{V_s}{u_i}$$

故旋风分离器的圆筒直径为

$$D = \sqrt{\frac{8V_s}{u_i}} = \sqrt{\frac{8 \times 0.40}{20.41}} = 0.3960 \text{m}$$

再依式(3-45)计算分割粒径，即

$$d_{50} \approx 0.27\sqrt{\frac{\mu D}{u_i(\rho_s - \rho)}} = 0.27\sqrt{\frac{1.8 \times 10^{-5} \times 0.3960}{20.41 \times (1100 - 1.2)}} = 4.814 \times 10^{-6} \text{m} = 4.814 \mu\text{m}$$

$$\frac{d}{d_{50}} = \frac{4.5}{4.814} = 0.93$$

查图 3-10 得 $\eta = 46\%$。

（2）四台旋风分离器串联　当四台相同的旋风分离器串联时，若忽略级间连接管的阻力，则每台旋风分离器允许的压力降为

$$\Delta p = \frac{1}{4} \times 2000 = 500 \text{Pa}$$

则各级旋风分离器的进口气速为

$$u_i = \sqrt{\frac{2\Delta p}{\zeta\rho}} = \sqrt{\frac{2 \times 500}{8.0 \times 1.2}} = 10.21 \text{m/s}$$

每台旋风分离器的直径为

$$D = \sqrt{\frac{8V_s}{u_i}} = \sqrt{\frac{8 \times 0.40}{10.21}} = 0.5598 \text{m}$$

又

$$d_{50} \approx 0.27\sqrt{\frac{1.8 \times 10^{-5} \times 0.5598}{10.21 \times (1100 - 1.2)}} = 8.092 \times 10^{-6} \text{m} = 8.092 \mu\text{m}$$

$$\frac{d}{d_{50}} = \frac{4.5}{8.092} = 0.56$$

查图 3-10 得每台旋风分离器的效率为 22%，则串联四级旋风分离器的总效率为

$$\eta = 1 - (1 - 0.22)^4 = 63\%$$

（3）四台旋风分离器并联　当四台旋风分离器并联时，每台旋风分离器的气体流量为 $\frac{1}{4} \times 0.4 = 0.1 \text{m}^3/\text{s}$，而每台旋风分离器的允许压力降仍为 2000Pa，则进口气速仍为 20.41m/s。因此每台分离器的直径为

$$D = \sqrt{\frac{8 \times 0.1}{20.41}} = 0.1980 \text{m}$$

$$d_{50} \approx 0.27\sqrt{\frac{1.8 \times 10^{-5} \times 0.1980}{20.41 \times (1100 - 1.2)}} = 3.404 \times 10^{-6} \text{m} = 3.404 \mu\text{m}$$

$$\frac{d}{d_{50}} = \frac{4.5}{3.404} = 1.32$$

查图 3-10 得 $\eta = 62\%$。

 由上面的计算结果可以看出，在处理气量及压力降相同的条件下，本例中串联四台与并联四台的效率大体相同，但并联时所需的设备尺寸小、投资省。

3）旋风分离器类型

旋风分离器的性能不仅受含尘气的物理性质、含尘浓度、粒度分布及操作条件的影响，还与设备的结构尺寸密切相关。只有各部分结构尺寸恰当，才能获得较高的分离效率和较低的压力降。

近年来，在旋风分离器的结构设计中，主要从以下几个方面进行改进，以提高分离效率或降低压降。

① **采用细而长的器身** 减小器身直径可增大惯性离心力，增加器身长度可延长气体停留时间，所以，细而长的器身有利于颗粒的离心沉降，使分离效率提高。但当器身增加到一定程度后，效果就不再明显。

② **减小涡流的影响** 含尘气体自进气管进入旋风分离器后，有一小部分气体向顶盖流动，然后沿排气管外侧向下流动，当达到排气管下端时汇入上升的内旋气流中，这部分气流称为上涡流。上涡流中的颗粒也随之由排气管排出，使旋风分离器的分离效率降低。采用带有旁路分离室或异形进气管的旋风分离器，可以改善上涡流的影响。

在标准旋风分离器内，内旋流旋转上升时，会将沉集在锥底的部分颗粒重新扬起，这是影响分离效率的另一重要原因。为抑制这种不利因素设计了扩散式旋风分离器。

此外，排气管和灰斗尺寸的合理设计都可使除尘效率提高。

鉴于以上考虑，对标准旋风分离器加以改进，设计出一些新的结构形式。目前我国对各种类型的旋风分离器已制定了系列标准，各种型号旋风分离器的尺寸和性能均可从有关资料和手册中查到。现列举几种化工中常见的旋风分离器类型。

XLT/A 型 这种旋风分离器具有倾斜螺旋面进口，其结构如图 3-11 所示。倾斜方向进气可在一定程度上减小涡流的影响，并使气流阻力较低（曳力系数 ζ 值可取 5.0～5.5）。

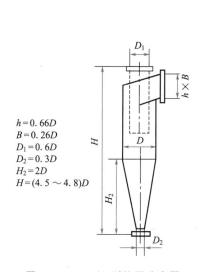

图 3-11 **XLT/A 型旋风分离器**

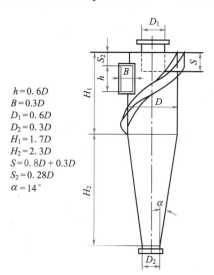

$h = 0.6D$
$B = 0.3D$
$D_1 = 0.6D$
$D_2 = 0.3D$
$H_1 = 1.7D$
$H_2 = 2.3D$
$S = 0.8D + 0.3D$
$S_2 = 0.28D$
$\alpha = 14°$

图 3-12 **XLP/B 型旋风分离器**

（图 3-11 中标注）
$h = 0.66D$
$B = 0.26D$
$D_1 = 0.6D$
$D_2 = 0.3D$
$H_2 = 2D$
$H = (4.5 \sim 4.8)D$

XLP 型 XLP 型是带有旁路分离室的旋风分离器，采用蜗壳式进气口，其上沿较器体顶盖稍低。含尘气进入器内后即分为上、下两股旋流。"旁室"结构能迫使被上旋流带到顶部的细微尘粒聚结并由旁室进入向下旋转的主气流而得以捕集，对 $5\mu m$ 以上的尘粒具有较好的分离效果。根据器体及旁路分离室形状的不同，XLP 型又分为 A 和 B 两种形式，图 3-12

所示为 XLP/B 型，其曳力系数值可取 4.8～5.8。

XLK 型（扩散式） XLK 型（扩散式）旋风分离器的结构如图 3-13 所示，其主要特点是具有上小下大的外壳，并在底部装有挡灰盘（又称反射屏）。挡灰盘 a 为倒置的漏斗型，顶部中央有孔，下沿与器壁底圈留有缝隙。沿壁面落下的颗粒经此缝隙降至集尘箱内，而气流主体被挡灰盘隔开，少量进入箱内的气体则经挡灰盘顶部的小孔返回器内，与上升旋流汇合经排气管排出。挡灰盘有效地防止了已沉下的细粉被气流重新卷起，因而使效率提高，尤其对 $10\mu m$ 以下的颗粒，分离效果更为明显。

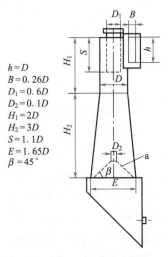

$h = D$
$B = 0.26D$
$D_1 = 0.6D$
$D_2 = 0.1D$
$H_1 = 2D$
$H_2 = 3D$
$S = 1.1D$
$E = 1.65D$
$\beta = 45°$

图 3-13　XLK 型（扩散式）旋风分离器

4）旋风分离器的选用

选择旋风分离器时，首先应根据分离任务和所处理物系的特性，结合各型设备的特点，选定旋风分离器的型式，而后通过计算决定尺寸与个数。计算的主要依据有：含尘气的体积流量、要求达到的分离效率、允许的压力降。前面所介绍的三种工业上常用的旋风分离器操作性能列于表 3-2 中。严格地按照上述三项指标计算指定型式的旋风分离器尺寸与个数，需要知道该型设备的粒级效率及气体中颗粒的粒度分布数据或曲线。但实际往往缺乏这些数据。因此难以对分离效率做出准确计算，只能在满足生产能力及允许压力降的同时，对效率作粗略的考虑。

表 3-2　旋风分离器的结构及性能

性能	XLT/A 型	XLP/B 型	XLK 型（扩散式）
适宜气速/(m/s)	12～18	12～20	12～20
除尘粒度/μm	>10	>5	>5
含尘浓度/(g/m³)	4.0～50	>0.5	1.7～200
曳力系数 ζ	5.0～5.5	4.8～5.8	7～8

按照规定的允许压力降，可同时选出几种不同型号。若选直径小的分离器，效率较高，但可能需要数台并联才能满足生产能力的要求。反之，若选直径大的，则台数可以减少，但效率要降低。采用多台旋风分离器并联使用时，须特别注意解决气流的均匀分配及除灰口的窜漏问题，以便在保证气体处理量的前提下兼顾分离效率与气体压力降的要求。

【例 3-5】 流量为 $2.4m^3/s$ 的 20℃、常压含尘气体在进入反应器之前需要尽可能除去尘粒并升温至 400℃。已知固相密度 $\rho_s = 1800kg/m^3$。现拟采用由 4 台直径为 560mm 的标准旋风分离器组成的旋风分离器组来处理该气体，采取先除尘后升温的流程。

试计算：（1）旋风分离器的离心分离因数；（2）临界粒径及分割粒径；（3）气体在旋风分离器中的压力降。

解 本例为旋风分离器性能换算问题。

操作条件下的生产能力为 2.40m³/s，单台分离器的处理量为

$$V_1 = \frac{1}{4}V_s = \frac{1}{4} \times 2.40 = 0.60 m^3/s$$

对于标准旋风分离器，有关参数为

$$h = D/2 = 0.56/2 = 0.28\text{m}$$
$$B = D/4 = 0.56/4 = 0.14\text{m}$$

进口气速为 $\quad u_i = V_1/Bh = 0.60/(0.14 \times 0.28) = 15.31\text{m/s}$

气流旋转的有效圈数 $N_e = 5$，曳力系数 $\zeta = 8.0$，20℃空气的密度 $\rho = 1.205\text{kg/m}^3$，黏度为 $\mu = 1.81 \times 10^{-5}\text{Pa} \cdot \text{s}$。

（1）离心分离因数

$$K_c = \frac{u_T^2}{Rg} = \frac{15.31^2}{0.28 \times 9.81} = 85.33$$

（2）临界粒径及分割粒径

$$d_c = \sqrt{\frac{9\mu B}{\pi N_e \rho_s u_i}} = \sqrt{\frac{9 \times 1.81 \times 10^{-5} \times 0.14}{5 \times 1800 \times 15.31\pi}} = 7.26 \times 10^{-6}\text{m}$$

$$d_{50} \approx 0.27 \sqrt{\frac{\mu D}{(\rho_s - \rho)u_i}} = 0.27 \sqrt{\frac{1.81 \times 10^{-5} \times 0.56}{(1800 - 1.205) \times 15.31}} = 5.18 \times 10^{-6}\text{m}$$

（3）压力降

$$\Delta p = \zeta \frac{\rho u_i^2}{2} = 8 \times \frac{1.205 \times 15.31^2}{2} = 1130\text{Pa}$$

如果知道颗粒尺寸，则可由 d/d_{50} 的值查图 3-10 获得除尘效率。

（2）旋液分离器

旋液分离器又称水力旋流器，是利用离心沉降原理从悬浮液中分离固体颗粒的设备，它的结构与操作原理和旋风分离器类似。设备主体也是由圆筒和圆锥两部分组成，如图 3-14 所示，悬浮液经入口管沿切向进入圆筒部分，向下作螺旋形运动，固体颗粒受惯性离心力作用被甩向器壁，随下旋流降至锥底的出口，由底部排出的增浓液称为底流；清液或含有微细颗粒的液体则为上升的内旋流，从顶部的中心管排出，称为溢流。顶部排出清液的操作称为增浓，顶部排出含细小颗粒液体的操作称为分级。内层旋流中心有一个处于负压的气柱，气柱中的气体是由料浆中释放出来的，或者是由溢流管口暴露于大气中时而将空气吸入器内的。

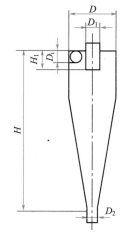

	增浓	分级
D_i	$D/4$	$D/7$
D_1	$D/3$	$D/7$
H	$5D$	$2.5D$
H_e	$0.3 \sim 0.4D$	$0.3 \sim 0.4D$

图 3-14 旋液分离器

旋液分离器的结构特点是直径小而圆锥部分长。因为液固密度差比气固密度差小，在一定的切线进口速度下，较小的旋转半径可使颗粒受到较大的离心力而提高沉降速度。同时，锥形部分加长可增大液流的行程，从而延长了悬浮液在分离器内的停留时间，有利于液固分离。

旋液分离器中颗粒沿器壁快速运动，对器壁产生严重磨损，因此，旋液分离器应采用耐磨材料制造或采用耐磨材料作内衬。旋液分离器的粒级效率和颗粒直径的关系曲线与旋风分离器颇为相似，并且同样可根据粒级效率及粒径分布计算总效率。旋液分离器不仅可用于悬浮液的增浓、分级，而且还可用于不互溶液体的分离、气液分离以及传热、传质和雾化等操作中，因而广泛应用于多种工业领域中。

根据增浓或分级用途的不同，旋液分离器的尺寸比例也有相应的变化，如图 3-14 中的标注。在进行旋液分离器设计或选型时，应根据工艺的不同要求，对技术指标或经济指标加以综合权衡，以确定设备的最佳结构及尺寸比例。例如，用于分级时，分割粒径通常为工艺所规定，而用于增浓时，则往往规定总收率或底流浓度。从分离角度考虑，在给定处理量时，选用若干小直径旋液分离器并联运行，其效果要比使用一个大直径的旋液分离器好得多。正因如此，多数制造厂家都提供不同结构的旋液分离器组，使用时可单级操作，也可并联操作，以获得更高的分离效率。

近年来，世界各国对超小型旋液分离器(指直径小于 15mm 的旋液分离器)进行开发。超小型旋液分离器组适用于微细物料悬浮液的分离操作，颗粒直径可小到 $2\sim5\mu m$。

3.4 流体通过固体颗粒床层的流动

流体流过颗粒或颗粒床层时，其流动特性与流体流经管道的情况有相同之处，即都是流体相对于固体界面的流动，但床层中颗粒任意堆积，形成的流道形状多变，很不规则，边界条件复杂，对于这种复杂流道内的流动规律的研究，需要从组成流道的颗粒入手。

3.4.1 固体颗粒群的特性

化工生产中通常需要处理大小不等的颗粒物料，这时需对颗粒群进行筛分分析，以确定颗粒的粒度分布，再求其平均直径。

1. 颗粒群的粒度分布

颗粒粒度的测量方法有筛分法、显微镜法、沉降法、电感应法、激光衍射法、动态光散射法等，这里介绍筛分法。筛分是用单层或多层筛网将松散的物料按颗粒粒度分成两个或多个不同粒级产品的过程。筛分时，尺寸小于筛孔尺寸的物料通过筛孔，称为筛下产品，尺寸大于筛孔尺寸的物料被截留在筛面上，称为筛上产品。若用 n 层筛面，可得 $n+1$ 种产品。

筛分分析是在一套筛网为金属丝网的标准筛中进行的，各国标准筛的规格不尽相同，常用的泰勒制是以每英寸边长的孔数为筛号，称为目。表 3-3 是泰勒标准筛的目数和对应孔径的节录。用标准筛测粒度分布时，将一套标准筛按筛孔上大下小的顺序叠在一起，若从上向下筛子的序号分别为 1，2…$i-1$ 及 i，相应筛孔的直径分别为 d_1，d_2…d_{i-1} 及 d_i。将称重后的颗粒样品放在最上面的筛子上，整套筛子用振荡器振动过筛，不同粒度的颗粒分别被截留于各号筛网面上。第 i 号筛网上的颗粒的尺寸应在 d_{i-1} 和 d_i 之间，分别称取各号筛网上的颗粒重量，即可得到样品的粒度分布。

目前，各种筛制正向国际标准组织 ISO 筛系统一。

表 3-3　泰勒标准筛

孔　　径			孔　　径		
目数	英寸	μm	目数	英寸	μm
3	0.263	6680	48	0.0116	295
4	0.185	4699	65	0.0082	208
6	0.131	3327	100	0.0058	147
8	0.093	2362	150	0.0041	104
10	0.065	1651	200	0.0029	74
14	0.046	1168	270	0.0021	53
20	0.0328	833	400	0.0015	38
35	0.0164	417			

2. 颗粒群的平均直径

停留在第 i 层筛网上的颗粒的平均直径 d_{pi} 值可按 d_{i-1} 和 d_i 的算术平均值计算，即

$$d_{pi}=\frac{d_i+d_{i-1}}{2} \tag{3-48}$$

根据各号筛网上截留的颗粒质量，可以计算出直径为 d_{pi} 的颗粒占全部样品的质量分数 x_i，再根据实测的各层筛网上的颗粒质量分数，按下式计算出颗粒群的平均直径

$$\overline{d_p}=\frac{1}{\sum\dfrac{x_i}{d_{pi}}} \tag{3-49}$$

式中，$\overline{d_p}$ 为颗粒群的平均直径，m；x_i 为粒径段内颗粒的质量分数；d_i 为被截留在第 i 层筛网上的颗粒的平均直径，m。

3.4.2　固体颗粒床层的特性

大量固体颗粒堆积在一起便形成颗粒床层。流体流经颗粒床层时，床层中的固体颗粒静止不动，此时的颗粒床层又称为**固定床**。描述颗粒床层的特性参数主要有如下几种。

(1)床层的空隙率

床层中颗粒之间的空隙体积与整个床层体积之比，称为空隙率（或称空隙度），以 ε 表示，即

$$\varepsilon=\frac{床层体积-颗粒体积}{床层体积}$$

式中，ε 为床层的空隙率，m^3/m^3，空隙率的大小与下列因素有关。

① **颗粒形状、粒度分布**　非球形颗粒的球形度越小，则床层的空隙率越大。由大小不均匀的颗粒所填充成的床层，小颗粒可以嵌入大颗粒之间的空隙中，因此床层空隙率比均匀颗粒填充的床层小。粒度分布越不均匀，床层的空隙率就越小；颗粒表面越光滑，床层的空隙率亦越小。因此，采用大小均匀的颗粒是提高固定床空隙率的一个方法。

② **颗粒直径与床层直径的比值**　空隙率在床层同一截面上的分布是不均匀的，在容器壁面附近，空隙率较大；而在床层中心处，空隙率较小。器壁对空隙率的这种影响称为壁效

应。壁效应使得流体通过床层的速度不均匀，流动阻力较小的近壁处流速较床层内部大。改善壁效应的方法通常是限制床层直径与颗粒直径之比不得小于某极限值。若床层的直径比颗粒的直径大得多，则壁效应可忽略。

③ **床层的填充方式** 采用"湿装法"（即在容器中先装入一定高度的水，然后再逐渐加入颗粒）填充颗粒，通常形成较疏松的排列。填充方式对床层空隙率的影响较大，即使相同的颗粒，同样的填充方式重复填充，每次所得的空隙率也未必相同。

床层的空隙率可通过实验测定。在体积为 V 的颗粒床层中加水，直至水面达到床层表面，测定加入水的体积 $V_水$，则床层空隙率为 $\varepsilon = V_水/V$。也可用称重法测定，体积为 V 的颗粒床层的质量为 G，若固体颗粒的密度为 ρ_s，则空隙率为 $\varepsilon = (V - G/\rho_s)/V$。

一般非均匀、非球形颗粒的乱堆床层的空隙率大致在 $0.47\sim0.7$ 之间。均匀的球体最松排列时的空隙率为 0.48，最紧密排列时的空隙率为 0.26。

(2)床层的自由截面积

床层截面上未被颗粒占据的流体可以自由通过的面积，称为床层的自由截面积。小颗粒乱堆床层可认为是各向同性的。各向同性床层的重要特性之一是其自由截面积与床层截面积之比在数值上与床层空隙率相等。同床层空隙率一样，由于壁效应的影响，壁面附近的自由截面积较大。

(3)床层的比表面积

床层的比表面积是指单位体积床层中具有的颗粒表面积（即颗粒与流体接触的表面积）。如果忽略床层中颗粒间相互重叠的接触面积，对于空隙率为 ε 的床层，床层的比表面积 a_b（m^2/m^3）与颗粒物料的比表面积 a 具有如下关系

$$a_b = a(1-\varepsilon) \tag{3-50}$$

床层的比表面积也可用颗粒的堆积密度估算，即

$$a_b = \frac{6(1-\varepsilon)}{\varphi_s d_e} = \frac{6}{\varphi_s d_e}\frac{\rho_b}{\rho_s} \tag{3-51}$$

式中，ρ_b 为颗粒的堆积密度，kg/m^3；ρ_s 为颗粒的真实密度，kg/m^3。

(4)床层的当量直径

流体在固定床中流动时，实际是在固定床颗粒间的空隙内流动，而这些空隙所构成的流道的结构非常复杂，彼此交错连通，大小、形状有很大差别，很不规则。因此，流体在固定床中的流动情况比流体在管道中的流动要复杂得多，难以精确描述，通常采用简化模型来处理，即将固定床中不规则的流道简化成一组与床层高度相等的平行细管。细管的当量直径可由床层的空隙率和颗粒的比表面积来计算。依照第一章非圆形管的当量直径定义，床层的当量直径 d_{eb} 为

$$d_{eb} = 4 \times 水力半径 = 4 \times \frac{流通截面}{润湿周边}$$

故对颗粒床层的当量直径应可写出

$$d_{eb} \propto \frac{流道截面 \times 流道长度}{润湿周边 \times 流道长度}$$

所以

$$d_{eb} \propto \frac{流道容积}{流道表面积}$$

考虑 $1m^3$（底面积为 $1m^2$，高度为 $1m$）的固定床，假设细管的全部流动空间等于床层的空隙体积，故

$$\text{流道容积}=1\times\varepsilon=\varepsilon$$

若忽略床层中因颗粒相互接触而彼此覆盖的表面积，则

$$\text{流道表面积}=\text{颗粒体积}\times\text{颗粒比表面积}=1(1-\varepsilon)a$$

所以床层的当量直径为

$$d_{eb}\propto\frac{\varepsilon}{(1-\varepsilon)a} \tag{3-52}$$

3.4.3 流体通过固体颗粒床层（固定床）的压降

流体通过固定床的压力降主要有两方面，一是流体与流道（即颗粒表面）间的摩擦作用产生的压力降，二是流动过程中，蜿蜒曲折的孔道使流速的大小和方向不断变化而产生的形体阻力所引起的压力降。层流时，压力降主要由表面摩擦作用产生，而湍流时，以及在薄的床层中流动时，形体阻力起主要作用。采用前述的简化模型，将流体通过床层的流动看作流体通过一组当量直径为 d_{eb} 的平行细管的流动，其压力降为

$$\Delta p_f=\lambda\frac{L}{d_{eb}}\frac{\rho u_1^2}{2} \tag{3-53}$$

式中，L 为床层高度，m；d_{eb} 为床层流道的当量直径，m；u_1 为流体在床层内的实际流速，m/s；

u_1 与按整个床层截面计算的空床流速 u 的关系为

$$u_1=\frac{u}{\varepsilon} \tag{3-54}$$

将式(3-52)、式(3-54)代入式(3-53)得

$$\frac{\Delta p_f}{L}\propto\frac{\lambda}{2}\frac{(1-\varepsilon)a}{\varepsilon^3}\rho u^2$$

假设流体通过床层的摩擦系数为 λ'，将上式写成等式的形式

$$\frac{\Delta p_f}{L}=\lambda'\frac{(1-\varepsilon)a}{\varepsilon^3}\rho u^2 \tag{3-55}$$

λ' 是床层雷诺数 Re_b 的函数，Re_b 用式(3-56)计算

$$Re_b=\frac{d_{eb}u_1\rho}{\mu}=\frac{\rho u}{a(1-\varepsilon)\mu} \tag{3-56}$$

康采尼(Kozeny)在滞流($Re_b<2$)情况下进行实验，得到

$$\lambda'=\frac{K}{Re_b} \tag{3-57}$$

式中，K 称为康采尼常数，通常取 $K=5$。将式(3-57)代入式(3-55)中得

$$\frac{\Delta p_f}{L}=5\frac{(1-\varepsilon)^2a^2u\mu}{\varepsilon^3} \tag{3-58}$$

式(3-58)称为康采尼方程。

欧根(Ergun)在较宽的 Re_b 数范围内进行实验，得到如下关联式

$$\lambda'=\frac{4.17}{Re_b}+0.29 \tag{3-59}$$

将式(3-56)、式(3-59)代入式(3-55)中得

$$\frac{\Delta p_f}{L}=4.17\frac{(1-\varepsilon)^2a^2u\mu}{\varepsilon^3}+0.29\frac{(1-\varepsilon)a\rho u^2}{\varepsilon^3} \tag{3-60}$$

将式(3-10)代入得

$$\frac{\Delta p_f}{L} = 150 \frac{(1-\varepsilon)^2 u\mu}{\varepsilon^3 (\varphi_s d_e)^2} + 1.75 \frac{(1-\varepsilon)\rho u^2}{\varepsilon^3 (\varphi_s d_e)} \tag{3-61}$$

式(3-61)称为欧根方程，适用于 Re_b 为 $0.17\sim330$。当 Re_b 较小时，流动基本为层流，式(3-61)中等号右边第二项相对较小，可忽略；当 Re_b 较大时，流动为湍流，式(3-59)中等号右边第一项相对较小，可以忽略。

3.5 过滤

3.5.1 过滤操作的原理

过滤是在外力作用下，使悬浮液中的液体通过多孔介质的孔道，而固体颗粒被截留在介质上，从而实现固、液分离的操作。其中多孔介质称为**过滤介质**，所处理的悬浮液称为**滤浆**或**料浆**，滤浆中被过滤介质截留的固体颗粒称为**滤渣**或**滤饼**，滤浆中通过滤饼及过滤介质的液体称为**滤液**。图 3-15 是过滤操作的示意图。

实现过滤操作的外力可以是重力、压力差或惯性离心力。在化工中应用最多的是以压力差为推动力的过滤。

过滤是分离悬浮液最普遍、最有效的单元操作之一，在化工生产中被广泛采用。通过过滤操作可获得清净的液体或固相产品。与沉降分离相比，过滤可使悬浮液的分离更迅速、更彻底。在某些场合，过滤是沉降的后继操作。过滤也属于机械分离操作，与蒸发、干燥等非机械操作相比，其能耗较低。

1. 过滤方式

目前工业上使用的过滤操作方式主要有饼层过滤、深床过滤和膜过滤。

饼层过滤时，悬浮液置于过滤介质的一侧，固体物质沉积于介质表面而形成滤饼层。由于滤浆中固体颗粒大小不一，过滤介质中微细孔道的尺寸可能大于悬浮液中部分小颗粒的尺寸，因而，过滤之初会有一些细小颗粒穿过介质而使滤液浑浊，但是不久颗粒会在孔道中发生"架桥"现象(见图 3-16)，使小于孔道尺寸的细小颗粒也能被截留，此时滤饼开始形成，滤液变清，过滤真正开始进行。所以说在饼层过滤中，真正发挥截留颗粒作用的主要是滤饼层而不是过滤介质。通常，过滤开始阶段得到的浑浊液，待滤饼形成后应返回滤浆槽重新处理。饼层过滤适用于处理固体含量较高(固相体积分数约在 1% 以上)的悬浮液。

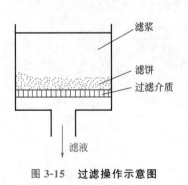

图 3-15　过滤操作示意图　　　　图 3-16　"架桥"现象

深床过滤时，过滤介质是很厚的颗粒床层，过滤时并不形成滤饼，悬浮液中的固体颗粒沉积于过滤介质床层内部，悬浮液中的颗粒尺寸小于床层孔道尺寸，当颗粒随流体在床层内的曲折孔道中流过时，在表面力和静电的作用下附着在孔道壁上。这种过滤适用于处理固体颗粒含量极少（固相体积分数在 0.1% 以下），颗粒很小的悬浮液。自来水厂饮水的净化及从合成纤维丝液中除去极细固体物质等均采用这种过滤方法。

膜过滤作为一种精密分离技术，近年来发展很快，已应用于许多行业。膜过滤是利用膜孔隙的选择透过性进行两相分离的技术。以膜两侧的流体压差为推动力，使溶剂、无机离子、小分子等透过膜，而截留微粒及大分子。膜过滤又分为微孔过滤和超滤，微孔过滤截留 $0.5\sim50\mu m$ 的颗粒，超滤截留 $0.05\sim10\mu m$ 的颗粒，而常规过滤截留 $50\mu m$ 以上的颗粒。

化工中所处理的悬浮液固相浓度往往较高，故本节只讨论饼层过滤。

2. 过滤介质

过滤介质起着支撑滤饼的作用，对其的基本要求是具有足够的机构强度和尽可能小的流动阻力，同时，还应具有相应的耐腐蚀性和耐热性。

工业上常用的过滤介质主要有如下几种。

① **织物介质（又称滤布）**　指由棉、毛、丝、麻等天然纤维及合成纤维制成的织物，以及由玻璃丝、金属丝等织成的网。这类介质能截留颗粒的最小直径为 $5\sim65\mu m$。织物介质在工业上应用最为广泛。

② **堆积介质**　由各种固体颗粒（砂、木炭、石棉、硅藻土）或非编织纤维等堆积而成，多用于深床过滤中。

③ **多孔固体介质**　具有很多微细孔道的固体材料，如多孔陶瓷、多孔塑料及多孔金属制成的管或板，能截拦 $1\sim3\mu m$ 的微细颗粒。

④ **多孔膜**　用于膜过滤的各种有机高分子膜和无机材料膜。广泛使用的是粗醋酸纤维素和芳香聚酰胺系两大类有机高分子膜。

3. 滤饼的压缩性和助滤剂

随着过滤操作的进行，滤饼的厚度逐渐增加，因此滤液的流动阻力也逐渐增加。构成滤饼的颗粒特性决定流动阻力的大小。颗粒如果是不易变形的坚硬固体（如硅藻土、碳酸钙等），则当滤饼两侧的压力差增大时，颗粒的形状和颗粒间的空隙不会发生明显变化，单位厚度床层的流动阻力可视作恒定，这类滤饼称为**不可压缩滤饼**。相反，如果滤饼中的固体颗粒受压会发生变形，如一些胶体物质，则当滤饼两侧的压力差增大时，颗粒的形状发生改变，颗粒间的空隙会有明显减小，从而使单位厚度饼层的流动阻力增大，这种滤饼为**可压缩滤饼**。

为了降低可压缩滤饼的过滤阻力，可加入助滤剂以改变滤饼的结构。**助滤剂**是某种质地坚硬而能形成疏松饼层的固体颗粒或纤维状物质，将其混入悬浮液或预涂于过滤介质上，可以改善饼层的性能，使滤液得以畅流。

对助滤剂的基本要求如下。

① 能形成多孔饼层的刚性颗粒，在过滤操作的压力差范围内，具有不可压缩性，以保持滤饼有较高的空隙率、良好的渗透性及较低的流动阻力；

② 有化学稳定性，不与悬浮液发生化学反应，不溶于液相中。

一般只有在以获得清净滤液为目的时，才使用助滤剂。常用的助滤剂有硅藻土、珍珠岩粉、碳粉或石棉粉等。

3.5.2 过滤基本方程式

1. 滤液通过饼层的流动

滤液通过滤饼和过滤介质的流动是流体流经固定床的一种情况。只是过滤操作时，滤饼厚度随过程进行而不断增加，若过滤过程中维持操作压力不变，则随滤饼增厚，过滤阻力加大，滤液通过的速度将减小；若要维持滤液通过速率不变，则需不断增大操作压力。

在过滤操作中，由于构成滤饼层的颗粒尺寸通常很小，形成的滤液通道不仅细小曲折，而且相互交联，形成不规则的网状结构，所以滤液在通道内的流动阻力很大，流速很小，多属于层流流动的范围，因此，可用康采尼公式描述

$$u = \frac{\varepsilon^3}{5a^2(1-\varepsilon)^2}\left(\frac{\Delta p_c}{\mu L}\right) \tag{3-62}$$

式中，Δp_c 为滤液通过滤饼层的压降，Pa；L 为床层厚度，m；μ 为滤液黏度，Pa·s；ε 为床层空隙率，m^3/m^3；a 为颗粒比表面积，m^2/m^3；u 为按整个床层截面计算的滤液流速，m/s。

2. 过滤速度与过滤速率

式(3-62)中 u 称为**过滤速度**，即单位时间通过单位过滤面积的滤液体积，单位 m/s。通常将单位时间获得的滤液体积称为**过滤速率**，单位为 m^3/s。过滤速度是单位过滤面积上的过滤速率，应注意不要将二者混淆。若过滤过程中其他因素维持不变，由于滤饼厚度不断增加，过滤速度会逐渐变小。任一瞬间的过滤速度为

$$u = \frac{dV}{A d\theta} = \frac{\varepsilon^3}{5a^2(1-\varepsilon)^2}\left(\frac{\Delta p_c}{\mu L}\right) \tag{3-62a}$$

而过滤速率为

$$\frac{dV}{d\theta} = \frac{\varepsilon^3}{5a^2(1-\varepsilon)^2}\left(\frac{A\Delta p_c}{\mu L}\right) \tag{3-62b}$$

式中，V 为滤液量，m^3；θ 为过滤时间，s；A 为过滤面积，m^2。

3. 滤饼的阻力

式(3-62a)和式(3-62b)中的 $\dfrac{\varepsilon^3}{5a^2(1-\varepsilon)^2}$ 反映了颗粒及颗粒床层的特性，其值由物料性质决定。若以 r 代表其倒数，即

$$r = \frac{5a^2(1-\varepsilon)^2}{\varepsilon^3} \tag{3-63}$$

式中，r 为滤饼的比阻，m^{-2}。

将 r 代入式(3-62a)，得

$$\frac{dV}{A d\theta} = \frac{\Delta p_c}{\mu r L} = \frac{\Delta p_c}{\mu R} \tag{3-64}$$

式中，R 为滤饼阻力，m^{-1}，$R = rL$。 $\tag{3-65}$

显然，式(3-64)具有速度＝推动力/阻力的形式，式中 Δp_c 为过滤过程的推动力，$\mu r L$ 为过滤过程的阻力，其中 μ 代表滤液的影响因素，rL 代表滤饼的影响因素，因此习惯上将 r 称为滤饼的比阻，R 称为滤饼阻力。

比阻 r 是单位厚度滤饼的阻力，它在数值上等于黏度为 1Pa·s 的滤液以 1m/s 的平均

流速通过厚度为 1m 的滤饼层时所产生的压力降。比阻反映了颗粒形状、尺寸及床层的空隙率对滤液流动的影响。床层空隙率 ε 愈小及颗粒比表面积 a 愈大，则床层愈致密，对流体流动的阻滞作用也愈大。对于不可压缩滤饼，过滤过程中滤饼层的空隙率 ε 可视为常数，颗粒的形状、尺寸也不改变，比表面积 a 亦为常数，因此，比阻 r 为常数。

4. 过滤介质的阻力

饼层过滤中，过滤介质的阻力一般都比较小，但在过滤初期，滤饼较薄，介质阻力占总阻力的比例较大，此时介质阻力不能忽略。过滤介质的阻力与其材质、厚度等因素有关。通常把过滤介质的阻力视为常数，仿照式(3-64)可以写出滤液穿过过滤介质层的速度关系式

$$\frac{\mathrm{d}V}{A\,\mathrm{d}\theta} = \frac{\Delta p_{\mathrm{m}}}{\mu R_{\mathrm{m}}} \tag{3-66}$$

式中，Δp_{m} 为过滤介质上、下游两侧的压力差，Pa；R_{m} 为过滤介质阻力，m^{-1}。

5. 过滤基本方程

由于过滤介质的阻力与最初形成的滤饼层的阻力往往是无法分开的，因此很难划定介质与滤饼之间的分界面，更难测定分界面处的压力，所以过滤计算中总是把过滤介质与滤饼联合起来考虑。

通常，滤饼与滤布的面积相同，所以两层中的过滤速度应相等，则

$$\frac{\mathrm{d}V}{A\,\mathrm{d}\theta} = \frac{\Delta p_{\mathrm{c}} + \Delta p_{\mathrm{m}}}{\mu(R + R_{\mathrm{m}})} = \frac{\Delta p}{\mu(R + R_{\mathrm{m}})} \tag{3-67}$$

式中，$\Delta p = \Delta p_{\mathrm{c}} + \Delta p_{\mathrm{m}}$，代表滤饼与滤布两侧的总压力降，称为过滤压力差。在实际过滤设备上，常有一侧处于大气压下，此时 Δp 就是另一侧表压的绝对值，所以 Δp 也称为过滤的表压力。式(3-67)表明，过滤推动力为滤液通过串联的滤饼与滤布的总压力降，过滤总阻力为滤饼与过滤介质的阻力之和。

为方便起见，假设过滤介质对滤液流动的阻力相当于厚度为 L_{e} 的滤饼层的阻力，即

$$rL_{\mathrm{e}} = R_{\mathrm{m}} \tag{3-68}$$

于是，式(3-67)可写为

$$\frac{\mathrm{d}V}{A\,\mathrm{d}\theta} = \frac{\Delta p}{\mu(rL + rL_{\mathrm{e}})} = \frac{\Delta p}{\mu r(L + L_{\mathrm{e}})} \tag{3-69}$$

式中，L_{e} 为过滤介质的当量滤饼厚度，或称虚拟滤饼厚度，m。

在一定操作条件下，以一定介质过滤一定悬浮液时，L_{e} 为定值；但同一介质在不同的过滤操作中，L_{e} 值不同。

若每获得 $1\mathrm{m}^3$ 滤液所形成的滤饼体积为 υ/m^3，则任一瞬间的滤饼厚度 L 与当时已经获得的滤液体积 V 之间的关系为

$$LA = \upsilon V$$

则

$$L = \frac{\upsilon V}{A} \tag{3-70}$$

式中，υ 为滤饼体积与相应的滤液体积之比，$\mathrm{m}^3/\mathrm{m}^3$。

同理，如生成厚度为 L_{e} 的滤饼，所应获得的滤液体积以 V_{e} 表示，则

$$L_{\mathrm{e}} = \frac{\upsilon V_{\mathrm{e}}}{A} \tag{3-71}$$

式中，V_{e} 为过滤介质的当量滤液体积，或称虚拟滤液体积，m^3。

V_e 是与 L_e 相对应的滤液体积，因此，一定的操作条件下，以一定介质过滤一定的悬浮液时，V_e 为定值，但同一介质在不同的过滤操作中，V_e 值不同。

将式(3-70)、式(3-71)代入式(3-69)中，得

$$\frac{dV}{d\theta} = \frac{A^2 \Delta p}{\mu r \upsilon (V + V_e)} \tag{3-72}$$

令 $q = \dfrac{V}{A}$，$q_e = \dfrac{V_e}{A}$，则有

$$\frac{dq}{d\theta} = \frac{\Delta p}{\mu r \upsilon (q + q_e)} \tag{3-72a}$$

式中，q 为单位过滤面积所得滤液体积，m^3/m^2；q_e 为单位过滤面积所得当量滤液体积，m^3/m^2。

对可压缩滤饼，比阻在过滤过程中不再是常数，它是两侧压力差的函数。通常用下面的经验公式来粗略估算压力差增大时比阻的变化，即

$$r = r'(\Delta p)^s \tag{3-73}$$

式中，r' 为单位压力差下滤饼的比阻，m^{-2}；Δp 为过滤压力差，Pa；s 为滤饼的压缩性指数，量纲为 1。一般情况下，$s = 0 \sim 1$。对于不可压缩滤饼，$s = 0$。

几种典型物料的压缩指数值列于表 3-4 中。

表 3-4　典型物料的压缩指数

物料	硅藻土	碳酸钙	钛白(絮凝)	高岭土	滑石	黏土	硫酸锌	氢氧化铝
s	0.01	0.19	0.27	0.33	0.51	0.56~0.6	0.69	0.9

在一定压力差范围内，式(3-73)对大多数可压缩滤饼都适用。

将式(3-73)代入式(3-72)，得到

$$\frac{dV}{d\theta} = \frac{A^2 \Delta p^{1-s}}{\mu r' \upsilon (V + V_e)} \tag{3-74}$$

或

$$\frac{dq}{d\theta} = \frac{\Delta p^{1-s}}{\mu r' \upsilon (q + q_e)} \tag{3-74a}$$

对于一定的悬浮液，μ、r' 及 υ 皆可视为常数，令

$$k = \frac{1}{\mu r' \upsilon} \tag{3-75}$$

式中，k 为表征过滤物料特性的常数，$m^4/(N \cdot s)$。

将式(3-75)代入式(3-74)，得

$$\frac{dV}{d\theta} = \frac{kA^2 \Delta p^{1-s}}{V + V_e} \tag{3-76}$$

或

$$\frac{dq}{d\theta} = \frac{k \Delta p^{1-s}}{q + q_e} \tag{3-76a}$$

式(3-74)和式(3-76)称为过滤基本方程式，表示过滤进程中任一瞬间的过滤速率与各有关因素间的关系，是过滤计算及强化过滤操作的基本依据。该式适用于可压缩滤饼及不可压缩滤饼。对于不可压缩滤饼，因 $s = 0$，式(3-76)即简化为式(3-72)。

应用过滤基本方程式时，需针对具体的操作方式积分式(3-74)或式(3-76)，得到过滤时间与所得滤液体积之间的关系。过滤的操作方式有两种，即恒压过滤及恒速过滤。有时，为

避免过滤初期因压力差过高而引起滤液浑浊或滤布堵塞，可采用先恒速后恒压的复合操作方式，过滤开始时以较低的恒定速度操作，当表压升至给定数值后，再转入恒压操作。当然，工业上也有既非恒速亦非恒压的过滤操作，如用离心泵向压滤机送浆即属此例。

3.5.3 恒压过滤

若过滤操作是在恒定压力差下进行的，则称为**恒压过滤**。恒压过滤是最常见的过滤方式。连续过滤机内进行的过滤都是恒压过滤，间歇过滤机内进行的过滤也多为恒压过滤。恒压过滤时，滤饼不断变厚致使阻力逐渐增加，由于推动力 Δp 恒定，因而过滤速率逐渐变小。

恒压过滤时，Δp、k、s、A、V_e 均为常数。因此，令

$$K = 2k\Delta p^{1-s} \tag{3-77}$$

将式(3-77)代入式(3-76)中，得

$$\frac{\mathrm{d}V}{\mathrm{d}\theta} = \frac{KA^2}{2(V+V_e)} \tag{3-78}$$

或

$$\frac{\mathrm{d}q}{\mathrm{d}\theta} = \frac{K}{2(q+q_e)} \tag{3-78a}$$

式中，K 称为过滤常数，m^2/s。

式(3-78)是 V 关于 θ 的一阶常微分方程，分离变量积分并代入 $\theta=0$，$V=0$ 及 $\theta=\theta$，$V=V$，可得

$$\int_0^V 2(V+V_e)\mathrm{d}V = KA^2 \int_0^\theta \mathrm{d}\theta$$

积分得

$$V^2 + 2V_e V = KA^2\theta \tag{3-79}$$

同样，积分式(3-78a)，并代入 $\theta=0$，$q=0$；$\theta=\theta$，$q=q$，得

$$q^2 + 2q_e q = K\theta \tag{3-79a}$$

式(3-79) 称为**恒压过滤方程**，它表明恒压过滤时滤液体积与过滤时间的关系为抛物线方程。

当过滤介质阻力可以忽略时，$V_e=0$，则式(3-79)及式(3-79a)简化为

$$V^2 = KA^2\theta \tag{3-80}$$

$$q^2 = K\theta \tag{3-80a}$$

以上二式也称为恒压过滤方程。

恒压过滤方程中 K 是由物料特性和过滤压力差决定的常数，V_e 或 q_e 是反映过滤介质阻力大小的常数，称为**介质常数**，单位分别为 m^3 和 m^3/m^2。K、$V_e(q_e)$ 总称为**过滤常数**，其数值由实验测定。

【例 3-6】 在 $9.81\times10^3\,\mathrm{Pa}$ 的恒定压力差下过滤某悬浮液。悬浮液中液相为水，固相为直径 0.1mm 的球形颗粒，固相体积分数为 10%，过滤时形成空隙率为 60% 的不可压缩滤饼。已知水的黏度为 $1.0\times10^{-3}\,\mathrm{Pa\cdot s}$，过滤介质阻力可以忽略，试求：(1)每平方米过滤面积上获得1.5m³滤液所需的过滤时间；(2)若将此过滤时间延长一倍，可再得滤液多少？

解 (1)过滤时间 已知过滤介质阻力可以忽略时的恒压过滤方程为 $q^2=K\theta$，单位面积上所得滤液量 $q=1.5\mathrm{m}^3$。过滤常数 $K=2k\Delta p^{1-s}=\dfrac{2\Delta p^{1-s}}{\mu r' \upsilon}$，对于不可压缩滤饼，$s=0$，$r'=r=$常数，则

$$K = \frac{2\Delta p}{\mu r \upsilon}$$

已知 $\Delta p = 9.81 \times 10^3 \text{Pa}$，$\mu = 1.0 \times 10^{-3} \text{Pa} \cdot \text{s}$，滤饼的空隙率 $\varepsilon = 0.6$。球形颗粒的比表面积为

$$a = \frac{6}{d} = \frac{6}{0.1 \times 10^{-3}} = 6 \times 10^4 \text{m}^2/\text{m}^3$$

于是

$$r = \frac{5a^2(1-\varepsilon)^2}{\varepsilon^3} = \frac{5(6 \times 10^4)^2(1-0.6)^2}{0.6^3} = 1.333 \times 10^{10} \text{m}^{-2}$$

又根据料浆中的固相含量及滤饼的空隙率，可求出滤饼体积与滤液体积之比 υ。形成 1m^3 滤饼需要固体颗粒 0.4m^3，相应需要的料浆量是 4m^3，因此，形成 1m^3 滤饼可得到 $4-1 = 3\text{m}^3$ 滤液，则

$$\upsilon = \frac{1}{3} = 0.333 \text{m}^3/\text{m}^3$$

$$K = \frac{2 \times 9.81 \times 10^3}{1.0 \times 10^{-3} \times 1.333 \times 10^{10} \times 0.333} = 4.42 \times 10^{-3} \text{m}^2/\text{s}$$

所以

$$\theta = \frac{q^2}{K} = \frac{1.5^2}{4.42 \times 10^{-3}} = 509 \text{s}$$

(2)过滤时间加倍时增加的滤液量

$$\theta' = 2\theta = 2 \times 509 = 1018 \text{s}$$

则

$$q' = \sqrt{K\theta'} = \sqrt{(4.42 \times 10^{-3}) \times 1018} = 2.12 \text{m}^3/\text{m}^2$$

$$q' - q = 2.12 - 1.5 = 0.62 \text{m}^3/\text{m}^2$$

即每平方米过滤面积上将再得 0.62m^3 滤液。

解题要点：通过物料衡算求得 υ 值，根据床层中颗粒堆积情况确定 r 值，进而计算 K 值。

3.5.4 恒速过滤与先恒速后恒压的过滤

恒速过滤是维持过滤速度恒定的过滤方式。当用排量固定的正位移泵向过滤机供料，并且支路阀处于关闭状态时，过滤速率便是恒定的。在这种情况下，由于随着过滤的进行，滤饼不断增厚，过滤阻力不断增大，要维持过滤速度不变，必须不断增大过滤的推动力——压力差。

恒速过滤时的过滤速度 u_R 为

$$\frac{\text{d}V}{A\text{d}\theta} = \frac{V}{A\theta} = \frac{q}{\theta} = u_R = 常数 \tag{3-81}$$

所以

$$q = u_R\theta \tag{3-82}$$

或

$$V = Au_R\theta \tag{3-82a}$$

式中，u_R 为恒速阶段的过滤速度，m/s。式(3-82a)表明，恒速过滤时，V（或 q）与 θ 的关系是通过原点的直线。

对于不可压缩滤饼，可将式(3-74a)写成

$$\frac{\text{d}q}{\text{d}\theta} = \frac{\Delta p}{\mu r \upsilon(q + q_e)} = u_R = 常数$$

对一定的悬浮液，一定的过滤介质，式中 μ、r、υ、u_R 及 q_e 均为常数，仅 Δp 及 q 随 θ 而变化，于是得到

$$\Delta p = \mu r \upsilon u_R^2 \theta + \mu r \upsilon u_R q_e \tag{3-83}$$

令 $a = \mu r \upsilon u_R^2$，$b = \mu r \upsilon u_R q_e$，则

$$\Delta p = a\theta + b \tag{3-83a}$$

式(3-83a)表明，对不可压缩滤饼进行恒速过滤时，其操作压力差随过滤时间成直线增高。因此，若整个过滤过程都在恒速条件下进行，在操作后期压力会很高，可能引起过滤设备泄漏或动力设备超负荷。若整个过滤过程都在恒压下进行，则过滤刚开始时，滤布表面无滤饼层，过滤阻力小，较高的过滤压力会使细小的颗粒通过介质而使滤液浑浊，或阻塞介质孔道而使阻力增大。因此，实际过滤操作中多采用先恒速后恒压的复合式操作方式。其装置见图3-17。

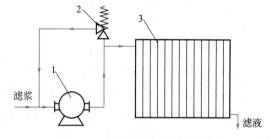

图 3-17　先恒速后恒压过滤装置
1—正位移泵；2—支路阀；3—过滤机

由于采用正位移泵，过滤初期维持恒定过滤速度，泵出口表压力逐渐升高。若经过 θ_R 时间(获得体积 V_R 的滤液)后，表压力达到能使支路阀自动开启的给定数值，此时支路阀开启，进入恒压过滤阶段，有部分料浆开始经支路返回泵的入口，进入压滤机的料浆流量逐渐减小，而压滤机入口表压力维持恒定。

对于恒压阶段的 V-θ 关系，仍可用过滤基本方程式(3-78)求得，即

$$\frac{dV}{d\theta} = \frac{KA^2}{2(V+V_e)}$$

令 V_R、θ_R 分别代表恒速阶段的过滤时间及所得滤液体积，对恒压阶段积分上式得

$$\int_{V_R}^{V_2} 2(V+V_e)dV = KA^2 \int_{\theta_R}^{\theta} d\theta$$

积分得

$$(V^2 - V_R^2) + 2V_e(V - V_R) = KA^2(\theta - \theta_R) \tag{3-84}$$

或

$$(q^2 - q_R^2) + 2q_e(q - q_R) = K(\theta - \theta_R) \tag{3-84a}$$

式(3-84)即为恒压阶段的过滤方程。式中，$(V-V_R)$、$(\theta-\theta_R)$ 分别代表转入恒压操作后所得的滤液体积及所经历的过滤时间。

【例 3-7】　在 0.04m^2 的过滤面积上以 $1\times10^{-4}\text{m}^3/\text{s}$ 的速率进行恒速过滤试验，测得过滤 100s 时，过滤压力差为 $3\times10^4\text{Pa}$；过滤 600s 时，过滤压力差为 $9\times10^4\text{Pa}$。滤饼为不可压缩。今欲用框内尺寸为 $635\text{mm}\times635\text{mm}\times60\text{mm}$ 的板框过滤机处理同一料浆，所用滤布与试验时的相同。过滤开始时，以与试验相同的滤液流速进行恒速过滤，在过滤压力差达到 $6\times10^4\text{Pa}$ 时改为恒压操作。每获得 1m^3 滤液所生成的滤饼体积为 0.02m^3。试求框内充满滤饼所需的时间。

解　第一阶段是恒速过滤，其过滤时间 θ 可用式(3-83a)进行计算

$$\Delta p = a\theta + b$$

板框过滤机所处理的悬浮液特性及所用滤布均与试验时相同，且过滤速度也一样，因此，上式中 a、b 值可根据实验测得的两组数据求出

$$3\times10^4 = 100a + b, \qquad 9\times10^4 = 600a + b$$

解得 $a = 120$，$b = 1.8\times10^4$，即

$$\Delta p = 120\theta + 1.8 \times 10^4$$

恒速阶段终了时的压力差 $\Delta p_R = 6 \times 10^4 \text{Pa}$，故恒速段过滤时间为

$$\theta_R = \frac{\Delta p_R - b}{a} = \frac{6 \times 10^4 - 1.8 \times 10^4}{120} = 350\text{s}$$

恒速阶段过滤速度与实验时相同

$$u_R = \frac{V}{A\theta} = \frac{1 \times 10^{-4}}{0.04} = 2.5 \times 10^{-3} \text{m/s}$$

$$q_R = u_R \theta_R = 2.5 \times 10^{-3} \times 350 = 0.875 \text{m}^3/\text{m}^2$$

根据式(3-83)

$$a = \mu \upsilon r u_R^2 = \frac{u_R^2}{k} = 120, \qquad b = \mu \upsilon r u_R q_e = \frac{u_R q_e}{k} = 1.8 \times 10^4$$

解得 $\qquad k = 5.208 \times 10^{-8} \text{m}^2/(\text{Pa} \cdot \text{s})$, $\quad q_e = 0.375 \text{m}^3/\text{m}^2$

恒压操作阶段过滤压力差为 $6 \times 10^4 \text{Pa}$，滤饼不可压缩，所以

$$K = 2k\Delta p = 2 \times 5.208 \times 10^{-8} \times 6 \times 10^4 = 6.250 \times 10^{-3} \text{m}^2/\text{s}$$

板框过滤机的过滤面积为

$$A = 2 \times 0.635^2 = 0.8065 \text{m}^2$$

滤饼体积及滤饼充满滤框时单位过滤面积上的滤液体积为

$$V_c = 0.635^2 \times 0.06 = 0.0242 \text{m}^3$$

$$q = \left(\frac{V_c}{A}\right)/\upsilon = \frac{0.0242}{0.8065 \times 0.02} = 1.5 \text{m}^3/\text{m}^2$$

再将 K、q_e、q_R、q 的数值代入式(3-84a)，得

$$(1.5^2 - 0.875^2) + 2 \times 0.375(1.5 - 0.875) = 6.25 \times 10^{-3}(\theta - 350)$$

解得滤框充满滤饼所需时间为 $\qquad \theta = 662.5\text{s}$

 解题要点：恒速终点有关参数的确定和 K 与 q 的计算。

3.5.5 过滤常数的测定

对于工业生产设计，需要知道过滤常数，但目前还无法从理论上准确描述过滤过程，因此，过滤常数的获取通常是借助于实验，在小型实验设备上，在相同条件下，用同一种物料进行测定。

1. 恒压下 K、$V_e(q_e)$ 的测定

在某指定的压力差下对一定料浆进行恒压过滤时，式(3-79)中的过滤常数 K、V_e（或 q_e）可通过恒压过滤试验测定。将恒压过滤方程式(3-77)变换为如下形式

$$\frac{\theta}{V} = \frac{1}{KA^2}V + \frac{2V_e}{KA^2}$$

在过滤面积 A 上对待测的悬浮料浆进行恒压过滤试验，每隔一定时间测定所得滤液体积，并由此算出相应的 $\frac{\theta}{V}$ 值，从而得到一系列相互对应的 $\frac{\theta}{V}$ 与 V 之值。在直角坐标系中标绘 $\frac{\theta}{V}$ 与 V 间的函数关系，可得一条直线，由直线的斜率 $\left(\frac{1}{KA^2}\right)$ 及截距 $\left(\frac{2V_e}{KA^2}\right)$ 的数值便可求

得 K 与 V_e，再用 $q_e = V_e/A$ 求出 q_e 之值。这样得到的 K、$V_e(q_e)$ 便是此种悬浮料浆在特定的过滤介质及压力差条件下的过滤常数。

当进行过滤试验比较困难时，只要能够获得指定条件下的过滤时间与滤液量的两组对应数据，也可计算出过滤常数，因为

$$V^2 + 2V_e V = KA^2\theta$$

将已知的两组 $V\text{-}\theta$ 对应数据代入该式，便可解出 V_e 及 K。只是，如此求得的过滤常数，完全依赖于这仅有的两组数据，准确程度往往较差。

2. 压缩性指数 s 的测定

滤饼的压缩性指数 s 以及物料特性常数 k 的确定需要若干不同压力差下对指定物料进行过滤试验的数据，先求出若干过滤压力差下的 K 值，然后对 $K\text{-}\Delta p$ 数据加以处理，即可求得 s 值。

对式(3-77)两端取对数，得

$$\lg K = (1-s)\lg(\Delta p) + \lg 2k$$

因 $k = \dfrac{1}{\mu r' \upsilon} = $ 常数，故 K 与 Δp 的关系在对数坐标上标绘时应是直线，直线的斜率为 $(1-s)$，截距为 $2k$。如此可得滤饼的压缩性指数 s 及物料特性常数 k。

值得注意的是，上述求压缩性指数的方法是建立在 υ 值恒定的条件上的，这就要求在过滤压力差变化范围内，滤饼的空隙率应没有显著的改变。

【例 3-8】 在 0.04m^2 的过滤面上对 25℃，每升水中含 25g 某种颗粒的悬浮液进行了三次过滤试验，所得数据见本例附表 1。试求：(1)各 Δp 下的过滤常数 K、V_e；(2)滤饼的压缩性指数 s。

解 (1)过滤常数

根据试验数据整理出与 V 值相应的 $\dfrac{\theta}{V}$；列于本例附表 1 中。回归三个操作压力下的 $\dfrac{\theta}{V}$ 与 V 的关系方程 $\dfrac{\theta}{V} = \dfrac{1}{KA^2}V + \dfrac{2V_e}{KA^2}$，求得三条直线的斜率 $\dfrac{1}{KA^2}$ 和截距 $\dfrac{2V_e}{KA^2}$，由斜率和截距可求出 K 和 V_e，各次试验条件下的过滤常数计算过程及结果列于本题附表 2 中。

例 3-8 附表 1

试验序号	Ⅰ	Ⅱ	Ⅲ	Ⅰ	Ⅱ	Ⅲ
过滤压力差 $\Delta p \times 10^{-5}/\text{Pa}$	0.463	1.95	3.39	0.463	1.95	3.39
滤液体积 $V \times 10^3/\text{m}^3$	过滤时间 θ/s			$\dfrac{\theta}{V} \times 10^{-3}/(\text{s/m}^3)$		
0	0	0	0			
0.454	18.3	4.9	3	40.30	10.79	6.607
0.908	44.3	12.9	8.1	48.78	14.20	8.920
1.362	79.6	24.2	15.6	58.44	17.76	11.45
1.804	121.2	38.2	24.5	67.18	21.17	13.58
2.27	173.5	54.6	37.1	76.43	24.05	16.34
2.724	233.4	75	50.2	85.68	27.53	18.42

试验序号		I	II	III
过滤压力差 $\Delta p \times 10^{-5}$/Pa		0.463	1.95	3.39
$\frac{\theta}{V}$-V 直线的斜率 $\frac{1}{KA^2}$/(s/m^6)		4.006×10^7	7.345×10^6	5.259×10^6
$\frac{\theta}{V}$-V 直线的截距 $\frac{2V_e}{KA^2}$/(s/m^3)		30968	7598	4210
过滤常数	K/(m^2/s)	3.11×10^{-5}	8.509×10^{-5}	1.188×10^{-4}
	V_e/m^3	7.718×10^{-4}	5.172×10^{-4}	4.003×10^{-4}
	q_e/(m^3/m^2)	0.0193	0.0129	0.0100

(2)滤饼的压缩性指数 s

将附表 2 中三次试验的 K-Δp 数据回归，得到方程 $\lg K = 0.68 \lg(\Delta p) - 7.66$，与式 (3-75a)比较，得 $s = 1 - 0.68 = 0.32$，$k = 10^{-7.66}/2 = 1.09 \times 10^{-8}$ m^4/(N·s)。

3.5.6 过滤设备

在工业生产中，需要过滤的悬浮液的性质有很大差别，生产工艺对过滤的要求也各不相同，为适应各种不同的要求开发了多种形式的过滤机。过滤设备按照操作方式可分为间歇过滤机与连续过滤机；按照采用的压力差可分为压滤、吸滤和离心过滤机。工业上应用最广泛的板框过滤机和叶滤机为间歇压滤型过滤机，转筒真空过滤机则为吸滤型连续过滤机。离心过滤机将在下节介绍。

1. 板框压滤机

板框压滤机在工业生产中应用最早，至今仍沿用不衰。它由多块带凹凸纹路的滤板和滤框交替排列组装于机架而构成，如图 3-18 所示。

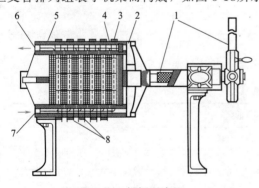

图 3-18　板框压滤机

1—压紧装置；2—可动头；3—滤框；4—滤板；
5—固定头；6—滤液出口；7—滤浆进口；8—滤布

板和框一般制成正方形，如图 3-19 所示。板和框的角端均开有圆孔，装合、压紧后即构成供滤浆、滤液或洗涤液流动的通道。框的两侧覆以滤布，空框与滤布围成了容纳滤浆及滤饼的空间。板又分为洗涤板与过滤板两种。为了便于区别，常在板、框外侧铸有小钮或其他标志，通常，过滤板为一钮，框为二钮，洗涤板为三钮(如图 3-19 所示)。装合时即按钮数 1→2→3→2→1→2⋯⋯的顺序排列板与框。压紧装置的驱动可用手动、电动或液压传动等方式。

过滤时，悬浮液在指定的压力下经滤浆通道由滤框角端的暗孔进入框内，滤液分别穿过两侧滤布，再经邻板板面流到滤液出口排走，固体则被截留于框内，如图 3-20(a)所示，待滤饼充满滤框后，即停止过滤。滤液的排出方式有明流与暗流之分。若滤液经由每块滤板底部侧管直接排出(如图 3-20 所示)，则称为**明流**。若滤液不宜暴露于空气中，则需将各板流出的滤液汇集于总管后送走(如图 3-18 所示)，称为**暗流**。

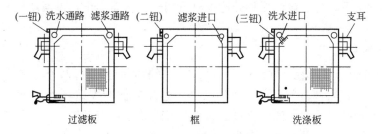

图 3-19　滤板和滤框

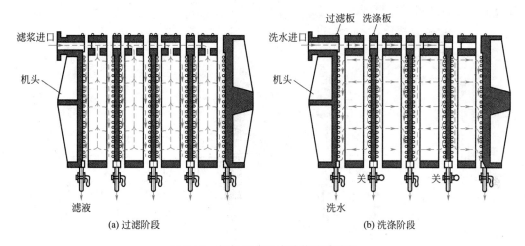

(a) 过滤阶段　　　　　　　　　　　　　(b) 洗涤阶段

图 3-20　板框压滤机内液体流动路径

若滤饼需要洗涤，可将洗水压入洗水通道，经洗涤板角端的暗孔进入板面与滤布之间。此时，应关闭洗涤板下部的滤液出口，洗水便在压力差推动下穿过一层滤布及整个厚度的滤饼，然后再横穿另一层滤布，最后由过滤板下部的滤液出口排出，如图 3-20(b)所示。这种操作方式称为横穿洗涤法，其作用在于提高洗涤效果。

洗涤结束后，旋开压紧装置并将板框拉开，卸出滤饼，清洗滤布，重新组合，进入下一个操作循环。

板框压滤机的操作表压，一般在 $3 \times 10^5 \sim 8 \times 10^5 \mathrm{Pa}$ 的范围内，有时可高达 $15 \times 10^5 \mathrm{Pa}$。滤板和滤框可由金属材料(如铸铁、碳钢、不锈钢、铝等)、塑料及木材制造。我国已有板框压滤机系列标准及规定代号，如 BMS 20/635—25，其中 B 表示板框压滤机，M 表示明流式(若为 A，则表示暗流式)，S 表示手动压紧(若为 Y，则表示液压压紧)，20 表示过滤面积为 $20 \mathrm{m}^2$，635 表示滤框边长为 635mm 的正方形，25 表示滤框的厚度为 25mm。在板框压滤机系列中，框每边长为 320～1000mm，厚度为 25～50mm。滤板和滤框的数目，可根据生产任务自行调节，一般为 10～60 块，所提供的过滤面积为 2～80m²。当生产能力小，所需过滤面积较小时，可于板框间插入一块盲板，以切断过滤通道，盲板后部即失去作用。

板框压滤机结构简单、制造方便、占地面积较小而过滤面积较大，操作压力高，适应能力强，故应用颇为广泛。它的主要缺点是间歇操作，生产效率低，劳动强度大，滤布损耗也较快。近来，各种自动操作板框压滤机的出现，使上述缺点在一定程度上得到改善。滤板和滤框由液压装置自动压紧或拉开，全部滤布连接在一起，运转时可将滤饼从滤框中带出，受重力作用而自行落下。也有设计成拉开滤框时可同时将滤布拉出，借振动器清除附于滤布上的滤渣。

2. 加压叶滤机

图 3-21 所示的加压叶滤机是由许多不同的长方形或圆形滤叶装合而成。滤叶由金属多孔板或金属网制造，内部具有空间，外罩滤布。过滤时滤叶安装在能承受内压的密闭机壳内。滤浆用泵压送到机壳内，滤液穿过滤布进入叶内，汇集至总管后排出机外，颗粒则积于滤布外侧形成滤饼。滤饼的厚度通常为 5～35mm，视滤浆性质及操作情况而定。

若滤饼需要洗涤，则于过滤完毕后通入洗水，洗水的路径与滤液相同，这种洗涤方法称为置换洗涤法。洗涤过后打开机壳上盖，拨出滤叶卸除滤饼。

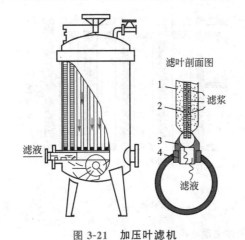

图 3-21　加压叶滤机
1—滤饼；2—滤布；3—拔出装置；4—橡胶圈

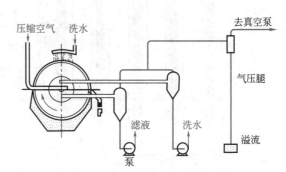

图 3-22　转筒真空过滤机装置示意图

加压叶滤机也是间歇操作设备，其优点是过滤速度大，洗涤效果好，占地省，密闭操作，改善了操作条件；缺点是造价较高，更换滤面（尤其对于圆形滤叶）比较麻烦。

3. 转筒真空过滤机

转筒真空过滤机是一种工业上应用较广的连续操作过滤机械。设备的主体是一个能转动的水平圆筒，其表面有一层金属网，网上覆盖滤布，筒的下部侵入滤浆中，如图 3-22 所示。

圆筒沿径向分隔成若干扇形格，每格都有孔道通至分配头上。凭借分配头的作用，圆筒转动时，这些孔道依次分别与真空管、洗水管及压缩空气管等相连通，从而在圆筒回转一周的过程中，每个扇形表面即可顺序进行过滤、洗涤、吸干、吹松、卸饼等操作，对圆筒的每一块表面，转筒转动一周经历一个操作循环。

分配头由紧密贴合着的转动盘与固定盘构成，转动盘随着筒体一起旋转，固定盘不动，其内侧面各凹槽分别与各种不同作用的管道相通，如图 3-23 所示。在转动盘旋转一周的过程中，转筒表面的不同位置上，同时进行过滤-吸干-洗涤-吹松-卸饼等操

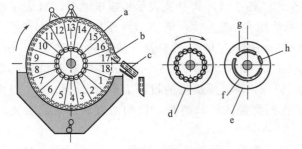

图 3-23　转筒及分配头的结构
a—转筒；b—滤饼；c—割刀；d—转动盘；e—固定盘；
f—吸走滤液的真空凹槽；g—吸走洗水的真空凹槽；
h—通入压缩空气的凹槽

作。如此连续运转，整个转筒表面上便构成了连续的过滤操作。

转筒的过滤面积一般为 $5\sim40\mathrm{m^2}$，浸没部分占总面积的 $30\%\sim40\%$。转速可在一定范围内调整，通常为 $0.1\sim3\mathrm{r/min}$。滤饼厚度一般保持在 40mm 以内，转筒过滤机所得滤饼中的液体含量很少低于 10%，常可达 30% 左右。

转筒真空过滤机能连续自动操作，节省人力，生产能力大，对处理量大而容易过滤的料浆特别适宜，对难以过滤的胶体物系或细微颗粒的悬浮液，若采用预涂助滤剂措施也比较方便。但转筒真空过滤机附属设备较多，过滤面积不大。此外，由于它是真空操作，因而过滤推动力有限，尤其不能过滤温度较高(饱和蒸气压高)的滤浆，滤饼的洗涤也不充分。

4. 过滤技术的进展与过滤过程的强化

近几十年，过滤技术发展较快。过滤设备的开发与研究主要着重于提高自动化程度，降低劳动强度，改善劳动条件；减少过滤阻力，提高过滤速率；减少设备所占空间，增加过滤面积；降低滤饼含水率，减少后继干燥操作的能耗。

近几年来，过滤过程的强化技术在大型生产中取得显著效果。诸如：改变传统过滤介质为固体薄膜的高效节能、高精度分离的膜过滤；改变过滤速率随时减缓的错流过滤、动态过滤(叶滤机)设备；改变间歇过滤为连续操作的沉降-过滤的双功能过滤；引入电场、磁场、超声波附加效应，如介电泳与介电过滤、错流电过滤；减小过滤阻力的预涂层真空过滤机、真空带式过滤机；节能降耗的压榨机等。

3.5.7 滤饼的洗涤

过滤之后形成的滤饼层的空隙内仍残留滤液，洗涤滤饼的目的就是回收滞留在颗粒缝隙间的滤液，或净化构成滤饼的颗粒。

单位时间内消耗的洗水容积称为洗涤速率，以 $\left(\dfrac{\mathrm{d}V}{\mathrm{d}\theta}\right)_\mathrm{w}$ 表示。由于洗水里不含固相，洗涤过程中滤饼不再增厚，故而阻力不变，因而，在恒定的压力差推动力下洗涤速率基本为常数。若每次过滤后以体积为 V_w 的洗水洗涤滤饼，则所需洗涤时间为

$$\theta_\mathrm{w} = \frac{V_\mathrm{w}}{\left(\dfrac{\mathrm{d}V}{\mathrm{d}\theta}\right)_\mathrm{w}} \tag{3-85}$$

式中，V_w 为洗水用量，$\mathrm{m^3}$；θ_w 为洗涤时间，s。下标 w 表示洗涤操作。

影响洗涤速率的因素可根据过滤基本方程式来分析，将式(3-72)变化为如下形式

$$\frac{\mathrm{d}V}{\mathrm{d}\theta} = \frac{A\Delta p^{1-s}}{\mu r'(L+L_\mathrm{e})}$$

对于一定的悬浮液，r' 为常数。若洗涤推动力与过滤终了时的压力差相同，并假定洗水黏度与滤液黏度相近，则洗涤速率 $\left(\dfrac{\mathrm{d}V}{\mathrm{d}\theta}\right)_\mathrm{w}$ 与过滤终了时的过滤速率 $\left(\dfrac{\mathrm{d}V}{\mathrm{d}\theta}\right)_\mathrm{E}$ 有一定关系，这个关系取决于特定过滤设备上采用的洗涤方式。

连续式过滤机及叶滤机等所采用的是置换洗涤法，洗水流径与过滤终了时滤液的流径基本相同，故

$$(L+L_\mathrm{e})_\mathrm{w} = (L+L_\mathrm{e})_\mathrm{E}$$

式中，下标 E 表示过滤终了时刻，而且洗涤流通截面与过滤面积也相同，故洗涤速率大致等于过滤终了时的过滤速率，即

$$\left(\frac{\mathrm{d}V}{\mathrm{d}\theta}\right)_{\mathrm{w}}=\left(\frac{\mathrm{d}V}{\mathrm{d}\theta}\right)_{\mathrm{E}}=\frac{KA^2}{2(V+V_{\mathrm{e}})} \tag{3-86}$$

式中，V 为过滤终了时所得的滤液体积，m^3。

板框压滤机采用的是横穿洗涤法，洗水穿过整个厚度的滤饼，流径长度约为过滤终了时滤液流径的两倍，洗水横穿二层滤布而滤液只需穿过一层滤布，洗水流通面积为过滤面积的一半，因此

$$(L+L_{\mathrm{e}})_{\mathrm{w}}=2(L+L_{\mathrm{e}})_{\mathrm{E}}$$

$$A_{\mathrm{w}}=\frac{1}{2}A$$

将以上关系代入过滤基本方程式，可得

$$\left(\frac{\mathrm{d}V}{\mathrm{d}\theta}\right)_{\mathrm{w}}=\frac{1}{4}\left(\frac{\mathrm{d}V}{\mathrm{d}\theta}\right)_{\mathrm{E}}=\frac{KA^2}{8(V+V_{\mathrm{e}})} \tag{3-87}$$

即板框压滤机上的洗涤速率约为过滤终了时过滤速率的四分之一。

若洗水黏度、洗水表压与滤液黏度、过滤压力差有明显差异时，所需的洗涤时间可按下式进行校正，即

$$\theta_{\mathrm{w}}'=\theta_{\mathrm{w}}\left(\frac{\mu_{\mathrm{w}}}{\mu}\right)\left(\frac{\Delta p}{\Delta p_{\mathrm{w}}}\right) \tag{3-88}$$

式中，θ_{w}' 为校正后的洗涤时间，s；θ_{w} 为未经校正的洗涤时间，s；μ_{w} 为洗水黏度，$Pa\cdot s$；Δp 为过滤终了时刻的推动力，Pa；Δp_{w} 为洗涤推动力，Pa。

3.5.8 过滤机的生产能力

过滤机的生产能力通常以单位时间获得的滤液体积来计算，少数情况下，也有按滤饼的产量或滤饼中固相物质的产量来计算的。

1. 间歇过滤机的生产能力

间歇过滤机的特点是在整个过滤机上依次进行一个过滤循环中的过滤、洗涤、卸渣、清理、装合等操作。在每一循环周期中，全部过滤面积只有部分时间在进行过滤，而过滤之外的其他各步操作所占用的时间也必须计入生产时间内。因此生产能力应以整个操作周期为基准来计算。一个操作周期的总时间为

$$T=\theta+\theta_{\mathrm{w}}+\theta_{\mathrm{D}}$$

式中，T 为一个操作循环的时间，即操作周期，s；θ 为一个操作循环内的过滤时间，s；θ_{w} 为一个操作循环内的洗涤时间，s；θ_{D} 为一个操作循环内的卸渣、清理、装合等辅助操作所需时间，s。

生产能力为

$$Q=\frac{3600V}{T}=\frac{3600V}{\theta+\theta_{\mathrm{w}}+\theta_{\mathrm{D}}} \tag{3-89}$$

式中，V 为一个操作循环内所获得的滤液体积（即过滤时间内所获得的滤液体积），m^3；Q 为生产能力，m^3/h。

从式(3-89)可以看出，对于间歇生产的过滤机，在一个操作周期中，若采用较短的过滤时间，由于滤饼较薄会有较大的过滤速度，但非过滤时间在整个过滤周期中所占比例较大，使生产能力较低；相反，若采用较长的过滤时间，非过滤时间在整个过滤周期内所占比例较小，但因形成的滤饼较厚，过滤后期速度很慢，使过滤的平均速度减小，生产能力也不会太高。因此，过滤时间的选取应综合各因素考虑，在一个操作周期内，过

滤时间有一个使生产能力最大的最佳值。板框压滤机的框厚度应据此最佳过滤时间生成的滤饼厚度来设计。

【例 3-9】 在 25℃下用具有 26 个框的 BMS20/635—25 板框压滤机对含固体 2.5%（质量分数）的悬浮液进行恒压过滤，操作条件下的过滤常数 $q_e = 0.023\text{m}^3/\text{m}^2$，$K = 1.13 \times 10^{-4}\,\text{m}^2/\text{s}$。每次过滤完毕用清水洗涤滤饼，洗水温度及表压与滤浆相同而其体积为滤液体积的 8%。每次卸渣、清理、装合等辅助操作时间为 15min。已知固相密度为 2930kg/m³，又测得湿饼密度为 1930kg/m³。求此板框压滤机的生产能力。

解 过滤面积 $A = 0.635^2 \times 2 \times 26 = 21\text{m}^2$，滤框总容积 $= 0.635^2 \times 0.025 \times 26 = 0.262\text{m}^3$

已知 1m³ 滤饼的质量为 1930kg，设其中含水 x kg，水的密度按 1000kg/m³ 考虑，则

$$\frac{1930 - x}{2930} + \frac{x}{1000} = 1$$

解得 $x = 518$kg，故知 1m³ 滤饼中的固相质量为 $1930 - 518 = 1412$kg。

生成 1m³ 滤饼所需的滤浆质量为

$$\frac{1412\text{kg}}{2.5\%} = 56480\text{kg}$$

则 1m³ 滤饼所对应的滤液质量为 $56480 - 1930 = 54550$kg。

1m³ 滤饼所对应的滤液体积为

$$\frac{54550\text{kg}}{1000\text{kg}/\text{m}^3} = 54.55\text{m}^3$$

由此可知，滤框全部充满时的滤液体积为

$$V = 54.55 \times 0.262 = 14.29\text{m}^3$$

则过滤终了时的单位面积滤液量为

$$q = \frac{V}{A} = \frac{14.29}{21} = 0.6806\text{m}^3/\text{m}^2$$

根据恒压过滤方程式

$$q^2 + 0.046q = 1.13 \times 10^{-4}\theta$$

将 $q = 0.6806\text{m}^3/\text{m}^2$ 代入上式，得

$$0.6806^2 + 0.046 \times 0.6806 = 1.13 \times 10^{-4}\theta$$

解得过滤时间为 $\theta = 4376$s。

洗涤速度为

$$\left(\frac{dV}{d\theta}\right)_w = \frac{1}{4}\left(\frac{dV}{d\theta}\right)_E = \frac{KA}{8(q + q_e)} = \frac{1.13 \times 10^{-4} \times 21}{8 \times (0.6806 + 0.023)} = 4.216 \times 10^{-4}\text{m}^3/\text{s}$$

已知 $V_w = 0.08V = 0.08 \times 14.29 = 1.143\text{m}^3$，由式（3-85）得

$$\theta_w = \frac{V_w}{\left(\dfrac{dV}{d\theta}\right)_w} = \frac{1.143}{4.216 \times 10^{-4}} = 2711\text{s}$$

又知 $\theta_D = 15 \times 60 = 900$s，则生产能力为

$$Q = \frac{3600V}{T} = \frac{3600V}{\theta + \theta_w + \theta_D} = \frac{3600 \times 14.29}{4376 + 2711 + 900} = 6.441\text{m}^3/\text{h}$$

 解题要点：通过物料衡算确定 v（或 q）值。

2. 连续过滤机的生产能力

连续过滤机(以转筒真空过滤机为例)的特点是过滤、洗涤、卸饼等操作在转筒表面的不同区域内同时进行。

连续式过滤机的生产能力计算也以一个操作周期为基准,对转筒真空过滤机,一个操作周期就是转筒旋转一周所用时间 T。若转筒转速为 $n(\mathrm{r/min})$,则

$$T=\frac{60}{n} \tag{3-90}$$

任何一块表面在转筒回转一周过程中都只有部分时间进行过滤操作。转筒表面浸入滤浆中的分数称为浸没度,以 ψ 表示,即

$$\psi = 浸没角度/360°$$

因转筒以匀速运转,故浸没度 ψ 就是转筒表面任何一块过滤面积每次浸入滤浆中的时间(即过滤时间)θ 与转筒回转一周所用时间 T 的比值。因此,在一个过滤周期内,转筒表面上任何一块过滤面积所经历的过滤时间均为

$$\theta = \psi T = \frac{60\psi}{n} \tag{3-91}$$

所以,从生产能力的角度来看,一台总过滤面积为 A、浸没度为 ψ、转速为 n 的连续转筒真空过滤机,与一台在同样条件下操作的过滤面积为 A、操作周期为 $T=\dfrac{60}{n}$,每次过滤时间为 $\theta=\dfrac{60\psi}{n}$ 的间歇式板框压滤机是等效的。因而,可以完全依照前面所述的间歇式过滤机生产能力的计算方法来解决连续式过滤机生产能力的计算。转筒真空过滤机是在恒压差下操作的,根据恒压过滤方程式(3-77)

$$V^2+2VV_e=KA^2\theta$$

可知转筒每转一周所得的滤液体积为

$$V=\sqrt{KA^2\theta+V_e^2}-V_e=\sqrt{KA^2\frac{60\psi}{n}+V_e^2}-V_e \tag{3-92}$$

则每小时所得滤液体积,即生产能力为

$$Q=60nV=60(\sqrt{60KA^2\psi n+V_e^2n^2}-V_en) \tag{3-93}$$

当滤布阻力可以忽略时,$V_e=0$,则上式简化为

$$Q=60n\sqrt{KA^2\frac{60\psi}{n}}=465A\sqrt{Kn\psi} \tag{3-93a}$$

从式(3-93a)中可以看出,对于特定的连续过滤机,浸没度愈大,转速愈高,生产能力也愈大。但实际上 ψ 过大会使其他操作的面积减小的过多,难以操作;旋转过快使每一周期中的过滤时间缩至很短,使滤饼太薄,难以卸除,也不利于洗涤,而且功率消耗增大,合适的转速需经实验决定。

【例 3-10】 用转筒真空过滤机过滤某种悬浮液,料浆处理量为 40m³/h。已知,每得 1m³ 滤液可得滤饼 0.04m³,要求转筒的浸没度为 0.35,过滤表面上滤饼厚度不低于 7mm。现测得过滤常数为 $K=8\times10^{-4}\mathrm{m^2/s}$,$q_e=0.01\mathrm{m^3/m^2}$。试求过滤机的过滤面积 A 和转筒的转速 n。

解 以 1min 为基准。由题给数据知 $v=0.04$，$\psi=0.35$。过滤机的生产能力为

$$Q=\frac{40}{(1+v)}\Big/60=\frac{40}{(1+0.04)}\Big/60=0.641\,\mathrm{m^3/min}$$

滤饼体积为 $\qquad\qquad 0.641\times0.04=0.02564\,\mathrm{m^3/min}$

取滤饼厚度 $\delta=7\mathrm{mm}$，于是得到

$$n=\frac{0.02564}{\delta A}=\frac{0.02564}{0.007A}=\frac{3.663}{A}\,\mathrm{r/min} \qquad (1)$$

转筒旋转一周的过滤时间

$$\theta=\frac{60\psi}{n}=\frac{60\times0.35}{n}=\frac{21}{n}=5.733A \qquad (2)$$

转筒旋转一周可得到的滤液体积为

$$V=\sqrt{KA^2\theta+V_e^2}-V_e$$

每分钟获得的滤液量为

$$Q=nV=\sqrt{KA^2n^2\theta+n^2V_e^2}-nV_e=0.641\,\mathrm{m^3/min}$$

将式(1)及式(2)代入上式，得

$$\sqrt{8\times10^{-4}A^2\left(\frac{3.663}{A}\right)^2\times5.733A+\left(\frac{3.663}{A}\right)^2(0.01A)^2}-\frac{3.663}{A}\times0.01A=0.641$$

解得 $\qquad\qquad A=7.44\,\mathrm{m^2}, \qquad n=\frac{3.663}{A}=\frac{3.663}{7.44}=0.492\,\mathrm{r/min}$

3.6 离心机

3.6.1 一般概念

离心机是利用惯性离心力分离非均相混合物的机械。它与旋液分离器的主要区别在于离心力是由设备(转鼓)本身旋转而产生的。由于离心机可产生很大的离心力，故可用来分离比较难分离的悬浮液或乳浊液。

根据分离方式，离心机可分为过滤式、沉降式和分离式三种基本类型。过滤式离心机于转鼓壁上开孔，在鼓内壁上覆以滤布，悬浮液加入鼓内并与转鼓一起旋转，液体受离心力作用被甩出而颗粒被截留在鼓内形成滤饼。沉降式或分离式离心机的鼓壁上没有开孔。若被处理物料为悬浮液，其中密度较大的颗粒沉积于转鼓内壁而液体集于中央并不断引出，此种操作称为离心沉降；若被处理物料为乳浊液，则两种液体按轻重分层，重者在外，轻者在内，各自从适当的径向位置引出，此种操作称为离心分离。

根据式(3-40)定义的分离因数又可将离心机分为：

常速离心机 $\quad K_c<3\times10^3$(一般为 600～1200)

高速离心机 $\quad K_c=3\times10^3\sim5\times10^4$

超速离心机 $\quad K_c>5\times10^4$

最新式的离心机，其分离因数可高达 5×10^5 以上，常用来分离胶体颗粒及破坏乳浊液等。分离因数的极限值取决于转动部件的材料强度。

根据操作方式离心机可分为间歇操作与连续操作。此外，还可根据转鼓轴线的方向将离心机分为立式与卧式。

3.6.2 离心机的结构与操作

1. 三足式离心机

图 3-24 所示的三足式离心机是间歇操作、人工卸料的立式离心机，在工业上采用较早，目前仍是国内应用最广、制造数目最多的一种离心机。

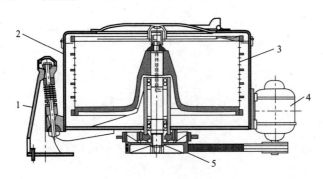

图 3-24 三足式离心机

1—支脚；2—外壳；3—转鼓；4—马达；5—皮带轮

三足式离心机有过滤式和沉降式两种，其卸料方式又有上部卸料与下部卸料之分。离心机的转鼓支承在装有缓冲弹簧的杆上，以减轻由于加料或其他原因造成的冲击。国内生产的三足式离心机技术参数范围如下：

转鼓直径，m   0.225～2.0

有效容积，m^3 0.0034～1.8

转速，r/min   500～3500

分离因数 K_c 450～1170

三足式离心机结构简单，制造方便，运转平稳，适应性强，所得滤饼中固体含量少，滤饼中固体颗粒不易受损伤，适用于间歇生产中小批量物料。其缺点是卸料时劳动强度大，生产能力低。近年来已出现了自动卸料及连续生产的三足式离心机。

2. 卧式刮刀卸料离心机

卧式刮刀卸料离心机是连续操作的离心机，可用于过滤操作，也可用于沉降操作。图 3-25 所示为过滤式离心机，操作时，转鼓全速运动中自动地依次进行加料、分离、洗涤、甩干、卸料、洗网等操作。在一个操作循环中每一工序的操作时间可按预定要求实现自动控制。

图 3-26 是卧式刮刀卸料沉降式离心机，其结构与过滤式离心机相似，只是转鼓壁上没有开孔，也不需要滤布。高速旋转的转鼓内，悬浮液中的固体颗粒沉积在转鼓内壁上，上层清液经转鼓拦液盖溢流入机壳，由排液管排出。当转鼓内壁上沉积的固体颗粒过多，引出清液的澄清度不满足要求时，停止加料，用机械刮刀卸出沉渣。

此种离心机可连续运转，自动操作，生产能力大。适宜于大规模连续生产，目前已较广泛地用于石油、化工行业中，如硫铵、尿素、碳酸氢铵、聚氯乙烯、食盐、糖等物料的脱水，由于用刮刀卸料，使颗粒破碎严重，对于必须保持晶粒完整的物料不宜采用。

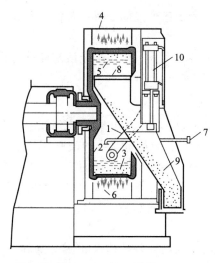

图 3-25 卧式刮刀卸料过滤式离心机

1—进料管；2—转鼓；3—滤网；4—外壳；

5—滤饼；6—滤液；7—冲洗管；8—刮刀；

9—溜槽；10—液压缸

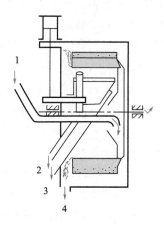

图 3-26 卧式刮刀卸料沉降式离心机

1—进料管；2—清液；

3—沉渣；4—溢流

3. 活塞推料离心机

活塞推料离心机，如图 3-27 所示，也是一种连续操作的过滤式离心机。在全速运转的情况下，料浆不断由进料管送入，沿锥形进料斗的内壁流至转鼓的滤网上。滤液穿过滤网经滤液出口连续排出，积于滤网内面上的滤渣则被往复运动的活塞推送器沿转鼓内壁面推出。滤渣被推至出口的途中，可用由冲洗管出来的水进行喷洗，洗水则由另一出口排出。整个过程连续自动进行。

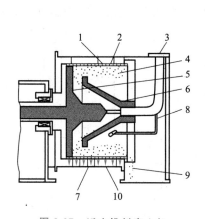

图 3-27 活塞推料离心机

1—转鼓；2—滤网；3—进料管；4—滤饼；

5—活塞推进器；6—进料斗；7—滤液出口；

8—冲洗管；9—固体排出；10—洗水出口

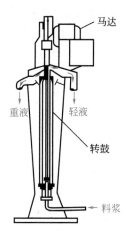

图 3-28 管式高速离心机

此种离心机主要用于浓度适中并能很快脱水和失去流动性的悬浮液，其优点是颗粒破碎程度小，控制系统较简单，功率消耗也较均匀，缺点是对悬浮液的浓度要求较高。若料浆太稀则滤饼来不及生成，料液则直接流出转鼓，并可冲走已形成的滤饼；若料浆太稠，则流动性差，易使滤渣分布不均，引起转鼓的振动。

活塞推料离心机除单级外，还有双级、四级等各种型式。采用多级活塞推料离心机能改善其工作状况、提高转速及分离较难处理的物料。

4. 管式高速离心机

管式高速离心机是一种能产生高强度离心力场的离心机，具有很高的分离因数（$1.5 \times 10^4 \sim 6 \times 10^4$），转鼓的转速可达 $8 \times 10^3 \sim 5 \times 10^4 \, r/min$。为尽量减小转鼓所受的压力，需采用较小的鼓径，这样使得在一定的进料量下，悬浮液沿转鼓轴向运动的速度较大。为保证物料在鼓内有足够的沉降时间，只能增大转鼓的长度，于是导致转鼓成为细高的管式构形，如图 3-28 所示。管式高速离心机生产能力小，但能分离普通离心机难以处理的物料，如分离乳浊液及含有稀薄微细颗粒的悬浮液。

乳浊液或悬浮液由底部进料管送入转鼓，鼓内有径向安装的挡板（图中未画出），以便带动液体迅速旋转。如处理乳浊液，则液体分轻重两层各由上部不同的出口流出；如处理悬浮液，则可只有一个液体出口，而微粒附着于鼓壁上，一定时间后停车取出。

3.7 固体流态化

3.7.1 流态化的基本概念

1. 流态化现象

当流体以不同速度由下向上通过固体颗粒床层时，可能出现以下几种情况。

（1）固定床阶段

当流体速度较低时，颗粒所受的曳力较小，能够保持静止状态，不发生相对运动，流体只能穿过静止颗粒之间的空隙而流动，这时的床层为**固定床**，如图 3-29（a）所示，床层高度为 L_0 不变。

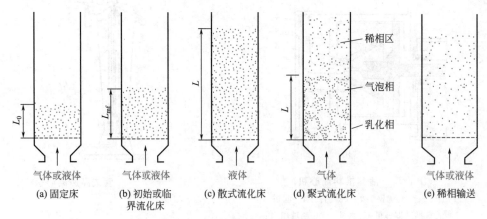

图 3-29 不同流速时床层的变化

（2）流化床阶段

当流速增至一定值时，颗粒床层开始松动，颗粒位置也在一定区间内开始调整，床层略有膨胀，但颗粒仍不能自由运动，床层的这种情况称为初始流化或临界流化，如图 3-29（b）

所示，此时床层高度为 L_{mf}。空塔气速称为**初始流化速度**或**临界流化速度**。如继续增大流速，固体颗粒将悬浮于流体中作随机运动，床层开始膨胀、增高，空隙率也随之增大，此时颗粒与流体之间的摩擦力恰好与其净重力相平衡。此后床层高度将随流速提高而升高，这种床层具有类似于流体的性质，故称为**流化床**，如图 3-29(c)、(d)所示。

(3) 稀相输送床阶段

若流速再升高达到某一极限时，流化床的上界面消失，颗粒分散悬浮于气流中，并不断被气流带走，这种床层称为**稀相输送床**，如图 3-29(e)所示，颗粒开始被带出的速度称为**带出速度**，其数值等于颗粒在该流体中的沉降速度。

借助于固体的流态化可实现固体颗粒物料的干燥、混合、煅烧、输送以及催化反应过程，这种技术称为流态化技术。由于流态化现象比较复杂，人们对它的规律性了解还很不够，无论在设计方面还是在操作方面，都还有许多有待于进一步研究的内容。而且，鉴于目前绝大多数工业应用都是气-固流化系统，因此，本节主要讨论气-固流态化。

2. 两种不同流化形式

流化床中气固两相之间的运动状态主要呈现下面两种形式。

(1) 散式流化

在流态化时，通过床层的流体称为流化介质。**散式流化**的特点是固体颗粒均匀地分散在流化介质中，故亦称均匀流化。随流速增大，床层逐渐膨胀而没有气泡产生，颗粒间的距离均匀增大，床层高度上升，并保持稳定的上界面。散式流化如图 3-29(c)所示。

(2) 聚式流化

发生**聚式流化**时，床层中超过流化所需最小气量的那部分气体以气泡形式通过颗粒层，上升至床层上界面时破裂，这些气泡内可能夹带有少量固体颗粒。此时床层内分为两相，一相是空隙小而固体浓度大的气固均匀混合物构成的连续相，称为**乳化相**；另一相则是夹带有少量固体颗粒而以气泡形式通过床层的不连续相，称为**气泡相**。由于气泡在床层中上升时逐渐长大、合并，至床层上界面处破裂，因此，床层极不稳定，上界面亦以某种频率上下波动，床层压降也随之相应波动。聚式流化如图 3-29(d)所示。

通常，两相密度差小的系统趋向于散式流化，故大多数液-固流化属于"散式流化"。而密度差较大的气-固流化系统，一般趋向于形成聚式流化。但这并不是绝对的，当固体颗粒粒度和密度都很小，而气体密度很大时，气-固系统的流化可能出现散式流化；当固体密度很大时，液-固流化也可能为聚式流化。

3. 流化床的主要特点

在流化床中，气、固两相的运动状态就像沸腾的液体，因此流化床也称为沸腾床。如图 3-30所示，流化床具有液体的某些性质，如具有流动性，无固定形状，随容器形状而变，可从小孔中喷出，从一个容器流入另一个容器；具有上界面，当容器倾斜时，床层上界面将保持水平，当两个床层连通时，它们的上界面自动调整至同一水平面；比床层密度小的物体被推入床层后会浮在床层表面上；床层中任意两截面的压差可用压差计测定，且大致等于两截面间单位面积床层的重力。

流化床内的固体颗粒处于悬浮状态并不停地运动，这种颗粒的剧烈运动和均匀混合使床层基本处于全混状态，整个床层的温度、浓度均匀一致，这一特征使流化床中气固系统的传热大大强化，床层的操作温度也易于调控。但颗粒的激烈运动使颗粒间和颗粒与固体器壁间产生强烈的碰撞与摩擦，造成颗粒破碎和固体壁面磨损；同时当固体颗粒连续进出床层时，

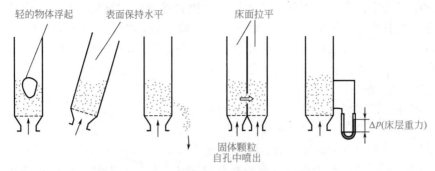

轻的物体浮起　　表面保持水平　　　　　床面拉平

固体颗粒
自孔中喷出

Δp(床层重力)

图 3-30　气体流化床类似液体的特性

会造成颗粒在床层内的停留时间不均，导致固体产品的质量不均。

在聚式流化床中，大部分气体以气泡形式通过床层，与固体颗粒接触时间较短，相反，乳化相中气体与颗粒接触时间较长，造成气-固两相接触时间不均匀。

显然，流态化技术有优点也有缺点，掌握流态化技术，了解其特性，应用时扬长避短，可以获得更好的经济效益。

3.7.2　流化床的流体力学特性

1. 流化床的压降

(1)理想流化床

在理想情况下，流体通过颗粒床层时，克服流动阻力产生的压降与空塔气速之间的关系如图 3-31 所示，大致可分为以下几个阶段。

① **固定床阶段**　流体流经固体床的压降已在 3.4.3 节中做过讨论。此时气速较低，床层静止不动，气体通过床层的空隙流动，随气速的增加，气体通过床层的摩擦阻力也相应增加。如图 3-31 中 AB 段所示。

② **流化床阶段**　当流速继续增大超过 C 点时，床层开始松动，颗粒重排，床层空隙率增大，逐渐地颗粒开始悬浮在流体中自由运动，床层的高度亦随气速的提高而增高，但整个床层的压力降仍保持不变，仍然等于单位面积的床层净重力。流态化阶段的 Δp 与 u 的关系如图 3-31 中 CD 段所示。

当降低流化床气速时，床层高度、空隙率也随之降低，$\Delta p\text{-}u$ 关系曲线沿 DCA' 返回。这是由于从流化床阶段进入固定床阶段时，床层由于曾被吹松，其空隙率比相同气速下未被吹松的固定床要大，因此，相应的压降会小一些。

与 C 点对应的流速称为临界流化速度 u_{mf}，它是最小流化速度。相应的床层空隙率称为临界空隙率 ε_{mf}。

流化阶段中床层的压力降，可根据颗粒与流体间的摩擦力恰与其净重力平衡的关系求出，即

$$\Delta p A_f = W = A_f L_{mf}(1-\varepsilon_{mf})(\rho_s - \rho)g \tag{3-94}$$

整理得

$$\Delta p = L_{mf}(1-\varepsilon_{mf})(\rho_s - \rho)g \tag{3-94a}$$

式中，L_{mf} 为开始流化时床层的高度。

随着流速的增大，床层高度和空隙率 ε 都增加，而 Δp 维持不变，压降不随气速改变而变化是流化床的一个重要特征。整个流化床阶段的压力降为

$$\Delta p = L(1-\varepsilon)(\rho_s - \rho)g \tag{3-94b}$$

在气固系统中，ρ 与 ρ_s 相比较小可以忽略，Δp 约等于单位面积床层的重力。

③ **气流输送阶段**　在此阶段，气流中颗粒浓度降低，由浓相变为稀相，使压力降变小，并呈现出复杂的流动情况，此阶段起点空塔速度称为带出速度或最大流化速度，即流化床操作所容许的理论最大气速。此阶段的特性将在第 3.7.5 节做简要介绍。

(2)实际流化床

实际流化床的情况比较复杂，其 Δp-u 关系曲线如图 3-32 所示。它与理想流化床 Δp-u 曲线的主要区别如下。

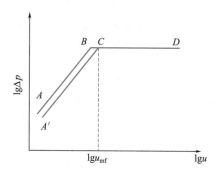

图 3-31　理想情况下 Δp-u 关系曲线

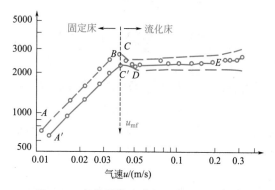

图 3-32　气体流化床实际 Δp-u 关系曲线

① 在固定床区域 AB 和流化床区域 DE 之间有一个"驼峰"BCD，这是因为固定床的颗粒间相互挤压，需要较大的推动力才能使床层松动，直至颗粒达到悬浮状态时，压降 Δp 便从"驼峰"段降到水平段 DE 段，此后压降基本不随气速而变，最初的床层越紧密，"驼峰"段越陡峭。

② 由于流化床阶段 Δp 保持不变，压降线 DE 应为水平线，而实际流化床中 DE 线右端略微向上倾斜。这是由于气体通过床层时的压力降除绝大部分用于平衡床层颗粒的重力外，还有很少一部分能量消耗于颗粒之间的碰撞及颗粒容器壁之间的摩擦。

③ 图 3-32 中流化床阶段(EDC')与固定床$(C'A')$阶段的交点 C' 即为临界点，该点所对应的流速为临界流化速度 u_{mf}，空隙率称为临界空隙率 ε_{mf}，其值比没有流化过的原始流化床的空隙率要稍大一些。

④ 在图 3-32 中还可见到 DE 线的上下各有一条虚线，这是气体流化床压力降的波动范围，而 DE 线是这两条线的平均值。压力降的波动是因为从分布板进入的气体形成气泡，在向上运动的过程中不断长大，到床面即行破裂。在气泡运动、长大、破裂的过程中产生压力降的波动。

2. 流化床的不正常现象

(1)腾涌现象

若床层高度与直径之比过大，或气速过高，或气体分布不均时，会发生气泡合并成大气泡的现象。当气泡直径长到与床层直径相等时，气泡将床层分为几段，形成相互间隔的气泡层与颗粒层。颗粒层被气泡推着向上运动，到达上部后气泡突然破裂，颗粒则分散落下，这种现象称为腾涌现象。出现腾涌时，Δp-u 曲线上表现为 Δp 在理论值附近大幅度的波动，如图 3-33 所示。这是因为气泡向上推动颗粒层时，颗粒与器壁的摩擦造成压降大于理论值，而气泡破裂时压降又低于理论值。

腾涌现象多出现在气-固流化床中。发生腾涌时，不仅气-固接触不均，颗粒对器壁的磨损加剧，而且引起设备振动，因此，应采用适宜的床层高度与床径比及适宜的气速，以避免腾涌现象的发生。

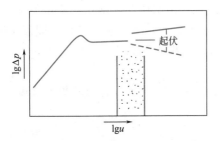

图 3-33 腾涌发生后的 Δp-u 关系曲线

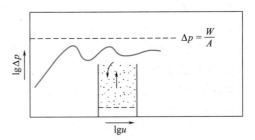

图 3-34 沟流发生后的 Δp-u 关系曲线

(2) 沟流现象

沟流现象是指气体通过床层时形成短路，大部分气体穿过沟道上升，没有与固体颗粒很好地接触。沟流现象使床层密度不均且气固接触不良，不利于气固两相的传热、传质和化学反应；同时由于部分床层变成死床，颗粒不是悬浮在气流中，故在 Δp-u 图上表现为低于单位床层面积上的重力，如图 3-34 所示。

沟流现象的出现主要与颗粒的特性和气体分布板的结构有关。粒度过细、密度大、易于粘连的颗粒，以及气体在分布板处的初始分布不均，都容易引起沟流。

流化床 Δp-u 关系曲线可以帮助判断流化床的操作是否正常。流化床正常操作时，压降波动较小。若波动较大，可能是形成了大气泡。若发现压降直线上升，然后又突然下降，则表明发生了腾涌现象。反之，如果压降比正常操作时低，则说明产生了沟流现象。实际压降与正常压降偏离的大小反映了沟流现象的严重程度。

3. 流化床的操作范围

流化床的正常操作范围应在临界流化速度和带出速度之间。

(1) 临界流化速度 u_{mf}

确定临界流化速度主要有两种方法，即实验测定法和关联式计算法。

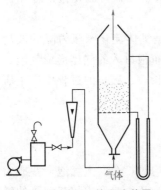

图 3-35 测定 u_{mf} 的实验装置

① **实验测定法**　测试装置如图 3-35 所示。利用这套装置可测定固体颗粒床层从固定床到流化床，再从流化床回到固定床时压降与气体流速之间的相互关系，得到如图 3-32 的曲线，曲线上 C' 点所对应的流速即为临界流化速度。

临界流化速度的测定受很多因素的影响，在给定固体颗粒与流化介质条件下，还必须有良好的气体分布装置。测定时常用空气作流化介质，实际生产时根据其所用的介质及其他条件加以校正。设 u'_{mf} 为以空气为流化介质时测定的临界流化速度，则实际生产中的临界流化速度 u_{mf} 可用下式推算

$$u_{mf} = u'_{mf} \frac{(\rho_s - \rho)\mu_a}{(\rho_s - \rho_a)\mu} \tag{3-95}$$

式中，ρ 为实际流化介质密度，kg/m^3；ρ_a 为空气密度，kg/m^3；μ 为实际流化介质黏度，$Pa \cdot s$；μ_a 为空气的黏度，$Pa \cdot s$。

② **关联式计算法**　由于临界点是固定床到流化床的转折点，所以，临界点的压力降既符合流化床的规律也符合固定床的规律。

当颗粒直径较小时，颗粒床层雷诺数 Re_b 一般小于 20，式(3-61)中第二项可忽略，将式(3-61)代入式(3-94a)中得到起始流化速度计算式为

$$u_{mf} = \frac{(\varphi_s d_p)^2 (\rho_s - \rho) g}{150\mu} \left(\frac{\varepsilon_{mf}^3}{1 - \varepsilon_{mf}} \right) \tag{3-96}$$

对于大颗粒，Re_b 一般大于 1000，式(3-59)中第一项可忽略，由式(3-92a)得到

$$u_{mf}^2 = \frac{\varphi_s d_p (\rho_s - \rho) g}{1.75\rho} \varepsilon_{mf}^3 \tag{3-97}$$

式中，d_p 为颗粒直径。非球形颗粒时用当量直径，非均匀颗粒时用颗粒群的平均直径。

应用式(3-94)、式(3-95)计算时，床层的临界空隙率 ε_{mf} 的数据常常不易获得，对于许多不同系统，发现存在以下经验关系，即

$$\frac{1 - \varepsilon_{mf}}{\varphi_s^2 \varepsilon_{mf}^3} \approx 11 \quad \text{和} \quad \frac{1}{\varphi_s \varepsilon_{mf}^3} \approx 14 \tag{3-98}$$

当 ε_{mf} 和 φ_s 未知时，可将这两个经验关系式分别代入式(3-96)和式(3-97)，从而得到计算 u_{mf} 的两个近似式

对于小颗粒

$$u_{mf} = \frac{d_p^2 (\rho_s - \rho) g}{1650\mu} \tag{3-99}$$

对于大颗粒

$$u_{mf}^2 = \frac{d_p (\rho_s - \rho) g}{24.5\rho} \tag{3-100}$$

上述处理方法只适用于粒度分布较为均匀的混合颗粒床层，不能用于固体粒度差异很大的颗粒混合物。例如，在由两种粒度相差悬殊的固体颗粒混合物构成的床层中，细粉可能在粗颗粒的间隙中流化起来，而粗颗粒依然不能悬浮。

实验测定的流化速度既准确又可靠。但当缺乏实验条件时，可用关联式法进行估算。上述计算公式也可用来分析影响 u_{mf} 的因素。

(2)带出速度

颗粒带出速度即颗粒的沉降速度，各种情况下的沉降速度的计算方法见 3.3.1 节。

值得注意的是，计算 u_{mf} 时要用实际存在于床层中不同粒度颗粒的平均直径 d_p，而计算 u_t 时则必须用具有相当数量的最小颗粒直径。

(3)流化床的操作范围与流化数

流化床的操作范围，可用比值 u_t/u_{mf} 的大小来衡量。对于均匀的细颗粒，由式(3-99)和式(3-21)可得

$$u_t/u_{mf} = 91.7 \tag{3-101}$$

对于大颗粒，由式(3-100)和式(3-23)可得

$$u_t/u_{mf} = 8.61 \tag{3-102}$$

研究表明，上述两个上下限值与实验数据基本相符，u_t/u_{mf} 比值常在 10～90 之间。u_t/u_{mf} 比值是表示正常操作时允许气速波动范围的指标，大颗粒床层的 u_t/u_{mf} 值较小，说明其操作灵活性较差。

流化床的实际操作速度与临界流化速度的比值称为**流化数**。实际上，不同生产过程的流化数差别很大。有些流化床的流化数高达数百，远远超过上述 u_t/u_{mf} 的高限值。在操作气速几乎超过床层的所有颗粒带出速度条件下，夹带现象未必严重。这是因为气流的大部分以几乎不含固相的大气泡通过床层，而床层中的大部分颗粒则是悬浮在气速依然很低的乳化相中。此外，在许多流化床中都配有内部或外部旋风分离器以捕集被夹带颗粒并使之返回床层，因此也可以常用较高的气速以提高生产能力。

【例 3-11】 某流化床在常压、20℃下操作，固体颗粒群的直径范围为 $50\sim175\mu m$，平均颗粒直径为 $98\mu m$，其中直径大于 $60\mu m$ 的颗粒不能被带出，试求流化床的初始流化速度和带出速度。其他已知条件为：固体密度为 $1000kg/m^3$，颗粒的球形度为1，初始流化时床层的空隙率为0.4。

解 查表得20℃空气的黏度 $\mu=0.0181mPa\cdot s$、密度 $\rho=1.205kg/m^3$。

允许最小气速就是用平均直径计算的 u_{mf}，假设颗粒的雷诺数 $Re_b<20$，由式(3-96)可以写出其临界流化速度为

$$u_{mf}=\frac{(\varphi_s d_p)^2(\rho_s-\rho)g}{150\mu}\left(\frac{\varepsilon_{mf}^3}{1-\varepsilon_{mf}}\right)$$

$$=\frac{(98\times10^{-6})^2}{150}\times\frac{1000-1.205}{0.0181\times10^{-3}}\times9.81\times\frac{0.4^3}{1-0.4}$$

$$=0.0037m/s$$

校核雷诺数

$$Re_b=\frac{d_p u_{mf}\rho}{\mu}=\frac{98\times10^{-6}\times0.0037\times1.205}{0.0181\times10^{-3}}=0.024 \quad (<20)$$

由于不希望夹带直径大于 $60\mu m$ 的颗粒，因此最大气速不能超过 $60\mu m$ 的颗粒的带出速度 u_t。假设颗粒沉降属于层流区，其沉降速度用斯托克斯公式计算，即

$$u_t=\frac{d_p^2(\rho_s-\rho)g}{18\mu}=\frac{(60\times10^{-6})^2\times(1000-1.205)}{18\times0.0181\times10^{-3}}\times9.81=0.1083m/s$$

校核流型

$$Re_p=\frac{d_p u_t\rho}{\mu}=\frac{60\times10^{-6}\times0.1083\times1.205}{0.0181\times10^{-3}}=0.432 \quad (<2)$$

$$\frac{u_t}{u_{mf}}=\frac{0.1083}{0.0037}=29$$

 颗粒沉降速度和临界流化速度之比为 29 : 1，一般情况下，所选气速不应太接近 u_t 或 u_{mf}。通常取操作流化速度为 $(0.4\sim0.8)u_t$。

3.7.3 流化床的总高度

流化床的总高度分为密相段(浓相区)和稀相段(分离区)。流化床界面以下的区域称为浓相区，界面以上的区域称为稀相区。

1. 浓相区高度

当操作速度大于临界流化速度时，床层开始膨胀，气速越大或颗粒越小，床层膨胀程度越大。由于床层内颗粒质量是一定的，因此，浓相区高度 L 与起始流化高度 L_{mf} 之间有如下关系

$$AL_{mf}(1-\varepsilon_{mf})\rho_s=AL(1-\varepsilon)\rho_s \tag{3-103}$$

对于床层截面积不随床高而变化的情况，可得到下式

$$R_c=\frac{L}{L_{mf}}=\frac{1-\varepsilon_{mf}}{1-\varepsilon} \tag{3-103a}$$

R_c 称为流化床的膨胀比。确定 L 的关键是确定 ε。对于散式流化床，空隙率 ε 与流速的关系为

$$\frac{u}{u_t}=\varepsilon^n \tag{3-104}$$

式中，u 为空塔速度，m/s；u_t 为颗粒的沉降速度，m/s；n 为实验常数，对于一定的系统为常数；ε 为流化床的空隙率。

对于多数属于聚式流化的气固系统，影响床层膨胀比的因素很多。图 3-36 表明了床层空隙率以及床层高度波动的幅度和床层直径及空塔速度明显相关。目前尚无普遍的计算公式可供使用，只有一些适用于特定条件下的经验式和半经验式，设计时应更多地考虑实际生产中的数据。

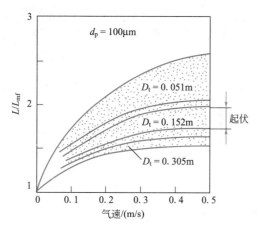

图 3-36　床径及空塔气速对气体流化床膨胀比的影响

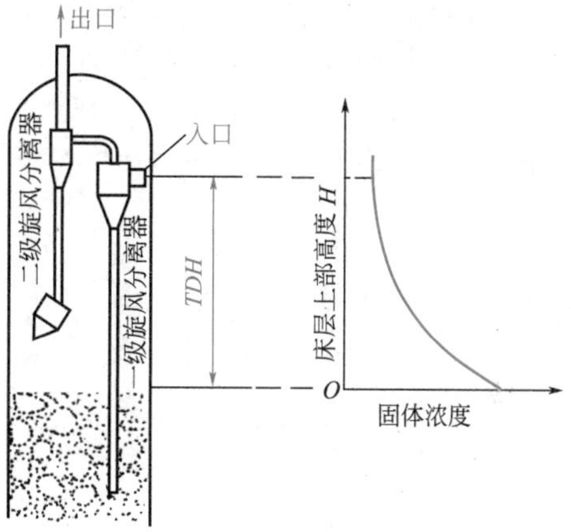

图 3-37　分离高度

2. 分离高度

流化床中的固体颗粒都有一定的粒度分布。离床面距离越远的区域，其固体颗粒的浓度越小，离开床层表面一定距离后，固体颗粒的浓度基本不再变化。如图 3-37 所示，固体颗粒浓度开始保持不变的最小距离称为分离区高度，又称 TDH（transport disengaging height）。床层界面之上必须有一定的分离区，以使沉降速度大于气流速度的颗粒能够重新沉降到浓相区而不被气流带走。从经济性考虑，气体出口不需比分离区高度更高。

分离区高度的影响因素比较复杂，系统物性、设备及操作条件均会对其产生影响，至今尚无适当的计算公式。有资料提出，分离区高度可按与浓相区等高来设计。

3.7.4　提高流化质量的措施

流化质量是指流化床均匀的程度，即气体分布和气固接触的均匀程度。流化质量不高对流化床的传热、传质及化学反应过程都非常不利。特别是在聚式流化床中，由于气相多以气泡形式通过床层，造成气固接触不均匀，严重影响流化床的操作效果。一般来说，流化床内形成的气泡越小，气固接触的情况越好。提高流化质量主要从如下几方面入手。

1. 分布板

在流化床中，分布板的作用除了支撑固体颗粒、防止漏料外，还有分散气流使气体得到均匀分布。但一般分布板对气体分布的影响通常只局限在分布板上方不超过 0.5m 的区域内，床层高度超过 0.5m 时，必须采取其他措施，改善流化质量。

设计良好的分布板，应对通过它的气流有足够大的阻力，从而保证气流均匀分布于整个

床层截面上，也只有当分布板的阻力足够大时，才能克服聚式流化的不稳定性，抑制床层中出现沟流等不正常现象。实验证明，当采用某种致密的多孔介质或低开孔率的分布板时，可使气固接触非常良好，但同时气体通过这种分布板的阻力较大，会大大增加鼓风机的能耗，因此通过分布板的压力降应有个适宜值。据研究，适宜的分布板压力降应等于或大于床层压力降的10%，并且其绝对值应不低于3.5kPa。床层压力降可取为单位截面上的床层重力。

工业生产用的气体分布板型式很多，常见的有直流式、侧流式和填充式等。直流式分布板如图3-38所示。单层多孔板结构简单，便于设计和制造，但气流方向与床层垂直，易使床层形成沟流；小孔易于堵塞，停车时易漏料。多层孔板能避免漏料，但结构稍微复杂。凹形多孔分布板能承受固体颗粒的重荷和热应力，还有助于抑制鼓泡和沟流。侧流式分布板如图3-39所示，在分布板的孔上装有锥形风帽（锥帽），气流从锥帽底部的侧缝或锥帽四周的侧孔流出。目前这种带锥帽的分布板应用最广，效果也最好，其中侧缝式锥帽采用最多。填充式分布板如图3-40所示，它是在直孔筛板或栅板和金属丝网层间铺上卵石-石英砂-卵石。这种分布板结构简单，能够达到均匀布气的要求。

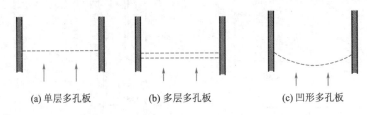

(a) 单层多孔板　　　　(b) 多层多孔板　　　　(c) 凹形多孔板

图 3-38　直流式分布板

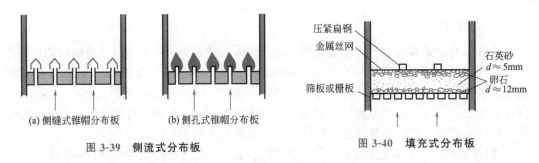

(a) 侧缝式锥帽分布板　　　(b) 侧孔式锥帽分布板

图 3-39　侧流式分布板

图 3-40　填充式分布板

2. 设备内部构件

在床层中设置某种内部构件以后，能够抑制气泡长大并破碎大气泡，从而改善气体在床层中的停留时间分布、减少气体返混和强化两相间的接触。

挡网、挡板和垂直管束都是工业流化床广泛采用的内部构件。当气速较低时可采用挡网，它是用金属丝制成的，常采用网眼为15mm×15mm和25mm×25mm两种规格。

我国目前通常采用百叶窗式的挡板，这种挡板大致分为单旋挡板和多旋挡板两种类型，以单旋挡板用得最多。

采用挡板可破碎上升的气泡，使粒子在床层径向的粒度分布趋于均匀，改善气固接触状况，阻止气体的轴向返混。但挡板也有不利的一面，它阻碍了颗粒的轴向混合，使颗粒沿床层高度按其粒径大小产生分级现象，使床层的轴向温差变大，因而恶化了流化质量。

为了减少床层的轴向温度差，提高流化质量，挡板直径应略小于设备直径，使颗粒沿四周环隙下降，然后再被气流通过各层挡板吹上去，从而构成一个使颗粒得以循环的通道。环隙愈大，颗粒循环量愈大。床径小于 1m 时，环隙宽度约为 10～15mm，床径为 2～5m 时，环隙宽度约为 20～25mm，有时可大到 50mm。环隙的大小还视过程的特点而异，颗粒作为载体时，环隙宜大；颗粒作为催化剂时，环隙宜小。挡板间距的确定，目前还没有明确的结论，工业使用的板间距为 150～400mm 或更大。

垂直管束(如流化床内垂直放置的加热管)是床层内的垂直构件，它们沿径向将床层分割，可限制气泡长大，但不会增大轴向温差，操作效果较好，目前应用逐渐增加。

3. 粒度分布

颗粒的特性，尤其是颗粒的尺寸和粒度分布对流化床的流动特性有重要影响。

有人根据颗粒的密度与粒度分布将床层分为四类，如图 3-41 所示。极细颗粒由于颗粒间的黏附力大，易聚结，使气流形成沟流，不能正常流化；极粗颗粒流化时床层不稳定，也不适于一般的流化床。在适合于流化床的颗粒粒度范围内，又可分为细颗粒床层和粗颗粒床层。有人提出用床层的膨胀特性来判断粗颗粒床层和细颗粒床层。粗颗粒床层在临界流化速度 u_{mf} 或稍大于 u_{mf} 时出现气泡，此时床层的膨胀比约为 1，最小鼓泡速度基本上等于临界流化速度 u_{mf}，即粗颗粒床层基本上没有散式流

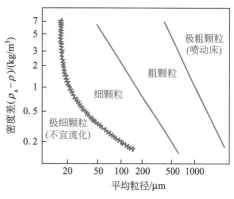

图 3-41　流化颗粒的粒度范围

化阶段，开始流化即为聚式流化。细颗粒床层在气速超过 u_{mf} 后，床层均匀膨胀，为散式流化，直到气速达到某一值时才出现气泡，最小鼓泡速度可以是 u_{mf} 的若干倍。因此，粒度分布较宽的细颗粒可以在较宽的气速范围内获得良好的流化质量。

近几年来，细颗粒高气速流化床在化工中得到重视和应用。它不仅提供了气固两相较大的接触面积，而且增进了两相接触的均匀性，从而有利于提高反应转化率和床内温度均匀性。同时，高气速还可减小设备直径。

3.7.5　气力输送简介

1. 概述

利用气体在管内的流动来输送粉粒状固体的方法称为**气力输送**。作为输送介质的气体通常是空气，但在输送易燃易爆粉料时，也可采用惰性气体，如氮气等。

气力输送方法从 19 世纪开始即用于港口、码头和工厂内的谷物输送。因与其他机械输送方法相比具有许多优点，所以在许多领域得到广泛应用。气力输送的主要优点有：

① 系统密闭，避免了物料的飞扬、受潮、受污染，改善了劳动条件。

② 可在运输过程中(或输送终端)同时进行粉碎、分级、加热、冷却以及干燥等操作。

③ 设备紧凑，占地面积小，可以根据具体条件灵活地安排线路。例如，可以水平、倾斜或垂直地布置管路。

④ 易于实现连续化、自动化操作，便于同连续的化工过程衔接。

但是，气力输送与其他机械输送方法相比也存在一些缺点，如动力消耗较大，颗粒尺寸受到一定限制(<30mm)；在输送过程中物料破碎及物料对管壁的磨损不可避免，不适于输送黏附性较强或高速运动时易产生静电的物料。

在气力输送中，将单位质量气体所输送的固体质量称为混合比 R（或固气比），其表达式为

$$R = \frac{G_s}{G} \qquad\qquad (3\text{-}105)$$

式中，G_s 为单位管道面积上单位时间内加入的固体质量，kg/(s·m²)；G 为气体质量流速，kg/(s·m²)。

R 表示气流中固相的浓度，也是气力输送装置的一个经济指标。混合比在 25 以下（通常 $R = 0.1 \sim 5$）的气力输送称为稀相输送。在稀相输送中，气速较高，固体颗粒呈悬浮态。混合比大于 25 的气力输送称为密相输送。在密相输送中，固体颗粒呈集团状态。目前，稀相输送在我国应用较多。

2. 稀相输送

稀相输送中根据输送管路内压力的大小，可分为吸引式和压送式。

(1) 吸引式

输送管中的压力低于常压的输送称为吸引式气力输送。气源真空度不超过 10kPa 称为低真空式，主要用于近距离、小输送量的细粉尘的除尘清扫；气源真空度在 10～50kPa 之间的称为高真空式，主要用在粒度不大、密度介于 1000～1500kg/m³ 之间的颗粒的输送。吸引式输送的输送量一般都不大，输送距离也不超过 50～100m。

吸引式气力输送的典型装置流程如图 3-42 所示，这种装置往往在物料吸入口处设有带吸嘴的挠性管，以便将分散于各处的或在低处、深处的散装物料收集至储仓。这种输送方式适用于须在输送起始处避免粉尘飞扬的场合。

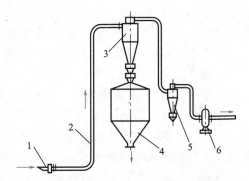

图 3-42　吸引式气力输送装置
1—吸嘴；2—输送管；3—一次旋风分离器；
4—料仓；5—二次旋风分离器；6—抽风机

(2) 压送式

输送管中的压力高于常压的输送称为压送式气力输送。按照气源的表压力可分为低压和高压两种。气源表压力不超过 50kPa 的为低压式。这种输送方式在一般化工厂中用得最多，适用于小量粉粒状物料的近距离输送。高压式输送的气源表压力可高达 700kPa，用于大量粉粒状物料的输送，输送距离可长达 600～700m。压送式气力输送的典型流程如图 3-43 所示。

稀相气力输送相对来说需要较高的气速，但气速过高不仅动力消耗大，而且颗粒破碎和管道磨损也更加严重，还会增加系统尾部分离设备的负荷。因此，应将气速尽可能降低，但气速应大于流化床能正常操作的最低气速。最低气速可根据流体的运动方向分别确定。

① **水平管内输送**　输料管内颗粒的运动状态，随着输送气流速度而显著变化。一般来说，气速愈大则颗粒在输料管内愈接近均匀分布；气速逐渐下降时，颗粒在管截面上开始出现不均匀分布，越靠近底部管壁，颗粒分布越密。当气速小于某一数值时，部分颗粒便沉积于底部管壁，一边滑动，一边被推着向前运动；气速进一步下降时，则沉积的物料层反复作不稳定的移动，最后完全停滞不动，造成堵塞。

颗粒开始沉积时的气速称为沉积气速，沉积气速是水平输送时的最低气速。

水平输送时，颗粒在垂直方向上似乎只受重力作用，应沉降在管部的底部。实际上由于

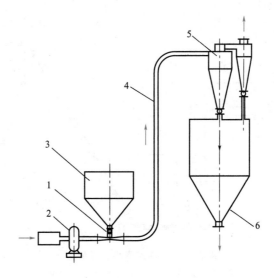

图 3-43　压送式气力输送装置

1—回转式供料器；2—压气机械；3—料斗；4—输料管；5—旋风分离器；6—料仓

湍流气体在垂直方向上的分速度所产生的作用力以及由于粒子形状不规则而受到推力在垂直方向上的分力等作为对抗重力的因素，粒子仍能被悬浮输送。

② **垂直管中的输送**　垂直管中进行向上的输送时，在一定的固体负荷下，若气速足够高，则粒子也能充分分散地流动。当气速逐渐降低时，气固速度都降低，空隙率也减小，气固混合物的平均密度 $\bar{\rho}$ 增大，当气速降低至某一值时，颗粒已不能悬浮在气体之中，而是汇集在一起形成柱塞状，于是输送状态被破坏而形成腾涌。此时的气速称为噎塞速度。噎塞速度是在垂直管中进行稀相输送的最低气速。

③ **倾斜管中的输送**　研究表明，当管子与水平线的夹角在 10° 以内时，沉积速度没有明显变化；当管子与垂直线的夹角在 8° 以内时，其相应的噎塞速度也没有显著变化。但当倾斜管与水平线夹角在 22°～45° 之间时，沉积速度比在水平管中的沉积速度高 1.5～3m/s。

沉积速度和噎塞速度与颗粒物性、混合比、供料器的类型和构造、输料管直径和长度及配管方式等许多因素有关。在气力输送装置中，一方面由于粒子之间及粒子与管壁之间存在着摩擦、碰撞或黏附作用，另一方面也由于在输料管中气体速度分布不均匀，存在着"边界层"，因此，理论计算所确定的最佳气速通常与实际采用的输送气速经验值并不一致。设计时，通常采用生产实践中积累的经验数据。

3. 密相输送

密相输送的特点是低风量高风压，物料在管内呈流态化或柱塞状运动。此类装置的输送能力大，输送距离可长达 100～1000m，尾部所需的气固分离设备简单。由于物料或多或少呈集团状低速运动，物料的破碎及管道磨损较轻，但操作较困难。目前密相输送应用于水泥、塑料粉、纯碱、催化剂等粉粒物料的输送。

图 3-44 为脉冲式密相输送装置。一股压缩空气通过发送罐 1 内的喷气环将粉料吹松，另一股表压为 150～300kPa 的气流通过脉冲发生器 5 以 20～40r/min 间断地吹入输料管入口处，将流出的粉料切割成料栓与气栓相间的粒度系统，凭借空气的压力推动料栓在输送管中向前移动。

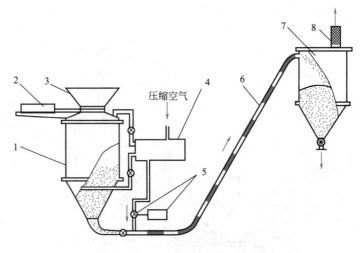

图 3-44　脉冲式密相输送装置

1—发送罐；2—气相密封插管；3—料斗；4—气体分配器；
5—脉冲发生器和电磁阀；6—输送管道；7—受槽；8—袋滤器

本章符号说明

英文

a——颗粒比表面积，m^2/m^3；加速度，m/s^2；常数；

a_b——床层的比表面积，m^2/m^3；

A——截面积，m^2；

b——除尘室宽度，m；

B——旋风分离器进口宽度，m；

C——悬浮物系中固相浓度，kg/m^3；

d——颗粒直径，m；

d_c——旋风分离器临界粒径，m；

d_e——颗粒的等体积当量直径，m；

d_{eb}——床层的当量直径，m；

d_a——颗粒的等比表面积当量直径，m；

d_{50}——旋风分离器分割粒径，m；

D——设备直径，m；

D_i——旋液分离器进口管直径，m；

D_1——旋风（旋液）分离器排出管直径，m；

D_2——旋风分离器排灰管直径，m；

F——作用力，N；

g——重力加速度，m/s^2；

h——设备高度，m；

H——除尘室高度，旋液分离器排出管插入筒体的深度，m；

k——滤浆的特性常数，$m^4/(N \cdot s)$，或 $m^2/$（Pa·s）；

K——过滤常数，m^2/s；

K_c——分离因数，量纲为 1；

l——除尘室长度，m；

L——颗粒床层高度，滤饼厚度，m；

L_e——过滤介质的当量滤饼厚度，m；

m——颗粒的质量，kg；

n——转速，r/min；

p——过滤推动力，Pa；

p_f——床层压力降，Pa；

p_w——洗涤推动力，Pa；

q——单位过滤面积获得的滤液体积，m^3/m^2；

q_e——单位过滤面积上的当量滤液体积，m^3/m^2；

Q——过滤机的生产能力，m^3/h；

r——滤饼的比阻，m^{-2}；

r'——单位压力差下滤饼的比阻，m^{-2}；

R——滤饼阻力，m^{-1}；

Re——雷诺数；

Re_b——颗粒床层的雷诺数；

Re_t——等速沉降时的雷诺数；

R_m——过滤介质的阻力，m^{-1}；

s——滤饼的压缩性指数，量纲为 1；

S——与颗粒等体积的球体的表面积，m^2；

S_p——颗粒的表面积，m^2；

T——操作周期或回转周期，s；

u——流速，相对运动速度，过滤速度，m/s；

u_i——旋风分离器进口气速，m/s；

u_{mf}——临界流化速度，m/s；

u_t——沉降速度，m/s；

u_T——切向速度，m/s；

u_r——径向速度，离心沉降速度，m/s；

u_R——恒速阶段的过滤速度，m/s；

v——滤饼体积与滤液体积之比；

V——滤液体积，每个操作周期所得滤液体积，m³；

V_e——过滤介质的当量滤液体积，m³；

V_p——颗粒的体积，m³；

V_s——含尘气体的体积流量，m³/s；

V_R——恒速过滤阶段所得的滤液体积，m³。

希文

λ——摩擦系数，量纲为1；

ε——床层空隙率，量纲为1；

ζ——曳力系数，量纲为1；

η——分离效率，量纲为1；

θ——过滤时间，s；

θ_D——辅助操作时间，s；

θ_R——恒速过滤阶段的过滤时间，s；

θ_t——沉降时间，s；

θ_w——洗涤时间，s；

μ——流体黏度，滤液黏度，Pa·s；

μ_w——洗水黏度，Pa·s；

ρ——流体密度，kg/m³；

ρ_s——固相密度，分散相密度，kg/m³；

φ_s——颗粒球形度，量纲为1；

ψ——转筒过滤机的浸没度。

下标

b——浮力的；

c——离心的，临界的，滤饼的；

d——阻力的；

D——辅助操作的；

e——当量的，有效的，与过滤介质阻力相当的；

E——过滤终了的；

i——进口的，第 i 分段的；

m——介质的；

o——总的；

p——颗粒的；

r——径向的；

R——恒速过滤阶段的；

s——固相的；

t——终端的；

T——切向的；

w——洗涤的；

0——表观的；

1——进口的；

2——出口的。

习 题

基础习题

1. 在一玻璃容器中用落球法测定液体的黏度，已知待测液体的密度为 1300kg/m³，测得直径为 6.35mm 的钢球在此液体中沉降 150mm 所需的时间为 7.32s。已知钢球的密度为 7900kg/m³，试计算液体的黏度。

2. 密度为 2650kg/m³ 的球形石英颗粒在 20℃空气中自由沉降，计算服从斯托克斯公式的最大颗粒直径及服从牛顿公式的最小颗粒直径。

3. 用降尘室除去气体中的球形尘粒。降尘室底面积为 40m²，气体的处理量为 3000m³/h，球形尘粒的密度为 3000kg/m³，操作条件下的气体密度为 1.06kg/m³，黏度为 $2×10^{-5}$Pa·s。试求理论上能完全除去的最小颗粒直径。

4. 用一多层降尘室除去炉气中的矿尘。矿尘最小粒径为 8μm，密度为 4000kg/m³，降尘室长 4.1m，宽 1.8m，高 4.2m，气体温度 427℃，黏度 $3.4×10^{-5}$Pa·s，密度 0.5kg/m³。若每小时的炉气量为 2160m³（标准），试确定降尘室内隔板的间距及层数。

5. 采用水力分级器分离直径在 0.005～0.03mm 范围内的石英矿（A）和方铅矿（B），已知水温为 20℃，石英矿和方铅矿的密度分别为 $\rho_A = 2650$kg/m³，$\rho_B = 7500$kg/m³，试计算用水力分级器可分离得到的纯石英矿和纯方铅矿的粒径范围。

6. 用标准型旋风分离器处理含尘气体，气体流量为 $1000m^3/h$、黏度为 $3.6 \times 10^{-5} Pa \cdot s$、密度为 $0.674kg/m^3$，气体中尘粒的密度为 $2300kg/m^3$。若分离器圆筒直径为 $0.4m$，试估算其临界粒径、分割粒径及压力降。

7. 对 500g 颗粒试样进行筛分分析，筛号及筛孔尺寸见本题附表中第 1、2 列，筛析后称量各号筛面上所截留的颗粒质量，列于本题附表第 3 列，试求颗粒群的平均直径。

习题 7 附表

筛号	筛孔尺寸/mm	截留量/g	筛号	筛孔尺寸/mm	截留量/g
10	1.651	0	65	0.208	60.0
14	1.168	20.0	100	0.147	30.0
20	0.833	40.0	150	0.104	15.0
28	0.589	80.0	200	0.074	10.0
35	0.417	130	270	0.053	5.0
48	0.295	110			共计 500

8. 用面积为 $0.2m^2$ 的滤叶对某种颗粒在水中的悬浮液进行过滤试验，滤叶内部真空度为 500mmHg，过滤 5min 得滤液 2L，又过滤 5min 又得滤液 1.2L，再过滤 5min，可再得滤液多少(L)？

9. 用过滤面积为 $0.093m^2$ 的小型板框压滤机对碳酸钙颗粒在水中的悬浮液进行试验，测得恒压差下过滤 50s 时，得滤液 $2.27 \times 10^{-3} m^3$，过滤 660s 时，得滤液 $9.10 \times 10^{-3} m^3$。现采用框尺寸为 635mm × 635mm × 25mm 的板框压滤机处理相同的料浆，且过滤推动力和所用滤布与试验时相同，过滤共 38 个框，求滤框全部充满滤渣时所得滤液体积及所需过滤时间。已知滤饼体积与滤液体积之比 $v = 0.1$。

10. 在实验室用一个每边长 0.162m 的小型滤框对碳酸钙颗粒在水中的悬浮液进行过滤试验。浆料温度为 19℃，其中碳酸钙的固体质量分数为 0.0723。测得 $1m^3$ 滤饼烘干后的质量为 1602kg。在过滤压力差为 275.8kPa 时所得的数据列于本题附表中。

习题 10 附表

过滤时间 θ/s	1.8	4.2	7.5	11.2	15.4	20.5	26.7	33.4	41.0	48.8	57.7	67.2	77.3	88.7
滤液体积 V/m³	0.2	0.4	0.6	0.8	1.0	1.2	1.4	1.6	1.8	2.0	2.2	2.4	2.6	2.8

试求过滤常数 K、V_e、滤饼的比阻 r、滤饼的空隙率 ε 及滤饼颗粒的比表面积 a。已知碳酸钙颗粒的密度为 $2930kg/m^3$，其形状可视为球体，不可压缩。

11. 用叶滤机处理某种悬浮液，先等速过滤 20min，得滤液 $2m^3$。随即保持当时的压力差再过滤 40min，问共得滤液多少(m^3)？滤布阻力可以忽略。

12. 用一台 BMS50/810—25 型板框压滤机过滤某固体颗粒在水中的悬浮液，悬浮液中固相质量分数为 0.139，固相密度为 $2200kg/m^3$。$1m^3$ 滤饼中含 500kg 水，其余全为固相。已知操作条件下的过滤常数 $K = 2.72 \times 10^{-5} m^2/s$，$q_e = 3.45 \times 10^{-3} m^3/m^2$。滤框共 38 个。试求：(1)过滤至滤框内部全部充满滤渣所需的时间及所得的滤液体积；(2)过滤完毕用 $1.0m^3$ 清水洗涤滤饼，求洗涤时间。洗水温度及表压与滤浆相同。

13. 在生产苯酐的流化床内，催化剂用量为 37400kg，床径为 3.34m，进入设备的气速为 0.4m/s，气体密度为 $1.19kg/m^3$。采用侧缝锥帽型分布板，求分布板的开孔率。

综合习题

14. 在底面积为 $60m^2$ 的单层降尘室中除去反应器中的尘粒。含尘气流量为 $0.95m^3/s$，尘粒密度 $\rho_s = 1800kg/m^3$，原料气温度为 20℃，密度为 $1.205kg/m^3$，黏度为 $1.81 \times 10^{-5} Pa \cdot s$，进入反应器之前需升温至 260℃ $(\mu' = 2.786 \times 10^{-5} Pa \cdot s，\rho' = 0.6622kg/m^3)$。

试求：(1)先除尘后升温，理论上可全部除去的最小颗粒直径；(2)若先预热后除尘，欲保持(1)的除尘效果，降尘室的生产能力为多少？(3)若采用标准旋风分离器达到(1)的除尘效果，则旋风分离器的直径为多少？压降为何值？实际除尘效率 η_a 是多少？

假设沉降均在斯托克斯定律区。

15. 用 810mm×810mm×30mm 的正方形板框压滤机在 100kPa 表压下过滤水的悬浮液。已测得：$K=8.2×10^{-5}\,m^2/s$，在过滤 1h 后滤饼充满滤框，收集滤液 10m³。过滤后用 0.8m³ 清水（与滤液同温度）清洗滤饼（横穿洗涤法），每批操作的辅助时间为 25min。

试求：(1)所需滤框数；(2)下述三种工况下过滤机的生产能力：a. 框数加倍；b. 框厚加倍；c. 压差加倍；(3)若用 $A=3m^2$ 的转筒真空过滤机完成过滤任务，$\varphi=1/3$，操作真空度 $\Delta p=75kPa$，试确定转速和转筒上的滤饼厚度；(4)欲使过滤机在最佳工况下运行，应如何调节操作参数。

假定滤饼不可压缩，介质阻力可忽略不计。

16. 用一台具有 12 个滤框的板框压滤机恒压过滤某悬浮液，达到过滤终点（滤饼刚好充满滤框）后，滤饼不进行洗涤，直接将滤框卸除，再将压滤机装合后进行下一个周期过滤。现因环保上的要求，滤饼中的母液必须进行洗涤回收，经实验得知：当采用过滤终点操作条件进行洗涤时，洗涤液体积用量为滤液体积的 10% 即可达到环保要求。由于增加了洗涤操作，使过滤操作周期延长，生产能力下降，为使生产能力不降低，在过滤操作条件不变时，需要增加过滤机滤框数量。试求：增加洗涤操作后，为使生产能力不降低，至少应增加多少个滤框？

（假设：滤饼不可压缩；忽略滤布阻力；洗涤液物性与滤液物性相同；辅助操作时间与滤框数成正比）

17. 在一定压力下对钛白粉在水中的悬浮液进行过滤试验，测得过滤常数 $K=5×10^{-5}\,m^2/s$，$q_e=0.01m^3/m^2$，滤饼体积与滤液体积之比 $v=0.08$。现拟用有 38 个框的 BMY50/810—25 型板框压滤机在与试验相同的条件下过滤上述悬浮液。试求：(1)过滤至滤框内部全部充满滤渣所需的时间；(2)过滤完毕以相当于滤液量 1/10 的清水洗涤滤饼，洗涤时间；(3)若每次卸渣、重装等全部辅助操作共需 15min，每台过滤机的生产能力（以每小时平均可得多少立方米滤饼计）。

18. 用一小型压滤机对某悬浮液进行过滤试验，测得悬浮液的物料特性参数 $k=1.1×10^{-4}\,m^2/(s·atm)$，滤饼的空隙率为 40%，已知悬浮液中固相质量分数 9.3%，固相密度为 3000kg/m³，液相为水。现用一台 GP5—1.75 型转筒真空过滤机进行生产（过滤机的转鼓直径为 1.75m，长度为 0.98m，过滤面积为 5m²，浸没角度为 120°），转速为 0.5r/min，操作真空度为 600mmHg。已知滤饼不可压缩，过滤介质阻力可以忽略。试求此过滤机的生产能力及滤饼厚度。

19. 用板框压滤机在恒压差下过滤某种悬浮液，滤框边长为 0.65m，已知操作条件下的有关参数为：$K=6×10^{-5}\,m^2/s$、$q_e=3.45×10^{-3}\,m^3/m^2$、$v=0.1$。滤饼不需洗涤，其他辅助操作时间为 20min，若要过滤机的生产能力达到 9m³/h，试计算：(1)至少需要几个滤框 n？(2)框的厚度 L。

思 考 题

1. 已知球形颗粒的沉降速度 u_t 求直径 d 时，试根据式(3-25)的思路，找出一不含 d 的量纲为 1 数，作为三个流型区域的判据。

2. 试分析分级器中流体密度对分离的影响。在什么情况下，利用分级器可将两种固体颗粒完全分离？

3. 用间歇过滤机过滤某悬浮液，若滤布阻力可忽略，滤液体积与洗水体积之比为 a，试分析洗涤时间和过滤时间之间的关系。

4. 当滤布阻力可忽略时，若要恒压操作的间歇过滤机得到最大的生产能力，在下列两种条件下，各需如何确定过滤时间 θ？(1)若已规定每一循环中辅助操作时间为 θ_D，洗涤时间为 θ_w。(2)若已规定每一循环中辅助操作时间为 θ_D，洗水体积与滤液体积之比为 a。

5. 试分析采取下列措施后，转筒过滤机的生产能力将如何变化。已知过滤介质阻力可忽略，滤饼不可压缩。(1)转筒尺寸按比例增大 50%；(2)转筒浸没度增大 50%；(3)操作真空度增大 50%；(4)转速增大 50%；(5)滤浆中固体积分率由 10% 增稠至 15%，已知滤饼中固相体积分率为 60%；(6)升高滤浆温度，使滤液黏度减小 50%。再分析上述各项措施的可行性。

第4章

液体搅拌

一、学习目的

通过本章学习，了解典型搅拌设备的基本结构及搅拌在工业中的应用，掌握机械搅拌器类型、搅拌器附件及作用、搅拌作用下的流体力学特征及混合机理，掌握搅拌功率计算方法和搅拌器放大的基本方法。

二、学习要点

1. 应重点掌握的内容

搅拌器的类型及结构特征；搅拌器附件及作用；搅拌功率的计算。

2. 应掌握的内容

搅拌作用下的流体力学特征及混合机理；搅拌器的选择。

3. 一般了解的内容

搅拌在工业中的应用，搅拌器的放大。

三、学习方法

在学习过程中，应注意流体流动规律在搅拌器混合分析中的应用。

　　使两种或多种不同的物料在彼此之中互相分散，从而达到均匀混合的单元操作称为物料的搅拌或混合。按物料种类的不同，可将搅拌混合分为：流体介质的搅拌混合，它包括液-液、液-固、气-液和气-气的搅拌混合；固体介质的搅拌混合，它包括固体粉末、固体散粒的搅拌混合以及糊状物料的捏合。搅拌混合是由搅拌混合设备来完成的。流体介质的搅拌混合设备按其结构和原理的不同可划分为：机械搅拌装置、管道机械搅拌装置、管道混合器、射流混合器和气流搅拌等；对固体介质搅拌混合设备可分为：螺旋混合机、滚筒式混合器(混合筒)、回转式混合机、捏合机等。化工生产过程所涉及的物料多为流体，而且实际的搅拌混合设备多为机械搅拌，因此本章主要讨论流体介质的机械搅拌混合问题，包括常用搅拌器的类型及选择、搅拌作用下流体的流动及混合机理、搅拌功率的估算、搅拌器放大的原则与方法等，关于其他流体介质混合器，请参阅有关专著。

4.1　液体搅拌概述

4.1.1　典型的机械搅拌设备

　　图 4-1 为典型机械搅拌设备的结构简图。搅拌设备一般由搅拌装置、轴封和搅拌罐三大

部分构成。搅拌装置又包括传动机构、搅拌轴和搅拌器。搅拌器是搅拌设备的核心组成部分，物料搅拌混合的好坏主要取决于搅拌器的结构、尺寸、操作条件及其工作环境。搅拌器的作用类似于离心泵中的叶轮，它将能量直接传递给被混合的物料并促使流体物料在一定的流动状态下流动，最终达到物料均匀混合的目的。为了满足各种搅拌混合过程的要求，搅拌器的类型很多，这在以后的章节中还要进行详细地介绍。

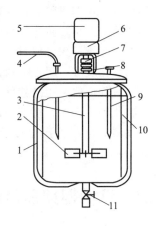

图 4-1　典型的搅拌设备
1—搅拌槽；2—搅拌器；3—搅
拌轴；4—加料管；5—电动机；
6—减速机；7—联轴节；
8—轴封；9—温度计套管；
10—挡板；11—放料阀

　　对于密闭搅拌设备，如带搅拌的反应器，轴封是整个搅拌设备的重要组成部分，在实际生产中也是最易损坏的部分。搅拌设备的轴封也属于转动轴密封的范畴，与泵轴的密封相似，多采用填料密封和机械密封。当轴封要求较高时，一般采用机械密封，如易燃、易爆物料的搅拌及高温、高压、高真空、高转速的场合。

　　搅拌罐也常称为搅拌釜或搅拌槽，它由罐体和罐体内的附件构成。工业上常用的搅拌罐多为立式圆筒形容器，流体的搅拌混合是在罐体内完成的，可以说搅拌罐为物料混合的完成提供了一定的空间和场所。在搅拌操作时，流体在罐底容易形成流动的死区，为了消除流动死区，搅拌罐底部与侧壁的结合处常常以圆角过渡。为了满足不同的工艺要求，或因搅拌罐本身结构的要求，罐体上常装有各种不同用途的附件，其中与搅拌混合效果有关的附件有挡板和导流筒，其作用将在以后的章节中介绍。

4.1.2　搅拌的目的和搅拌在工业中的应用

　　搅拌操作是通过搅拌器的作用，使流体物料在搅拌槽内按一定的流型流动，从而达到使物料混合或分散均匀的目的。在工业生产中，搅拌操作一般具有下列功用：①使互溶物料均匀混合。②使不互溶物料很好地分散或悬浮，包括气相在液相中的均匀分散、固相颗粒在液相中的均匀悬浮、一种液相在另一种液相中的均匀悬浮或充分乳化。③强化传热或传质过程。正因为搅拌操作具有上述功用，其在工业生产特别是在化工生产中的应用非常广泛，是常见的单元操作之一。

　　搅拌混合可作为独立的单元操作来实现物料的均匀混合、分散、悬浮、乳化等。如在石油工业的大型原油贮罐中，由于原油中含有多种不同的组分，有时甚至是多相的，各组分或异相之间的密度不同，因此油罐中会出现各处组成不均的现象。为使油罐上下组成基本均匀，就必须将原油不断地进行搅拌。随着现代汽车工业的发展以及环保意识的提高，人们对燃料油品质量的要求也越来越高，因此，为提高汽油、柴油、润滑油的质量或保证其质量的稳定或为达到某种标准的要求，从炼油设备生产出来的产品必须进行调和或补加添加剂后才能作为商品出售，这些操作都要由搅拌混合来完成。搅拌操作作为独立的单元操作，在废水处理、染料、化工建材、油漆、食品等行业中也都有广泛的应用。

　　搅拌设备在很多场合下可作为反应器应用。众所周知，化学反应是以反应物的充分混合与接触为前提的，而搅拌恰恰是以物料的均匀分散混合为目的，因此，通过搅拌可使反应物料混合均匀，为化学反应的顺利进行提供良好的前提条件，特别是对于非均相化学反应，如气-液、液-液、液-固之间的反应，搅拌对反应的正常进行更具有重要的意义。另外，化学反应都具有一定的热效应，搅拌还具有强化传热的作用。对于强放热反应，搅拌操作能促使反应热快速地传出，防止物料的局部过热和焦化，保证产品质量的稳定。在合成橡胶、合成塑料、合成纤维三大合成材料的生产中，搅拌反应器约占反应器总数的 90%。在有机化学工业中的磺化反应、硝化反应；在炼油过程中的硅铝反应、钡化反应、硫磷化反应、烃化反应等反应过程也要采用搅拌反应器来完成。

在化工生产中，搅拌操作还常用来强化传热和传质过程。用于强化传热过程，如带搅拌的蒸发器等。用于强化传质过程，如固体的溶解或过饱和溶液的结晶、气体的吸收、萃取等。

4.2 机械搅拌器及混合机理

搅拌过程本质上讲是在流动场中进行单一的动量传递或是动量、热量、质量传递同时发生化学反应的过程，而搅拌器就是通过使搅拌介质获得适宜的流动场而向其输入机械能的装置。为达到某种搅拌的目的，需要什么样的流动场，哪种型式的搅拌器能形成这样的流动场等问题，一直是搅拌过程所要研究的课题。应当注意，搅拌效果的好坏除与搅拌器密切相关之外，还与搅拌器的工作环境，即流体介质的种类、搅拌槽及附件等有关。

4.2.1 机械搅拌器的类型

由于搅拌目的的不同及搅拌介质的多样性，搅拌器的类型也很多。一些典型机械搅拌器的结构型式及有关参数列于表 4-1 中。

表 4-1 搅拌器的结构型式及有关参数

搅拌器型式		结构简图	典型尺寸	典型操作参数	常用介质黏度范围	流动状态	备 注
桨式	平直叶		$d/D=$ 0.35~0.8; $b/d=$ 0.10~0.25; 桨叶数 $z=2$; 折叶角 $\theta=45°$, 60°	$n=1\sim$ 100r/min; $u_T=1.0\sim$ 5.0m/s	<2Pa·s	低速时以水平环向流为主；高速时以径向流为主；有挡板时以上下循环流为主	当 $d/D\geqslant$ 0.9 并且设置多层桨叶时，可用于高黏度流体的低速搅拌。在层流区操作，其适用介质的黏度可高达 100Pa·s，而叶端线速度 $u_T=1.0\sim$ 3.0m/s
	折叶					有轴向分流和环向分流。多在层流区和过渡流区操作	

搅拌器 型式		结构简图	典型尺寸	典型 操作参数	常用介质 黏度范围	流动状态	备　注
开启涡轮式	平直叶		$d/D=$ $0.2\sim0.5$ （一般取 为0.33）； $b/d=$ $0.15\sim0.3$ （一般取 为0.2）； 桨叶数 $z=3\sim16$， 以3、4、6、 8居多； 折叶角$\theta=$ $24°、45°、60°$； 后弯角$\alpha=$ $30°、50°$、 $60°、80°$	$n=10\sim$ $300r/min$； $u_T=4\sim$ $10m/s$； 折叶式桨叶 $u_T=2\sim$ $6m/s$	$<500Pa\cdot$ s，折叶和 后弯叶 $<10Pa\cdot s$	平直叶和 后弯叶为径 向流。在有 挡板时，可 自桨叶为界 形成上下两 个循环流。 折叶搅拌器 还有轴向分 流，接近于 轴流型	最高转速 可达 600r/ min。折叶角 为24°时，用 于三叶开启 涡轮，其搅拌 效果类似于 三叶推进式 搅拌器。流 体黏度较高 时，后弯角α 宜取大值，以 降低功率 消耗
	折叶						
	后弯叶						
圆盘涡轮式	平直叶		$d:l:b=$ $20:5:4$； $z=4,6,8$； $d/D=$ $0.2\sim0.5$， 一般取为 0.33；折叶角 $\theta=45°$， $60°$；后弯叶 后弯角$\alpha=45°$	$n=10\sim$ $300r/min$； $u_T=4\sim$ $10m/s$； 折叶式$u_T=$ $2\sim6m/s$	$<50Pa\cdot s$； 折叶式和 后弯叶式 $<10Pa\cdot s$	平直叶和 后弯叶搅拌 器为径向 流。在有挡 板时可自桨 叶为界形成 上下两个循 环流。对于 折叶有轴向 分流。圆盘 上下流体的 混合效果不 如开启涡轮	最高转速可 达600r/min

搅拌器型式		结构简图	典型尺寸	典型操作参数	常用介质黏度范围	流动状态	备 注
圆盘涡轮式	折叶		$d:l:b=$ $20:5:4$; $z=4,6,8$; $d/D=0.2\sim$ 0.5,一般取为 0.33;折叶角 $\theta=45°$, $60°$;后弯叶后弯角 $\alpha=45°$	$n=10\sim$ 300r/min; $u_T=4\sim$ 10m/s;折叶式 $u_T=$ $2\sim6\text{m/s}$	$<50\text{Pa}\cdot\text{s}$; 折叶式和后弯叶式 $<10\text{Pa}\cdot\text{s}$	平直叶和后弯叶搅拌器为径向流。在有挡板时可自桨叶为界形成上下两个循环流。对于折叶有轴向分流。圆盘上下流体的混合效果不如开启涡轮	最高转速可达 600r/min
	后弯叶						
推进式			$d/D=0.2\sim$ 0.5,一般为 0.33;桨叶数 $z=2,3,4$, 以 3 叶居多	$n=100\sim$ 500r/min; $u_T=3\sim$ 15m/s	$<2\text{Pa}\cdot\text{s}$	轴流型,循环速率高,剪切力小。当安装挡板或导流筒时,轴向循环更强	最高转速可达 1750r/min;最高 $u_T=25\text{m/s}$。转速在 500r/min 以下时,适用介质黏度可到 $50\text{Pa}\cdot\text{s}$
锚式			$d/D=$ $0.9\sim0.98$; $b/D=0.1$; $h/D=$ $0.48\sim1.0$	$n=1\sim$ 100r/min; $u_T=1\sim$ 5m/s	<100 $\text{Pa}\cdot\text{s}$	水平环向流。如采用折叶或角钢型叶可增加桨叶附近的涡流。层流状态操作	为了增大搅拌范围,可根据需要在桨叶上增加立叶和横梁
框式			$d/D=$ $0.9\sim0.98$; $b/D=0.1$; $h/D=$ $0.48\sim1.0$	$n=1\sim$ 100r/min; $u_T=1\sim$ 5m/s	<100 $\text{Pa}\cdot\text{s}$	水平环向流。如采用折叶或角钢型叶可增加桨叶附近的涡流。层流状态操作	为了增大搅拌范围,可根据需要在桨叶上增加立叶和横梁

搅拌器型式	结构简图	典型尺寸	典型操作参数	常用介质黏度范围	流动状态	备 注
螺带式		$d/D=$ $0.9\sim0.98$; $S/d=0.5$, $1,1.5$; $b/D=0.1$; $h/d=$ $1.0\sim3.0$ (可根据液层高度增大);螺带条数为1,2	$n=0.5\sim$ 50r/min; $u_T<2\text{m/s}$	$<100\text{Pa}\cdot\text{s}$	轴流型。一般是流体沿槽壁螺旋上升再沿桨轴下降。层流状态下操作	
螺杆式		$d/D=$ $0.4\sim0.5$; $S/d=1$, 1.5; $h/d=$ $1.0\sim3.0$ (可根据液层高度增大)	$n=0.5\sim$ 50r/min; $u_T<2\text{m/s}$	$<100\text{Pa}\cdot\text{s}$	轴流型。当安装有导流筒时,一般流体在导流筒内向下,在导流筒外部的环隙向上。层流状态操作	可偏心安装,这时桨叶距槽壁的距离 $<0.05d$,槽壁可起到挡板的作用
三叶后掠式		$d/D=0.5$; $b/h=0.4$; $b/D=0.05$; 后弯角$\alpha=$ $30°,50°$; 上翘角$\beta=$ $15°\sim20°$; 桨叶数$z=3$	$n=80\sim$ 150r/min; $u_T\leqslant10\text{m/s}$	$<10\text{Pa}\cdot\text{s}$	径向流型,配合指形挡板可形成上下循环流。循环流量大,在挡板配合下,剪切作用也好	最高叶端速度u_T可达15m/s

注:u_T 为叶端线速度,m/s;D 为搅拌槽内径,m。

典型的机械搅拌器型式有**桨式、涡轮式、推进式、锚式、框式、螺带式、螺杆式**等。搅拌器按桨叶形状可分为三类,即**平直叶、折叶和螺旋面叶**。桨式、涡轮式、锚式和框式等搅拌器的桨叶为平直叶或折叶,而推进式、螺带式和螺杆式搅拌器的桨叶则为螺旋面叶。

根据搅拌操作时桨叶主要排液的流向(又称为流型),又可将搅拌器分为**径流型叶轮和轴流型叶轮**两类。平直叶的桨式、涡轮式是径流型,螺旋面叶的推进式、螺杆式是轴流型,折叶桨面则居于两者之间,一般认为它更接近于轴流型。

为了达到特定的搅拌目的，可将典型的搅拌器进行改进或组合使用，如可将快速型桨叶和慢速型桨叶组合在一起，以适应黏度变化较大的搅拌过程。对高黏度流体的搅拌，有时可将螺杆式和螺带式组合在一起，使搅拌槽的中央和外围都能得到充分地搅拌，从而达到改善搅拌效果的目的。

随着测控技术的飞速发展和计算机的广泛应用，搅拌技术也得到很大的发展。主要的发展方向就是搅拌设备的高效节能化、机电一体化和智能化，并在搅拌设备的开发中逐步引入计算机辅助设计(CAD)、计算机辅助制图(CAG)和计算机辅助制造(CAM)等手段。

4.2.2 搅拌作用下流体的流动

搅拌槽中流体的整体循环流动是达到物料混合均匀所必不可少的流体状态，桨叶的形状、尺寸与运动状态是决定搅拌槽内流动状态的最基本因素。对于平直叶型搅拌器，由于桨叶的运动方向与桨面垂直，所以当桨叶低速运转时，流体的主体流动为水平环向流动。当桨叶转速增大时，流体的径向流动将逐渐增大，桨叶转速越高，由平直叶排出的径向流则越强，而此时桨叶本身所造成的轴向流仍是很弱的。对折叶搅拌器，由于桨面与运动方向成一定倾斜角 θ，所以在桨叶运动时，除有水平环向流之外，还将产生轴向分流。在桨叶转速增大时，还有渐渐增大的径向流。螺旋面可看成许多折叶的组合，这些折叶的角度逐渐变化，所以螺旋面所造成的流向也有水平环向流、径向流和轴向流，其中以轴向流量为最大。

下面以八片平直叶开启涡轮式搅拌器为例，说明径向流型桨叶在直立圆槽内所造成的流动状态。对于搅拌过程，流体的流动状态可用搅拌雷诺数 Re 来描述，搅拌雷诺数定义为：$Re = \dfrac{n\rho d^2}{\mu}$，它表示流体黏滞力对流动的影响。式中 n 为搅拌转速(r/s)，d 为搅拌器直径(m)，ρ 为流体密度(kg/m³)，μ 为流体黏度(Pa·s)。当搅拌转速很低时，Re 较小，此时流动处于层流阶段，如图 4-2(a)所示，这时只是在桨叶附近的流体有局部的流动，其他部分均处于静止状态。当搅拌器转速增加时，并且 Re 在 $10 \sim 30$ 范围时，流动仍为层流，如图 4-2(b)所示，这时流体的运动达到槽壁，并沿槽壁有少量上下循环流发生。当转速再增加，使 $Re = 30 \sim 10^3$ 时，如图 4-2(c)所示，流动为过渡流动状态，这时在桨叶附近的流体已出现湍流，而其外围仍为层流状态。当转速再增加达到 $Re > 10^3$ 以后时，流动转化为湍流状态。如图 4-2(d)所示，湍流时由于流体整体在搅拌槽内的旋转所产生的离心作用，在搅拌轴附近会形成一个旋涡，搅拌器的转速越大，形成的旋涡就越深，这种现象叫做"**打旋**"。旋涡中心的流体几乎与桨轴以同样的角速度回转，类似于一个回转的圆形固体柱，所以称之为"圆柱状回转区"。打旋时在"圆柱状回转区"内几乎不产生轴向混合作用，相反，如果被搅拌

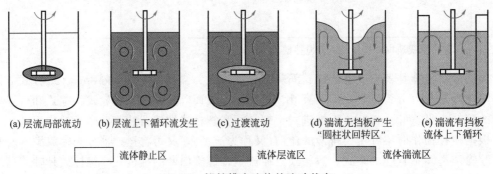

| (a) 层流局部流动 | (b) 层流上下循环流发生 | (c) 过渡流动 | (d) 湍流无挡板产生"圆柱状回转区" | (e) 湍流有挡板流体上下循环 |

□ 流体静止区   ▨ 流体层流区   ▨ 流体湍流区

图 4-2 搅拌槽内流体的流动状态

物系是多相的，则在离心力的作用下不是造成混合而是产生分离或分层。其中的重相如固体颗粒将被甩向槽壁，然后再沿槽壁下降到槽底。当旋涡达到一定深度时，还会发生吸入气体的现象，特别是当旋涡深入达到搅拌器叶轮以后，吸入的气体量大增，从而降低搅拌物料的表观密度，并使施加于物料的搅拌功率急剧下降，最终降低了搅拌的效果。在搅拌操作时应设法避免"打旋现象"的发生。常用的方法之一是在槽内沿槽壁纵向插入几块阻碍流体环流的条形挡板，可以削弱或消除槽内的水平环流，因此也就可以有效地消除水平回转的"圆柱状回转区"，即消除"打旋现象"，这时的流动状况如图4-2(e)所示。当加入挡板后，水平环向流受到很大的影响，而使水平环向流、径向流和轴向流都有了新的分布，其中轴向流速显著地增加。这说明径流型的桨叶在挡板的作用下可获得较强的轴向流动，即从径流型桨叶端部排出的强大径向流携带周围的流体在槽内挡板的作用下，形成上下循环流，它成为搅拌槽内的主体流。这股上下循环流，既有很强的对流循环作用，又有很强的湍流扩散能力，是进行搅拌操作的良好流型。

抑制打旋现象的另一种常用的方法是破坏槽内流体循环回路的对称性。如图4-3所示，对于小容器，可在偏心或偏心且与垂直轴倾斜一定角度的位置上安装叶轮；对于大容器，则可在容器下部偏心水平位置上安装搅拌器。

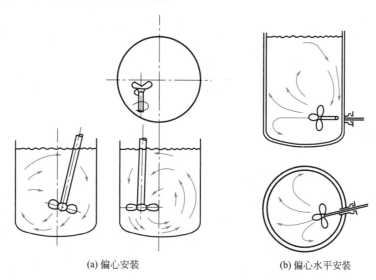

(a) 偏心安装　　　　　　　　　　　　　(b) 偏心水平安装

图 4-3　破坏流体循环回路的对称性

推进式桨叶所形成的流动状态也有层流、过渡流动和湍流之分，也因 Re 数值的大小而异。如图4-4所示，轴流型桨叶的排出流方式与径流型桨叶的不同，它的流型是在轴向上有很大的排出流量，特别是当搅拌槽内有挡板或导流筒时，水平回转流就更弱，主要是轴向的上下循环流。轴流型桨叶与径流型桨叶相比，前者可以在较小功率消耗的情况下获得较大的循环流量。

对高黏度流体搅拌时，仅在桨叶的近旁才发生流体的流动，离开叶端一段距离则流体的流速就急速下降，直至仍保持静止状态，因此在搅拌作用下，高黏度流体的流动状态与低黏度流体不同，多为层流。由于 Re 数值较低，这时在搅拌轴附近几乎不存在"圆柱状回转区"，

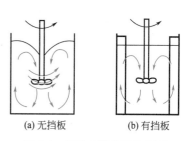

(a) 无挡板　　　　(b) 有挡板

图 4-4　推进式搅拌器的流型

搅拌槽内流体的流动型式与搅拌器桨叶的运动轨迹有密切关系。如图4-5所示，锚式桨叶在层流时所造成的基本上是水平方向的回转涡流。螺杆式搅拌器以使流体螺旋上升或下降为主，安装导流筒后，就可以形成筒内外的上下循环流。双螺带式搅拌器能够使流体产生较为复杂的四周螺旋上升，再沿搅拌轴下降的流动型式。

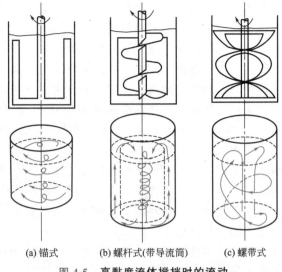

(a) 锚式　　(b) 螺杆式(带导流筒)　　(c) 螺带式

图 4-5　高黏度流体搅拌时的流动

4.2.3　搅拌器附件

搅拌时为了达到混合所需的流动状态，在某些情况下搅拌槽内需要安装搅拌附件，常用的搅拌附件有挡板和导流筒。

1. 挡板

为抑制打旋现象的发生，常用的方法之一就是在搅拌槽内安装挡板，一般采用纵向挡板。挡板至少有两个作用：一是将切向流动转化为轴向流动和径向流动，对于槽内流体的主体对流扩散、轴向流动和径向流动都是有效的。二是增大被搅拌流体的湍动程度，从而改善搅拌效果。试验证明：挡板的宽度W、数量n_b以及安装方式等都将影响流体的流体状态，也必将影响搅拌功率。当挡板的条件符合下式时

$$\left(\frac{W}{D}\right)^{1.2} n_b = 0.35 \tag{4-1}$$

搅拌器的功率最大，这种挡板条件称为全挡板条件。也就是说：当挡板符合全挡板条件时，即使再增加挡板数量，搅拌功率也不再增大了。挡板的宽度W一般取为：$W = \left(\frac{1}{10} \sim \frac{1}{12}\right)D$，对于高黏度流体，可减小到$\left(\frac{1}{20}\right)D$。挡板数量$n_b$取决于搅拌槽直径的大小。对于小直径的搅拌槽，一般安装2~4块挡板。对于大直径的搅拌槽，一般安装4~8块，以4块或6块居多，此时已接近于全挡板条件。

搅拌槽内设置的其他能阻碍水平回转流动的附件，如蛇管等，也能起到挡板的作用。在没有挡板的设备中，当其他静止附件能满足下式时

$$\varphi = \frac{2.5\sum F}{D^2} \geqslant 1.0 \tag{4-2}$$

也可认为具有全挡板的作用，φ称为挡板条件系数，式中$\sum F$是所有内部附件在垂直于流体环流方向上投影面积的总和。

2. 导流筒

无论搅拌器的类型如何，流体总是从一定的方向流向搅拌器，然后再从其他方向排出。在需要控制流体的流动方向和速度以确定某一特定流型时，可在搅拌槽中安装导流筒。导流筒主要用于推进式、螺杆式搅拌器的导流，涡轮式搅拌器有时也用导流筒。导流筒的安装方式如图4-6所示。推进式或螺杆式搅拌器的导流筒是安装在搅拌器的外面，而涡轮式搅拌器

的导流筒则安装在叶轮的上方。导流筒的作用在于提高混合效果。一方面它提高了对筒内流体的搅拌程度，加强了搅拌器对流体的直接机械剪切作用，同时又确立了充分循环的流型，使搅拌槽内所有的物料均可通过导流筒内的强烈混合区，提高混合效率。另外，导流筒还限定了循环路径，减少短路的机会。导流筒的尺寸需要根据具体生产过程的要求决定。一般情况下，导流筒需将搅拌槽截面分成面积相等的两部分，即导流筒的直径约为搅拌槽直径的70%。

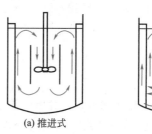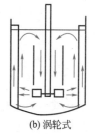

(a) 推进式 (b) 涡轮式

图 4-6　导流筒的安装方式及流向

4.2.4　搅拌槽内液体循环量和压头

1. 排液量和液体循环流

搅拌槽内液体的循环速度取决于循环流动液体的体积流量。从叶轮直接排出的液体体积流量，称为叶轮的"排液量"。参与循环流动的所有液体的体积流量，称为"循环流"。由于叶轮排出流产生的夹带作用，循环流可远远大于排液量，二者差别的大小取决于排出流的夹带能力。

对于几何相似的叶轮，其排液量 Q_1、叶轮直径 d 和转速 n 之间存在如下的关系

$$Q_1 \propto nd^3 \tag{4-3}$$

式中，Q_1 为叶轮的排液量，m^3/s；n 为叶轮的转速，r/s；d 为叶轮的直径，m。

2. 压头

与离心泵叶轮的作用相似，搅拌器的叶轮在旋转时既能使液体产生流动又能产生用来克服摩擦阻力的压头。一般用速度头的倍数来表示压头。液体离开叶轮的速度 $u \propto nd$，于是压头可表示为

$$H \propto \frac{u^2}{2g} \propto n^2 d^2 \tag{4-4}$$

式中，H 为压头，m；u 为液体离开叶轮的速度，m/s。

速度头的大小是剪切力大小和湍动程度的度量。

由于搅拌器叶轮的排液量和压头均与离心泵的流量和压头存在相似的关系，所以搅拌器叶轮所消耗的功率 N 也与离心泵的功率计算式相类似，即

$$N \propto HQ \tag{4-5}$$

将式(4-3)和式(4-4)代入式(4-5)，得

$$N \propto n^3 d^5 \tag{4-5a}$$

由式(4-3)可知，搅拌功率消耗于液体在槽内的循环流动和剪切流动两个方面。不同工艺过程中液体流动方式各异，两种流动所消耗的功率之比也各异，常常用 Q_1/H（或近似地用 Q/H）表示两种方式所消耗功率之比。该比值对搅拌效果具有重要意义。

由式(4-3)和式(4-4)可得

$$\frac{Q}{H} \propto \frac{d}{n} \tag{4-6}$$

当功率 N 一定时，$n^3 d^5$ 也为定值，由此可得

$$n \propto d^{-\frac{5}{3}}, \quad d \propto n^{-\frac{3}{5}}$$

将上二式分别代入式(4-6)得

$$\frac{Q}{H} \propto d^{\frac{8}{3}} \tag{4-6a}$$

及

$$\frac{Q}{H} \propto n^{-\frac{8}{5}} \tag{4-6b}$$

从式(4-6a)和式(4-6b)可看出叶轮操作的基本原则,即在消耗相同功率的条件下,如采用低转速、大直径的叶轮,可用增大液体循环量和循环速度,同时减小液体受到的剪切作用,有利于宏观混合。反之,如采用高转速、小直径的叶轮,结果与此恰恰相反。

一些常用叶轮按 Q/H 比值依次减小(即对液体的剪切作用依次增大)的顺序为:平桨、涡轮、螺旋桨。某些生产工艺过程对 Q/H 比值的要求依次减小(即对液体的剪切作用依次增大)的顺序为:均匀混合、传热、固体悬浮、固体溶解、气体分散、不互溶液-液分散等。

4.2.5 混合机理

1. 总体对流扩散

搅拌时,搅拌器的桨叶首先把能量传递给其附近的流体,产生高速的流体流动,这股高速流动的流体将推动和卷吸其周围的流体并一起以较低的速度流动,结果造成大范围内的"宏观流动",使整个槽内的流体产生流动循环,这种流动称为总体流动。由此而产生的整个搅拌槽范围内的扩散称为对流扩散。在总体流动的作用下,被混合的一种流体将被分散成一定尺寸的流体团并由总体流动带到搅拌槽的各处,造成整个搅拌槽内宏观上的均匀混合。

2. 湍流扩散

当搅拌具备一定条件时,槽内流体的局部或整体的流动将处于湍流区,湍流区内的流体处于湍流场中,湍流场是由各种大小不同的旋涡构成的。流体具有的能量都分布在这些旋涡中,并与旋涡的尺寸大小成比例,尺寸大的旋涡所具有的能量也大。当无外界能量加入时,由于大尺寸旋涡外缘上两点间流体速度差所产生的剪切力,能够不断地把大尺寸旋涡逐级分裂成较小尺寸的旋涡。大旋涡在分裂的同时,也将大旋涡的能量传递给较小尺寸旋涡。旋涡的分裂和能量传递将不断地进行下去,直到最小旋涡尺寸为止。凡是尺寸小于最小旋涡尺寸的旋涡就不再继续分裂,而是在流体黏滞力的作用下,使旋涡消失,并把最小旋涡所具有的能量全部转化为热能而耗散。应该注意,旋转方向相同的小旋涡在碰撞时,也存在合并成大旋涡的可能,但总的趋势是大旋涡最终分裂成小旋涡。

当有外界能量不断加入搅拌槽时,如果加入的能量恰等于流体耗散的能量,则在流体湍流场中,在任何时刻,最小尺寸直到最大尺寸范围内的各种尺寸的旋涡都同时存在,并且不断地产生、分裂、合并和消失,形成平衡状态下的连续分布,此即稳定的湍流状态。

旋涡的分裂将使一种流体由大的流体团块分割成较小的流体微团,流体微团的最小尺寸取决于旋涡的最小尺寸。在通常的搅拌情况下,微团的最小尺寸为几十微米。因此,单靠机械搅拌是不能达到分子级上的均匀混合的。流体分子级上的混合均匀和微团的最终消失,只能凭借不属于搅拌范畴的分子扩散的作用达到。

对于大多数混合过程,总体对流扩散、湍流扩散和分子扩散三种混合机理同时存在。湍流扩散使大尺寸的流体团块分割成较小尺寸的流体微团;总体对流扩散将流体微团带到搅拌槽的各处，达到搅拌槽内宏观上的均匀混合；分子扩散使流体微团消失，达到搅拌槽内分子尺度的均匀混合。高黏度流体搅拌多在层流区操作，均匀混合主要是总体对流扩散和分子扩散共同作用的结果。对于更高黏度的物料，如高分子聚合物，其分子扩散系数很小，在有限的操作时间内主要靠总体对流扩散。应该指出，一般液体的分子扩散系数约为 $10^{-9} \sim 10^{-10}$ m^2/s，而湍流扩散系数则高达 $10^{-4} m^2/s$，因此，在湍流搅拌时，湍流扩散在整个混合过程中占重要地位。

4.2.6　搅拌器的选择

在选择搅拌器时，应考虑的因素很多，最基本的因素是介质的黏度、搅拌过程的目的和搅拌器能造成的流动状态。由于流体的黏度对搅拌状态有很大的影响，所以根据搅拌介质黏度的大小来选型是一种基本的方法。一般随黏度的增大，各种搅拌器的使用顺序为推进式、涡轮式、桨式、锚式、螺带式和螺杆式等。

根据搅拌过程的目的来选择搅拌器是另一种基本的方法。低黏度均相流体混合消耗功率小、循环容易，是难度最小的一种搅拌过程，只有当搅拌槽的容积很大并且要求混合时间很短时才比较困难。由于推进式搅拌器的循环能力强且消耗功率小，所以最为合用。而涡轮式搅拌器因其功率消耗大，其虽有高的剪切能力，但对于这种混合过程并无太大的必要，所以若用在大容量槽体的混合就不太合理。桨式搅拌器因其结构简单，在小容量流体混合中仍广泛采用，但在大容量槽体混合时，其循环能力就显得不足了。

对分散或乳化过程，除要求搅拌器的循环能力大之外，还应具有较高的剪切能力，涡轮式搅拌器具有这一特征，因此它适用于这种场合，特别是平直叶涡轮式搅拌器的剪切作用比折叶和后弯叶的更大，就更为适合。推进式和桨式搅拌器由于其剪切力比平直叶涡轮式搅拌器的要小，所以它们只能在液体分散量较小的情况下采用，而其中桨式搅拌器很少用于分散过程。对于分散搅拌操作，搅拌槽内都安装有挡板来加强剪切效果。

固体溶解过程要求搅拌器应具有较强的剪切能力和循环能力，所以以涡轮式搅拌器最为合用。推进式搅拌器的循环能力大，但剪切能力较小，所以只能用于小容积的溶解过程。桨式搅拌器须借助挡板的作用来提高循环能力，一般在易悬浮颗粒溶解时才能采用。

气体吸收过程以圆盘涡轮式搅拌器最为合适，它的剪切能力强，而且圆盘的下方可以存住一些气体，使气体的分散更为平稳，而开启涡轮式搅拌器就无此优点。桨式和推进式搅拌器基本上不能用于气体的吸收过程，只有在处理少量易吸收的气体且分散度要求不高时才能采用。

对于带搅拌的结晶过程，一般采用小直径的快速搅拌器，如涡轮式搅拌器，适用于微粒结晶过程；而大直径的慢速搅拌器，如桨式搅拌器，可用于大晶粒的结晶过程。

固体颗粒悬浮操作以涡轮式搅拌器的使用范围最大，其中以开启涡轮式搅拌器最好。开启涡轮式搅拌器没有中间的圆盘，不会阻碍桨叶上下流体的混合，而且弯叶开启涡轮的优点更为突出，它的排出性能好，桨叶不易磨损，所以用于固体颗粒悬浮操作更为合适。桨式搅拌器的转速低，仅适用于固体颗粒小、固液密度差小、固相浓度较高、固体颗粒沉降速度较低的场合。推进式搅拌器的使用范围较窄，固液密度差大或固液体积比在 50% 以上时不适用。

根据搅拌器的适应条件来选择搅拌器可参考表 4-2。

表 4-2 搅拌器型式及适用条件

搅拌器型式	流动状态			搅拌目的										搅拌槽容量范围/m³	转速范围/(r/min)	最高黏度/Pa·s
	对流循环	湍流扩散	剪切流	低黏度液体混合	高黏度液体混合传热及反应	分散	溶解	固体悬浮	气体吸收	结晶	传热	液相反应				
涡轮式	√	√	√	√	√	√	√	√	√	√	√	√	1~100	10~300	50
桨式	√	√	√	√	√		√	√		√	√	√	1~200	10~300	2
推进式	√	√		√				√			√	√	1~1000	100~500	50
折叶开启涡轮式	√	√		√				√			√	√	1~1000	10~300	50
锚式	√				√		√				√		1~100	1~100	100
螺杆式	√				√						√		1~50	0.5~50	100
螺带式	√				√						√		1~50	0.5~50	100

注：√为合适，空白为不合适或不详。

4.3 搅拌功率

4.3.1 搅拌功率的量纲为 1 数群关联式

1. 影响搅拌功率的因素

搅拌器的功率与搅拌槽内流体的流动状态有关，因此，凡是影响流体流动状态的因素必然也是影响搅拌功率的因素，大致上有以下因素。

搅拌器的几何参数，如桨叶的形状和尺寸、桨叶数量、桨叶的安装高度等。

搅拌器的操作参数，如搅拌器的转速等。

搅拌槽的几何参数，如搅拌槽的内径、流体的深度、挡板的宽度、挡板数量、导流筒尺寸等。

搅拌介质的物性参数，如流体的密度、黏度等。

虽然影响搅拌功率的因素很多，这些因素归纳起来可称为桨、槽的几何参数，桨的操作参数以及影响功率的物性参数。

2. 搅拌功率关联式

对于搅拌过程，一般可采用相似理论和量纲分析的方法得到其特征数关联式。为了简化分析过程，可假定桨、槽的几何参数均与搅拌器的直径有一定的比例关系，并将这些比值（如 H/d，W/d 等）称为形状因子。对于特定尺寸的系统，形状因子一般为定值，故桨、槽的几何参数仅考虑搅拌器的直径 d。桨的操作参数主要指搅拌器的转速 n。物性参数主要包括被搅拌流体的密度 ρ 和黏度 μ。当搅拌发生打旋现象时，重力加速度 g 也将影响搅拌功率。因此搅拌功率与各变量之间的关系可表示为

$$N = f(n, d, \rho, \mu, g)$$

上式也可以表示成指数的形式，即

$$N = K n^{a_1} d^{a_2} \rho^{a_3} \mu^{a_4} g^{a_5} \tag{4-7}$$

式中，N 为搅拌功率，W；K 为量纲为 1 的系数，与系统的几何构形有关；n 为搅拌转速，

r/s；d 为搅拌器直径，m；ρ 为流体的密度，kg/m^3；μ 为流体的黏度，Pa·s；g 为重力加速度，m/s^2；$a_1 \sim a_5$ 为待定常数。

对式(4-7)进行量纲分析可得

$$N = K\rho n^3 d^5 \left(\frac{\mu}{\rho n d^2}\right)^{a_4} \left(\frac{g}{n^2 d}\right)^{a_5} \tag{4-8}$$

即

$$\frac{N}{\rho n^3 d^5} = K\left(\frac{\rho n d^2}{\mu}\right)^{-a_4} \left(\frac{n^2 d}{g}\right)^{-a_5} \tag{4-9}$$

若令 $x = -a_4$，$y = -a_5$，则式(4-9)可变为

$$\frac{N}{\rho n^3 d^5} = K\left(\frac{\rho n d^2}{\mu}\right)^{x} \left(\frac{n^2 d}{g}\right)^{y} \tag{4-10}$$

令 $N_p = \dfrac{N}{\rho n^3 d^5}$，称为功率特征数；$Re = \dfrac{\rho n d^2}{\mu}$，称为搅拌雷诺数，表示流体惯性力与黏滞力之比，用以衡量流体的流动状态；$Fr = \dfrac{n^2 d}{g}$，称为**弗鲁德数**，表示流体惯性力与重力之比，用以衡量重力的影响。

式(4-10)可改写为

$$N_p = K Re^x Fr^y \tag{4-11}$$

若再令 $\varphi = \dfrac{N_p}{Fr^y}$，称为**功率因数**，则有

$$\varphi = K Re^x \tag{4-12}$$

在此要注意功率特征数与功率因数是两个完全不同的概念。

从量纲分析法得到搅拌功率特征数关联式后，可对一定形状的搅拌器进行一系列的试验，找出各流动范围内具体的经验公式或关系算图，则可解决搅拌功率的计算问题。

4.3.2　搅拌功率的计算

计算搅拌功率的目的有二，一是为了解决一定型式的搅拌器能向被搅拌介质提供多大功率的问题，以满足搅拌过程的要求，并选配合适的电机。二是为搅拌器强度的计算提供依据，以保证桨叶、搅拌轴的强度。关于搅拌功率计算的经验公式很多，研究最多的是均相系统，并以它作为基础来进行非均相系统搅拌功率的计算。

1. 均相系搅拌功率的计算

均相物系搅拌功率的计算有多种方法，在此仅介绍应用较多的 Rushton 图算法和永田进治公式法。

(1)Rushton 算图

Rushton 算图适合于推进式、涡轮式和桨式搅拌器搅拌功率的计算。Rushton 等人对多种型式的搅拌器在液体黏度为 $1 \times 10^{-3} \sim 40$Pa·s，并且 $Re < 10^6$ 时进行了大量试验，测定了各种条件下的搅拌功率，并整理得出功率因数 φ 和 Re 关系算图，如图 4-7 所示。图中纵坐标为 φ，横坐标为 Re，共有 8 种桨型的搅拌器在有挡板或无挡板条件下的关系曲线。由图中曲线可看出：搅拌槽中流体的流动可根据 Re 的大小大致分为三个区域，即层流区、过渡区和湍流区。

当 $Re \leqslant 10$ 时，为层流区。在此区内搅拌时不会出现打旋现象，此时重力对流动几乎没有影响，即对搅拌功率没有影响。因此，反映重力影响的 Fr 可以忽略，即式(4-11)中的指

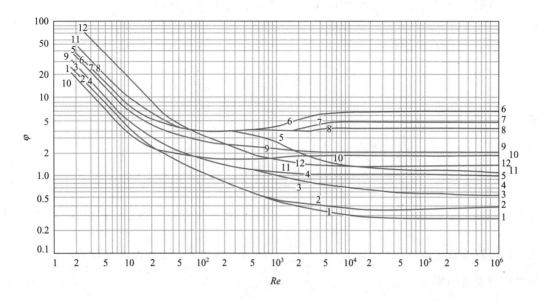

图 4-7　Rushton φ-Re 关系算图

1—三叶推进式，$s=d$，N；2—三叶推进式，$s=d$，Y；3—三叶推进式，$s=2d$，N；4—三叶推进式，$s=2d$，Y；5—六片平直叶圆盘涡轮，N；6—六片平直叶圆盘涡轮，Y；7—六片弯叶圆盘涡轮，Y；8—六片箭叶圆盘涡轮，Y；9—八片折叶开启涡轮(45°)，Y；10—双叶平桨，Y；11—六叶闭式涡轮，Y；12—六叶闭式涡轮(带有二十叶的静止导向器)

图注中：Y—有挡板，N—无挡板

数 $y=0$，此时式(4-11)变为

$$\varphi = N_p = KRe^x$$

从图 4-7 还可以看出，在层流区内，不同搅拌器的 φ 与 Re 在对数坐标上为一组斜率相等的直线，其斜率为 $x=\tan135° =-1$。所以在此区域内有

$$\varphi = N_p = \frac{K_1}{Re}$$

所以

$$N = \varphi \rho n^3 d^5 = K_1 \mu n^2 d^3 \tag{4-13}$$

当 $Re = 10 \sim 10^4$ 时为过渡区，此时功率因数 φ 随 Re 的变化不再是直线，各种搅拌器的曲线也不大一致，这说明 x 不再是常数，它随 Re 而变化。当搅拌槽内无挡板并且 $Re > 300$ 时，液面中心处会出现旋涡，此时重力将影响搅拌功率，即 Fr 对功率的影响不能忽略。此时有

$$\varphi = \frac{N_p}{Fr^y} = \frac{N}{\rho n^3 d^5}\left(\frac{g}{n^2 d}\right)^{\left(\frac{\zeta_1 - \lg Re}{\zeta_2}\right)} \tag{4-14}$$

经曲线变换得

$$y = \frac{\zeta_1 - \lg Re}{\zeta_2}$$

式中，ζ_1、ζ_2 依搅拌器型式而不同，其数值可从表 4-3 中查得。

此时搅拌功率的计算式为

$$N = \varphi \rho n^3 d^5 \left(\frac{n^2 d}{g}\right)^{\left(\frac{\zeta_1 - \lg Re}{\zeta_2}\right)} \tag{4-15}$$

表 4-3 当 $300 < Re < 10^4$ 时一些搅拌器的 ζ_1、ζ_2 值

搅拌器型式	d/D	ζ_1	ζ_2
三叶推进式	0.47	2.6	18.0
	0.37	2.3	18.0
	0.33	2.1	18.0
	0.30	1.7	18.0
	0.22		18.0
六叶涡轮式	0.30	1.0	40.0
	0.33	1.0	40.0

在过渡区，无挡板并且 $Re < 300$，或有挡板并且符合全挡板条件及 $Re > 300$ 时，流体内不会出现大的旋涡，因此也不需要考虑重力的影响，即 Fr 的影响可以忽略。这时搅拌功率仍可用式(4-13)进行计算，其中 x 值随 Re 而变化，计算时可直接由 Re 在 Rushton 算图中查得 φ 值。

在搅拌湍流区，即 $Re > 10^4$ 时，为了消除打旋现象，一般均采用全挡板条件，故重力的影响可以忽略不计，即可以不考虑 Fr 对搅拌功率的影响。由于在此区内流体的运动速度较高，流体的惯性力很大，因此，流体的黏滞力对搅拌功率的影响相对较小。在 Rushton 算图中表现为：φ 值几乎不受 Re 和 Fr 的影响而成为一条水平直线

$$\varphi = N_p = K_2$$

因此
$$N = K_2 \rho n^3 d^5 \tag{4-16}$$

式中，K_2 为常数。该式表明：在湍流区全挡板条件下 $\varphi = N_p = K_2 =$ 定值，流体的黏度对搅拌器的功率不再产生影响。

从 Rushton 算图中还可以看出，在各种流型中不同构型桨叶搅拌功率的差别。在层流区各种搅拌器的功率曲线为一组平行直线，并且功率相差不大。在 $Re > 300$ 以后，有挡板比无挡板时消耗的功率要大。同样的 Re，轴流型的推进式搅拌器消耗的功率最小，而径流型的涡轮式搅拌器消耗的功率最大。

由以上讨论可知，采用 Rushton 算图计算搅拌功率是一种很简便的方法，在使用时一定要注意每条曲线的应用条件。只有符合几何相似条件，才可根据搅拌器直径 d、搅拌器转速 n 和流体密度 ρ、黏度 μ 值计算出搅拌雷诺数 Re，并在算图中相应桨型的功率因数曲线上查得 φ 值，再根据流动状态分别选用式(4-13)～式(4-16)来求得搅拌器的搅拌功率。

【例 4-1】 有一内径为 $D = 3.0$m 的搅拌槽，槽内装一直径为 $d = 1.0$m 的六片平直叶圆盘涡轮式搅拌器，搅拌器距槽底的高度为 $C = 1.0$m，槽内壁装有 4 块宽度为 $W = 0.3$m 的挡板，液面深度为 $H = 3.0$m，液体黏度为 $\mu = 1.0$Pa·s，密度为 $\rho = 960$kg/m³。试计算当搅拌器转速 $n = 90$r/min 时的搅拌功率 N。

解 由题中条件可知 $d/D = 1/3$，$C/D = 1/3$，$H = D$，使用的搅拌器为六片平直叶圆盘涡轮式搅拌器，有挡板。因此该搅拌装置的几何参数符合 Rushton 算图中的曲线 6。

(1)搅拌雷诺数 Re

$$Re = \frac{d^2 n \rho}{\mu} = \frac{1.0^2 \times \frac{90}{60} \times 960}{1.0} = 1440$$

(2)由 Re 数值查找 φ 值

由 Rushton 算图中的曲线 6 可查得 $Re=1440$ 时，$\varphi=4.5$。

(3)搅拌功率 N

由 Re 的计算可知，搅拌操作是在过渡区并且 $Re>300$，有挡板，挡板条件为

$$\left(\frac{W}{D}\right)^{1.2} n_b = \left(\frac{0.3}{3.0}\right)^{1.2} \times 4 = 0.25$$

可认为近似符合全挡板条件，因此可选式(4-13)计算搅拌功率

$$N = \varphi \rho n^3 d^5 = 4.5 \times 960 \times \left(\frac{90}{60}\right)^3 \times 1.0^5 = 14.58 \times 10^3 \text{W} = 14.58\text{kW}$$

 在应用 Rushton 算图时，需特别注意各曲线的应用条件和正确选用。

(2)永田进治公式

1)无挡板时的搅拌功率

日本永田进治等，根据在无挡板直立圆槽中搅拌时"圆柱状回转区"半径的大小及桨叶所受的流体阻力进行了理论推导，并结合试验结果确定了一些系数而得出双叶搅拌器功率的计算公式

$$N_p = \frac{N}{\rho n^3 d^5} = \frac{A}{Re} + B\left(\frac{10^3 + 1.2Re^{0.66}}{10^3 + 3.2Re^{0.66}}\right)^p \left(\frac{H}{D}\right)^{\left(0.35 + \frac{b}{D}\right)} (\sin\theta)^{1.2} \tag{4-17}$$

式中　A——系数，$A = 14 + \left(\frac{b}{D}\right)\left[670\left(\frac{d}{D} - 0.6\right)^2 + 185\right]$；　(4-18)

B——系数，$B = 10^{\left[1.3 - 4\left(\frac{b}{D} - 0.5\right)^2 - 1.14\left(\frac{d}{D}\right)\right]}$；　(4-19)

p——指数，$p = 1.1 + 4\left(\frac{b}{D}\right) - 2.5\left(\frac{d}{D} - 0.5\right)^2 - 7\left(\frac{b}{D}\right)^4$；　(4-20)

b——桨叶的宽度，m；

H——液层的深度，m；

D——搅拌槽内径，m；

d——搅拌器桨径，m；

θ——桨叶的折叶角，对于平桨 $\theta = 90°$。

现就永田进治公式作以下几点讨论。

① 当 $b/D \leqslant 0.3$ 时，式(4-20)中的第四项 $7\left(\frac{b}{D}\right)^4$ 与其他项相比很小，可以忽略不计，而目前所使用的桨式搅拌器大多都能满足这一要求。

② 对于高黏度流体，搅拌的 Re 数较小，属于层流，式(4-17)中右边第一项占支配地位，第二项与其相比很小，可以忽略不计。因此式(4-17)可简化为

$$N_p = \frac{N}{\rho n^3 d^5} \approx \frac{A}{Re} = A(Re)^{-1} \tag{4-17a}$$

式(4-17a)结果与式(4-13)是完全一致的。

③ 对于低黏度流体的搅拌，Re 数较大，搅拌处于湍流区，此时式(4-17)中的第一项很小，可以忽略不计。第二项中的几何参数对于一定的桨型都是常数，B 和 p 值也是常数。于是式(4-17)可简化为

$$N_p = \frac{N}{\rho n^3 d^5} \approx B'\left(\frac{10^3 + 1.2Re^{0.66}}{10^3 + 3.2Re^{0.66}}\right)^p \approx B'\left(\frac{1.2}{3.2}\right)^p = 常数 \tag{4-17b}$$

即在湍流区时，N_p 近似为常数，而与 Re 的大小无关，这一结论与式(4-16)是一致的。

④ 在湍流区，当搅拌器的桨径相同且桨叶宽度 b 和桨叶数量 z 的乘积相等时，它们的搅拌功率就相等。由此可类推，如果装有多层桨叶，只要符合桨叶宽度 b 与桨叶数量 z 的乘积相等这一条件，则它们的搅拌功率也相等。

⑤ 永田进治公式可近似用于桨式、多叶开启涡轮、圆盘涡轮等常用桨型无挡板湍流区搅拌功率的计算。

2) 全挡板条件下的搅拌功率

从 Rushton 算图可以看出一条规律：对于结构和尺寸相同的搅拌器，全挡板条件下的搅拌功率与无挡板条件下的相比，在湍流区，前者大于后者，这是由于全挡板条件下有效消除了打旋现象，桨叶受到的阻力为最大流体阻力；而在层流区，由于不存在打旋现象，因而有挡板和无挡板所消耗的功率没有区别。所以，可以从湍流与层流的转变点来确定全挡板条件下的搅拌功率。具体做法是：将湍流区全挡板条件下的 φ 线沿水平线向左延长，与层流区向下延长的 φ 线有一交点，此交点可看作是湍流区和层流区的**转变点**，对应于此点的雷诺数称为**临界雷诺数**，以 Re_c 表示。以 Re_c 代替式(4-17)中的 Re，便可求得全挡板条件下的搅拌功率。Re_c 的数值与搅拌器的型式有关。对于不同尺寸的平直叶双桨搅拌器，Re_c 值可由下式计算，即

$$Re_c = \frac{25}{\left(\frac{b}{D}\right)}\left(\frac{b}{D}-0.4\right)^2 + \left[\frac{\frac{b}{D}}{0.11\left(\frac{b}{D}\right)-0.0048}\right] \tag{4-21}$$

【例 4-2】 内径为 2.4m 的无挡板搅拌槽，槽内液体的密度为 1200kg/m³，黏度为 0.2Pa·s，液层高度为 1.68m。用平直叶桨式搅拌器搅拌，搅拌器的直径为 1.2m，桨叶宽度为 0.48m，搅拌器的转速为 60r/min。求搅拌器的功率。

解 本题可用永田进治公式法求解。

(1)计算 Re

$$Re = \frac{\rho n d^2}{\mu} = \frac{1200 \times \frac{60}{60} \times 1.2^2}{0.2} = 8640$$

(2)计算 N_p

由题知：$d/D = 1.2/2.4 = 0.5$，$b/D = 0.48/2.4 = 0.2$，$H/D = 1.68/2.4 = 0.7$。

$$A = 14 + \left(\frac{b}{D}\right)\left[670\left(\frac{d}{D}-0.6\right)^2 + 185\right]$$

$$= 14 + 0.2 \times [670 \times (0.5-0.6)^2 + 185] = 52.34$$

$$B = 10^{[1.3-4\left(\frac{b}{D}-0.5\right)^2-1.14\left(\frac{d}{D}\right)]} = 10^{[1.3-4\times(0.2-0.5)^2-1.14\times0.5]} = 10^{0.37} = 2.344$$

$$p = 1.1 + 4\left(\frac{b}{D}\right) - 2.5\left(\frac{d}{D}-0.5\right)^2 - 7\left(\frac{b}{D}\right)^4$$

$$\approx 1.1 + 4\times0.2 - 2.5\times(0.5-0.5)^2 = 1.9$$

$$N_p = \frac{A}{Re} + B\left(\frac{10^3+1.2Re^{0.66}}{10^3+3.2Re^{0.66}}\right)^p \left(\frac{H}{D}\right)^{(0.35+\frac{b}{D})} (\sin\theta)^{1.2}$$

$$= \frac{52.34}{8640} + 2.344 \times \left(\frac{10^3+1.2\times8640^{0.66}}{10^3+3.2\times8640^{0.66}}\right)^{1.9} \times 0.7^{(0.35+0.2)} (\sin 90°)^{1.2}$$

$$= 0.006058 + 2.344 \times 0.65^{1.9} \times 0.7^{0.55} = 0.855$$

（3）计算搅拌功率 N

$$N = N_p \rho n^3 d^5 = 0.855 \times 1200 \times 1^3 \times 1.2^5 = 2553\mathrm{W} = 2.55\mathrm{kW}$$

3）高黏度流体的搅拌功率

搅拌高黏度流体常采用慢速型搅拌器，如锚式、框式、螺带式、螺杆式搅拌器等。高黏度流体的搅拌，常常是在层流区操作，搅拌时不产生"圆柱状回转区"，因此重力对搅拌功率的影响可以忽略不计。在此仅介绍锚式、框式、螺带式搅拌器搅拌功率的计算。

① 锚式、框式搅拌器的搅拌功率 锚式和框式搅拌器可以看成与其外部轮廓尺寸相等的平桨（$\theta = 90°$）型搅拌器，平桨桨叶宽度用锚式或框式搅拌器的高度代替，当满足 $b/D \geqslant 0.1$ 时，其搅拌功率可用简化的永田进治公式，即式（4-17a）来计算。此时以锚式或框式搅拌器的高度 h 代替 b，当 $d/D > 0.9$ 时，式（4-17a）中的 A 值可采用 Bechner 公式计算，即

$$A = 82 \left(\frac{2}{1 - \dfrac{d}{D}} \right)^{\frac{1}{4}} \tag{4-22}$$

② 螺带式搅拌器的搅拌功率 螺带式搅拌器用于高黏度流体的搅拌，并在层流区操作，其功率特征数的一般式也可表示为式（4-17a）的形式，其中 A 值的大小可采用下式计算

$$A = 66z \left(\frac{d}{S} \right)^{0.73} \left(\frac{h}{d} \right) \left(\frac{b}{d} \right)^{0.5} \left(\frac{D-d}{2d} \right)^{-0.6} \tag{4-23}$$

式中，z 为桨叶数，单螺带 $z = 1$，双螺带 $z = 2$。

2. 非均相系搅拌功率的计算

（1）不互溶液-液相搅拌的搅拌功率

在计算液-液相搅拌功率时，首先求出两相的平均密度 ρ_m，然后再按均相系搅拌功率的计算方法求解。液-液相物系的平均密度为

$$\rho_m = x_v \rho_d + (1 - x_v) \rho_c \tag{4-24}$$

式中，ρ_d 为分散相的密度，$\mathrm{kg/m^3}$；ρ_c 为连续相的密度，$\mathrm{kg/m^3}$；x_v 为分散相的体积分数。

当两相液体的黏度都较小时，其平均黏度 μ_m 可采用下式计算

$$\mu_m = \mu_d^{x_v} \mu_c^{(1-x_v)} \tag{4-25}$$

式中，μ_d 为分散相的黏度，$\mathrm{Pa \cdot s}$；μ_c 为连续相的黏度，$\mathrm{Pa \cdot s}$。

（2）气-液相搅拌的搅拌功率

当向液体通入气体并进行搅拌时，由于气泡的存在而使液体的表观密度降低，并且搅拌器叶片和气泡相撞时的阻力也比与均相液体相撞时为低，因此通气搅拌的功率 N_g 要比均相系液体的搅拌功率 N 低。N_g/N 的数值取决于通气系数的大小。通气系数 N_a 依下式计算

$$N_a = \frac{Q_g}{nd^3} \tag{4-26}$$

式中，Q_g 为通气速率，$\mathrm{m^3/s}$；n 为搅拌转速，$\mathrm{r/s}$；d 为搅拌器的直径，m。

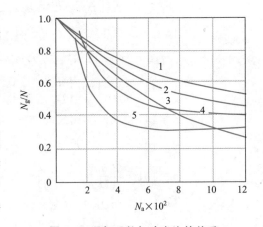

图 4-8 通气系数与功率比的关系

1—八片平直叶圆盘涡轮；2—八片平直叶上侧圆盘涡轮；3—十六片平直叶上侧圆盘涡轮；4—六片平直叶圆盘涡轮；5—平直叶双桨

搅拌条件：$d = D/3$，$H = D$，$C = D/3$，全挡板

一些搅拌器的通气搅拌功率 N_g 与均相系搅拌功率 N 之比和通气系数 N_a 的试验关系曲线如图 4-8 所示。一般 N_a 越小，气泡在搅拌槽内越易分散均匀，所以从图 4-8 上可看出当 N_g/N 在 0.6 以上时的 N_a 是比较合适的。

当采用六片平直叶圆盘涡轮式搅拌器进行气相分散搅拌时，搅拌功率的比值 N_g/N 可由下式计算

$$\lg\frac{N_g}{N}=-192\left(\frac{d}{D}\right)^{4.38}\left(\frac{d^2n\rho}{\mu}\right)^{0.115}\left(\frac{dn^2}{g}\right)^{1.96\frac{d}{D}}\left(\frac{Q_g}{nd^3}\right) \tag{4-27}$$

式中，ρ、μ 是指液相的密度和黏度，其他符号同前。

(3)固-液相的搅拌功率

当固体颗粒的体积分率不大，并且颗粒的直径也不很大时，可近似地看作是均匀的悬浮状态，这时可取平均密度 ρ_m 来代替原液相的密度，取平均黏度 μ_m 代替原液相的黏度，以 ρ_m、μ_m 作为搅拌介质的物性，然后按均一液相搅拌来求得搅拌功率。固-液相悬浮液的平均密度 ρ_m 为

$$\rho_m=x_{vs}\rho_s+\rho(1-x_{vs}) \tag{4-28}$$

式中，ρ_s 为固体颗粒的密度，kg/m^3；ρ 为液相的密度，kg/m^3；x_{vs} 为固体颗粒的体积分数。

固-液悬浮液的平均黏度 μ_m，用下列方法计算。

当悬浮液中固体颗粒与液体的体积比 $\varepsilon\leqslant1$ 时

$$\mu_m=\mu(1+2.5\varepsilon)$$

当 $\varepsilon>1$ 时，则

$$\mu_m=\mu(1+4.5\varepsilon)$$

式中，μ 为液体的黏度，$Pa\cdot s$。

固-液相的搅拌功率与固体颗粒的大小有很大的关系，当固体颗粒直径在 0.074mm（200目）以上时，由于颗粒和叶片碰撞时的阻力增大，采用上述方法所计算的搅拌功率比实际值偏小。

【例 4-3】 内径为 0.6m 的搅拌槽，槽内为全挡板条件，槽内水的高度为 0.6m。现采用桨径为 0.2m 的六片平直叶圆盘涡轮式搅拌器进行搅拌，搅拌转速为 180r/min，搅拌器距槽底的安装高度为 0.2m。若搅拌的同时以 $Q_g=120L/min$ 的通气速率通入空气，试计算搅拌器的搅拌功率。

解 首先采用 Rushton 算图计算不通气时的搅拌功率 N。已知 $D=0.6m$，$d/D=0.2/0.6=1/3$，$n=180/60=3r/s$，常温水的黏度取为 $1\times10^{-3}Pa\cdot s$，密度取为 $1000kg/m^3$，则

$$Re=\frac{\rho nd^2}{\mu}=\frac{1000\times3\times0.2^2}{1\times10^{-3}}=1.2\times10^5$$

查 Rushton 算图，可得

$$\varphi=N_p=6.2$$

则

$$N=N_p\rho n^3d^5=6.2\times1000\times3^3\times0.2^5=53.57W$$

由式(4-27)计算通气搅拌时的搅拌功率 N_g。

$$\lg \frac{N_g}{N} = -192 \left(\frac{d}{D}\right)^{4.38} \left(\frac{d^2 n \rho}{\mu}\right)^{0.115} \left(\frac{dn^2}{g}\right)^{1.96\frac{d}{D}} \left(\frac{Q_g}{nd^3}\right)$$

$$= -192 \times \left(\frac{1}{3}\right)^{4.38} \times (1.2 \times 10^5)^{0.115} \times \left(\frac{0.2 \times 3^2}{9.81}\right)^{1.96 \times \frac{1}{3}} \times \frac{120}{1000 \times 60 \times 3 \times 0.2^3}$$

$$= -0.1641$$

得 $\qquad \dfrac{N_g}{N} = 0.6854, \quad N_g = 0.6854N = 0.6854 \times 53.57 = 36.7\text{W}$

4.4 搅拌设备的放大

由于实际生产过程的复杂性和多样性，进行生产设备的可靠设计，在缺乏经验数据时，必须通过一定的试验来获得所需的设计参数。从经济方面考虑，这种试验设备的规模往往比生产设备要小得多，因此由试验模型到生产设备的设计就存在放大问题。在化工设计中经常会遇到生产设备的放大问题，比如：针对某一特殊目的而设计的搅拌系统，就会遇到放大问题。解决的办法是以小型试验设备进行试验，在试验中使表示工艺特征的参数达到生产的要求，然后再从小型设备放大到生产规模。应予指出：这种放大并非单纯地增加设备的几何尺寸，还包括一系列操作参数的相应变化。就搅拌器而言，放大时，除了增大搅拌器的直径之外，还应确定放大后搅拌器的转速、搅拌功率等的大小。

搅拌混合过程一般为物理过程，因此搅拌设备的放大是比较简单的一种，但也是最具有代表性的一种。本节将简单介绍搅拌器放大问题的处理方法和基本原则，使读者对设备放大问题的基本知识和基本概念能有一个粗浅的认识。

4.4.1 放大基准

为了达到良好的放大效果，从试验规模到生产规模的放大必须满足相似理论的要求。根据相似理论，要放大推广试验参数，就必须使两个系统具有相似性，如：

几何相似——试验模型与生产设备的相应几何尺寸的比例都相等；

运动相似——两系统在几何相似的前提下，还要求对应位置上流体的运动速度之比相等；

动力相似——两系统除满足几何相似和运动相似的要求之外，对应位置上所受力的比值也相等；

热相似——两系统除符合上述三个相似的要求之外，对应位置上的温差之比也相等。

由于相似条件很多，有些条件对同一个过程的影响还可能有矛盾，因此，在放大过程中，要做到所有的条件都相似是不可能的。这就要根据具体的搅拌过程，以达到生产任务的要求为前提条件，寻求对该过程最有影响的相似条件，而舍弃次要因素，即要将复杂的范畴变成相当单纯的范畴。两系统几何相似是相似放大的基本要求。

应予指出，动力相似的条件是两个系统中对应点上力的比值相等，而搅拌操作中的各种力之比恰好组成了不同的量纲为1的数群。如：搅拌雷诺数代表流体惯性力与黏滞力之比；弗鲁德数代表流体惯性力与重力之比等。因此，两个系统动力相似时，其量纲为1数群必相等。量纲为1数群相等本身就代表一种放大规律，而这些规律间往往又是相互矛盾的。由4.3.1节的讨论可知，搅拌功率特征数关联式的通式为

$$N_p = f(Re, Fr)$$

若搅拌系统中不止一个相，则混合时还要克服界面之间的抗拒力，即界面张力 σ，于是还要考虑表示施加力与界面张力之比的特征数——韦伯数对搅拌功率的影响，韦伯数定义为 $We = \dfrac{\rho n^2 d^3}{\sigma}$。此时搅拌功率特征数关联式应改写为

$$N_p = f(Re, Fr, We)$$

由雷诺数、弗鲁德数和韦伯数的定义可知，它们分别与 nd^2、$n^2 d$ 及 $n^2 d^3$ 成正比。

在两个几何相似的系统中搅拌同一种液体时，若实现这两个系统动力相似，则两个系统代表各种力之比的特征数应相等，即必须同时满足下列关系：

当 $Re_1 = Re_2$ 时，$n_1 d_1^2 = n_2 d_2^2$；

当 $Fr_1 = Fr_2$ 时，$n_1^2 d_1 = n_2^2 d_2$；

当 $We_1 = We_2$ 时，$n_1^2 d_1^3 = n_2^2 d_2^3$。

对于同一种流体而言，物性常数 ρ、μ 和 σ 在两个系统中均为定值，因此上述三等式不可能同时满足。即当各种力(如黏滞力、重力、界面张力等)同时影响搅拌效果时，实现两系统动力相似是不可能的。补救的办法是尽量抑制或消除某些次要因素的影响，从而减少相似条件，而突出关键的特征数。例如：对于均相系的搅拌系统，可以不考虑韦伯数的影响，若在搅拌槽中装有适当的挡板，能有效地抑制打旋现象，则弗鲁德数也可不予考虑。这样就把雷诺数相等作为两个系统动力相似的单纯条件。

为了完成可靠的放大工作，有两个必要的条件：一是所遇到的体系必须是相当单纯的。例如，即使是在流体动力范围内，应当是由黏滞力、界面张力、重力三者之一所决定，而不是由所有这三方面共同决定，这样根据动力相似放大就主要取决于一个单独代表作用力与阻力之比的量纲为 1 的特征数。二是当设备尺寸由小放大时，上述条件不应改变，至少应变化很小。

4.4.2 按搅拌功率的放大

若两个搅拌系统的构型相同，则它们可以使用同一功率曲线，即它们的功率特征数符合同一个特征数关联式，通式为

$$N_p = f(Re, Fr, We)$$

如果两个搅拌系统的构型相同，搅拌槽具有全挡板条件，则搅拌时不会产生打旋现象，若被搅拌的流体又为单一相的条件，两个系统的功率特征数关联式可简化为

$$N_p = f(Re)$$

这样通过测量小型设备的搅拌功率便可推算出生产设备的搅拌功率。

如，现需要估算某种新结构搅拌器的搅拌功率，可根据几何相似的原则建立一小型搅拌设备。由于模型设备的直径较小，要使模型设备的雷诺数等于大设备上的雷诺数，可适当调节小型搅拌器的转速，必要时也可以改变试验用液体的性质 ρ、μ 等(通过改变液体的浓度或换用别的液体的方法来实现)。如此测出试验模型的功率特征数 N_p，也就是大型设备在相同雷诺数下操作时的功率特征数 N_p，则大型设备的搅拌功率可根据实际的操作参数计算出来。

4.4.3 按工艺过程结果的放大

在设计生产设备时，进行中间试验的目的是为了寻求一种具体工艺过程所要求的最适宜的搅拌器型式、几何尺寸、操作条件等。所期望的工艺过程结果可以是固体颗粒在液体中的悬浮，也可以是不互溶液体间的均匀分散或乳化，或是完成某种化学反应等。在中试规模上

获得满意的结果后，下一步工作就是正确地推算在几何相似的生产规模上获得同样结果所需要的搅拌转速及搅拌功率等。

在几何相似系统中，要取得相似的工艺过程结果，有下列放大判据可供参考（对同一种液体 ρ、μ 和 σ 不变，下标1代表试验设备，2代表生产设备）。

① 保持雷诺数 $Re = \dfrac{n\rho d^2}{\mu}$ 不变，要求 $n_1 d_1^2 = n_2 d_2^2$。

② 保持弗鲁德数 $Fr = \dfrac{n^2 d}{g}$ 不变，要求 $n_1^2 d_1 = n_2^2 d_2$。

③ 保持韦伯数 $We = \dfrac{\rho n^2 d^3}{\sigma}$ 不变，要求 $n_1^2 d_1^3 = n_2^2 d_2^3$。

④ 保持叶端线速度 $u_T = n\pi d$ 不变，要求 $n_1 d_1 = n_2 d_2$。

⑤ 保持单位流体体积的搅拌功率 N/V 不变，因为 $N/V \propto n^3 d^5 / d^3 = n^3 d^2$，所以要求 $n_1^3 d_1^2 = n_2^3 d_2^2$。

对于一个具体的搅拌过程，究竟选择哪个放大判据需要通过放大试验来确定。若采用三个构形相同而容积不同（D 不同）的小型设备进行试验，可在获得所要求的工艺过程结果时，测定其搅拌转速 n 等。由这些试验中的 D、n 等数据，可找出哪一种判据值在三个设备中最接近于保持恒定，从而确定出在放大时应保持不变的判据，并确定出生产设备的操作参数。现举例说明如下。

【例 4-4】 某种合成洗涤剂的生产，已在小型试验装置上取得满意的搅拌效果。试验参数为：设备的容积为 9.36L，槽内径为 229mm。采用折叶开启涡轮式搅拌器搅拌，搅拌器桨径为 76mm，搅拌转速为 1273r/min。流体密度为 $\rho = 1400\text{kg/m}^3$，黏度为 $\mu = 1\text{Pa·s}$。生产设备的槽径取为 2.7m。欲按几何相似放大到生产规模，试通过试验确定取何种比拟放大基准为宜？并确定生产设备的搅拌器直径、搅拌转速及搅拌功率。

解 （1）通过试验确定放大基准

按几何相似放大倍数 2 和 4 取两个几何相似的试验设备，其槽径分别为 457mm 和 915mm，桨径也按同一比例放大。在各槽中对原物料进行搅拌，分别测定达到相同搅拌效果时的操作参数，其结果列表如表 4-4 所示。

表 4-4　试验模型的结构参数和操作参数

设备编号	槽径 D/mm	槽容积 V/L	转速 n/(r/min)	桨径 d/mm	桨径槽径比
1 号槽	229	9.4	1273	76	0.332
2 号槽	457	75	650	152	0.332
3 号槽	915	600	318	304	0.332

根据试验结果计算各放大判据的相对值，计算结果列于表 4-5 中。

表 4-5　可能放大基准的相对值

放大基准	1 号槽	2 号槽	3 号槽
$Re \propto nd^2$	$1273 \times 76^2 = 7.35 \times 10^6$	$650 \times 152^2 = 1.50 \times 10^7$	$318 \times 304^2 = 2.94 \times 10^7$
$Fr \propto n^2 d$	$1273^2 \times 76 = 1.23 \times 10^8$	$650^2 \times 152 = 6.42 \times 10^7$	$318^2 \times 304 = 3.07 \times 10^7$
$We \propto n^2 d^3$	$1273^2 \times 76^3 = 9.36 \times 10^9$	$650^2 \times 152^3 = 1.48 \times 10^{12}$	$318^2 \times 304^3 = 2.84 \times 10^{12}$
$N/V \propto n^3 d^2$	$1273^3 \times 76^2 = 1.19 \times 10^{13}$	$650^3 \times 152^2 = 6.35 \times 10^{12}$	$318^3 \times 304^2 = 2.97 \times 10^{12}$
$u_T \propto nd$	$1273 \times 76 = 9.67 \times 10^4$	$650 \times 152 = 9.88 \times 10^4$	$318 \times 304 = 9.67 \times 10^4$

由表 4-5 中数据可看出，在达到相同搅拌效果时，各放大判据中唯独叶端线速度 u_T 基本保持不变，因此，应以保持叶端线速度不变作为放大的基准。

（2）生产设备中搅拌器的直径和转速

叶端线速度的平均值为

$$u_T = \pi \left(\frac{n_1 d_1 + n_2 d_2 + n_3 d_3}{3} \right) = 3.14 \times \left(\frac{96.7 + 98.8 + 96.7}{3 \times 60} \right) = 5.1 \mathrm{m/s}$$

叶轮直径与槽径比为 $d/D = 0.332$，所以生产设备叶轮的直径为 $d = 2.7 \times 0.332 = 0.896 \mathrm{m}$，生产设备的搅拌速度

$$n = \frac{u_T}{\pi d} = \frac{5.1}{3.14 \times 0.896} = 1.81 \mathrm{r/s} = 109 \mathrm{r/min}$$

（3）生产设备的搅拌功率

生产设备搅拌雷诺数

$$Re = \frac{\rho n d^2}{\mu} = \frac{1400 \times 0.896^2 \times 1.81}{1} = 2034$$

查 Rushton 算图中的曲线 8，得 $\varphi = 3.8$，则

$$N = \varphi \rho n^3 d^5 = 3.8 \times 1400 \times 1.81^3 \times 0.896^5 = 1.822 \times 10^4 = 18.22 \mathrm{kW}$$

 搅拌设备的放大，往往需要通过一定的实验确定合适的放大基准，最终使放大后的设备达到预期的搅拌效果。

本章符号说明

英文

A——系数，量纲为 1；

b——桨叶的宽度，m；

b_e——桨叶的当量宽度，m；

B、B'——系数，量纲为 1；

C——搅拌器距槽底的高度，m；

d——搅拌器直径，m；

D——搅拌槽内径，m；

Fr——弗鲁德数，量纲为 1；

g——重力加速度，$\mathrm{m/s^2}$；

h——搅拌器高度，m；

H——槽内流体的深度，m；

K、K_1、K_2——常数，量纲为 1；

l——桨叶长度，m；

n——搅拌转速，r/s；

n_b——挡板数量，量纲为 1；

N——搅拌功率，W；

N_a——通气系数，量纲为 1；

N_g——通气搅拌功率，W；

N_p——功率特征数，量纲为 1；

p——指数，量纲为 1；

Q_g——通气速率，$\mathrm{m^3/s}$；

Re——雷诺数，量纲为 1；

Re_c——临界雷诺数，量纲为 1；

s——桨叶螺距，m；

u_T——叶端线速度，m/s；

V——流体的体积，$\mathrm{m^3}$；

W——挡板宽度，m；

We——韦伯数，量纲为 1；

x——指数，量纲为 1；

x_v——分散相的体积分率，量纲为 1；

x_{vo}——有机溶剂相的体积分率，量纲为 1；

x_{vs}——固体颗粒的体积分率，量纲为 1；

x_{vw}——水相的体积分率，量纲为 1；

z——桨叶数量，量纲为 1。

希文

α——桨叶后弯角，°；

β——桨叶上翘角，°；

δ——桨叶叶端与槽壁的间隙，m；

ε——悬浮液中固液体积比，量纲为 1；

φ——功率因数，量纲为 1；

φ——挡板条件系数，量纲为 1；

μ——流体的黏度，Pa·s；

μ_c——连续相的黏度，Pa·s；

μ_d——分散相的黏度，Pa·s；

μ_m——物料的平均黏度，Pa·s；

μ_o——有机溶剂相的黏度，Pa·s；

μ_w——水相的黏度，Pa·s；

θ——桨叶的折叶角，°；

ρ——流体的密度，kg/m^3；

ρ_c——连续相的密度，kg/m^3；

ρ_d——分散相的密度，kg/m^3；

ρ_m——物料的平均密度，kg/m^3；

ρ_s——固体颗粒的密度，kg/m^3；

σ——界面张力，J/m^2；

ζ_1、ζ_2——与搅拌器结构尺寸有关的常数，量纲为 1。

习 题

基础习题

1. 有一无挡板的搅拌槽，内径为 1.5m，槽内液体的黏度为 0.2Pa·s，密度为 945kg/m^3，槽内液体的深度为 $H=1.5$m。若搅拌器为六片平直叶圆盘涡轮式，其直径为 $d=0.5$m，转速为 $n=100$r/min，搅拌器距槽底的高度为 $C=0.5$m。试计算搅拌器的功率 N。

2. 内径 $D=1.8$m 的搅拌槽，内装黏度为 80Pa·s、密度为 1300kg/m^3 的液体，液层高度为 1.8m。采用锚式搅拌器以 15r/min 的转速进行搅拌，搅拌器的尺寸为：桨径 $d=0.9D$，桨叶宽 $b=0.1D$，桨高 $h=0.5D$。试计算搅拌器的搅拌功率。

3. 在内径为 1.8m 的无挡板搅拌槽内，搅拌密度为 1500kg/m^3、黏度为 33.33cP 的某种液体，液层深度为 1.8m。搅拌器为中心安装的六片平直叶圆盘涡轮式，叶轮直径为 0.6m，叶宽为 0.18m，叶轮距槽底的高度为 0.6m。若搅拌转速为 150r/min，试分别用 Rushton 图算法和永田进治公式法计算搅拌功率。

4. 采用六片平直叶涡轮式搅拌器，在有挡板的搅拌槽内搅拌水-有机物物系，有机物为分散相。有机物的密度为 833kg/m^3，黏度为 0.802cP。水的密度为 994kg/m^3，黏度为 1cP。搅拌槽内径为 0.23m，液层深度为 0.2m。搅拌器直径为 0.077m，转速为 400r/min。若有机物的体积分数为 0.2，试计算搅拌功率。

综合习题

5. 在一搅拌槽直径 $D=2.7$m 的"标准"构型$\left(d=\dfrac{1}{3}D\right)$搅拌设备中用六片平直叶圆盘涡轮式搅拌某种均相水溶液。溶液的物性数据为：$\rho=960$kg/m^3，$\mu=0.20$Pa·s。叶轮转速 $n=144$r/min。试求全挡板和无挡板条件下的搅拌功率。

6. 拟在"标准"构型(其定义见习题 5)的搅拌设备内加工高分子化合物均相溶液，其物性数据为 $\rho=1200$kg/m^3，$\mu=0.03$Pa·s。根据生产任务选定搅拌槽内径 $D=1.8$m。

为了取得满意的搅拌效果，进行了三次几何相似放大试验，试验数据如本题附表所示。

习题 6 附表 **试验的设备结构和转速**

序号	槽径 D/m	桨径 d/m	转速 n/(r/min)
1	0.18	0.06	1800
2	0.36	0.12	1136
3	0.72	0.24	714

试根据数据确定放大准则、叶轮转速和全挡板条件搅拌功率。

思 考 题

1. 试用量纲分析法推导搅拌功率量纲为 1 数群关联式。

2. 用螺旋桨搅拌器在圆筒形搅拌槽内搅拌某液体，欲避免打旋现象的发生，应采取什么措施？

3. 对于分散或乳化搅拌过程，搅拌功率主要消耗在哪些方面？

4. 在搅拌放大的过程中，可能的放大基准很多，试说明如何通过试验的方法寻找放大基准。

第5章

传热过程基础

📝 **学习指导**

一、学习目的

通过本章学习，掌握传热的基本原理、传热的规律，并运用这些原理和规律去分析和计算传热过程的有关问题，诸如：换热器的设计和选型、换热器的操作调节和优化、强化传热或削弱传热(保温)。

二、学习要点

1. 应重点掌握的内容

单层、多层平壁热传导速率方程，单层、多层圆筒壁热传导速率方程及其应用；对流传热系数的影响因素及量纲分析法。

2. 应掌握的内容

传热的基本方式；两固体间的辐射传热速率方程及其应用。

3. 一般了解的内容

保温层的临界直径；对流-辐射联合传热。

三、学习方法

在学习过程中，应注意边界层概念；量纲分析法；辐射传热的基本概念和定律，影响辐射传热速率的因素。

5.1 传热概述

传热，即热量传递，是自然界和工程技术领域中普遍存在的一种传递过程。

热力学第二定律指出，凡是有温度差存在的地方，就必然有热量传递，故在几乎所有的工业部门，如化工、能源、冶金、机械、建筑等都涉及传热问题。

化学工业与传热的关系尤为密切，这是因为化工生产中的很多过程和单元操作，都需要进行加热或冷却，例如，化学反应通常都是在一定温度下进行的，为此就需要向反应器输入或移出热量以使其达到并保持一定的温度；又如在蒸馏操作中，为使塔釜达到一定温度并产生一定量的上升蒸气，就需要向塔釜内的液体输入一定的热量，同时为了使塔顶上升蒸气冷凝以得到液体产品，就需要从塔顶冷凝器中移出一定的热量；再如在蒸发、干燥等单元操作中也都要向相应的设备输入或移出热量；此外，化工设备的保温、生产过程中热能的合理应用以及废热的回收等都涉及传热问题。

综上所述，化工生产中对传热过程的要求主要有以下两种情况：其一是强化传热过程，如各种换热设备中的传热；其二是削弱传热过程，如对设备或管道的保温，以减少热损失。

根据传热机理的不同，热的传递有三种基本方式：热传导、对流传热和辐射传热，但根据具体情况，热量传递可以其中一种方式进行，也可以两种或三种方式同时进行。

除此之外，在热量传递过程中，有时还会出现其他形式的能量，因此要全面描述各种能量之间的衡算关系，需应用能量守恒定律，即热力学第一定律，而表征该定律的最常用的方程为微分能量衡算方程或能量方程，它是描述能量衡算普遍规律的方程。

本章首先对三种基本传热方式作一简要介绍，然后推导出能量方程并讨论其在固体热传导及强制层流传热过程中的特定形式、求解方法及在工业传热过程中的应用，至于强制湍流传热过程和自然对流传热过程，则主要介绍通过量纲分析法和类比法获得的对流传热系数关系式。

5.1.1　热传导及热导率

1. 热传导（导热）

热量不依靠宏观混合运动而从物体中的高温区向低温区移动的过程称为热传导，简称导热。

热传导在固体、液体和气体中都可以发生，但它们的导热机理各有所不同。气体热传导是气体分子作不规则热运动时相互碰撞的结果，物理学指出，温度代表着分子的动能，高温区的分子运动速度比低温区的大，能量高的分子与能量低的分子相互碰撞的结果，宏观上表现为热量由高温处传到低温处。液体热传导的机理与气体类似，但是由于液体分子间距较小，分子力场对分子碰撞过程中的能量交换影响很大，故变得更加复杂些。固体以两种方式传导热能：自由电子的迁移和晶格振动。对于良好的电导体，由于有较高浓度的自由电子在其晶格结构间运动，则当存在温度差时，自由电子的流动可将热量由高温区快速移向低温区，这就是良好的导电体往往是良好的导热体的原因。当金属中含有杂质，例如合金，由于自由电子浓度降低，则其导热性能会大大下降；而在非导电的固体中，热传导是通过晶格结构的振动来实现的，通常通过晶格振动传递的能量要比自由电子传递的能量小。

描述热传导现象的物理定律为傅里叶定律（Fourier's Law），其数学表达式为

$$\frac{dQ}{dS} = -k\frac{\partial t}{\partial n} \tag{5-1}$$

式中，dQ 为微分热传导速率，W；dS 为与热传导方向垂直的微分传热面（等温面）面积，m^2；k 为物质的热导率（又称导热系数），$W/(m \cdot ℃)$；$\frac{\partial t}{\partial n}$ 为温度梯度，$℃/m$。

式（5-1）中的负号表示热传导服从热力学第二定律，即热通量 $\frac{dQ}{dS}$ 的方向与温度梯度 $\frac{\partial t}{\partial n}$ 的方向相反，也即热量朝着温度下降的方向传递。

2. 热导率

式（5-1）可改写为

$$k = \frac{dQ}{dS} \bigg/ \frac{\partial t}{\partial n} \tag{5-2}$$

式（5-2）即为热导率的定义式，该式表明，热导率在数值上等于单位温度梯度下的热通量。热导率 k 表征了物质导热能力的大小，是物质的物理性质之一。热导率的大小和物质的形态、组成、密度、温度及压力有关。

(1)气体的热导率

与液体和固体相比，气体的热导率最小，对热传导不利，但却有利于保温和绝热。工业上所使用的保温材料，如玻璃棉等，就是因为其空隙中有气体，所以其热导率较小，适用于保温隔热。

单原子稀薄气体的热导率可根据气体分子运动理论计算，即

$$k = \frac{1}{\pi^{3/2} d^2} \sqrt{\sigma^3 T / M} \tag{5-3}$$

式中，σ 为玻尔兹曼常数；T 为气体的热力学温度；M 为摩尔质量；d 为分子直径。

式(5-3)表明，k 与压力无关，随温度的升高而增大。这与实验结果甚为吻合，事实上，在相当大的压力范围内，气体的热导率随压力的变化很小，可以忽略不计，仅当气体压力很高(大于 200MPa)或很低(低于 2.7kPa)时，才应考虑压力的影响，此时热导率随压力增高而增大。

对于多原子气体的热导率，由于其分子能量的复杂性，目前仅对除 H_2 之外的双原子气体有较好的半经验计算公式，其余大都依靠实验方法测定。

常压下气体混合物的热导率可用式(5-4)估算

$$k_m = \sum_{i=1}^{n} k_i y_i M_i^{1/3} \Big/ \sum_{i=1}^{n} y_i M_i^{1/3} \tag{5-4}$$

式中，y_i 为气体混合物中 i 组分的摩尔分数；M_i 为气体混合物中 i 组分的摩尔质量，kg/mol。

(2)液体的热导率

由于液体分子间相互作用的复杂性，液体热导率的理论推导比较困难，目前主要依靠实验方法测定。

液体可分为金属液体(液态金属)和非金属液体。大多数金属液体的热导率均随温度的升高而降低。在非金属液体中，水的热导率最大。除水和甘油外，大多数非金属液体的热导率也随温度的升高而降低。液体的热导率基本上与压力无关。

(3)固体的热导率

在所有固体中，金属是最好的导热体，大多数纯金属的热导率随温度升高而降低。热导率与电导率密切相关，二者的关系可近似关联如下，即魏德曼(Wiedeman)-弗兰兹(Franz)方程

$$\frac{k}{k_e T} = L \tag{5-5}$$

式中，k 为热导率；k_e 为电导率；L 为洛伦兹(Lorvenz)数。

式(5-5)的重要性在于建立了热导率与电导率之间的定量关系，其表明，良好的电导体必然是良好的导热体，反之亦然。

金属的纯度对热导率影响很大，合金的热导率比纯金属要低。非金属材料的热导率与温度、组成及结构的紧密程度有关，一般 k 值随密度增加而增大，亦随温度升高而增大。

对大多数均质固体，其 k 值与温度近似呈线性关系，即

$$k = k_0 (1 + \beta t) \tag{5-6}$$

式中，k 为固体在 $t℃$ 时的热导率，W/(m·℃)；k_0 为固体在 0℃ 时的热导率，W/(m·℃)；β 为温度系数，对大多数金属材料，β 为负值；而对大多数非金属材料，β 为正值。

在热传导过程中，由于物体内不同位置的温度各不相同，故热导率也有所不同，但可以证明，在进行热传导计算时，只要热导率随温度呈线性关系，则可以取固体两侧面温度下 k 值的算术平均值或两侧面温度算术平均值下的 k 值作为物体的平均热导率。在以后的热传导计算中，一般都采用平均热导率。

工程计算中常见物质的热导率可从有关手册中查取，本书附录亦有部分摘录。

5.1.2　对流传热

对流传热是由流体内部各部分质点发生宏观运动而引起的热量传递过程，因而对流传热只能发生在有流体流动的场合，在化工生产中经常见到的对流传热有热能由流体传到固体壁面或由固体壁面传入周围流体两种，对流传热可以由强制对流引起，亦可以由自然对流引起，前者是将外力(泵或搅拌器)施加于流体上，从而促使流体微团发生运动，而后者则是由于流体内部存在温度差，形成流体的密度差，从而使流体微团在固体壁面与其附近流体之间产生上下方向的循环流动。

对流传热速率可由牛顿冷却定律表述，即

$$\frac{\mathrm{d}Q}{\mathrm{d}S} = \alpha \Delta t \tag{5-7}$$

式中，$\mathrm{d}Q$ 为微分对流传热速率，W；$\mathrm{d}S$ 为与传热方向垂直的微分传热面面积，m^2；Δt 为固体壁面与流体主体之间的温度差，℃；α 为对流传热系数，或称膜系数，$W/(m^2 \cdot ℃)$。

式(5-7)也是 α 的定义式，可通过分析法或实验法确定。

尽管冷凝传热和沸腾传热的机理与强制对流、自然对流不同，但通常还是把它们划为对流传热范围，当然由于上述两个传热过程伴有相的变化，在气液两相界面处产生剧烈的扰动，故其对流传热系数要比无相变时高得多。

5.1.3　辐射传热

因热的原因而产生的电磁波在空间的传递称为热辐射。热辐射与热传导和对流传热的最大区别就在于它可以在完全真空的地方传递而无需任何介质。

热辐射的另一个特征是不仅产生能量的转移，而且还伴随着能量形式的转换，即在高温处，热能转化为辐射能，以电磁波的形式向空间发送，当遇到另一个能吸收辐射能的物体时，即被其部分或全部地吸收而转化为热能。辐射传热即是物体间相互辐射和吸收能量的总结果。应说明的是，任何物体只要在绝对零度以上，都能发射辐射能，但仅当物体间的温度差较大时，辐射传热才能成为主要的传热方式。

描述热辐射的基本定律是斯蒂芬(Stefan)-玻尔兹曼(Boltzmann)定律：理想辐射体(黑体)向外发射能量的速率与其热力学温度的四次方成正比，即

$$\frac{Q}{S} = \sigma_0 T^4 \tag{5-8}$$

式中，σ_0 为比例系数，称为斯蒂芬(Stefan)-玻尔兹曼(Boltzmann)常数，其数值为 $5.669 \times 10^{-8} W/(m^2 \cdot K^4)$。

式(5-8)只适用于绝对黑体且只能应用于热辐射而不适用于其他形式的电磁波辐射。

5.1.4　典型传热设备

在化工生产中经常遇到两流体间的换热问题。换热器是传热过程中最常用的设备之一，为便于讨论传热的基本原理，首先对间壁式换热器予以简单介绍。

间壁式换热器主要用于冷、热流体不能直接接触时的换热，此时冷、热流体被固体壁面隔开，二者互不接触，热量由热流体通过壁面传给冷流体。间壁式换热器应用广泛，形式多样，套管式换热器和管壳式换热器均属此类。图 5-1 为简单的套管式换热器，系由直径不同的两根管子同心套在一起组成，冷热流体分别流经内管和环隙，而进行换热。

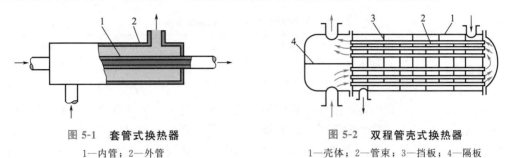

图 5-1 套管式换热器　　　　　　图 5-2 双程管壳式换热器
1—内管；2—外管　　　　　1—壳体；2—管束；3—挡板；4—隔板

在管壳式换热器中，一种流体在管内流动(管程流体)，而另一种流体在壳与管束之间从管外表面流过(壳程流体)，为了保证壳程流体能够横向流过管束以形成较高的传热速率，在外壳上装有许多挡板。视换热器端部结构的不同，可采用一个或多个管程。若管程流体在管束内只流过一次，则称为单程管壳式换热器；若管程流体在管束内流过两次，则称为双程管壳式换热器，如图 5-2 所示，隔板将封头与管板的空间(分配室)等分为二，管程流体先流经一半管束，流到另一分配室后折回再流经另一半管束，最后从接管流出换热器。同样，若流体在管束内来回流过多次，则称为多程(如四程、六程等)换热器。

换热器中两流体间传递的热，可能是无相变而仅有温度变化的显热，例如液体的加热或冷却；也可能是伴有流体相变的潜热，例如冷凝或蒸发。

通过上述分析，可知换热器的热交换过程可以简单分解为：
① 热流体以对流方式将显热或潜热传递给管壁；
② 热量以热传导方式由管壁的一侧传递至另一侧；
③ 传递至另一侧的热量又以对流方式传递给冷流体。

5.1.5 载热体及其选择

在化工生产中，某物料在换热器内被加热或冷却时，通常需要用另一种流体供给或取走热量，此种流体称为载热体，其中起加热作用的载热体称为加热剂(或加热介质)；起冷却(冷凝)作用的载热体称为冷却剂(或冷却介质)。选择载热体时首先要考虑的是合适的温度范围。

工业上常用的加热剂有热水、饱和蒸汽、矿物油、联苯混合物、熔盐和烟道气等，其所适用的温度范围如表 5-1 所示。当所需的加热温度很高时，则需采用电加热。

表 5-1 常用加热剂及其适用温度范围

加热剂	热水	饱和蒸汽	矿物油	联苯混合物	熔盐(KNO$_3$ 53%，NaNO$_2$ 40%，NaNO$_3$ 7%)	烟道气
适用温度/℃	40~100	100~180	180~250	255~380(蒸汽)	142~530	约1000

工业上常用的冷却剂有水、空气及各种冷冻剂。水和空气可将物料最低冷却至环境温

度，其值随地区和季节而异，一般不低于 20~30℃。在水资源紧缺的地区，宜采用空气冷却。某些无机盐(如 $CaCl_2$、$NaCl$)的水溶液可将物料冷却到零下几度。若需更低的冷却温度，则可考虑利用某些低沸点液体的蒸发来达到目的，如常压下液态氨蒸发可达 −33.4℃的低温。一些常用冷却剂及其适用的温度范围如表 5-2 所示。

表 5-2　常用冷却剂及其适用温度范围

冷却剂	水(自来水、河水、井水)	空气	盐水	氨蒸气
适用温度/℃	0~80	>30	−15~0	<−30~−15

一般来说，对于一定的传热过程，特定的工艺条件设定了待加热或冷却物料的初始和终了温度，同时也规定了该物料的流量，因此通过换热器需要提供或取出的热量是一定的。单位热量的价格因载热体而异。例如，当加热时，温度要求愈高，价格愈贵；当冷却时，温度要求愈低，价格愈贵。因此，为了提高传热过程的经济效益，必须选择适当的载热体。除此之外，选择载热体时还应考虑以下原则：

① 载热体的温度易调节控制；
② 载热体的饱和蒸气压较低，加热时不易分解；
③ 载热体的毒性小，不易燃、易爆，不腐蚀设备；
④ 价格便宜，来源容易。

5.2　能量方程

如前所述，热量传递有热传导、对流传热和辐射传热三种基本方式，根据具体情况，热量传递可以其中一种方式进行，亦可以其中两种或三种方式同时进行。

在进行多维、非稳态、伴有热能的吸收或释放的复杂传热过程中，必须采用微分能量衡算方程或能量方程才能全面描述此情况下的传热过程。

5.2.1　能量方程的推导

能量方程的推导以热力学第一定律即能量守恒定律为基础，推导时可在运动流体中选择某一流体微元，采用欧拉观点或拉格朗日观点进行，但采用拉格朗日观点比较简单。此时热力学第一定律可表示为

$$\Delta U = Q' - N_w \tag{5-9}$$

式中，U 为单位质量流体的内能，J/kg；Q' 为单位质量流体所吸收的热，J/kg；N_w 为单位质量流体对环境所做的功，J/kg。

按照拉格朗日观点，在流场中任选一质量固定的流体微元，考察该微元随周围环境流体一起运动时的能量转换情况。此时，由于该流体微元与随波逐流的流体之间无相对速度，故流体微元与环境流体之间的热交换只能是以分子传递方式进行的热传导；流体微元对环境流体所做的功可以用表面应力对流体微元做功来表示。在此情况下，将热力学第一定律应用于此流体微元得

(流体微元内能的增长速率)＝(加入流体微元的热速率)＋(表面应力对流体微元所做的功率)

由于采用了拉格朗日观点，上述文字方程可用相应的随体导数表述如下

$$\rho \frac{DU}{D\theta} dx\, dy\, dz = \rho \frac{DQ'}{D\theta} dx\, dy\, dz + \rho \frac{DN_W}{D\theta} dx\, dy\, dz \qquad (5\text{-}10)$$

式中，ρ 为流体微元的密度；$dx\, dy\, dz$ 为流体微元的体积；$\rho dx\, dy\, dz$ 为流体微元的质量。右侧第一项为对流体微元加入的热速率；第二项为表面应力对流体微元所做的功率。各项的单位均为 J/s，或 W。

现对上述各项能量速率进行分析。

1. 对流体微元加入的热速率

加入流体微元的热速率有三种，其一为前述的由环境流体导入流体微元的热速率；其二为流体微元的发热速率，例如进行化学反应、核反应等时均会有热能释放，可用 $\dot{q}$ 表示，其单位为 J/($m^3 \cdot s$)；其三为辐射传热速率，但在一般温度下其值很小，可忽略不计。

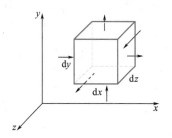

图 5-3　以导热方式输入流体微元的热速率

由环境流体导入流体微元的热速率，可确定如下。

如图 5-3 所示，设沿三个坐标方向输入流体微元的热通量分别为 $(Q/S)_x$、$(Q/S)_y$ 和 $(Q/S)_z$，并假定流体微元的传热是各向同性的，即热导率 k 为一常量，则沿 x 方向输入流体微元的热速率为 $(Q/S)_x dy\, dz$，而沿 x 方向输出流体微元的热速率为

$$\left\{ \left(\frac{Q}{S} \right)_x + \frac{\partial}{\partial x} \left[\left(\frac{Q}{S} \right)_x \right] dx \right\} dy\, dz$$

于是，沿 x 方向净输入流体微元的热速率为

$$\left(\frac{Q}{S} \right)_x dy\, dz - \left\{ \left(\frac{Q}{S} \right)_x + \frac{\partial}{\partial x} \left[\left(\frac{Q}{S} \right)_x \right] dx \right\} dy\, dz$$

$$= -\frac{\partial}{\partial x} \left[\left(\frac{Q}{S} \right)_x \right] dx\, dy\, dz = k \frac{\partial^2 t}{\partial^2 x} dx\, dy\, dz$$

同理，沿 y 方向净输入流体微元的热速率为

$$-\frac{\partial}{\partial y} \left[\left(\frac{Q}{S} \right)_y \right] dx\, dy\, dz = k \frac{\partial^2 t}{\partial y^2} dx\, dy\, dz$$

沿 z 方向净输入流体微元的热速率为

$$-\frac{\partial}{\partial z} \left[\left(\frac{Q}{S} \right)_z \right] dx\, dy\, dz = k \frac{\partial^2 t}{\partial z^2} dx\, dy\, dz$$

于是，以热传导方式净输入流体微元的热速率为

$$k \left(\frac{\partial^2 t}{\partial x^2} + \frac{\partial^2 t}{\partial y^2} + \frac{\partial^2 t}{\partial z^2} \right) dx\, dy\, dz$$

由于向流体微元中加入的热速率为热传导速率与微元内部释放的热速率之和，故式(5-10)中右侧第一项可写为

$$\rho \frac{DQ'}{D\theta} dx\, dy\, dz = k \left(\frac{\partial^2 t}{\partial x^2} + \frac{\partial^2 t}{\partial y^2} + \frac{\partial^2 t}{\partial z^2} \right) dx\, dy\, dz + \dot{q}\, dx\, dy\, dz \qquad (5\text{-}11)$$

2. 表面应力对流体微元所做的功率

如前所述，作用在流体微元表面上的应力有法向应力和切向应力两种，共九项，在这些应力的作用下，流体微元将发生体积形变(膨胀或压缩)和形状变化(扭变)。由于应力与形变速率之间的关系十分复杂，此处仅作简化处理。下面针对压力和黏性力所产生的功率进行讨论。

由于压力的作用，流体微元可以膨胀或压缩，由第一章中对连续性方程的分析可知流体微元的体积形变速率也即膨胀速率为 $\frac{1}{v}\frac{Dv}{D\theta}$，且此膨胀速率等于 $\nabla \cdot \boldsymbol{u}$，因此该流体微元所做的膨胀功率为 $-p(\nabla \cdot \boldsymbol{u})\mathrm{d}x\mathrm{d}y\mathrm{d}z$，此处"负"号表示压力的方向与流体微元表面的法线方向相反。

由于黏性力的作用，使流体产生摩擦热，若令单位体积流体微元产生的摩擦热为 ϕ，称为散逸热速率，其单位与 $\dot{q}$ 相同，均为 J/(m$^3 \cdot$ s)，则流体微元因黏性力作用而做的功为 $\phi \mathrm{d}x\mathrm{d}y\mathrm{d}z$，于是，表面应力对流体微元所做的功可以表示为

$$\rho\frac{\mathrm{DN_w}}{\mathrm{D}\theta}\mathrm{d}x\mathrm{d}y\mathrm{d}z = -p\left(\frac{\partial u_x}{\partial x}+\frac{\partial u_y}{\partial y}+\frac{\partial u_z}{\partial z}\right)\mathrm{d}x\mathrm{d}y\mathrm{d}z+\phi\mathrm{d}x\mathrm{d}y\mathrm{d}z \tag{5-12}$$

将式(5-11)、式(5-12)代入式(5-10)并约去 $\mathrm{d}x\mathrm{d}y\mathrm{d}z$，得

$$\rho\frac{\mathrm{D}U}{\mathrm{D}\theta}+p(\nabla \cdot \boldsymbol{u})=k\nabla^2 t+\dot{q}+\phi \tag{5-13}$$

或

$$\rho\frac{\mathrm{D}U}{\mathrm{D}\theta}=k\left(\frac{\partial^2 t}{\partial x^2}+\frac{\partial^2 t}{\partial y^2}+\frac{\partial^2 t}{\partial z^2}\right)+\dot{q}-p\left(\frac{\partial u_x}{\partial x}+\frac{\partial u_y}{\partial y}+\frac{\partial u_z}{\partial z}\right)+\phi \tag{5-13a}$$

式(5-13)即为能量方程的普遍形式，式中各项均表示单位体积流体的能量速率，单位为J/(m$^3 \cdot$ s)。

5.2.2 能量方程的特定形式

式(5-13)所表示的能量方程系为流体流动时有内热源、有摩擦热产生时的普遍形式。在实际传热过程中，可根据具体情况加以简化。式(5-13)中的 ϕ 为单位体积流体所产生的摩擦热速率，它与流体的流速及黏度有关，在一般化工问题中，流体的流速及黏度均不很大，故流体流动产生的摩擦热极小，ϕ 值与其他项相比可以忽略不计，下面将讨论能量方程中可以忽略 ϕ 的情况。

1. 不可压缩流体的对流传热

通常在无内热源情况下进行对流传热时，式(5-13)中的 $\dot{q}=0$，同时已假设 $\phi=0$，若流体不可压缩则 $\frac{\partial u_x}{\partial x}+\frac{\partial u_y}{\partial y}+\frac{\partial u_z}{\partial z}=0$，于是式(5-13)可简化为

$$\rho\frac{\mathrm{D}U}{\mathrm{D}\theta}=k\nabla^2 t \tag{5-14}$$

根据定义，式(5-14)中的 U 可表示为

$$U=c_V t$$

式中，c_V 为定容质量热容，对于不可压缩流体或固体，c_V 与定压质量热容 c_p 大致相等，则当 c_p 为常量时，式(5-14)变为

$$\rho c_p\frac{\mathrm{D}t}{\mathrm{D}\theta}=k\nabla^2 t \tag{5-15}$$

或

$$\frac{\mathrm{D}t}{\mathrm{D}\theta}=\frac{k}{\rho c_p}\nabla^2 t \tag{5-15a}$$

式中，$\frac{k}{\rho c_p}$ 称为热扩散系数或导温系数，令

$$\alpha^*=\frac{k}{\rho c_p} \tag{5-16}$$

则
$$\frac{\mathrm{D}t}{\mathrm{D}\theta}=\alpha^*\nabla^2 t \tag{5-17}$$

式(5-17)在直角坐标系中的展开式为

$$\frac{\partial t}{\partial \theta}+u_x\frac{\partial t}{\partial x}+u_y\frac{\partial t}{\partial y}+u_z\frac{\partial t}{\partial z}=\alpha^*\left(\frac{\partial^2 t}{\partial x^2}+\frac{\partial^2 t}{\partial y^2}+\frac{\partial^2 t}{\partial z^2}\right) \tag{5-18}$$

2. 固体中的热传导

在固体内部，由于没有宏观运动，亦即能量方程中的 $\boldsymbol{u}=0$，故所有随体导数均变为偏导数，且 $\phi=0$，又由于固体的 ρ 亦为常数，故式(5-13)可写为

$$\rho\frac{\partial U}{\partial \theta}=k\nabla^2 t+\dot{q}$$

又
$$\rho\frac{\partial U}{\partial \theta}=\rho c_V\frac{\partial t}{\partial \theta}\approx\rho c_p\frac{\partial t}{\partial \theta}$$

即
$$\frac{\partial t}{\partial \theta}=\frac{k}{\rho c_p}\nabla^2 t+\frac{\dot{q}}{\rho c_p} \tag{5-19}$$

或
$$\frac{\partial t}{\partial \theta}=\alpha^*\nabla^2 t+\frac{\dot{q}}{\rho c_p} \tag{5-19a}$$

式(5-19)或式(5-19a)为有内热源存在时的普遍化热传导方程。

无内热源存在时，$\dot{q}=0$，热传导方程又可变为

$$\frac{\partial t}{\partial \theta}=\alpha^*\nabla^2 t \tag{5-20}$$

式(5-20)为固体中无内热源存在时的不稳态热传导方程，通常称为傅里叶场方程(Fourier's field equation)或傅里叶第二热传导定律。

对于有内热源存在时的稳态热传导，$\dfrac{\partial t}{\partial \theta}=0$，式(5-19a)变为泊松(Poisson)方程

$$\nabla^2 t=-\dot{q}/k \tag{5-21}$$

对于无内热源存在时的稳态热传导，式(5-19a)则变为拉普拉斯(Laplace)方程

$$\nabla^2 t=0 \tag{5-22}$$

5.2.3　柱坐标系与球坐标系的能量方程

在某些场合，应用柱坐标系或球坐标系来表达能量方程更为方便。例如在研究圆管内的传热问题时，应用柱坐标系下的能量方程较为方便；而研究球形物体的热传导问题时，应用球坐标系下的能量方程更为便利。

柱坐标系和球坐标系能量方程的推导，原则上与直角坐标系类似，其详细推导过程可参阅有关专著。下面分别写出不可压缩流体且 $\phi=0$ 时的能量方程在柱坐标系和球坐标系中的相应表达式。

柱坐标系中的能量方程为

$$\frac{\partial t}{\partial \theta'}+u_r\frac{\partial t}{\partial r}+\frac{u_\theta}{r}\frac{\partial t}{\partial \theta}+u_z\frac{\partial t}{\partial z}=\alpha^*\left[\frac{1}{r}\frac{\partial}{\partial r}\left(r\frac{\partial t}{\partial r}\right)+\frac{1}{r^2}\frac{\partial^2 t}{\partial \theta^2}+\frac{\partial^2 t}{\partial z^2}\right]+\frac{\dot{q}}{\rho c_p} \tag{5-23}$$

式中，θ' 为时间；r 为径向坐标；θ 为方位角；z 为轴向坐标；u_r、u_θ 和 u_z 分别为流体速度在柱坐标系 (r,θ,z) 三个方向上的分量。

球坐标系中的能量方程为

$$\frac{\partial t}{\partial \theta'} + u_r \frac{\partial t}{\partial r} + \frac{u_\theta}{r} \frac{\partial t}{\partial \theta} + \frac{u_\phi}{r \sin\theta} \frac{\partial t}{\partial \phi} =$$

$$\alpha^* \left[\frac{1}{r^2} \frac{\partial}{\partial r} \left(r^2 \frac{\partial t}{\partial r} \right) + \frac{1}{r^2 \sin\theta} \frac{\partial}{\partial \theta} \left(\sin\theta \frac{\partial t}{\partial \theta} \right) + \frac{1}{r^2 \sin^2\theta} \frac{\partial^2 t}{\partial \phi^2} \right] + \frac{\dot{q}}{\rho c_p} \qquad (5\text{-}24)$$

式中，θ' 为时间；r 为矢径；ϕ 为方位角；θ 为余纬度；u_r、u_ϕ 和 u_θ 分别为流体速度在球坐标系 (r, ϕ, θ) 三个方向上的分量。

5.3 热传导

热传导是介质内无宏观运动时的传热现象，其在固体、液体和气体中均可发生，但严格而言，只有在固体中才是纯粹的热传导，而流体即使处于静止状态，其中也会由于温度梯度所造成的密度差而产生自然对流，因此在流体中对流与热传导同时发生。鉴于此，本节将针对固体中比较简单的一维稳态热传导问题进行讨论，重点研究某些情况下热传导方程的求解方法，并结合实际情况，探讨一些热传导理论在工程实际中的应用，至于比较复杂的多维稳态热传导问题和非稳态热传导问题，可参阅有关专著。

5.3.1 无内热源的一维稳态热传导

在一定情况下，某些实际问题可简化为一维热传导问题来处理，例如在柱坐标系和球坐标系内，如果物体的温度仅为径向距离的函数，而与轴向距离或方位角无关，则它们的传热问题都是一维的。

如前所述，对于无内热源的一维稳态热传导，热传导方程式(5-19)或式(5-19a)可简化为拉普拉斯方程，即

直角坐标系 $$\frac{\mathrm{d}^2 t}{\mathrm{d} x^2} = 0 \qquad (5\text{-}25)$$

柱坐标系 $$\frac{\mathrm{d}}{\mathrm{d} r} \left(r \frac{\mathrm{d} t}{\mathrm{d} r} \right) = 0 \qquad (5\text{-}26)$$

球坐标系 $$\frac{\mathrm{d}}{\mathrm{d} r} \left(r^2 \frac{\mathrm{d} t}{\mathrm{d} r} \right) = 0 \qquad (5\text{-}27)$$

工程上一维稳态热传导的例子很多，如方形燃烧炉的炉壁、蒸气管的管壁、列管式换热器的管壁以及球状压力容器等。

1. 单层平壁一维稳态热传导

单层平壁一维稳态热传导是最简单的热传导问题，当热导率 k 为常数时，式(5-25)即为描述该热传导过程的微分方程，即

$$\frac{\mathrm{d}^2 t}{\mathrm{d} x^2} = 0$$

设边界条件为：① $x = 0$，$t = t_1$；② $x = b$，$t = t_2$。

求解上述定解问题，即可得到此情况下的温度分布方程

$$t = t_1 - \frac{t_1 - t_2}{b} x \qquad (5\text{-}28)$$

由式(5-28)可知，平壁内的温度分布为一条直线。该式亦可由傅里叶定律导出。

就此类热传导问题而言，由于平壁内的温度仅沿垂直于平壁的方向变化且不随时间而变；且可以忽略热损失，故通过垂直于平壁方向上各平面的传热速率为一常量。根据傅里叶定律，通过 x 处的热通量 Q/S 可表示为

$$Q/S = -k \frac{\mathrm{d}t}{\mathrm{d}x} \tag{5-29}$$

将式(5-28)代入，得

$$Q = \frac{kS}{b}(t_1 - t_2) \tag{5-30}$$

或

$$Q = \frac{t_1 - t_2}{b/kS} = \frac{\Delta t}{R} = \frac{\text{热传导推动力}}{\text{热传导热阻}} \tag{5-31}$$

式中，b 为平壁厚度，m；Δt 为平壁两侧的温度差，热传导推动力，℃；R 为热传导热阻 $(=\frac{b}{kS})$，℃/W。

式(5-31)与电学中的欧姆定律(电流 $I = \frac{\text{电动势 } V}{\text{电阻 } R}$)相比，形式完全类似，因此可以利用电学中串、并联电阻的计算办法类比计算复杂热传导过程的热阻。

实际上，由于物体内不同位置上的温度并不相同，故热导率也随之而异。但可以证明，当热导率随温度呈线性关系时，只要将其中的 k 值用平壁两侧算术平均温度下的值来代替，则仍可直接应用式(5-30)。在以后的热传导计算中，一般都采用平均热导率。

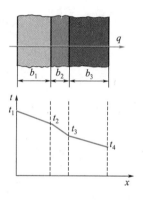

图 5-4　三层平壁的热传导

2. 多层平壁的一维稳态热传导

如果平壁是由 n 层材料构成的，例如三层平壁，如图 5-4 所示，各层的壁厚分别为 b_1、b_2 和 b_3，热导率分别为 k_1、k_2 和 k_3，且这三层平壁的热导率相差不是很大。假设层与层之间接触良好，即互相接触的两表面温度相同。各表面温度分别为 t_1、t_2、t_3 和 t_4，且 $t_1 > t_2 > t_3 > t_4$，则在稳态热传导时，通过各层平壁截面的传热速率必相等，即

$$Q_1 = Q_2 = Q_3 = Q_4 = Q \tag{5-32}$$

$$Q = k_1 S \frac{t_1 - t_2}{b_1} = k_2 S \frac{t_2 - t_3}{b_2} = k_3 S \frac{t_3 - t_4}{b_3} \tag{5-32a}$$

或

$$Q = \frac{t_1 - t_2}{\dfrac{b_1}{k_1 S}} = \frac{t_2 - t_3}{\dfrac{b_2}{k_2 S}} = \frac{t_3 - t_4}{\dfrac{b_3}{k_3 S}} \tag{5-32b}$$

式(5-32b)表明，稳态热传导时，某层的热阻越大，则该层两侧的温度差也越大，换言之，热传导过程中的温度差与相应的热阻成正比。

由式(5-32b)解出 $t_i - t_{i+1}$ $(i = 1, 2, 3)$ 并相加，经整理得

$$Q = \frac{t_1 - t_4}{\dfrac{b_1}{k_1 S} + \dfrac{b_2}{k_2 S} + \dfrac{b_3}{k_3 S}} \tag{5-33}$$

式(5-33)即为三层平壁的热传导速率方程式。

对 n 层平壁，其热传导速率方程可表示为

$$Q = \frac{t_1 - t_{n+1}}{\sum \dfrac{b_i}{k_i S}} \tag{5-34}$$

式中，下标 i 表示平壁的序号。

式(5-34)表明，多层平壁热传导的总推动力为各层温度差之和，即总温度差；总热阻为各层热阻之和。

【例 5-1】 某平壁燃烧炉由一层 100mm 厚的耐火砖和一层 80mm 厚的普通砖砌成，其热导率分别为 1.0W/(m·℃) 及 0.8W/(m·℃)。操作稳定后，测得炉壁内表面温度为 720℃，外表面温度为 120℃。为减小燃烧炉的热损失，在普通砖的外表面增加一层厚为 30mm，热导率为 0.03W/(m·℃) 的保温材料。待操作稳定后，又测得炉壁内表面温度为 800℃，保温层外表面温度为 80℃。设原有两层材料的热导率不变，试求：(1)加保温层后炉壁的热损失比原来减少的百分数；(2)加保温层后各层接触面的温度及各层的温度差和热阻。

解 (1)加保温层后炉壁的热损失比原来减少的百分数

加保温层前，双层平壁的热传导，单位面积炉壁的热损失，即热通量 $(Q/S)_1$ 为

$$(Q/S)_1 = \frac{t_1 - t_3}{\dfrac{b_1}{k_1} + \dfrac{b_2}{k_2}} = \frac{720 - 120}{\dfrac{0.10}{1} + \dfrac{0.08}{0.8}} = 3000\,\text{W/m}^2$$

加保温层后，为三层平壁的热传导，单位面积炉壁的热损失，即热通量 $(Q/S)_2$ 为

$$(Q/S)_2 = \frac{t_1 - t_4}{\dfrac{b_1}{k_1} + \dfrac{b_2}{k_2} + \dfrac{b_3}{k_3}} = \frac{800 - 80}{\dfrac{0.10}{1} + \dfrac{0.08}{0.8} + \dfrac{0.03}{0.03}} = 600\,\text{W/m}^2$$

加保温层后热损失比原来减少的百分数为

$$\frac{(Q/S)_1 - (Q/S)_2}{(Q/S)_1} \times 100\% = \frac{3000 - 600}{3000} \times 100\% = 80\%$$

(2)加保温层后各层接触面的温度及各层的温度差和热阻

已知 $(Q/S)_2 = 600\,\text{W/m}^2$，且通过各层平壁的热通量均为此值。则由式(5-32b)，得

$$\Delta t_1 = \frac{b_1}{k_1}(Q/S)_2 = \frac{0.1}{1} \times 600 = 60℃, \quad t_2 = t_1 - \Delta t_1 = 800 - 60 = 740℃$$

$$\Delta t_2 = \frac{b_2}{k_2}(Q/S)_2 = \frac{0.08}{0.8} \times 600 = 60℃, \quad t_3 = t_2 - \Delta t_2 = 740 - 60 = 680℃$$

$$\Delta t_3 = \frac{b_3}{k_3}(Q/S)_2 = \frac{0.03}{0.03} \times 600 = 600℃, \quad t_4 = t_3 - \Delta t_3 = 680 - 600 = 80℃$$

各层的温度差和热阻的数值如本例附表所示。

例 5-1 附表

名称	温度差/℃	热阻/(m²·℃/W)
耐火砖	60	0.1
普通砖	60	0.1
保温材料	600	1

解题要点：多层平壁一维稳态热传导速率的计算为总传热温差除以总传热热阻。总传热热阻为过程中各部分传热热阻之和。各部分的传热推动力与其传热热阻成正比。

3. 单层圆筒壁的稳态热传导

化工生产中，经常遇到圆筒壁的热传导问题，它与平壁热传导的不同之处在于圆筒壁的传热面积和热通量不再是常量，而是随半径而变，同时温度也随半径而变，但传热速率在稳态时依然是常量，即

$$Q = (Q/S)_1 2\pi r_1 L = (Q/S)_2 2\pi r_2 L = (Q/S)_3 2\pi r_3 L = \cdots$$

或

$$(Q/S)_1 r_1 = (Q/S)_2 r_2 = (Q/S)_3 r_3 = \cdots$$

求解圆筒壁的径向热传导问题时，应用柱坐标系比较方便。若筒壁的长度很长，$L \gg r$，则沿轴向的热传导可略去，于是可认为圆筒壁内的温度仅沿径向变化；又假设圆筒壁面积与圆筒壁厚度相比很大，故可以忽略热损失。在此情况下，描述无内热源的一维稳态热传导方程为

$$\frac{d}{dr}\left(r\frac{dt}{dr}\right) = 0 \tag{5-26}$$

设边界条件为：①$r = r_1$，$t = t_1$；②$r = r_2$，$t = t_2$。

满足上述边界条件的解为

$$t = t_1 - \frac{t_1 - t_2}{\ln(r_2/r_1)}\ln\frac{r}{r_1} \tag{5-35}$$

式(5-35)表明，通过筒壁进行径向热传导时，温度分布是 r 的对数函数。

通过半径为 r 的筒壁处的传热速率，可应用柱坐标系下的傅里叶定律

$$Q = -kS\frac{dt}{dr} \tag{5-36}$$

式中，S 为圆筒壁的表面积，$S = 2\pi rL$；$\dfrac{dt}{dr}$ 为该处的温度梯度。

将式(5-35)求导并代入式(5-36)，可得

$$Q = 2\pi kL\frac{t_1 - t_2}{\ln(r_2/r_1)} \tag{5-37}$$

式(5-37)即为单层圆筒壁的热传导速率方程。该式亦可写成与平壁热传导速率方程相类似的形式，即

$$Q = kS_m\frac{t_1 - t_2}{r_2 - r_1} \tag{5-38}$$

将式(5-37)与式(5-38)对比，可知

$$S_m = 2\pi\frac{r_2 - r_1}{\ln(r_2/r_1)}L = 2\pi r_m L \tag{5-39}$$

或

$$S_m = \frac{2\pi L r_2 - 2\pi L r_1}{\ln\dfrac{2\pi L r_2}{2\pi L r_1}} = \frac{S_2 - S_1}{\ln\dfrac{S_2}{S_1}} \tag{5-39a}$$

式中，r_m 为圆筒壁的对数平均半径，m；S_m 为圆筒壁的对数平均面积，m^2。

应予指出，当 $\dfrac{r_2}{r_1} \leqslant 2$ 时，上述各式中的对数平均值可用算术平均值代替。

以上均假定热导率 k 为与温度无关的常数。当 k 为温度 t 的线性函数时，上述各式中的热导率 k 亦可采用 t_1、t_2 算术平均温度下的值 k_m 来代替。

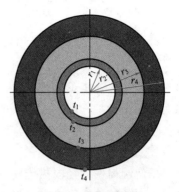

图 5-5　多层圆筒壁的稳态热传导

4. 多层圆筒壁的稳态热传导

像多层平壁一样，也可以将热阻的概念应用于多层圆筒壁，对于图 5-5 所示的三层圆筒壁，其解为

$$Q = \frac{t_1 - t_4}{\dfrac{1}{2\pi L k_1}\ln\dfrac{r_2}{r_1} + \dfrac{1}{2\pi L k_2}\ln\dfrac{r_3}{r_2} + \dfrac{1}{2\pi L k_3}\ln\dfrac{r_4}{r_3}}$$

$$= \frac{t_1 - t_4}{\dfrac{r_2 - r_1}{k_1 S_{m1}} + \dfrac{r_3 - r_2}{k_2 S_{m2}} + \dfrac{r_4 - r_3}{k_3 S_{m3}}} \tag{5-40}$$

由式(5-40)可知，多层圆筒壁热传导的总推动力亦为总温度差，总热阻亦为各层热阻之和，只是计算各层热阻所用的传热面积不再相等，而应采用各自的对数平均面积。

【例 5-2】　内径为 15mm，外径为 19mm 的钢管，$k_1 = 20\text{W}/(\text{m} \cdot \text{℃})$，其外包扎一层厚为 30mm，$k_2 = 0.2\text{W}/(\text{m} \cdot \text{℃})$ 的保温材料。若钢管内表面温度为 580℃，保温层外表面温度为 80℃，试求每米管长的热损失以及保温层中的温度分布。

解　由式(5-40)可得

$$\frac{Q}{L} = \frac{2\pi(t_1 - t_3)}{\dfrac{1}{k_1}\ln\dfrac{r_2}{r_1} + \dfrac{1}{k_2}\ln\dfrac{r_3}{r_2}} = \frac{2\pi(580 - 80)}{\dfrac{1}{20}\ln\dfrac{0.0095}{0.0075} + \dfrac{1}{0.2}\ln\dfrac{0.0395}{0.0095}} = 440.0\text{W/m}$$

对于保温层，有

$$\frac{Q}{L} = \frac{2\pi k_2(t_2 - t_3)}{\ln(r_3/r_2)}$$

则

$$t_2 = t_3 + \frac{Q}{L}\frac{\ln(r_3/r_2)}{2\pi k_2} = 80 + 440 \times \frac{\ln(0.0395/0.0095)}{2 \times 3.14 \times 0.2} = 579.2\text{℃}$$

保温层内的温度分布为

$$t = t_2 - \frac{t_2 - t_3}{\ln(r_3/r_2)}\ln\frac{r}{r_2} = 579.2 - 350.3\ln\frac{r}{0.0095}$$

本题的目的是在多层平壁一维稳态热传导速率方程的基础上，比较平壁热传导和圆筒壁热传导阻力表达方式的差异。其差异的根本原因在于沿着传热方向，传热面积的变化。

5.3.2　有内热源的一维稳态热传导

有内热源的热传导设备，以柱体最为典型，例如核反应堆的铀棒、管式固定床反应器和电热棒等。若柱体很长，且温度分布沿轴向对称，在此情况下的稳态热传导问题，可视为沿

径向的一维稳态热传导，此时，柱坐标下的能量方程为

$$\frac{1}{r}\frac{\mathrm{d}}{\mathrm{d}r}\left(r\frac{\mathrm{d}t}{\mathrm{d}r}\right)+\frac{\dot{q}}{k}=0 \tag{5-41}$$

将式(5-41)积分两次，得

$$t=-\frac{\dot{q}}{4k}r^2+C_1\ln r+C_2 \tag{5-42}$$

式中，C_1、C_2 为积分常数，可根据两个边界条件确定，具体方法参见例 5-3。

【例 5-3】 有一半径为 R，长度为 L 的实心圆柱体，其发热速率为 $\dot{q}$，圆柱体的表面温度为 t_w，$L \gg R$，温度仅为径向距离的函数，设热传导是稳态的，圆柱体的热导率 k 为常数，试求圆柱体内的温度分布及最高温度。

解 柱体内一维径向稳态热传导时的温度分布由式(5-42)表达，即

$$t=-\frac{\dot{q}}{4k}r^2+C_1\ln r+C_2$$

设边界条件为：①$r=R$，$t=t_w$；②$r=R$，$\dot{q}\pi R^2 L=-k2\pi RL\dfrac{\mathrm{d}t}{\mathrm{d}r}$。

边界条件②表示稳态热传导时，发热速率必等于表面热损失。将式(5-42)代入边界条件②并取 $r=R$，则

$$\dot{q}\pi R^2 L=-k2\pi RL\left[-\frac{\dot{q}R}{2k}+\frac{C_1}{R}\right]$$

得

$$C_1=0$$

由边界条件①得

$$t_w=-\frac{\dot{q}R^2}{4k}+C_2$$

故

$$C_2=t_w+\frac{\dot{q}R^2}{4k}$$

最后解出温度分布为

$$t-t_w=\frac{\dot{q}}{4k}(R^2-r^2)$$

显然最高温度在圆柱中心处，即

$$t_{max}=t\mid_{r=0}=t_0=t_w+\frac{\dot{q}R^2}{4k}$$

上式亦可写成量纲为 1 形式，即

$$\frac{t-t_w}{t_0-t_w}=1-\left(\frac{r}{R}\right)^2$$

 解题要点：圆柱体有内热源的一维稳态热传导速率方程，能够分析在何种情况下，采用该速率方程。

5.4 对流传热

对流传热在工程技术中非常重要。许多工业部门中经常遇到两流体之间或流体与壁面之

间的热交换问题，这类问题需用对流传热的理论予以解决。在对流传热过程中，除热的流动外，还涉及流体的运动，温度场与速度场将会发生相互作用。故欲解决对流传热问题，必须具备动量传递的基本知识。本节将以前面讨论的运动方程、连续性方程和能量方程为基础并结合量纲分析理论，解释对流传热的机理，探讨强制对流传热、自然对流传热以及冷凝和沸腾传热的基本规律，并重点研究对流传热系数的计算问题。

5.4.1 对流传热机理

如前所述，对流传热是指运动流体与固体壁面之间的热量传递过程，故对流传热与流体的流动状况密切相关。对流传热包括强制对流(强制层流和强制湍流)、自然对流、蒸气冷凝和液体沸腾等形式的传热过程。

图 5-6　湍流边界层

处于层流状态下的流体，在与流动方向相垂直的方向上进行热量传递时，由于不存在流体的旋涡运动与混合，故传递方式为热传导。

当湍流的流体流经固体壁面时，将形成湍流边界层(见图 5-6)。若流体温度与壁面不同，则二者之间将进行热交换。假定壁面温度高于流体温度，热流便会由壁面流向运动流体中，由流动边界层的知识可知，湍流边界层由靠近壁面处的层流内层、离开壁面一定距离处的缓冲层和湍流核心三部分组成，由于流体具有黏性，故紧贴壁面的一层流体，其速度为零。

由此可知，固体壁面处的热量首先以热传导方式通过静止的流体层进入层流内层，在层流内层中传热方式亦为热传导；然后热流经层流内层进入缓冲层，在这层流体中，既有流体微团的层流流动，也存在一些使流体微团在热流方向上作旋涡运动的宏观运动，故在缓冲层内兼有热传导和涡流传热两种传热方式；热流最后由缓冲层进入湍流核心，在这里，流体剧烈湍动，由于涡流传热较分子传热强烈得多，故湍流核心的热量传递以旋涡运动引起的传热为主，而分子运动所引起的热传导可

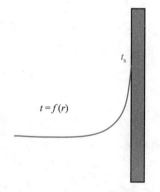

图 5-7　流体与管壁之间的温度分布

以忽略不计，就热阻而言，层流内层的热阻占总对流传热热阻的大部分，故该层流体虽然很薄，但热阻却很大，因此温度梯度也很大。湍流核心的温度则较为均匀，热阻很小。由流体主体至壁面的温度分布如图 5-7 所示。

由上述分析可知，**对流传热是集热对流和热传导于一体的综合现象。对流传热的热阻主要集中在层流内层，因此，减薄层流内层的厚度是强化对流传热的主要途径。**

有相变的传热过程——冷凝和沸腾传热的机理与一般强制对流传热有所不同，这主要是由于前两者有相的变化，界面不断骚动，故可大大加快传热速率。

5.4.2 热边界层及对流传热系数

当流体流过固体壁面时，若二者温度不同，则壁面附近的流体受壁面温度的影响将建立一个温度梯度，一般将流动流体中存在温度梯度的区域称为温度边界层，亦称热边界层。

当流体流过圆管进行传热时，管内热边界层的形成和发展与流动边界层类似。如图 5-8 所示，流体最初以均匀速度 u_0 和均匀温度 t_0 进入管内，因受壁面温度的影响，热边界层的厚度由进口的零值逐渐增厚，经过一定距离后，在管中心汇合。流体由管进口至汇合点的轴向距离称为传热进口段。超过汇合点以后，温度分布将逐渐趋于平坦，若管子的长度足够，则截面上的温度最后变为均匀一致并等于壁面温度 t_s。

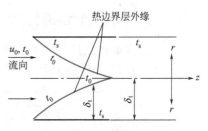

图 5-8　流体流过管内的热边界层

根据牛顿冷却定律，固体壁面与流体之间的对流传热速率为

$$dQ = \alpha(t_s - t_b)dS \tag{5-43}$$

式(5-43)即为对流传热系数 α 的定义式。式中，dQ 为微分传热速率；dS 为微分传热面积；t_s 为壁面温度；t_b 对圆管，为流体的主体温度或称为平均温度，对蒸气冷凝，为冷凝温度，对液体沸腾，则为沸腾温度。

α 的求算是一项复杂的问题，它与流体的物理性质、壁面的几何形状和粗糙度、流体的速度、流体与壁面间的温度差等因素有关，一般很难确定。在解决 α 的计算问题时，常常将 α 与壁面附近流体的温度梯度联系起来，以流体流过圆管壁面为例，由于紧贴壁面的一层流体速度为零，故壁面向该层流体的微分传热速率 dQ 可用傅里叶定律描述，即

$$dQ = k\frac{dt}{dr}\Big|_{r=r_i}dS \tag{5-44}$$

式中，k 为流体的热导率，$W/(m \cdot ℃)$；$\dfrac{dt}{dr}\Big|_{r=r_i}$ 为紧贴固体壁面处流体层的温度梯度，$℃/m$；dS 为固体壁面的微分传热面积，m^2。

式(5-44)所表示的热量必以对流方式传递到流体中。

式(5-44)与式(5-43)对比，可得 α 与壁面流体温度梯度的关系为

$$\alpha = \frac{k}{t_s - t_b}\frac{dt}{dr}\Big|_{r=r_i} \tag{5-45}$$

由式(5-45)求取对流传热系数 α 时，关键在于壁面温度梯度 $\dfrac{dt}{dr}\Big|_{r=r_i}$ 的计算，要求得温度梯度，必须先求出温度分布，而温度分布只能在求解能量方程后才能确定。在能量方程中，需要借助于运动方程和连续性方程求出速度分布。

由此可知，求算对流传热系数时，须首先根据运动方程和连续性方程解出速度分布，然后将速度分布代入能量方程中求出温度分布，再根据此温度分布求温度梯度，最后代入式(5-45)，即可求得 α。

应予指出，上述求解步骤只是一个原则，实际上由于各方程(组)的非线性特点以及边界条件的复杂性，利用精确的数学分析方法仅能解决一些简单的层流传热问题，目前还无法解决湍流传热问题，这是由于后者中的有关物理量，例如温度、速度等均发生高频脉动，现在的手段还难以表征流体微团的这种千变万化的规律。目前在工程实际中，求取湍流传热的对流传热系数大抵有两个途径：其一是应用量纲分析方法并结合实验，建立相应的经验关联式；其二是应用动量传递与热量传递的类似性，建立对流传热系数与范宁摩擦系数之间的定量关系，通过较易求得的范宁摩擦系数 f 来求取较难求得的对流传热系数 α。

5.4.3 管内强制层流传热的理论分析

管内强制层流传热是为数不多的能够用分析法求解的对流传热问题之一。通常，管壁与流体之间进行强制层流传热时，一般分为两种情况：其一是流体由管的进口即开始被加热或

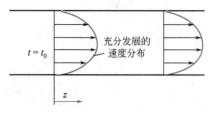

图 5-9　管内层流传热示意图

冷却，此时管内速度边界层与温度边界层同时发展，在此情况下，进口段的动量传递和热量传递的规律都比较复杂，问题的求解也较为困难；其二是认为速度进口段很短而假设流体一进入圆管其速度边界层即已经充分发展。后者较为简单，研究也较充分。下面主要讨论此种情况的传热规律。

如图 5-9 所示，速度均匀为 u_b、温度均匀为 t_0 的牛顿型流体，进入半径为 r_i 的光滑圆管，进行稳态层流传热，假定速度边界层已经充分发展。则由于 $\dot{q}=0$（无内热源）；$\dfrac{\partial t}{\partial \theta'}=0$（稳态传热），$\dfrac{\partial t}{\partial \theta}=0$（温度分布轴对称），$\dfrac{\partial^2 t}{\partial \theta^2}=0$；$u_r=u_\theta=0$（流动一维）；$\dfrac{\partial t}{\partial r}\gg\dfrac{\partial t}{\partial z}(z\gg r)$，$\dfrac{1}{r}\dfrac{\partial}{\partial r}\left(r\dfrac{\partial t}{\partial r}\right)\gg\dfrac{\partial^2 t}{\partial z^2}$，于是柱坐标下的能量方程为

$$\frac{1}{\alpha^*}\frac{\partial t}{\partial z}=\frac{1}{u_z r}\frac{\partial}{\partial r}\left(r\frac{\partial t}{\partial r}\right) \tag{5-46}$$

式中，α^* 为流体的导温系数，一般可假定为常量。u_z 为轴向速度，因为假定速度边界层已经充分发展，则

$$u_z=2u_b\left[1-\left(\frac{r}{r_i}\right)^2\right]$$

在此情况下，式(5-46)可采用分离变量法求解，但求解过程相当繁琐，具体方法可查阅有关专著。

管内层流传热时，在传热进口段内，热边界层将由管进口处的零值逐渐加厚，相应的，对流传热系数 α 不断地减小，直至热边界层在管中心汇合为止，此后 α 基本为一定值。

下面将讨论速度边界层充分发展、热边界层在管中心汇合后且壁面热通量恒定时的层流传热问题，这相当于在管壁上均匀缠有电热丝时的情形，显然，此时流场中各点流体的温度必定随 z 线性增加，即

$$\frac{\partial t}{\partial z}=常数 \tag{5-47}$$

将式(5-47)及 u_z 的表达式代入式(5-46)，可得如下形式的常微分方程

$$\frac{\mathrm{d}}{\mathrm{d}r}\left(r\frac{\mathrm{d}t}{\mathrm{d}r}\right)=\frac{2u_b}{\alpha^*}\left[1-\left(\frac{r}{r_i}\right)^2\right]r\frac{\partial t}{\partial z} \tag{5-48}$$

边界条件为：①$r=0$，$\dfrac{\partial t}{\partial r}=0$；②$r=r_i$，$\left(\dfrac{Q}{S}\right)_s=k\dfrac{\partial t}{\partial r}=常数$。式(5-48)第一次积分，得

$$r\frac{\mathrm{d}t}{\mathrm{d}r}=\frac{2u_b}{\alpha^*}\left(\frac{r^2}{2}-\frac{r^4}{4r_i^2}\right)\frac{\partial t}{\partial z}+C_1$$

应用边界条件①，得

$$C_1=0$$

对上式再进行一次积分，得

$$t = \frac{2u_b}{\alpha^*}\left(\frac{r^2}{4} - \frac{r^4}{16r_i^2}\right)\frac{\partial t}{\partial z} + C_2$$

显然上式中的 C_2 应为管中心温度 $t_c(r=0)$，即

$$C_2 = t_c$$

于是管壁热通量恒定情况下的温度分布方程为

$$t - t_c = \frac{u_b}{2\alpha^*}r_i^2\left[\left(\frac{r}{r_i}\right)^2 - \frac{1}{4}\left(\frac{r}{r_i}\right)^4\right]\frac{\partial t}{\partial z} \qquad (5\text{-}49)$$

为了应用式(5-45)求算 α，可先由温度分布方程计算 t_b 和 $\dfrac{\mathrm{d}t}{\mathrm{d}r}\big|_{r=r_i}$。

t_b 为流体的主体温度，或称混合杯温度，由式(5-50)定义，即

$$t_b = \frac{\int_0^{r_i} 2\pi r\,\mathrm{d}r u_z \rho c_p t}{\int_0^{r_i} 2\pi r\,\mathrm{d}r u_z \rho c_p} = \frac{\int_0^{r_i} r u_z t\,\mathrm{d}r}{\int_0^{r_i} r u_z\,\mathrm{d}r} \qquad (5\text{-}50)$$

式(5-50)中的分子部分表示通过管截面的热量流率，而分母部分则表示相应截面上质量流率与比热容的积分，即比热容流率。因此，主体温度表示了在特定位置上的总能量。由于这个原因，主体温度有时被称为混合杯温度，也就是假想把流体置于一绝热良好的混合室，并使其达到平衡状态后流体的温度。

将式(5-49)代入式(5-50)，经积分后得

$$t_b = t_c + \frac{7}{48}\frac{u_b r_i^2}{\alpha^*}\frac{\partial t}{\partial z} \qquad (5\text{-}51)$$

$\dfrac{\mathrm{d}t}{\mathrm{d}r}\big|_{r=r_i}$ 可由式(5-49)对 r 求导得到

$$\frac{\mathrm{d}t}{\mathrm{d}r}\big|_{r=r_i} = \frac{u_b r_i}{2\alpha^*}\frac{\partial t}{\partial z} \qquad (5\text{-}52)$$

壁面温度 t_s 为

$$t_s = t_c + \frac{3}{8}\frac{u_b r_i^2}{\alpha^*}\frac{\partial t}{\partial z} \qquad (5\text{-}53)$$

将式(5-51)~式(5-53)代入式(5-45)，得

$$\alpha = \frac{k}{\dfrac{11}{48}\dfrac{u_b r_i^2}{\alpha^*}\dfrac{\partial t}{\partial z}}\frac{u_b r_i}{2\alpha^*}\frac{\partial t}{\partial z} = \frac{24}{11}\frac{k}{r_i} \qquad (5\text{-}54)$$

有时也将上式表示成量纲为 1 数群的形式，为此定义

$$Nu = \frac{\alpha d_i}{k} = 2\frac{\alpha r_i}{k} \qquad (5\text{-}55)$$

式中，Nu 称为努赛尔数(Nusselt number)，则式(5-54)可写为

$$Nu = \frac{\alpha d_i}{k} = \frac{48}{11} = 4.36 \qquad (5\text{-}55a)$$

由此可见，在管内层流传热过程中，当速度边界层充分发展、热边界层在管中心汇合后，其 α 或 Nu 数为常数。式(5-55a)与由式(5-46)经分离变量法求得的结果完全一致。

管内层流传热的另一种特殊情形是壁温 t_s 恒定，但由于 $\dfrac{\partial t}{\partial z}$ 不再为常数，式(5-46)也就

不能化为常微分方程来求解，但葛雷兹(Greatz)曾对其进行过分析求解，在 z 充分大的情况下，获得式(5-56)

$$Nu = \frac{\alpha d_i}{k} = 3.66 \qquad (5\text{-}56)$$

上述结果表明，恒管壁热通量和恒壁温这两种传热情况下 Nu 数值差别较大。

计算管内层流传热的一些经验公式将在 5.4.5 节中给出。

前已述及，所谓传热进口段，是指温度边界层在管中心汇合点至管前缘的轴向距离，根据葛雷兹的分析求解结果，传热进口段长度 L_t 可用式(5-57)估算，即

$$\frac{L_t}{d_i} = 0.05 RePr \qquad (5\text{-}57)$$

式中，Pr 称为普朗特数(Prandtl number)，定义 $Pr = \frac{c_p \mu}{k}$。Pr 是一个与传热有关的流体物性组成的量纲为 1 数群。

由于在传热进口段内，对流传热系数是逐渐减小的，为计及此影响，可采用式(5-58)计算管内层流传热时的平均或局部的 Nu 数，即

$$Nu = Nu_\infty + \frac{k_1(RePrd_i/L)}{1 + k_2(RePrd_i/L)^n} \qquad (5\text{-}58)$$

式中，Nu 为不同条件下努赛尔数的平均或局部值；Nu_∞ 为热边界层在管中心汇合后的努赛尔数数值；k_1、k_2、n 为常数，其值可由表 5-3 查出；L 为管长，m；d_i 为管内径，m。

表 5-3　式(5-58)中的各常数值

壁面情况	速度侧形	Pr	Nu	Nu_∞	k_1	k_2	n
恒壁温	抛物线	任意	平均	3.66	0.0668	0.04	2/3
恒壁温	正在发展	0.7	平均	3.66	0.104	0.016	0.8
恒壁热通量	抛物线	任意	局部	4.36	0.023	0.0012	1.0
恒壁热通量	正在发展	0.7	局部	4.36	0.036	0.0011	1.0

以上诸式中各物理量的定性温度为管子进出口流体主体温度的平均值，即

$$t_m = \frac{t_{b1} + t_{b2}}{2}$$

式中，t_{b1}、t_{b2} 为流体进口和出口的主体温度，℃。

【例 5-4】　温度为 -13℃ 的液态氟利昂-12 流过长度为 0.6m，内径为 12mm 的圆管，管壁温度恒定为 15℃，流体的流速为 0.03m/s。假定传热开始时速度边界层已经充分发展，试计算氟利昂的出口温度。氟利昂的物性值可根据其饱和液体确定。

解　由于确定流体的物性需首先知道其出口的主体温度 t_{b2}，而此值为未知，故需采用试差法计算。

设氟利昂的出口主体温度 $t_{b2} = -7$℃，则流体的平均温度为

$$t_m = \frac{t_{b1} + t_{b2}}{2} = \frac{(-13) + (-7)}{2} = -10℃$$

-10℃ 时液态氟利昂-12 的物性为：$\rho = 1429 kg/m^3$，$c_p = 920 J/(kg \cdot ℃)$，$\nu = 0.221 \times 10^{-6}$ m^2/s，$k = 0.073 W/(m \cdot ℃)$，$Pr = 4.0$，则

$$Re = \frac{d_i u_b}{\nu} = \frac{12 \times 10^{-3} \times 0.03}{0.221 \times 10^{-6}} = 1629 \quad （<2300，层流）$$

采用式(5-58)计算 Nu 数。对充分发展的流动且管壁温度恒定时，由表 5-3 查得该式的具体形式为

$$Nu_m = 3.66 + \frac{0.0668(RePrd_i/L)}{1 + 0.04(RePrd_i/L)^{2/3}} = 3.66 + \frac{0.0668(1629 \times 4 \times 0.012/0.6)}{1 + 0.04(1629 \times 4 \times 0.012/0.6)^{2/3}} = 7.953$$

平均对流传热系数 α_m 为

$$\alpha_m = \frac{Nu_m k}{d_i} = \frac{7.953 \times 0.073}{0.012} = 48.38 \, \text{W}/(\text{m}^2 \cdot \text{℃})$$

通过微分段管长 dL 的传热速率为

$$dQ = \alpha_m \pi d_i dL (t_s - t)$$

设流体经过微分段管长 dL 后，温度升高 dt，由热量衡算可得

$$dQ = \frac{\pi}{4} d_i^2 u_b \rho c_p dt$$

上述二式的 dQ 相等，经整理后得

$$\alpha_m (t_s - t) dL = \frac{d_i}{4} u_b \rho c_p dt$$

积分上式得

$$\int_{t_{b1}}^{t_{b2}} \frac{dt}{t_s - t} = \frac{4\alpha_m}{\rho u_b c_p d_i} \int_0^L dL$$

$$\ln(t_s - t_{b2}) = \ln(t_s - t_{b1}) - \frac{4\alpha_m L}{\rho u_b c_p d_i} = \ln(15 + 13) - \frac{4 \times 48.38 \times 0.6}{1429 \times 0.03 \times 920 \times 0.012} = 3.087$$

$$t_s - t_{b2} = 21.91 \text{℃}$$

故
$$t_{b2} = t_s - 21.91 = 15 - 21.91 = -6.91 \text{℃}$$

原假设出口主体温度 $t_{b2} = -7$℃，与最后求得的结果接近，无需再进行计算，取氟利昂的出口温度为 -6.91℃。

> 在判断流型以及选择对流传热系数计算方程相关参数时，均需要确定相关物性参数。物性参数与流体进出口温度有关。本题流体出口温度未知，故需采用试差法，先假设流体出口温度，然后联立对流传热速率方程与热量衡算方程求解流体出口温度并校核。

5.4.4 对流传热过程的量纲分析

前面通过理论分析的方法求取了恒壁热通量或恒壁温且速度边界层充分发展、热边界层在管中心汇合后的对流传热系数 α，但必须指出，这只是极特殊的情况，对于绝大多数工程对流传热问题，特别是湍流传热问题，直接对能量方程求解极其困难。目前解决这类对流传热问题的方法主要有量纲分析法和类比法两种，本节首先介绍前者，至于后者将在《化工原理(第三版)(下册)——化工传质与分离过程》1.3.5 节中介绍。

所谓量纲分析方法，即根据对问题的分析，找出影响对流传热的因素，然后通过量纲分析的方法确定相应的量纲为 1 数群，继而通过实验确定求算对流传热系数的经验公式，以供设计计算使用。

常用的量纲分析方法有雷莱法和伯金汉法（Buckingham method）两种，前者适合于变量数目较少的场合，而当变量数目较多时，后者较为简便，由于对流传热过程的影响因素较多，故本节采用伯金汉法。

1. 强制对流（无相变）传热过程

首先列出影响该过程的物理量。根据理论分析及实验研究，得知影响对流传热系数 α 的因素有：传热设备的特性尺寸 l、流体的密度 ρ、黏度 μ、定压质量热容 c_p、热导率 k 及流速 u 等物理量，它们可用一般函数关系式来表达，即

$$\alpha = f(l, \rho, \mu, c_p, k, u) \tag{5-59}$$

上述变量虽然有 7 个，但这些物理量涉及的基本量纲却只有四个，即长度 L、质量 M、时间 θ 和温度 T，所有 7 个物理量的量纲均可由上述四个基本量纲导出。

其次确定量纲为 1 数群 π 的数目。按伯金汉 π 定理，量纲为 1 数群的数目 i 等于变量数 j 与基本量纲数 m 之差，则 $i = j - m = 7 - 4 = 3$。若用 π_1、π_2 和 π_3 表示这三个量纲为 1 数群，则式（5-59）可表示为

$$\pi_1 = \phi(\pi_2, \pi_3) \tag{5-60}$$

最后按下述步骤确定量纲为 1 数群的形式

① 列出全部物理量的量纲

物理量名称	对流传热系数	特性尺寸	密度	黏度	定压质量热容	热导率	流速
符号	α	l	ρ	μ	c_p	k	u
量纲	$M\theta^{-3}T^{-1}$	L	ML^{-3}	$ML^{-1}\theta^{-1}$	$L^2\theta^{-2}T^{-1}$	$ML\theta^{-3}T^{-1}$	$L\theta^{-1}$

② 选取与基本量纲数目相同的物理量（本例为 4 个），作为 i 个（本例为 3 个）量纲为 1 数群的核心物理量。选取核心物理量是伯金汉法的关键，选取时应遵循下列原则：a. 不能选取待求的物理量，例如本例中的 α；b. 不能同时选取量纲相同的物理量；c. 选取的核心物理量应包括该过程中的所有基本量纲，且它们本身又不能组成量纲为 1 数群。本例中可选取 l、k、μ 和 u 作为核心物理量，而若选取 l、ρ、μ 和 u 则不恰当，这是因为它们的量纲中不包括基本量纲 T，且它们本身又能构成量纲为 1 数群 $\dfrac{lu\rho}{\mu}$（即雷诺数 Re）。

③ 将余下的物理量 α、ρ 和 c_p 分别与核心物理量组成量纲为 1 数群，即

$$\pi_1 = l^a k^b \mu^c u^d \alpha \tag{5-61}$$

$$\pi_2 = l^e k^f \mu^g u^i \rho \tag{5-62}$$

$$\pi_3 = l^j k^k \mu^m u^n c_p \tag{5-63}$$

将上述等式两端各物理量的量纲代入，合并相同的量纲，然后按等式两边量纲相等的原则即可求得有关核心物理量的指数并最终得到相应的量纲为 1 数群，例如对 π_1 而言，可得

$$M^0 L^0 \theta^0 T^0 = L^a \left(\frac{ML}{\theta^3 T}\right)^b \left(\frac{M}{L\theta}\right)^c \left(\frac{L}{\theta}\right)^d \left(\frac{M}{\theta^3 T}\right)$$

因上式中两边量纲相等，则可得下述关系

对质量 M	$b + c + 1 = 0$
对长度 L	$a + b - c + d = 0$
对时间 θ	$-3b - c - d - 3 = 0$
对温度 T	$-b - 1 = 0$

联立上述方程组，解得 $a=1$，$b=-1$，$c=0$，$d=0$。于是

$$\pi_1 = lk^{-1}\alpha = \frac{\alpha l}{k} = Nu \tag{5-64}$$

用同样的方法可得

$$\pi_2 = \frac{lu\rho}{\mu} = Re \tag{5-65}$$

$$\pi_3 = \frac{c_p\mu}{k} = Pr \tag{5-66}$$

则式(5-60)可表示为

$$Nu = \phi(Re, Pr) \tag{5-67}$$

式(5-67)即为强制对流(无相变)传热时的量纲为 1 数群关系式。

2. 自然对流传热过程

前已述及，自然对流是由于流体在加热过程中密度发生变化而产生的流体流动。引起流动的是作用在单位体积流体上的浮力 $\Delta\rho g = \rho\beta g\Delta t$，其量纲为 $ML^{-2}\theta^{-2}$。而影响对流传热系数的其他因素与强制对流是相同的。因此，描述自然对流传热的一般函数关系式为

$$\alpha = f(l, \rho, \mu, c_p, k, \rho g\beta\Delta t) \tag{5-68}$$

式(5-68)中同样包括 7 个物理量，涉及四个基本量纲，故该式也可表示为如下形式的量纲为 1 数群关系，即

$$\pi_1 = \phi(\pi_2, \pi_3) \tag{5-60}$$

依据与前述类似的方法可得

$$\pi_1 = \frac{\alpha l}{k} = Nu \tag{5-64}$$

$$\pi_2 = \frac{c_p\mu}{k} = Pr \tag{5-65}$$

$$\pi_3 = \frac{l^3\rho^2 g\beta\Delta t}{\mu^2} = Gr \tag{5-69}$$

则自然对流传热时的量纲为 1 数群关系式为

$$Nu = \phi(Gr, Pr) \tag{5-70}$$

式(5-67)和式(5-70)中的各量纲为 1 数群名称、符号和含义列于表 5-4。

表 5-4 量纲为 1 数群的名称、符号和含义

量纲为 1 数群名称	符号	表达式	含 义
努赛尔数(Nusselt number)	Nu	$\dfrac{\alpha l}{k}$	表示对流传热系数的量纲为 1 数群
雷诺数(Reynolds number)	Re	$\dfrac{lu\rho}{\mu}$	表示惯性力与黏性力之比，是表征流动状态的量纲为 1 数群
普朗特数(Prandtl number)	Pr	$\dfrac{c_p\mu}{k}$	表示速度边界层和热边界层相对厚度的一个参数，反映与传热有关的流体物性
格拉晓夫数(Grashof number)	Gr	$\dfrac{l^3\rho^2 g\beta\Delta t}{\mu^2}$	表示由温度差引起的浮力与黏性力之比

各量纲为 1 数群中物理量的意义如下：

α——对流传热系数，$W/(m^2 \cdot {}^\circ\!C)$；

u——流速，m/s；

ρ——流体的密度，kg/m^3；

l——传热面的特性尺寸，可以是管径(内径、外径或平均直径)或平板长度等，m；

k——流体的热导率，W/(m·℃)；

μ——流体的黏度，Pa·s；

c_p——定压质量热容，J/(kg·℃)；

Δt——流体与壁面间的温度差，℃；

β——流体的体积膨胀系数，1/℃或1/K；

g——重力加速度，m/s^2。

式(5-67)和式(5-70)仅为 Nu 与 Re、Pr 或 Gr、Pr 的原则关系式，而各种不同情况下的具体关系式则需通过实验确定。在使用由实验数据整理得到的关联式时，应注意：

① 应用范围　关联式中 Re、Pr 等量纲为 1 数群的数值范围等；

② 特性尺寸　Nu、Re 等量纲为 1 数群中的 l 应如何确定；

③ 定性温度　各量纲为 1 数群中的流体物性应按什么温度查取。

总之，对流传热是流体主体中的对流和层流内层的热传导的复合现象。任何影响流体流动的因素(引起流动的原因、流动状态和有无相变化等)必然影响对流传热系数。以下分流体无相变和有相变两种情况来讨论对流传热系数的关联式，其中前者包括强制对流和自然对流，后者包括蒸气冷凝和液体沸腾。

5.4.5　流体无相变时的强制对流传热系数

1. 流体在管内作强制对流

(1)流体在光滑圆形直管内作强制湍流

① 低黏度流体　可应用迪特斯(Dittus)-贝尔特(Boelter)关联式，即

$$Nu = 0.023 Re^{0.8} Pr^n \tag{5-71}$$

或

$$\alpha = 0.023 \frac{k}{d_i} \left(\frac{d_i u_b \rho}{\mu} \right)^{0.8} \left(\frac{c_p \mu}{k} \right)^n \tag{5-71a}$$

式中，n 值视热流方向而定，当流体被加热时，$n=0.4$；当流体被冷却时，$n=0.3$。

应用范围：$Re>10000$，$0.7<Pr<120$，$\dfrac{L}{d_i}>60$(L 为管长)。若 $\dfrac{L}{d_i}<60$，需考虑传热进口段对 α 的影响，此时可将由式(5-71a)求得的 α 值乘以 $\left[1 + \left(\dfrac{d_i}{L} \right)^{0.7} \right]$ 进行校正。

特性尺寸：管内径 d_i。

定性温度：流体进出口温度的算术平均值。

② 高黏度流体　可应用西德尔(Sieder)-泰特(Tate)关联式，即

$$Nu = 0.027 Re^{0.8} Pr^{1/3} \varphi_w \tag{5-72}$$

或

$$\alpha = 0.027 \frac{k}{d_i} \left(\frac{d_i u_b \rho}{\mu} \right)^{0.8} \left(\frac{c_p \mu}{k} \right)^{1/3} \left(\frac{\mu}{\mu_w} \right)^{0.14} \tag{5-72a}$$

式中，$\varphi_w = \left(\dfrac{\mu}{\mu_w} \right)^{0.14}$ 也是考虑热流方向的校正项。μ_w 为壁面温度下流体的黏度。

应用范围：$Re>10000$，$0.7<Pr<1700$，$\dfrac{L}{d_i}>60$(L 为管长)。

特性尺寸：管内径 d_i。

定性温度：除 μ_w 取壁温外，均取流体进出口温度的算术平均值。

应予说明，式(5-71)中 Pr 数取不同的方次及式(5-72)中引入 φ_w 都是为了校正热流方向对 α 的影响。

液体被加热时，层流内层的温度比液体的平均温度高，由于液体的黏度随温度升高而下降，故层流内层中液体黏度降低，相应的，层流内层厚度减薄，α 增大；液体被冷却时，情况恰好相反。但由于 Pr 值是根据流体进出口平均温度计算得到的，只要流体进出口温度相同，则 Pr 值也相同。因此为了考虑热流方向对 α 的影响，便将 Pr 的指数项取不同的数值。对于大多数液体，$Pr>1$，则 $Pr^{0.4}>Pr^{0.3}$，故液体被加热时取 $n=0.4$，得到的 α 就大；液体被冷却时取 $n=0.3$，得到的 α 就小。

气体黏度随温度的变化趋势恰好与液体相反，温度升高时，气体黏度增大，因此，当气体被加热时，层流内层中气体的温度升高，黏度增大，致使层流内层厚度增大，α 减小；气体被冷却时，情况相反。但因大多数气体的 $Pr<1$，则 $Pr^{0.4}<Pr^{0.3}$，所以气体被加热时，n 仍取 0.4，而气体被冷却时仍取 0.3。

对式(5-72)中的校正项 φ_w，可以作完全类似的分析，但一般而言，由于壁温是未知的，计算时往往要用试差法，很不方便，为此 φ_w 可取近似值：液体被加热时，取 $\varphi_w \approx 1.05$，液体被冷却时，取 $\varphi_w \approx 0.95$；对气体，则不论加热或冷却，均取 $\varphi_w \approx 1.0$。

【例 5-5】 常压空气在内径为 20mm 的管内由 20℃加热到 100℃，空气的平均流速为 20m/s，试求管壁对空气的对流传热系数。

解 定性温度＝(100＋20)/2＝60℃。由附录五查得 60℃时空气的物性为 $\rho=1.06\text{kg/m}^3$，$k=0.02896\text{W/(m·℃)}$，$\mu=2.01\times10^{-5}\text{Pa·s}$，$Pr=0.696$，则

$$Re=\frac{d_i u_b \rho}{\mu}=\frac{0.02\times20\times1.06}{2.01\times10^{-5}}=21095 \quad (\text{湍流})$$

Re 和 Pr 值均在式(5-71a)的应用范围内，但由于管长未知，故无法查核 $\dfrac{L}{d_i}$，在此情况下，可采用式(5-71a)近似计算 α。气体被加热，取 $n=0.4$，于是得

$$\alpha=0.023\frac{k}{d_i}Re^{0.8}Pr^{0.4}=0.023\times\frac{0.02896}{0.02}\times21095^{0.8}\times0.696^{0.4}=82.96\text{W/(m}^2\text{·℃)}$$

 解题关键：掌握迪特斯-贝尔特方程的形式和适用条件，掌握传热经验关联式的使用方法。

(2)流体在光滑圆形直管内作强制层流

流体在管内作强制层流时，一般流速较低，故应考虑自然对流的影响，此时由于在热流方向上同时存在自然对流和强制对流而使问题变得复杂化，也正是上述原因，强制层流时的对流传热系数关联式的误差要比湍流的大。

当管径较小、流体与壁面间的温度差也较小且流体的 ν 值较大时，可忽略自然对流对强制层流传热的影响，此时可应用西德尔(Sieder)-泰特(Tate)关联式，即

$$Nu=1.86\left(RePr\frac{d_i}{L}\right)^{1/3}\left(\frac{\mu}{\mu_w}\right)^{0.14} \tag{5-73}$$

或
$$\alpha = 1.86 \frac{k}{d_i} \left(RePr \frac{d_i}{L} \right)^{1/3} \left(\frac{\mu}{\mu_w} \right)^{0.14} \tag{5-73a}$$

应用范围：$Re < 2300$，$0.7 < Pr < 6700$，$RePr d_i / L > 10$（L 为管长）。

特性尺寸：管内径 d_i。

定性温度：除 μ_w 取壁温外，均取流体进出口温度的算术平均值。

式(5-73)或式(5-73a)适用于管长较小时 α 的计算，此时与由式(5-58)求得的结果较接近，但当管子极长时则不再适用，因为此时求得的 α 趋于零，与实际不符；式(5-58)适用于参数 Nu_∞、k_1、k_2 和 n 已知时 α 的计算，结果较准确，但有时因上述参数不全而使其应用受到限制，因此，除表5-3所述情况外，一般均采用式(5-73)或式(5-73a)计算 α。

必须指出，由于强制层流时对流传热系数很低，故在换热器设计中，应尽量避免在强制层流条件下进行换热。

【例5-6】 列管换热器的列管内径为15mm，长度为2.0m。管内有冷冻盐水流过，其流速为0.4m/s，温度自 −5℃ 升至 15℃。假定管壁的平均温度为 20℃，试计算管壁与流体间的对流传热系数。已知冷冻盐水的物性为 $\rho = 1230 kg/m^3$，$c_p = 2.85 kJ/(kg \cdot ℃)$，$k = 0.57 W/(m \cdot ℃)$，$\mu = 4 \times 10^{-3} Pa \cdot s$；20℃时，$\mu_w = 2.5 \times 10^{-3} Pa \cdot s$。

解 定性温度 $= (-5+15)/2 = 5℃$

则
$$Re = \frac{d_i u_b \rho}{\mu} = \frac{0.015 \times 0.4 \times 1230}{4 \times 10^{-3}} = 1845 \quad (<2300，层流)$$

而
$$Pr = \frac{c_p \mu}{k} = \frac{2.85 \times 10^3 \times 4 \times 10^{-3}}{0.57} = 20$$

$$RePr \frac{d_i}{L} = 1845 \times 20 \times \frac{0.015}{2} = 276.8 \quad (>10)$$

在本题条件下，管径较小，管壁和流体间的温度差也较小，黏度较大，因此自然对流的影响可以忽略，故 α 可用式(5-73a)计算，即

$$\alpha = 1.86 \frac{k}{d_i} \left(RePr \frac{d_i}{L} \right)^{1/3} \left(\frac{\mu}{\mu_w} \right)^{0.14} = 1.86 \times \frac{0.57}{0.015} \times 276.8^{1/3} \times \left(\frac{4 \times 10^{-3}}{2.5 \times 10^{-3}} \right)^{0.14}$$
$$= 492.0 W/(m^2 \cdot ℃)$$

解题关键：掌握西德尔-泰特关联式的形式和适用条件，掌握传热经验关联式的使用方法。

(3)流体在光滑圆形直管中呈过渡流

当 $Re = 2300 \sim 10000$ 时，对流传热系数可先用湍流时的公式计算，然后将算得的结果乘以校正系数 ϕ

$$\phi = 1 - 6 \times 10^5 Re^{-1.8} \tag{5-74}$$

(4)流体在弯管内作强制对流

流体在弯管内流动时，由于受离心力的作用，增大了流体的湍动程度，使对流传热系数较直管内的大，此时可用式(5-75)计算对流传热系数，即

$$\alpha' = \alpha \left(1 + 1.77 \frac{d_i}{R} \right) \tag{5-75}$$

式中，α' 为弯管中的对流传热系数，$W/(m^2 \cdot ℃)$；α 为直管中的对流传热系数，$W/(m^2 \cdot ℃)$；d_i 为管内径，m；R 为管子的弯曲半径，m。

(5)流体在非圆形管内作强制对流

此时，只要将管内径改为当量直径 d_e，则仍可采用上述各关联式。但有些资料中规定某些关联式采用传热当量直径。例如，在套管换热器环形截面内传热当量直径为

$$d'_e = \frac{4 \times \frac{\pi}{4}(d_1^2 - d_2^2)}{\pi d_2} = \frac{d_1^2 - d_2^2}{d_2}$$

式中，d_1、d_2 分别为套管换热器的外管内径和内管外径，m。

传热计算中，究竟采用哪个当量直径，由具体的关联式决定。但无论采用哪个当量直径均为一种近似的算法，而最好采用专用的关联式，例如在套管环隙中用水和空气进行对流传热实验，可得 α 的关联式

$$\alpha = 0.02 \frac{k}{d_e} \left(\frac{d_1}{d_2}\right)^{0.53} Re^{0.8} Pr^{1/3} \tag{5-76}$$

应用范围：$Re = 12000 \sim 220000$，$d_1/d_2 = 1.65 \sim 17$。

特性尺寸：当量直径 d_e。

定性温度：流体进出口温度的算术平均值。

此式亦可用于计算其他流体在套管环隙中作强制湍流时的传热系数。

2. 流体在管外作强制对流

(1)流体在管束外作强制垂直流动

第 1 章在介绍边界层分离时曾指出，流体在单根圆管外作强制垂直流动时，有时会发生边界层分离，此时，管子前半周和后半周的速度分布情况颇不相同，相应的，在圆周表面不同位置处的局部对流传热系数也就不同。但在一般换热器计算中，需要的是沿整个圆周的平均对流传热系数，且在换热器计算中，大量遇到的又是流体横向流过管束的换热器，此时，由于管束之间的相互影响，其流动与换热情况较流体垂直流过单根管外时的对流传热复杂得多，因而对流传热系数的计算大都借助于量纲为 1 数群关联式。通常管子的排列有正三角形、转角正三角形、正方形及转角正方形四种，如图 5-10 所示。

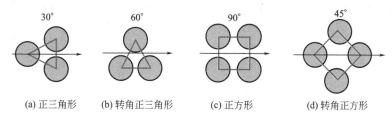

(a) 正三角形　　(b) 转角正三角形　　(c) 正方形　　(d) 转角正方形

图 5-10　管子的排列

流体在管束外流过时，平均对流传热系数可分别用式(5-77)、式(5-78)计算

对于(a)、(d)　　　　　$Nu = 0.33 Re^{0.6} Pr^{0.33}$　　　　　(5-77)

对于(b)、(c)　　　　　$Nu = 0.26 Re^{0.6} Pr^{0.33}$　　　　　(5-78)

应用范围：$Re > 3000$。

特性尺寸：管外径 d_o。

流速：取流体通过每排管子中最狭窄通道处的速度。

定性温度：流体进出口温度的算术平均值。

管束排数应为 10，否则应乘以表 5-5 的系数。

表 5-5　式(5-77)和式(5-78)的校正系数

排数	1	2	3	4	5	6	7	8	9	10	12	15	18	25	35	75
(a),(d)	0.68	0.75	0.83	0.89	0.92	0.95	0.97	0.98	0.99	1.0	1.01	1.02	1.03	1.04	1.05	1.06
(b),(c)	0.64	0.80	0.83	0.90	0.92	0.94	0.96	0.98	0.99	1.00						

【例 5-7】 常压空气在预热器内从 15℃预热至 45℃，预热器由一束长度为 1.5m、直径为 ϕ89mm×3.5mm、正三角形排列的直立钢管组成，空气在管外垂直流过，沿流动方向共有 18 排，每排 20 列管子，行间与列间管子的中心距均为 110mm。空气通过管间最狭窄处的流速为 10m/s。试求管壁对空气的平均对流传热系数。

解 定性温度＝(15+45)/2=30℃。由附录五查得 30℃时空气的物性为 $\rho=1.165\text{kg/m}^3$，$k=2.66×10^{-2}\text{W/(m·℃)}$，$\mu=1.86×10^{-5}\text{Pa·s}$，$Pr=0.701$，则

$$Re=\frac{d_o u_b \rho}{\mu}=\frac{0.089×10×1.165}{1.86×10^{-5}}=5.575×10^4 \quad (>3000)$$

空气流过 10 排正三角形排列管束时的平均对流传热系数可由式(5-77)求得，即

$$\alpha=0.33\frac{k}{d_o}Re^{0.6}Pr^{0.33}=0.33\frac{0.0266}{0.089}×55750^{0.6}×0.701^{0.33}=61.8\text{W/(m}^2\text{·℃)}$$

空气流过 18 排管束时，由表 5-5 查得系数为 1.03，则

$$\alpha'=1.03\alpha=1.03×61.8=63.7\text{W/(m}^2\text{·℃)}$$

 解题要点：根据管子的排数对计算结果进行校正。

(2)流体在换热器的管间流动

对于常用的管壳式换热器，由于壳体是圆筒，管束中各列的管子数目并不相同，而且大都装有折流挡板，使得流体的流向和流速不断地变化，因而在 $Re>100$ 时即可达到湍流。此时对流传热系数的计算，要视具体结构选用相应的计算公式。

管壳式换热器折流挡板的形式较多，如图5-11所示，其中以弓形(圆缺形)挡板最为常见，当换热器内装有圆缺形挡板(缺口面积约为 25%的壳体内截面积)时，壳方流体的对流传热系数关联式如下

① 多诺呼(Donohue)法

$$Nu=0.23Re^{0.6}Pr^{1/3}\varphi_w \tag{5-79}$$

或 $\alpha=0.23\dfrac{k}{d_o}\left(\dfrac{d_o u\rho}{\mu}\right)^{0.6}\left(\dfrac{c_p\mu}{k}\right)^{1/3}\left(\dfrac{\mu}{\mu_w}\right)^{0.14}$ (5-79a)

应用范围：$Re=3\sim2×10^4$。

特性尺寸：管外径 d_o。

定性温度：除 μ_w 取壁温外，均取流体进出口温度的算术平均值。

流速：取换热器中心附近管排中最狭窄通道处的速度。

② 凯恩(Kern)法

$$Nu=0.36Re^{0.55}Pr^{1/3}\varphi_w \tag{5-80}$$

或 $\alpha=0.36\dfrac{k}{d_e'}\left(\dfrac{d_e u\rho}{\mu}\right)^{0.55}\left(\dfrac{c_p\mu}{k}\right)^{1/3}\left(\dfrac{\mu}{\mu_w}\right)^{0.14}$ (5-80a)

应用范围：$Re=2×10^3\sim1×10^6$。

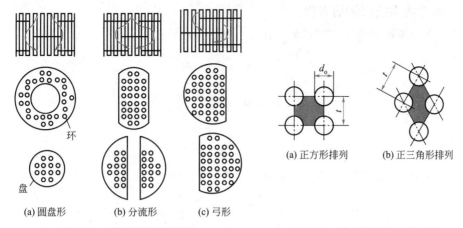

(a) 圆盘形　　　(b) 分流形　　　(c) 弓形

图 5-11　换热器折流挡板　　　　图 5-12　管间当量直径的推导

特性尺寸：传热当量直径 d'_e。

定性温度：除 μ_w 取壁温外，均取流体进出口温度的算术平均值。

传热当量直径 d'_e 可根据图 5-12 所示的管子排列情况分别用不同的公式进行计算。

管子为正方形排列

$$d'_e = \frac{4(t^2 - \frac{\pi}{4}d_o^2)}{\pi d_o} \qquad (5\text{-}81)$$

管子为正三角形排列

$$d'_e = \frac{4\left(\frac{\sqrt{3}}{2}t^2 - \frac{\pi}{4}d_o^2\right)}{\pi d_o} \qquad (5\text{-}82)$$

式中，t 为相邻两管的中心距，m；d_o 为管外径，m。

式(5-80)及式(5-80a)中的流速 u 可根据流体流过管间最大截面积 A 计算，即

$$A = zD\left(1 - \frac{d_o}{t}\right) \qquad (5\text{-}83)$$

式中，z 为两挡板间的距离，m；D 为换热器的外壳内径，m。

式(5-83)中的 φ_w 可近似取值如下：当液体被加热时，$\varphi_w = 1.05$，当液体被冷却时，$\varphi_w = 0.95$；对气体，则无论是被加热还是被冷却，$\varphi_w = 1.0$。这些假设值与实际情况相当接近，一般可不再校核。

此外，若换热器的管间无挡板，则管外流体将沿管束平行流动，此时可采用管内强制对流的公式计算，但需将式中的管内径改为管间的当量直径。

5.4.6　自然对流传热

如前所述，自然对流的发生是由于流体在加热过程中其密度变化引起的浮力所致，因在分析自然对流过程时不能再像强制对流过程那样假定流体的密度为常数，而必须考虑密度随温度的变化。这一情况，使得自然对流过程的运动方程与强制对流有很大的不同，本节首先介绍自然对流过程的运动方程和能量方程，然后列出一些重要的自然对流传热系数关联式，以供设计和计算时参考。

1. 自然对流系统的运动方程

在第 1 章，曾推导出了不可压缩流体的运动方程

$$\rho \frac{Du_x}{D\theta} = \rho X - \frac{\partial p}{\partial x} + \mu \nabla^2 u_x \tag{5-84a}$$

$$\rho \frac{Du_y}{D\theta} = \rho Y - \frac{\partial p}{\partial y} + \mu \nabla^2 u_y \tag{5-84b}$$

$$\rho \frac{Du_z}{D\theta} = \rho Z - \frac{\partial p}{\partial z} + \mu \nabla^2 u_z \tag{5-84c}$$

对于某一静止的流体，若其温度为 $\overline{T}$，则由运动方程可知

$$\frac{\partial p}{\partial x} = \overline{\rho} X \tag{5-85a}$$

$$\frac{\partial p}{\partial y} = \overline{\rho} Y \tag{5-85b}$$

$$\frac{\partial p}{\partial z} = \overline{\rho} Z \tag{5-85c}$$

式中，$\overline{\rho}$ 是在 $\overline{T}$ 和局部压力下的流体密度，此即大家所熟知的流体静力学基本方程。

考察一个平均温度为 $\overline{T}$ 的自然对流系统。由于自然对流完全是由温度的不均匀性引起的，因而流速一般很慢，此时压力变化可近似用式(5-85)表达。

在此假设下，运动方程变为

$$\rho \frac{Du_x}{D\theta} = (\rho - \overline{\rho}) X + \mu \nabla^2 u_x \tag{5-86a}$$

$$\rho \frac{Du_y}{D\theta} = (\rho - \overline{\rho}) Y + \mu \nabla^2 u_y \tag{5-86b}$$

$$\rho \frac{Du_z}{D\theta} = (\rho - \overline{\rho}) Z + \mu \nabla^2 u_z \tag{5-86c}$$

密度差 $\rho - \overline{\rho}$ 可以借助于体积膨胀系数 β 来表示，β 的定义为

$$\beta = \frac{1}{v} \left(\frac{\partial v}{\partial T} \right)_p \tag{5-87}$$

式(5-87)可近似写为

$$\beta = \frac{1}{v} \frac{v - \overline{v}}{T - \overline{T}} \tag{5-88}$$

式中，$\overline{v}$ 为 $\overline{T}$ 温度下流体的比体积，m^3/kg。由于 v 表示单位质量流体的体积，故

$$\rho v = 1 \tag{5-89}$$

及

$$\overline{\rho} \overline{v} = 1 \tag{5-90}$$

将式(5-89)和式(5-90)代入式(5-88)，可得

$$\rho - \overline{\rho} = -\overline{\rho} \beta (T - \overline{T}) \tag{5-91}$$

将式(5-91)代入式(5-86)，可得

$$\rho \frac{Du_x}{D\theta} = -\overline{\rho} X \beta (T - \overline{T}) + \mu \nabla^2 u_x \tag{5-92a}$$

$$\rho \frac{Du_y}{D\theta} = -\overline{\rho} Y \beta (T - \overline{T}) + \mu \nabla^2 u_y \tag{5-92b}$$

$$\rho \frac{Du_z}{D\theta} = -\overline{\rho}Z\beta(T-\overline{T}) + \mu \nabla^2 u_z \tag{5-92c}$$

虽然流体的运动缘于密度的变化，但这种变化却是十分微小的，因而假设流体是不可压缩的，即假设 ρ＝常数，对于自然对流问题也是合理的，鉴于此，将式(5-92)左侧的 ρ 及右侧的 μ 分别代之以 $\overline{\rho}$、$\overline{\mu}$，得

$$\overline{\rho} \frac{Du_x}{D\theta} = -\overline{\rho}X\beta(T-\overline{T}) + \overline{\mu} \nabla^2 u_x \tag{5-93a}$$

$$\overline{\rho} \frac{Du_y}{D\theta} = -\overline{\rho}Y\beta(T-\overline{T}) + \overline{\mu} \nabla^2 u_y \tag{5-93b}$$

$$\overline{\rho} \frac{Du_z}{D\theta} = -\overline{\rho}Z\beta(T-\overline{T}) + \overline{\mu} \nabla^2 u_z \tag{5-93c}$$

式(5-93)即为自然对流系统的运动方程，这是一个近似方程，适用于低流速和小温度变化的自然对流系统。

2. 自然对流系统的能量方程

在低流速下，自然对流系统的能量方程与强制对流相同，即

$$\frac{Dt}{D\theta} = \frac{\overline{k}}{\overline{\rho}c_p} \nabla^2 t \tag{5-94}$$

前已述及，为了求取对流传热系数，一般应首先求解连续性方程和运动方程，得到速度分布，然后将此速度分布代入能量方程并求解，得到温度分布。这实际上是反映了速度分布对温度分布的影响，而对于自然对流系统，由于流体的运动缘于温度的变化，故为求解速度分布，必须知道温度分布，因此自然对流系统的运动方程和能量方程必须联立求解，正是由于这个原因，使得自然对流传热过程的理论分析要较强制层流传热更为困难，除极少数自然对流传热过程可以应用数学分析法获取对流传热系数外，大多数自然对流传热过程的传热系数都是通过量纲分析并结合实验的方法获取的。

自然对流系统的种类有很多，按固体壁面的几何形状可分为垂直平板与垂直圆柱的自然对流、水平平板与水平圆柱的自然对流；按流体所在的空间可分为大空间的自然对流和密闭空间的自然对流；按固体壁面的热状况可分为等温和等热通量的自然对流；按自然对流的性质又可分为单纯自然对流和混合的自然与强制对流，本书仅介绍工程上常见的具有等温表面的自然对流系统，至于其他情况可参阅有关专著。

3. 具有等温表面的自然对流传热系数

在 5.4.4 节中曾经指出，自然对流时的对流传热系数仅与反映流体自然对流状况的 Gr 及 Pr 数有关，即式(5-70)所示

$$Nu = \phi(Gr, Pr)$$

理论分析和实验研究均表明，上述关系式可进一步写为

$$Nu = b(GrPr)^n \tag{5-95}$$

或

$$\alpha = b \frac{k}{l} \left(\frac{\rho^2 g\beta\Delta t l^3}{\mu^2} \frac{c_p \mu}{k} \right)^n \tag{5-95a}$$

Gr 数与 Pr 数之积称为瑞利数(Rayleigh number)，记为 Ra，即

$$Ra = GrPr \tag{5-96}$$

于是

$$Nu = bRa^n \tag{5-97}$$

或
$$\alpha = b \frac{k}{l} Ra^n \tag{5-97a}$$

以上诸式中，量纲为 1 数群中的物性参数按膜平均温度取值，即
$$t_f = (t_w + t_\infty)/2$$
式中，t_w 和 t_∞ 分别为壁面温度和流体主体温度，℃。

Nu 数与 Gr 数中特性尺寸 l 的选取要视问题的具体几何形状而定。

流体沿等温垂直表面进行自然对流时，Nu 与 $GrPr$ 的关系如图 5-13 所示；而沿水平圆柱体作自然对流时的量纲为 1 数群关系则如图 5-14 所示。

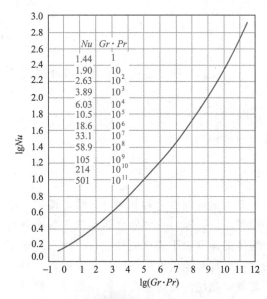

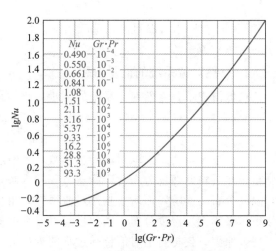

图 5-13 流体沿等温垂直表面作自然对流时的量纲为 1 数群关系　　图 5-14 流体沿水平圆柱体作自然对流时的量纲为 1 数群关系

各种情况下的 b 和 n 值列于表 5-6 中。

表 5-6　对于等温表面，式(5-97)中的 b 和 n 值

几何形状	$Ra = GrPr$	b	n	特性尺寸
垂直平板和垂直圆柱	$10^{-1} \sim 10^4$	查图 5-13	查图 5-13	高度 L
	$10^4 \sim 10^9$	0.59	1/4	
	$10^9 \sim 10^{13}$	0.10	1/3	
水平圆柱	$0 \sim 10^{-5}$	0.40	0	外径 d_o
	$10^{-5} \sim 10^4$	查图 5-14	查图 5-14	
	$10^4 \sim 10^9$	0.53	1/4	
	$10^9 \sim 10^{12}$	0.13	1/3	
平板上表面加热或平板下表面冷却	$2 \times 10^4 \sim 8 \times 10^6$	0.54	1/4	正方形取边长；长方形取两个边长的平均值；圆盘取 $0.9d$
	$8 \times 10^6 \sim 10^{11}$	0.15	1/3	
平板下表面加热或平板上表面冷却	$10^5 \sim 10^{11}$	0.58	1/5	—

【例 5-8】　直径为 0.3m 的水平圆管，表面温度维持 250℃。水平圆管置于室内，环境空气为 15℃，试计算每米管长的自然对流热损失。

解 定性温度 $t_f=(t_w+t_\infty)/2=(250+15)/2=132.5℃$。由附录五查得 132.5℃ 时空气的物性为 $k=0.034\text{W}/(\text{m}\cdot℃)$，$\nu=26.26\times10^{-6}\text{ m}^2/\text{s}$，$Pr=0.687$，$\beta=1/T_f=1/(132.5+273.2)=2.46\times10^{-3}\text{K}^{-1}$，则

$$Ra=GrPr=\frac{g\beta(t_w-t_\infty)d^3}{\nu^2}Pr=\frac{9.81\times2.46\times10^{-3}\times(250-15)\times0.3^3}{(26.26\times10^{-6})^2}\times0.687$$
$$=1.53\times10^8$$

查表 5-6，得 $b=0.53$，$n=1/4$，于是

$$Nu=0.53(Ra)^{1/4}=0.53\times(1.53\times10^8)^{1/4}=58.9$$

$$\alpha=Nu\,\frac{k}{d}=58.9\times\frac{0.034}{0.3}=6.67\text{W}/(\text{m}^2\cdot℃)$$

每米管长的热损失为

$$\frac{Q}{L}=\alpha\pi d(t_w-t_\infty)=6.67\times3.14\times0.3\times(250-15)=1477\text{W}/\text{m}$$

解题要点：自然对流传热是换热器热损失计算中经常涉及的情况。根据换热面的结构形式和布置，选择适宜的关联式参数。

5.4.7 流体有相变时的对流传热系数

以上所述的是无相变的对流传热，另一类是有相变的对流传热，这类问题中又以蒸气冷凝传热和液体沸腾传热最为常见。

1. 蒸气冷凝传热

当蒸气处于比其饱和温度低的环境中时，将发生冷凝现象。

蒸气冷凝主要有膜状冷凝和珠状冷凝两种方式，如图 5-15 所示：若凝液润湿表面，则会形成一层平滑的液膜，此种冷凝称为膜状冷凝；若凝液不润湿表面，则会在表面上杂乱无章地形成小液珠并沿壁面落下，此种冷凝称为珠状冷凝。

在膜状冷凝过程中，固体壁面被液膜所覆盖，此时蒸气的冷凝只能在液膜的表面进行，即蒸气冷凝放出的潜热必须通过液膜后才能传给冷壁面，由于蒸气冷凝时有相的变化，一般热阻很小，因此这层冷凝液膜往往成为膜状冷凝的主要热阻。冷凝液膜在重力作用下沿壁面向下流动时，其厚度不断增加，故壁面越高或水平放置的管径越大，则整个壁面的平均对流传热系数也就越小。

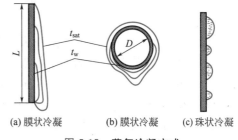

(a) 膜状冷凝　　(b) 膜状冷凝　　(c) 珠状冷凝

图 5-15　蒸气冷凝方式

在珠状冷凝过程中，壁面的大部分面积直接暴露在蒸气中，在这些部位没有液膜阻碍着热流，故珠状冷凝的传热系数可比膜状冷凝高十倍左右。

尽管如此，但是要保持珠状冷凝却是非常困难的。实验表明，即使开始阶段为珠状冷凝，但经过一段时间后，大部分都要变为膜状冷凝。为了保持珠状冷凝，曾采用各种不同的表面涂层和蒸气添加剂，但这些方法至今尚未能在工程上实现，故进行冷凝计算时，通常总是将冷凝视为膜状冷凝。

(1)垂直壁面上膜状冷凝时的对流传热系数

此种情况下的分析可采用努赛尔特首先提出的方法进行。如图 5-16 所示，壁面温度保持为 t_w，液膜外表面处的温度与蒸气饱和温度相同，为 t_{sat}。液膜厚度为 δ_x，其值因凝液不断形成而沿 x 方向逐渐增大，假设在凝液的外表面处，蒸气作用于凝液的黏性剪应力可以忽略不计。当膜内液体流速不大时，可将其视为层流流动。在此情况下，可按二维层流传热问题处理，其连续性方程、运动方程和能量方程为

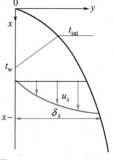

图 5-16　冷凝液膜内的温度分布与速度分布

连续性方程
$$\frac{\partial u_x}{\partial x}+\frac{\partial u_y}{\partial y}=0 \tag{5-98}$$

运动方程

x 方向
$$u_x\frac{\partial u_x}{\partial x}+u_y\frac{\partial u_x}{\partial y}=X-\frac{1}{\rho}\frac{\partial p}{\partial x}+v\left(\frac{\partial^2 u_x}{\partial x^2}+\frac{\partial^2 u_x}{\partial y^2}\right) \tag{5-99}$$

y 方向
$$u_x\frac{\partial u_y}{\partial x}+u_y\frac{\partial u_y}{\partial y}=Y-\frac{1}{\rho}\frac{\partial p}{\partial y}+v\left(\frac{\partial^2 u_y}{\partial x^2}+\frac{\partial^2 u_y}{\partial y^2}\right) \tag{5-100}$$

能量方程
$$u_x\frac{\partial t}{\partial x}+u_y\frac{\partial t}{\partial y}=\alpha^*\left(\frac{\partial^2 t}{\partial x^2}+\frac{\partial^2 t}{\partial y^2}\right) \tag{5-101}$$

为进一步化简，可采用数量级分析的方法。通常 δ_x 较 x 方向上的长度小得多，则

$$u_y\ll u_x,\quad \frac{\partial^2 u_x}{\partial x^2}\ll\frac{\partial^2 u_x}{\partial y^2},\quad \frac{\partial^2 t}{\partial x^2}\ll\frac{\partial^2 t}{\partial y^2}$$

在此基础上，经对式(5-99)、式(5-100)进行数量级比较可知，后者可以略去。另外，在有自由表面存在的情况下，$\frac{\partial p}{\partial x}\approx\rho_v g$，$X=g$；于是式(5-98)、式(5-99)和式(5-101)可写为

$$\frac{\partial u_x}{\partial x}+\frac{\partial u_y}{\partial y}=0 \tag{5-98}$$

$$u_x\frac{\partial u_x}{\partial x}+u_y\frac{\partial u_x}{\partial y}=\left(1-\frac{\rho_v}{\rho}\right)g+v\frac{\partial^2 u_x}{\partial y^2} \tag{5-102}$$

$$u_x\frac{\partial t}{\partial x}+u_y\frac{\partial t}{\partial y}=\alpha^*\frac{\partial^2 t}{\partial y^2} \tag{5-103}$$

努赛尔特认为层流膜状冷凝时，式(5-102)和式(5-103)中描述对流传递的项可以忽略，即在式(5-102)中，当雷诺数小时，左侧表示惯性力的两项比右侧表示黏性力的项要小得多，故可以略去；同样，式(5-103)中，左侧表示对流传热的两项与右侧表示热传导的项相比，也可以忽略。于是该二式又进一步简化为

$$\mu\frac{\partial^2 u_x}{\partial y^2}+(\rho-\rho_v)g=0 \tag{5-104}$$

$$\frac{\partial^2 t}{\partial y^2}=0 \tag{5-105}$$

求解上述两个方程的边界条件为：

① 凝液在壁面上不滑脱，即紧贴壁面处流体的流速为零，故

$$y=0,\quad u_x=0$$

② 蒸气作用于凝液外表面处的剪应力可以忽略不计，故

$$y = \delta_x, \quad \frac{\partial u_x}{\partial y} = 0$$

③ 平板温度保持为 t_w，即

$$y = 0, \quad t = t_w$$

④ 凝液外表面处的温度与蒸气饱和温度相同，即

$$y = \delta_x, \quad t = t_{sat}$$

式(5-104)满足边界条件①、②的解为

$$u_x = \frac{(\rho - \rho_v)g}{\mu} \delta_x^2 \left[\left(\frac{y}{\delta_x} \right) - \frac{1}{2} \left(\frac{y}{\delta_x} \right)^2 \right] \tag{5-106}$$

式(5-105)满足边界条件③、④的解为

$$t = t_w + \frac{t_{sat} - t_w}{\delta_x} y \tag{5-107}$$

在任一 x 位置处，通过垂直于纸面(z 方向)单位宽度下流的凝液质量流率 W_x 为

$$W_x = \int_0^{\delta_x} \rho u_x (1) \mathrm{d}y \tag{5-108}$$

将式(5-106)代入式(5-108)并积分，得

$$W_x = \int_0^{\delta_x} \rho \frac{(\rho - \rho_v)g}{\mu} \delta_x^2 \left[\left(\frac{y}{\delta_x} \right) - \frac{1}{2} \left(\frac{y}{\delta_x} \right)^2 \right] \mathrm{d}y = \frac{\rho(\rho - \rho_v)g\delta_x^3}{3\mu} \tag{5-109}$$

假设由于蒸气在垂直壁面上冷凝的结果，从距顶端 x 到 $x + \mathrm{d}x$ 处，液膜厚度由 δ_x 增至 $(\delta_x + \mathrm{d}\delta_x)$，则凝液质量流率的增量 $\mathrm{d}W_x$ 为

$$\mathrm{d}W_x = \frac{\mathrm{d}}{\mathrm{d}x} \left[\frac{\rho(\rho - \rho_v)g\delta_x^3}{3\mu} \right] \mathrm{d}x = \frac{\rho(\rho - \rho_v)g}{\mu} \delta_x^2 \mathrm{d}\delta_x \tag{5-110}$$

通过上述 $\mathrm{d}x$ 距离及单位宽度壁面的传热速率为

$$\mathrm{d}Q_x = k\,\mathrm{d}x(1) \frac{\partial t}{\partial y}\bigg|_{y=0}$$

或

$$\mathrm{d}Q_x = k\,\mathrm{d}x \frac{t_{sat} - t_w}{\delta_x} \tag{5-111}$$

稳态传热时，蒸气冷凝放出的热量必等于壁面处的传热速率，即

$$k\,\mathrm{d}x \frac{t_{sat} - t_w}{\delta_x} = \frac{\rho(\rho - \rho_v)g}{\mu} \delta_x^2 \mathrm{d}\delta_x \lambda$$

式中，λ 为蒸气在饱和温度下的汽化热，J/kg。对上式积分，得

$$\int_0^{\delta_x} \delta_x^3 \mathrm{d}\delta_x = \frac{k\mu}{\rho(\rho - \rho_v)g\lambda}(t_{sat} - t_w) \int_0^x \mathrm{d}x$$

$$\delta_x = \left[\frac{4\mu k x(t_{sat} - t_w)}{\rho(\rho - \rho_v)g\lambda} \right]^{1/4} \tag{5-112}$$

式(5-112)表明液膜厚度 δ_x 随 $x^{1/4}$ 成正比的增加。

根据对流传热系数的定义可得

$$\frac{Q_x}{S} = \alpha_x \,\mathrm{d}x(1)(t_{sat} - t_w) = k\,\mathrm{d}x(1) \frac{\partial t}{\partial y}\bigg|_{y=0} = k\,\mathrm{d}x \frac{t_{sat} - t_w}{\delta_x}$$

即

$$\alpha_x = \frac{k}{\delta_x} \tag{5-113}$$

将式(5-112)代入式(5-113)，得

$$\alpha_x = \left[\frac{\rho(\rho - \rho_v)g\lambda k^3}{4\mu x(t_{sat} - t_w)}\right]^{1/4} \tag{5-114}$$

或

$$Nu_x = \frac{\alpha_x x}{k} = \left[\frac{\rho(\rho - \rho_v)g\lambda x^3}{4\mu k(t_{sat} - t_w)}\right]^{1/4} \tag{5-114a}$$

沿整个垂直板面的平均对流传热系数为

$$\alpha_m = \frac{1}{L}\int_0^L \alpha_x \, \mathrm{d}x = 0.943\left[\frac{\rho(\rho - \rho_v)g\lambda k^3}{\mu L(t_{sat} - t_w)}\right]^{1/4} \tag{5-115}$$

或

$$Nu_m = \frac{\alpha_m L}{k} = 0.943\left[\frac{\rho(\rho - \rho_v)g\lambda L^3}{\mu k(t_{sat} - t_w)}\right]^{1/4} \tag{5-115a}$$

以上诸式中，特性尺寸取垂直管或板的高度；定性温度除汽化热取其饱和温度 t_{sat} 下的值外，其余物性均取液膜平均温度 $(t_{sat} + t_w)/2$ 下的值。

式(5-115)式(5-115a)适用于膜内液体为层流，温度分布为直线的垂直平板或垂直管内外冷凝时对流传热系数的求算。但实际上，在雷诺数低至 30 或 40 时，液膜即出现了波动，而使实际的值较理论值为高，由于此种现象非常普遍，麦克亚当斯(McAdams)建议在工程设计时，应将计算结果提高 20%，即

$$\alpha_m = 1.13\left[\frac{\rho(\rho - \rho_v)g\lambda k^3}{\mu L(t_{sat} - t_w)}\right]^{1/4} \tag{5-116}$$

罗森奥(Rohsenow)考虑了液膜内非线性的温度分布，并认为凝液可能冷却到饱和温度以下，为此，他建议用 λ' 代替上式中的 λ，即

$$\lambda' = \lambda + 0.68c_p(t_{sat} - t_w) \tag{5-117}$$

式中，c_p 为液体的定压质量热容，J/(kg·℃)。

若用于蒸气冷凝的平板或管足够高，或冷凝液流率足够大，则液膜内就可能呈现湍流状态，这种湍流状态将导致较高的传热速率。凝液膜的流型，可采用液膜雷诺数 Re_f 判断，它是根据液膜的特点取当量直径为特征长度的雷诺数，即

$$Re_f = \frac{d_e u_b \rho}{\mu} \tag{5-118}$$

式中，d_e 为当量直径，m；u_b 为凝液的平均流速，m/s。

若以 A 表示凝液的流通面积，P 表示润湿周边长度，w 表示凝液的质量流率，则有

$$Re_f = \frac{4\frac{A}{P}\frac{w}{\rho A}\rho}{\mu} = \frac{4w}{P\mu} \tag{5-119}$$

令 Γ 表示单位长度润湿周边上的凝液质量流率，即

$$\Gamma = \frac{w}{P} \tag{5-120}$$

则

$$Re_f = \frac{4\Gamma}{\mu} \tag{5-121}$$

液膜雷诺数 Re_f、凝液质量流率 w、传热速率 Q 及对流传热系数 α_m 之间的关系如下

$$Q = \alpha_m S(t_{sat} - t_w) = w\lambda \tag{5-122}$$

$$w = \frac{Q}{\lambda} = \frac{\alpha_m S(t_{sat} - t_w)}{\lambda} \tag{5-123}$$

将式(5-123)代入式(5-119)，可得

$$Re_f = \frac{4\alpha_m S(t_{sat} - t_w)}{\lambda P \mu} \tag{5-124}$$

式中，S 为传热面积，等于板或管的垂直高度 L 与润湿周边长 P 的积，即 $S = LP$。于是

$$Re_f = \frac{4\alpha_m L(t_{sat} - t_w)}{\lambda \mu} \tag{5-125}$$

当 $Re_f < 1800$ 时，液膜为层流状态，但事实上，当 $Re_f = 30 \sim 40$ 时，液膜已出现波动，此时，建议采用式(5-116)计算 α_m。

当 $Re_f > 1800$ 时，液膜呈现湍流流动，此时热量的传递除了靠近壁面的极薄的层流内层仍依靠导热方式外，层流内层以外以湍流传递为主，传热速率较层流时大为增强，在此情况下，式(5-116)不再适用，此时可应用柯克柏瑞德(Kirkbride)的经验公式计算 α_m，即

$$\alpha_m = 0.0076k \left[\frac{\rho(\rho - \rho_v)g}{\mu^2} \right]^{1/3} Re_f^{0.4} \tag{5-126}$$

式中的定性温度仍取液膜的平均温度。

【例 5-9】 饱和温度为 100℃ 的水蒸气在长为 3m，外径为 0.05m 的单根直立圆管表面上冷凝，管外壁平均温度为 90℃，试求蒸汽冷凝时的平均对流传热系数。

解 定性温度 $= (t_{sat} + t_w)/2 = (100 + 90)/2 = 95℃$。由附录六查得 95℃ 时水的物性为 $\rho = 961.9 \text{kg/m}^3$，$\mu = 0.3 \times 10^{-3} \text{Pa} \cdot \text{s}$，$k = 0.68 \text{W/(m} \cdot ℃)$。由附录八查得 100℃ 时饱和蒸汽的物性为 $\lambda = 2258 \text{kJ/kg}$，$\rho_v = 0.597 \text{kg/m}^3$。

对于此类问题，由于流型未知，故需试差求解。首先假定冷凝液膜为层流，由式(5-116)得

$$
\begin{aligned}
\alpha_m &= 1.13 \left[\frac{\rho(\rho - \rho_v)g\lambda k^3}{\mu L(t_{sat} - t_w)} \right]^{1/4} \\
&= 1.13 \times \left[\frac{961.9 \times (961.9 - 0.597) \times 9.81 \times 2258 \times 10^3 \times 0.68^3}{0.3 \times 10^{-3} \times 3 \times (100 - 90)} \right]^{1/4} \\
&= 5844 \text{W/(m}^2 \cdot ℃)
\end{aligned}
$$

核算冷凝液流型： 由对流传热速率方程计算传热速率，即

$$Q = \alpha_m S(t_{sat} - t_w) = 5844 \times 3 \times 3.14 \times 0.05 \times (100 - 90) = 2.754 \times 10^4 \text{W}$$

冷凝液的质量流率为

$$w = \frac{Q}{\lambda} = \frac{27540}{2258 \times 10^3} = 0.0122 \text{kg/s}$$

单位长度润湿周边上的凝液质量流率为

$$\Gamma = \frac{w}{P} = \frac{w}{\pi d_o} = \frac{0.0122}{3.14 \times 0.05} = 0.0776 \text{kg/(m} \cdot \text{s})$$

则

$$Re_f = \frac{4\Gamma}{\mu} = \frac{4 \times 0.0776}{0.3 \times 10^{-3}} = 1035 < 1800$$

故假定冷凝液膜为层流是正确的，$\alpha_m = 5844 \text{W/(m}^2 \cdot ℃)$ 即为所求。

> 计算冷凝传热系数，首先需要确定流型。而确定流型需要冷凝液的流量和冷凝速率。因此又要求冷凝传热系数为已知。故本例需要采用试差法。
>
> 同时通过本例进一步理解换热面润湿周边的概念。

(2)水平管外膜状冷凝时的对流传热系数

对于单根水平管外的层流膜状冷凝,努赛尔特曾经获得下述关联式

$$\alpha_{\mathrm{m}} = 0.725 \left[\frac{\rho(\rho - \rho_{\mathrm{v}}) g \lambda k^3}{\mu d_{\mathrm{o}} (t_{\mathrm{sat}} - t_{\mathrm{w}})} \right]^{1/4} \tag{5-127}$$

式中,d_{o} 为管的外径,m。

由式(5-127)可以看出,在其他条件相同时,水平管外膜状冷凝时的对流传热系数与垂直管外膜状冷凝时的对流传热系数之比为

$$\frac{\alpha_{\text{水平}}}{\alpha_{\text{垂直}}} = 0.64 \left(\frac{L}{d_{\mathrm{o}}} \right)^{1/4}$$

对于 $L = 2.0 \mathrm{m}$,$d_{\mathrm{o}} = 25 \mathrm{mm}$ 的圆管,水平放置时的对流传热系数约为垂直放置时的两倍,故冷凝器通常都采用水平放置。

对于水平管束,若垂直列上的管数为 n,则冷凝传热系数仍可按式(5-127)计算,但式中的 d_{o} 需以 nd_{o} 代替,即

$$\alpha_{\mathrm{m}} = 0.725 \left[\frac{\rho(\rho - \rho_{\mathrm{v}}) g \lambda k^3}{\mu n d_{\mathrm{o}} (t_{\mathrm{sat}} - t_{\mathrm{w}})} \right]^{1/4} \tag{5-128}$$

在列管冷凝器中,若管束由互相平行的 z 列管子所组成,一般各列管子在垂直方向上的排数不相等,设分别为 $n_1, n_2, \cdots, n_z$,则平均的管排数可按下式计算

$$n_{\mathrm{m}} = \left(\frac{n_1 + n_2 + \cdots + n_z}{n_1^{0.75} + n_2^{0.75} + \cdots + n_z^{0.75}} \right)^4 \tag{5-129}$$

应予指出,若蒸气中含有空气或其他不凝性气体,则壁面可能为气体(热导率很小)层所遮盖而增加一层附加热阻,使对流传热系数急剧下降。故在冷凝器的设计和操作中,必须考虑排除不凝气。

【例 5-10】 常压甲醇蒸气在一卧式冷凝器中于饱和温度下全部冷凝成液体。冷凝器从上到下平均有四排 $\phi 19 \mathrm{mm} \times 2.0 \mathrm{mm}$ 的钢管,管内通冷却水,甲醇蒸气在管外冷凝。蒸气饱和温度为 $65 ℃$,汽化热为 $1120 \mathrm{kJ/kg}$,管壁的平均温度为 $45 ℃$。试求:(1)第一排水平管上的蒸气冷凝传热系数。(2)水平管束的平均对流传热系数。

解 定性温度 $= (t_{\mathrm{sat}} + t_{\mathrm{w}})/2 = (65 + 45)/2 = 55 ℃$。在此温度下液体甲醇的物性为 $\rho = 760 \mathrm{kg/m^3}$,$\mu = 0.376 \times 10^{-3} \mathrm{Pa \cdot s}$,$k = 0.2 \mathrm{W/(m \cdot ℃)}$,甲醇饱和蒸气的密度为

$$\rho_{\mathrm{v}} = \frac{pM}{RT} = \frac{101.3 \times 32}{8.314 \times (273 + 65)} = 1.15 \mathrm{kg/m^3}$$

(1)第一排管的蒸气冷凝传热系数由式(5-127)可知

$$\begin{aligned}
\alpha_{\mathrm{m}} &= 0.725 \left[\frac{\rho(\rho - \rho_{\mathrm{v}}) g \lambda k^3}{\mu d_{\mathrm{o}} (t_{\mathrm{sat}} - t_{\mathrm{w}})} \right]^{1/4} \\
&= 0.725 \times \left[\frac{760 \times (760 - 1.15) \times 9.81 \times 1120 \times 10^3 \times 0.2^3}{0.376 \times 10^{-3} \times 0.019 \times (65 - 45)} \right]^{1/4} \\
&= 3147 \mathrm{W/(m^2 \cdot ℃)}
\end{aligned}$$

(2)水平管束的平均管排数 $n = 4$,其他条件不变,则

$$\alpha_{\mathrm{m}} = 3147 \times \left(\frac{1}{4} \right)^{1/4} = 2225 \mathrm{W/(m^2 \cdot ℃)}$$

水平管束的平均对流传热系数较小，这是因为冷凝液从上排管落到下排管上，使冷凝液膜逐渐加厚，故管的排数越多，平均对流传热系数越小。

(3)倾斜表面膜状冷凝时的对流传热系数

如果平板或圆柱与水平面的倾斜角为 ϕ，则对于层流流动，仍可采用上述公式，但需将代表重力项的 g 用平行于换热面方向上的分量 g' 来代替，即

$$g' = g\sin\phi \tag{5-130}$$

2. 液体沸腾传热

所谓液体沸腾是指在液体的对流传热过程中，伴有由液相变为气相，即在液相内部产生气泡或气膜的过程。

工业上的液体沸腾主要有两种：其一是将加热表面浸入液体的自由表面之下，液体在壁面受热沸腾，此时，液体的运动仅缘于自然对流和气泡的扰动，称为池内沸腾；其二是液体在管内流动过程中于管内壁发生的沸腾，称为流动沸腾或强制对流沸腾，亦称管内沸腾，此时液体的流速对传热速率有强烈的影响，而且在加热表面上产生的气泡不能自由上升并被迫与液体一起流动，从而出现复杂的气-液两相流动状态，其传热机理要较池内沸腾复杂得多。

无论是池内沸腾还是强制对流沸腾，均可分为过冷沸腾和饱和沸腾。若液体温度低于其饱和温度，而加热壁面的温度又高于其饱和温度，则尽管在加热表面上也会产生气泡，但产生的气泡或在尚未离开壁面，或者在脱离壁面后又于液体中迅速冷凝，此种沸腾称为过冷沸腾；反之，若液体温度维持其饱和温度，则此类沸腾称为饱和沸腾或整体沸腾。

本节主要讨论池内饱和沸腾，至于管内沸腾，将在蒸发一章中作简单介绍，更详细的内容请参阅有关专著。

(1)液体沸腾曲线

池内沸腾时，热通量的大小取决于加热壁面温度与液体饱和温度之差 $\Delta t = t_w - t_{sat}$，图 5-17 示出了常压下水在池内沸腾时的热通量 Q/S、对流传热系数 α 与 Δt 之间的关系曲线。

AB 段为自然对流区。此时加热壁面的温度与周围液体的温度差较小（$\leqslant 5℃$），加热壁面上的液体轻微过热，使液体内产生自然对流，但没有气泡从液体中逸出液面，而仅在液体表面发生汽化蒸发，故 Q/S 和 α 均较低。

BC 段为泡核沸腾或泡状沸腾区。随着 Δt 的逐渐升高（$\Delta t = 5 \sim 25℃$），气泡将在加热壁面的某些区域生成，其生成频率随 Δt 上升而增加，且不断离开壁面上升至液体表面而逸出致使液体受到剧烈的扰动，因此 Q/S 和 α 均急剧增大。

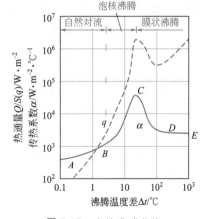

图 5-17 水的沸腾曲线

CD 段为过渡区。随着 Δt 的进一步升高（$\Delta t > 25℃$），气泡产生的速度进一步加快，而使部分加热面被气膜覆盖，气膜的附加热阻使 Q/S 和 α 均急剧减小，但此时仍有部分加热面维持泡核沸腾状态，故此区域称为不稳定膜状沸腾或部分泡核沸腾。

DE 段为膜状沸腾区。当达到 D 点时，在加热面上形成的气泡全部连成一片，加热面全部被气膜所覆盖，并开始形成稳定的气膜。此后，随 Δt 的进一步增加，α 基本不变，但由于辐射传热的影响，Q/S 又有上升。

由泡核沸腾向不稳定膜状沸腾过渡的转折点 C 称为临界点。临界点处的温度差、沸腾传热系数和热通量称为临界温度差 Δt_c、临界沸腾传热系数 α_c 和临界热通量 $(Q/S)_c$，由于泡核沸腾时可获得较高的对流传热系数和热通量，故工程上总是设法控制在泡核沸腾下操作，因此确定不同液体在临界点处的参数值具有实际意义。

其他液体在不同压力下的沸腾曲线与水类似，仅临界点的数值不同而已。

(2) 液体沸腾传热的影响因素

① 液体性质的影响 通常，凡是有利于气泡生成和脱离的因素均有助于强化沸腾传热。一般而言，α 随 k、ρ 的增加而加大，而随 μ 和 σ 的增加而减小。

② 温度差 Δt 的影响 温度差 Δt 是控制沸腾传热过程的重要参数。一定条件下，多种液体进行泡核沸腾传热时的对流传热系数与 Δt 的关系可用式(5-131)表达，即

$$\alpha = b(\Delta t)^n \tag{5-131}$$

式中，b 和 n 的值随液体种类和沸腾条件而异，由实验数据关联而定。

③ 操作压力的影响 提高沸腾操作的压力相当于提高液体的饱和温度，使液体的表面张力和黏度均下降，有利于气泡的生成和脱离。故在相同的 Δt 下提高沸腾操作的压力，将使 α 和 Q/S 相应增加。

④ 加热壁面的影响 加热壁面的材质和粗糙度对沸腾传热有重要影响。清洁的加热壁面 α 较高，而当壁面被油脂沾污后，因油脂的导热性能较差，会使 α 急剧下降；壁面越粗糙，气泡核心越多，越有利于沸腾传热，此外，加热壁面的布置情况，也对沸腾传热有明显的影响。

(3) 沸腾传热系数的计算

由于沸腾传热的机理十分复杂，目前还没有适当的分析解可以描述整个沸腾传热过程，故其传热系数的计算仍主要借助于经验公式。下面推荐两个工业计算中常用的泡核沸腾传热系数的计算式。

① 罗森奥(Rohsenow)公式

$$\frac{c_{pL}\Delta t}{\lambda Pr^n} = C_{sf}\left[\frac{Q/S}{\mu_L \lambda}\sqrt{\frac{\sigma}{g(\rho_L - \rho_v)}}\right]^{1/3} \tag{5-132}$$

式中，Q 为沸腾传热速率，W；S 为沸腾传热面积，m^2；c_{pL} 为饱和液体的定压质量热容，$J/(kg \cdot ℃)$；Δt 为壁面温度与液体饱和温度之差，℃，$\Delta t = t_w - t_{sat}$；λ 为汽化热，J/kg；Pr 为饱和液体的普朗特数；μ_L 为饱和液体的黏度，$Pa \cdot s$；σ 为气-液界面的表面张力，N/m，可查阅相关手册；g 为重力加速度，$9.81m/s^2$；ρ_L 为饱和液体的密度，kg/m^3；ρ_v 为饱和蒸气的密度，kg/m^3；n 为常数，对于水，$n = 1.0$，对于其他液体，$n = 1.7$；C_{sf} 为由实验数据确定的组合常数，其值可由表 5-7 查得。

由式(5-132)求得 Q/S 后，即可由式(5-43)求得 α。

② 莫斯听斯基(Mostinski)公式

$$\alpha = 1.163\left[0.10\left(\frac{p_c}{9.81 \times 10^4}\right)^{0.69}(1.8R^{0.17} + 4R^{1.2} + 10R^{10})\right]^{3.33}(\Delta t)^{2.33} \tag{5-133}$$

将 $\Delta t = \dfrac{Q/S}{\alpha}$ 代入上式并整理可得

表 5-7　不同液体-加热壁面的组合常数 C_{sf}

液体-加热壁面	C_{sf}	液体-加热壁面	C_{sf}
水-铜	0.013	水-研磨和抛光的不锈钢	0.0080
水-黄铜	0.006	水-化学处理的不锈钢	0.0133
水-金刚砂抛光的铜	0.0128	水-机械磨制的不锈钢	0.0132
35%K_2CO_3-铜	0.0054	苯-铬	0.010
50%K_2CO_3-铜	0.0030	正戊烷-铬	0.015
异丙醇-铜	0.00225	乙醇-铬	0.027
正丁醇-铜	0.00305	水-镍	0.006
四氯化碳-铜	0.013	水-铂	0.013

$$\alpha=0.105\left[0.10\left(\frac{p_c}{9.81\times10^4}\right)^{0.69}(1.8R^{0.17}+4R^{1.2}+10R^{10})\right](Q/S)^{0.7} \quad (5\text{-}133a)$$

式中，p_c 为临界压力，Pa；$R=\dfrac{p}{p_c}$ 为对比压力；p 为操作压力，Pa。

式（5-133）的应用条件为：$p_c>3000$kPa，$R=0.01\sim0.9$，$Q/S<(Q/S)_c$（临界热通量）。

临界热通量 $(Q/S)_c$ 可按下式估算，即

$$(Q/S)_c=0.38p_cR^{0.35}(1-R)^{0.9}\pi D_i L/S_o \quad (5\text{-}134)$$

式中，D_i 为管束的直径，m；L 为管长，m；S_o 为管外壁总传热面积，m^2。

【例 5-11】　101.3kPa 的水在机械磨制的不锈钢表面上作饱和沸腾，不锈钢表面维持 114℃，试求对流传热系数 α。已知操作温度下气-液界面的表面张力 $\sigma=0.06$N/m。

解　液体的最大过热度（在加热壁面上）为 $\Delta t=114-100=14$℃，由图 5-17 可知，沸腾在泡核沸腾区。

对于水-机械磨制的不锈钢表面，由表 5-7 查得 $C_{sf}=0.0132$，由附录六、八查得 101.3kPa 下饱和水及水蒸气的有关物性为 $c_{pL}=4.22$kJ/(kg·℃)，$\rho_L=958.4$kg/m^3，$\lambda=2258.4$kJ/kg，$\rho_v=0.597$kg/m^3，$Pr=1.76$，$\mu_L=28.38\times10^{-5}$Pa·s，$n=1.0$。将以上数值代入式（5-132），得

$$\frac{4.22\times10^3\times14}{2258.4\times10^3\times1.76}=0.0132\left[\frac{Q/S}{28.38\times10^{-5}\times2258.4\times10^3}\times\sqrt{\frac{0.06}{9.81\times(958.4-0.597)}}\right]^{1/3}$$

解得

$$Q/S=3.621\times10^5\ \text{W}/m^2$$

$$\alpha=\frac{Q/S}{\Delta t}=\frac{3.621\times10^5}{14}=2.587\times10^4\ \text{W}/(m^2\cdot℃)$$

除上述关联式外，尚有许多求算 α 的关联式，可通过查阅传热手册或专著得到，但选用时一定要注意公式的应用条件和适用范围，否则计算结果的误差很大。

5.5　辐射传热

5.5.1　基本概念和定律

物体以电磁波方式传递能量的过程称为辐射，被传递的能量称为辐射能。物体可由不同

的原因产生电磁波辐射，其中因热的原因引起的电磁波辐射，即是热辐射。热辐射的机理可定性地描述如下：当向一固体供给能量时，其中的某些分子和原子被提升到"激发态"，而原子或分子有自发地回到低能态的趋势。此时，能量就以电磁波辐射的形式发射出来。

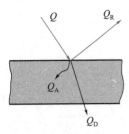

图 5-18　辐射能的吸收、
反射和透过

热辐射和光辐射的本质完全相同，所不同的仅仅是波长的范围。理论上热辐射的电磁波波长的范围从 0 到 ∞，但是在工业上所遇到的温度范围内，即 2000K 以下，具有实际意义的波长范围为 $0.4\sim20\mu m$，这包括波长范围为 $0.4\sim0.8\mu m$ 的可见光线和波长范围为 $0.8\sim20\mu m$ 的红外光线，二者统称为热射线，不过后者对热辐射起决定作用，而前者只有在很高的温度下其作用才明显。

热射线和可见光线一样，都服从反射和折射定律，在均匀介质中作直线传播，在真空和大多数气体中可以完全透过，但不能透过工业上常见的大多数固体或液体。

如图 5-18 所示，假设投射在某一物体上的总辐射能量为 Q，其中有一部分能量 Q_A 被吸收，一部分能量 Q_R 被反射，另一部分能量 Q_D 透过物体。根据能量守恒定律，可得

$$Q_A + Q_R + Q_D = Q \tag{5-135}$$

即

$$\frac{Q_A}{Q} + \frac{Q_R}{Q} + \frac{Q_D}{Q} = 1 \tag{5-135a}$$

或

$$A + R + D = 1 \tag{5-135b}$$

式中，$A = \dfrac{Q_A}{Q}$ 为物体的吸收率，量纲为 1；$R = \dfrac{Q_R}{Q}$ 为物体的反射率，量纲为 1；$D = \dfrac{Q_D}{Q}$ 为物体的透过率，量纲为 1。

1. 黑体、镜体、透热体和灰体

能全部吸收辐射能的物体，即 $A=1$ 的物体，称为黑体或绝对黑体。能全部反射辐射能的物体，即 $R=1$ 的物体，称为镜体或绝对白体。能透过全部辐射能的物体，即 $D=1$ 的物体，称为透热体，一般单原子气体和对称的双原子气体（如 He、O_2、N_2 和 H_2 等）均可视为透热体。黑体和镜体都是理想物体，实际上并不存在。但是某些物体，如无光泽的黑漆表面，其吸收率约为 0.97，接近于黑体；磨光的金属表面的反射率约等于 0.97，接近于镜体，引入黑体等的概念，只是作为实际物体的比较标准，以简化辐射传热的计算。

物体的吸收率 A、反射率 R 和透过率 D 的大小取决于物体的性质、表面状况及辐射线的波长等。一般而言，固体和液体都是不透热体，即 $D=0$，故 $A+R=1$。气体则不同，其反射率 $R=0$，故 $A+D=1$。某些气体只能部分地吸收一定波长范围的辐射能。

能够以相等的吸收率吸收所有波长辐射能的物体，称为灰体。灰体也是理想物体，但是大多数工业上常见的固体材料在工程常见的温度范围（$\leqslant$2000K）内均可视为灰体。灰体有如下特点：①灰体的吸收率 A 与辐射线的波长无关；②灰体是不透热体，即 $A+R=1$。

2. 物体的辐射能力 E

物体在一定温度下，单位表面积、单位时间内所发射的全部波长的辐射能，称为该物体在该温度下的辐射能力，以 E 表示，单位为 W/m^2。因此，辐射能力表征物体发射辐射能的本领。在相同条件下，物体发射特定波长的能力，称为单色辐射能力，用 E_Λ 表示。其定义为辐射能力随波长的变化率，即

$$E_\Lambda = \frac{dE}{d\Lambda} \tag{5-136}$$

式中，Λ 为波长，m 或 μm；E_Λ 为单色辐射能力，W/m^3。

若用下标 b 表示黑体，则黑体辐射能力和单色辐射能力分别用 E_b 和 $E_{b\Lambda}$ 表示，于是

$$E_b = \int_0^\infty E_{b\Lambda} \mathrm{d}\Lambda \tag{5-137}$$

（1）普朗克（planck）定律

普朗克定律揭示了黑体的单色辐射能力 $E_{b\Lambda}$ 随波长变化的规律，其表达式为

$$E_{b\Lambda} = \frac{C_1 \Lambda^{-5}}{\mathrm{e}^{C_2/\Lambda T} - 1} \tag{5-138}$$

式中，$E_{b\Lambda}$ 为黑体的单色辐射能力，$\mathrm{W/m^3}$；T 为黑体的热力学温度，K；Λ 为辐射线波长，m；e 为自然对数的底数；C_1 为常数，其值为 $3.743 \times 10^{-16}\,\mathrm{W \cdot m^2}$；$C_2$ 为常数，其值为 $1.4387 \times 10^{-2}\,\mathrm{m \cdot K}$。

式（5-138）称为普朗克定律，图 5-19 为由该式得到的 $E_{b\Lambda}$ 随波长 Λ 的变化曲线。

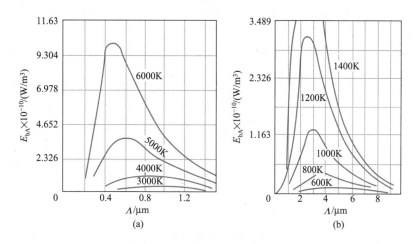

图 5-19　黑体的单色辐射能力随温度及波长的分布规律曲线

由图可见，每一温度均有一条能量分布曲线，在指定的温度下，黑体辐射各种波长的能量是不同的。当温度不太高时，辐射能主要集中在波长为 $0.8 \sim 10\,\mu m$ 的范围内。

（2）斯蒂芬（Stefan）-玻尔兹曼（Boltzman）定律

斯蒂芬-玻尔兹曼定律揭示了黑体的辐射能力与其表面温度的关系，将式（5-138）代入式（5-137）并积分，得

$$E_b = \sigma_0 T^4 = C_0 \left(\frac{T}{100}\right)^4 \tag{5-139}$$

式中，E_b 为黑体的辐射能力，$\mathrm{W/m^2}$；σ_0 为黑体的辐射常数，其值为 $5.67 \times 10^{-8}\,\mathrm{W/(m^2 \cdot K^4)}$；$C_0$ 为黑体的辐射系数，其值为 $5.67\,\mathrm{W/(m^2 \cdot K^4)}$。

式（5-139）即为斯蒂芬-玻尔兹曼定律，它表明黑体的辐射能力与其表面温度的四次方成正比。

（3）克希霍夫（Klchhoff）定律

克希霍夫定律揭示了物体的辐射能力 E 与吸收率 A 之间的关系。

如图 5-20 所示，设有两块相距很近的平行平板，一块板上的辐射能可以全部投射到另一块板上。若板 1 为实际物

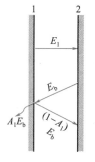

图 5-20　黑体与灰体间的辐射传热

体(灰体),其辐射能力、吸收率和表面温度分别为 E_1、A_1 和 T_1；板 2 为黑体,其辐射能力、吸收率和表面温度分别为 $E_2(=E_b)$、$A_2(=1)$ 和 T_2,设 $T_1 > T_2$,两板中间介质为透热体,系统与外界绝热,以单位时间、单位平板面积为基准。由于板 2 为黑体,板 1 发射出的 E_1 能被板 2 全部吸收,由板 2 发射的 $E_2(=E_b)$ 被板 1 吸收了 $A_1 E_b$,余下的 $(1-A_1)E_b$ 被反射至板 2,并被全部吸收,故对板 1 来说,辐射传热的结果为

$$\frac{Q}{S} = E_1 - A_1 E_b$$

式中,$\frac{Q}{S}$ 为两板间辐射传热的热通量,W/m^2。

当两板达到热平衡,即 $T_1 = T_2$ 时,$Q/S = 0$,故

$$E_1 = A_1 E_b \quad 或 \quad E_1/A_1 = E_b$$

因板 1 可以用任何板来代替,故上式可写为

$$E_1/A_1 = E_2/A_2 \cdots = E/A = E_b = f(T) \tag{5-140}$$

式(5-140)称为克希霍夫定律,它表明任何物体(灰体)的辐射能力与吸收率的比值恒等于同温度下黑体的辐射能力,即仅和物体的热力学温度有关。

将式(5-139)代入式(5-140),得

$$E = AC_0\left(\frac{T}{100}\right)^4 = C\left(\frac{T}{100}\right)^4 \tag{5-141}$$

式中,C 为灰体的辐射系数($=AC_0$),$W/(m^2 \cdot K^4)$。

对于实际物体,因 $A < 1$,故 $C < C_0$。由此可见,在任一温度下,黑体的辐射能力最大,对于其他物体而言,物体的吸收率愈大,其辐射能力也愈大。换言之,善于辐射的物体必善于吸收,反之亦然。

在同一温度下,灰体的辐射能力与黑体的辐射能力之比,定义为灰体的黑度,亦称为灰体的发射率,用 ε 表示,即

$$\varepsilon = \frac{E}{E_b} \tag{5-142}$$

比较式(5-140)和式(5-142)可知,$A = \varepsilon$,即在同一温度下,灰体的吸收率和黑度在数值上是相等的,于是

$$E = \varepsilon C_0\left(\frac{T}{100}\right)^4 = C\left(\frac{T}{100}\right)^4 \tag{5-143}$$

显然,只要知道灰体的黑度 ε,便可由式(5-143)求得该灰体的辐射能力。

黑度 ε 和物体的性质、温度及表面情况(如表面粗糙度及氧化程度)有关,一般由实验测定,常用工业材料的黑度列于表 5-8 中。

表 5-8 常用工业材料的黑度

材料	温度/℃	黑度 ε	材料	温度/℃	黑度 ε
红砖	20	0.93	铝(磨光的)	225~575	0.039~0.057
耐火砖	—	0.8~0.9	铜(氧化的)	200~600	0.57~0.87
钢板(氧化的)	200~600	0.8	铜(磨光的)	—	0.03
钢板(磨光的)	940~1100	0.55~0.61	铸铁(氧化的)	200~600	0.64~0.78
铝(氧化的)	200~600	0.11~0.19	铸铁(磨光的)	330~910	0.6~0.7

5.5.2 两固体间的辐射传热

化学工业中经常遇到两固体间的辐射传热，而这类固体，在热辐射中大都可视为灰体。在两灰体间的辐射传热中，相互进行着辐射能的多次被吸收和多次被反射的过程，因而较黑体与灰体间的辐射传热过程要复杂得多。在计算灰体间的辐射传热时，必须考虑它们的吸收率和反射率、形状和大小以及相互间的位置和距离等因素的影响。

两灰体间辐射传热的结果，是高温物体向低温物体传递了能量。现以两个面积很大且相互平行的灰体平板为例，推导灰体间辐射传热的计算式。

如图 5-21 所示，相互平行的两平板 1 和 2，彼此之间相当接近，从每一板发出的辐射能可以认为全部投射在另一板上，两板的温度、辐射能力、吸收率和黑度分别为 T_1、E_1、A_1、$\varepsilon_1(A_1=\varepsilon_1)$ 和 T_2、E_2、A_2、$\varepsilon_2(A_2=\varepsilon_2)$，且 $T_1 > T_2$。

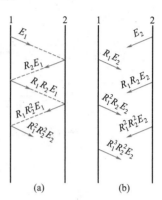

图 5-21 两平行灰体平板间的辐射传热

假设从板 1 发射出辐射能 E_1，被板 2 吸收了 A_2E_1，其余部分 R_2E_1 或 $(1-A_2)E_1$ 被反射到板 1，这部分辐射能 R_2E_1 又被板 1 吸收和反射，如此无穷往复进行，直至 E_1 被完全吸收为止。从板 2 发出的辐射能 E_2，也经历反复吸收和反射的过程，如图 5-21(a) 和 (b) 所示。由于辐射能以光速传播，因此上述反复进行的反射和吸收过程均是在瞬间内完成的。

两平板间单位时间、单位面积上净的辐射传热量即为两板间辐射的总能量之差，即

$$(Q/S)_{1-2} = E_1A_2(1+R_1R_2+R_1^2R_2^2+\cdots) - E_2A_1(1+R_1R_2+R_1^2R_2^2+\cdots)$$

式中，$(Q/S)_{1-2}$ 为由板 1 向板 2 传递的净的辐射传热通量，W/m^2；$1+R_1R_2+R_1^2R_2^2+\cdots$ 为无穷级数，等于 $1/(1-R_1R_2)$，故

$$(Q/S)_{1-2} = \frac{E_1}{1-R_1R_2}A_2 - \frac{E_2}{1-R_1R_2}A_1 = \frac{1}{1-R_1R_2}(E_1A_2 - E_2A_1) \qquad (5-144)$$

将 $E_i = \varepsilon_i C_0\left(\dfrac{T_i}{100}\right)^4$，$A_{i=\varepsilon_i}$，$R_i = 1-A_i = 1-\varepsilon_i (i=1,2)$ 代入式(5-144)，并整理得

$$(Q/S)_{1-2} = \frac{C_0}{1/\varepsilon_1 + 1/\varepsilon_2 - 1}\left[\left(\frac{T_1}{100}\right)^4 - \left(\frac{T_2}{100}\right)^4\right] \qquad (5-145)$$

或

$$(Q/S)_{1-2} = C_{1-2}\left[\left(\frac{T_1}{100}\right)^4 - \left(\frac{T_2}{100}\right)^4\right] \qquad (5-145a)$$

式中，C_{1-2} 称为总辐射系数，即

$$C_{1-2} = \frac{C_0}{1/\varepsilon_1 + 1/\varepsilon_2 - 1} = \frac{1}{1/C_1 + 1/C_2 - 1/C_0} \qquad (5-146)$$

若两平板的面积均为 S 时，则辐射传热速率为

$$Q_{1-2} = (Q/S)_{1-2}S = C_{1-2}S\left[\left(\frac{T_1}{100}\right)^4 - \left(\frac{T_2}{100}\right)^4\right] \qquad (5-147)$$

式(5-147)表明，两灰体间的辐射传热速率正比于二者的热力学温度四次方之差。显然，此结果与另外两种传热方式——热传导和对流传热完全不同。

当两板面的大小与其距离相比不够大时，一个表面所发出的辐射能，可能有一部分不能到达另一板面，为此，引入几何因素（角系数）以校正上述影响。于是式(5-147)可以写成更

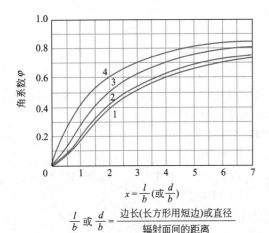

$$\dfrac{l}{b}\ \text{或}\ \dfrac{d}{b}=\dfrac{\text{边长(长方形用短边)或直径}}{\text{辐射面间的距离}}$$

图 5-22　平行面间辐射传热的角系数
1—圆盘形；2—正方形；3—长方形(边长
之比为 2∶1)；4—长方形(狭长)

普遍的形式，即

$$Q_{1\text{-}2}=C_{1\text{-}2}\varphi S\left[\left(\frac{T_1}{100}\right)^4-\left(\frac{T_2}{100}\right)^4\right]$$

$$(5\text{-}148)$$

式中，$Q_{1\text{-}2}$ 为净的辐射传热速率，W；$C_{1\text{-}2}$ 为总辐射系数，其计算式见表 5-9；S 为辐射面积，m^2；T_1、T_2 为高温和低温表面的热力学温度，K；ε_1、ε_2 为两表面材料的黑度；φ 为几何因数(角系数)。

角系数 φ 表示从一个物体表面所发出的能量为另一物体表面所截获的分数。它的数值既与两物体的几何排列有关，又与式中的 S 是用板 1 的面积 S_1，还是用板 2 的面积 S_2 有关，因此，在计算中，φ 必须和选定的辐射面积 S 相对应。φ 值已利用模型通过实验方法测出，可查阅有关的手册，几种简单情况下的 φ 值见图 5-22 和表 5-9。

表 5-9　φ 值与 $C_{1\text{-}2}$ 的计算式

序号	辐射情况	S	φ	$C_{1\text{-}2}$
1	极大的两平行面	S_1 或 S_2	1	$C_0/(1/\varepsilon_1+1/\varepsilon_2-1)$
2	面积相等的两平行面	S_1	查图 5-22	$\varepsilon_1\varepsilon_2 C_0$
3	很大的物体 2 包住物体 1	S_1	1	$\varepsilon_1 C_0$
4	物体 2 恰好包住物体 1，$S_2\approx S_1$	S_1	1	$C_0/(1/\varepsilon_1+1/\varepsilon_2-1)$
5	介于 3、4 两种情况之间	S_1	1	$C_0/[1/\varepsilon_1+(1/\varepsilon_2-1)S_1/S_2]$

【例 5-12】　车间内有一高和宽各为 3m 的炉门(黑度 $\varepsilon_1=0.70$)，其表面温度为 600℃，室内温度为 27℃。试求：(1)由于炉门辐射而引起的散热速率；(2)若在炉门前 25mm 处放置一块尺寸和炉门相同而黑为 0.11 的铝板作为热屏，则散热速率可降低多少？

解　(1)放置铝板前由于炉门辐射而引起的散热速率

由于炉门被车间四壁所包围，则 $\varphi=1$；又 $S_2\gg S_1$，故 $C_{1\text{-}2}=\varepsilon_1 C_0$，于是

$$S=S_1=3\times3=9\,m^2$$

$$C_{1\text{-}2}=\varepsilon_1 C_0=0.70\times5.67=3.969\,W/(m^2\cdot K^4)$$

$$Q_{1\text{-}2}=C_{1\text{-}2}\varphi S\left[\left(\frac{T_1}{100}\right)^4-\left(\frac{T_2}{100}\right)^4\right]=3.969\times1\times9\times\left[\left(\frac{600+273.2}{100}\right)^4-\left(\frac{27+273.2}{100}\right)^4\right]$$

$$=2.048\times10^5\,W$$

(2)放置铝板后由于炉门辐射而引起的散热速率

以下标 1、2 和 3 分别表示炉门、房间和铝板。假定铝板的温度为 T_3，则当传热达稳态时，炉门对铝板的辐射传热速率必等于铝板对房间的辐射传热速率，此即由于炉门辐射而引起的散热速率。

炉门对铝板的辐射传热速率为

$$Q_{1\text{-}3}=C_{1\text{-}3}\varphi_{13}S_1\left[\left(\frac{T_1}{100}\right)^4-\left(\frac{T_3}{100}\right)^4\right]$$

因 $S_1 = S_3$，且两者相距很小，故可认为是两个极大平行平面间的相互辐射，故 $\varphi_{13} = 1$。

$$C_{1\text{-}3} = \frac{C_0}{1/\varepsilon_1 + 1/\varepsilon_2 - 1} = \frac{5.67}{1/0.7 + 1/0.11 - 1} = 0.596 \text{W}/(\text{m}^2 \cdot \text{K}^4)$$

故
$$Q_{1\text{-}3} = 0.596 \times 1 \times 9 \times \left[\left(\frac{600 + 273.2}{100} \right)^4 - \left(\frac{T_3}{100} \right)^4 \right] \tag{1}$$

铝板对房间的辐射传热速率为

$$Q_{3\text{-}2} = C_{3\text{-}2} \varphi_{32} S_3 \left[\left(\frac{T_3}{100} \right)^4 - \left(\frac{T_2}{100} \right)^4 \right]$$

式中，$S_3 = 3 \times 3 = 9 \text{m}^2$；$C_{3\text{-}2} = C_0 \varepsilon_3 = 5.67 \times 0.11 = 0.624 \text{W}/(\text{m}^2 \cdot \text{K}^4)$；$\varphi_{32} = 1$。则

$$Q_{3\text{-}2} = 0.624 \times 9 \times \left[\left(\frac{T_3}{100} \right)^4 - \left(\frac{27 + 273.2}{100} \right)^4 \right] \tag{2}$$

$$Q_{1\text{-}3} = Q_{3\text{-}2}$$

解得
$$T_3 = 733 \text{K}$$

将 T_3 值代入式(2)得

$$Q_{3\text{-}2} = 0.624 \times 9 \times \left[\left(\frac{733}{100} \right)^4 - \left(\frac{27 + 273.2}{100} \right)^4 \right] = 15727.3 \text{W}$$

放置铝板后因辐射引起的散传速率可减少的百分率为

$$\frac{Q_{1\text{-}2} - Q_{3\text{-}2}}{Q_{1\text{-}2}} \times 100\% = \frac{2.048 \times 10^5 - 15727.3}{2.048 \times 10^5} \times 100\% = 92.3\%$$

> 为减少工厂中、高温炉门前的辐射散热损失，常在炉门前设置黑度较低的遮热挡板。其热损失减少的程度与高温物体表面及遮热板的黑度有关。遮热板的黑度低，即吸收率低，当炉门向遮热挡板发射辐射能，挡板仅吸收其中少部分热量，而将大部分热量反射给炉门(因 $A + R = 1$)，挡板又以少部分热量向周围辐射，则辐射热损失减少。
>
> 加挡板相当于增加热阻。在传热速率不变时，两物体温差必须加大；若保持两物体温差不变，Q 必然下降，即辐射热损失减少。挡板黑度越小，层数越多，则热损失越小。

5.5.3 气体的辐射传热

1. 气体辐射的特点

与固体和液体辐射相比，气体辐射具有明显的特点，主要表现在以下三个方面。

① **不同气体的辐射能力和吸收率相差很大** 一些气体，如 N_2、O_2、H_2 以及具有非极性对称分子结构的其他气体，在低温时几乎不吸收辐射能，故均可视为透热体；而臭氧、二氧化硫、氯氟烃和含氢氯氟烃(两者俗称氟利昂)、CO、CO_2、H_2O 以及各种碳氢化合物的气体则具有相当大的辐射能力和吸收率。

② **气体辐射对波长具有选择性** 气体辐射对波长有强烈的选择性，仅在某一特定的窄波段范围内具有辐射能力，相应的也只有在同样的波段范围内才具有吸收能力，而在这一特定窄波段范围之外，气体既不辐射也不吸收，通常将这种有辐射能力的波段称为光带。例如，水蒸气和 CO_2 各有三条光带，如表 5-10 所示。

表 5-10　CO₂ 和水蒸气的光带

物质	光带/μm	物质	光带/μm
水蒸气	2.24~3.27	CO₂	2.36~3.02
	4.80~8.50		4.01~4.80
	12.0~25.0		12.50~16.50

由于气体辐射对于波长具有选择性,故气体不是灰体。

③ **气体的辐射和吸收发生在整个气体体积内部**　气体发射和吸收辐射能不是像固体和液体那样仅发生在物体表面而是发生在整个气体体积内部。就吸收而言,投射到气体层界面上的辐射能要在辐射行程中被吸收而削弱;就辐射而言,气体层界面上所感受到的辐射为到达界面上的整个容积气体的辐射。这表明气体的辐射和吸收是在整个容积中进行的,与气体容积的大小和形状有关。

当辐射能通过吸收性气体层时,因被沿途的气体分子吸收而逐渐减少,减少的程度取决于辐射强度及途中所碰到的气体分子数目。气体分子数目则和射线行程长度及气体密度有关。

气体辐射的上述特点使其较固体间的辐射传热要复杂得多。

2. 气体的辐射能力 E 和黑度 ε

仿照灰体辐射能力表达式(5-143),气体的辐射能力 E 可以表示为

$$E=\varepsilon E_b=\varepsilon C_0\left(\frac{T}{100}\right)^4 \tag{5-149}$$

式中,ε 表示气体的黑度,其他各量的意义同前。显然,计算 E 的关键在于计算 ε。

如前所述,吸收率与热射线所经历的路程及气体的分压有关,为了简化问题,提出了射线行程平均长度 Le 的概念,亦即热射线在气体层中的平均行程。几种不同形状气体的 Le 列于表 5-11。

表 5-11　几种不同形状气体层的射线行程平均长度

气体体积形状	特性尺寸	Le
球,对整个表面辐射	直径 d	$0.65d$
两块无限大平行平壁之间	平壁间距 L	$1.8L$
高径比为 1 的圆柱体,对整个表面辐射	直径 d	$0.60d$
高径比为 1 的圆柱体,对底面中心的辐射	直径 d	$0.71d$
立方体,对任一边辐射	边长 a	$0.60a$
位于管束间的气体,对单根管壁面辐射	管外径 d,间距 t	
1. 正三角形排列:$t=2d$		$3.0(t-d)$
2. 正三角形排列:$t=3d$		$3.8(t-d)$
3. 正方形排列:$t=2d$		$3.5(t-d)$

在缺乏 Le 数据的情况下,可利用下述公式估算,即

$$Le=3.6\frac{V}{S} \tag{5-150}$$

式中,V 为气体的总体积,m³;S 为总表面积,m²。

可以证明,采用射线行程平均长度 Le 的概念后,ε 仅为气体温度 T、气体分压 p 和 Le

之积 $p \cdot Le$ 的函数，即

$$\varepsilon = f(T, p \cdot Le)$$

对于某些气体，目前已有 ε 与温度及 $p \cdot Le$ 的关系曲线，需要时可查阅有关专著。

3. 气体与黑体壁面间的辐射传热

设气体的温度为 T，器壁的温度为 T_w，且 $T > T_w$，则由于辐射传热，气体传递给器壁的净热通量为气体发射的辐射能与器壁发射而被气体吸收的能量之差，即

$$\frac{Q}{S} = C_0 \left[\varepsilon(T) \left(\frac{T}{100} \right)^4 - A(T_w) \left(\frac{T_w}{100} \right)^4 \right] \tag{5-151}$$

式中，$\varepsilon(T)$ 为气体在温度 T 下的黑度；$A(T_w)$ 为气体对温度为 T_w 的器壁所发射能量的吸收率，它同时是 T_w 和 T 的函数。式(5-151)的具体计算可查阅有关专著。

4. 气体与灰体壁面间的辐射传热

如前所述，工程上遇到的器壁多数为灰体，因此，研究气体与灰体壁面间的辐射传热具有实际意义，由于灰体的多次吸收、反射以及气体的光带吸收特性，使得上述辐射传热问题的分析非常复杂。为了简化处理，工程上一般是先按式(5-151)计算，然后将结果乘以校正因子 $\frac{\varepsilon_w + 1}{2}$，即

$$\frac{Q}{S} = \frac{\varepsilon_w + 1}{2} C_0 \left[\varepsilon(T) \left(\frac{T}{100} \right)^4 - A(T_w) \left(\frac{T_w}{100} \right)^4 \right] \tag{5-152}$$

式中，ε_w 为灰体的黑度。

5.5.4 对流和辐射联合传热

在化工生产中，许多设备的外壁温度常高于环境温度，此时热量将以对流和辐射两种方式自壁面向环境传递而引起热损失。为减少热损失，许多温度较高或较低的设备，如换热器、塔器、反应器及蒸气管道等都必需进行保温。

设备的热损失可根据对流传热速率方程和辐射传热速率方程来计算。因对流传热而引起的散热速率为

$$Q_c = \alpha_c S_w (t_w - t_b) \tag{5-153}$$

因辐射传热而引起的散热速率为

$$Q_R = C_{1-2} S_w \left[\left(\frac{T_w}{100} \right)^4 - \left(\frac{T_b}{100} \right)^4 \right] \tag{5-154}$$

为方便计，将式(5-154)写成式(5-153)的形式，即

$$Q_R = \alpha_R S_w (t_w - t_b) \tag{5-155}$$

式中，α_c 为对流传热系数；$\alpha_R = \dfrac{C_{1-2} \left[\left(\frac{T_w}{100} \right)^4 - \left(\frac{T_b}{100} \right)^4 \right]}{t_w - t_b}$ 为辐射传热系数；S_w 为壁外表面积；t_w(或 T_w)为壁面温度；t_b 或(T_b)为环境温度。

总的散热速率为

$$Q = Q_c + Q_R = (\alpha_c + \alpha_R) S_w (t_w - t_b) \tag{5-156}$$

或

$$Q = \alpha_T S_w (t_w - t_b) \tag{5-156a}$$

式中，$\alpha_T = \alpha_c + \alpha_R$ 称为对流-辐射联合传热系数，$W/(m^2 \cdot ℃)$。

对于有保温层的设备，其外壁与周围环境的联合传热系数 α_T 可用如下公式估算

① **空气自然对流**($t_w < 150℃$)

平壁保温层 $\qquad \alpha_T = 9.8 + 0.07(t_w - t_b)$ (5-157)

管或圆筒壁保温层 $\qquad \alpha_T = 9.4 + 0.052(t_w - t_b)$ (5-158)

② **空气沿粗糙壁面强制对流**

空气流速 $u < 5m/s$ 时 $\qquad \alpha_T = 6.2 + 4.2u$ (5-159)

空气流速 $u > 5m/s$ 时 $\qquad \alpha_T = 7.8u^{0.78}$ (5-160)

【例 5-13】 在 $\phi 219mm \times 8mm$ 的蒸气管道外包扎一层厚为 75mm、热导率为 $0.1W/(m \cdot ℃)$ 的保温材料，管内饱和蒸气温度为 160℃，周围环境温度为 20℃，试估算管道外表面的温度及单位长度管道的热损失。假设管内冷凝传热和管壁热传导热阻均可忽略。

解 由式(5-158)可知管道保温层外对流-辐射联合传热系数为

$$\alpha_T = 9.4 + 0.052(t_w - t_b) = 9.4 + 0.052(t_w - 20)$$

单位管长热损失为

$$Q/L = \alpha_T \pi d_o (t_w - t_b) = [9.4 + 0.052(t_w - 20)]\pi d_o(t_w - 20)$$
$$= 0.06025(t_w - 20)^2 + 10.89(t_w - 20)$$

由于管内冷凝传热和管壁热传导热阻均可忽略，故

$$Q/L = \frac{2\pi k(t - t_w)}{\ln \dfrac{d_o}{d}} = \frac{2\pi \times 0.1 \times (160 - t_w)}{\ln \dfrac{0.219 + 0.075 \times 2}{0.219}} = 1.2037(160 - t_w)$$

即 $\qquad 0.06025(t_w - 20)^2 + 10.89(t_w - 20) = 1.2037(160 - t_w)$

解得 $\qquad t_w = 33℃$

则 $\qquad Q/L = 1.2037 \times (160 - 33) = 152.9W/m$

本章符号说明

英文

A——冷凝液的流通面积，m^2；

　　　换热器管间最大截面积，m^2；

　　　辐射吸收率；

b——平壁厚度，m；

C——灰体的辐射系数，$W/(m^2 \cdot K^4)$；

C_0——黑体的辐射系数，$W/(m^2 \cdot K^4)$；

C_{1-2}——总辐射系数，$W/(m^2 \cdot K^4)$；

c_{pL}——饱和液体的定压质量热容，$J/(kg \cdot ℃)$；

c_p——定压质量热容，$J/(kg \cdot ℃)$；

C_{sf}——组合常数；

c_V——定容质量热容，$J/(kg \cdot ℃)$；

d——管径，m；

D——透过率；

E——辐射能力，W/m^2；

g——重力加速度，m/s^2；

k——热导率(又称导热系数)，$W/(m \cdot ℃)$；

k_e——电导率；

l——特性尺寸，m；

L——管长，m；

Le——射线行程平均长度，m；

L_t——传热进口段长度，m；

M——摩尔质量，kg/kmol；

　　　质量，kg；

N_w——单位质量流体对环境所做的功，J/kg；

n——指数；

　　　管数；

p——压力，Pa；

P——凝液润湿周边长，m；

$\dot{q}$——单位体积的发热速率，W/m^3；

Q——传热速率，W；

Q'——单位质量流体所吸收的热，J/kg；

r——半径，m；

R——热阻，$m^2 \cdot ℃/W$；

　　　管子弯曲半径，m；

　　　对比压力；反射率；

S——传热面积，m^2；

t——温度，℃；

管心距，m；

T——热力学温度，K；

u——流速，m/s；

u_x、u_y、u_z——x、y、z 方向的速度分量，m/s；

u_r、u_θ、u_z——r、θ、z 方向的速度分量，m/s；

U——单位质量流体的内能，J/kg；

v——单位质量流体的体积，m^3/kg；

V——体积，m^3；

w——质量流率，kg/s；

z——挡板间距，m。

希文

α——对流传热系数，W/(m^2·℃)；

α^*——热扩散系数或导温系数，m^2/s；

β——温度系数，1/℃ 或 1/K；

体积膨胀系数，1/℃ 或 1/K；

Γ——单位长度润湿周边的凝液流率，kg/(m·s)；

δ_x——冷凝液膜厚度，m；

λ——汽化热，J/kg；

Λ——波长，μm；

μ——黏度，Pa·s。

下标

A——吸收；

b——黑体；

截面平均；

c——对流；

临界；

D——透过；

e——涡流；

当量；

f——按膜温度估算；

i——管内；

m——平均；

max——最大；

o——管外；

R——反射；

辐射；

sat——饱和；

w——壁面；

∞——边界层外缘。

量纲为 1 数群

$$Gr = \frac{l^3 \rho^2 g \beta \Delta t}{\mu^2}，\text{格拉晓夫数；}$$

$$Nu = \frac{\alpha l}{k}，\text{努赛尔数；}$$

$$Pr = \frac{c_p \mu}{k}，\text{普朗特数；}$$

$$Ra = GrPr，\text{瑞利数；}$$

$$Re = \frac{l u_b \rho}{\mu}，\text{雷诺数。}$$

习 题

基础习题

1. 用平板法测定固体的热导率，在平板一侧用电热器加热，另一侧用冷却器冷却，同时在板两侧用热电偶测量其表面温度，若所测固体的表面积为 $0.02m^2$，厚度为 0.02m，实验测得电流表读数为 0.5A、电压表读数为 100V，两侧表面温度分别为 200℃和 50℃，试求该材料的热导率。

2. 如附图所示为一固体物料，假设内外表面绝热，导热只沿 θ 方向进行，试从柱坐标系的能量方程出发，推导物料内稳态导热时的温度分布方程。

3. 一球形固体内部进行沿球心对称的稳态导热，已知在径向距离 r_1 和 r_2 处的温度分别为 t_1 和 t_2。试从球坐标系的能量方程出发推导出此情况下的温度分布方程。

4. 某平壁燃烧炉由一层 400mm 厚的耐火砖和一层 200mm 厚的绝缘砖砌成，操作稳定后，测得炉的内表面温度为 1500℃、外表面温度为 100℃，试求导热的热通量及两砖间的界面温度。设两砖接触良好，已知耐火砖的热导率为 $k_1 = 0.8 + 0.0006t$，绝缘砖的热导率为 $k_2 = 0.3 + 0.0003t$，W/(m·℃)。两式中的 t 可分别取为各层材料的平均温度。

习题 2 附图

5. $\phi 57mm \times 3.5mm$ 的钢管用 40mm 厚的软木包扎，其外又用 100mm 厚的保温灰包扎，以作为绝热层。现测得钢管外壁面温度为 −120℃、绝热层外表面温度为 10℃。软木和保温灰的热导率分别为 0.043W/(m·℃)和 0.07W/(m·℃)，试求每米管长的冷损失量。

6. 有一直径为 100mm 的金属圆柱形导体，导体内有均匀热源产生，其值为 $\dot{q}=1.0\times10^7\,\mathrm{W/m^3}$。已知导体内只进行一维径向导热，达稳态后，测得外表面温度为 100℃，导体的平均热导率为 50W/(m·℃)，试导出此情况下的温度分布方程并求算导体内的最高温度。

7. 常压和 40℃ 的空气以 1.2m/s 的流速流过内径为 25mm 的圆管，管壁外侧利用蒸汽冷凝加热，使管内壁面温度维持恒温 100℃。圆管长度为 2m，试应用式(5-58)求算管内壁与空气之间的平均对流传热系数 α_m 并求算出口温度。

8. 试用量纲分析法推导壁面和流体间自然对流传热系数 α 的量纲为 1 数群方程。已知 α 为下列变量的函数 $\alpha=f(k,\ c_p,\ \rho,\ \mu,\ \beta g\Delta t,\ l)$。

9. 水以 1.5m/s 的流速在长为 3m、$\phi25\mathrm{mm}\times2.5\mathrm{mm}$ 的管内由 20℃ 加热至 40℃，试求水与管壁之间的对流传热系数。

10. 流量为 100kg/h 的水在 $\phi19\mathrm{mm}\times2\mathrm{mm}$ 的管内从 35℃ 加热到 65℃，管壁温度为 95℃，试问需要多长的管子才能完成这样的加热？

11. 温度为 90℃ 的甲苯以 1500kg/h 的流量流过 $\phi57\mathrm{mm}\times3.5\mathrm{mm}$、弯曲半径为 0.6m 的蛇管换热器而被冷却至 30℃，试求甲苯对蛇管的对流传热系数。

12. 压力为 101.3kPa、温度为 20℃ 的空气以 60m³/h 的流量流过 $\phi57\mathrm{mm}\times3.5\mathrm{mm}$、长度为 3m 的套管换热器管内而被加热至 80℃，试求管壁对空气的对流传热系数。

13. 压力为 101.3kPa、温度为 22℃ 的空气垂直流过由 $\phi25\mathrm{mm}\times2.5\mathrm{mm}$ 的管子、正三角形排列组成的管束，已知沿流动方向共有 5 排，每排有管子 20 列，空气通过管间最狭窄处的流速为 21m/s，假设空气离开管束时的温度为 78℃，试计算管壁对空气的平均对流传热系数。

14. 常压空气在壳程装有圆缺形挡板的列管换热器壳程流过。已知管子尺寸为 $\phi38\mathrm{mm}\times3\mathrm{mm}$，正方形排列，中心距为 51mm，挡板距离为 1.45m，换热器外壳内径为 2.8m，空气流量为 $4\times10^4\,\mathrm{m^3/h}$，其平均温度为 140℃，试求空气的对流传热系数。

15. 常压下温度为 30℃ 的空气以 10m/s 的平均速度在列管换热器的管间沿轴向流动，离开换热器时空气温度为 170℃，换热器外壳内径为 190mm，管束由 37 根 $\phi19\mathrm{mm}\times2\mathrm{mm}$ 的钢管组成，试求空气对管壁的对流传热系数。

16. 长度为 2m、$\phi19\mathrm{mm}\times2\mathrm{mm}$ 的水平圆管，表面被加热到 250℃，管子暴露在温度为 20℃、压力为 101.3kPa 的大气中，试计算管子的自然对流传热速率。

17. 将长和宽均为 0.4m 的垂直平板置于常压的饱和水蒸气中，板面温度为 98℃，试计算平板与蒸汽之间的传热速率及蒸汽冷凝速率。

18. 将外径为 19mm 的 100 根管子组成一正方形排列的管束，水平置于常压的饱和水蒸气中，管壁温度为 98℃，试计算每米管束的蒸汽冷凝速率。

19. 沸腾对流传热系数要比无相变时的对流传热系数高得多。(1)试求算 $\Delta t=16℃$、绝对压力 $p=0.7\mathrm{MPa}$ 时，水在机械磨制的不锈钢表面上饱和沸腾时的对流传热系数值；(2)若采用强制对流传热，使水从 $\phi57\mathrm{mm}\times3\mathrm{mm}$ 的光滑管中流过，试问欲达到与(1)相同的对流传热系数值所需水速应为多少？假设水的物性可按 50℃ 查取，气-液界面的表面张力 $\sigma=0.0461\mathrm{N/m}$。

20. 两平行的大平板，在空气中相距 10mm，一平板的黑度为 0.1、温度为 400K；另一平板的黑度为 0.05、温度为 300K。若将第一板加涂层，使其黑度为 0.025，试计算由此引起的传热通量改变的百分率。假设两板间对流传热可以忽略。

21. 直径为 57mm、长为 3m、表面温度为 527℃、黑度为 0.8 的钢管置于壁面温度为 27℃ 的红砖屋里，试求钢管的辐射热损失。

22. 在 $\phi219\mathrm{mm}\times8\mathrm{mm}$ 的蒸汽管道外包扎一层热导率为 0.10W/(m·℃) 的保温材料，管内饱和蒸汽温度为 160℃，保温层外表面温度不超过 35℃，周围环境温度为 20℃，试估算保温层的厚度及单位长度管道的热损失。假设管内冷凝传热和管壁热传导热阻均可忽略。

综合习题

23. 实验中某铜-水闭式重力热管由蒸发段和冷凝段构成。热管壳体直径为 $\phi32\text{mm}\times1.2\text{mm}$，蒸发段和冷凝段的长度均为 0.6m。蒸发段采用电阻丝加热，产生的上升蒸汽到达冷凝段后，由冷凝段夹套中的冷却水进行冷凝，冷凝液在重力的作用下回流到蒸发段。蒸发段外面包有保温层，保温层的热导率为 $0.1\text{W}/(\text{m}\cdot\text{℃})$。现测得蒸发段的加热电压和电流分别为 220V 和 10A，由热电偶测得蒸发段外壁温和保温层外壁温分别为 75℃ 和 45℃，冷凝段内壁温为 58℃，室内环境温度为 25℃；由压力传感器测得重力热管的操作压力为 19.9kPa。假设蒸发段内为池内沸腾，冷凝段内为膜状冷凝。试确定：

(1)保温层的厚度；(2)热管内壁温；(3)蒸发段对流传热系数；(4)冷凝段对流传热系数。

24. 在一竖直管内插入一根圆柱形电加热棒，25℃ 的水湍流流过加热棒和管内壁之间的环隙。加热棒直径为 20mm，长 200mm，平均热导率为 $200\text{W}/(\text{m}\cdot\text{℃})$，其热量生成速率为 $3.3\times10^{7}\text{W}/\text{m}^{3}$。水的流量为 $3.6\text{m}^{3}/\text{h}$，加热棒的外表面温度为 100℃。若水的流量提高一倍，试确定加热棒中心处的温度。

■ 思 考 题 ■

1. 在热传导问题中，术语"一维"是什么意思？何谓稳态热传导？

2. 什么叫热阻？试说明在多层壁的热传导中应用热阻的优点。

3. 对流传热系数的定义是什么？说明对流传热的机理及求算对流传热系数的途径。

4. 为什么自然对流问题的分析解比强制对流问题的分析解更为复杂？

5. 为什么珠状冷凝的对流传热系数要比膜状冷凝的传热系数高？

6. 试说明流体有相变化时的对流传热系数大于无相变时的对流传热系数的理由。

7. 对于膜状冷凝，雷诺数是怎样定义的？

8. 如何理解辐射传热中黑体和灰体的概念？

9. 蒸气管道外包扎有两层热导率不同而厚度相同的绝热层，设外层的平均直径为内层的两倍，其热导率也为内层的两倍。若将两层材料位置互换，而假定其他条件不变，试问每米管长的热损失将改变多少？说明在本题情况下，哪一种材料包扎在内层较为合适？

10. 温度为 t_b、速度为 u_b 的不可压缩牛顿型流体进入一半径为 R 的光滑圆管与壁面进行稳态对流传热，设管截面的速度分布均匀为 u_b，热边界层已在管中心汇合且管壁面热通量恒定，试推导流体与管壁间对流传热系数的表达式。

11. 流率为 0.5kg/s 的水从 65℃ 冷却至 35℃。试问下面哪一种方法压力损失较小：(1)使水流过壁温为 4℃、内径为 12.5mm 的管子；(2)使水流过壁温为 20℃、内径为 25mm 的管子。

第6章

换 热 器

✐ 学习指导

一、学习目的

通过本章学习，掌握换热器的分类与结构形式、换热器的传热计算与过程强化方法，能够运用传热过程的基本原理解决换热器的计算和选型问题。

二、学习要点

1. 应重点掌握的内容

总传热速率方程；传热计算方法。

2. 应掌握的内容

换热器的分类；换热器的结构形式；换热器传热过程的强化；换热器的选型；管壳式换热器的设计原则。

3. 一般了解的内容

管壳式换热器的设计方法。

三、学习方法

本章为传热过程在工程中的实际应用，学习本章应理论联系实际，灵活应用传热过程的基本原理解决换热器的计算和选型问题。

本章以总传热速率方程为主线，通过对该式各参数(包括 Q、K、S、Δt_m)的计算和分析，将本章知识点和传热过程基础的内容有机地联系起来，学习时应注意把握该主线。

在工业生产中，要实现热量的交换，须采用一定的设备，此种交换热量的设备统称为**换热器**。

换热器作为工艺过程必不可少的单元设备，广泛地应用于石油、化工、动力、轻工、机械、冶金、交通、制药等工程领域中。据统计，在现代石油化工企业中，换热器投资约占装置建设总投资的30%；在合成氨厂中，换热器约占全部设备总台数的40%。由此可见，换热器对整个企业的建设投资和经济效益有着重要的影响。

本章将讨论换热器的基础知识，重点讨论换热器的传热计算方法、管壳式换热器的结构与设计。

6.1 换热器的分类与结构形式

换热器种类繁多，结构形式多样，本节将对换热器分类及结构形式进行简要的介绍。

6.1.1 换热器的分类

工程上，换热器常采用以下几种分类方法。

1. 按换热器作用原理分类

① **间壁式换热器** 亦称表面式换热器或间接式换热器。在此类换热器中，冷、热流体被固体壁面隔开，互不接触，热量由热流体通过壁面传给冷流体。该类型换热器适用于冷、热流体不允许混合的场合。间壁式换热器应用广泛，形式多样，各种管壳式和板式结构的换热器均属此类。

② **直接接触式换热器** 亦称混合式换热器。在此类换热器中，冷、热流体直接接触，相互混合传递热量。该类型换热器结构简单，传热效率高，适用于冷、热流体允许混合的场合。常见的设备有凉水塔、洗涤塔、文氏管及喷射冷凝器等。

③ **蓄热式换热器** 亦称回流式换热器或蓄热器。此类换热器是借助于热容量较大的固体蓄热体，将热量由热流体传给冷流体。当蓄热体与热流体接触时，从热流体处接受热量，蓄热体温度升高，然后与冷流体接触，将热量传给冷流体，蓄热体温度下降，从而达到换热的目的。此类换热器结构简单，可耐高温，常用于高温气体热量的回收或冷却。其缺点是设备体积庞大，且不能完全避免两种流体的混合。回转式空气预热器即是一种蓄热式换热器。

④ **中间载热体式换热器** 亦称热媒式换热器。此类换热器将两个间壁式换热器由在其中循环的载热体(热媒)连接起来，载热体在高、低温流体换热器内循环，从高温流体换热器中吸收热量后带至低温流体换热器中传递给低温流体。该类换热器多用于核能工业、化工过程、冷冻技术及余热利用中。热管式换热器、液体或气体偶联的间壁式换热器均属此类。

2. 按换热器的用途分类

① **加热器** 加热器用于把流体加热到所需温度，被加热流体在加热过程中不发生相变。
② **预热器** 预热器用于流体的预热，以提高整套工艺装置的热效率。
③ **过热器** 过热器用于加热饱和蒸气，使其达到过热状态。
④ **蒸发器** 蒸发器用于加热液体，使之蒸发汽化。
⑤ **再沸器** 再沸器为蒸馏过程的专用设备，用于加热已被冷凝的液体，使之再受热汽化。
⑥ **冷却器** 冷却器用于冷却流体，使之达到所需要的温度。
⑦ **冷凝器** 冷凝器用于冷却凝结性饱和蒸气，使之放出潜热而凝结液化。

3. 按换热器传热面形状和结构分类

① **管式换热器** 管式换热器通过管子壁面进行传热，按传热管的结构形式可分为管壳式换热器、蛇管式换热器、套管式换热器、翅片管式换热器等几种。管式换热器应用最为广泛。

② **板式换热器** 板式换热器通过板面进行传热，按传热板的结构形式可分为平板式换热器、螺旋板式换热器、板翅式换热器、热板式换热器、板壳式换热器等几种。

③ **特殊形式换热器** 此类换热器是指根据工艺特殊要求而设计的具有特殊结构的换热器。如回转式换热器、热管换热器、同流式换热器等。

4. 按换热器所用材料分类

① **金属材料换热器**　金属材料换热器由金属材料加工制成，常用的材料有碳钢、合金钢、铜及铜合金、铝及铝合金、钛及钛合金等。因金属材料热导率较大，该类换热器的传热效率较高。

② **非金属材料换热器**　非金属材料换热器由非金属材料加工制成，常用的材料有石墨、玻璃、塑料、陶瓷等。该类换热器主要用于具有腐蚀性的物系，因非金属材料热导率较小，其传热效率较低。

6.1.2　换热器的结构形式

1. 管式换热器的结构形式

(1) 管壳式换热器

又称列管式换热器，是一种通用的标准换热设备。它具有结构简单、坚固耐用、造价低廉、用材广泛、清洗方便、适应性强等优点，应用最为广泛，在换热设备中占据主导地位。管壳式换热器根据结构特点分为以下几种。

① **固定管板式换热器**　固定管板式换热器的结构如图 6-1 所示。它由壳体、管束、管箱、管板、折流挡板、接管等部件组成。其结构特点是，两块管板分别焊于壳体的两端，管束两端固定在管板上。整个换热器分为两部分：换热管内的通道及与其两端相贯通处称为管程；换热管外的通道及与其相贯通处称为壳程。冷、热流体分别在管程和壳程中连续流动，流经管程的流体称为**管(管程)流体**，流经壳程的流体称为**壳(壳程)流体**。

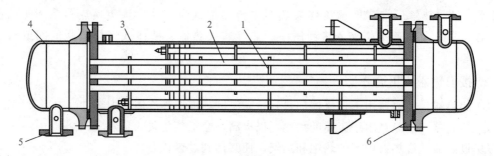

图 6-1　固定管板式换热器
1—折流挡板；2—管束；3—壳体；4—管箱；5—接管；6—管板

若管流体一次通过管程，称为单管程。当换热器传热面积较大，所需管子数目较多时，为提高管流体的流速，常将换热管平均分为若干组，使流体在管内依次往返多次，则称为多管程。管程数 N_p 可为 2、4、6、8，N_p 太大，虽提高了管流体的流速，从而增大了管内对流传热系数，但同时会导致流动阻力增大。因此，管程数不宜过多，通常以 2、4 管程最为常见。

壳流体一次通过壳程，称为单壳程。为提高壳流体的流速，也可在与管束轴线平行方向放置纵向隔板使壳程分为多程。壳程数 N_s 即为壳流体在壳程内沿壳体轴向往返的次数。分程可使壳流体流速增大，流程增长，扰动加剧，有助于强化传热。但是，壳程分程不仅使流动阻力增大，且制造安装较为困难，故工程上应用较少。为改善壳程换热，通常采用折流挡板，通过设置折流挡板，以达到实现强化传热的目的。

固定管板式换热器的优点是结构简单、紧凑。在相同的壳体直径内，排管数最多，旁路最少；每根换热管都可以进行更换，且管内清洗方便。其缺点是壳程不能进行机械清洗；当换热管与壳体的温差较大(大于 50℃)时产生温差应力,需在壳体上设置膨胀节,因而壳程压力受膨胀节强度的限制不能太高。固定管板式换热器适用于壳方流体清洁且不易结垢,两流体温差不大或温差较大但壳程压力不高的场合。

② **浮头式换热器** 浮头式换热器的结构如图 6-2 所示。其结构特点是两端管板之一不与壳体固定连接,可在壳体内沿轴向自由伸缩,该端称为浮头。浮头式换热器的优点是当换热管与壳体有温差存在,壳体或换热管膨胀时,互不约束,不会产生温差应力;管束可从壳体内抽出,便于管内和管间的清洗。其缺点是结构较复杂,用材量大,造价高;浮头盖与浮动管板之间若密封不严,易发生内漏,造成两种介质的混合。浮头式换热器适用于壳体与管束间温差较大或壳程介质易结垢的场合。

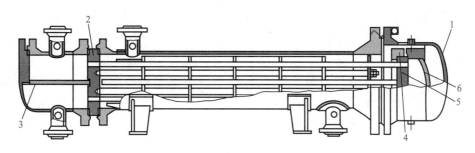

图 6-2　浮头式换热器

1—壳盖;2—固定管板;3—隔板;4—浮头钩圈法兰;5—浮动管板;6—浮头盖

③ **U 形管式换热器** U 形管式换热器的结构如图 6-3 所示。其结构特点是只有一个管板,换热管为 U 形,管子两端固定在同一管板上。管束可以自由伸缩,当壳体与 U 形换热管有温差时,不会产生温差应力。U 形管式换热器的优点是结构简单,只有一个管板,密封面少,运行可靠,造价低;管束可以抽出,管间清洗方便。其缺点是管内清洗比较困难;由于管子需要有一定的弯曲半径,故管板的利用率较低;管束最内层管间距大,壳程易短路;内层管子坏了不能更换,因而报废率较高。U 形管式换热器适用于管、壳壁温差较大或壳程介质易结垢,而管程介质清洁不易结垢以及高温、高压、腐蚀性强的场合。一般高温、高压、腐蚀性强的介质走管内,可使高压空间减小,密封易解决,并可节约材料和减少热损失。

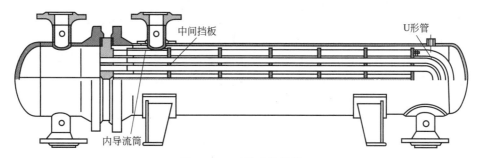

图 6-3　U 形管式换热器

④ **填料函式换热器** 填料函式换热器的结构如图 6-4 所示。其结构特点是管板只有一端与壳体固定连接,另一端采用填料函密封。管束可以自由伸缩,不会产生因壳壁与管壁温差而引起的温差应力。填料函式换热器的优点是结构较浮头式换热器简单,制造方便,耗材少,造价低;管束可从壳体内抽出,管内、管间均能进行清洗,维修方便。其缺点是填料函

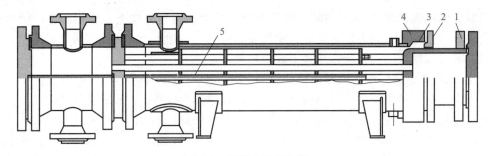

图 6-4　填料函式换热器

1—活动管板；2—填料压盖；3—填料；4—填料函；5—纵向隔板

耐压不高，一般小于 4.0MPa；壳程介质可能通过填料函外漏，对易燃、易爆、有毒和贵重的介质不适用。填料函式换热器适用于管、壳壁温差较大或介质易结垢，需经常清理且压力不高的场合。

⑤ 釜式换热器　釜式换热器的结构如图 6-5 所示。其结构特点是在壳体上部设置适当的蒸发空间，同时兼有蒸汽室的作用。管束可以为固定管板式、浮头式或 U 形管式。釜式换热器清洗维修方便，可处理不清洁、易结垢的介质，并能承受高温、高压。它适用于液-汽式换热，可作为最简结构的废热锅炉。

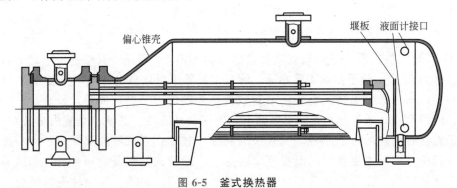

图 6-5　釜式换热器

管壳式换热器除上述五种外，还有插管式换热器、滑动管板式换热器等其他类型。

(2)蛇管式换热器

蛇管式换热器是管式换热器中结构最简单，操作最方便的一种换热设备。通常按照换热方式不同，将蛇管式换热器分为沉浸式和喷淋式两类。

① **沉浸式蛇管换热器**　此种换热器多以金属管弯绕而成，制成适应容器的形状，沉浸在容器内的液体中。两种流体分别在管内、管外进行换热。几种常用的蛇管形状如图 6-6 所示。

沉浸式蛇管换热器的优点是结构简单、价格低廉、防腐蚀、能承受高压。其缺点是由于容器的体积较蛇管的体积大得多，管外流体的传热膜系数较小，故常需加搅拌装置，以提高其传热效率。

② **喷淋式蛇管换热器**　喷淋式蛇管换热器如图 6-7 所示。此种换热器多用于冷却管内的热流体。固定在支架上的蛇管排列在同一垂直面上，热流体自下部的管进入，由上部的管流出。冷却水由管上方的喷淋装置均匀地喷洒在上层蛇管上，并沿着管外表面淋沥而下，降至下层蛇管表面，最后收集在排管的底盘中。该装置通常放在室外空气流通处，冷却水在空气中汽化时，可带走部分热量，以提高冷却效果。

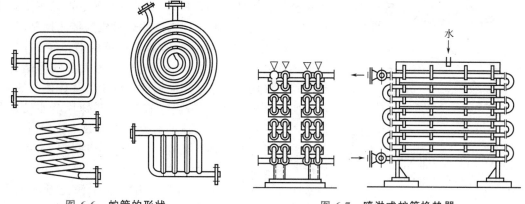

图 6-6　蛇管的形状　　　　　　　　图 6-7　喷淋式蛇管换热器

与沉浸式蛇管换热器相比，喷淋式蛇管换热器具有检修清理方便，传热效果好等优点。其缺点是体积庞大，占地面积大；冷却水消耗量较大，喷淋不易均匀。蛇管换热器因其结构简单、操作方便，常被用于制冷装置和小型制冷机组中。

(3)套管式换热器

套管式换热器是由两种不同直径的直管套在一起组成同心套管，其内管用 U 形肘管顺次连接，外管与外管互相连接，其构造如图 6-8 所示。每一段套管称为一程，程数可根据传热面积要求而增减。换热时一种流体走内管，另一种流体走环隙，内管的壁面为传热面。

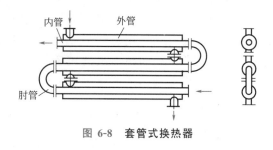

图 6-8　套管式换热器

套管式换热器的优点是结构简单，能耐高压，传热面积可根据需要增减。适当地选择管内、外径，可使流体的流速增大，且两种流体呈逆流流动，有利于传热。其缺点是单位传热面积的金属耗量大；管子接头多，检修清洗不方便。此类换热器适用于高温、高压及小流量流体间的换热。

(4)翅片管式换热器

翅片管式换热器又称管翅式换热器，如图 6-9 所示。其结构特点是在换热器管的外表面或内表面装有许多翅片，常用的翅片有纵向和横向两类，图 6-10 所示是工业上广泛应用的几种翅片形式。

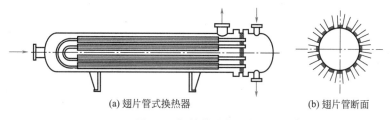

(a) 翅片管式换热器　　　　　　　(b) 翅片管断面

图 6-9　翅片管式换热器

翅片与管表面的连接应紧密无间，否则连接处的接触热阻很大，影响传热效果。常用的连接方法有热套、镶嵌、张力缠绕和焊接等。此外，翅片管也可采用整体轧制、整体铸造或机械加工等方法制造。

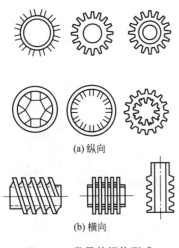

(a)纵向

(b)横向

图 6-10　常见的翅片形式

化工生产中常遇到气体的加热和冷却问题。因气体的对流传热系数很小，所以当与气体换热的另一流体是水蒸气或是冷却水时，则气体侧热阻成为传热控制因素。此时要强化传热，就必须增加气体侧的对流传热面积。在换热管的气体侧设置翅片，这样既增大了气体侧的传热面积，又增强了气体湍动程度，减少了气体侧的热阻，从而使气体传热系数提高。当然，加装翅片会使设备费提高，但一般当两种流体的对流传热系数之比超过 3∶1 时，采用翅片管式换热器在经济上是合理的。翅片管式换热器作为空气冷却器，在工业上应用很广。用空气代替水冷，不仅可在缺水地区使用，在水源充足的地方，采用空冷也可取得较大的经济效益。

2. 板式换热器的结构形式

(1)平板式换热器

平板式换热器简称板式换热器，其结构如图 6-11 所示。它是由一组长方形的薄金属板平行排列，夹紧组装于支架上面构成。两相邻板片的边缘衬有垫片，压紧后板间形成密封的流体通道，且可用垫片的厚度调节通道的大小。每块板的四个角上，各开一个圆孔，其中有两个圆孔和板面上的流道相通，另两个圆孔则不相通。它们的位置在相邻板上是错开的，以分别形成两流体的通道。冷、热流体交替地在板片两侧流动，通过金属板片进行换热。

板片是板式换热器的核心部件。为使流体均匀流过板面，增加传热面积，并促使流体的湍动，常将板面冲压成凹凸的波纹状，波纹形状有几十种，常用的波纹形状有水平波纹、人字形波纹和圆弧形波纹等，如图 6-12 所示。

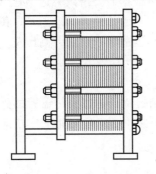

图 6-11　板式换热器示意图

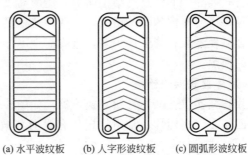

(a)水平波纹板　(b)人字形波纹板　(c)圆弧形波纹板

图 6-12　板式换热器的板片

板式换热器的优点是结构紧凑，单位体积设备所提供的换热面积大；组装灵活，可根据需要增减板数以调节传热面积；板面波纹使截面变化复杂，流体的扰动作用增强，具有较高的传热效率；拆装方便，有利于维修和清洗。其缺点是处理量小；操作压力和温度受密封垫片材料性能限制而不宜过高。板式换热器适用于经常需要清洗、工作环境要求十分紧凑，工作压力在 2.5MPa 以下，温度在 -35~200℃场合。

(2)螺旋板式换热器

螺旋板式换热器如图 6-13 所示，它是由两张间隔一定的平行薄金属板卷制而成的。两

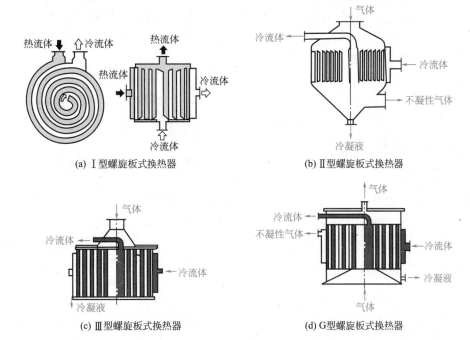

(a) Ⅰ型螺旋板式换热器　　　　　　　(b) Ⅱ型螺旋板式换热器

(c) Ⅲ型螺旋板式换热器　　　　　　　(d) G型螺旋板式换热器

图 6-13　螺旋板式换热器

张薄金属板形成两个同心的螺旋形通道，两板之间焊有定距柱以维持通道间距，在螺旋板两侧焊有盖板。冷、热流体分别通过两条通道，通过薄板进行换热。

常用的螺旋板式换热器，根据流动方式不同，分为如下四种。

①　Ⅰ型螺旋板式换热器　　两个螺旋通道的两侧完全焊接密封，为不可拆结构，如图 6-13(a)所示。换热器中，两流体均作螺旋流动，通常冷流体由外周流向中心，热流体由中心流向外周，呈完全逆流流动。此类换热器主要用于液体与液体间的换热。

②　Ⅱ型螺旋板式换热器　　一个螺旋通道的两侧为焊接密封，另一通道的两侧是敞开的，如图 6-13(b)所示。换热器中，一流体沿螺旋通道流动，而另一流体沿换热器的轴向流动。此类换热器适用于两流体流量差别很大的场合，常用作冷凝器、气体冷却器等。

③　Ⅲ型螺旋板式换热器　　Ⅲ型螺旋板式换热器的结构如图 6-13(c)所示。换热器中，一种流体做螺旋流动，另一流体做兼有轴向和螺旋向的流动。该结构适用于蒸气冷凝。

④　G型螺旋板式换热器　　G型螺旋板式换热器的结构如图 6-13(d)所示。该结构又称塔上型，常被安装在塔顶作为冷凝器，采用立式安装，下部有法兰与塔顶法兰相连接。蒸气由下部进入中心管上升至顶盖折回，然后沿轴向从上至下流过螺旋通道被冷凝。

螺旋板式换热器的优点是螺旋通道中的流体由于惯性离心力的作用和定距柱的干扰，在较低雷诺数下即达到湍流，并且允许选用较高的流速，故传热系数大；由于流速较高，又有惯性离心力的作用，流体中悬浮物不易沉积下来，故螺旋板式换热器不易结垢和堵塞；由于流体的流程长和两流体可进行完全逆流，故可在较小的温差下操作，能充分利用低温热源；结构紧凑，单位体积的传热面积约为管壳式换热器的 3 倍。其缺点是：操作温度和压力不宜太高，目前最高操作压力为 2MPa，温度在 400℃以下；因整个换热器为卷制而成，一旦发现泄漏，维修很困难。

(3)板翅式换热器

板翅式换热器为单元体叠积结构，其结构单元由翅片、隔板、封条组成，如图 6-14 所示。翅片上下放置隔板，两侧边缘用封条密封，即构成翅片单元体。把多个单元体进行不同的叠积和适当的排列，再用钎焊给予固定，即可得到常用的逆流、错流、错逆流的板翅式换热器组装件，称为芯部或板束。翅片式换热器可以为单个板束，也可以由多个板束串联或并联，组成大型板翅式换热器。

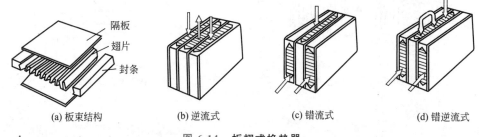

图 6-14 板翅式换热器

(a) 板束结构　(b) 逆流式　(c) 错流式　(d) 错逆流式

翅片是板翅式换热器的核心部件，称为二次表面，其常用形式有平直翅片、波形翅片、锯齿形翅片、多孔翅片等，如图 6-15 所示。

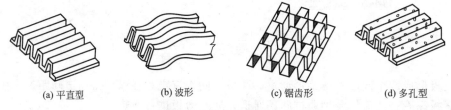

(a) 平直型　(b) 波形　(c) 锯齿形　(d) 多孔型

图 6-15 翅片的主要形式

板翅式换热器的优点是：结构紧凑，每立方米设备所提供的传热面积可达 2500～4370m²；轻巧牢固，一般用铝合金制造，故质量轻，在相同的传热面积下，其质量约为管壳式换热器的十分之一；由于翅片促进了流体的湍动并破坏了热边界层的发展，故其传热系数很高；由于铝合金的热导率高，而且在 0℃ 以下操作时其延展性和抗拉强度都较高，适用于低温和超低温的场合，可在 -273～200℃ 范围内使用。同时因翅片对隔板有支撑作用，翅片式换热器允许较高的操作压力，可达 5MPa。板翅式换热器的缺点是：由于设备流道很小，易堵塞，而形成较大压降；清洗和检修困难，故其处理的物料应洁净或预先净制；由于隔板和翅片均由薄铝板制成，故要求介质对铝不腐蚀。

板翅式换热器因轻巧牢固，常用于飞机、舰船和车辆的动力设备以及在电子、电器设备中，作为散热器和油冷却器等；也适用于气体的低温分离装置，如空气分离装置中作为蒸发冷凝器、液氮过冷器以及用于乙烯厂、天然气液化厂的低温装置中。

(4) 热板式换热器

热板式换热器是一种新型高效的板面式换热器，其传热基本单元为热板。热板结构如图 6-16 所示。其成型方法是按等阻力流动原理，将双层或多层金属平板点焊或滚焊成各种图形，并将边缘焊接密封组成一体。平板之间在高压下充气形成空间，实现最佳流动状态的流道结构形式。各层金属板的厚度可以相同，亦可以不同，板数可以为双层或多层，这样就构成了多种热板传热表面形式，如不等厚双层热板[图 6-16(a)]、等厚双层热板[图 6-16(b)]、三层不等厚热板[图 6-16(c)]、四层等厚热板[图 6-16(d)]等，设计时，可根据需要选取。

热板式换热器具有最佳的流动状态，阻力小，传热效率高；根据工程需要可制造成各

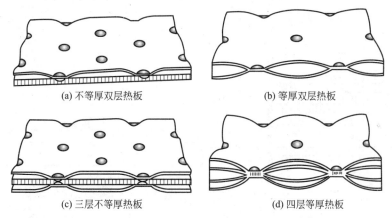

(a) 不等厚双层热板　　　　　(b) 等厚双层热板

(c) 三层不等厚热板　　　　　(d) 四层等厚热板

图 6-16　热板式换热器的热板传热表面形式

种形状，亦可根据介质的性能选用不同的板材。热板式换热器可用于加热、保温、干燥、冷凝等多种过程，作为一种新型的换热器，具有广阔的应用前景。

(5) 板壳式换热器

板壳式换热器是目前国际上一种先进、高效、节能的新型换热设备，其结构如图 6-17 所示。板壳式换热器采用波纹板片做为传热元件，多块波纹板片采用氩弧焊焊接，构成全焊接式板束装在压力壳体内。冷流体由底部进入板束的板程，由顶部流出；热流体由壳体上侧开口进入板束的壳程，由下侧开口流出，两程流体在板束中呈纯逆流换热。为解决热膨胀问题，在板束下端设置膨胀节。壳体采用无泄漏密封结构形式的法兰，设备可拆开，便于清洗。波纹板片具有"静搅拌"作用，能在较低的雷诺数下形成湍流，一方面提高了传热效率，另一方面减少了污垢的形成。

与管壳式换热器相比，板壳式换热器具有传热效率高、结构紧凑、重量轻、压降低、耐高压、密封性能好等优点，特别适用于大型化工装置的换热过程，目前已成为炼油厂的催化重整、加氢及芳烃车间的标准换热设备，在世界各地的炼油装置中得以广泛使用。

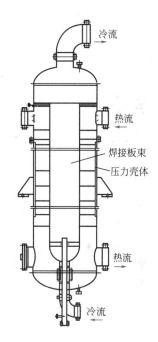

图 6-17　板壳式换热器结构图

3. 热管换热器的结构形式

以热管为传热单元的热管换热器是一种新型高效换热器，其结构如图 6-18 所示，它是由壳体、热管和隔板组成的。热管作为主要的传热元件，是一种具有高导热性能的传热装置。它是一种真空容器，其基本组成部件为壳体、吸液芯和工作液。将壳体抽真空后充入适量的工作液，密闭壳体便构成一只热管。当热源对其一端供热时，工作液自热源吸收热量而蒸发汽化，携带潜热的蒸气在压差作用下，高速传输至壳体的另一端，向冷源放出潜热而凝结，冷凝液回至热端，再次沸腾汽化。如此反复循环，热量仍不断从热端传至冷端。

热管按冷凝液循环方式分为吸液芯热管、重力热管和离心热管三种。吸液芯热管的冷凝液依靠毛细管的作用回到热端，这种热管可以在失重情况下工作；重力热管的冷凝液是依靠重力流回热端，它的传热具有单向性，一般为垂直放置；离心热管是靠离心力使冷凝液回到热端，通常用于旋转部件的冷却。

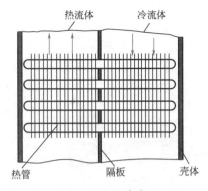

图 6-18　热管换热器

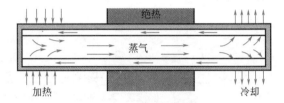

图 6-19　热管示意图

热管按工作液的工作温度分为深冷热管、低温热管、中温热管和高温热管四种。深冷热管在 200K 以下工作，工作液有氮、氢、氖、氧、甲烷、乙烷等；低温热管在 200～550K 范围内工作，工作液有氟利昂、氨、丙酮、乙醇、水等；中温热管在 550～750K 范围内工作，工作液有导热姆 A、水银、铯、水及钾-钠混合液等；高温热管在 750K 以上工作，工作液有液态金属钾、钠、锂、银等。

图 6-20　缠绕管式换热器

热管的传热特点是热管中的热量传递通过沸腾汽化、蒸气流动和蒸气冷凝三步进行，如图 6-19 所示。由于沸腾和冷凝的对流传热强度都很大，而蒸气流动阻力损失又较小，因此热管两端温度差可以很小，即能在很小的温差下传递很大的热流量。因此，它特别适用于低温差传热及某些等温性要求较高的场合。热管换热器具有结构简单、使用寿命长、工作可靠、应用范围广等优点，可用于气-气、气-液和液-液之间的换热过程。

应予指出，随着换热器设计水平和加工技术的不断提高，近年来有一些新型换热器被开发并应用于工业中，如缠绕管式换热器、螺旋折流板换热器、空心环管壳式换热器等，其中具有代表性的是缠绕管式换热器，如图 6-20 所示。缠绕管式换热器具有结构紧凑、管束热补偿性能好、管内操作压力高，以及可同时实现多流股热交换等特点，被广泛应用于稀有气体分离、空气分离、低温甲醇洗等工业过程中。

6.2　换热器的传热计算

换热器的传热计算包括两类：一类是设计型计算，即根据工艺提出的条件，确定换热器传热面积；另一类是校核型计算，即对已知换热面积的换热器，核算其传热量、流体的流量或温度。但是，无论哪种类型的计算，都是以热量衡算和总传热速率方程为基础的。

6.2.1 总传热速率方程

导热速率方程和对流传热速率方程是进行换热器传热计算的基本依据。但是，采用上述方程计算冷、热流体间的传热速率时，必须知道壁温，而实际上壁温往往是未知的。为便于计算，需避开壁温，而直接用已知的冷、热流体的温度进行计算。为此，需要建立以冷、热流体温度差为传热推动力的传热速率方程，该方程即为总传热速率方程。

1. 总传热速率方程的微分形式

冷、热流体通过间壁的传热过程如图 6-21 所示。在间壁上任取一微元面积 dS，设通过该微元面积 dS 的传热速率为 dQ。仿照牛顿冷却定律，传热速率 dQ 与传热面积 dS 和两流体间的温度差 $(T-t)$ 成正比，即

$$dQ = K(T-t)dS = K \cdot \Delta t \cdot dS \qquad (6\text{-}1)$$

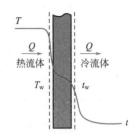

图 6-21　流体通过间壁的传热

式中，K 为局部总传热系数，$W/(m^2 \cdot ℃)$；T 为换热器的任一截面上热流体的平均温度，℃；t 为换热器的任一截面上冷流体的平均温度，℃。

式(6-1)为总传热速率微分方程，该方程又称传热基本方程，它是换热器传热计算的基本关系式。由该式可得出局部总传热系数 K 的物理意义：K 表示单位传热面积、单位传热温差下的传热速率，它反映了传热过程的强度。

应予指出，当冷、热流体通过管式换热器进行传热时，沿传热方向传热面积是变化的，此时总传热系数必须和所选择的传热面积相对应，选择的传热面积不同，总传热系数的数值也不同。因此，式(6-1)可表示为

$$dQ = K_i(T-t)dS_i = K_o(T-t)dS_o = K_m(T-t)dS_m \qquad (6\text{-}2)$$

式中，K_i、K_o、K_m 为基于管内表面积、外表面积、平均表面积的总传热系数，$W/(m^2 \cdot ℃)$；S_i、S_o、S_m 为管内表面积、外表面积、平均表面积，m^2。

由式(6-2)可知，在传热计算中，选择何种面积作为计算基准，结果完全相同。但工程上大多以外表面积作为基准，故后面讨论中，除特别说明外，K 都是基于外表面积的总传热系数。

比较式(6-2)可得

$$\frac{K_o}{K_i} = \frac{dS_i}{dS_o} = \frac{d_i}{d_o} \qquad (6\text{-}3)$$

及

$$\frac{K_o}{K_m} = \frac{dS_m}{dS_o} = \frac{d_m}{d_o} \qquad (6\text{-}3a)$$

式中，d_i、d_o、d_m 为管内径、外径、平均直径，m。

圆管的平均直径 d_m 及平均表面积 S_m 常以对数平均值表示，即

$$d_m = \frac{d_o - d_i}{\ln(d_o/d_i)} \qquad (6\text{-}4)$$

$$S_m = \frac{\pi l(d_o - d_i)}{\ln(d_o/d_i)} \qquad (6\text{-}5)$$

式中，l 为管子的长度，m。若 $\dfrac{d_o}{d_i} \leqslant 2$ 时，可用算术平均值代替对数平均值，即 $d_m = (d_o + d_i)/2$。

2. 传热量的计算

在换热器的传热计算中，需首先计算换热器的传热量。换热器的传热量又称换热器的热负荷，可通过热量衡算获得。根据热量守恒原理，在换热器保温良好，热损失可以忽略时，单位时间内热流体放出的热量等于冷流体吸收的热量。

对于微元面积 dS，其热量衡算式为

$$dQ = -W_h dI_h = W_c dI_c \tag{6-6}$$

式中，W 为流体的质量流量，kg/h 或 kg/s；I 为流体的焓，kJ/kg；下标 h 和 c 分别表示热流体和冷流体。

对于整个换热器，其热量衡算式为

$$Q = W_h(I_{h1} - I_{h2}) = W_c(I_{c2} - I_{c1}) \tag{6-7}$$

式中，Q 为换热器的热负荷，kJ/h 或 kW；下标 1 和 2 分别表示换热器的进口和出口。

若换热器中两流体均无相变，且流体的比热容不随温度变化或可取流体平均温度下的比热容时，式(6-6)、式(6-7)可分别表示为

$$dQ = -W_h c_{ph} dT = W_c c_{pc} dt \tag{6-8}$$

$$Q = W_h c_{ph}(T_1 - T_2) = W_c c_{pc}(t_2 - t_1) \tag{6-9}$$

式中，c_p 为流体的定压比热容，kJ/(kg·℃)；t 为冷流体的温度，℃；T 为热流体的温度，℃。

若换热器中流体有相变，例如饱和蒸气冷凝时，则式(6-7)可表示为

$$Q = W_h r = W_c c_{pc}(t_2 - t_1) \tag{6-10}$$

式中，W_h 为饱和蒸气的冷凝速率，kg/h 或 kg/s；r 为饱和蒸气的汽化热，kJ/kg。

式(6-10)的应用条件是冷凝液在饱和温度下离开换热器，若冷凝液的温度低于饱和温度，式(6-10)变为

$$Q = W_h[r + c_{ph}(T_s - T_2)] = W_c c_{pc}(t_2 - t_1) \tag{6-11}$$

式中，c_p 为冷凝液的定压比热容，kJ/(kg·℃)；T_s 为冷凝液的饱和温度，℃。

3. 总传热系数

总传热系数 K(简称传热系数)是评价换热器性能的一个重要参数，也是对换热器进行传热计算的依据。K 的数值取决于流体的物性、传热过程的操作条件及换热器的类型等，因而 K 值变化范围很大。在换热器的传热计算中，传热系数 K 的来源主要有以下几个方面。

(1)总传热系数的计算

1)总传热系数计算公式

总传热系数计算公式可利用串联热阻叠加的原理导出。当冷、热流体通过间壁换热时，其传热机理如下：

① 热流体以对流方式将热量传给高温壁面；

② 热量由高温壁面以导热方式通过间壁传给低温壁面；

③ 热量由低温壁面以对流方式传给冷流体。

由此可见，冷、热流体通过间壁换热是一个"对流-传导-对流"的串联过程。对稳态传热过程，各串联环节传热速率必然相等，即

$$dQ = \alpha_i(T - T_w)dS_i = \frac{k}{b}(T_w - t_w)dS_m = \alpha_o(t_w - t)dS_o \tag{6-12}$$

或
$$dQ = \frac{T-T_w}{\dfrac{1}{\alpha_i dS_i}} = \frac{T_w - t_w}{\dfrac{b}{k dS_m}} = \frac{t_w - t}{\dfrac{1}{\alpha_o dS_o}} \tag{6-12a}$$

式中，α_i、α_o 为间壁内侧、外侧流体的对流传热系数，$W/(m^2 \cdot \text{℃})$；T_w 为间壁与热流体接触一侧的壁面温度，℃；t_w 为间壁与冷流体接触一侧的壁面温度，℃；k 为间壁的热导率，$W/(m \cdot \text{℃})$；b 为间壁的厚度，m。

根据串联热阻叠加原理，可得

$$dQ = \frac{(T-T_w)+(T_w-t_w)+(t_w-t)}{\dfrac{1}{\alpha_i dS_i} + \dfrac{b}{k dS_m} + \dfrac{1}{\alpha_o dS_o}} = \frac{T-t}{\dfrac{1}{\alpha_i dS_i} + \dfrac{b}{k dS_m} + \dfrac{1}{\alpha_o dS_o}}$$

上式两边均除以 dS_o，可得

$$\frac{dQ}{dS_o} = \frac{T-t}{\dfrac{dS_o}{\alpha_i dS_i} + \dfrac{b dS_o}{k dS_m} + \dfrac{1}{\alpha_o}}$$

由式(6-3)及式(6-3a)，可得

$$\frac{dQ}{dS_o} = \frac{T-t}{\dfrac{d_o}{\alpha_i d_i} + \dfrac{b d_o}{k d_m} + \dfrac{1}{\alpha_o}} \tag{6-13}$$

比较式(6-2)和式(6-13)，得

$$K_o = \frac{1}{\dfrac{d_o}{\alpha_i d_i} + \dfrac{b d_o}{k d_m} + \dfrac{1}{\alpha_o}} \tag{6-14}$$

同理可得

$$K_i = \frac{1}{\dfrac{1}{\alpha_i} + \dfrac{b d_i}{k d_m} + \dfrac{\alpha_i}{\alpha_o d_o}} \tag{6-14a}$$

$$K_m = \frac{1}{\dfrac{d_m}{\alpha_i d_i} + \dfrac{b}{k} + \dfrac{d_m}{\alpha_o d_o}} \tag{6-14b}$$

式(6-14)、式(6-14a)、式(6-14b)即为总传热系数的计算式。总传热系数也可以表示为热阻的形式。由式(6-14)得

$$\frac{1}{K_o} = \frac{d_o}{\alpha_i d_i} + \frac{b d_o}{k d_m} + \frac{1}{\alpha_o} \tag{6-15}$$

前已述及，总传热系数大多以外表面积作为基准，故 $K = K_o$，因此总传热系数的通用计算公式为

$$K = \frac{1}{\dfrac{d_o}{\alpha_i d_i} + \dfrac{b d_o}{k d_m} + \dfrac{1}{\alpha_o}} \tag{6-16}$$

2）污垢热阻的影响

换热器在实际操作中，传热表面上常有污垢积存，对传热产生附加热阻，该热阻称为污垢热阻。通常污垢热阻比传热壁的热阻大得多，因而设计中应考虑污垢热阻的影响。

影响污垢热阻的因素很多，如物料的性质、传热壁面的材料、操作条件、设备结构、清

洗周期等。由于污垢层的厚度及其热导率难以准确地估计，因此通常选用一些经验值，某些常见流体的污垢热阻的经验值列于附录十四中。

设管壁内、外侧表面上的污垢热阻分别为 R_{si} 及 R_{so}，根据串联热阻叠加原理，式(6-16)可表示为

$$K = \frac{1}{\dfrac{d_o}{\alpha_i d_i} + R_{si}\dfrac{d_o}{d_i} + \dfrac{b d_o}{k d_m} + R_{so} + \dfrac{1}{\alpha_o}} \tag{6-17}$$

或

$$\frac{1}{K} = \frac{d_o}{\alpha_i d_i} + R_{si}\frac{d_o}{d_i} + \frac{b d_o}{k d_m} + R_{so} + \frac{1}{\alpha_o} \tag{6-17a}$$

式(6-17)表明，间壁两侧流体间传热总热阻等于两侧流体的对流传热热阻、污垢热阻及管壁导热热阻之和。

若传热面为平壁或薄管壁时，d_i、d_o 和 d_m 相等或近于相等，则式(6-17a)可简化为

$$\frac{1}{K} = \frac{1}{\alpha_i} + R_{si} + \frac{b}{k} + R_{so} + \frac{1}{\alpha_o} \tag{6-18}$$

当管壁热阻 $\left(\dfrac{b}{k}\right)$ 和污垢热阻(R_{si}、R_{so})均可忽略时，式(6-18)可简化为

$$\frac{1}{K} = \frac{1}{\alpha_i} + \frac{1}{\alpha_o}$$

若 $\alpha_i \gg \alpha_o$，则 $1/K \approx 1/\alpha_o$，称为管壁外侧对流传热控制，此时欲提高 K 值，关键在于提高管壁外侧的对流传热系数；若 $\alpha_o \gg \alpha_i$，则 $1/K \approx 1/\alpha_i$，称为管壁内侧对流传热控制，此时欲提高 K 值，关键在于提高内侧的对流传热系数。由此可见，K 值总是接近于 α 小的流体的对流传热系数值，且永远小于 α 的值。若 $\alpha_i \approx \alpha_o$，则称为管内、外侧对流传热控制，此时必须同时提高两侧的对流传热系数，才能提高 K 值。同样，若管壁两侧对流传热系数很大，即两侧的对流传热热阻很小，而污垢热阻很大，则称为污垢热阻控制，此时欲提高 K 值，必须设法减慢污垢形成速率或及时清除污垢。

(2)总传热系数的测定

对于已有的换热器，可以通过测定有关数据，如设备的尺寸、流体的流量和温度等，然后由传热基本方程式计算 K 值。显然，这样得到的总传热系数 K 值最为可靠，但是其使用范围受到限制，只有用于与所测情况相一致的场合(包括设备类型、尺寸、物料性质、流动状况等)才准确。但若使用情况与测定情况相近，所测 K 值仍有一定的参考价值。

实测 K 值的意义，不仅可以为换热器设计提供依据，而且可以分析了解所用换热器的性能，寻求提高设备传热能力的途径。

(3)总传热系数的推荐值

在实际设计计算中，总传热系数通常采用推荐值。这些推荐值是从实践中积累或通过实验测定获得的。总传热系数的推荐值可从有关手册中查得，附录二十列出了管壳式换热器的总传热系数 K 的推荐值，可供设计时参考。

在选用总传热系数推荐值时，应注意以下几点：

① 设计中管程和壳程的流体应与所选的管程和壳程的流体相一致；

② 设计中流体的性质(黏度等)和状态(流速等)应与所选的流体性质和状态相一致；

③ 设计中换热器的类型应与所选的换热器的类型相一致；

④ 总传热系数的推荐值一般范围很大，设计时可根据实际情况选取中间的某一数值。若需降低设备费可选取较大的 K 值；若需降低操作费可选取较小的 K 值。

【例 6-1】　在某管壳式换热器中用冷水冷却油。换热管为 $\phi 25mm \times 2.5mm$ 的钢管，水在管内流动，管内水侧对流传热系数为 $3490W/(m^2 \cdot ℃)$；油在管外流动，管外油侧对流传热系数为 $258W/(m^2 \cdot ℃)$。换热器使用一段时间后，管壁两侧均有污垢形成，水侧污垢热阻为 $0.00025m^2 \cdot ℃/W$，油侧污垢热阻为 $0.000172m^2 \cdot ℃/W$，管壁热导率为 $45W/(m \cdot ℃)$。试求：(1)基于管外表面积的总传热系数；(2)产生污垢后，热阻增加的百分数。

解　(1)由式(6-17)得

$$K = \cfrac{1}{\cfrac{d_o}{\alpha_i d_i} + R_{si}\cfrac{d_o}{d_i} + \cfrac{bd_o}{kd_m} + R_{so} + \cfrac{1}{\alpha_o}}$$

$$= \cfrac{1}{\cfrac{0.025}{3490 \times 0.02} + 0.00025 \times \cfrac{0.025}{0.02} + \cfrac{0.0025 \times 0.025}{45 \times 0.0225} + 0.000172 + \cfrac{1}{258}}$$

$$= 209.2W/(m^2 \cdot ℃)$$

(2)产生污垢后，热阻增加的百分数为

$$\cfrac{0.00025 \times \cfrac{0.025}{0.02} + 0.000172}{\cfrac{1}{209.2} - \left(0.00025 \times \cfrac{0.025}{0.02} + 0.000172\right)} \times 100\% = 11.28\%$$

【例 6-2】　某空气冷却器，空气在管外横向流过，管外侧的对流传热系数为 $85W/(m^2 \cdot ℃)$，冷却水在管内流过，管内侧的对流传热系数为 $4200W/(m^2 \cdot ℃)$。冷却管为 $\phi 25mm \times 2.5mm$ 的钢管，其热导率为 $45W/(m \cdot ℃)$。试求：(1)总传热系数；(2)若将管外对流传热系数 α_o 提高一倍，其他条件不变，总传热系数增加的百分率；(3)若将管内对流传热系数 α_i 提高一倍，其他条件不变，总传热系数增加的百分率。

设管内、外侧污垢热阻可忽略。

解　(1)由式(6-16)得

$$K = \cfrac{1}{\cfrac{d_o}{\alpha_i d_i} + \cfrac{bd_o}{kd_m} + \cfrac{1}{\alpha_o}} = \cfrac{1}{\cfrac{0.025}{4200 \times 0.02} + \cfrac{0.0025 \times 0.025}{45 \times 0.0225} + \cfrac{1}{85}} = 82.5W/(m^2 \cdot ℃)$$

(2)α_o 提高一倍，传热系数为

$$K = \cfrac{1}{\cfrac{0.025}{4200 \times 0.02} + \cfrac{0.0025 \times 0.025}{45 \times 0.0225} + \cfrac{1}{2 \times 85}} = 160.2W/(m^2 \cdot ℃)$$

$$传热系数增加的百分率 = \cfrac{160.2 - 82.5}{82.5} \times 100\% = 94.2\%$$

(3)α_i 提高一倍，传热系数为

$$K = \cfrac{1}{\cfrac{0.025}{2 \times 4200 \times 0.02} + \cfrac{0.0025 \times 0.025}{45 \times 0.0225} + \cfrac{1}{85}} = 83.5W/(m^2 \cdot ℃)$$

$$传热系数增加的百分率 = \cfrac{83.5 - 82.5}{82.5} \times 100\% = 1.2\%$$

通过计算可以看出，气侧的热阻远大于水侧的热阻，故该换热过程为气侧热阻控制，此时将气侧对流传热系数提高一倍，总传热系数显著提高，而提高水侧对流传热系数，总传热系数变化不大。

6.2.2 传热计算方法

换热器的传热计算通常采用平均温度差法和传热单元数法。

1. 平均温度差法

前已述及，总传热速率方程式(6-1)是换热器传热计算的基本关系式。在该方程中，冷、热流体的温度差 Δt 是传热过程的推动力，它随着传热过程冷、热流体的温度变化而改变。因此，将式(6-1)用于整个换热器时，必须对该方程进行积分。若以 Δt_m 表示传热过程冷、热流体的平均温度差，则积分结果可表示为

$$Q=KS\Delta t_m \tag{6-19}$$

式(6-19)为总传热速率方程的积分形式，用该式进行传热计算时需先计算出 Δt_m，故此方法称为平均温度差法。很显然，随着冷、热流体在传热过程中温度变化情况不同，Δt_m 的计算也不相同。就换热器中冷、热流体温度变化情况而言，有恒温传热和变温传热两种，现分别予以讨论。

(1)恒温传热时的平均温度差

换热器中间壁两侧的流体均存在相变时，两流体温度可以分别保持不变，这种传热称为恒温传热。例如蒸发器中，饱和蒸气和沸腾液体间的传热就是恒温传热。此时，冷、热流体的温度均不随位置变化，两者温度差处处相等，即 $\Delta t=T-t$，显然流体的流动方向对 Δt 也无影响。因此，恒温传热时的平均温度差 $\Delta t_m=\Delta t$，故有

$$Q=KS\Delta t \tag{6-20}$$

(2)变温传热时的平均温度差

当换热器中间壁两侧流体的温度发生变化，这种情况下的传热称为变温传热。变温传热时，若两流体的相互流向不同，则对温度差的影响也不相同，故应分别予以讨论。

1)逆流和并流时的平均温度差

在换热器中，两流体若以相反的方向流动，称为逆流；若以相同的方向流动称为并流，如图 6-22 所示。由图可见，温度差是沿管长而变化的，下面以逆流为例，推导计算平均温度差的通式。

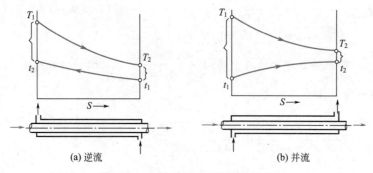

图 6-22 变温传热时的温度差变化

推导平均温度差时，需对传热过程作以下简化假定：a. 传热为稳态过程；b. 两流体的定压比热容均为常量或可取为换热器进、出口温度下的平均值；c. 总传热系数 K 为常量，即 K 值不随换热器的管长而变化；d. 忽略热损失。

由式(6-8)$dQ = -W_h c_{ph} dT = W_c c_{pc} dt$，根据假定条件 a 和 b，可得

$$\frac{dQ}{dT} = -W_h c_{ph} = 常数, \qquad \frac{dQ}{dt} = W_c c_{pc} = 常数$$

因此，Q-T 及 Q-t 都是直线关系，可分别表示为

$$T = mQ + k, \qquad t = m'Q + k'$$

上两式相减，可得

$$T - t = \Delta t = (m - m')Q + (k - k')$$

由上式可知，Δt 与 Q 也呈直线关系。将上述诸直线定性地绘于图 6-23 中。由图 6-23 可以看出，Q-Δt 的直线斜率为

$$\frac{d(\Delta t)}{dQ} = \frac{\Delta t_2 - \Delta t_1}{Q}$$

将式(6-1)代入上式得

$$\frac{d(\Delta t)}{K \Delta t \, dS} = \frac{\Delta t_2 - \Delta t_1}{Q}$$

根据假定条件 c，K 为常数，积分上式

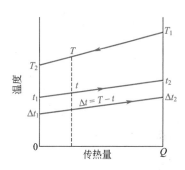

图 6-23　逆流时平均温度差的推导

$$\frac{1}{K} \int_{\Delta t_1}^{\Delta t_2} \frac{d(\Delta t)}{\Delta t} = \frac{\Delta t_2 - \Delta t_1}{Q} \int_0^S dS$$

得

$$\frac{1}{K} \ln \frac{\Delta t_2}{\Delta t_1} = \frac{\Delta t_2 - \Delta t_1}{Q} S$$

则

$$Q = KS \frac{\Delta t_2 - \Delta t_1}{\ln \dfrac{\Delta t_2}{\Delta t_1}} = KS \Delta t_m \tag{6-21}$$

其中

$$\Delta t_m = \frac{\Delta t_2 - \Delta t_1}{\ln \dfrac{\Delta t_2}{\Delta t_1}} \tag{6-22}$$

由此可见，Δt_m 等于换热器两端温度差的对数平均值，称为对数平均温度差。在工程计算中，当 $\Delta t_2 / \Delta t_1 \leqslant 2$ 时，用算术平均温度差[$\Delta t_m = (\Delta t_1 - \Delta t_2)/2$]代替对数平均温度差，其误差不超过 4%。

同理，若换热器中两流体作并流流动，也可导出与式(6-22)完全相同的结果。因此，式(6-22)是计算逆流和并流时平均温度差 Δt_m 的通式。在应用式(6-22)时，通常将换热器两端温度差 Δt 中数值大者写成 Δt_2，小者写成 Δt_1，这样计算 Δt_m 较为简便。

【例 6-3】　某炼油厂在原料油的炼制过程中需要将原料油由 25℃ 预热到 100℃。预热器为一单程管壳式换热器，原料油在管程流动，壳程的加热介质为 195℃ 的重油。原料油的流量为 15000kg/h，比热容为 1.95kJ/(kg·℃)；重油的流量为 16500kg/h，比热容为 2.18kJ/(kg·℃)。试分别计算换热器采用逆流、并流操作时的平均温度差和传热面积。设在两种情况下的总传热系数均为 260W/(m²·℃)。

解 重油的出口温度可通过热量衡算得出

$$Q = W_c c_{pc}(t_2 - t_1) = 15000 \times 1.95 \times (100 - 25) = 2.194 \times 10^6 \, kJ/h$$

$$Q = W_h c_{ph}(T_1 - T_2) = 16500 \times 2.18 \times (195 - T_2) = 2.194 \times 10^6 \, kJ/h$$

解得

$$T_2 = 134 \, ℃$$

逆流操作时

$$
\begin{array}{lll}
\text{热流体温度 } T & 195 \rightarrow 134 \\
\text{冷流体温度 } t & 100 \leftarrow 25 \\
\hline
\text{温度差} \quad \Delta t & 95 \quad 109
\end{array}
$$

$$\Delta t_m = \frac{\Delta t_2 - \Delta t_1}{\ln \dfrac{\Delta t_2}{\Delta t_1}} = \frac{109 - 95}{\ln \dfrac{109}{95}} = 101.8 \, ℃$$

$$S = \frac{Q}{K \Delta t_m} = \frac{2.194 \times 10^6 \times 1000}{3600 \times 260 \times 101.8} = 23.0 \, m^2$$

并流操作时

$$
\begin{array}{lll}
\text{热流体温度 } T & 195 \rightarrow 134 \\
\text{冷流体温度 } t & 25 \rightarrow 100 \\
\hline
\text{温度差} \quad \Delta t & 170 \quad 34
\end{array}
$$

$$\Delta t_m = \frac{\Delta t_2 - \Delta t_1}{\ln \dfrac{\Delta t_2}{\Delta t_1}} = \frac{170 - 34}{\ln \dfrac{170}{34}} = 84.5 \, ℃$$

$$S = \frac{Q}{K \Delta t_m} = \frac{2.194 \times 10^6 \times 1000}{3600 \times 260 \times 84.5} = 27.7 \, m^2$$

> 比较可知，在冷、热流体的初、终温度相同的条件下，逆流的平均温差较并流的为大。因此，在换热器的传热量 Q 及总传热系数 K 值相同的条件下，采用逆流操作，若换热介质流量一定时可以节省传热面积，减少设备费；若传热面积一定时，可减少换热介质的流量，降低操作费，因而工业上多采用逆流操作。

2) 错流和折流时的平均温度差

为了强化传热，管壳式换热器的管程和壳程常采用多程。因此，换热器中两流体并非作简单的逆流或并流，而是作比较复杂的多程流动或互相垂直的交叉流动，如图 6-24 所示。在图 6-24(a) 中，两流体的流向互相垂直，称为错流；在图 6-24(b) 中，一流体沿一个方向流动，而

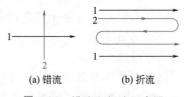

图 6-24　错流和折流示意图

(a) 错流　　　　(b) 折流

另一流体反复折流，称为简单折流。若两流体均作折流，或既有折流又有错流，则称为复杂折流或混合流。

两流体呈错流和折流流动时，平均温度差 Δt_m 的计算较为复杂。为便于计算，通常将解析结果以算图的形式表达出来，然后通过算图进行计算，该方法即为安德伍德（Underwood）和鲍曼（Bowman）图算法。其基本思路是先按逆流计算对数平均温度差，然

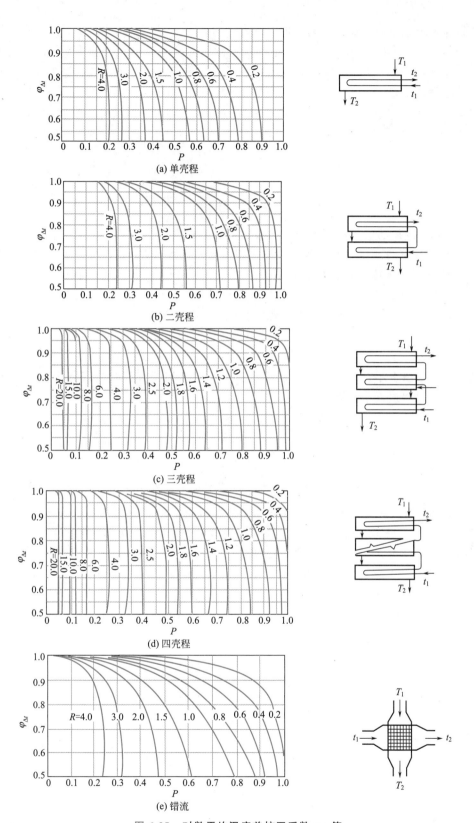

(a) 单壳程

(b) 二壳程

(c) 三壳程

(d) 四壳程

(e) 错流

图 6-25　对数平均温度差校正系数 $\varphi_{\Delta t}$ 值

后再乘以考虑流动方向的校正因素。即
$$\Delta t_m = \varphi_{\Delta t} \Delta t'_m \qquad (6\text{-}23)$$
式中，$\Delta t'_m$ 为按逆流计算的对数平均温度差，$℃$；$\varphi_{\Delta t}$ 为温度差校正系数，量纲为 1。

具体步骤如下：

① 根据冷、热流体的进、出口温度，算出纯逆流条件下的对数平均温度差 $\Delta t'_m$；

② 按下式计算因数 R 和 P
$$R = \frac{T_1 - T_2}{t_2 - t_1} = \frac{\text{热流体的温降}}{\text{冷流体的温升}}$$
$$P = \frac{t_2 - t_1}{T_1 - t_1} = \frac{\text{冷流体的温升}}{\text{两流体的最初温度差}}$$

③ 根据 R 和 P 的值，从算图中查出温度差校正系数 $\varphi_{\Delta t}$；

④ 将纯逆流条件下的对数平均温度差乘以温度差校正系数 $\varphi_{\Delta t}$，即得所求的 Δt_m。

图 6-25 所示为温度差校正系数算图，其中(a)、(b)、(c)、(d)分别适用于单壳程、二壳程、三壳程及四壳程，每个单壳程内的管程可以是 2、4、6 或 8 程，图(e)适用于错流。对于其他复杂流动的 $\varphi_{\Delta t}$，可从有关传热的手册或书籍中查取。

由图 6-25 可见，$\varphi_{\Delta t}$ 值恒小于 1，这是由于各种复杂流动中同时存在逆流和并流的缘故，因此它们的 Δt_m 比纯逆流时为小。通常在换热器的设计中规定，$\varphi_{\Delta t}$ 值不应小于 0.8，否则 Δt_m 值太小，经济上不合理。若低于此值，则应考虑增加壳方程数，或将多台换热器串联使用，使传热过程接近于逆流。

对于 1-2 型(单壳程、双管程)换热器，$\varphi_{\Delta t}$ 还可用下式计算，即
$$\varphi_{\Delta t} = \frac{\sqrt{R^2+1}}{R-1} \ln\left(\frac{1-P}{1-P \cdot R}\right) \bigg/ \ln\left[\frac{(2/P)-1-R+\sqrt{R^2+1}}{(2/P)-1-R-\sqrt{R^2+1}}\right] \qquad (6\text{-}24)$$
对于 1-2n 型(如 1-4、1-6 等)换热器，也可近似使用上式计算 $\varphi_{\Delta t}$。

【例 6-4】 在一单壳程、二管程的管壳式换热器中，用水冷却热油。冷水在管程流动，进口温度为 15℃，出口温度为 40℃，热油在壳程流动，进口温度为 110℃，出口温度为 50℃。热油的流量为 1.5kg/s，平均比热容为 1.92kJ/(kg·℃)。若总传热系数为 500W/(m²·℃)，试求换热器的传热面积。设换热器的热损失可忽略。

解 换热器的传热量为
$$Q = W_h c_{ph}(T_1 - T_2) = 1.5 \times 1.92 \times 10^3 (110-50) = 1.73 \times 10^5 \text{W}$$
$$\Delta t'_m = \frac{\Delta t_2 - \Delta t_1}{\ln \dfrac{\Delta t_2}{\Delta t_1}} = \frac{(110-40)-(50-15)}{\ln \dfrac{110-40}{50-15}} = 50.5℃$$
$$R = \frac{T_1 - T_2}{t_2 - t_1} = \frac{110-50}{40-15} = 2.4, \qquad P = \frac{t_2 - t_1}{T_1 - t_1} = \frac{40-15}{110-15} = 0.263$$
由图 6-25(a)中查得，$\varphi_{\Delta t} = 0.9$，所以
$$\Delta t_m = \varphi_{\Delta t} \Delta t'_m = 0.9 \times 50.5 = 45.5℃$$
$$S = \frac{Q}{K \Delta t_m} = \frac{1.73 \times 10^5}{500 \times 45.5} = 7.6 \text{m}^2$$

【例 6-5】 在一传热面积为 40m² 的单程管壳式换热器中，用冷水将常压下的纯苯蒸气冷凝成饱和液体。已知冷水的流量为 50000kg/h，其温度由 20℃升高至 35℃，水的平均比

热容为 $4.17kJ/(kg \cdot \text{℃})$。常压下苯的沸点为 80.1℃，汽化热为 $394kJ/kg$。设换热器的热损失可忽略，试核算换热器的总传热系数并计算苯的处理量。

解 本例题为一侧恒温的传热过程，设苯在常压下的沸点为 T_s，则

$$\Delta t_2 = T_s - t_1, \qquad \Delta t_1 = T_s - t_2$$

$$\Delta t_m = \frac{\Delta t_2 - \Delta t_1}{\ln \dfrac{\Delta t_2}{\Delta t_1}} = \frac{t_2 - t_1}{\ln \dfrac{T_s - t_1}{T_s - t_2}}$$

由 $Q = W_c c_{pc}(t_2 - t_1) = KS\Delta t_m$ 得

$$\ln \frac{T_s - t_1}{T_s - t_2} = \frac{KS}{W_c c_{pc}}$$

$$K = \frac{\ln \dfrac{T_s - t_1}{T_s - t_2} \cdot W_c c_{pc}}{S} = \frac{\ln \dfrac{80.1 - 20}{80.1 - 35} \times \dfrac{50000}{3600} \times 4.17 \times 10^3}{40}$$

$$= 415.7 W/(m^2 \cdot \text{℃})$$

由 $W_h r = W_c c_{pc}(t_2 - t_1)$ 得

$$W_h = \frac{W_c c_{pc}(t_2 - t_1)}{r} = \frac{50000 \times 4.17(35 - 20)}{394} = 7938 kg/h$$

上述两个例题中，前者为设计型计算，后者为校核型计算。

2. 传热单元数法

传热单元数(*NTU*)法又称传热效率-传热单元数(ε-*NTU*)法，是近年来迅速发展的一种换热器计算方法。该法在换热器的校核计算、换热器系统最优化计算方面得到了广泛的应用。例如，换热器的校核计算通常是对一定尺寸和结构的换热器，确定流体的出口温度。因温度为未知数，若用对数平均温度差法求解，就必须反复试算。此时，采用 ε-*NTU* 法较为简便。

(1)传热效率与传热单元数

1)传热效率 ε

换热器的传热效率 ε 定义为

$$\varepsilon = \frac{\text{实际的传热量 } Q}{\text{最大可能的传热量 } Q_{max}}$$

当换热器的热损失可以忽略，实际传热量等于冷流体吸收的热量或热流体放出的热量，即两流体均无相变时

$$Q = W_c c_{pc}(t_2 - t_1) = W_h c_{ph}(T_1 - T_2)$$

而最大可能的传热量为流体在换热器中可能发生的最大温差变化时的传热量。不论在哪种型式的换热器中，理论上，热流体能被冷却到的最低温度为冷流体的进口温度 t_1，而冷流体则至多能被加热到热流体的进口温度 T_1，因而冷、热流体的进口温度之差 $(T_1 - t_1)$ 便是换热器中可能达到的最大温度差。由热量衡算知，若忽略热损失时，热流体放出的热量等于冷流体吸收的热量，则两流体中 Wc_p 值较小的流体将具有较大的温度变化。因此，最大可能传热量可用式(6-25)表示，即

$$Q_{max} = (Wc_p)_{min}(T_1 - t_1) \tag{6-25}$$

式中，Wc_p 称为流体的热容量流率，下标 min 表示两流体中热容量流率较小者，并称此流体为最小值流体。

若热流体为最小值流体，则传热效率为

$$\varepsilon = \frac{W_h c_{ph}(T_1 - T_2)}{W_h c_{ph}(T_1 - t_1)} = \frac{T_1 - T_2}{T_1 - t_1} \tag{6-26}$$

若冷流体为最小值流体，则传热效率为

$$\varepsilon = \frac{W_c c_{pc}(t_2 - t_1)}{W_c c_{pc}(T_1 - t_1)} = \frac{t_2 - t_1}{T_1 - t_1} \tag{6-26a}$$

应予指出，换热器的传热效率只是说明流体可用能量被利用的程度和作为传热计算的一种手段，并不说明某一换热器在经济上的优劣。

若已知传热效率，则可确定换热器的传热量，即

$$Q = \varepsilon Q_{max} = \varepsilon (W c_p)_{min}(T_1 - t_1) \tag{6-27}$$

2）传热单元数 NTU

由换热器的热量衡算及总传热速率微分方程得

$$dQ = -W_h c_{ph} dT = W_c c_{pc} dt = K(T - t) dS$$

对于冷流体，上式可改写为

$$\frac{dt}{T - t} = \frac{K dS}{W_c c_{pc}}$$

积分上式得

$$\int_{t_1}^{t_2} \frac{dt}{T - t} = \int_0^S \frac{K dS}{W_c c_{pc}} \tag{6-28}$$

若 K、c_{pc} 为常数，则式（6-28）可简化为

$$\int_{t_1}^{t_2} \frac{dt}{T - t} = \frac{KS}{W_c c_{pc}} \tag{6-28a}$$

设换热器的换热管直径为 d，长度为 L，管数为 n，则

$$\int_{t_1}^{t_2} \frac{dt}{T - t} = \frac{KS}{W_c c_{pc}} = \frac{K(n\pi dL)}{W_c c_{pc}}$$

故

$$L = \frac{W_c c_{pc}}{n\pi dK} \int_{t_1}^{t_2} \frac{dt}{T - t}$$

令 $H_c = \dfrac{W_c c_{pc}}{n\pi dK}$ 及 $(NTU)_c = \displaystyle\int_{t_1}^{t_2} \frac{dt}{T - t}$，则

$$L = H_c(NTU)_c \tag{6-29}$$

式中，H_c 为基于冷流体的传热单元长度，m；$(NTU)_c$ 为基于冷流体的传热单元数。

对于热流体，同样可写出

$$H_h = \frac{W_h c_{ph}}{n\pi dK} \quad \text{及} \quad (NTU)_h = \int_{T_2}^{T_1} \frac{dT}{T - t}$$

则

$$L = H_h(NTU)_h \tag{6-30}$$

式中，H_h 为基于热流体的传热单元长度，m；$(NTU)_h$ 为基于热流体的传热单元数。

由此可知，换热器的长度（对于一定的管径）等于传热单元数和传热单元长度的乘积。其中传热单元数是温度的量纲为1函数，它反映传热推动力和传热所要求的温度变化。传热推动力愈大，所要求的温度变化愈小，则所需的传热单元数愈少。传热单元长度是长度量纲，是传热的热阻和流体流动状况的函数。总传热系数愈大，则传热单元长度愈小，即所需传热面积愈小。

(2)传热效率与传热单元数的关系

现以单程并流换热器为例，推导传热效率与传热单元数的关系。

由总传热速率方程 $Q = KS\Delta t_m$，并流时对数平均温度差为

$$\Delta t_m = \frac{(T_1 - t_1) - (T_2 - t_2)}{\ln\dfrac{T_1 - t_1}{T_2 - t_2}}$$

将上式代入总传热速率方程，并整理得

$$\frac{T_2 - t_2}{T_1 - t_1} = \exp\left[-KS\left(\frac{T_1 - T_2}{Q} + \frac{t_2 - t_1}{Q}\right)\right]$$

由热量衡算式

$$Q = W_c c_{pc}(t_2 - t_1) = W_h c_{ph}(T_1 - T_2)$$

代入上式，得

$$\frac{T_2 - t_2}{T_1 - t_1} = \exp\left[-\frac{KS}{W_c c_{pc}}\left(1 + \frac{W_c c_{pc}}{W_h c_{ph}}\right)\right] \tag{6-31}$$

若冷流体为最小值流体，并令 $C_{min} = W_c c_{pc}$，$C_{max} = W_h c_{ph}$，$C_R = \dfrac{C_{min}}{C_{max}}$（$C_R$ 称为**热容量流率比**），则

$$NTU = \frac{KS}{C_{min}} = \frac{KS}{W_c c_{pc}}$$

将上述关系式代入式(6-31)，得

$$\frac{T_2 - t_2}{T_1 - t_1} = \exp[-(NTU)(1 + C_R)] \tag{6-32}$$

因

$$T_2 = T_1 - \frac{W_c c_{pc}}{W_h c_{ph}}(t_2 - t_1) = T_1 - C_R(t_2 - t_1)$$

所以

$$\frac{T_2 - t_2}{T_1 - t_1} = \frac{T_1 - C_R(t_2 - t_1) - t_2}{T_1 - t_1} = \frac{(T_1 - t_1) - C_R(t_2 - t_1) - (t_2 - t_1)}{T_1 - t_1}$$

$$= 1 - (1 + C_R)\left(\frac{t_2 - t_1}{T_1 - t_1}\right) = 1 - \varepsilon(1 + C_R)$$

将上式代入式(6-32)，得

$$\varepsilon = \frac{1 - \exp[-(NTU)(1 + C_R)]}{1 + C_R} \tag{6-33}$$

若热流体为最小值流体，则式(6-33)中 NTU 和 C_R 分别为

$$NTU = \frac{KS}{C_{min}} = \frac{KS}{W_h c_{ph}}, \qquad C_R = \frac{C_{min}}{C_{max}} = \frac{W_h c_{ph}}{W_c c_{pc}}$$

同理，对于单程逆流换热器，可推导出传热效率与传热单元数的关系为

$$\varepsilon = \frac{1 - \exp[-(NTU)(1 - C_R)]}{1 - C_R \exp[-(NTU)(1 - C_R)]} \tag{6-34}$$

当两流体中任一流体发生相变时，C_{max} 趋于无穷大，式(6-33)和式(6-34)均可简化为

$$\varepsilon = 1 - \exp[-(NTU)] \tag{6-35}$$

当两流体的热容量流率相等，即 $C_R = 1$ 时，式(6-33)和式(6-34)可分别简化为

$$\varepsilon = \frac{1 - \exp[-2(NTU)]}{2} \tag{6-36}$$

及
$$\varepsilon = \frac{NTU}{1 + NTU} \tag{6-37}$$

对于其他比较复杂的流动型式，也可推导出 ε 与 NTU 和 C_R 之间的函数关系式。为便于计算，将这些函数关系式绘成算图，以供查用。图 6-26、图 6-27 及图 6-28 分别为并流、逆流和折流时的 ε-NTU 图，其他流动型式的图线可查阅有关的文献。

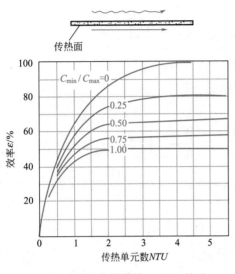

图 6-26　并流换热器的 **ε-NTU** 关系

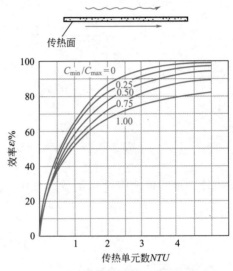

图 6-27　逆流换热器的 **ε-NTU** 关系

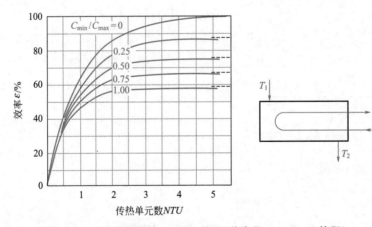

图 6-28　折流换热器的 **ε-NTU** 关系(单壳程，2、4、6 管程)

(3)传热单元数法

采用 ε-NTU 法进行换热器校核计算的具体步骤如下：

① 根据换热器的工艺及操作条件，计算(或选取)总传热系数 K；

② 计算 $W_h c_{ph}$ 及 $W_c c_{pc}$，选择 $(Wc_p)_{max}$ 及 $(Wc_p)_{min}$；

③ 计算：

$$NTU = \frac{KS}{(Wc_p)_{min}} \quad \text{及} \quad C_R = \frac{(Wc_p)_{min}}{(Wc_p)_{max}}$$

④ 根据换热器中流体流动的型式，由 NTU 和 C_R 查得相应的 ε；

⑤ 根据冷、热流体进口温度及 ε，可求出传热量 Q 及冷、热流体的出口温度。

应予指出，一般在设计换热器时宜采用平均温度差法，在校核换热器时宜采用 ε-NTU 法。

【例 6-6】 在一传热面积为 12.5m² 的逆流套管换热器中，用冷水冷却热油。已知冷水的流量为 2400kg/h，进口温度为 26℃；热油的流量为 8600kg/h，进口温度为 115℃。水和热油的平均比热容分别为 4.18kJ/(kg·℃) 及 1.9kJ/(kg·℃)。试计算水的出口温度及传热量。

设总传热系数为 320W/(m²·℃)，热损失可忽略不计。

解 本题采用 ε-NTU 法计算。

$$W_h c_{ph} = \frac{8600}{3600} \times 1.9 \times 10^3 = 4539 \text{W/℃}$$

$$W_c c_{pc} = \frac{2400}{3600} \times 4.18 \times 10^3 = 2787 \text{W/℃}$$

比较得，冷水为最小值流体。

$$C_R = \frac{C_{min}}{C_{max}} = \frac{2787}{4539} = 0.614, \qquad NTU = \frac{KS}{C_{min}} = \frac{320 \times 12.5}{2787} = 1.44$$

查图 6-27，得

$$\varepsilon = 0.63 \varepsilon = \frac{t_2 - t_1}{T_1 - t_1} = 0.63$$

所以

$$t_2 = 0.63 \times (115 - 26) + 26 = 82.1℃$$

换热器的传热量为

$$Q = \varepsilon C_{min}(T_1 - t_1) = 0.63 \times 2787 \times (115 - 26) = 1.56 \times 10^5 \text{ W}$$

【例 6-7】 在一单壳程、双管程的管壳式换热器中，冷、热流体进行热交换。已知两流体的进、出口温度分别为 $T_1 = 200℃$，$T_2 = 93℃$，$t_1 = 35℃$，$t_2 = 85℃$。当冷流体流量减少一半，热流体的流量及冷、热流体的进口温度不变时，试求两流体的出口温度和传热量减少的百分数。假设流体的物性及总传热系数不变，换热器热损失可忽略。

解 本题采用 ε-NTU 法计算。由于 $W_c c_{pc}(t_2 - t_1) = W_h c_{ph}(T_1 - T_2)$，$t_2 - t_1 = 85 - 35 = 50℃$，$T_1 - T_2 = 200 - 93 = 107℃$，所以 $W_c c_{pc} > W_h c_{ph}$，热流体为最小值流体。

原工况下

$$\varepsilon = \frac{T_1 - T_2}{T_1 - t_1} = \frac{107}{165} = 0.65, \qquad C_R = \frac{W_h c_{ph}}{W_c c_{pc}} = \frac{t_2 - t_1}{T_1 - T_2} = \frac{50}{107} = 0.47$$

查图 6-28，得 $NTU = 1.62$。由 $NTU = \frac{KS}{(Wc_p)_{min}}$ 得

$$KS = (NTU)(Wc_p)_{min} = 1.62 W_h c_{ph}$$

新工况下设热流体仍为最小值流体

$$C_R' = \frac{W_h c_{ph}}{W_c c_{pc}'} = \frac{W_h c_{ph}}{\frac{1}{2} W_c c_{pc}} = 2 \times 0.47 = 0.94$$

$$(NTU)' = (NTU) = 1.62$$

查图 6-28，得 $\varepsilon' = 0.54$。因 $\varepsilon' = \frac{T_1 - T_2}{T_1 - t_1}$，所以

$$T'_2 = T_1 - \varepsilon'(T_1 - t_1) = 200 - 0.54(200 - 35) = 110.9\text{℃}$$

$$C'_R = \frac{t'_2 - t_1}{T_1 - T'_2} = 0.94$$

$$t'_2 = 0.94(T_1 - T'_2) + t_1 = 0.94(200 - 110.9) + 35 = 118.8\text{℃}$$

因为 $t'_2 - t_1 = 118.8 - 35 = 83.8\text{℃}$，$T_1 - T'_2 = 200 - 110.9 = 89.1\text{℃}$，所以 $W'_c c_{pc} > W_h c_{ph}$。故假设新工况下热流体为最小值流体正确。

原工况下的传热量 $\qquad\qquad Q = W_c c_{pc}(t_2 - t_1)$

新工况下的传热量 $\qquad\qquad Q' = W'_c c_{pc}(t'_2 - t_1)$

故传热量减少的百分数为

$$\frac{Q - Q'}{Q} \times 100\% = \frac{W_c c_{pc}(t_2 - t_1) - W'_c c_{pc}(t'_2 - t_1)}{W_c c_{pc}(t_2 - t_1)} \times 100\%$$

$$= \frac{(t_2 - t_1) - \frac{1}{2}(t'_2 - t_1)}{(t_2 - t_1)} \times 100\% = \frac{50 - \frac{1}{2} \times 83.8}{50} \times 100\% = 16.2\%$$

6.3 换热器传热过程的强化

所谓换热器传热过程的强化就是力求使换热器在单位时间内、单位传热面积传递的热量尽可能增多。其意义在于：在设备投资及输送功耗一定的条件下，获得较大的传热量，从而增大设备容量，提高装置生产率；在保证设备容量不变情况下使其结构更加紧凑，减少占有空间，节约材料，降低成本；在某种特定技术过程使某些工艺特殊要求得以实施等。本节将对传热过程的强化途径予以讨论。

6.3.1 传热过程的强化途径

换热器传热计算的基本关系式揭示了换热器中传热速率 Q 与传热系数 K、平均温度差 Δt_m 以及传热面积 S 之间的关系。根据此式，要使 Q 增大，无论是增加 K、Δt_m，还是 S 都能收到一定的效果，工艺设计和生产实践中大多是从这些方面进行传热过程的强化的。

1. 增大传热面积

增大传热面积，可以提高换热器的传热速率。但增大传热面积不能靠增大换热器的尺寸来实现，而是要从设备的结构入手，提高单位体积的传热面积。工业上往往通过改进传热面的结构来实现。目前已研制出并成功使用了多种高效能传热面，它不仅使传热面得到充分的扩展，而且还使流体的流动和换热器的性能得到相应的改善。现介绍几种主要型式。

① **翅化面（肋化面）** 用翅（肋）片来扩大传热面面积和促进流体的湍动从而提高传热效率，是人们在改进传热面进程中最早推出的方法之一。翅化面的种类和形式很多，用材广泛，制造工艺多样，前面讨论的翅片管式换热器、板翅式换热器等均属此类。翅片结构通常用于传热面两侧传热系数小的场合，对气体换热尤为有效。

② **异形表面** 用轧制、冲压、打扁或爆炸成型等方法将传热面制造成各种凹凸形、波纹形、扁平状等，使流道截面的形状和大小均发生变化。这不仅使传热表面有所增加，

还使流体在流道中的流动状态不断改变，增加扰动，减少边界层厚度，从而促使传热强化。强化传热管就是管壳式换热中常用的结构，工程上常用的强化传热管的形式如图6-29所示。

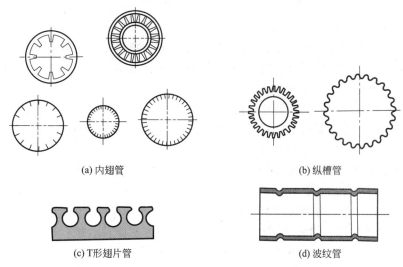

(a) 内翅管

(b) 纵槽管

(c) T形翅片管

(d) 波纹管

图 6-29　强化传热管的形式

　　③ **多孔物质结构**　将细小的金属颗粒烧结或涂敷于传热表面或填充于传热表面间，以实现扩大传热面积的目的。其结构如图 6-30 所示。表面烧结法制成的多孔层厚度一般为 $0.25\sim1\text{mm}$，空隙率为 $50\%\sim65\%$，孔径为 $1\sim150\mu m$。这种多孔表面，不仅增大了传热面积，而且还改善了换热状况，对于沸腾传热过程的强化特别有效。

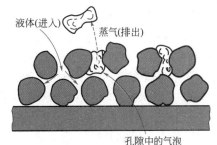

液体(进入)　蒸气(排出)

孔隙中的气泡

图 6-30　多孔表面

　　④ **采用小直径管**　在管式换热器设计中，减少管子直径，可增加单位体积的传热面积，这是因为管径减小，可以在相同体积内布置更多的传热面，使换热器的结构更为紧凑。据推算，在壳径为 1000mm 以下的管壳式换热器中，把换热管直径由 $\phi25\text{mm}$ 改为 $\phi19\text{mm}$，传热面积可增加 35％以上。另一方面，减少管径后，使管内湍流换热的层流内层减薄，有利于传热的强化。

　　应予指出，上述方法可提高单位体积的传热面积，使传热过程得到强化。但同时由于流道的变化，往往会使流动阻力有所增加，故设计时应综合比较，全面考虑。

　　2. 增大平均温度差

　　增大平均温度差，可以提高换热器的传热效率。平均温度差的大小主要取决于两流体的温度条件和两流体在换热器中的流动型式。一般来说，物料的温度由生产工艺来决定，不能随意变动，而加热介质或冷却介质的温度由于所选介质不同，可以有很大的差异。例如，在化工中常用的加热介质是饱和水蒸气，若提高蒸汽的压力就可以提高蒸汽的温度，从而提高平均温度差。但需指出的是，提高介质的温度必须考虑到技术上的可行性和经济上的合理性。另外，采用逆流操作或增加管壳式换热器的壳程数使 $\varphi_{\Delta t}$ 增大，均可得到较大的平均温度差。

3. 增大总传热系数

增大总传热系数，可以提高换热器的传热效率。总传热系数的计算公式为

$$K = \cfrac{1}{\cfrac{d_\text{o}}{\alpha_\text{i} d_\text{i}} + R_\text{si}\cfrac{d_\text{o}}{d_\text{i}} + \cfrac{b d_\text{o}}{k d_\text{m}} + R_\text{so} + \cfrac{1}{\alpha_\text{o}}}$$

由此可见，要提高 K 值，就必须减少各项热阻。但因各项热阻所占比例不同，故应设法减少对 K 值影响较大的热阻。一般来说，在金属材料换热器中，金属材料壁面较薄且热导率高，不会成为主要热阻；污垢热阻是一个可变因素，在换热器刚投入使用时，污垢热阻很小，不会成为主要矛盾，但随着使用时间的加长，污垢逐渐增加，便可成为阻碍传热的主要因素；对流传热热阻经常是传热过程的主要矛盾，也应是着重研究的内容。

减少热阻的主要方法有如下几种。

① **提高流体的速度**　加大流速，使流体的湍动程度加剧，可减少传热边界层中层流内层的厚度，提高对流传热系数，也即减少了对流传热的热阻。例如在管壳式换热器中增加管程数和壳程的挡板数，可分别提高管程和壳程的流速。

② **增强流体的扰动**　增强流体的扰动，可使层流内层减薄，使对流传热热阻减少。例如在管式换热器中，采用各种异形管或在管内加装麻花铁、螺旋圈或金属卷片等添加物，均可增强流体的扰动。

③ **在流体中加固体颗粒**　在流体中加固体颗粒，一方面由于固体颗粒的扰动和搅拌作用，使对流传热系数加大，对流传热热阻减小；另一方面由于固体颗粒不断冲刷壁面，减少了污垢的形成，使污垢热阻减小。

④ **在气流中喷入液滴**　在气流中喷入液滴能强化传热，其原因是液雾改善了气相放热强度低的缺点，当气相中液雾被固体壁面捕集时，气相换热变成了液膜换热，液膜表面蒸发传热强度极高，因而使传热得到强化。

⑤ **采用短管换热器**　采用短管换热器能强化对流传热，其原理在于流动入口段对传热的影响。在流动入口处，由于层流内层很薄，对流传热系数较高。据报道，短管换热器的总传热系数较普通的管壳式换热器可提高 5～6 倍。

⑥ **防止结垢和及时清除垢层**　为了防止结垢，可增加流体的速度，加强流体的扰动；为便于清除垢层，使易结垢的流体在管程流动或采用可拆式的换热器结构，定期进行清垢和检修。

6.3.2　传热过程强化效果的评价

前已述及，增大传热面积 S、提高平均温度差 Δt_m 及总传热系数 K 可使换热器的传热过程得以强化，但单纯追求 S、Δt_m 及 K 的提高是不行的。因为所采取的强化措施往往使流动阻力增大，其他方面的消耗或要求增高。因此，在采取强化措施的时候，要对设备结构、制造费用、动力消耗、运行维修等予以全面考虑，采取经济而合理的强化方法。

评价传热强化效果的方法，通常是在输送功耗相等的条件下，比较传热系数，考虑它们在不同 Re、Pr 和强化方法下传热系数的大小，即

$$\left(\frac{K}{K_\text{o}}\right)_\text{P} = f(Re, Pr \text{ 强化效果}) \tag{6-38}$$

式中，K 为强化后的传热系数；K_o 为未强化时的传热系数；下标 P 表示在输送功耗相等的条件下进行比较。

当 $\left(\dfrac{K}{K_o}\right)_P > 1$ 时，说明传热强化取得了积极的效果，它是传热强化的目标函数。

应予指出，$\left(\dfrac{K}{K_o}\right)_P$ 是一个重要的评价指标，但不是唯一的标准。由于在换热器的应用中往往有不同的要求，因此，传热强化不能单独追求高的传热强度，在制定方案时，需要根据实际情况综合考虑。

【例 6-8】 某制药厂拟设计一台单管程列管式换热器，用作废丙酮溶剂回收精馏塔的塔顶冷凝器。塔顶上升的蒸气(可视为纯丙酮)走壳程，流量为 2500kg/h，温度为 56.3℃，在壳程被冷凝为同温度的液体；管程走冷却水，冷却水的进、出口温度分别为 25.5℃ 和 32.5℃。

(1)若采用 40 根 $\phi25mm\times2.5mm$ 的换热管，试计算换热管的有效长度；(2)若维持水的流量、流速及进、出口温度不变，改用 $\phi19mm\times2mm$ 的换热管，试计算换热管的有效长度。

已知：丙酮的汽化潜热为 525kJ/kg，冷凝传热系数为 6500W/(m² · ℃)；管壁的热导率为 17W/(m · ℃)；使用 $\phi25mm\times2.5mm$ 的换热管时，管内侧的对流传热系数为 1100W/(m² · ℃)；垢层热阻可忽略。

解 (1)$\phi25mm\times2.5mm$ 换热管的有效长度

冷凝器的热负荷为

$$Q = W_h r = 2500 \times 525 = 1.313 \times 10^6 \, kJ/h$$

平均温度差为

$$\Delta t_m = \frac{(T_s - t_1) - (T_s - t_2)}{\ln \dfrac{(T_s - t_1)}{(T_s - t_2)}} = \frac{30.8 - 23.8}{\ln \dfrac{30.8}{23.8}} = 27.1℃$$

总传热系数为

$$\frac{1}{K} = \frac{d_o}{\alpha_i d_i} + \frac{bd_o}{kd_m} + \frac{1}{\alpha_o} = \frac{0.025}{1100 \times 0.02} + \frac{0.0025 \times 0.025}{17 \times 0.0225} + \frac{1}{6500} = 0.00145$$

$$K = 687.9W/(m^2 \cdot ℃)$$

$$S = \frac{Q}{K \Delta t_m} = \frac{1.313 \times 10^6 \times 1000}{3600 \times 687.9 \times 27.1} = 19.56m^2$$

$$L = \frac{S}{n\pi d} = \frac{19.56}{40 \times 3.14 \times 0.025} = 6.229m$$

(2)$\phi19mm\times2mm$ 换热管的有效长度

$$\alpha_i' = \alpha_i \left(\frac{d_i}{d_i'}\right)^{0.2} = 1100 \times \left(\frac{0.020}{0.015}\right)^{0.2} = 1165.1W/(m^2 \cdot ℃)$$

$$\frac{1}{K'} = \frac{d_o'}{\alpha_i' d_i'} + \frac{b'd_o'}{kd_m'} + \frac{1}{\alpha_o} = \frac{0.019}{1165.1 \times 0.015} + \frac{0.002 \times 0.019}{17 \times 0.017} + \frac{1}{6500} = 0.00137$$

$$K' = 729.9W/(m^2 \cdot ℃)$$

$$S' = \frac{Q}{K' \Delta t_m} = \frac{1.313 \times 10^6 \times 1000}{3600 \times 729.9 \times 27.1} = 18.44m^2$$

由于水的流量、流速不变，故

$$\frac{\pi}{4}d^2 un = \frac{\pi}{4}d'^2 un'$$

$$n' = n\left(\frac{d}{d'}\right)^2 = 40 \times \left(\frac{0.025}{0.019}\right)^2 \approx 70$$

$$L' = \frac{S'}{n'\pi d'} = \frac{18.44}{70 \times 3.14 \times 0.019} = 4.415\text{m}$$

💡 计算结果表明,改换细管后,总传热系数增大,传热效果提高,故完成同一冷凝任务所需的换热面积减小。若保持水的流量、流速不变,则所需的换热管有效长度减小。

6.4 管壳式换热器的设计和选型

管壳式换热器是一种传统的标准换热设备。它具有制造方便、选材面广、适应性强、处理量大、清洗方便、运行可靠、能承受高温高压等优点,在许多工业部门中大量使用。尤其是在石油、化工、热能、动力等工业部门所使用的换热器中,管壳式换热器居主导地位。

6.4.1 管壳式换热器的型号与系列标准

鉴于管壳式换热器应用极广,为便于设计、制造、安装和使用,有关部门已制定了管壳式换热器系列标准。

1. 管壳式换热器的基本参数和型号表示方法

(1)基本参数

管壳式换热器的基本参数包括:①公称换热面积 S_N;②公称直径 D_N;③公称压力 P_N;④换热器管长度 L;⑤换热管规格;⑥管程数 N_p。

(2)型号表示方法

管壳式换热器的型号由五部分组成:

$$\underset{1}{X}\ \underset{2}{XXXX}\ \underset{3}{X}\ \underset{4}{-XX}\ \underset{5}{-XXX}$$

1——换热器代号;2——公称直径 D_N,mm;3——管程数:Ⅰ、Ⅱ、Ⅳ、Ⅵ;4——公称压力 P_N,MPa;5——公称换热面积 S_N,m²。

例如 D_N1000mm、P_N 1.6MPa 的 4 管程、换热面积为 170m² 的固定管板式换热器的型号为

G1000 Ⅳ-1.6-170 (G 为固定管板式换热器的代号)

2. 管壳式换热器的系列标准

固定管板式换热器及浮头式换热器的系列标准列于附录十九中,其他形式的管壳式换热器的系列标准可参考有关手册。

6.4.2 管壳式换热器的设计与选型方法

换热器的设计是通过计算,确定经济合理的传热面积及换热器的其他有关尺寸,以完成生产中所要求的传热任务。

1. 设计的基本原则

(1)流体流径的选择

流体流径的选择是指在管程和壳程各走哪一种流体,此问题受多方面因素的制约,下面以固定管板式换热器为例,介绍一些选择的原则。

① 不洁净和易结垢的流体宜走管程,因为管程清洗比较方便。

② 腐蚀性的流体宜走管程,以免管子和壳体同时被腐蚀,且管程便于检修与更换。

③ 压力高的流体宜走管程,以免壳体受压,可节省壳体金属消耗量。

④ 被冷却的流体宜走壳程,可利用壳体对外的散热作用,增强冷却效果。

⑤ 饱和蒸汽宜走壳程,以便于及时排除冷凝液,且蒸汽较洁净,一般不需清洗。

⑥ 有毒易污染的流体宜走管程,以减少泄漏量。

⑦ 流量小或黏度大的流体宜走壳程,因流体在有折流挡板的壳程中流动,由于流速和流向的不断改变,在低 $Re(Re>100)$ 下即可达到湍流,以提高传热系数。

⑧ 若两流体温差较大,宜使对流传热系数大的流体走壳程,因壁面温度与 α 大的流体接近,以减小管壁与壳壁的温差,减小温差应力。

以上讨论的原则并不是绝对的,对具体的流体来说,上述原则可能是相互矛盾的。因此,在选择流体的流径时,必须根据具体的情况,抓住主要矛盾进行确定。

(2)流体流速的选择

流体流速的选择涉及传热系数、流动阻力及换热器结构等方面。增大流速,可加大对流传热系数,减少污垢的形成,使总传热系数增大;但同时使流动阻力加大,动力消耗增多;选择高流速,使管子的数目减小,对一定换热面积,不得不采用较长的管子或增加程数,管子太长不利于清洗,单程变为多程使平均传热温差下降。因此,一般需通过多方面权衡选择适宜的流速。表 6-1 至表 6-3 列出了常用的流速范围,可供设计时参考。选择流速时,应尽可能避免在层流下流动。

表 6-1 管壳式换热器中常用的流速范围

流体的种类		一般流体	易结垢液体	气体
流速/(m/s)	管程	0.5～3.0	>1.0	5.0～30
	壳程	0.2～1.5	>0.5	3.0～15

表 6-2 管壳式换热器中不同黏度液体的常用流速

液体黏度/mPa·s	>1500	1500～500	500～100	100～35	35～1	<1
最大流速/(m/s)	0.6	0.75	1.1	1.5	1.8	2.4

表 6-3 管壳式换热器中易燃、易爆液体的安全允许速度

液体名称	乙醚、二硫化碳、苯	甲醇、乙醇、汽油	丙酮
安全允许速度/(m/s)	<1	<2～3	<10

(3)冷却介质(或加热介质)终温的选择

在换热器的设计中,进、出换热器物料的温度一般是由工艺确定的,而冷却介质(或加热介质)的进口温度一般为已知,出口温度则由设计者确定。如用冷却水冷却某种热流体,

水的进口温度可根据当地气候条件作出估计，而出口温度需经过经济权衡确定。为了节约用水，可使水的出口温度高些，但所需传热面积加大；反之，为减小传热面积，则可增加水量，降低出口温度。一般来说，设计时冷却水的温度差可取 5~10℃。缺水地区可选用较大的温差，水源丰富地区可选用较小的温差。若用加热介质加热冷流体，可按同样的原则选择加热介质的出口温度。

(4) 换热管的选择

① **管子规格**　管壳式换热器系列标准中只采用 $\phi25mm\times2.5mm$ 及 $\phi19mm\times2mm$ 两种管径规格的换热管。对于洁净的流体，可选择小管径，对于易结垢或不洁净的流体，可选择大管径。

② **管长**　管长的选择以清理方便和合理使用管材为原则。我国生产的标准钢管长度为 6m，故系列标准中管长有 1.5m、2m、3m 和 6m 四种。此外管长 L 和壳径 D 的比例应适当，一般 L/D 为 4~6。

(5) 管间距的确定

管子的中心距 t 称为管间距，管间距小，有利于提高传热系数，且设备紧凑。但由于制造上的限制，一般 $t=1.25~1.5d_o$，d_o 为管的外径。常用的 d_o 与 t 的对比关系见表 6-4。

表 6-4　管壳式换热器 t 与 d_o 的关系

换热管外径 d_o/mm	10	14	19	25	32	38	45	57
换热管中心距 t/mm	14	19	25	32	40	48	57	72

(6) 管程数和壳程数的确定

① **管程数的确定**　当换热器的换热面积较大而管子又不能很长时，就得排列较多的管子，为了提高流体在管内的流速，需将管束分程。但是程数过多，导致管程流动阻力加大，动力能耗增大，同时多程会使平均温差下降，设计时应权衡考虑。管壳式换热器系列标准中管程数有 1、2、4、6 四种。采用多程时，通常应使每程的管子数相等。

管程数 N_p 可按下式计算，即

$$N_p=\frac{u}{u'} \tag{6-39}$$

式中，u 为管程内流体的适宜速度，m/s；u' 为管程内流体的实际速度，m/s。

② **壳程数的确定**　当温度差校正系数 $\varphi_{\Delta t}<0.8$ 时，应采用壳方多程。壳方多程可通过安装与管束平行的隔板来实现。流体在壳内流经的次数称壳程数。但由于壳程隔板在制造、安装和检修方面都很困难，故一般不宜采用。常用的方法是将几个换热器串联使用，以代替壳方多程，如图 6-31 所示。

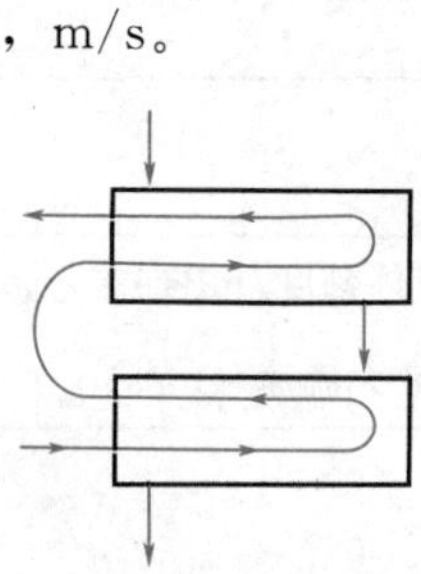

(7) 折流挡板的选用

安装折流挡板的目的是为了加大壳程流体的速度，使湍动程度加剧，提高壳程流体的对流传热系数。

折流挡板有弓形、圆盘形、分流形等形式，其中以弓形挡板应

图 6-31　串联管壳式换热器的示意图

用最多。挡板的形状和间距对壳程流体的流动和传热有重要的影响。弓形挡板的弓形缺口过大或过小都不利于传热，往往还会增加流动阻力。通常切去的弓形高度为外壳内径的10%~40%，常用的为 20% 和 25% 两种。挡板应按等间距布置，挡板最小间距应不小于壳体内径

的 1/5，且不小于 50mm；最大间距不应大于壳体内径。系列标准中采用的板间距为：固定管板式有 150mm、300mm 和 600mm 三种；浮头式有 150mm、200mm、300mm、480mm 和 600mm 五种。板间距过小，不便于制造和检修，阻力也较大；板间距过大，流体难以垂直流过管束，使对流传热系数下降。

挡板弓形缺口及板间距对流体流动的影响如图 6-32 所示。为了使所有的折流挡板能固定在一定的位置上，通常采用拉杆和定距管结构。

(a) 缺口高度过小，　　　　(b) 正常　　　　(c) 缺口高度过大，
　　板间距过大　　　　　　　　　　　　　　　　板间距过小

图 6-32　挡板弓形缺口高度及板间距的影响

应予指出，换热器的折流构件除通用的折流挡板外，还有其他一些型式，如近年来开发出的折流盘等，详细介绍见有关专业书籍。

(8) 外壳直径的确定

换热器壳体的直径可采用作图法确定，即根据计算出的实际管数、管长、管中心距及管子的排列方式等，通过作图得出管板直径，换热器壳体的内径应等于或稍大于管板的直径。但当管数较多又需要反复计算时，用作图法就太麻烦。一般在初步设计中，可参考壳体系列标准或通过估算初选外壳直径，待全部设计完成后，再用作图法画出管子的排列图。为使管子排列均匀，防止流体走"短路"，可以适当地增加一些管子或安排一些拉杆。

初步设计可用下式估算外壳直径

$$D = t(n_c - 1) + 2b' \tag{6-40}$$

式中，D 为壳体直径，m；t 为管中心距，m；n_c 为位于管束中心线上的管数；b' 为管束中心线上最外层管的中心至壳体内壁的距离，一般取 $b' = (1 \sim 1.5)d_o$，m。

n_c 值可由下面公式估算：

管子按正三角形排列　　　　　　　$n_c = 1.1\sqrt{n}$ 　　　　　　　　　(6-41)

管子按正方形排列　　　　　　　　$n_c = 1.19\sqrt{n}$ 　　　　　　　　(6-42)

式中，n 为换热器的总管数。

应予指出，按上述方法计算出壳体内径后应圆整，壳体标准常用的有 159mm、273mm、400mm、500mm、600mm、800mm、1000mm、1100mm、1200mm 等。

(9) 流体通过换热器的流动阻力 (压降) 计算

流体流经管壳式换热器的阻力，应按管程和壳程分别计算。

① **管程流动阻力的计算**　对于多管程换热器，其总阻力 $\sum \Delta p_i$ 为各程直管阻力、回弯阻力及进、出口阻力之和。相比之下，进、出口阻力较小，一般可忽略不计。因此，管程总阻力的计算公式为

$$\sum \Delta p_i = (\Delta p_1 + \Delta p_2) F_t N_S N_p \tag{6-43}$$

式中，Δp_1 为因直管摩擦阻力引起的压降，Pa；Δp_2 为因回弯阻力引起的压降，Pa；F_t 为管程结垢校正系数，量纲为 1，对 $\phi 25\text{mm} \times 2.5\text{mm}$ 的管子 $F_t = 1.4$，对 $\phi 19\text{mm} \times 2\text{mm}$ 的管子 $F_t = 1.5$；N_S 为串联的壳程数；N_p 为管程数。

式(6-43)中的直管阻力可按一般摩擦阻力公式计算；回弯阻力由下面的经验公式估算，即

$$\Delta p_2 = 3\left(\frac{\rho u_i^2}{2}\right) \tag{6-44}$$

② **壳程流动阻力的计算**　用于计算壳程流动阻力的公式很多，由于壳程流体的流动状况较为复杂，用不同的公式计算结果差别很大。下面介绍比较通用的埃索计算公式。

$$\sum \Delta p_o = (\Delta p_1' + \Delta p_2') F_s N_s \tag{6-45}$$

其中

$$\Delta p_1' = F f_o n_c (N_B + 1) \frac{\rho u_o^2}{2} \tag{6-46}$$

$$\Delta p_2' = N_B \left(3.5 - \frac{2z}{D}\right) \frac{\rho u_o^2}{2} \tag{6-47}$$

式中，$\Delta p_1'$ 为流体流过管束的压降，Pa；$\Delta p_2'$ 为流体通过折流挡板缺口的压降，Pa；F_s 为壳程结垢校正系数，量纲为 1，对于液体 $F_s = 1.15$，对气体或蒸气 $F_s = 1.0$；F 为管子排列方式对压降的校正系数，对正三角形排列 $F = 0.5$，对转角正方形排列 $F = 0.4$，对正方形排列 $F = 0.3$；f_o 为壳程流体的摩擦系数，当 $Re_o > 500$ 时，$f_o = 5.0 Re_o^{-0.228}$，其中 $Re_o = d_o u_o \rho / \mu$；$N_B$ 为折流挡板数；z 为折流挡板间距，m；u_o 为按壳程流通截面积 A_o 计算的流速，m/s，而 $A_o = z(D - n_c d_o)$。

2. 设计与选型的具体步骤

管壳式换热器设计计算的一般步骤如下。

(1)估算传热面积，初选换热器型号

① 根据换热任务，计算传热量。

② 确定流体在换热器中的流动途径。

③ 确定流体在换热器中两端的温度，计算定性温度，确定在定性温度下的流体物性。

④ 计算平均温度差，并根据温度差校正系数不应小于 0.8 的原则，确定壳程数或调整加热介质或冷却介质的终温。

⑤ 根据两流体的温差和设计要求，确定换热器的型式。

⑥ 依据换热流体的性质及设计经验，选取总传热系数值 $K_{选}$。

⑦ 依据总传热速率方程，初步算出传热面积 S，并确定换热器的基本尺寸或按系列标准选择设备规格。

(2)计算管、壳程压降

根据初选的设备规格，计算管、壳程的流速和压降，检查计算结果是否合理或满足工艺要求。若压降不符合要求，要调整流速，再确定管程和折流挡板间距，或选择其他型号的换热器，重新计算压降直至满足要求为止。

(3)核算总传热系数

计算管、壳程对流传热系数，确定污垢热阻 R_{si} 和 R_{so}，再计算总传热系数 $K_{计}$，然后与 $K_{选}$ 值比较，若 $K_{计}/K_{选} = 1.15 \sim 1.25$，则初选的换热器合适，否则需另选 $K_{选}$ 值，重复上述计算步骤。

应予指出，随着计算机模拟技术的不断发展和广泛应用，越来越多的用于换热器设计的软件被开发出来。常用的换热器设计软件有 HTRI、Aspen plus 等，详细介绍可参考有关书籍。

【例 6-9】 某化工厂在生产过程中，需将纯苯液体从 80℃ 冷却到 55℃，其流量为 20000kg/h。冷却介质采用 35℃ 的循环水。要求换热器的管程和壳程压降不大于 10kPa，试选用合适型号的换热器。

解 （1）估算传热面积，初选换热器型号

① 基本物性数据的查取 苯的定性温度为 $\dfrac{80+55}{2}=67.5℃$。根据设计经验，选择冷却水的温升为 8℃，则水的出口温度为 $t_2=35+8=43℃$，水的定性温度为 $\dfrac{35+43}{2}=39℃$。

查得苯在定性温度下的物性数据 $\rho=828.6kg/m^3$，$c_p=1.841kJ/(kg \cdot ℃)$，$k=0.129W/(m \cdot ℃)$，$\mu=0.352 \times 10^{-3}Pa \cdot s$。

查得水在定性温度下的物性数据 $\rho=992.3kg/m^3$，$c_p=4.174kJ/(kg \cdot ℃)$，$k=0.633W/(m \cdot ℃)$，$\mu=0.67 \times 10^{-3}Pa \cdot s$。

② 热负荷计算

$$Q=W_h c_{ph}(T_1-T_2)=\frac{20000}{3600} \times 1.841 \times 10^3(80-55)=2.56 \times 10^5 W$$

冷却水耗量

$$W_c=\frac{Q}{c_{pc}(t_2-t_1)}=\frac{2.56 \times 10^5}{4.174 \times 10^3(43-35)}=7.67kg/s$$

③ 确定流体的流径 该设计任务的热流体为苯，冷流体为水，为使苯通过壳壁面向空气中散热，提高冷却效果，令苯走壳程，水走管程。

④ 计算平均温度差 暂按单壳程、双管程考虑，先求逆流时平均温度差：

$$
\begin{array}{lccc}
苯 & 80 & \rightarrow & 55 \\
冷却水 & 43 & \leftarrow & 35 \\
\hline
\Delta t & 37 & & 20
\end{array}
$$

$$\Delta t'_m=\frac{\Delta t_2-\Delta t_1}{\ln \dfrac{\Delta t_2}{\Delta t_1}}=\frac{37-20}{\ln \dfrac{37}{20}}=27.6℃$$

计算 R 和 P

$$R=\frac{T_1-T_2}{t_2-t_1}=\frac{80-55}{43-35}=3.125$$

$$P=\frac{t_2-t_1}{T_1-t_1}=\frac{43-35}{80-35}=0.178$$

由 R、P 值，查图 6-25(a)，$\varphi_{\Delta t}=0.94$，因 $\varphi_{\Delta t}>0.8$，选用单壳程可行。

$$\Delta t_m=\varphi_{\Delta t} \Delta t'_m=0.94 \times 27.6=25.9℃$$

⑤ 选 K 值，估算传热面积。参照附录二十，取 $K=450W/(m^2 \cdot ℃)$

$$S=\frac{Q}{K \Delta t_m}=\frac{2.56 \times 10^5}{450 \times 25.9}=22m^2$$

⑥ 初选换热器型号 由于两流体温差<50℃，可选用固定管板式换热器。由固定管板式换热器的系列标准，初选换热器型号为：G400Ⅱ-1.6-22。

主要参数如下：

外壳直径	400mm	公称压力	1.6MPa
公称面积	22m²	管子尺寸	$\phi 25 \times 2.5$
管子数	102	管长	3000mm
管中心距	32mm	管程数 N_p	2
管子排列方式	正三角形	管程流通面积	0.016m²

实际换热面积

$$S_o = n\pi d_o(L-0.1) = 102 \times 3.14 \times 0.025(3-0.1) = 23.2 \text{m}^2$$

采用此换热面积的换热器，则要求过程的总传热系数为

$$K_o = \frac{Q}{S_o \Delta t_m} = \frac{2.56 \times 10^5}{23.2 \times 25.9} = 426 \text{W/(m}^2 \cdot \text{℃)}$$

(2)核算压降

① 管程压降

$$\sum \Delta p_i = (\Delta p_1 + \Delta p_2)F_t N_s N_p$$

其中 $F_t = 1.4, N_S = 1, N_p = 2$。管程流速

$$u_i = \frac{V_s}{A_i} = \frac{7.67}{992.3 \times 0.016} = 0.483 \text{m/s}$$

$$Re_i = \frac{d_i u_i \rho}{\mu} = \frac{0.02 \times 0.483 \times 992.3}{0.67 \times 10^{-3}} = 1.43 \times 10^4 \text{（湍流）}$$

对于碳钢管，取管壁粗糙度 $\varepsilon = 0.1\text{mm}$

$$\frac{\varepsilon}{d_i} = \frac{0.1}{20} = 0.005$$

由第 1 章中 λ-Re 关系图查得 $\lambda = 0.037$

$$\Delta p_1 = \lambda \frac{L}{d_i} \frac{\rho u_i^2}{2} = 0.037 \times \frac{3}{0.02} \times \frac{992.3 \times 0.483^2}{2} = 642.4 \text{Pa}$$

$$\Delta p_2 = 3\left(\frac{\rho u_i^2}{2}\right) = 3\left(\frac{992.3 \times 0.483^2}{2}\right) = 347.2 \text{Pa}$$

$$\sum \Delta p_i = (642.4 + 347.2) \times 1.4 \times 2 = 2771 \text{Pa} \quad (<10\text{kPa})$$

② 壳程压降

$$\sum \Delta p_o = (\Delta p_1' + \Delta p_2')F_s N_s$$

其中 $F_s = 1.15, N_S = 1$。

$$\Delta p_1' = F f_o n_c (N_B + 1)\frac{\rho u_o^2}{2}$$

管子为正三角形排列 $F = 0.5$，$n_c = 1.1\sqrt{n} = 1.1\sqrt{102} = 11.1$，取折流挡板间距 $z = 0.15\text{m}$，$\frac{1}{5}D < z < D$，$N_B = \frac{L}{z} - 1 = \frac{3}{0.15} - 1 = 19$，则壳程流通面积

$$A_o = z(D - n_c d_o) = 0.15(0.4 - 11.1 \times 0.025) = 0.0184 \text{m}^2$$

壳程流速

$$u_o = \frac{V_s}{A_o} = \frac{20000}{3600 \times 828.6 \times 0.0184} = 0.364 \text{m/s}$$

$$Re_o = \frac{d_o u_o \rho}{\mu} = \frac{0.025 \times 0.364 \times 828.6}{0.352 \times 10^{-3}} = 2.14 \times 10^4 \text{（>500）}$$

$$f_o = 5.0 Re_o^{-0.228} = 5.0 \times (2.14 \times 10^4)^{-0.228} = 0.515$$

所以
$$\Delta p_1' = 0.5 \times 0.515 \times 11.1(19+1) \times \frac{828.6 \times 0.364^2}{2} = 3138\text{Pa}$$

$$\Delta p_2' = N_B\left(3.5 - \frac{2z}{D}\right)\frac{\rho u_o^2}{2} = 19\left(3.5 - \frac{2 \times 0.15}{0.4}\right)\frac{828.6 \times 0.364^2}{2} = 2868\text{Pa}$$

$$\sum \Delta p_o = (3138 + 2868) \times 1.15 \times 1 = 6907\text{Pa} \quad (<10\text{kPa})$$

计算结果表明，管程和壳程的压降均能满足设计条件。

(3)核算总传热系数

① 管程对流传热系数 α_i
$$Re_i = 1.43 \times 10^4 (>1 \times 10^4)$$

$$Pr_i = \frac{c_p \mu}{k} = \frac{4.174 \times 10^3 \times 0.67 \times 10^{-3}}{0.633} = 4.42$$

$$\alpha_i = 0.023\frac{k}{d_i}Re_i^{0.8}Pr^{0.4} = 0.023\frac{0.633}{0.02} \times (1.43 \times 10^4)^{0.8} \times 4.42^{0.4} = 2783\text{W}/(\text{m}^2 \cdot \text{℃})$$

② 壳程对流传热系数 α_o（Kern 法）
$$\alpha_o = 0.36\left(\frac{k}{d_e}\right)\left(\frac{d_e u_o \rho}{\mu}\right)^{0.55}\left(\frac{c_p \mu}{k}\right)^{1/3}\left(\frac{\mu}{\mu_w}\right)^{0.14}$$

管子为正三角形排列，则
$$d_e = \frac{4\left(\frac{\sqrt{3}}{2}t^2 - \frac{\pi}{4}d_o^2\right)}{\pi d_o} = \frac{4\left(\frac{\sqrt{3}}{2} \times 0.032^2 - \frac{\pi}{4} \times 0.025^2\right)}{\pi \times 0.025} = 0.02\text{m}$$

$$A = zD\left(1 - \frac{d_o}{t}\right) = 0.15 \times 0.4\left(1 - \frac{0.025}{0.032}\right) = 0.0131\text{m}^2$$

$$u_o = \frac{V_s}{A} = \frac{20000}{3600 \times 828.6 \times 0.0131} = 0.512\text{m/s}$$

壳程中苯被冷却，取 $\left(\frac{\mu}{\mu_w}\right)^{0.14} = 0.95$

$$\alpha_o = 0.36\left(\frac{0.129}{0.02}\right)\left(\frac{0.02 \times 0.512 \times 828.6}{0.352 \times 10^{-3}}\right)^{0.55}\left(\frac{1.841 \times 10^3 \times 0.352 \times 10^{-3}}{0.129}\right)^{1/3} \times 0.95$$
$$= 971.4\text{W}/(\text{m}^2 \cdot \text{℃})$$

③ 污垢热阻 参考附录十四，管内、外侧污垢热阻分别取为 $R_{si} = 2.00 \times 10^{-4}\text{m}^2 \cdot \text{℃/W}$，$R_{so} = 1.72 \times 10^{-4}\text{m}^2 \cdot \text{℃/W}$

④ 总传热系数 K 管壁热阻可忽略时，总传热系数 K 为
$$K = \frac{1}{\dfrac{1}{\alpha_o} + R_{so} + R_{si}\dfrac{d_o}{d_i} + \dfrac{d_o}{\alpha_i d_i}}$$

$$K = \frac{1}{\dfrac{1}{971.4} + 0.000172 + 0.0002 \times \dfrac{0.025}{0.02} + \dfrac{0.025}{2783 \times 0.02}} = 526.2\text{W}/(\text{m}^2 \cdot \text{℃})$$

$$K_计/K_选 = 526.2/426 = 1.24$$

故所选择的换热器是合适的，安全系数为
$$\frac{526.2 - 426}{426} \times 100\% = 23.52\%$$

设计结果：选用固定管板式换热器，型号 G400Ⅱ-1.6-22。

英文

A——流通面积，m^2；

c_p——定压质量热容，$kJ/(kg \cdot ℃)$；

C_R——热容量流率比；

d——换热管直径，m；

D——换热器壳径，m；

f——范宁摩擦系数；

F——校正系数；

H——传热单元长度，m；

I——焓，kJ/kg；

k——热导率，$W/(m \cdot ℃)$；

K——总传热系数，$W/(m^2 \cdot ℃)$；

l——长度，m；

L——换热管长度，m；

n——管数；

N——程数；

NTU——传热单元数；

p——压力，Pa；

P——因数；

Q——传热速率，W；

r——汽化热，kJ/kg；

R——因数；

S——传热面积，m^2；

t——管中心距，m；

冷流体温度，$℃$

Δt——温度差；

T——热流体温度，$℃$；

u——流速，m/s；

W——质量流量，kg/s；

z——折流挡板间距，m。

希文

α——对流传热系数，$W/(m^2 \cdot ℃)$；

ε——传热效率；

Δ——有限差值；

λ——摩擦系数；

μ——黏度，$Pa \cdot s$；

ρ——密度，kg/m^3；

φ——校正系数。

下标

c——冷流体；

h——热流体；

i——管内；

m——平均；

o——管外；

s——污垢；

w——壁面；

max——最大；

min——最小。

习 题

基础习题

1. 在某管壳式换热器中用冷水冷却热空气。换热管为 $\phi 25mm \times 2.5mm$ 的钢管，其热导率为 $45W/(m \cdot ℃)$。冷却水在管程流动，其对流传热系数为 $2600W/(m^2 \cdot ℃)$，热空气在壳程流动，其对流传热系数为 $52W/(m^2 \cdot ℃)$。试求基于管外表面积的总传热系数 K。以及各分热阻占总热阻的百分数。设污垢热阻可忽略。

2. 实验测定管壳式换热器的总传热系数时，水在换热器的列管内作湍流流动，管外为饱和水蒸气冷凝。列管由 $\phi 25mm \times 2.5mm$ 的钢管组成。当水的流速为 $1m/s$ 时，测得基于管外表面积的总传热系数 K_o 为 $2115W/(m^2 \cdot ℃)$；若其他条件不变，而水的速度变为 $1.5m/s$ 时，测得 K_o 为 $2660W/(m^2 \cdot ℃)$。试求蒸汽冷凝传热系数。假设污垢热阻可忽略。

3. 在一传热面积为 $40m^2$ 的平板式换热器中，用水冷却某种溶液，两流体呈逆流流动。冷却水的流量为 $30000kg/h$，其温度由 $22℃$ 升高到 $36℃$。溶液温度由 $115℃$ 降至 $55℃$。若换热器清洗后，在冷、热流体量和进口温度不变的情况下，冷却水的出口温度升至 $40℃$，试估算换热器在清洗前壁面两侧的总污垢热阻。假设：

(1)两种情况下，冷、热流体的物性可视为不变，水的平均比热容为4.174kJ/(kg·℃)；

(2)两种情况下，α_i、α_o分别相同；

(3)忽略壁面热阻和热损失。

4. 在套管换热器中用水冷却油，油和水呈并流流动。已知油的进、出口温度分别为140℃和90℃，冷却水的进、出口温度分别为20℃和32℃。现因工艺条件变动，要求油的出口温度降至70℃，而油和水的流量、进口的温度均不变。若原换热器的管长为1m，试求将此换热器管长增至多少米后才能满足要求。设换热器的热损失可忽略，在本题所涉及的温度范围内油和水的比热容为常数。

5. 冷、热流体在一管壳式换热器中呈并流流动，其初温分别为32℃和130℃，终温分别为48℃和65℃。若维持冷、热流体的初温和流量不变，而将流动改为逆流，试求此时平均温度差及冷、热流体的终温。设换热器的热损失可忽略，在本题所涉及的温度范围内冷、热流体的比热容为常数。

6. 在一单壳程、双管程的管壳式换热器中，水在壳程内流动，进口温度为30℃，出口温度为65℃。油在管程流动，进口温度为120℃。出口温度为75℃，试求其传热平均温度差。

7. 在一管壳式换热器中，用冷水将常压下的纯苯蒸气冷凝成饱和液体。已知苯蒸气的体积流量为1600m³/h，常压下苯的沸点为80.1℃，汽化热为394kJ/kg。冷却水的入口温度为20℃，流量为35000kg/h，水的平均比热容为4.17kJ/(kg·℃)。总传热系数为450W/(m²·℃)。设换热器的热损失可忽略，试计算所需的传热面积。

8. 在一传热面积为25m²的单程管壳式换热器中，用水冷却某种有机物。冷却水的流量为28000kg/h，其温度由25℃升至38℃，平均比热容为4.17kJ/(kg·℃)。有机物的温度110℃降至65℃，平均比热容为1.72kJ/(kg·℃)。两流体在换热器中呈逆流流动。设换热器的热损失可忽略，试核算该换热器的总传热系数并计算该有机物的处理量。

9. 某生产过程中需用冷却水将油从105℃冷却至70℃。已知油的流量为6000kg/h，水的初温为22℃，流量为2000kg/h。现有一传热面积为10m²的套管式换热器，问在下列两种流动型式下，换热器能否满足要求：(1)两流体呈逆流流动；(2)两流体呈并流流动。

设换热器的总传热系数在两种情况下相同，为300W/(m²·℃)；油的平均比热容为1.9kJ/(kg·℃)，水的平均比热容为4.17kJ/(kg·℃)。热损失可忽略。

10. 在一单壳程、双管程的管壳式换热器中，管外热水被管内冷水所冷却。已知换热器的传热面积为5m²，总传热系数为1400W/(m²·℃)；热水的初温为100℃，流量为5000kg/h；冷水的初温为20℃，流量为10000kg/h。试计算传热量及热水和冷水的出口温度。设水的平均比热容为4.18kJ/(kg·℃)，热损失可忽略不计。

综合习题

11. 某化肥厂有一套管式换热器，用于将出吸收塔的溶液由20℃加热到40℃后送入解吸塔。套管换热器的内管为$\phi32mm \times 3mm$，外管为$\phi57mm \times 3.5mm$，有效长度为22m。溶液走套管环隙，流量为2500kg/h；加热介质走管内，流量为1000kg/h，进、出口温度分别为90℃和50℃。该化肥厂现需要生产扩容，溶液和加热介质的流量均增加50%，维持冷、热流体的出口温度不变，拟增加套管换热器的长度，试计算有效长度应增加至多少。热损失可忽略不计。

有关物性数据如附表所示。

习题11附表

流体	密度/(kg/m³)	黏度/mPa·s	热导率/[W/(m·℃)]	比热容/[kJ/(kg·℃)]
冷流体	996	0.801	0.617	4.174
热流体	978	0.406	0.667	4.167

注：流体在套管环隙间作强制湍流的对流传热系数可由下式计算，即

$$\alpha = 0.02 \frac{k}{d_e} Re^{0.8} Pr^{0.33} \left(\frac{d_2}{d_1} \right)^{0.53}$$

式中，d_e为当量直径；d_2为外管内径；d_1为内管外径。

12. 某炼油厂在原料油的炼制过程中需要将原料油由 20℃ 预热到 105℃。预热器为一单程管壳式换热器，原料油在管程流动，其流量为 43000kg/h，比热容为 1.97kJ/(kg·℃)；壳程的加热介质为饱和蒸汽，温度为 160℃ 的饱和蒸汽在壳程冷凝为同温度的水。管壳式换热器的管长为 6m，内有 300 根 ϕ19mm×2mm 的列管。已知蒸汽冷凝传热系数为 7000W/(m²·℃)，油侧污垢热阻为 0.0005m²·℃/W，管壁热阻和蒸汽侧垢层热阻可忽略，热损失可忽略不计。

(1) 计算饱和蒸汽的流量；(2) 计算管内油侧对流传热系数；(3) 若将油的流速增加一倍，保持油进、出口温度不变，计算饱和蒸汽的温度。

13. 某合成氨厂变换工段为回收变换气的热量以提高进饱和塔的热水温度，需设计一台列管式换热器。规定变换气走壳程，热水走管程。已知变换气的流量为 8500kg/h，进换热器的温度为 230℃，压力为 0.6MPa；热水流量为 45000kg/h，进换热器的温度为 125℃，压力为 0.65MPa。要求热水的温升为 8℃，变换气出换热器时的压力为 0.58MPa。

变换气在温度约为 180℃ 时有关物性数据如下：

密度为 2.99kg/m³；黏度为 1.718×10⁻⁵ Pa·s；热导率为 7.83×10⁻² W/(m·℃)；比热容为 1.86kJ/(kg·℃)。

思考题

1. 换热器是如何分类的，工业上常用的换热器有哪些类型，各有何特点？

2. 在管壳式换热器中，热应力是如何产生的，热应力有何影响，为克服热应力的影响应采取何种措施？

3. 管壳式换热器为何常采用多管程，分程的作用是什么？

4. 什么叫热阻，热阻在分析传热中有什么作用？

5. 换热器传热计算有哪两种方法，它们之间的区别是什么？

6. 传热效率 ε 和传热单元数 NTU 各有何物理意义？

7. 如何强化换热器中的传热过程，如何评价传热过程强化的效果？

8. 流速的选择在换热器设计中有何重要意义，在选择流速时应考虑哪些因素？

9. 在管壳式换热器设计中，为什么要限制温度差校正系数大于 0.8？

10. 有一台液-液换热器，甲、乙两种介质分别在管内、外作强制对流换热。实验测得的传热系数与两种流体流速的变化如本题附图所示，试分析该换热器的主要传热热阻在哪一侧？

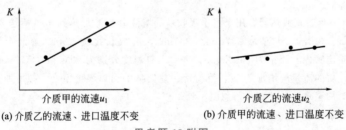

(a) 介质乙的流速、进口温度不变　　(b) 介质甲的流速、进口温度不变

思考题 10 附图

第7章

蒸　发

学习指导

一、学习目的

通过本章学习，读者应掌握蒸发操作的特点、常用蒸发设备的结构特性及其选型，蒸发过程特别是单效蒸发过程的工艺计算，蒸发操作的经济性评价与节能方法。

二、学习要点

1. 应重点掌握的内容

蒸发操作不同于一般换热过程的主要特点；常见蒸发器的类型、结构特性与适用场合；单效蒸发过程的工艺计算(包括设计型计算和操作型计算)。

2. 应掌握的内容

蒸发器的强化及加热蒸汽的经济性；提高蒸汽经济性的其他方法。

3. 一般了解的内容

多效蒸发流程、计算及过程分析。

三、学习方法

蒸发属于热量传递过程，过程的速率取决于传热速率，蒸发设备是一类特殊类型的换热设备。因此，在学习本章内容时，应注意蒸发与一般换热过程的异同点，从蒸发操作区别于一般换热过程的特点出发，理解和掌握传热理论在蒸发过程中的运用。

7.1　蒸发过程概述

将含有不挥发溶质的溶液加热至沸腾，使其中的挥发性溶剂部分汽化从而将溶液浓缩的过程称为蒸发。蒸发操作广泛应用于化工、轻工、制药、食品等许多工业中。

工业蒸发操作的主要目的是：

① 获取增浓的液体产品，如氯碱工业中将稀的 $NaOH$ 电解液浓缩制取 30％(质量分数)的液体烧碱，食品工业中果汁、奶品的浓缩等。

② 获取纯净的溶剂，如海水蒸发脱盐制取淡水。

③ 通过蒸发将溶液浓缩至过饱和状态，进而冷却结晶获得固体溶质。例如无机盐产品的制造、从反应完成液中分离固体产品等。

工业上被蒸发的溶液多为水溶液，故本章重点讨论水溶液的蒸发。原则上，水溶液蒸发的基本原理和设备同样适用于其他液体的蒸发。

7.1.1 蒸发的概念与过程分类

1. 蒸发的概念

图 7-1 为典型的蒸发装置示意图。把原料液加入到蒸发器的加热室(通常为一垂直排列的加热管束),在管外用加热介质(通常为饱和水蒸气)加热管内的溶液使之沸腾汽化,浓缩了的溶液(称为完成液)由蒸发器的底部排出。溶液汽化产生的蒸汽经上部的分离室与夹带的液体分离后由顶部引至冷凝器。为减少气体夹带的液体量,在分离室还装有适当型式的除沫器。为便于区别,将蒸出的蒸汽称为二次蒸汽,而将加热蒸汽称为生蒸汽或新鲜蒸汽。

对于沸点较高的溶液的蒸发,可采用高温载热体如导热油、融盐等作为加热介质,也可以采用烟道气直接加热。

2. 蒸发过程的分类

蒸发过程有多种分类方法。

(1)常压蒸发、加压蒸发和减压蒸发

按蒸发操作压力的不同,可分为常压、加压和减压(真空)蒸发。对于大多数无特殊要求的溶液,采用常压、加压或减压操作均可。但对于热敏性料液,如抗生素溶液、果汁等的蒸发,常采用减压蒸发,以降低溶液沸点。减压蒸发的优点是:①在加热蒸汽温度一定的条件下,蒸发器传热的平均推动力增大,使传

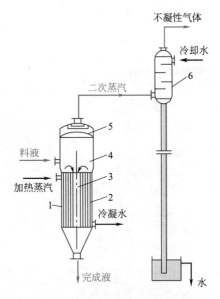

图 7-1 蒸发的简化流程
1—加热室;2—加热管;3—中央循环管;
4—分离室;5—除沫室;6—冷凝器

热面积减小;②可以利用低压蒸汽或废热蒸汽作为加热介质;③由于溶液沸点降低,可防止热敏性物料的变性或分解;④由于温度低,系统的热损失小。但另一方面,减压蒸发也带来一些不利因素,如由于沸点降低,溶液的黏度变大,使蒸发传热系数减小;为造成真空需要增加设备和动力。

(2)单效蒸发与多效蒸发

根据二次蒸汽是否用作另一蒸发器的加热蒸汽,可将蒸发过程分为单效蒸发和多效蒸发。若蒸出的二次蒸汽直接冷凝而不再利用,称为单效蒸发,图 7-1 即为单效蒸发的流程示意。若前一效的二次蒸汽作为下一蒸发器的加热蒸汽,构成多个蒸发器串联,使加热蒸汽多次利用的蒸发过程称为多效蒸发。

(3)间歇蒸发与连续蒸发

间歇蒸发是指分批进料或出料的蒸发操作,而连续蒸发是指连续进料和出料的稳态过程。间歇操作的特点是:在蒸发过程中,蒸发器内溶液的组成和沸点随时间改变,故间歇蒸发为非稳态操作。通常间歇蒸发适合于小规模多品种的场合,连续蒸发适合于大规模的生产过程。

7.1.2 蒸发操作的特点

尽管蒸发操作是不挥发的溶质与挥发性的溶剂的分离过程,但其过程的实质是间壁两侧

分别有蒸汽冷凝和液体沸腾的传热过程。因此，蒸发器也是一种换热器。但蒸发过程又具有不同于一般传热过程的特殊性，主要表现为以下几点。

① **溶液沸点升高**　被蒸发的物料是含有非挥发性溶质的溶液。由拉乌尔定律可知，在相同的温度下，溶液的蒸气压低于纯溶剂的蒸气压。换言之，在相同压力下，溶液的沸点高于纯溶剂的沸点。因此，当加热蒸汽温度一定，蒸发溶液时的传热温度差要小于蒸发溶剂时的温度差。溶液中溶质的含量越高，这种影响也越显著。因此在进行蒸发设备的计算时，必须考虑溶液沸点上升的影响。

② **物料的工艺特性**　蒸发过程中，溶液的某些性质随着溶液的浓缩而改变。如某些物料在浓缩过程中可能结垢、析出结晶或产生泡沫；有些物料是热敏性的，在高温下易变性或分解；有些物料具有较大的腐蚀性或较高的黏度等等。因此，在选择蒸发方法和设备时，必须考虑物料的这些工艺特性。

③ **能量利用与回收**　工业规模下，溶剂的蒸发量往往是很大的，故需消耗大量的加热蒸汽。如何充分利用二次蒸汽的热能，提高加热蒸汽的经济程度，也是蒸发器设计中的重要问题。

7.2　蒸发设备

蒸发器是一种特殊的传热设备，它与一般换热器的区别是：需要不断地将蒸发所产生的二次蒸汽移除，因此，蒸发器在结构上除设有用于进行热量交换的加热室之外，还设有汽-液分离的蒸发室。此外，为了使蒸汽和液沫能有效地分离，还设有除沫器。

7.2.1　常用蒸发器的结构与特点

蒸发器具有多种型式，以满足工业上的不同需要。根据溶液在蒸发器中流动的情况，大致可将蒸发器分为循环型与单程型两类。

1. 循环型蒸发器

这类蒸发器的特点是溶液在蒸发器内作循环流动。根据引起液体循环原理的不同，又可区分为自然循环和强制循环两种类型。前者是因溶液在加热室不同位置处受热程度不同，使溶液产生密度差而引起的自然循环；后者是采用外加动力迫使溶液作强制循环。

(1)中央循环管式蒸发器

中央循环管式蒸发器的结构如图 7-2 所示，其加热室由垂直的加热管束构成，在管束中央有一根直径较大的管子，称为中央循环管，其截面积为加热管束总截面积的 40% ~ 100%。当壳程的管间通入蒸汽加热时，因加热管(细管)内单位体积液体的受热面积大于中央循环管(粗管)内液体的受热面积，因此粗、细管内液体形成密度差，加之加热细管内蒸汽的抽吸作用，从而使得溶液在中央循环管下降、在加热管内上升，形成连续自然循环流动。溶液在粗、细管内的密度差越大，管子越长，循环速度越大。但由于蒸发器结构的限制，这类蒸发器内液体的循环速度不大于 0.5m/s。

中央循环管式蒸发器结构紧凑、制造方便、操作可靠，故在工业上应用广泛，有所谓"标准蒸发器"之称。但设备的清洗和检修不够方便。

(2)悬筐式蒸发器

悬筐式蒸发器系由中央循环管式蒸发器改进而成，其基本结构如图 7-3 所示。

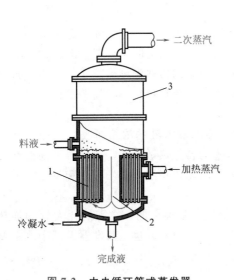

图 7-2　中央循环管式蒸发器

1—加热室；2—中央循环管；3—蒸发室

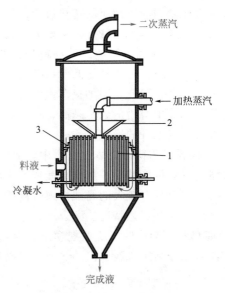

图 7-3　悬筐式蒸发器

1—加热室；2—除沫器；3—液沫回流管

它的加热室像个悬筐，悬挂在蒸发器壳体的下部，可由顶部取出，便于清洗与更换。加热蒸汽由壳体上部经管道引入加热室列管的管间，溶液在管内流动。在加热室外壁与蒸发器壳体的内壁之间构成环形通道，通常环形截面积约为加热管总面积的 $100\%\sim150\%$。因环形通道内溶液的受热程度较弱，因而使溶液形成沿环形通道下行、再由沸腾加热管上行的循环运动。溶液循环速度较高(约为 $1\sim1.5\mathrm{m/s}$)。由于与蒸发器外壳接触的是温度较低的沸腾液体，故其热损失较小。

悬筐式蒸发器适用于蒸发易结垢或有晶体析出的溶液。它的缺点是结构复杂，单位传热面需要的设备材料量较大。

(3)外加热式蒸发器

外加热式蒸发器的特点是加热室与分离室分开，其结构如图 7-4 所示。这种结构不仅便于清洗与检修，而且可以降低蒸发器的总高度。由于可以采用较长的加热管(管长与管径之比为 $50\sim100$)，循环管又不被蒸汽加热，因此溶液的循环速度大，可达 $1.5\mathrm{m/s}$。

(4)列文蒸发器

列文蒸发器的结构如图 7-5 所示。这种蒸发器的特点是在加热室上部增设了一段沸腾室。加热管内的溶液由于受到附加液柱的作用，沸点升高使溶液不在加热管中沸腾，只有上升到沸腾室时才开始沸腾汽化。在沸腾室上方装有纵向隔板，其作用是防止气泡长大。此外，因循环管不被加热，溶液循环的推动力较大。循环管的高度一般为 $7\sim8\mathrm{m}$，其截面积约为加热管总截面积的 $200\%\sim350\%$，因而循环管内的流动阻力较小，循环速度可高达 $2\sim3\mathrm{m/s}$。

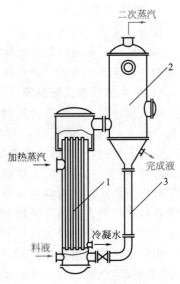

图 7-4　外加热式蒸发器

1—加热室；2—蒸发室；3—循环管

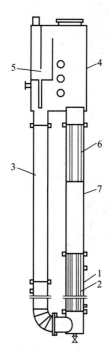

图 7-5　列文蒸发器

1—加热室；2—加热管；3—循环管；4—蒸发室；

5—除沫器；6—挡板；7—沸腾室

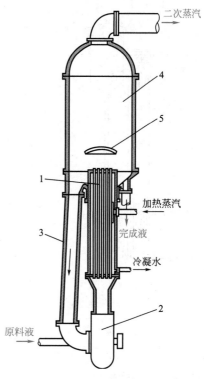

图 7-6　强制循环蒸发器

1—加热管；2—循环泵；3—循环管；

4—蒸发室；5—除沫器

列文蒸发器的优点是循环速度大，传热效果好，由于溶液在加热管中不被汽化，可以避免在加热管中析出晶体，故适用于处理有晶体析出或易结垢的溶液。其缺点是设备庞大，需要的厂房高。此外，由于液层静压力大，故要求加热蒸汽的压力较高。

(5)强制循环蒸发器

上述各种蒸发器均为自然循环型蒸发器，液体的循环速度一般都比较低，不宜处理黏度大、易结垢及有大量结晶析出的溶液。对于这类溶液的蒸发，可采用图 7-6 所示的强制循环蒸发器。它是利用外加动力（循环泵）使溶液沿一定方向作高速循环流动，其循环速度在 2.5m/s 以上。

这种蒸发器的优点是传热系数大，对于黏度较大或易结晶、结垢的物料适应性较好，但其动力消耗较大。

2. 单程型蒸发器

这类蒸发器的特点是，溶液沿加热管壁呈膜状流动，一次通过加热室即达到所要求的组成，而停留时间仅数秒或十几秒。单程型蒸发器的优点是传热效率高，蒸发速度快，溶液在蒸发器内停留时间短，因而特别适用于热敏性物料的蒸发。

按物料在蒸发器内的流动方向及成膜原因的不同，可以分为以下几种类型：升膜蒸发器、降膜蒸发器、升-降膜蒸发器、刮板薄膜蒸发器。

(1)升膜蒸发器

升膜蒸发器的结构如图 7-7 所示，其加热室由一根或数根垂直长管组成，通常加热管直径为 25～50mm，管长与管径之比为 100～150。原料液经预热后由蒸发器的底部进入，加热

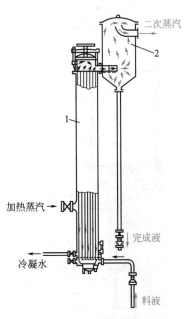

图 7-7 升膜蒸发器

1—蒸发器；2—分离室

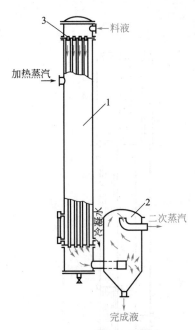

图 7-8 降膜蒸发器

1—蒸发器；2—分离室；3—布膜器

蒸汽在管外冷凝。当溶液受热沸腾后迅速汽化，所生成的二次蒸汽在管内高速上升，带动液体沿管内壁呈膜状向上流动，上升的液膜因受热而继续蒸发。溶液自蒸发器底部上升至顶部的过程中逐渐被蒸浓，浓溶液进入分离室与二次蒸汽分离后由分离器底部排出。常压下加热管出口处的二次蒸汽速度不应小于 10m/s，一般为 20～50m/s；减压操作时，二次蒸汽速度可达 100～160m/s 或更高。

升膜蒸发器适用于蒸发量较大（即稀溶液）、热敏性及易起泡沫的溶液，但不适用于高黏度、有晶体析出或易结垢的溶液。

（2）降膜蒸发器

降膜蒸发器的结构如图 7-8 所示。它与升膜蒸发器的区别在于原料液由加热管的顶部加入。溶液在自身重力作用下沿管内壁呈膜状下流，并被蒸发浓缩。气-液混合物由加热管底部进入分离室，经气液分离后的完成液由分离器的底部排出。

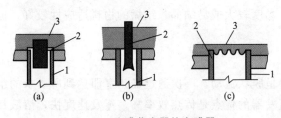

图 7-9 降膜蒸发器的布膜器

1—加热管；2—导流管；3—旋液分配头

为使溶液能在壁上均匀成膜，在每根加热管的顶部均安装液体布膜器。布膜器的型式有多种，图 7-9 所示为较常用的三种。图 7-9（a）所示为螺旋形沟槽导流管，液体沿沟槽旋转下流分布在整个管内壁上；图 7-9（b）所示的导流管下部为圆锥体，锥体底面向下内凹，以免沿锥体斜面流下的液体再向中央聚集；图 7-9（c）中，液体是通过齿缝沿加热管内壁呈膜状下降。

降膜蒸发器可以蒸发组成较高的溶液，对于黏度较大的物料也能适用。但对于易结晶或易结垢的溶液不适用。此外，由于液膜在管内分布不易均匀，与升膜蒸发器相比，其传热系数较小。

(3)升-降膜蒸发器

把升膜和降膜蒸发器装在一个外壳中,即构成升-降膜蒸发器,如图 7-10 所示。原料液经预热后,先由升膜的加热室上升,然后由降膜加热器下降,再在分离室中和二次蒸汽分离后即得完成液。

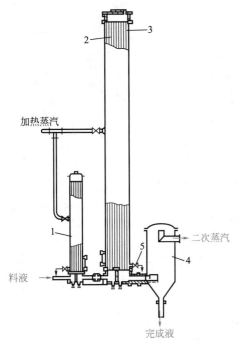

图 7-10　升-降膜蒸发器

1—预热器;2—升膜加热室;3—降膜
加热室;4—分离室;5—冷凝液排出口

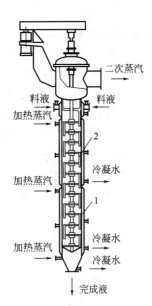

图 7-11　刮板薄膜蒸发器

1—夹套;2—刮板

这种蒸发器多用于蒸发过程中溶液的黏度变化很大,水分蒸发量不大和厂房高度有一定限制的场合。

(4)刮板薄膜蒸发器

刮板薄膜蒸发器的结构如图 7-11 所示。它的壳体外部装有加热蒸汽夹套,其内部装有可旋转的刮片。利用旋转刮片的刮带作用,使液体分布在加热管壁上。旋转刮片有固定的和活动的两种。前者与壳体内壁的缝隙为 0.75~1.5mm,后者与器壁的间隙随搅拌轴的转速而变。料液由蒸发器上部沿切线方向加入后,在重力和旋转刮片带动下,溶液在壳体内壁上形成下旋的薄膜,并在下降过程中不断被蒸发浓缩,在底部得到完成液。

这种蒸发器的突出优点是对物料的适应性很强,例如对于高黏度、热敏性和易结晶、结垢的物料都能适用。在某些情况下,可将溶液蒸干而由底部直接获得固体产物。其缺点是结构复杂,动力消耗大,传热面积小,一般为 3~4m²,最大不超过 20m²,故其处理量较小。

3. 直接接触传热的蒸发器

在实际生产中,除上述循环型和单程型两大类间壁式传热的蒸发器外,有时还应用直接接触传热的蒸发器,如浸没燃烧蒸发器,其结构如图 7-12 所示。它是将燃料(通常是燃气或重油)与空气混合后燃烧产生的高温烟气直接通入被蒸发的溶液中,高温烟气与溶液直接接触,使得溶液迅速沸腾汽化。蒸发出的水分与烟气一起由蒸发器的顶部直接排出。

浸没燃烧蒸发器的特点是结构简单，传热效率高。该蒸发器特别适用于处理易结晶、结垢或有腐蚀性的物料的蒸发。但它不适用于不可被烟气污染的物料的处理，而且其二次蒸汽也很难利用。

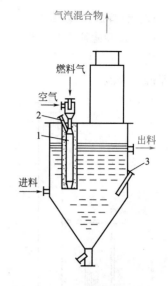

图 7-12　直接接触传热蒸发器
1—燃烧室；2—点火管；3—测温管

4. 蒸发设备和蒸发技术的进展

近年来，国内外对于蒸发器的研究十分活跃，归结起来主要有以下几个方面。

① **开发新型蒸发器**　在这方面，主要是通过改进加热管的表面形状来提高传热效果，例如新近发展起来的板式蒸发器，不但具有体积小、传热效率高、溶液滞留时间短等优点，而且其加热面积可根据需要而增减，拆卸和清洗方便。又如，在石油化工、天然气液化中使用的表面多孔加热管，可使沸腾溶液侧的传热系数提高 $10\sim20$ 倍。海水淡化中使用的双面纵槽加热管，也可显著提高传热效果。

② **改善蒸发器内液体的流动状况**　在蒸发器内装入多种形式的湍流构件，可提高沸腾液体侧的传热系数。例如将铜质填料装入自然循环型蒸发器后，可使沸腾液体侧的传热系数提高 50%。这是由于构件或填料能造成液体的湍动，同时其本身亦为热导体，可将热量由加热管传向溶液内部，增加了蒸发器的传热面积。

③ **改进溶液的性质**　近年来亦有通过改进溶液性质来改善传热效果的研究报道。例如有研究表明，加入适当的表面活性剂，可使总传热系数提高 1 倍以上。加入适当阻垢剂减少蒸发过程中的结垢亦为提高传热效率的途径之一。

7.2.2　蒸发器性能的比较与选型

如前所述，蒸发器的结构型式很多，在选择蒸发器的型式或设计蒸发器时，在满足生产任务要求、保证产品质量的前提下，还要兼顾所用蒸发器的结构简单、易于制造，操作和维修方便，传热效果好等。除此之外，还要对被蒸发物料的工艺特性有良好的适应性，包括物料的黏性、热敏性、腐蚀性以及是否结晶或结垢等因素。

不同类型的蒸发器，对不同物料的适应性也不相同，表 7-1 列出了常见蒸发器的一些重要性能，可供选型时参考。

表 7-1　蒸发器的主要性能

蒸发器型式	造价	总传热系数		溶液在管内流速/(m/s)	停留时间	完成液组成能否恒定	浓缩比	处理量	对溶液性质的适应性					
		稀溶液	高黏度						稀溶液	高黏度	易生泡沫	易结垢	热敏性	有结晶析出
水平管型	最廉	良好	低	—	长	能	良好	一般	适	适	适	不适	不适	不适
标准型	最廉	良好	低	0.1~1.5	长	能	良好	一般	适	适	适	尚适	尚适	稍适
外热式(自然循环)	廉	高	良好	0.4~1.5	较长	能	良好	较大	适	适	尚适	较好	尚适	稍适
列文式	高	高	良好	1.5~2.5	较长	能	良好	较大	适	尚适	较好	尚适	尚适	稍适
强制循环	高	高	高	2.0~3.5	—	能	较高	大	适	好	好	适	尚适	适

蒸发器型式	造价	总传热系数		溶液在管内流速/(m/s)	停留时间	完成液组成能否恒定	浓缩比	处理量	对溶液性质的适应性					
		稀溶液	高黏度						稀溶液	高黏度	易生泡沫	易结垢	热敏性	有结晶析出
升膜式	廉	高	良好	0.4~1.0	短	较难	高	大	适	尚适	好	尚适	良好	不适
降膜式	廉	良好	高	0.4~1.0	短	尚能	高	大	较适	好	适	不适	良好	不适
刮板式	最高	高	良好	—	短	尚能	高	较小	较适	好	较好	不适	良好	不适
甩盘式	较高	高	低	—	较短	尚能	较高	较小	适	尚适	适	不适	较好	不适
旋风式	最廉	高	良好	1.5~2.0	短	较难	较高	较小	适	适	适	尚适	尚适	适
板式	高	高	良好	—	较短	尚能	良好	较小	适	尚适	适	不适	尚适	不适
浸没燃烧	廉	高	高	—	短	较难	良好	较大	适	适	适	适	不适	适

7.2.3 蒸发的辅助设备

蒸发器的辅助设备主要包括冷凝器、除沫器、真空装置以及蒸汽疏水器等。

1. 除沫器

蒸发操作中所产生的二次蒸汽，在分离室与液体分离后，仍夹带大量的雾沫和液滴。为了防止有用产品的损失或冷凝液被污染，在蒸发器分离室顶部的蒸汽出口附近需要安装除沫器。除沫器的型式很多，工业上常见的除沫器如图 7-13 所示。其中(a)~(d)直接安装在蒸发器的顶部，而(e)~(g)则要装在蒸发器的外部。

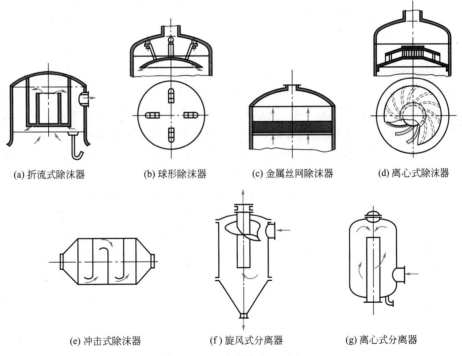

(a) 折流式除沫器　　(b) 球形除沫器　　(c) 金属丝网除沫器　　(d) 离心式除沫器

(e) 冲击式除沫器　　(f) 旋风式分离器　　(g) 离心式分离器

图 7-13　除沫器的主要型式

2. 冷凝器和真空装置

一般地，从末效蒸发器排出的低温二次蒸汽需要用冷凝器予以冷凝。如果二次蒸汽是作为有价值的产品进行回收，宜采用间壁式冷凝器，这种冷凝器已在第 6 章中详细介绍。

如果二次蒸汽不加以利用，则可采用直接接触式冷凝器，用冷却水与二次蒸汽直接接触换热，这类冷凝器也称为混合式冷凝器。图 7-14 示出的是一种逆流高位混合式冷凝器，二次蒸汽与从顶部喷淋下来的冷却水直接接触而被冷凝。由于这种冷凝器在负压下操作，为了使冷凝水能借助自身位能由低压排出系统，冷凝器底部连接的气压管(称为大气腿)必须足够高，通常在 10m 以上。

为了维持蒸发器操作所需的真空度，需要在冷凝器后安装真空装置以排除系统中的不凝气体，常用的真空装置有喷射泵、往复式真空泵以及水环式真空泵等。

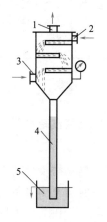

图 7-14　逆流高位混合式冷凝器
1—与真空泵相通的不凝性气体出口；
2—冷却水进口；3—二次蒸汽进口；
4—气压管；5—液封槽

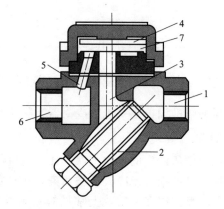

图 7-15　热动力式疏水器
1—进口管；2—滤网；3—冷凝水进水孔；
4—阀片；5—冷凝水出水孔；
6—排出管；7—背压室

3. 蒸汽疏水器

工业蒸发操作中，水蒸气是应用最普遍的加热介质。与其他蒸汽加热器一样，蒸发器的加热室亦需附设疏水器，其作用是将蒸汽与冷凝水分离，既能排出凝结水，又能够防止蒸汽漏出。此外大部分疏水器还能将空气等不凝气体从设备或管道中排除掉。

疏水器的类型很多，按工作原理可分为机械式、热动力式和恒温差式等，其中热动力式疏水器体积小、结构简单，应用较为广泛。

热动力式疏水器的结构如图 7-15 所示。冷凝水在蒸汽压力的推动下由疏水器的进口管 1 经滤网 2 流入进水孔 3，将阀片 4 顶开，经环形槽流入出水孔 5，经排出管 6 排出；随着冷凝水的不断排出，其中的蒸汽含量增加，因出水孔 5 的截面远小于进水孔 3，故当蒸汽流经出水孔 5 时压力降低，导致蒸汽体积急剧膨胀，流动受阻，部分蒸汽沿阀片边缘进入背压室 7。当背压室内的压力与阀片本身的重力之和大于阀片下面的压力时，阀片迅速下落，关闭通道。经过一段时间后，背压室内的蒸汽因疏水器的散热而被冷凝，阀片上部的压力减小，阀片重新开启。如此反复动作达到疏水的目的。

7.3　单效蒸发

单效蒸发是指由蒸发器所蒸出的二次蒸汽不再用作另一蒸发器加热介质的蒸发过程。对于单效蒸发，通常给定的生产任务和操作条件是：进料量、温度和组成，完成液的组成，加热蒸汽的压力和冷凝器的操作压力。需要确定的变量是：水的蒸发量或完成液的量、加热蒸汽的消耗量、蒸发器的传热面积。

蒸发过程计算的基本方程是质量守恒方程、能量守恒方程以及传热速率方程。

7.3.1 物料与热量衡算方程

1. 物料衡算

对图 7-16 所示的单效蒸发器进行溶质的质量衡算，可得

$$Fx_0 = (F-W)x_1 = Lx_1$$

由上式可得

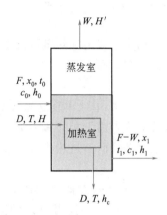

$$W = F\left(1 - \frac{x_0'}{x_1}\right) \tag{7-1}$$

$$x_1 = \frac{Fx_0}{F-W} \tag{7-2}$$

式中，F 为原料液流量，kg/h；W 为水分蒸发量，kg/h；L 为完成液流量，kg/h；x_0 为原料液中溶质的质量分数；x_1 为完成液中溶质的质量分数。

2. 热量衡算

参见图 7-16，设加热蒸汽的冷凝液在饱和温度下排出，则由蒸发器的热量衡算得

图 7-16 单效蒸发的物料
衡算和热量衡算

$$DH + Fh_0 = WH' + (F-W)h_1 + Dh_c + Q_L \tag{7-3}$$

或
$$Q = D(H - h_c) = WH' + (F-W)h_1 - Fh_0 + Q_L \tag{7-3a}$$

式中，D 为加热蒸汽消耗量，kg/h；H 为加热蒸汽的焓，kJ/kg；h_0 为原料液的焓，kJ/kg；H' 为二次蒸汽的焓，kJ/kg；h_1 为完成液的焓，kJ/kg；h_c 为冷凝水的焓，kJ/kg；Q_L 为蒸发器的热损失，kJ/h；Q 为蒸发器的热负荷或传热速率，kJ/h。

由式(7-3)或式(7-3a)可知，如果各物流的焓值已知以及热损失给定，即可求出加热蒸汽用量 D 以及蒸发器的热负荷 Q。

溶液的焓值是其组成和温度的函数，不同溶液的这种函数关系又有很大的差异。因此，在应用式(7-3)式(7-3a)求算 D 时，按两种情况分别讨论：溶液的稀释热可忽略不计以及稀释热较大的情况。

(1) 溶液稀释热可忽略不计的情况

大多数溶液(如许多无机盐的水溶液)在溶质含量不太高时，其稀释热效应不显著。对于这类溶液，其焓值可由比热容近似计算。若以 0℃ 的溶液为基准，则

$$h_0 = c_0 t_0 \tag{7-4}$$

$$h_1 = c_1 t_1 \tag{7-4a}$$

将上二式代入式(7-3a)得

$$D(H - h_c) = WH' + (F-W)c_1 t_1 - Fc_0 t_0 + Q_L \tag{7-3b}$$

式中，t_0、t_1 分别为原料液、完成液的温度，℃；c_0、c_1 分别为原料液、完成液的比热容，kJ/(kg·℃)。

当溶液稀释热不大时，其比热容可近似按线性加合原则计算，即

$$c_0 = c_W(1-x_0) + c_B x_0 \tag{7-5}$$

$$c_1 = c_W(1-x_1) + c_B x_1 \tag{7-5a}$$

式中，c_W、c_B 分别为水、溶质的比热容，kJ/(kg·℃)。

联立式(7-5)与式(7-5a)消去 c_B，并代入式(7-2)中得

$$(F-W)c_1 = Fc_0 - Wc_W$$

将上式代入式(7-3b)中，并整理得

$$D(H-h_c) = WH' + (Fc_0 - Wc_W)t_1 - Fc_0 t_0 + Q_L$$

$$= W(H' - c_W t_1) + Fc_0(t_1 - t_0) + Q_L \tag{7-6}$$

由于已假定加热蒸汽的冷凝水在饱和温度下排出，故式(7-6)中的 $H-h_c$ 即为加热蒸汽的汽化热，即

$$H - h_c = H - c_W T = r \tag{7-7}$$

式(7-6)中二次蒸汽的焓 H' 取决于蒸发室内溶液的沸点和压力。由于溶液中存在溶质，溶液的沸点高于相同压力下的水的沸点；因此溶液沸腾汽化产生的二次蒸汽相对于水来说不是饱和蒸汽而是过热蒸汽。过热蒸汽的焓 H' 可由式(7-8a)求得

$$H' = H'_s + c_g(t_1 - T') \tag{7-8a}$$

式中，H'_s 为蒸发器操作压力为 p' 时的饱和蒸汽的焓，kJ/kg；c_g 为水蒸气的比热容，kJ/(kg·℃)；T' 为压力为 p' 的饱和蒸汽的温度，℃。

作为近似，H' 可取温度为 t_1 的饱和水蒸气的焓。由于 $c_W t_1$ 为水在 t_1 下的焓值，故式(7-6)中的 $H' - c_W t_1$ 近似为水在 t_1 下的汽化热 r'，即

$$H' - c_W t_1 \approx r' \tag{7-8}$$

式中，r 为加热蒸汽的汽化热，kJ/kg；r' 为二次蒸汽在 t_1 下的汽化热，kJ/kg。

将式(7-7)及式(7-8)代入式(7-6)中，可得

$$D = \frac{Wr' + Fc_0(t_1 - t_0) + Q_L}{r} \tag{7-9}$$

式(7-9)表明，加热蒸汽放出的热量用于三个方面：原料液由 t_0 升温到沸点 t_1；水在 t_1 下汽化成二次蒸汽；蒸发器的热损失。

若原料液在沸点下进入蒸发器并忽略热损失，则由式(7-9)可得单位蒸汽消耗量 e 为

$$e = \frac{D}{W} = \frac{r'}{r} \tag{7-10}$$

通常，水的汽化热随压力的变化不大，即 $r \approx r'$，则 $D \approx W$ 或 $e=1$。换言之，采用单效蒸发，理论上每蒸发 1kg 水约需 1kg 加热蒸汽。但实际上，由于溶液的热效应和热损失等因素，e 值约为 1.1 或更大。

【例 7-1】 在连续操作的单效蒸发器中，将 2000kg/h 的某无机盐水溶液由 0.10(质量分数)浓缩至 0.30(质量分数)。蒸发器的操作压力为 40kPa(绝压)，相应的溶液沸点为 80℃。加热蒸汽的压力为 200kPa(绝压)。已知原料液的比热容为 3.77kJ/(kg·℃)，蒸发器的热损失为 12000W。设溶液的稀释热可以忽略，试求：(1)水的蒸发量；(2)原料液分别为 30℃、80℃和 120℃时的加热蒸汽消耗量。

解 (1)水的蒸发量

由式(7-1)得

$$W=F\left(1-\frac{x_0}{x_1}\right)=2000\left(1-\frac{0.1}{0.3}\right)=1333\text{kg/h}$$

（2）加热蒸汽消耗量

因溶液的稀释热可忽略不计，故用式(7-9)计算。由本书附录八查得，压力为200kPa和温度为80℃的饱和水蒸气的汽化热分别为2205kJ/kg和2308kJ/kg。

① 原料液温度为30℃时，蒸汽消耗量为

$$D=\frac{2000\times3.77\times(80-30)+1333\times2308+12000\times3600/1000}{2205}=1586\text{kg/h}$$

单位蒸汽消耗量为

$$e=\frac{D}{W}=\frac{1586}{1333}=1.19$$

② 原料液温度为80℃时，蒸汽消耗量为

$$D=\frac{1333\times2308+12000\times3600/1000}{2205}=1415\text{kg/h}$$

$$e=\frac{1415}{1333}=1.06$$

③ 原料液温度为120℃时，蒸汽消耗量为

$$D=\frac{2000\times3.77\times(80-120)+1333\times2308+12000\times3600/1000}{2205}=1278\text{kg/h}$$

$$e=\frac{1278}{1333}=0.96$$

由计算结果可知，原料液的温度越高，蒸发1kg水所消耗的加热蒸汽量越小。因此，在实际蒸发操作中，为减少加热蒸汽用量，应尽可能地采用其他过程余热将原料液预热。

（2）溶液稀释热较大的情况

有些溶液如 $CaCl_2$、NaOH 的水溶液等，在稀释时其放热效应非常显著。因而在蒸发时，作为溶液稀释的逆过程，除了提供水蒸发所需的汽化热之外，还需要提供与稀释热相等的浓缩热。溶液中溶质的含量越高，这种影响越显著。对于这类溶液，其焓值需由专门的焓-浓图查得。

通常，溶液的焓-浓图需由实验测定。图7-17为以0℃为基准的 NaOH 水溶液的焓-浓图。由图7-17可见，当有明显的稀释热时，溶液的焓值是其组成的高度非线性函数。

在此情况下，加热蒸汽的消耗量可直接由式(7-3a)计算，即

$$D=\frac{WH'+(F-W)h_1-Fh_0+Q_L}{r} \tag{7-3c}$$

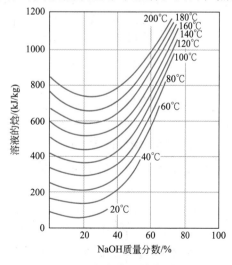

图 7-17　氢氧化钠的焓-浓图

【例 7-2】 在一连续操作的单效蒸发器中，将质量分数为 0.20 的 NaOH 水溶液浓缩至 0.50。原料液处理量为 2000kg/h，原料温度为 60℃，蒸发器内操作的真空度为 53kPa。已知在此真空度下质量分数为 0.50 的 NaOH 溶液的平均沸点为 120℃。加热蒸汽的压力为 0.4MPa（绝压），冷凝水在饱和温度下排出。设蒸发器的热损失为 1.2×10^3 W，求（1）水蒸发量；（2）加热蒸汽消耗量。

解 （1）水蒸发量

由式（7-1）得

$$W = 2000\left(1 - \frac{0.2}{0.5}\right) = 1200\,\text{kg/h}$$

（2）加热蒸汽消耗量

因 NaOH 水溶液的稀释热不能忽略，故需采用式（7-3c）求 D。

查图 7-17，60℃、质量分数为 0.20 的 NaOH 溶液的焓值为 $h_0 = 220\,\text{kJ/kg}$，120℃、50% 的 NaOH 溶液的焓值为 $h_1 = 610\,\text{kJ/kg}$。查本书附录八，0.4MPa 水蒸气的冷凝热 $r = 2140\,\text{kJ/kg}$，120℃ 蒸汽的焓 $H' = 2708.9\,\text{kJ/kg}$。

故有

$$D = \frac{1200\times2708.9 + (2000-1200)\times610 - 2000\times220 + 12000\times3600/1000}{2140} = 1562\,\text{kg/h}$$

$$e = \frac{D}{W} = \frac{1562}{1200} = 1.30$$

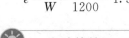 由计算结果可知，单位蒸汽消耗量较大，其原因是 NaOH 溶液的浓缩热大，一部分加热蒸汽被用于浓缩时溶液的吸热。

7.3.2 传热速率方程

蒸发器的传热速率方程与普通热交换器相同，即

$$Q = KS\Delta t_m \tag{7-11}$$

式中，S 为蒸发器的传热面积，m^2；K 为蒸发器的总传热系数，$\text{W/(m}^2\cdot\text{K)}$；$\Delta t_m$ 为传热的平均温度差，℃；Q 为蒸发器的热负荷，W。

式（7-11）中的热负荷 Q 可通过作加热器的热量衡算求得。若忽略加热器的热损失，则 Q 为加热蒸汽冷凝放出的热量，即

$$Q = D(H - h_c) = Dr \tag{7-12}$$

但在确定蒸发器的 Δt_m 和 K 时，与普通的热交换器有着一定的差别。下面分别予以讨论。

1. 传热的平均温度差 Δt_m

蒸发器加热室的一侧为蒸汽冷凝，另一侧为溶液沸腾，其沸腾温度为溶液的沸点。因此，传热的平均温度差为

$$\Delta t_m = T - t_1 \tag{7-13}$$

式中，T 为加热蒸汽的温度，℃；t_1 为操作条件下溶液的沸点，℃。Δt_m 亦称为蒸发的有效温度差，是传热过程的推动力。

在蒸发计算中，一般给定的条件是加热蒸汽的压力（或温度 T）和冷凝器内的操作压力。

由给定的冷凝器内的压力，可以定出冷凝器内的二次蒸汽的温度 t_c。一般地，将蒸发器的总温度差定义为

$$\Delta t_T = T - t_c \qquad (7\text{-}14)$$

式中，t_c 为冷凝器内的二次蒸汽的温度，℃。

那么，如何从已知的 Δt_T 求得传热的有效温度差 Δt_m，或者说，如何将 t_c 转化为 t_1 呢？让我们先讨论一种简化的情况。

设蒸发器蒸发的是纯水而非含溶质的溶液，采用 $T=150℃$ 的蒸汽加热。冷凝器在常压 (101.3kPa) 下操作，因此进入冷凝器的二次蒸汽的温度 $t_c=100℃$。如果忽略二次蒸汽从蒸发室流到冷凝器的摩擦阻力损失，则蒸发室内操作压力亦为 101.3kPa。又由于蒸发的是纯水，因此蒸发室内的二次蒸汽 $t_1=100℃$。此时传热的有效温度差与总温度差相等，即 $\Delta t_m = \Delta t_T = T - t_1 = T - t_c = 150 - 100 = 50℃$。

如果仍采用如上操作条件（即加热蒸汽的温度为 150℃，冷凝器的操作压力为 101.3kPa），蒸发质量分数为 0.713 的 NH_4NO_3 水溶液，则进入冷凝器的二次蒸汽的温度 $t_c=100℃$，传热的总温度差 $\Delta t_T = 150 - 100 = 50℃$。同样忽略二次蒸汽从蒸发室流到冷凝器的摩擦阻力，则蒸发室内压力亦为 101.3kPa。实验表明，在 101.3kPa 的压力下，此水溶液在 120℃ 下沸腾。故此时传热的有效温度差变为

$$\Delta t_m = T - t_1 = 150 - 120 = 30℃$$

与纯水蒸发相比，其温度差损失为 $\Delta t_T - \Delta t_m = 50 - 30 = 20℃$。

在蒸发计算中，通常将总温度差与有效温度差的差值称为温度差损失，即

$$\Delta = \Delta t_T - \Delta t_m \qquad (7\text{-}15)$$

式中，Δ 为温度差损失，℃，亦称为溶液的沸点升高。

对于上面 NH_4NO_3 溶液的蒸发，沸点升高仅仅是由于水中含有不挥发的溶质引起的。如果在上面的讨论中，考虑二次蒸汽从蒸发器流到冷凝器的阻力损失，则蒸发器内的操作压力必高于冷凝器内压力，还会使溶液的沸点升高。此外，多数蒸发器的操作需维持一定的液面（膜式蒸发器除外），液面下部的压力高于液面上的压力（即蒸发器分离室中的压力），故蒸发器内底部液体的沸点还进一步升高。

综上所述，蒸发器内溶液的沸点升高（或温度差损失），应由如下三部分组成，即

$$\Delta = \Delta' + \Delta'' + \Delta''' \qquad (7\text{-}16)$$

式中，Δ' 为由于溶液中含不挥发溶质所引起的沸点升高，℃；Δ'' 为由于液柱静压力所引起的沸点升高，℃；Δ''' 为由于管路流动阻力所引起的沸点升高，℃。

(1) 由于不挥发溶质存在引起的沸点升高 Δ'

由于溶液中含有不挥发性溶质，阻碍了溶剂的汽化，因而在相同压力下，溶液的沸点永远高于纯水的沸点。如前面的例子中，在 101.3kPa 下，水的沸点为 100℃，而质量分数为 0.713 的 NH_4NO_3 的水溶液的沸点则为 120℃。与溶剂相比，在相同压力下，由于溶液中溶质存在引起的沸点升高可定义为

$$\Delta' = t_B - T' \qquad (7\text{-}17)$$

式中，t_B 为溶液的沸点，℃；T' 为与溶液压力相等时水的沸点，℃；上例中，$\Delta' = 120 - 100 = 20℃$。

溶液的沸点 t_B 主要与溶液的种类、组成及压力有关。一般需由实验测定。常压下某些常见溶液的沸点可参见附录十五。

蒸发操作常常在加压或减压下进行。从手册中很难直接查到非常压下溶液的沸点，当缺

乏实验数据时，溶液的沸点升高可用下式近似估算

$$\Delta' = f\Delta'_a \tag{7-18}$$

式中，Δ'_a 为常压下(101.3kPa)由于溶质存在引起的沸点升高，℃；Δ' 为操作压力下由于溶质存在引起的沸点升高，℃；f 为校正系数，其值可由式(7-19)计算

$$f = 0.0162 \frac{(T'+273)^2}{r'_s} \tag{7-19}$$

式中，T' 为操作压力下水的沸点，℃；r'_s 为操作压力下水的汽化热，kJ/kg。

溶液的沸点亦可用杜林规则(Duhring's rule)估算。杜林发现在相当宽的范围内，溶液的沸点与同压力下溶剂的沸点成线性关系。根据杜林规则，在相同压力下，分别以某种溶液的沸点为纵坐标、水的沸点为横坐标作图，可得一直线，即

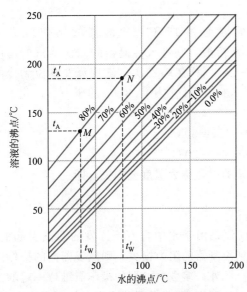

图 7-18 NaOH 水溶液的杜林线图

$$\frac{t'_B - t_B}{t'_W - t_W} = k \tag{7-20}$$

或写成

$$t_B = kt_W + m \tag{7-21}$$

式中，t'_B、t_B 分别为压力 p' 和 p 下溶液的沸点，℃；t'_W、t_W 分别为 p' 和 p 下水的沸点，℃；k 为杜林直线的斜率。

由式(7-21)可知，只要已知溶液在两个压力下的沸点，即可求出杜林直线的斜率，进而可以求出任何压力下溶液的沸点。

图 7-18 为 NaOH 水溶液的杜林线图。图中每一条直线代表某一组成下该溶液在不同压力下的沸点与对应压力下水的沸点间的关系。由图 7-18 可知，当溶液的组成较低时，各组成下杜林直线几乎平行，这表明在任何压力下，NaOH 溶液的沸点升高基本上是相同的。

【例 7-3】 采用标准蒸发器，对 NaOH 的稀溶液进行浓缩。已知蒸发室的操作压力为 50kPa(绝压)，完成液中 NaOH 的质量分数为 0.20。试求操作条件下溶液的沸点升高及沸点。(1)用经验式(7-18)；(2)用杜林规则。

解 (1)查附录八，得水的有关数据：

压力/kPa	温度/℃	汽化热/(kJ/kg)
101.3	100	
50	81.2	2304.5

查附录十五得，在 101.3kPa 时 20% NaOH 溶液的沸点为 108.06℃，因此常压下该溶液的沸点升高为

$$\Delta'_a = 108.06 - 100 = 8.06℃$$

由式(7-18)，压力为 50kPa 下的沸点升高为

$$\Delta' = f\Delta'_a = \frac{0.0162(T'+273)^2}{r'_s}\Delta'_a = \frac{0.0162(81.2+273)^2}{2304.5} \times 8.06 = 7.11℃$$

此时溶液的沸点为

$$t_B = 81.2 + 7.11 = 88.31℃$$

(2)用杜林规则

已知 50kPa 压力下水的沸点为 81.2℃，在图 7-18 的横坐标上找出温度为 81.2℃ 的点，由此点垂直向上交于质量分数为 0.20 的杜林线，再由该交点查得对应纵坐标下的温度为 88℃，此温度即为 0.20 NaOH 水溶液在 50kPa 压力下的沸点。沸点升高为

$$\Delta' = t_B - T' = 88 - 81.2 = 6.8℃$$

 此例表明，两种方法的计算结果差别不大。

(2)液柱静压头引起的沸点升高 Δ''

由于液层内部的压力大于液面上的压力，故相应的溶液内部的沸点高于液面上的沸点 t_B，二者之差即为液柱静压头引起的沸点升高。为简便计，以液层中部点处的压力和沸点代表整个液层的平均压力和平均温度，则根据流体静力学方程，液层的平均压力为

$$p_{av} = p' + \frac{\rho_{av} g L}{2} \tag{7-22}$$

式中，p_{av} 为液层的平均压力，Pa；p' 为液面处的压力，即二次蒸汽的压力，Pa；ρ_{av} 为溶液的平均密度，kg/m³；L 为液层高度，m；g 为重力加速度，m/s²。

溶液的沸点升高为

$$\Delta'' = t_{av} - t_B \tag{7-23}$$

式中，t_{av} 为平均压力 p_{av} 下溶液的沸点，℃；t_B 为液面处压力（即二次蒸汽压力）p' 下溶液的沸点，℃。

作为近似计算，式(7-23)中的 t_{av} 和 t_B 可分别用相应压力下水的沸点代替。

应当指出，由于溶液沸腾时形成气液混合物，其密度大为减小，因此按上述公式求得的 Δ'' 值比实际值略大。

(3)由于流动阻力引起的沸点升高 Δ'''

前已述及，二次蒸汽从蒸发室流入冷凝器的过程中，由于管路阻力，其压力下降，故蒸发器内的压力高于冷凝器内的压力。换言之，在蒸发器内压力下的二次蒸汽的冷凝温度高于冷凝器内的冷凝温度，由此造成的沸点升高以 Δ''' 表示。Δ''' 与二次蒸汽在管道中的流速、物性以及管道尺寸有关，但很难定量分析，一般取经验值，约为 1~1.5℃。对于多效蒸发，效间的沸点升高一般取 1℃。

【例 7-4】 采用单效循环型蒸发器蒸发 $CaCl_2$ 水溶液，加热室内的平均液层高度为 2.3m，溶液的平均密度为 1200kg/m³，溶液质量分数为 0.20，冷凝器的操作压力为 40kPa（绝压）。试求沸点升高 Δ'、Δ'' 和 Δ''' 以及溶液的平均沸点。

解 (1)流动阻力引起的沸点升高 Δ'''

根据经验，取 $\Delta''' = 1℃$。

(2)溶质存在引起的沸点升高 Δ'

查附录十五得，常压下（101.3kPa）质量分数为 0.20 的 $CaCl_2$ 水溶液的沸点为 105℃，故

$$\Delta'_a = 105 - 100 = 5℃$$

由于冷凝器在 40kPa 下操作，故由附录八查得，进入冷凝器的二次蒸汽在 $t_c = 75℃$ 下

冷凝。考虑到管路的流动阻力 $\Delta'''=1℃$，蒸发室操作压力相当于 $T'=75+1=76℃$ 的饱和蒸汽压力，即 $p'=41.6\text{kPa}$，相应的汽化热 $r'=2311\text{kJ/kg}$。

由式(7-18)，可得 $p'=41.6\text{kPa}$ 下沸点升高为

$$\Delta'=f\Delta_a'=\frac{0.0162(76+273)^2}{2311}\times 5=4.3℃$$

故液面处溶液的沸点为

$$t_B=T'+\Delta'=76+4.3=80.3℃$$

(3)液层压力引起的沸点升高 Δ''

$$p_{av}=p'+\frac{\rho_{av}gL}{2}=41.6\times10^3+\frac{1200\times9.81\times2.3}{2}=55.1\times10^3\text{kPa}$$

查附录八，在 $55.1\times10^3\text{kPa}$ 和 41.6kPa 下，水蒸气的饱和温度分别为 $83.4℃$ 和 $76.0℃$，故

$$\Delta''=83.4-76.0=7.4℃$$

(4)溶液的平均沸点

$$\Delta=4.3+7.4+1=12.7℃$$

$$t_{av}=t_1=t_c+\Delta=75+12.7=87.7℃$$

> 💡 计算结果表明：采用循环型蒸发器进行蒸发操作时，由于加热室内液层高度引起的温度差损失占有相当的比例。

2. 蒸发器的传热系数

蒸发器的总传热系数的表达式原则上与普通换热器相同，即

$$K=\cfrac{1}{\cfrac{1}{\alpha_o}+R_{so}+\cfrac{d_o}{\alpha_i d_i}+R_{si}\cfrac{d_o}{d_i}+\cfrac{b}{k}\cfrac{d_o}{d_m}} \tag{7-24}$$

式中，α 为对流传热系数，$W/(m^2\cdot℃)$；d 为管径，m；R_s 为垢层热阻，$m^2\cdot℃/W$；b 为管壁厚度，m；k 为管材的热导率，$W/(m\cdot℃)$；下标 i 表示管内侧，o 表示外侧，m 表示平均。

式(7-24)中，管外蒸汽冷凝的传热系数 α_o 可按膜式冷凝的传热系数公式计算，垢层热阻值 R_s 可按经验值估计。

管内溶液沸腾传热系数则受较多因素的影响，如溶液的性质、蒸发器的型式、沸腾传热的形式以及蒸发操作的条件等。由于管内溶液沸腾传热的复杂性，现有的计算关联式的准确性较差。下面给出几种常用蒸发器管内沸腾传热系数的经验关联式，供设计计算时参考。

(1)强制循环蒸发器

由于在强制循环蒸发器中，加热管内的液体无沸腾区，因此可以采用无相变时管内强制湍流的计算式，即

$$\alpha_i=0.023\frac{k_L}{d_i}Re_L^{0.8}Pr_L^{0.4} \tag{7-25}$$

式中，各项符号的意义见第5章。实验表明，式(7-25)的 α_i 计算值比实验值约低25%。

(2)标准式蒸发器

当溶液在加热管进口处的速度较低(0.2m/s左右)时，α_i 可用下式计算

$$Nu = 0.008 Re_L^{0.8} Pr_L^{0.6} \left(\frac{\sigma_w}{\sigma_L}\right)^{0.38} \tag{7-26}$$

或

$$\alpha_i = 0.008 \frac{k_L}{d_i} \left(\frac{d_i u_m \rho_L}{\mu_L}\right)^{0.8} \left(\frac{c_L \mu_L}{k}\right)^{0.6} \left(\frac{\sigma_w}{\sigma_L}\right)^{0.38} \tag{7-26a}$$

式中，k_L 为液体的热导率，W/(m·℃)；d_i 为加热管的内径，m；u_m 为平均流速，即加热管进、出口处液体流速的对数平均值，m/s；ρ_L 为液体的密度，kg/m³；μ_L 为液体的黏度，Pa·s；c_L 为液体的比热容，kJ/(kg·℃)；σ_w 为水的表面张力，N/m；σ_L 为溶液的表面张力，N/m。

式(7-26)适用于常压，在高压或高真空度时误差较大。

(3)升膜蒸发器

在热负荷较低(表面蒸发)时

$$\alpha_i = (1.3 + 128 d_i) \frac{k_L}{d_i} Re_L^{0.23} Re_V^{0.34} \left(\frac{\rho_L}{\rho_V}\right)^{0.25} Pr_L^{0.9} \left(\frac{\mu_V}{\mu_L}\right) \tag{7-27}$$

式中，Pr_L 为料液在平均沸点下的普朗特数 $\left(=\frac{c_L \mu_L}{k_L}\right)$；$Re_L$ 为液膜雷诺数 $\left(=\frac{4W}{n\pi d_i \mu_L}\right)$；$Re_V$ 为汽膜雷诺数 $\left(=\frac{d_i u_V \rho_V}{\mu_V} = \frac{d_i q}{r \mu_V}\right)$；$n$ 为沸腾管数；W 为单位时间通过沸腾管的总质量，kg/s；q 为热通量，W/m²；

在热负荷较高(核状沸腾)时

$$\alpha_i = 0.225 \phi_s \frac{k_L}{d_i} Pr_L^{0.69} Re_V^{0.69} \left(\frac{p d_i}{\sigma_L}\right)^{0.31} \left(\frac{\rho_L}{\rho_V} - 1\right)^{0.33} \tag{7-28}$$

式中，ϕ_s 为管材质的校正系数，其值如下；p 为绝对压力，Pa。

管材	钢，铜	不锈钢，铬，镍	磨光表面
ϕ_s	1	0.7	0.4

式(7-27)是在小于或等于 25.4mm 的管内的减压沸腾条件下获得的结果，其误差为 ±20%。式(7-28)适用于常压和减压沸腾情况，其误差为±20%。

(4)降膜蒸发器

当 $\dfrac{M}{\mu_L} \leqslant 0.61 \left(\dfrac{\mu_L^4 g}{\rho_L \sigma^3}\right)^{-1/11}$ 时

$$\alpha_i = 1.163 \left(\frac{k_L^3 g \rho_L^2}{3 \mu_L^2}\right)^{1/3} \left(\frac{M}{\mu_L}\right)^{-1/3} \tag{7-29}$$

当 $0.61 \left(\dfrac{\mu_L^4 g}{\rho_L \sigma^3}\right)^{-1/11} < \dfrac{M}{\mu_L} \leqslant 1450 \left(\dfrac{c_L \mu_L}{k_L}\right)^{-1.06}$ 时

$$\alpha_i = 0.705 \left(\frac{k_L^3 g \rho_L^2}{\mu_L^2}\right)^{1/3} \left(\frac{M}{\mu_L}\right)^{-0.24} \tag{7-30}$$

当 $\dfrac{M}{\mu_L} > 1450 \left(\dfrac{c_L \mu_L}{k_L}\right)^{-1.06}$ 时

$$\alpha_i = 7.69 \times 10^{-3} \left(\frac{k_L^3 g \rho_L^2}{\mu_L^2}\right)^{1/3} \left(\frac{c_L \mu_L}{k_L}\right)^{0.65} \left(\frac{M}{\mu_L}\right)^{0.4} \tag{7-31}$$

式中，M 为单位时间内流过单位管子周边上的溶液质量，kg/(m·s)，即 $M=\dfrac{W}{\pi d_i n}$（n 为管数）。

需要指出，由于上述 α_i 的关联式精度较差，目前在蒸发器设计计算中，总传热系数 K 大多根据实测或经验值选定。表 7-2 列出了几种常用蒸发器 K 值的大致范围，可供设计时参考。

表 7-2　蒸发器总传热系数 K 的概略值

蒸发器型式	总传热系数 K /[W/(m²·℃)]	蒸发器型式	总传热系数 K /[W/(m²·℃)]
水平浸没加热式	600～2300	外加热式(自然循环)	1200～6000
标准式(自然循环)	600～3000	外加热式(强制循环)	1200～6000
标准式(强制循环)	1200～6000	升膜式	1200～6000
悬筐式	600～3000	降膜式	1200～3500

3. 传热面积计算

在蒸发器的热负荷 Q、传热的有效温度差 Δt_m 及总传热系数 K 确定以后，则可由式 (7-11) 计算蒸发器的传热面积，即

$$S=\frac{Q}{K\Delta t_m} \tag{7-11a}$$

【例 7-5】　用连续操作的单效标准式蒸发器将质量分数为 0.10 的 Na_2SO_4 水溶液浓缩至 0.25，进料量为 2000kg/h，沸点进料。加热介质为 0.3MPa(绝压)的饱和水蒸气，冷凝器的操作压力为 50kPa(绝压)。在操作条件下，蒸发器的总传热系数 $K=1000W/(m^2\cdot℃)$，溶液的平均密度为 1206kg/m³。冷凝水在饱和温度下排出，热损失为 12000W，估计蒸发器中液面高度为 2m。试求：(1)水的蒸发量；(2)加热蒸汽用量；(3)蒸发器所需的传热面积。

解　(1)水的蒸发量
由式 (7-1) 得

$$W=F\left(1-\frac{x_0}{x_1}\right)=2000\left(1-\frac{0.10}{0.25}\right)=1200kg/h$$

(2)加热蒸汽用量
因沸点进料，故由式 (7-9)，得

$$D=\frac{Wr'+Q_L}{r} \tag{1}$$

式中，r 为加热蒸汽的汽化热，查附录八，在 0.3MPa 下 $r=2168kJ/kg$，$T_s=133.3℃$；r' 为在溶液沸点下二次蒸汽的汽化热，故需先计算溶液的沸点。

已知冷凝器的操作压力为 50kPa，在此压力下水蒸气的冷凝温度 $t_c=81.2℃$。取 $\Delta'''=1℃$，则蒸发室内二次蒸汽的冷凝温度 $T'=81.2+1=82.2℃$，相应的操作压力 $p'=52kPa$ 及汽化热 $r'_s=2304kJ/kg$。

查附录十五，常压下(101.3kPa)质量分数为 0.25 的 Na_2SO_4 水溶液的沸点为 102℃，故

$$\Delta'_a=102-100=2℃$$

由式(7-18)，52kPa下的沸点升高为

$$\Delta'=f\Delta_a'=\frac{0.0162(82.2+273)^2}{2304}\times2=1.77℃$$

故液面上溶液的沸点为

$$t_B=82.2+1.77=84.0℃$$

液层平均压力可由式(7-22)计算，即

$$p_{av}=p'+\frac{\rho_{av}gL}{2}=52\times10^3+\frac{1206\times9.81\times2}{2}=63.8kPa$$

查附录八，在63.8kPa下水蒸气的温度为87.2℃，故

$$\Delta''=87.2-82.2=5.0℃$$

$$\Delta=1.77+5.0+1=7.77℃$$

由以上计算可知，对于该物系，在真空下操作时，Δ'' 在 Δ 中占有较大比例。因此，溶液的平均沸点为

$$t_1=84.0+5.0=89.0℃$$

作为近似计算，式(1)中的 r' 可取 t_B 下的水蒸气的汽化热，亦可取 t_1 下的值，$r'=2294kJ/kg$。因此

$$D=\frac{1200\times2294+12000\times3600/1000}{2168}=1290kg/h$$

(3)蒸发器所需的传热面积

传热的有效温度差为

$$\Delta t_m=133.3-89.0=44.3℃$$

由式(7-11)，可得 $S=\dfrac{Q}{K\Delta t_m}=\dfrac{Dr}{K\Delta t_m}=\dfrac{1290\times2168\times10^3}{3600\times44.3\times1000}=17.5m^2$

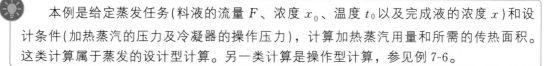

　　本例是给定蒸发任务(料液的流量 F、浓度 x_0、温度 t_0 以及完成液的浓度 x)和设计条件(加热蒸汽的压力及冷凝器的操作压力)，计算加热蒸汽用量和所需的传热面积。这类计算属于蒸发的设计型计算。另一类计算是操作型计算，参见例7-6。

【例7-6】　某厂欲将含无机盐的水溶液由10%(质量分数，下同)浓缩至25%。现有一台传热面积为50m²的中央循环管式蒸发器可供使用，该蒸发器的总传热系数为1300W/(m²·℃)。已知原料液温度为50℃，比热容为3.768kJ/(kg·℃)。常压下25%的溶液因蒸气压下降而引起的沸点升高为3.2℃，因液体静压引起的沸点升高为4.1℃。加热蒸汽的压力为120kPa(绝压)，冷凝器的温度为59℃。设溶液的浓缩热效应及蒸发器的热损失均可忽略。试求：(1)原料液的处理量(kg/h)；(2)加热蒸汽消耗量(kg/h)。

解　(1)原料液的处理量

首先由题给条件求蒸发器的热负荷 $Q=KS(T-t_1)$，其中 t_1 为操作压力下的沸点，即

$$t_1=t_c+\Delta'+\Delta''+\Delta'''$$

① 取因流动阻力引起的温度差损失 $\Delta'''=1℃$，则二次蒸汽温度为60℃。由附录八查得120kPa下加热蒸汽温度为104.5℃，汽化热为2246.8kJ/kg；60℃下的二次蒸汽的汽化热为2355.1kJ/kg。

② 将题给的 Δ'_a 值校正到操作压力下

$$f=\frac{0.0162(T'+273)^2}{r'_s}=\frac{0.0162\times(60+273)^2}{2355.1}=0.763$$

$$\Delta'=f\Delta'_a=0.763\times3.2=2.44\text{℃}$$

$$t_1=t_c+\Delta'+\Delta''+\Delta'''=59+2.44+4.1+1=66.54\text{℃}$$

故蒸发器的热负荷为

$$Q=KS(T-t_1)=\frac{1300\times3600}{1000}\times50\times(104.5-66.54)=8.883\times10^6\,\text{kJ/h}$$

当忽略蒸发器热损失时，将热量衡算方程(1)及物料衡算方程(2)

$$Q=Wr'_s+Fc_0(t_1-t_0) \tag{1}$$

$$W=F\left(1-\frac{x_0}{x_1}\right) \tag{2}$$

联立可得
$$F=\frac{Q}{\left(1-\dfrac{x_0}{x_1}\right)r'_s+c_0(t_1-t_0)}$$

$$=\frac{8.883\times10^6}{\left(1-\dfrac{0.1}{0.25}\right)\times2355.1+3.768\times(66.54-50)}=6.021\times10^3\,\text{kg/h}$$

(2)加热蒸汽消耗量

$$D=\frac{Q}{r'_s}=\frac{8.883\times10^6}{2246.8}=3.954\times10^3\,\text{kg/h}$$

> 本例属于蒸发的操作型计算。操作型计算的类型很多，本例是给定蒸发器的结构形式及其传热面积 S、总传热系数 K、料液的进口状态 $(x_0、t_0)$、完成液的浓度 x、加热蒸汽与冷凝器压力，要求核算蒸发器的处理能力 F 和加热蒸汽的用量 D。
>
> 常见的操作型计算还有：给定传热面积 S、料液流量 F 及进口状态 $(x_0、t_0)$、完成液的浓度 x、加热蒸汽与冷凝器压力，要求核算蒸发器的总传热系数 K 和加热蒸汽的用量 D。

7.3.3 蒸发强度与加热蒸汽的经济性

蒸发强度与加热蒸汽的经济性是衡量蒸发装置性能的两个重要技术经济指标。

1. 蒸发器的生产能力和蒸发强度

蒸发器的生产能力通常指单位时间内蒸发的水量，其单位为 kg/h。蒸发器生产能力的大小由蒸发器的传热速率 Q 来决定，即式(7-11)所示

$$Q=KS\Delta t_m$$

如果忽略蒸发器的热损失且原料液在沸点下进料，则其生产能力为

$$W=\frac{Q}{r'}=\frac{KS\Delta t_m}{r'} \tag{7-32}$$

式中，W 为蒸发器的生产能力，kg/h；Q 为蒸发器的热负荷，kJ/h；r' 为在溶液沸点下的二次蒸汽的汽化热，kJ/kg；S 为蒸发器的传热面积，m^2。

应当指出，蒸发器的生产能力只能笼统地表示一个蒸发器生产量的大小，并未涉及蒸发器本身的传热面积。为了定量地描述一个蒸发器性能的优劣，可采用如下蒸发强度的概念。

蒸发器的生产强度简称蒸发强度，它是指单位时间内单位传热面积上所蒸发的水量，即

$$U = \frac{W}{S} \tag{7-33a}$$

式中，U 为蒸发强度，$kg/(m^2 \cdot h)$。

蒸发强度是评价蒸发器优劣的重要指标。当蒸发器的蒸发量给定，蒸发强度越大，则所需的传热面积越小，因而蒸发设备的投资越小。

若在沸点下进料，并忽略蒸发器的热损失，则由式(7-32)，$Q = Wr' = KS\Delta t_m$，代入式(7-33a)可得

$$U = \frac{Q}{Sr'} = \frac{K\Delta t}{r'} \tag{7-33b}$$

由式(7-33b)可知，提高蒸发强度的基本途径是提高总传热系数 K 和传热温度差 Δt_m。

① 传热温度差 Δt_m 的大小取决于加热蒸汽的压力和冷凝器操作压力。但加热蒸汽压力的提高，常常受工厂供气条件的限制，一般为 0.3～0.5MPa，有时可高达 0.6～0.8MPa。而冷凝器中真空度的提高，要考虑造成真空的动力消耗。而且随着真空度的提高，溶液的沸点降低，黏度增加，使得总传热系数 K 下降。因此，冷凝器的操作绝压一般不应低于 10～20kPa。

由以上分析可知，传热温度差的提高是有限制的。

② 提高蒸发强度的另一途径是增大总传热系数。由式(7-24)可知，总传热系数 K 取决于两侧对流传热系数和污垢热阻。

蒸汽冷凝的传热系数 α_o 通常总比溶液沸腾传热系数 α_i 大，即在总传热热阻中，蒸汽冷凝侧的热阻较小。但在蒸发器操作中，需要及时排除蒸汽中的不凝气体，否则其热阻将大大增加，使总传热系数下降。

管内溶液侧的沸腾传热系数 α_i 是影响总传热系数的主要因素。如前所述，影响 α_i 的因素很多，如溶液的性质、蒸发器的类型及操作条件等。通过前面介绍的沸腾传热系数的关联式可以了解影响 α_i 的若干因素，以便根据实际的蒸发任务，选择适宜的蒸发器型式及其操作条件。

管内溶液侧的污垢热阻往往是影响总传热系数的重要因素。特别当蒸发易结垢和有结晶析出时，极易在传热面上形成垢层，使 K 值急剧下降。为了减小垢层热阻，通常的办法是定期清洗。此外，亦可采用减小垢层热阻的其他措施。例如，选用适宜的蒸发器型式(如强制循环或列文蒸发器等)，在溶液中加入晶种或微量阻垢剂等。

2. 加热蒸汽的经济性

如前所述，蒸发过程是一个能耗较大的单元操作，因此能耗是蒸发过程优劣的另一个重要评价指标，通常以加热蒸汽的经济性来表示。加热蒸汽的经济性系指 1kg 生蒸汽可蒸发的水分量，即

$$E = \frac{W}{D} = \frac{1}{e} \tag{7-34}$$

提高加热蒸汽的经济性有多种途径，有关内容在下一节详细讨论。

7.4 多效蒸发

如前所述,单效蒸发时,单位加热蒸汽消耗量大于 1,即每蒸发 1kg 水需消耗不少于 1kg 的加热蒸汽。因此对于大规模的工业蒸发过程,如果采用单效操作必然消耗大量的加热蒸汽,这在经济上是不合理的。有鉴于此,工业上多采用多效蒸发操作。

在多效蒸发中,各效的操作压力依次降低,相应地,各效的加热蒸汽温度及溶液的沸点亦依次降低。因此,只有当提供的新鲜加热蒸汽的压力较高或末效采用真空的条件下,多效蒸发才是可行的。以三效蒸发为例(参见图 7-19),如果第一效的加热蒸汽为低压蒸汽(如常压),显然末效(第三效)应在真空下操作,才能使各效间都维持一定的压力差及温度差;反之,如果末效在常压下操作,则要求第一效的加热蒸汽有较高的压力。

7.4.1 多效蒸发流程

按溶液与蒸汽相对流向的不同,多效蒸发有 3 种常见的加料流程(模式),下面以三效蒸发为例进行说明。

1. 并流模式

这是工业上最常见的加料模式,图 7-19 为典型的并流流程。溶液与蒸汽的流动方向相同,均由第一效顺序流至末效。

并流的优点是:溶液从压力和温度较高的蒸发器流向压力和温度较低的蒸发器,故溶液在效间的输送可以利用效间的压差,而不需要泵送。同时,当前一效溶液流入温度和压力较低的后一效时,会产生自蒸发(闪蒸),因而可以多产生一部分二次蒸汽。此外,此法的操作简便,工艺条件稳定。

并流的缺点是:随着溶液从前一效逐效流向后面各效,其组成增高,而温度反而降低,致使溶液的黏度增加,蒸发器的传热系数下降。因此,对于随组成增加其黏度变化很大的料液不宜采用并流。

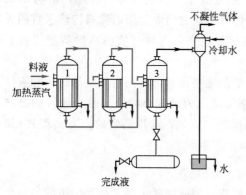

图 7-19 并流加料蒸发操作流程

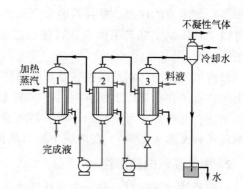

图 7-20 逆流加料蒸发操作流程

2. 逆流模式

逆流加料流程如图 7-20 所示。溶液的流向与蒸汽的流向相反,即加热蒸汽由第一效进入,而原料液由末效进入,由第一效排出。

逆流的优点是:随溶液的组成沿着流动方向的增高,其温度也随之升高。因此因组成增高使黏度增大的影响大致与因温度升高使黏度降低的影响相抵，故各效溶液的黏度较为接近，各效的传热系数也大致相同。

逆流的缺点是：溶液在效间的流动是由低压流向高压，由低温流向高温，必须用泵输送，故能量消耗大。此外，各效（末效除外）均在低于沸点下进料，没有自蒸发，与并流相比，所产生的二次蒸汽量较少。

一般说来，逆流加料适合于黏度随温度和组成变化较大的溶液，但不适合于处理热敏性物料。

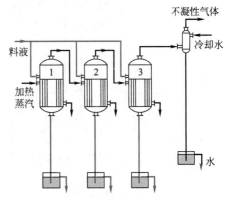

3. 平流模式

平流是指原料液平行加入各效，完成液亦分别自各效排出。蒸汽的流向仍由第一效流向末效。如图 7-21 为平流加料的三效蒸发流程。此种

图 7-21 平流加料蒸发操作流程

流程适合于处理蒸发过程中有结晶析出的溶液。例如某些无机盐溶液的蒸发，由于过程中析出结晶而不便于在效间输送，则宜采用此法。

除以上三种基本操作流程外，工业生产中有时还有一些其他的流程。例如，在一个多效蒸发流程中，加料的方式可既有并流又有逆流，称为错流。以三效蒸发为例，溶液的流向可以是 3→1→2，亦可以是 2→3→1。此法的目的是利用两者的优点而避免或减轻其缺点，但错流操作较为复杂。

7.4.2 多效蒸发的计算

多效蒸发计算的主要内容是：加热蒸汽（生蒸汽）消耗量、各效溶剂蒸发量以及各效的传热面积。而给定的已知条件通常是：料液的流量、温度和组成，最终完成液的组成，加热蒸汽的压力以及冷凝器的压力等。

多效蒸发计算的依据仍然是物料衡算、热量衡算以及传热速率三个基本方程。但在多效蒸发计算中，随着效数的增加，变量个数增多，加之基本方程组的非线性，使得多效蒸发的计算远比单效蒸发复杂。通常欲获得多效蒸发的精确解，其工作量是很大的。目前已提出了多种专门的求解方法，读者可参阅有关专著。本节仅介绍一种常用的试差法。

1. 基本方程组

以图 7-22 所示的并流 n 效蒸发为例讨论。图中各符号的意义如下

F——原料液流量，kg/h；

x_0——原料液中溶质的质量分数；

t_0——原料液的温度，℃；

h_0——原料液的焓，kJ/kg；

D_1——加热蒸汽（生蒸汽）的消耗量，kg/h；

p_1——加热蒸汽（生蒸汽）的压力，Pa；

T_1——加热蒸汽（生蒸汽）的温度，℃；

H_1——加热蒸汽（生蒸汽）的焓，kJ/kg；

W——总蒸发量，kg/h；

W_i——第 i 效的蒸发量，kg/h($i=1,2,\cdots,n$)；

t_i——第 i 效溶液的沸点，℃($i=1,2,\cdots,n$)；

h_i——第 i 效溶液的焓，kJ/kg($i=1,2,\cdots,n$)；

H_i'——第 i 效的二次蒸汽的焓，kJ/kg($i=1,2,\cdots,n$)；

p_i'——第 i 效的二次蒸汽的压力，Pa($i=1,2,\cdots,n$)；

S_i——第 i 效蒸发器的传热面积，m²($i=1,2,\cdots,n$)。

(1)物料衡算方程

对图 7-22 所示的整个系统作溶质的物料衡算，可得

$$Fx_0=(F-W)x_n \tag{7-35}$$

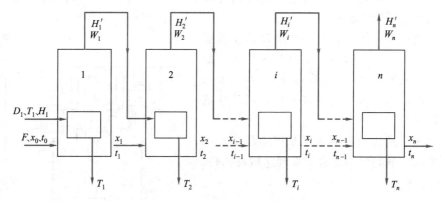

图 7-22 n 效并流蒸发流程图

或
$$W = F\left(1 - \frac{x_0}{x_n}\right) \tag{7-35a}$$

由于
$$W = \sum_{i=1}^{n} W_i = W_1 + W_2 + \cdots + W_n \tag{7-36}$$

因此，对任一效 i 作溶质的物料衡算，可得
$$Fx_0 = (F - W_1 - W_2 - \cdots - W_i)x_i \quad (i = 1, 2, \cdots, n) \tag{7-37}$$

由式(7-37)可得任一效 i 中料液的组成为
$$x_i = \frac{Fx_0}{F - W_1 - W_2 - \cdots - W_i} \quad (i = 1, 2, \cdots, n) \tag{7-38}$$

在以上诸式中，总蒸发量 W 可由已知量求出，但各效的蒸发量 W_i 和各效的组成 x_i 均为未知量，需要与热量衡算式联立求解。

(2)热量衡算方程

仍参考图 7-22，对每一效作热量衡算。为简便起见，假定加热蒸汽的冷凝液在饱和温度下排出，且不计蒸发器的热损失，则有

第 1 效
$$Fh_0 + D_1(H_1 - h_c) = (F - W_1)h_1 + W_1 H_1' \tag{7-39}$$

对于溶液的稀释热可以忽略的情况，采用与单效蒸发热量衡算相同的推导步骤，可以将式(7-39)写成
$$D_1 = \frac{Fc_0(t_1 - t_0) + W_1 r_1'}{r_1} \tag{7-40}$$

及
$$Q_1 = D_1 r_1 \tag{7-41}$$

式中，r_1' 为第 1 效二次蒸汽的汽化热，kJ/kg；r_1 为加热蒸汽(生蒸汽)的汽化热，kJ/kg。

第 2 效(无额外蒸汽引出时)
$$W_1 = \frac{(Fc_0 - W_1 c_W)(t_2 - t_1) + W_2 r_2'}{r_2} \tag{7-42}$$

及
$$Q_2 = W_1 r_1' \tag{7-43}$$
$$r_2 = r_1' \tag{7-44}$$

······

第 i 效(无额外蒸汽引出时)

$$W_{i-1} = (Fc_0 - W_1 c_W - W_2 c_W - \cdots - W_{i-1} c_W)\frac{t_i - t_{i-1}}{r_i} + W_i \frac{r_i'}{r_i} \tag{7-45}$$

$$Q_i = W_{i-1} r_{i-1}' \tag{7-46}$$

及
$$r_i = r_{i-1}' \tag{7-47}$$

如果考虑溶液的稀释热和蒸发装置的热损失等，可在式(7-45)中引入热利用系数 η_i，即

$$W_{i-1} = \eta_i \left[(Fc_0 - W_1 c_W - W_2 c_W - \cdots - W_{i-1} c_W)\frac{t_i - t_{i-1}}{r_i} + W_i \frac{r_i'}{r_i} \right]$$

η_i 值根据经验选取，一般为 $0.96 \sim 0.98$。溶液的稀释热越大，η_i 越小。例如 NaOH 溶液的 η_i 可按下列经验式计算

$$\eta_i = 0.98 - 0.7\Delta x_i \tag{7-48}$$

式中，Δx_i 为第 i 效中溶液质量分数的变化。

(3)传热速率方程

对于多效蒸发，任一效 i 的传热速率方程为

$$Q_i = K_i S_i \Delta t_i \quad (i = 1, 2, \cdots, n) \tag{7-49}$$

式中，Δt_i 为第 i 效的有效温度差，℃；S_i 为第 i 效的传热面积，m^2；Q_i 为第 i 效的传热速率，W；K_i 为第 i 效的总传热系数，$W/(m^2 \cdot ℃)$。

① **各效温度差 Δt_i 及总有效温度差 $\sum \Delta t_m$** 由于溶液中溶质的存在、液柱静压力的影响以及二次蒸汽在各效间的摩擦损失，多效蒸发中的每一效都存在着温度差损失。对于任一效 i，其温度差损失为

$$\Delta_i = \Delta_i' + \Delta_i'' + \Delta_i''' \quad (i = 1, 2, \cdots, n) \tag{7-50}$$

因此，多效蒸发的总温度差损失为各效温度差损失之和，即

$$\sum_{i=1}^{n} \Delta_i = \sum_{i=1}^{n} \Delta_i' + \sum_{i=1}^{n} \Delta_i'' + \sum_{i=1}^{n} \Delta_i''' \tag{7-50a}$$

由于多效蒸发系统的总温度差 $\Delta t_T = T - t_c$，故有

$$\sum_{i=1}^{n} \Delta t_m = \Delta t_T - \sum_{i=1}^{n} \Delta_i \tag{7-51}$$

式中，$\sum_{i=1}^{n} \Delta t_m$ 为多效蒸发系统的总有效温度差，即

$$\sum_{i=1}^{n} \Delta t_m = \Delta t_1 + \Delta t_2 + \cdots + \Delta t_n \tag{7-52}$$

② **有效温度差在各效间的分配** 当多效蒸发的总蒸发量、加热蒸汽和冷凝器中的压力均给定时，各效有效温度差之间的关系受传热速率方程所制约，不能任意规定。以三效蒸发为例，由式(7-49)得

$$\Delta t_1 = \frac{Q_1}{K_1 S_1}, \quad \Delta t_2 = \frac{Q_2}{K_2 S_2}, \quad \Delta t_3 = \frac{Q_3}{K_3 S_3} \tag{7-53}$$

即
$$\Delta t_1 : \Delta t_2 : \Delta t_3 = \frac{Q_1}{K_1 S_1} : \frac{Q_2}{K_2 S_2} : \frac{Q_3}{K_3 S_3} \tag{7-53a}$$

由式(7-53a)可知，如果各效的总传热系数 K_i 已知(或给定)，则各效有效温度差之间的关系(亦即总有效温度差在各效的分配)取决于各效的传热面积。在工业多效蒸发器的设计中，可以按照各效传热面积相等的原则，也可以按照各效传热面积之和为最小的原则进行有效温度差的分配。通常为了便于制造和安装，将各效蒸发器做成等传热面积，即 $S_1 = S_2 =$

$S_3 = S$，此时，式(7-53a)可以写成

$$\Delta t_1 : \Delta t_2 : \Delta t_3 = \frac{Q_1}{K_1 S} : \frac{Q_2}{K_2 S} : \frac{Q_3}{K_3 S} \qquad (7\text{-}53b)$$

2. 多效蒸发的计算步骤

试差法求解的具体步骤可以是多种多样的，下面仅介绍其中之一。在以下的计算中规定各效蒸发器的传热面积相等。

① **计算总蒸发量** 总蒸发量 W 可直接按式(7-35a)求得。

② **设定各效蒸发量 W_i 的初值** 各效蒸发量 $W_i(i=1,2,\cdots,n)$ 的初值一般可按各效蒸发量相等的原则初步设定，即

$$W_1 = W_2 = \cdots = W_n \qquad (7\text{-}54)$$

当并流操作时，因有自蒸发现象，根据经验，各效蒸发量之比可假定如下

$$W_1 : W_2 : W_3 : W_4 = 1 : 1.1 : 1.2 : 1.3 \qquad (7\text{-}55)$$

由上述方法设定了各效蒸发水量的初值后，可按式(7-38)求得各效完成液的组成 x_i $(i=1,2,\cdots,n)$。

③ **设定各效操作压力的初值** 欲求各效溶液的沸点温度以及各效二次蒸汽的温度，需预先假定各效的操作压力。前曾指出，一般加热蒸汽压力 p_1 和末效冷凝器的压力 p_c 是给定的，作为初值，其他各效压力可按等压力降来设定，即取相邻两效间的压力差为

$$\Delta p = \frac{p_1 - p_c}{n} \qquad (7\text{-}56)$$

式中，n 为效数；p_c 为冷凝器的压力，Pa。

则任一效 i 的压力为

$$p_i' = p_1 - i\Delta p (i=1,2,\cdots,n) \qquad (7\text{-}57)$$

④ **确定各效溶液的沸点和有效温度差** 根据步骤 3 假设的各效压力值和步骤 2 求出的各效溶液的组成，确定各效的温度差损失 Δ_i 和溶液的沸点 $t_i(i=1,2,\cdots,n)$，进而由式(7-52)求出总有效温度差 $\sum\limits_{i=1}^{n} \Delta t_m$。

⑤ **求加热蒸汽用量和各效蒸发量** 联立求解热量衡算式(7-40)～式(7-47)，求得加热蒸汽用量 D_1 和各效蒸发量 $W_i(i=1,2,\cdots,n)$。

⑥ **求各效的传热面积** 由式(7-49)求得各效的传热面积 $S_i(i=1,2,\cdots,n)$。

⑦ **校核第 1 次计算结果** 检验计算的 W_i 值与初设值是否相等；各效的传热面积 S_i 是否相等，如不相等，重设初值，方法如下。

a. 以当前的 W_i 计算值作为下一次计算的初值。

b. 重新分配各效的有效温度差：以三效蒸发为例，设 $\Delta t_i'$ 表示各效传热面积相等时的温度差，则由式(7-49)得

$$\Delta t_1' = \frac{Q_1}{SK_1}, \quad \Delta t_2' = \frac{Q_2}{SK_2}, \quad \Delta t_3' = \frac{Q_3}{SK_3} \qquad (7\text{-}58)$$

式(7-53)与式(7-58)比较得

$$\Delta t_1' = \frac{S_1 \Delta t_1}{S}, \quad \Delta t_2' = \frac{S_2 \Delta t_2}{S}, \quad \Delta t_3' = \frac{S_3 \Delta t_3}{S} \qquad (7\text{-}59)$$

将式(7-59)的各式相加，得

$$\sum_{i=1}^{3} \Delta t_m = \Delta t_1' + \Delta t_2' + \Delta t_3' = \frac{S_1 \Delta t_1 + S_2 \Delta t_2 + S_3 \Delta t_3}{S}$$

或

$$S = \frac{S_1 \Delta t_1 + S_2 \Delta t_2 + S_3 \Delta t_3}{\sum\limits_{i=1}^{3} \Delta t_m} \tag{7-60}$$

推而广之，对于 n 效蒸发亦有

$$S = \frac{\sum\limits_{i=1}^{n} S_i \Delta t_i}{\sum \Delta t_m} \tag{7-60a}$$

因此，按式(7-60)或式(7-60a)计算调整后的平均传热面积 S，将其代入式(7-59)求出重新分配后的温度差。

然后，再根据重新分配的有效温度差，重复步骤 2~6 的计算，直至各效蒸发量的计算值与上一次所设的值相等，各效传热面积相等为止。

【例 7-7】 设计一连续操作的两效并流蒸发装置，将质量分数为 0.10 的 NaOH 水溶液浓缩至 0.50。已知进料量为 10000kg/h，沸点加料。加热介质采用 500kPa(绝压)的饱和水蒸气，冷凝器操作压力为 15kPa(绝压)，各效的传热系数分别为 1170W/(m² · ℃)和 700W/(m² · ℃)，原料液的比热容为 3.77kJ/(kg · ℃)，各效中溶液的平均密度分别为 1120kg/m³ 和 1460kg/m³，估计蒸发器中溶液的液面高度为 1.2m，各效冷凝水均在饱和温度下排出。设蒸发器的热损失可忽略，试求：(1)总蒸发量和各效蒸发量；(2)加热蒸汽用量；(3)各效蒸发器所需传热面积(要求各效传热面积相等)。

解 (1)总蒸发量

由式(7-35a)得

$$W = F\left(1 - \frac{x_0}{x_2}\right) = 10000\left(1 - \frac{0.1}{0.5}\right) = 8000 \text{kg/h}$$

(2)设各效蒸发量的初值并求各效溶液的组成

因并流进料，故可设 $W_1 : W_2 = 1 : 1.1$，而 $W_1 + W_2 = W = 8000$，解得

$$W_1 = \frac{8000}{2.1} = 3810 \text{kg/h}, \qquad W_2 = 1.1 \times 3810 = 4190 \text{kg/h}$$

由式(7-38)得

$$x_1 = \frac{Fx_0}{F - W_1} = \frac{10000 \times 0.1}{10000 - 3810} = 0.162, \qquad x_2 = 0.50$$

(3)设各效压力初值，求各效溶液的沸点

由式(7-56)得

$$\Delta p = \frac{500 - 15}{2} = 242.5 \text{kPa}$$

故

$$p_1' = 500 - 242.5 = 257.5 \text{kPa}, \qquad p_2' = 15 \text{kPa}$$

第 1 效

① 取 $p_1' = 250$kPa，查水蒸气表得二次蒸汽的冷凝温度 $T_1' = 127.2$℃。再由此二次蒸汽的冷凝温度 T_1' 和第 1 效中溶液的组成($x_1 = 0.162$)，查图 7-18 得，液面上溶液的沸点为 $t_{B1} = 136$℃，故

$$\Delta_1' = 136 - 127.2 = 8.8 \text{℃}$$

② 液层平均压力为

$$p_{av,1}=250+\frac{1120\times9.81\times1.2}{2\times10^3}=257kPa$$

在此压力下水的沸点为 128.1℃，故

$$\Delta''_1=128.1-127.2=0.9℃$$

③ 由于流动阻力引起的温度差损失

$$\Delta'''_1=1℃$$

因此，第 1 效中溶液的沸点为

$$t_1=T'_1+\Delta_1=127.2+8.8+0.9+1=137.9℃$$

传热的有效温度差为

$$\Delta t_1=T-t_1=151.7-137.9=13.8℃$$

第 2 效

① 在 $p'_2=15kPa$ 下，查水蒸气表得二次蒸汽的冷凝温度为 $T'_2=53.5℃$。由该二次蒸汽的冷凝温度 T'_2 和 2 效中溶液的组成（50%），查图 7-18 得液面上溶液的沸点 $t_{B2}=92℃$，故

$$\Delta'_2=92-53.5=38.5℃$$

② 液层的平均压力为

$$p'_{av,2}=15+\frac{1460\times9.81\times1.2}{2\times10^3}=23.6kPa$$

在此压力下水的沸点为 62.4℃，故

$$\Delta''_2=62.4-53.5=8.9℃$$

③ 仍取 $\Delta'''_2=1℃$，因此，第 2 效中溶液的沸点为

$$t_2=T'_2+\Delta_2=53.5+38.5+8.9+1=101.9℃$$

传热的有效温度差为

$$\Delta t_2=127.2-101.9=25.3℃$$

(4)求加热蒸汽用量及各效蒸发量

第 1 效

因沸点进料，故 $t_0=t_1$；热利用系数取 $\eta_1=0.98-0.7\Delta x_1=0.98-0.7(0.162-0.1)=0.937$。查水蒸气表，压力为 500kPa 的加热蒸汽的汽化热 $r_1=2113kJ/kg$，$t_1=137.9℃$ 的二次蒸汽的汽化热 $r'_1=2145kJ/kg$。将以上数据代入式(7-40)，并考虑热利用系数 η_1 得

$$W_1=\eta_1D_1\frac{r_1}{r'_1}=0.937\times\frac{2113}{2145}\times D_1=0.923D_1 \tag{1}$$

第 2 效

热利用系数取

$$\eta_2=0.98-0.7(0.5-0.162)=0.743$$
$$r_2\approx r'_1=2145kJ/kg$$

第 2 效中溶液的沸点为 101.9℃，查水蒸气表，二次蒸汽的汽化热 $r'_2=2260kJ/kg$。由式(7-45a)得

$$W_2=\eta_2\left[W_1\frac{r_2}{r'_2}+(Fc_0-W_1c_W)\frac{t_1-t_2}{r'_2}\right]$$
$$=0.743\left[W_1\frac{2145}{2260}+(10000\times3.77-4.187W_1)\frac{137.9-101.9}{2260}\right] \tag{2}$$
$$=0.705W_1+446.2-0.0495W_1$$

又知
$$W_1 + W_2 = 8000 \text{kg/h} \tag{3}$$
式(1)~式(3)联立求解，可得
$$W_1 = 4561 \text{kg/h}, \quad W_2 = 3439 \text{kg/h}, \quad D_1 = 4941 \text{kg/h}$$

(5)求各效的传热面积

由式(7-49)得

$$S_1 = \frac{Q_1}{K_1 \Delta t_1} = \frac{D_1 r}{K_1 \Delta t_1} = \frac{4941 \times 2113 \times 10^3}{1170 \times 13.8 \times 3600} = 179.6 \text{m}^2$$

$$S_2 = \frac{Q_2}{K_2 \Delta t_2} = \frac{W_1 r_1'}{K_2 \Delta t_2} = \frac{4561 \times 2145 \times 10^3}{700 \times 25.3 \times 3600} = 153.5 \text{m}^2$$

(6)校核第1次计算结果

由于 $A_1 \neq A_2$，且 W_1 和 W_2 与初设值相差较大，故应调整有效温度差和蒸发量，其方法如下。

① 有效温度差的重新分配，由式(7-60)得

$$S = \frac{S_1 \Delta t_1 + S_2 \Delta t_2}{\sum \Delta t_m} = \frac{179.6 \times 13.8 + 153.5 \times 25.3}{13.8 + 25.3} = 162.7 \text{m}^2$$

再由式(7-59)得

$$\Delta t_1' = \frac{S_1}{S} \Delta t_1 = \frac{179.6}{162.7} \times 13.8 = 15.2 \text{℃}$$

$$\Delta t_2' = \frac{S_2}{S} \Delta t_2 = \frac{153.5}{162.7} \times 25.3 = 23.9 \text{℃}$$

② 各效蒸发量取上一次计算值，即

$$W_1 = 4561 \text{kg/h}, \quad W_2 = 3439 \text{kg/h}$$

重复步骤(2)~(6)，进行下一次计算。

(7)求各效溶液的组成

$$x_1 = \frac{F x_0}{F - W_1} = \frac{10000 \times 0.1}{10000 - 4561} = 0.184, \quad x_2 = 0.50$$

(8)求各效溶液的沸点

第2效

因冷凝器压力和完成液组成未改变，故第2效中各种温度差损失及溶液沸点与上一次结果相同，即

$$\Delta_2 = \Delta_2' + \Delta_2'' + \Delta_2''' = 38.5 + 8.9 + 1 = 48.4 \text{℃}$$

$$t_2 = 53.5 + 48.4 = 101.9 \text{℃}$$

由步骤(6)重新分配第2效的有效温度差 $\Delta t_2' = 23.9 \text{℃}$，可得第2效加热蒸汽的冷凝温度为

$$T_2' = t_2 + \Delta t_2' = 101.9 + 23.9 = 125.8 \text{℃}$$

第1效

由于第1效二次蒸汽的冷凝温度 $T_1' = 125.7 \text{℃}$，相应的压力为240kPa，与第1次初设值变化不大。由 $T_1' = 125.8 \text{℃}$ 和 $x_1 = 0.184$，查图7-18得第1效液面上溶液的沸点为 $t_{B1} = 134.5 \text{℃}$，故

$$\Delta_1' = 134.5 - 125.8 = 8.7 \text{℃}$$

鉴于液层静压力引起的温度差损失 Δ_1'' 及流动阻力引起的温度差损失变化不大，故可取

第 1 次计算值，即 $\Delta_1'' = 0.9℃$，$\Delta_1''' = 1℃$，故
$$\Delta_1 = 8.7 + 0.9 + 1 = 10.6℃$$
由此可知，第 1 效溶液的沸点为
$$t_1 = 125.7 + 10.6 = 136.3℃$$

(9)求加热蒸汽用量及各效蒸发量

查温度为 136.3℃ 的水蒸气的冷凝热为 2163kJ/kg。

第 1 效
$$\eta_1 = 0.98 - 0.7(0.184 - 0.1) = 0.92$$
$$W_1 = 0.92 \times \frac{2113}{2163}D_1 = 0.899D_1 \tag{4}$$

第 2 效
$$\eta_2 = 0.98 - 0.7(0.5 - 0.184) = 0.76$$
$$W_2 = 0.76\left[W_1\frac{2163}{2260} + (10000 \times 3.77 - 4.187W_1)\frac{136.3 - 101.9}{2260}\right]$$
$$= 0.727W_1 + 436.1 - 0.0484W_1 \tag{5}$$
及
$$W_1 + W_2 = 8000kg/h \tag{6}$$
联立求解式(4)~式(6)，得
$$W_1 = 4505kg/h, \quad W_2 = 3495kg/h, \quad D_1 = 5011kg/h$$

(10)求各效传热面积
$$S_1 = \frac{Q_1}{K_1\Delta t_1'} = \frac{D_1 r}{K_1\Delta t_1'} = \frac{5011 \times 2113 \times 10^3}{1170 \times 15.2 \times 3600} = 165m^2$$
$$S_2 = \frac{Q_2}{K_2\Delta t_2'} = \frac{W_1 r_1'}{K_2\Delta t_2'} = \frac{4505 \times 2163 \times 10^3}{700 \times 23.9 \times 3600} = 162m^2$$

计算结果与初设值基本一致，取 $S = 165m^2$，计算结果为
$$W_1 = 4505kg/h, \quad W_2 = 3495kg/h, \quad D_1 = 5011kg/h, \quad S = 165m^2$$

> 由本例计算过程可知：多效蒸发为一多级串联过程，各效之间受到物料平衡、热量平衡以及传热速率方程的制约而相互影响，各效的过程参数不能随意规定。换言之，一旦第一效的进料量 F 及进料状态、加热蒸汽的温度(或压力)以及末效冷凝器温度(或压力)给定，则其他各效的溶液浓度、温度、蒸发量等必然在操作中自动调节而不能任意规定。

7.4.3　多效蒸发过程的分析

1. 加热蒸汽的经济性

前已述及，多效蒸发旨在通过二次蒸汽的再利用，提高加热蒸汽的利用程度，从而降低能耗。设单效蒸发与 n 效蒸发所蒸发的水量相同，则在理想情况下，单效蒸发时单位蒸汽用量为 $\frac{D}{W} = 1$，而 n 效蒸发时 $\frac{D}{W} = \frac{1}{n}$(kg 蒸汽/kg 水)。如果考虑了热损失、各种温度差损失以及不同压力下汽化热的差别等因素，则多效蒸发时单位蒸汽用量比 $1/n$ 稍大。表 7-3 示出了多效蒸发时单位蒸汽消耗量的理论值与实际值。

由表 7-3 可知，效数越多，单位蒸汽的消耗量越小，相应的操作费用越低。

表 7-3　不同效数蒸发的单位蒸汽消耗量[①]

效数	1	2	3	4	5
e_T/(kg 蒸汽/kg 水)	1	0.5	0.33	0.25	0.2
e_P/(kg 蒸汽/kg 水)	1.1	0.57	0.4	0.3	0.27

① e_T 为理论值；e_P 为实际值。

2. 溶液的温度差损失

设多效蒸发与单效蒸发的操作条件相同，即二者加热蒸汽压力、冷凝器操作压力以及料液与完成液组成均相同，则多效蒸发的温度差损失较单效蒸发时为大。

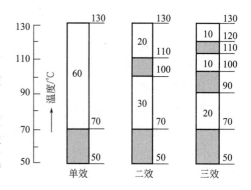

图 7-23 为单效、二效和三效蒸发装置中温度差损失示意，图中三种情况的操作条件相同。其中图形总高度代表加热蒸汽温度和冷凝器中蒸汽温度间的总温度差 Δt_T（即 $130-50=80\,℃$），阴影部分代表由于各种原因引起的温度差损失，空白部分代表有效温度差，即传热的推动力。由图

图 7-23　单效、二效和三效中有效温度
与温度差损失的比较

可见，多效蒸发较单效蒸发的温度差损失大。显然，效数越多，温度差损失越大。

3. 蒸发强度

同样，设单效蒸发与多效蒸发的操作条件相同，即加热蒸汽压力、冷凝器操作压力以及原料与完成液组成均相同，则多效蒸发的蒸发强度较单效蒸发时为小。

为简化起见，设各效蒸发器的传热面积相等，各效传热系数亦相等，则多效蒸发的总传热速率为

$$Q = Q_1 + Q_2 + \cdots Q_n = KS(\Delta t_1 + \Delta t_2 + \cdots + \Delta t_n) = KS\left[\Delta t_T - \sum_{i=1}^{n}(\Delta_i' + \Delta_i'' + \Delta_i''')\right]$$

(7-61)

在此假定下，多效蒸发的生产强度为

$$U = \frac{Q}{rnS} = \frac{K}{rn}\left[\Delta t_T - \sum_{i=1}^{n}(\Delta_i' + \Delta_i'' + \Delta_i''')\right]$$

(7-62)

前已述及，多效蒸发的温度差损失大于单效蒸发。由式（7-62）可见，随着效数的增加，其生产强度明显减小。效数越多，蒸发强度越小。也就是说，蒸发单位质量水需要的设备投资增大。

4. 多效蒸发的适宜效数

由上述讨论可知，随着多效蒸发效数的增加，温度差损失加大。某些溶液的蒸发还可能出现总温度差损失大于或等于总温度差的极端情况，此时蒸发操作则无法进行。因此多效蒸发的效数是有一定限制的。

一方面，随着效数的增加，单位蒸汽的耗量减小，操作费用降低；另一方面，效数越多，设备投资费越大。而且由表 7-3 可以看出，尽管 D/W 随效数的增加而降低，但降低的

幅度越来越小。例如，由单效改为二效，可节省的生蒸汽约为 50%，而由四效改为五效，可节省的生蒸汽量仅约为 10%。因此，蒸发的适宜效数应根据设备费与操作费之和为最小的原则权衡确定。

通常，工业多效蒸发操作的效数取决于被蒸发溶液的性质和温度差损失的大小等各种因素。每效蒸发器的有效温度差最小为 5～7℃。溶液的沸点升高大，采用的效数少，例如 NaOH 溶液，一般用 2～3 效；溶液的沸点升高小，采用的效数多，如糖水溶液的蒸发用 4～6 效。而海水淡化的蒸发装置可达 20～30 效。

7.4.4 提高加热蒸汽经济性的其他措施

为了提高加热蒸汽的经济性，除了采用前述的多效蒸发操作之外，工业上还常常采用其他措施，现简要介绍如下。

1. 抽出额外蒸汽

所谓额外蒸汽是指将蒸发器蒸出的二次蒸汽用于其他加热设备的热源。由于用饱和水蒸气作为加热介质时，主要是利用蒸汽的冷凝热，因此就整个工厂而言，将二次蒸汽引出作为他用，蒸发器只是将高品位(高温)加热蒸汽转化为较低品位(低温)的二次蒸汽，其冷凝热仍可完全利用。这样不仅大大降低了能耗，而且使进入冷凝器的二次蒸汽量降低，从而减少了冷凝器的负荷。

2. 冷凝水显热的利用

蒸发器的加热室排出大量冷凝水，如果这些具有较高温度的冷凝水直接排走，则会造成大量的能源和水资源的浪费。为了充分利用这些冷凝水，可以将其用作预热料液或加热其他物料，也可以用减压闪蒸的方法使之产生部分蒸汽与二次蒸汽一起作为下一效蒸发器的加热蒸汽。有时，还可根据生产需要，作为其他工艺水使用。

3. 热泵蒸发

热泵蒸发的原理是将二次蒸汽通过压缩机的绝热压缩作用，提高其压力，使其饱和温度超过溶液的沸点，然后送回蒸发器的加热室作为加热蒸汽使用。二次蒸汽的再压缩方法有两种：一种是机械压缩，如图 7-24(a)所示，采用离心式或轴流式压缩机实现压缩；另一种是蒸汽喷射泵式压缩，如图 7-24(b)所示，在喷射泵中通入少量高压蒸汽，与部分二次蒸汽混合后一起进入加热室作为加热蒸汽使用。

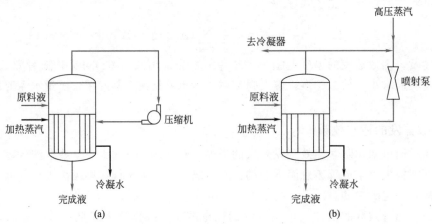

图 7-24 热泵蒸发流程

采用热泵蒸发只需在蒸发器开工阶段供应加热蒸汽,当操作达到稳定后,不再需要加热蒸汽,只需提供使二次蒸汽升压所需要的功,因而节省了大量的生蒸汽。通常,在单效蒸发和多效蒸发的末效中,二次蒸汽的潜热全部由冷凝水带走,而在热泵蒸发中,不但没有此项热损失,而且不消耗冷却水,这是热泵蒸发节能的原因所在。

但应指出,热泵蒸发不适合于沸点上升较大的溶液的蒸发。这是由于溶液的沸点升高较大时,蒸发器的传热推动力变小,因而二次蒸汽所需的压缩比将变大,这在经济上将变得不合理。此外,压缩机的投资较大,经常要维修保养,这些缺点在一定程度上也限制了热泵蒸发的应用。

本章符号说明

英文

b——杜林线的斜率,量纲为 1;

c——比热容,kJ/(kg·℃);

d——管径,m;

D——直径,m;加热蒸汽耗量,kg/h;

e——单位蒸汽消耗量,kg/kg;

f——校正系数,量纲为 1;

F——进料量,kg/h;

g——重力加速度,m/s^2;

h——液体的焓,kJ/kg;

H——蒸汽的焓,kJ/kg;

k——热导率,W/(m·℃);

K——总传热系数,W/(m^2·℃);

L——液面高度,m;

M——单位管长周边的质量流率,kg/(m·s);

n——效数;管数;

p——压力,Pa;

Q——传热速率,W;

r——汽化热,kJ/kg;

R——热阻,m^2·℃/W;

S——传热面积,m^2;

t——溶液的沸点,℃;

T——蒸汽的温度,℃;

U——蒸发强度,kg/(m^2·h);

u——流速,m/s;

W——蒸发量,kg/h;

x——溶液的组成,质量分数;

y——杜林线的截距,℃。

希文

α——对流传热系数,W/(m^2·℃);

Δ——温度差损失,℃;

μ——黏度,Pa·s;

ν——运动黏度,m^2/s;

ρ——密度,kg/m^3;

σ——表面张力,N/m。

下标

1,2,3——效数序号;

o——进料;

a——常压;

b——气泡;

B——溶质;

c——冷凝;

i——效数序号;管内侧;

L——溶液;热损失;

av——平均。

习 题

基础习题

1.用一单效蒸发器将 2000kg/h 的 NaOH 水溶液由质量分数为 0.15 浓缩至 0.25。已知加热蒸汽压力为 392kPa(绝压),蒸发室内操作压力为 101.3kPa,溶液的平均沸点为 113℃。设蒸发器的热损失可以忽略,试计算两种进料状况下的加热蒸汽消耗量和单位蒸汽消耗量 D/W。(1)进料温度为 20℃;(2)沸点进料。

2.一蒸发器将 1000kg/h 的 NaCl 水溶液由质量分数为 0.05 浓缩至 0.30,加热蒸汽压力为 118kPa(绝压),蒸发器操作压力为 19.6kPa(绝压),溶液的平均沸点为 75℃。已知进料温度为 30℃,NaCl 的比热容为 0.95kJ/(kg·K),若浓缩热与蒸发器热损失可忽略,试求浓缩液量及加热蒸汽消耗量。

3. 在单效蒸发器中蒸发 $CaCl_2$ 水溶液，蒸发室操作压力为 101.3kPa，加热室内溶液的高度为 1m，溶液的质量分数为 0.408，密度为 1340kg/m³。试求蒸发器内溶液的平均沸点。

4. 已知质量分数为 0.25 的 NaCl 水溶液在 101.3kPa(绝压)下的沸点为 107℃，在 19.6kPa(绝压)下的沸点为 65.8℃，试利用杜林规则计算在 49kPa(绝压)下的沸点。

5. 某工厂临时需要将 850kg/h 的某水溶液由质量分数 0.15 浓缩至 0.35，沸点进料，现有一台传热面积为 10m² 的小型蒸发器可供使用。操作条件下的温度差损失可取为 18℃，冷凝器的真空度为 80kPa。已知蒸发器的传热系数为 1000W/(m²·℃)，热损失以及溶液的稀释热效应可以忽略。试求加热蒸汽的压力。当地大气压为 100kPa。

6. 三效并流蒸发装置中，若各效中溶液的温度差损失和显热的影响及热损失均可以忽略时，试证明：(1)各效的蒸发量相等；(2)各效的传热速率相等。

综合习题

7. 采用连续操作的单效真空蒸发器，将质量分数为 0.1 的 NaOH 水溶液浓缩至 0.483(质量分数)，进料量为 200kg/h，沸点下进料。完成液的密度为 1500kg/m³，加热管内液层高度为 3m，加热蒸汽压力为 0.4MPa(绝压)，冷凝器的真空度为 51kPa。试求：(1)蒸发水量；(2)加热蒸汽消耗量；(3)蒸发器的传热面积。

已知蒸发器的总传热系数 $K=1500W/(m²·℃)$，蒸发器的热损失为加热蒸汽量的 5%，当地大气压为 101.3kPa。

8. 用三效并流操作的蒸发装置将 30%(质量分数，下同)的 NH_4NO_3 水溶液浓缩至 71%。进料量为 10000kg/h，沸点下进料。生蒸汽的压力为 392kPa(绝压)，冷凝器的操作压力为 19.6kPa(绝压)。试求：(1)加热蒸汽消耗量；(2)蒸发器的传热面积。

采用标准式蒸发器，要求各效的传热面积相等。根据经验，各效的传热系数分别可取为 $K_1=1360W/(m²·℃)$，$K_2=800W/(m²·℃)$，$K_3=410W/(m²·℃)$，各效由于加热管内液面高度引起的沸点升高值分别可取为 1℃、1.5℃和 4℃，蒸发器的热损失可忽略不计。已知纯 NH_4NO_3 的比热容为 1.25kJ/(kg·℃)。

思 考 题

1. 并流加料的多效蒸发装置中，一般各效的总传热系数逐效减小，而蒸发量却逐效略有增加，试分析原因。

2. 欲设计多效蒸发装置将 NaOH 水溶液自质量分数 0.10 浓缩到 0.60，宜采用何种加料方式。料液温度为 30℃。

3. 在上题的条件下，可供使用的加热蒸汽压力为 400kPa(绝压)，末效蒸发器内真空度为 80kPa。为提高加热蒸汽的经济性，拟采用 5 效蒸发装置，是否适宜？

4. 溶液的哪些性质对确定多效蒸发的效数有影响？并做简略分析。

5. 多效蒸发中，"最后一效的操作压力，是由后面的冷凝器的冷凝能力确定的。"这种说法是否正确？冷凝器后使用真空泵的目的是什么？

习题答案

0 绪论

1. 物理量单位换算

(1)$\mu=6.56\times10^{-4}\,\text{Pa}\cdot\text{s}$

(2)$c_p=0.8792\,\text{kJ/(kg}\cdot\text{℃)}$

(3)$\rho=13600\,\text{kg/m}^3$

(4)$K_G=6.636\times10^{-5}\,\text{kmol/(m}^2\cdot\text{s}\cdot\text{kPa)}$

(5)$\sigma=7.1\times10^{-2}\,\text{N/m}$

(6)$\lambda=1.163\,\text{W/(m}^2\cdot\text{℃)}$

2. 经验公式单位换算

$\alpha=1057(1+2.93\times10^{-3}\,T)u^{0.8}d^{-0.2}\,\text{W/}(\text{m}^2\cdot\text{K})$

第1章

基础习题

1. $\rho_m=777.4\,\text{kg/m}^3$

2. $86.8\,\text{kPa}$；$-14.5\,\text{kPa}$

3. 6个

4. $p_A=1.165\times10^4\,\text{Pa}$（表压）；$p_B=7.836\times10^4\,\text{Pa}$（表压）

5. (1)$0<x<1\text{m}$；(2)$h=0.5\text{m}$

6. $p_0=3.65\times10^5\,\text{Pa}$（绝压）

7. $h=6.12\text{m}$

8. $p/p_0=(1-z/44300)^{5.256}$；$\rho/\rho_0=(1-z/44300)^{4.256}$；$p=2.64\times10^4\,\text{Pa}$

9. $\theta=1$ 时，$y=3\,x^2$；$\theta=1/2$ 时，$y=3x$

10. 1.01m/s

11. $u_b=0.96\text{m/s}$；$V_s=4.71\times10^{-4}\,\text{m}^3/\text{s}$

12. $u_y=-2axy$

13. $\theta_水=\theta_油=190.4\text{s}=3.17\text{min}$

14. 12.6%

15. $u_x=\dfrac{1}{2u}\dfrac{\partial p}{\partial x}(y^2-y_0^2)$

16. 1.635kg/s

17. (1)$u_b=3.0\text{m/s}$；(2)$V_s=84.78\,\text{m}^3/\text{h}$

18. $N_e=1.49\text{kW}$

19. $\theta=4676\text{s}=1.298\text{h}$

20. (1)$p_1=1.23\times10^5\,\text{Pa}$（表压）；(2)$R_2=0.609\text{m}$

21. (1)4.22J/kg；(2)4220Pa

22. (1)28.7m；(2)$26.1\text{mmH}_2\text{O}$（真空度）

23. $0.569\,\text{Pa}\cdot\text{s}$

24. $\Delta p_{sf气}=1.46\text{Pa}$；$\Delta p_{sf水}=64.1\text{Pa}$

25. 16

26. $N=1.73\text{kW}$

27. $N_e=3.32\text{kW}$

28. (1)$88.5\,\text{m}^3/\text{h}$；(2)$3.30\times10^4\,\text{Pa}$（表压）

29. 90.4mm

30. (1)$N=0.876\text{kW}$；(2)$\zeta=8.11$

31. (1)$V_{s1}=19.82\,\text{m}^3/\text{h}$，$V_{s2}=30.18\,\text{m}^3/\text{h}$；(2)$\zeta=7.3$

32. 5421kg/h

综合习题

33. (1)$4.626\,\text{m}^3/\text{h}$；(2)$p_1$变小，$p_2$变大

34. (1)4.744kW；(2)$p_B=2.462\times10^5\,\text{Pa}$（表压）；(3)阀门关小，$p_A$变大，$p_B$变小；(4)$p_A=2.629\times10^5\,\text{Pa}$（表压），$p_B=2.252\times10^5\,\text{Pa}$（表压）

35. (1)$N=9.63\text{kW}$；(2)$p_1=319.0\text{kPa}$

36. (1)$7.10\text{m}^3/\text{h}$；(2)$V_{BC}=5.17\text{m}^3/\text{h}$，$V_{BD}=2.77\text{m}^3/\text{h}$

第2章

基础习题

1. $H_{T,\infty}=61.7-586.4Q_T$；$H_{T,\infty}=58.4\text{m}$

2. $H=26.7\text{m}$；$N=3.072\text{kW}$；$\eta=61.6\%$；泵的性能参数为：$n=2900\text{r/min}$；$Q=26\text{m}^3/\text{h}$；$H=26.7\text{m}$；$N=3.072\text{kW}$；$\eta=61.6\%$

3. $Q'=22.02\text{m}^3/\text{h}$；$H'=52.2\text{m}$；$N'=11.3\text{kW}$

4. $H_e=19+6.61\times10^{-4}\,Q_e^2$，选 IS80—65—160 型离心泵：$n=2900\text{r/min}$；$Q=50\text{m}^3/\text{h}$；$H=32\text{m}$；$\eta=73\%$；$N=5.97\text{kW}$，$(NPSH)_r=2.5\text{m}$

5. $Q=95\text{m}^3/\text{h}$；$H=19.4\text{m}$；$\eta=60\%$；$N=8.37\text{kW}$

6. (1)$H_e=19+2.913\times10^{-3}\,Q_e^2$；(2)$0.805\text{kW}$

7. 串联，$Q_串=125\text{m}^3/\text{h}$

8. 合用，$H_g=-4.0\text{m}$

综合习题

9. (1)$Q_1=44.9\text{m}^3/\text{h}$；(2)$Q_2$ 可达 $70\text{m}^3/\text{h}$（取 $60\text{m}^3/\text{h}$），此时 $H_g=2.75\text{m}$，需将泵的安装高度下降 2.0m 左右。

10. (1)$45\text{m}^3/\text{h}$；(2)98.1kPa；(3)5.42kW；(4)$54.4\text{m}^3/\text{h}$

11. (1)$H_\text{g}=4.67\text{m}$，安装高度合适；(2)$Q=18.0\text{m}^3/\text{h}$，$N=1.69\text{kW}$；（3）真空表读数 $=\left(z_1+\dfrac{u_1^2}{2g}+H_{\text{f},0\text{-}1}\right)\rho g=(p_\text{a}-p_1)$ 将变小（p_1 变大），$p_2=\left(H-z_2-\dfrac{u_2^2}{2g}-H_{\text{f},0\text{-}2}\right)\rho g$（表压）将变大

12. (1)$N=2.05\text{kW}$；(2)Q、H 均大于管路要求值，且在设计点运行

13. (1)$n_\text{r}=127\text{min}^{-1}$，$N=26.6\text{kW}$；(2)$L+\sum L_\text{e}=150\text{m}$，$N=25.2\text{kW}$；(3)$N=15.12\text{kW}$

14. 选 4—72 型 8 号（C 类连接）风机：$n=1800\text{r}/\text{min}$，$Q=28105\text{m}^3/\text{h}$，$H_\text{T}=2920\text{Pa}$，$\eta=86\%$，$N_\text{电机}=26.25\text{kW}$；$N=10.45\text{kW}$

15. （1）$\lambda_0=0.8478$，$T_2=558.3\text{K}$，$N=106.2\text{kW}$；（2）$\lambda_0=0.9523$，$T_2=407.9\text{K}$，$N=89.8\text{kW}$；（3）$\left(\dfrac{p_2}{p_1}\right)_\text{c}=95.7$

第 3 章
基础习题

1. $\mu=7.08\text{Pa}\cdot\text{s}$

2. $d_{\max}=72.22\mu\text{m}$（取 $Re_\text{t}=2.0$）；$d_{\min}=952.4\mu\text{m}$（取 $Re_\text{t}=500.0$）

3. $d_{\min}=15.96\mu\text{m}$（$Re_\text{t}=0.01763<2.0$）

4. $h=0.0827\text{m}$；$n=51$（$Re_\text{t}=4.827\times10^{-4}<2.0$，$Re=480$）

5. 石英：$0.0050\sim0.0099\text{mm}$；方铅矿：$0.0151\sim0.030\text{mm}$

6. $d_\text{c}=8.037\mu\text{m}$；$d_{50}=5.733\mu\text{m}$；$\Delta p=520\text{Pa}$（$\zeta$ 取 8.0，N_e 取 5.0）

7. $\overline{d}_\text{p}=0.345\text{mm}$

8. $\Delta V=0.946\text{L}$

9. $V=3.831\text{m}^3$；$\theta=1056.14\text{s}$

10. $K=4.153\times10^{-5}\text{ m}^2/\text{s}$；$V_\text{e}=3.993\times10^{-4}\text{ m}^3$；$r=2.592\times10^{14}\text{ m}^{-2}$；$\varepsilon=0.4532$；$a=4.017\times10^6\text{ m}^2/\text{m}^3$

11. $V_\text{t}=4.472\text{m}^3$（恒压段 2.472m^3）

12. $\theta=249\text{s}$，$V=3.953\text{m}^3$；$\theta_\text{w}=486\text{s}$

13. 开孔率为 0.674%（取 $\zeta=2.0$）

综合习题

14. （1）$d_{\min}=1.709\times10^{-5}\text{ m}$；（2）$V'_\text{s}=0.6167\text{m}^3/\text{s}$；（3）$D=1.155\text{m}$，$\Delta p=156.4\text{Pa}$，$\eta=70\%$（$d_{50}=12.19\times10^{-6}\text{m}$，$N_\text{e}$ 取 5，ζ 取 8.0）

15. （1）$n=14.03$（取 14）；（2）a. $8.086\text{m}^3/\text{h}$，b. $2.865\text{m}^3/\text{h}$，c. $8.086\text{m}^3/\text{h}$；（3）$n=0.5926\text{r}/\text{min}$，$b=1.26\text{mm}$；（4）原已接近最佳工况

16. 增加 10 个滤框

17. （1）$\theta=551\text{s}$；（2）$\theta_\text{w}=416\text{s}$；（3）$Q_\text{c}=1.202\text{m}^3$（滤饼）$/\text{h}$

18. $Q=12.51\text{m}^3/\text{h}$，$b=4.86\text{mm}$

19. （1）取 27；（2）$L=54\text{mm}$

第 4 章
基础习题

1. $N=0.306\text{kW}$

2. $N=3.326\text{kW}$

3. $N=1.583\text{kW}$；$N'=1.872\text{kW}$

4. $N=5.0\text{W}$

综合习题

5. 全挡板 $N=51.72\text{kW}$，无挡板 $N'=11.82\text{kW}$

6. 保持单位体积功率不变为放大准则；$n=387.8\text{r}/\text{min}=6.464\text{r}/\text{s}$；$N=166.3\text{kW}$

第 5 章
基础习题

1. $k=0.333\text{W}/(\text{m}\cdot\text{℃})$

2. $t=t_0-\dfrac{\theta}{\pi}(t_0-t_\pi)$

3. $t=-\dfrac{r_1r_2(t_2-t_1)}{(r_2-r_1)r}+\dfrac{t_2r_2-t_1r_1}{r_2-r_1}$

4. $Q/S=2021\text{W}/\text{m}^2$；$t_2=976\text{℃}$

5. $Q/L=-24.53\text{W}/\text{m}$

6. $t=-5\times10^4r^2+225$；$t_{\max}=225\text{℃}$

7. $\alpha_\text{m}=5.12\text{W}/(\text{m}^2\cdot\text{℃})$；$t_{\text{b2}}=83.5\text{℃}$

8. $Nu=\phi(Gr、Pr)$

9. $\alpha=6344\text{W}/(\text{m}^2\cdot\text{℃})$

10. $L=1.55\text{m}$

11. $\alpha=453.9\text{W}/(\text{m}^2\cdot\text{℃})$

12. $\alpha=35.6\text{W}/(\text{m}^2\cdot\text{℃})$

13. $\alpha'=146\text{W}/(\text{m}^2\cdot\text{℃})$

14. $\alpha=50.8\text{W}/(\text{m}^2\cdot\text{℃})$

15. $\alpha=42\text{W}/(\text{m}^2\cdot\text{℃})$

16. $Q=361.7\text{W}$

17. $Q=9.395\times10^4\text{ W}$；$w=4.16\times10^{-3}\text{kg}/\text{s}$

18. $w=0.06\text{kg}/\text{s}$

19. （1）$\alpha=125.9\text{kW}/(\text{m}^2\cdot\text{℃})$；（2）$u_\text{b}=64\text{m}/\text{s}$

20. 未考虑热传导为 50.85%，考虑热传导为 5.2%

21. $Q=9779W$

22. $\delta=65mm$；$Q/L=167.4W/m$

综合习题

23. (1)11mm；(2)74.88℃；(3)8958W/($m^2 \cdot$℃)；(4)11603W/($m^2 \cdot$℃)

24. 72.13℃

第6章

基础习题

1. $K_o=50.6W/(m^2 \cdot$℃)；壳程对流传热热阻占总热阻的百分数为 97.3%；管程对流传热热阻占总热阻的百分数为 2.4%；管壁热阻占总热阻的百分数为 0.3%

2. 16285.3W/($m^2 \cdot$℃)

3. $1.9\times10^{-3} m^2 \cdot$℃/W

4. 1.767m

5. $\Delta t_m=49.8$℃；$t_2=49.2$℃；$T_2=60$℃

6. 43.6℃

7. 19.3m^2

8. $K=310.3W/(m^2 \cdot$℃)；$W_h=5.452kg/s=1.963\times10^4 kg/h$

9. 逆流时 $T_2=67.2$℃，能满足要求；并流时 $T_2=73.1$℃，不能满足要求

10. $Q=2.67\times10^5 W$；$T_2=54$℃；$t_2=43$℃

综合习题

11. 28.6m

12. (1)$W_h=3449.8kg/h$；(2)$\alpha_i=308.1W/(m^2 \cdot$℃)；(3)$T'=184.5$℃

13. 略

第7章

基础习题

1. (1)$D=1192kg/h$，$D/W=1.49$；(2)$D=859kg/h$，$D/W=1.07$

2. $F-W=166.7kg/h$，$D=940.8kg/h$

3. 121.6℃

4. 87.4℃

5. $p=143.3kPa$(绝压)

6. 略

综合习题

7. (1)$W=158.6kg/h$；(2)$D=164.1kg/h$；(3)$S=3.94m^2$

8. (1)$D=1776kg/h$；(2)$S_1=S_2=S_3=118m^2$

附　　录

一、中华人民共和国法定计量单位

1. 化工中常用的单位与其符号

项目		单位符号	词头		项目	单位符号	词头
基本单位	长度	m	k,c,m,μ		面积	m^2	k,d,c,m
	时间	s	k,m,μ		容积	m^3	d,c,m
		min				L 或 l	
		h			密度	kg/m^3	
	质量	kg	m,μ		角速度	rad/s	
		t(吨)			速度	m/s	
	温度	K			加速度	m/s^2	
		℃		导出单位	旋转速度	r/min	
	物质的量	mol	k,m,μ		力	N	k,m,μ
辅助单位	平面角	rad			压强,压力,应力	Pa	k,m,μ
		°(度)			黏度	Pa·s	m
		′(分)			功,能,热量	J	k,m
		″(秒)			功率	W	k,m,μ
					热流量	W	k
					热导率	W/(m·K)或 W/(m·℃)	k

2. 化工中常用单位的词头

词头符号	词头名称	所表示的因数	词头符号	词头名称	所表示的因数
k	千	10^3	m	毫	10^{-3}
d	分	10^{-1}	μ	微	10^{-6}
c	厘	10^{-2}			

3. 应废除的常用计量单位

名称	单位符号	用法定计量单位表示的形式	名称	单位符号	用法定计量单位表示的形式
标准大气压	atm	Pa	达因	dyn	N
工程大气压	at	Pa	公斤(力)	kgf	N
毫米水柱	mmH$_2$O	Pa	泊	P	Pa·s
毫米汞柱	mmHg	Pa			

二、常用单位的换算

(一)一些物理量在三种单位制中的单位和量纲

物理量名称	中文单位	SI 制		物理制(C.G.S制)		工程单位	
		单位	量纲	单位	量纲	单位	量纲
长度	米	m	L	cm	L	m	L
时间	秒	s	T	s	T	s	T
质量	千克	kg	M	g	M	$kgf \cdot s^2/m$	FT^2L^{-1}
重量(或力)	牛顿	N 或 $kg \cdot m \cdot s^{-2}$	MLT^{-2}	$g \cdot cm/s^2$ 或 dyn	MLT^{-2}	kgf	F
速度	米/秒	m/s	LT^{-1}	cm/s	LT^{-1}	m/s	LT^{-1}
加速度	米/秒^2	m/s^2	LT^{-2}	cm/s^2	LT^{-2}	m/s^2	LT^{-2}
密度	千克/米^3	kg/m^3	ML^{-3}	g/cm^3	ML^{-3}	$kgf \cdot s^2/m^4$	FT^2L^{-4}
重度	千克/(米$^2 \cdot$秒^2)	$kg \cdot m^{-2} \cdot s^{-2}$	$ML^{-2}T^{-2}$	$g/(m^2 \cdot s^2)$	$ML^{-2}T^{-2}$	kgf/m^3	FL^{-3}
压力,压强和应力	千克/(米·秒^2) 或牛顿/米^2	$kg/m^{-1} \cdot s^{-2}$ 或 N/m^2	$ML^{-1}T^{-2}$	$g/(cm \cdot s^2)$ 或 dyn/cm^2	$ML^{-1}T^{-2}$	kgf/m^2	FL^{-2}
功或能	千克米^2/秒^2 或焦耳	$kg \cdot m^2/s^2$ 或 J	ML^2T^{-2}	$g \cdot cm^2/s^2$ 或 erg	ML^2T^{-2}	$kgf \cdot$	FL
功率	瓦特	W(J/s)	ML^2T^{-3}	$g \cdot cm^2/s^3$ 或 erg/s	ML^2T^{-3}	$kgf \cdot m/s$	FLT^{-1}
黏度	帕斯卡·秒	$Pa \cdot s$ ($kg \cdot m^{-1} \cdot s^{-1}$)	$ML^{-1}T^{-1}$	$g/(cm \cdot s)$ 或 P	$ML^{-1}T^{-1}$	$kgf \cdot s/m^2$	FLT^{-2}
运动黏度	米^2/秒	m^2/s	L^2T^{-1}	cm^2/s 或 St	L^2T^{-1}	m^2/s	L^2T^{-1}
表面张力	牛顿/米	N/m($kg \cdot s^{-2}$)	MT^{-2}	dyn/cm	MT^{-2}	kgf/m	FL^{-1}
扩散系数	米^2/秒	m^2/s	L^2T^{-1}	m^2/s	L^2T^{-1}	m^2/s	L^2T^{-1}

(二)单位换算

1. 质量

kg	t(吨)	lb(磅)
1	0.001	2.20462
1000	1	2204.62
0.4536	4.536×10^{-4}	1

2. 长度

m	in(英寸)	ft(英尺)	yd(码)
1	39.3701	3.2808	1.09361
0.025400	1	0.073333	0.02778
0.30480	12	1	0.33333
0.9144	36	3	1

3. 力

N	kgf	lbf	dyn
1	0.102	0.2248	1×10^5
9.80665	1	2.2046	9.80665×10^5
4.448	0.4536	1	4.448×10^5
1×10^{-5}	1.02×10^{-6}	2.248×10^{-6}	1

4. 流量

L/s	m³/s	gl(美)/min	ft³/s
1	0.001	15.850	0.03531
0.2778	$2.778×10^{-4}$	4.403	$9.810×10^{-3}$
1000	1	$1.5850×10^{-4}$	35.31
0.06309	$6.309×10^{-5}$	1	0.002228
$7.866×10^{-3}$	$7.866×10^{-6}$	0.12468	$2.778×10^{-4}$
28.32	0.02832	448.8	1

5. 压力、压强和应力

Pa	bar	kgf/cm²	atm	mmH₂O	mmHg	磅/英寸²
1	$1×10^{-5}$	$1.02×10^{-5}$	$0.99×10^{-5}$	0.102	0.0075	$14.5×10^{-5}$
$1×10^5$	1	1.02	0.9869	10197	750.1	14.5
$98.07×10^3$	0.9807	1	0.9678	$1×10^4$	735.56	14.2
$1.01325×10^5$	1.013	1.0332	1	$1.0332×10^4$	760	14.697
9.807	$9.807×10^{-5}$	0.0001	$0.9678×10^{-4}$	1	0.0736	$1.423×10^{-3}$
133.32	$1.333×10^{-3}$	$0.136×10^{-2}$	0.00132	13.6	1	0.01934
6894.8	0.06895	0.703	0.068	703	51.71	1

6. 功、能和热

J(即 N·m)	kgf·m	kW·h	英制马力·时	kcal	英热单位	英尺·磅(力)
1	0.102	$2.778×10^{-7}$	$3.725×10^{-7}$	$2.39×10^{-4}$	$9.485×10^{-4}$	0.7377
9.8067	1	$2.724×10^{-6}$	$3.653×10^{-6}$	$2.342×10^{-3}$	$9.296×10^{-3}$	7.233
$3.6×10^6$	$3.671×10^5$	1	1.3410	860.0	3413	$2655×10^3$
$2.685×10^6$	$273.8×10^3$	0.7457	1	641.33	2544	$1980×10^3$
$4.1868×10^3$	426.9	$1.1622×10^{-3}$	$1.5576×10^{-3}$	1	3.963	3087
$1.055×10^3$	107.58	$2.930×10^{-4}$	$3.926×10^{-4}$	0.2520	1	778.1
1.3558	0.1383	$0.3766×10^{-6}$	$0.5051×10^{-6}$	$3.239×10^{-4}$	$1.285×10^{-3}$	1

7. 动力黏度(简称黏度)

Pa·s	P	cP	磅/(英尺·秒)	kgf·s/m²
1	10	$1×10^3$	0.672	0.102
$1×10^{-1}$	1	$1×10^2$	0.06720	0.0102
$1×10^{-3}$	0.01	1	$6.720×10^{-4}$	$0.102×10^{-3}$
1.4881	14.881	1488.1	1	0.1519
9.81	98.1	9810	6.59	1

8. 运动黏度

m²/s	cm²/s	英尺²/秒
1	$1×10^4$	10.76
10^{-4}	1	$1.076×10^{-3}$
$92.9×10^{-3}$	929	1

9. 功率

W	kgf·m/s	英尺·磅(力)/秒	英制马力	kcal/s	英热单位/秒
1	0.10197	0.7376	1.341×10^{-3}	0.2389×10^{-3}	0.9486×10^{-3}
9.8067	1	7.23314	0.01315	0.2342×10^{-2}	0.9293×10^{-2}
1.3558	0.13825	1	0.0018182	0.3238×10^{-3}	0.12851×10^{-2}
745.69	76.0375	550	1	0.17803	0.70675
4186.8	426.85	3087.44	5.6135	1	3.9683
1055	107.58	778.168	1.4148	0.251996	1

10. 比热容

kJ/(kg·K)	kcal/(kg·℃)	英热单位/(磅·℉)
1	0.2389	0.2389
4.1868	1	1

11. 热导率

W/(m·℃)	J/(cm·s·℃)	cal/(cm·s·℃)	kcal/(m·h·℃)	英热单位/(英尺·时·℉)
1	1×10^{-3}	2.389×10^{-3}	0.8598	0.578
1×10^{2}	1	0.2389	86.0	57.79
418.6	4.186	1	360	241.9
1.163	0.0116	0.2778×10^{-2}	1	0.6720
1.73	0.01730	0.4134×10^{-2}	1.488	1

12. 传热系数

W/(m²·℃)	kcal/(m²·h·℃)	cal/(cm²·s·℃)	英热单位/(英尺²·时·℉)
1	0.86	2.389×10^{-5}	0.176
1.163	1	2.778×10^{-5}	0.2048
4.186×10^{4}	3.6×10^{4}	1	7374
5.678	4.882	1.356×10^{-4}	1

13. 表面张力

N/m	kgf/m	dyn/cm	lbf/ft
1	0.102	10^{3}	6.854×10^{-2}
9.81	1	9807	0.6720
10^{-3}	1.02×10^{-4}	1	6.854×10^{-5}
14.59	1.488	1.459×10^{4}	1

14. 扩散系数

m²/s	cm²/s	m²/h	英尺²/时	英寸²/秒
1	10^{4}	3600	3.875×10^{4}	1550
10^{-4}	1	0.360	3.875	0.1550
2.778×10^{-4}	2.778	1	10.764	0.4306
0.2581×10^{-4}	0.2581	0.09290	1	0.040
6.452×10^{-4}	6.452	2.323	25.0	1

三、某些气体的重要物理性质

名称	分子式	密度(0℃, 101.3kPa) /(kg/m³)	比热容 /[kJ/(kg·℃)]	黏度 $\mu \times 10^5$ /Pa·s	沸点 (101.3kPa) /℃	汽化热/ (kJ/kg)	临界点		热导率 /[W/(m·℃)]
							温度 /℃	压力 /kPa	
空气		1.293	1.009	1.73	−195	197	−140.7	3768.4	0.0244
氧	O_2	1.429	0.653	2.03	−132.98	213	−118.82	5036.6	0.0240
氮	N_2	1.251	0.745	1.70	−195.78	199.2	−147.13	3392.5	0.0228
氢	H_2	0.0899	10.13	0.842	−252.75	454.2	−239.9	1296.6	0.163
氦	He	0.1785	3.18	1.88	−268.95	19.5	−267.96	228.94	0.144
氩	Ar	1.7820	0.322	2.09	−185.87	163	−122.44	4862.4	0.0173
氯	Cl_2	3.217	0.355	1.29(16℃)	−33.8	305	144.0	7708.9	0.0072
氨	NH_3	0.771	0.67	0.918	−33.4	1373	132.4	11295	0.0215
一氧化碳	CO	1.250	0.754	1.66	−191.48	211	−140.2	3497.9	0.0226
二氧化碳	CO_2	1.976	0.653	1.37	−78.2	574	31.1	7384.8	0.0137
硫化氢	H_2S	1.539	0.804	1.166	−60.2	548	100.4	19136	0.0131
甲烷	CH_4	0.717	1.70	1.03	−161.58	511	−82.15	4619.3	0.0300
乙烷	C_2H_6	1.357	1.44	0.850	−88.5	486	32.1	4948.5	0.0180
丙烷	C_3H_8	2.020	1.65	0.795(18℃)	−42.1	427	95.6	4355.9	0.0148
正丁烷	C_4H_{10}	2.673	1.73	0.810	−0.5	386	152	3798.8	0.0135
正戊烷	C_5H_{12}	—	1.57	0.874	−36.08	151	197.1	3342.9	0.0128
乙烯	C_2H_4	1.261	1.222	0.935	−103.7	481	9.7	5135.9	0.0164
丙烯	C_3H_6	1.914	2.436	0.835(20℃)	−47.7	440	91.4	4599.0	—
乙炔	C_2H_2	1.171	1.352	0.935	−83.66 (升华)	829	35.7	6240.0	0.0184
氯甲烷	CH_3Cl	2.303	0.582	0.989	−24.1	406	148	6685.8	0.0085
苯	C_6H_6	—	1.139	0.72	80.2	394	288.5	4832.0	0.0088
二氧化硫	SO_2	2.927	0.502	1.17	−10.8	394	157.5	7879.1	0.0077
二氧化氮	NO_2	—	0.615	—	21.2	712	158.2	10130	0.0400

四、某些液体的重要物理性质

名称	分子式	密度(20℃)/(kg/m³)	沸点(101.3kPa)/℃	汽化热/(kJ/kg)	比热容(20℃)/[kJ/(kg·℃)]	黏度(20℃)/mPa·s	热导率(20℃)/[W/(m·℃)]	体积膨胀系数 $\beta \times 10^4$(20℃)/℃$^{-1}$	表面张力 $\sigma \times 10^3$(20℃)/(N/m)
水	H_2O	998	100	2258	4.183	1.005	0.599	1.82	72.8
氯化钠盐水(25%)	—	1186(25℃)	107	—	3.39	2.3	0.57(30℃)	(4.4)	
氯化钙盐水(25%)	—	1228	107	—	2.89	2.5	0.57	(3.4)	
硫酸	H_2SO_4	1831	340(分解)	—	1.47(98%)		0.38	5.7	
硝酸	HNO_3	1513	86	481.1	2.55	1.17(10℃)			
盐酸(30%)	HCl	1149				2(31.5%)	0.42		
二硫化碳	CS_2	1262	46.3	352	1.005	0.38	0.16	12.1	32
戊烷	C_5H_{12}	626	36.07	357.4	2.24(15.6℃)	0.229	0.113	15.9	16.2
己烷	C_6H_{14}	659	68.74	335.1	2.31(15.6℃)	0.313	0.119		18.2
庚烷	C_7H_{16}	684	98.43	316.5	2.21(15.6℃)	0.411	0.123		20.1
辛烷	C_8H_{18}	763	125.67	306.4	2.19(15.6℃)	0.540	0.131		21.3
三氯甲烷	$CHCl_3$	1489	61.2	253.7	0.992	0.58	0.138(30℃)	12.6	28.5(10℃)
四氯化碳	CCl_4	1594	76.8	195	0.850	1.0	0.12		26.8
1,2-二氯乙烷	$C_2H_4Cl_2$	1253	83.6	324	1.260	0.83	0.14(60℃)		30.8
苯	C_6H_6	879	80.10	393.9	1.704	0.737	0.148	12.4	28.6
甲苯	C_7H_8	867	110.63	363	1.70	0.675	0.138	10.9	27.9
邻二甲苯	C_8H_{10}	880	144.42	347	1.74	0.811	0.142		30.2
间二甲苯	C_8H_{10}	864	139.10	343	1.70	0.611	0.167	10.1	29.0
对二甲苯	C_8H_{10}	861	138.35	340	1.704	0.643	0.129		28.0
苯乙烯	C_8H_9	911(15.6℃)	145.2	352	1.733	0.72			

名称	分子式	密度(20℃)/(kg/m³)	沸点(101.3kPa)/℃	汽化热/(kJ/kg)	比热容(20℃)/[kJ/(kg·℃)]	黏度(20℃)/mPa·s	热导率(20℃)/[W/(m·℃)]	体积膨胀系数 $\beta\times10^4$(20℃)/℃⁻¹	表面张力 $\sigma\times10^3$(20℃)/(N/m)
氯苯	C_6H_5Cl	1106	131.8	325	1.298	0.85	1.14(30℃)		32
硝基苯	$C_6H_5NO_2$	1203	210.9	396	1.47	2.1	0.15		41
苯胺	$C_6H_5NH_2$	1022	184.4	448	2.07	4.3	0.17	8.5	42.9
酚	C_6H_5OH	1050(50℃)	181.8(融点40.9℃)	511	1.80(100℃)	3.4(50℃)			
萘	$C_{16}H_8$	1145(固体)	217.9(融点80.2℃)	314		0.59(100℃)			
甲醇	CH_3OH	791	64.7	1101	2.48	0.6	0.212	12.2	22.6
乙醇	C_2H_5OH	789	78.3	846	2.39	1.15	0.172	11.6	22.8
乙醇(95%)		804	78.2			1.4			
乙二醇	$C_2H_4(OH)_2$	1113	197.6	780	2.35	23	0.59	5.3	47.7
甘油	$C_3H_5(OH)_3$	1261	290(分解)	—		1499			63
乙醚	$(C_2H_5)_2O$	714	34.6	360	2.34	0.24	0.14	16.3	18
乙醛	CH_3CHO	783(18℃)	20.2	574	1.9	1.3(18℃)			21.2
糠醛	$C_5H_4O_2$	1168	161.7	452	1.6	1.15(50℃)			43.5
丙酮	CH_3COCH_3	792	56.2	523	2.35	0.32	0.17		23.7
甲酸	$HCOOH$	1220	100.7	494	2.17	1.9	0.26	10.7	27.8
醋酸	CH_3COOH	1049	118.1	406	1.99	1.3	0.17		23.9
醋酸乙酯	$CH_3COOC_2H_5$	901	77.1	368	1.92	0.48	0.14(10℃)		
煤油		780~820				3	0.15	10.0	
汽油		680~800				0.7~0.8	0.19(30℃)	12.5	

五、干空气的物理性质(101.33kPa)

温度 t /℃	密度 ρ /(kg/m³)	比热容 c_p /[kJ/(kg·C)]	热导率 $k \times 10^2$ /[W/(m·℃)]	黏度 $\mu \times 10^5$ /Pa·s	普朗特数 Pr
−50	1.584	1.013	2.035	1.46	0.728
−40	1.515	1.013	2.117	1.52	0.728
−30	1.453	1.013	2.198	1.57	0.723
−20	1.395	1.009	2.279	1.62	0.716
−10	1.342	1.009	2.360	1.67	0.712
0	1.293	1.005	2.442	1.72	0.707
10	1.247	1.005	2.512	1.77	0.705
20	1.205	1.005	2.593	1.81	0.703
30	1.165	1.005	2.675	1.86	0.701
40	1.128	1.005	2.756	1.91	0.699
50	1.093	1.005	2.826	1.96	0.698
60	1.060	1.005	2.896	2.01	0.696
70	1.029	1.009	2.966	2.06	0.694
80	1.000	1.009	3.047	2.11	0.692
90	0.972	1.009	3.128	2.15	0.690
100	0.946	1.009	3.210	2.19	0.688
120	0.898	1.009	3.338	2.29	0.686
140	0.854	1.013	3.489	2.37	0.684
160	0.815	1.017	3.640	2.45	0.682
180	0.779	1.022	3.780	2.53	0.681
200	0.746	1.026	3.931	2.60	0.680
250	0.674	1.038	4.288	2.74	0.677
300	0.615	1.048	4.605	2.97	0.674
350	0.566	1.059	4.908	3.14	0.676
400	0.524	1.068	5.210	3.31	0.678
500	0.456	1.093	5.745	3.62	0.687
600	0.404	1.114	6.222	3.91	0.699
700	0.362	1.135	6.711	4.18	0.706
800	0.329	1.156	7.176	4.43	0.713
900	0.301	1.172	7.630	4.67	0.717
1000	0.277	1.185	8.041	4.90	0.719
1100	0.257	1.197	8.502	5.12	0.722
1200	0.239	1.206	9.153	5.35	0.724

六、水的物理性质

温度 /℃	饱和蒸气压 /kPa	密度 /(kg/m³)	焓 /(kJ/kg)	比热容/[kJ/(kg·℃)]	热导率 $k \times 10^2$ /[W/(m·℃)]	黏度 $\mu \times 10^5$ /Pa·s	体积膨胀系数 $\beta \times 10^4$ /℃$^{-1}$	表面张力 $\sigma \times 10^5$ /(N/m)	普朗特数 Pr
0	0.6082	999.9	0	4.212	55.13	179.21	−0.63	75.6	13.66
10	1.2262	999.7	42.04	4.191	57.45	130.77	+0.70	74.1	9.52
20	2.3346	998.2	83.90	4.183	59.89	100.50	1.82	72.6	7.01
30	4.2474	995.7	125.69	4.174	61.76	80.07	3.21	71.2	5.42

温度 /℃	饱和蒸气压 /kPa	密度 /(kg/m³)	焓 /(kJ/kg)	比热容/[kJ/(kg·℃)]	热导率 k ×10² /[W/(m·℃)]	黏度 μ ×10⁵ /Pa·s	体积膨胀系数 β×10⁴ /℃⁻¹	表面张力 σ×10⁵ /(N/m)	普朗特数 Pr
40	7.3766	992.2	167.51	4.174	63.38	65.60	3.87	69.6	4.32
50	12.34	988.1	209.30	4.174	64.78	54.94	4.49	67.7	3.54
60	19.923	983.2	251.12	4.178	65.94	46.88	5.11	66.2	2.98
70	31.164	977.8	292.99	4.187	66.76	40.61	5.70	64.3	2.54
80	47.379	971.8	334.94	4.195	67.45	35.65	6.32	62.6	2.22
90	70.136	965.3	376.98	4.208	68.04	31.65	6.95	60.7	1.96
100	101.33	958.4	419.10	4.220	68.27	28.38	7.52	58.8	1.76
110	143.31	951.0	461.34	4.238	68.50	25.89	8.08	56.9	1.61
120	198.64	943.1	503.67	4.260	68.62	23.73	8.64	54.8	1.47
130	270.25	934.8	546.38	4.266	68.62	21.77	9.17	52.8	1.36
140	361.47	926.1	589.08	4.287	68.50	20.10	9.72	50.7	1.26
150	476.24	917.0	632.20	4.312	68.38	18.63	10.3	48.6	1.18
160	618.28	907.4	675.33	4.346	68.27	17.36	10.7	46.6	1.11
170	792.59	897.3	719.29	4.379	67.92	16.28	11.3	45.3	1.05
180	1003.5	886.9	763.25	4.417	67.45	15.30	11.9	42.3	1.00
190	1255.6	876.0	807.63	4.460	66.99	14.42	12.6	40.0	0.96
200	1554.77	863.0	852.43	4.505	66.29	13.63	13.3	37.7	0.93
210	1917.72	852.8	897.65	4.555	65.48	13.04	14.1	35.4	0.91
220	2320.88	840.3	943.70	4.614	64.55	12.46	14.8	33.1	0.89
230	2798.59	827.3	990.18	4.681	63.73	11.97	15.9	31	0.88
240	3347.91	813.6	1037.49	4.756	62.80	11.47	16.8	28.5	0.87
250	3977.67	799.0	1085.64	4.844	61.76	10.98	18.1	26.2	0.86
260	4693.75	784.0	1135.04	4.949	60.48	10.59	19.7	23.8	0.87
270	5503.99	767.9	1185.28	5.070	59.96	10.20	21.6	21.5	0.88
280	6417.24	750.7	1236.28	5.229	57.45	9.81	23.7	19.1	0.89
290	7443.29	732.3	1289.95	5.485	55.82	9.42	26.2	16.9	0.93
300	8592.94	712.5	1344.80	5.736	53.96	9.12	29.2	14.4	0.97
310	9877.6	691.1	1402.16	6.071	52.34	8.83	32.9	12.1	1.02
320	11300.3	667.1	1462.03	6.573	50.59	8.3	38.2	9.81	1.11
330	12879.6	640.2	1526.19	7.243	48.73	8.14	43.3	7.67	1.22
340	14615.8	610.1	1594.75	8.164	45.71	7.75	53.4	5.67	1.38
350	16538.5	574.4	1671.37	9.504	43.03	7.26	66.8	3.81	1.60
360	18667.1	528.0	1761.39	13.984	39.54	6.67	109	2.02	2.36
370	21040.9	450.5	1892.43	40.319	33.73	5.69	264	0.471	6.80

七、水的饱和蒸气压(−20～100℃)

温度/℃	压力		温度/℃	压力	
	/mmHg	/Pa		/mmHg	/Pa
−20	0.772	102.93	21	18.65	2486.58
19	0.850	113.33	22	19.83	2643.7
18	0.935	124.66	23	21.07	2809.24
17	1.027	136.93	24	22.38	2983.90
16	1.128	150.40	25	23.76	3167.89
15	1.238	165.06	26	25.21	3361.22
14	1.357	180.93	27	26.74	3565.21
13	1.486	198.13	28	28.35	3779.87
12	1.627	216.93	29	30.04	4005.20
11	1.780	237.33	30	31.82	4242.53
−10	1.946	259.46	31	33.70	4493.18
9	2.125	283.32	32	35.66	4754.51
8	2.321	309.46	33	37.73	5030.50
7	2.532	337.59	34	39.90	5319.82
6	2.761	368.12	35	42.18	5623.81
5	3.008	401.05	36	44.56	5941.14
4	3.276	436.79	37	47.07	6275.79
3	3.566	475.45	38	49.65	6619.78
2	3.876	516.78	39	52.44	6991.77
1	4.216	562.11	40	55.32	7375.75
0	4.579	610.51	41	58.34	7778.41
+1	4.93	657.31	42	61.50	8199.73
2	5.29	705.31	43	64.80	8639.71
3	5.69	758.64	44	68.26	9101.03
4	6.10	813.31	45	71.88	9583.68
5	6.54	871.97	46	75.65	10086.33
6	7.01	934.64	47	79.60	10612.98
7	7.51	1001.30	48	83.71	11160.96
8	8.05	1073.30	49	88.02	11735.61
9	8.61	1147.96	50	92.51	12333.43
10	9.21	1227.96	51	97.20	12959.57
11	9.84	1311.96	52	102.12	13612.88
12	10.52	1402.62	53	107.2	14292.86
13	11.23	1497.28	54	112.5	14999.50
14	11.99	1598.61	55	118.0	15732.81
15	12.79	1705.27	56	123.8	16505.12
16	13.63	1817.27	57	129.8	17306.09
17	14.53	1937.27	58	136.1	18146.06
18	15.48	2063.93	59	142.6	19012.70
19	16.48	2197.26	60	149.4	19919.34
20	17.54	2338.59	61	156.4	20852.64

温度/℃	压力		温度/℃	压力	
	/mmHg	/Pa		/mmHg	/Pa
62	163.8	21839.27	82	384.9	51318.29
63	171.4	22852.57	83	400.6	53411.56
64	179.3	23905.87	84	416.8	55571.49
65	187.5	24999.17	85	433.6	57811.41
66	196.1	26145.80	86	450.9	60118.00
67	205.0	27332.42	87	466.1	62140.45
68	214.2	28559.05	88	487.1	64944.50
69	223.7	29825.67	89	506.1	67477.76
70	233.7	31158.96	90	525.8	70104.33
71	243.9	32518.92	91	546.1	72810.91
72	254.6	33945.54	92	567.0	75597.49
73	265.7	35425.49	93	588.6	78477.39
74	277.2	36958.77	94	610.9	81450.63
75	289.1	38545.38	95	633.9	84517.89
76	301.4	40185.33	96	657.6	87677.08
77	314.1	41878.61	97	682.1	90943.64
78	327.3	43638.55	98	707.3	94303.53
79	341.0	45465.15	99	733.2	97756.75
80	355.1	47345.09	100	760.0	101330.0
81	369.3	49235.08			

八、饱和水蒸气表（以温度为准）

温度 /℃	绝对压力		蒸汽的密度 /(kg/m³)	焓				汽化热	
	/(kgf/cm²)	/kPa		液体		蒸汽		/(kcal/kg)	/(kJ/kg)
				/(kcal/kg)	/(kJ/kg)	/(kcal/kg)	/(kJ/kg)		
0	0.0062	0.6082	0.00484	0	0	595	2491.1	595	2491.1
5	0.0089	0.8730	0.00680	5.0	20.94	597.3	2500.8	592.3	2479.9
10	0.0125	1.2262	0.00940	10.0	41.87	599.6	2510.4	589.6	2468.5
15	0.0174	1.7068	0.01283	15.0	62.80	602.0	2520.5	587.0	2457.7
20	0.0238	2.3346	0.01719	20.0	83.74	604.3	2530.1	584.3	2446.3
25	0.0323	3.1684	0.02304	25.0	104.67	606.6	2539.7	581.6	2435.0
30	0.0433	4.2474	0.03036	30.0	125.60	608.9	2549.3	578.9	2423.7
35	0.0573	5.6207	0.03960	35.0	146.54	611.2	2559.0	576.2	2412.4
40	0.0752	7.3766	0.05114	40.0	167.47	613.5	2568.6	573.5	2401.1
45	0.0977	9.5837	0.06543	45.0	188.41	615.7	2577.8	570.7	2389.4
50	0.1258	12.340	0.0830	50.0	209.34	618.0	2587.4	568.0	2378.1
55	0.1605	15.743	0.1043	55.0	230.27	620.2	2596.7	565.2	2366.4
60	0.2031	19.923	0.1301	60.0	251.21	622.5	2606.3	562.0	2355.1
65	0.2550	25.014	0.1611	65.0	272.14	624.7	2615.5	559.7	2343.4
70	0.3177	31.164	0.1979	70.0	293.08	626.8	2624.3	556.8	2331.2

温度 /℃	绝对压力		蒸汽的密度 /(kg/m³)	焓				汽化热	
	/(kgf/cm²)	/kPa		液体		蒸汽			
				/(kcal/kg)	/(kJ/kg)	/(kcal/kg)	/(kJ/kg)	/(kcal/kg)	/(kJ/kg)
75	0.393	38.551	0.2416	75.0	314.01	629.0	2633.5	554.0	2319.5
80	0.483	47.379	0.2929	80.0	334.94	631.1	2642.3	551.2	2307.8
85	0.590	57.875	0.3531	85.0	355.88	633.2	2651.1	548.2	2295.2
90	0.715	70.136	0.4229	90.0	376.81	635.3	2659.9	545.3	2283.1
95	0.862	84.556	0.5039	95.0	397.75	637.4	2668.7	542.4	2270.9
100	1.033	101.33	0.5970	100.0	418.68	639.4	2677.0	539.4	2258.4
105	1.232	120.85	0.7036	105.1	440.03	641.3	2685.0	536.3	2245.4
110	1.461	143.31	0.8254	110.1	460.97	643.3	2693.4	533.1	2232.0
115	1.724	169.11	0.9635	115.2	482.32	645.2	2701.3	531.0	2219.0
120	2.025	198.64	1.1199	120.3	503.67	647.0	2708.9	526.7	2205.2
125	2.367	232.19	1.296	125.4	525.02	648.8	2716.4	523.5	2191.8
130	2.755	270.25	1.494	130.5	546.38	650.6	2723.9	520.1	2177.6
135	3.192	313.11	1.715	135.6	567.73	652.3	2731.0	516.7	2163.3
140	3.685	361.47	1.962	140.7	589.08	653.9	2737.7	513.2	2148.7
145	4.238	415.72	2.238	145.9	610.85	655.5	2744.4	509.7	2134.0
150	4.855	476.24	2.543	151.0	632.21	657.0	2750.7	506.0	2118.5
160	6.303	618.28	3.252	161.4	675.75	659.9	2762.9	498.5	2087.1
170	8.080	792.59	4.113	171.8	719.29	662.4	2773.3	490.6	2054.0
180	10.23	1003.5	5.145	182.3	763.25	664.6	2782.5	482.3	2019.3
190	12.80	1255.6	6.378	192.9	807.64	666.4	2790.1	473.5	1982.4
200	15.85	1554.77	7.840	203.5	852.01	667.7	2795.5	464.2	1943.5
210	19.55	1917.72	9.567	214.3	897.23	668.6	2799.3	454.4	1902.5
220	23.66	2320.88	11.60	225.1	942.45	669.0	2801.0	443.9	1858.5
230	28.53	2798.59	13.98	236.1	988.50	668.8	2800.1	432.7	1811.6
240	34.13	3347.91	16.76	247.1	1034.56	668.0	2796.8	420.8	1761.8
250	40.55	3977.67	20.01	258.3	1081.45	664.0	2790.1	408.1	1708.6
260	47.85	4693.75	23.82	269.6	1128.76	664.2	2780.9	394.5	1651.7
270	56.11	5503.99	28.27	281.1	1176.91	661.2	2768.3	380.1	1591.4
280	65.42	6417.24	33.47	292.7	1225.48	657.3	2752.0	364.6	1526.5
290	75.88	7443.29	39.60	304.4	1274.46	652.6	2732.3	348.1	1457.4
300	87.6	8592.94	46.93	316.6	1325.54	646.8	2708.0	330.2	1382.5
310	100.7	9877.96	55.59	329.3	1378.71	640.1	2680.0	310.8	1301.3
320	115.2	11300.3	65.95	343.0	1436.07	632.5	2648.2	289.5	1212.1
330	131.3	12879.6	78.53	357.5	1446.78	623.5	2610.5	266.6	1116.2
340	149.0	14615.8	93.98	373.3	1562.93	613.5	2568.6	240.2	1005.7
350	168.6	16538.5	113.2	390.8	1636.20	601.1	2516.7	210.3	880.5
360	190.3	18667.1	139.6	413.0	1729.15	583.4	2442.6	170.3	713.0
370	214.5	21040.9	171.0	451.0	1888.25	549.8	2301.9	98.2	411.1
374	225	22070.9	322.6	501.1	2098.0	501.1	2098.0	0	0

九、某些液体的热导率[1]

液体		温度 t/℃	热导率 k /[W/(m·℃)]	液体		温度 t/℃	热导率 k /[W/(m·℃)]
醋酸	100%	20	0.171	正己醇		30	0.164
	50%	20	0.35			75	0.156
丙酮		30	0.177	煤油		20	0.149
		75	0.161			75	0.140
丙烯醇		25~30	0.180	盐酸	12.5%	32	0.52
氨		25~30	0.50		25%	32	0.48
氨水溶液		20	0.45		38%	32	0.44
		60	0.50	水银		28	0.36
正戊醇		30	0.163	甲醇	100%	20	0.215
		100	0.154		80%	20	0.267
异戊醇		30	0.152		60%	20	0.329
		75	0.151		40%	20	0.405
苯胺		0~20	0.173	甲醇	20%	20	0.492
苯		30	0.159		100%	50	0.197
		60	0.151	氯甲烷		—15	0.192
正丁醇		30	0.168			30	0.154
		75	0.164	硝基苯		30	0.164
异丁醇		10	0.157			100	0.152
氯化钙盐水	30%	32	0.55	硝基甲苯		30	0.216
	15%	30	0.59			60	0.208
二硫化碳		30	0.161	正辛烷		60	0.14
		75	0.152			0	0.138~0.156
四氯化碳		0	0.185	石油		20	0.180
		68	0.163	蓖麻油		0	0.173
氯苯		10	0.144			20	0.168
三氯甲烷		30	0.138	橄榄油		100	0.164
乙酸乙酯		20	0.175	正戊烷		30	0.135
乙醇	100%	20	0.182			75	0.128
	80%	20	0.237	氯化钾	15%	32	0.58
	60%	20	0.305		30%	32	0.56
	40%	20	0.388	氢氧化钾	21%	32	0.58
	20%	20	0.486		42%	32	0.55
	100%	50	0.151	硫酸钾	10%	32	0.60
乙苯		30	0.149	正丙醇		30	0.171
		60	0.142			75	0.164
乙醚		30	0.138	异丙醇		30	0.157
		75	0.135			60	0.155
汽油		30	0.135	氯化钠盐水	25%	30	0.57
三元醇	100%	20	0.284		12.5%	30	0.59
	80%	20	0.327	硫酸	90%	30	0.36
	60%	20	0.381		60%	30	0.43
	40%	20	0.448		30%	30	0.52
	20%	20	0.481	二氯化硫		15	0.22
	100%	100	0.284			30	0.192
正庚烷		30	0.140	甲苯		30	0.149
		60	0.137			75	0.145
正己烷		30	0.138	松节油		15	0.128
		60	0.135	二甲苯	邻位	20	0.155
正庚醇		30	0.163		对位	20	0.155
		75	0.157				

---

[1] 热导率，又称导热系数。

附录图 1 示出几种常用液体的热导率与温度的关系。

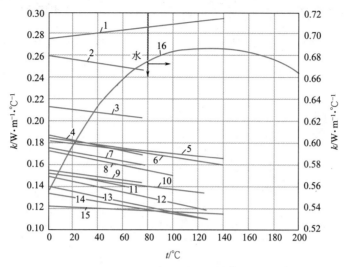

附录图 1 **液体的热导率**

1—无水甘油；2—蚁酸；3—甲醇；4—乙醇；5—蓖麻油；6—苯胺；7—醋酸；8—丙酮；9—丁醇；
10—硝基苯；11—异丙醇；12—苯；13—甲苯；14—二甲苯；15—凡士林油；16—水（用右边的坐标）

十、某些气体和蒸气的热导率

下表中所列出的极限温度数值是实验范围的数值。若外推到其他温度时，建议将所列出的数据按 $\lg k$ 对 $\lg T$ [k—热导率，W/(m·℃)；T—温度，K]作图，或者假定 Pr 数与温度（或压强，在适当范围内）无关。

物质	温度/℃	热导率 /[W/(m·℃)]	物质	温度/℃	热导率 /[W/(m·℃)]
丙酮	0	0.0098	二氧化碳	0	0.0147
	46	0.0128		100	0.0230
	100	0.0171		200	0.0313
	184	0.0254		300	0.0396
空气	0	0.0242	二硫化物	0	0.0069
	100	0.0317		−73	0.0073
	200	0.0391	一氧化碳	−189	0.0071
	300	0.0459		−179	0.0080
氨	−60	0.0164		−60	0.0234
	0	0.0222	四氯化碳	46	0.0071
	50	0.0272		100	0.0090
氨	100	0.0320		184	0.01112
苯	0	0.0090	氯	0	0.0074
	46	0.0126	三氯甲烷	0	0.0066
	100	0.0178		46	0.0080
	184	0.0263		100	0.0100
	212	0.0305		184	0.0133
正丁烷	0	0.0135	硫化氢	0	0.0132
	100	0.0234	水银	200	0.0341
异丁烷	0	0.0138	甲烷	−100	0.0173
	100	0.0241		−50	0.0251
二氧化碳	−50	0.0118		0	0.0302
				50	0.0372

物质	温度/℃	热导率 /[W/(m·℃)]	物质	温度/℃	热导率 /[W/(m·℃)]
甲醇	0	0.0144	氢	−100	0.0113
	100	0.0222		−50	0.0144
氯甲烷	0	0.0067		0	0.0173
	46	0.0085		50	0.0199
	100	0.0109		100	0.0223
	212	0.0164		300	0.0308
乙烷	−70	0.0114	氮	−100	0.0164
	−34	0.0149		0	0.0242
	0	0.0183		50	0.0277
	100	0.0303		100	0.0312
乙醇	20	0.0154	氧	−100	0.0164
	100	0.0215		−50	0.0206
乙醚	0	0.0133		0	0.0246
	46	0.0171		50	0.0284
乙醚	100	0.0227		100	0.0321
	184	0.0327	丙烷	0	0.0151
	212	0.0362		100	0.0261
乙烯	−71	0.0111	二氧化硫	0	0.0087
	0	0.0175		100	0.0119
	50	0.0267	水蒸气	46	0.0208
	100	0.0279		100	0.0237
正庚烷	200	0.0194		200	0.0324
	100	0.0178		300	0.0429
正己烷	0	0.0125		400	0.0545
	20	0.0138		500	0.0763

十一、某些固体材料的热导率

(一)常用金属的热导率

热导率 /[W/(m·℃)] \ 温度/℃	0	100	200	300	400
铝	227.95	227.95	227.95	227.95	227.95
铜	383.79	379.14	372.16	367.51	362.86
铁	73.27	67.45	61.64	54.66	48.85
铅	35.12	33.38	31.40	29.77	—
镁	172.12	167.47	162.82	158.17	
镍	93.04	82.57	73.27	63.97	59.31
银	414.03	409.38	373.32	361.69	359.37
锌	112.81	109.90	105.83	101.18	93.04
碳钢	52.34	48.85	44.19	41.87	34.89
不锈钢	16.28	17.45	17.45	18.49	—

(二)常用非金属材料

材料	温度/℃	热导率/[W/(m·℃)]	材料	温度/℃	热导率/[W/(m·℃)]
软木	30	0.04303	泡沫塑料	—	0.04652
玻璃棉	—	0.03489~0.06978	木材(横向)	—	0.1396~0.1745
保温灰	—	0.06978	(纵向)	—	0.3838
锯屑	20	0.04652~0.05815	耐火砖	230	0.8723
棉花	100	0.06978		1200	1.6398
厚纸	20	0.1369~0.3489	混凝土		1.2793
玻璃	30	1.0932	绒毛毡		0.0465
	—20	0.7560	85%氧化镁粉	0~100	0.06978
搪瓷	—	0.8723~1.163	聚氯乙烯	—	0.1163~0.1745
云母	50	0.4303	酚醛加玻璃纤维	—	0.2593
泥土	20	0.6978~0.9304	酚醛加石棉纤维	—	0.2942
冰	0	2.326	聚酯加玻璃纤维	—	0.2594
软橡胶	—	0.1291~0.1593	聚碳酸酯		0.1907
硬橡胶	0	0.1500	聚苯乙烯泡沫	25	0.04187
聚四氟乙烯	—	0.2419		—150	0.001745
泡沫玻璃	—15	0.004885	聚乙烯		0.3291
	—80	0.003489	石墨		139.56

十二、常用固体材料的密度和比热容

名称	密度/(kg/m³)	比热容/[kJ/(kg·℃)]	名称	密度/(kg/m³)	比热容/[kJ/(kg·℃)]
钢	7850	0.4605	高压聚乙烯	920	2.2190
不锈钢	7900	0.5024	干砂	1500~1700	0.7955
铸铁	7220	0.5024	黏土	1600~1800	0.7536(—20~20℃)
铜	8800	0.4062	黏土砖	1600~1900	0.9211
青铜	8000	0.3810	耐火砖	1840	0.8792~1.0048
黄铜	8600	0.3768	混凝土	2000~2400	0.8374
铝	2670	0.9211	松木	500~600	2.7214(0~100℃)
镍	9000	0.4605	软木	100~300	0.9630
铅	11400	0.1298	石棉板	770	0.8164
酚醛	1250~1300	1.2560~1.6747	玻璃	2500	0.6699
脲醛	1400~1500	1.2560~1.6747	耐酸砖和板	2100~2400	0.7536~0.7955
聚氯乙烯	1380~1400	1.8422	耐酸搪瓷	2300~2700	0.8374~1.2560
聚苯乙烯	1050~1070	1.3398	有机玻璃	1180~1190	
低压聚乙烯	940	2.5539	多孔绝热砖	600~1400	

十三、水在不同温度下的黏度

温度/℃	黏度/mPa·s	温度/℃	黏度/mPa·s	温度/℃	黏度/mPa·s
0	1.7921	33	0.7523	67	0.4233
1	1.7313	34	0.7371	68	0.4174
2	1.6728	35	0.7225	69	0.4117
3	1.6191	36	0.7085	70	0.4061
4	1.5674	37	0.6947	71	0.4006
5	1.5188	38	0.6814	72	0.3952
6	1.4728	39	0.6685	73	0.3900
7	1.4284	40	0.6560	74	0.3849
8	1.3860	41	0.6439	75	0.3799
9	1.3462	42	0.6321	76	0.3750
10	1.3077	43	0.6207	77	0.3702
11	1.2713	44	0.6097	78	0.3655
12	1.2363	45	0.5988	79	0.3610
13	1.2028	46	0.5883	80	0.3565
14	1.1709	47	0.5782	81	0.3521
15	1.1403	48	0.5683	82	0.3478
16	1.1111	49	0.5588	83	0.3436
17	1.0828	50	0.5494	84	0.3395
18	1.0559	51	0.5404	85	0.3355
19	1.0299	52	0.5315	86	0.3315
20	1.0050	53	0.5229	87	0.3276
20.2	1.0000	54	0.5146	88	0.3239
21	0.9810	55	0.5064	89	0.3202
22	0.9579	56	0.4985	90	0.3165
23	0.9359	57	0.4907	91	0.3130
24	0.9142	58	0.4832	92	0.3095
25	0.8973	59	0.4759	93	0.3060
26	0.8737	60	0.4688	94	0.3027
27	0.8545	61	0.4618	95	0.2994
28	0.8360	62	0.4550	96	0.2962
29	0.8180	63	0.4483	97	0.2930
30	0.8007	64	0.4418	98	0.2899
31	0.7840	65	0.4355	99	0.2868
32	0.7679	66	0.4293	100	0.2838

十四、壁面污垢热阻(污垢系数)

1. 冷却水

加热液体温度/℃	115 以下		115~205	
水的温度/℃	25 以下		25 以上	
水的速度/(m/s)	1 以下	1 以上	1 以下	1 以上
	热阻/(m² · ℃/W)			
海水	$0.8598×10^{-4}$	$0.8598×10^{-4}$	$1.7197×10^{-4}$	$1.7197×10^{-4}$
自来水、井水、潮水、软化锅炉水	$1.7197×10^{-4}$	$1.7197×10^{-4}$	$3.4394×10^{-4}$	$3.4394×10^{-4}$
蒸馏水	$0.8598×10^{-4}$	$0.8598×10^{-4}$	$0.8598×10^{-4}$	$0.8598×10^{-4}$
硬水	$5.1590×10^{-4}$	$5.1590×10^{-4}$	$8.5980×10^{-4}$	$8.5980×10^{-4}$
河水	$5.1590×10^{-4}$	$3.4394×10^{-4}$	$6.8788×10^{-4}$	$5.1590×10^{-4}$

2. 工业用气体

气体名称	热阻/(m² · ℃/W)	气体名称	热阻/(m² · ℃/W)
有机化合物	0.8598×10^{-4}	溶剂蒸气	1.7197×10^{-4}
水蒸气	0.8598×10^{-4}	天然气	1.7197×10^{-4}
空气	3.4394×10^{-4}	焦炉气	1.7197×10^{-4}

3. 工业用液体

液体名称	热阻/(m² · ℃/W)	液体名称	热阻/(m² · ℃/W)
有机化合物	1.7197×10^{-4}	熔盐	0.8598×10^{-4}
盐水	1.7197×10^{-4}	植物油	5.1590×10^{-4}

4. 石油分馏物

馏出物名称	热阻/(m² · ℃/W)	馏出物名称	热阻/(m² · ℃/W)
原油	$3.4394 \times 10^{-4} \sim 12.098 \times 10^{-4}$	柴油	$3.4394 \times 10^{-4} \sim 5.1590 \times 10^{-4}$
汽油	1.7197×10^{-4}	重油	8.5980×10^{-4}
石脑油	1.7197×10^{-4}	沥青油	17.197×10^{-4}
煤油	1.7197×10^{-4}		

十五、无机盐水溶液的沸点

（一）无机盐水溶液在 101.33kPa 压力下的沸点

温度/℃ 水溶液	101	102	103	104	105	107	110	115	120	125
	溶液的含量(质量分数)/%									
CaCl₂	5.66	10.31	14.16	17.36	20.00	24.24	29.33	35.68	40.83	45.80
KOH	4.49	8.51	11.97	14.82	17.01	20.88	25.65	31.97	36.51	40.23
KCl	8.42	14.31	18.96	23.02	26.57	32.02	(近于 108.5℃)			
K₂CO₃	10.31	18.37	24.24	28.57	32.24	37.69	43.97	50.86	56.04	60.40
KNO₃	13.19	23.66	32.23	39.20	45.10	54.65	65.34	79.53		
MgCl₂	4.67	8.42	11.66	14.31	16.59	20.32	24.41	29.48	33.07	36.02
MgSO₄	14.31	22.78	28.31	32.23	35.32	42.86	(近于 108℃)			
NaOH	4.12	7.40	10.15	12.51	14.53	18.32	23.08	26.21	33.77	37.58
NaCl	6.19	11.03	14.67	17.69	20.32	25.09	28.92			
NaNO₃	8.26	15.61	21.87	27.53	32.43	40.47	49.87	60.94	68.94	
Na₂SO₄	15.26	24.81	30.73	31.83	(近于 103.2℃)					
Na₂CO₃	9.42	17.22	23.72	29.18	33.86					
CuSO₄	26.95	39.98	40.83	44.47	45.12	(近于 104.2℃)				
ZnSO₄	20.00	31.22	37.89	42.92	46.15					
NH₄NO₃	9.09	16.66	23.08	29.08	34.21	42.53	51.92	63.24	71.26	77.11
NH₄Cl	6.10	11.35	15.96	19.80	22.89	28.37	35.98	46.95		
(NH₄)₂SO₄	13.34	23.14	30.65	36.71	41.79	49.73	49.77	53.55	(近于 108.2℃)	

温度/℃ 水溶液	140	160	180	200	220	240	260	280	300	340
	溶液的含量(质量分数)/%									
CaCl₂	57.89	68.94	75.86							
KOH	48.05	54.89	60.41	64.91	68.73	72.46	75.76	78.95	81.63	86.18
KCl										
K₂CO₃	66.94	(近于133.5℃)								
KNO₃										
MgCl₂	38.61									
MgSO₄										
NaOH	48.32	60.13	69.97	77.53	84.03	88.89	93.02	95.92	98.47	(近于314℃)
NaCl										
NaNO₃										
Na₂SO₄										
Na₂CO₃										
CuSO₄										
ZnSO₄										
NH₄NO₃	87.09	93.20	96.00	97.61	98.84	100				
NH₄Cl										
(NH₄)₂SO₄	(近于108.2℃)									

注：括号内的温度指饱和溶液的沸点。

（二）101.33kPa压力下溶液的沸点升高与组成的关系

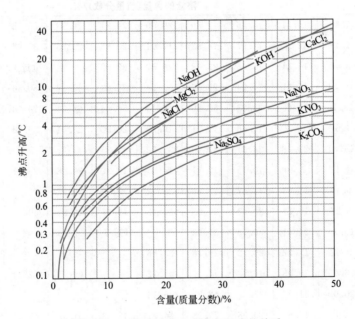

附录图2　溶液的沸点升高与组成的关系

十六、管子规格(摘录)

(一)输送流体用无缝钢管规格(摘自 GB 8163—87)

热轧(挤压、扩)钢管的外径和壁厚

外径/mm	壁厚/mm 2.5 / 3	3.5 / 4	4.5 / 5	5.5 / 6	6.5 / 7	7.5 / 8	8.5 / 9	9.5 / 10	11 / 12	13 / 14	15 / 16	17 / 18	19 / 20	22 / (24)	25 / (26)	28 / 30	32 / (34)	(35) / 36
32																		
38																		
42																		
45																		
50																		
54																		
57																		
60																		
63.5																		
68																		
70																		
73																		
76																		
83																		
89																		
95																		
102																		
108																		
114																		
121																		
127																		
133																		
140																		
146																		
152																		
159																		
168																		
180																		
194																		
203																		
219																		
245																		
273																		
299																		
325																		
351																		
377																		
402																		
426																		
450																		
(465)																		
480																		
500																		
530																		
(550)																		
560																		
600																		
630																		

注: 1. 钢管长度通常为 3～12m。
　　2. 钢管由 10、20、09MnV 和 16Mn 制造。

冷拔(轧)钢管的外径和壁厚

外径 /mm	壁 厚/mm																											
	0.25	0.3	0.4	0.5	0.6	0.8	1.0	1.2	1.4	1.5	1.6	1.8	2.0	2.2	2.5	2.8	3.0	3.2	3.5	4	4.5	5	5.5	6	6.5	7	7.5	8	8.5	9	9.5	10	11	12	13	14

外径/mm 数值（自上而下）：
6, 7, 8, 9, 10, 11, 12, (13), 14, (15), 16, (17), 18, 19, 20, (21), 22, (23), (24), 25, 27, 28, 29, 30, 32, 34, (35), 36, 38, 40, 42, 44.5, 45, 48, 50, 51, 53, 54, 56, 57, 60, 63, 65, (68), 70, 73, 75, 76, 80, (83), 85, 89, 90, 95, 100, (102), 108, 110, 120

注：通常长度为 3～10.5m。

(二)流体输送用不锈钢无缝钢管规格(摘自 GB/T 14976—94)

热轧(挤、扩)钢管的外径和壁厚/mm

外径＼壁厚	4.5	5	6	7	8	9	10	11	12	13	14	15	16	17	18
68	◎	◎	◎	◎	◎	◎	◎	◎	◎						
70	◎	◎	◎	◎	◎	◎	◎	◎	◎						
73	◎	◎	◎	◎	◎	◎	◎	◎	◎						
76	◎	◎	◎	◎	◎	◎	◎	◎	◎						
80	◎	◎	◎	◎	◎	◎	◎	◎	◎						
83	◎	◎	◎	◎	◎	◎	◎	◎	◎						
89	◎	◎	◎	◎	◎	◎	◎	◎	◎						
95	◎	◎	◎	◎	◎	◎	◎	◎	◎	◎	◎				
102	◎	◎	◎	◎	◎	◎	◎	◎	◎	◎	◎				
108	◎	◎	◎	◎	◎	◎	◎	◎	◎	◎	◎				
114		◎	◎	◎	◎	◎	◎	◎	◎	◎	◎				
121		◎	◎	◎	◎	◎	◎	◎	◎	◎	◎				
127		◎	◎	◎	◎	◎	◎	◎	◎	◎	◎				
133		◎	◎	◎	◎	◎	◎	◎	◎	◎	◎				
140			◎	◎	◎	◎	◎	◎	◎	◎	◎	◎	◎		
146			◎	◎	◎	◎	◎	◎	◎	◎	◎	◎	◎		
152			◎	◎	◎	◎	◎	◎	◎	◎	◎	◎	◎		
159			◎	◎	◎	◎	◎	◎	◎	◎	◎	◎	◎		
168				◎	◎	◎	◎	◎	◎	◎	◎	◎	◎	◎	◎
180					◎	◎	◎	◎	◎	◎	◎	◎	◎	◎	◎
194					◎	◎	◎	◎	◎	◎	◎	◎	◎	◎	◎
219						◎	◎	◎	◎	◎	◎	◎	◎	◎	◎
245							◎	◎	◎	◎	◎	◎	◎	◎	◎
273										◎	◎	◎	◎	◎	◎
325										◎	◎	◎	◎	◎	◎
351										◎	◎	◎	◎	◎	◎
377										◎	◎	◎	◎	◎	◎
426									◎	◎	◎	◎	◎	◎	◎

注：◎表示热轧管规格。钢管的长度通常为 2～12cm。

冷拔(轧)钢管的外径和壁厚/mm

外径＼壁厚	0.5	0.6	0.8	1.0	1.2	1.4	1.5	1.6	2.0	2.2	2.5	2.8	3.0	3.2	3.5	4.0	4.5	5.0	5.5	6.0	6.5	7.0	7.5	8.0	8.5	9.0	9.5	10	11	12	13	14	15
6	●	●	●	●	●	●	●	●	●																								
7	●	●	●	●	●	●	●	●	●																								
8	●	●	●	●	●	●	●	●																									
9	●	●	●	●	●	●	●	●	●		●	●																					
10	●	●	●	●	●	●	●	●	●		●	●																					
11	●	●	●	●	●	●	●	●	●				●																				
12	●	●	●	●	●	●	●	●	●			●	●																				
13	●	●	●	●	●	●	●	●	●			●	●																				
14	●	●	●	●	●	●	●	●	●				●	●	●																		
15	●	●	●	●	●	●	●	●	●				●	●	●																		
16	●	●	●	●	●	●	●	●	●						●	●																	
17	●	●	●	●	●	●	●	●	●						●	●																	

壁厚 / 外径	0.5	0.6	0.8	1.0	1.2	1.4	1.5	1.6	2.0	2.2	2.5	2.8	3.0	3.2	3.5	4.0	4.5	5.0	5.5	6.0	6.5	7.0	7.5	8.0	8.5	9.0	9.5	10	11	12	13	14	15
18	●	●	●	●	●	●	●	●	●	●	●	●	●	●	●	●	●																
19	●	●	●	●	●	●	●	●	●	●	●	●	●	●	●	●	●	●															
20	●	●	●	●	●	●	●	●	●	●	●	●	●	●	●	●	●	●															
21	●	●	●	●	●	●	●	●	●	●	●	●	●	●	●	●	●	●	●														
22	●	●	●	●	●	●	●	●	●	●	●	●	●	●	●	●	●	●	●														
23	●	●	●	●	●	●	●	●	●	●	●	●	●	●	●	●	●	●	●														
24	●	●	●	●	●	●	●	●	●	●	●	●	●	●	●	●	●	●	●	●													
25	●	●	●	●	●	●	●	●	●	●	●	●	●	●	●	●	●	●	●	●	●												
27	●	●	●	●	●	●	●	●	●	●	●	●	●	●	●	●	●	●	●	●	●												
28	●	●	●	●	●	●	●	●	●	●	●	●	●	●	●	●	●	●	●	●	●	●											
30	●	●	●	●	●	●	●	●	●	●	●	●	●	●	●	●	●	●	●	●	●	●	●										
32	●	●	●	●	●	●	●	●	●	●	●	●	●	●	●	●	●	●	●	●	●	●	●										
34	●	●	●	●	●	●	●	●	●	●	●	●	●	●	●	●	●	●	●	●	●	●	●										
35	●	●	●	●	●	●	●	●	●	●	●	●	●	●	●	●	●	●	●	●	●	●	●										
36	●	●	●	●	●	●	●	●	●	●	●	●	●	●	●	●	●	●	●	●	●	●	●										
38	●	●	●	●	●	●	●	●	●	●	●	●	●	●	●	●	●	●	●	●	●	●	●										
40	●	●	●	●	●	●	●	●	●	●	●	●	●	●	●	●	●	●	●	●	●	●	●										
42	●	●	●	●	●	●	●	●	●	●	●	●	●	●	●	●	●	●	●	●	●	●	●	●									
45	●	●	●	●	●	●	●	●	●	●	●	●	●	●	●	●	●	●	●	●	●	●	●	●	●								
48	●	●	●	●	●	●	●	●	●	●	●	●	●	●	●	●	●	●	●	●	●	●	●	●	●								
50	●	●	●	●	●	●	●	●	●	●	●	●	●	●	●	●	●	●	●	●	●	●	●	●	●	●							
51	●	●	●	●	●	●	●	●	●	●	●	●	●	●	●	●	●	●	●	●	●	●	●	●	●	●							
53	●	●	●	●	●	●	●	●	●	●	●	●	●	●	●	●	●	●	●	●	●	●	●	●	●	●	●						
54	●	●	●	●	●	●	●	●	●	●	●	●	●	●	●	●	●	●	●	●	●	●	●	●	●	●	●	●	●	●			
56	●	●	●	●	●	●	●	●	●	●	●	●	●	●	●	●	●	●	●	●	●	●	●	●	●	●	●	●	●	●			
57	●	●	●	●	●	●	●	●	●	●	●	●	●	●	●	●	●	●	●	●	●	●	●	●	●	●	●	●	●	●			
60	●	●	●	●	●	●	●	●	●	●	●	●	●	●	●	●	●	●	●	●	●	●	●	●	●	●	●	●	●	●			
63					●	●	●	●	●	●	●	●	●	●	●	●	●	●	●	●	●	●	●	●	●	●	●	●	●	●			
65					●	●	●	●	●	●	●	●	●	●	●	●	●	●	●	●	●	●	●	●	●	●	●	●	●	●			
68						●	●	●	●	●	●	●	●	●	●	●	●	●	●	●	●	●	●	●	●	●	●	●	●	●	●		
70								●	●	●	●	●	●	●	●	●	●	●	●	●	●	●	●	●	●	●	●	●	●	●			
73											●	●	●	●	●	●	●	●	●	●	●	●	●	●	●	●	●	●	●	●			
75											●	●	●	●	●	●	●	●	●	●	●	●	●	●	●	●	●	●	●	●			
76											●	●	●	●	●	●	●	●	●	●	●	●	●	●	●	●	●	●	●	●			
80											●	●	●	●	●	●	●	●	●	●	●	●	●	●	●	●	●	●	●	●	●	●	●
83												●	●	●	●	●	●	●	●	●	●	●	●	●	●	●	●	●	●	●	●	●	●
85												●	●	●	●	●	●	●	●	●	●	●	●	●	●	●	●	●	●	●	●	●	●
89												●	●	●	●	●	●	●	●	●	●	●	●	●	●	●	●	●	●	●	●	●	●
90													●	●	●	●	●	●	●	●	●	●	●	●	●	●	●	●	●	●	●	●	●
95													●	●	●	●	●	●	●	●	●	●	●	●	●	●	●	●	●	●	●	●	●
100													●	●	●	●	●	●	●	●	●	●	●	●	●	●	●	●	●	●	●	●	●
102															●	●	●	●	●	●	●	●	●	●	●	●	●	●	●	●	●	●	●
108															●	●	●	●	●	●	●	●	●	●	●	●	●	●	●	●	●	●	●
114															●	●	●	●	●	●	●	●	●	●	●	●	●	●	●	●	●	●	●
127															●	●	●	●	●	●	●	●	●	●	●	●	●	●	●	●	●	●	●
133															●	●	●	●	●	●	●	●	●	●	●	●	●	●	●	●	●	●	●
140																●	●	●	●	●	●	●	●	●	●	●	●	●	●	●	●	●	●
146																●	●	●	●	●	●	●	●	●	●	●	●	●	●	●	●	●	●
159															●	●	●	●	●	●	●	●	●	●	●	●	●	●	●	●	●	●	●

注：●表示冷拔(轧)钢管规格，通常长度为 2～8m。

十七、离心泵规格(摘录)

(一)IS 型单级单吸离心泵性能表(摘录)

型号	转速 n /(r/min)	流量 /(m³/h)	流量 /(L/s)	扬程 H /m	效率 η /%	功率/kW 轴功率	功率/kW 电机功率	必需汽蚀余量 $(NPSH)_r$/m	质量(泵/底座)/kg
IS50—32 —125	2900	7.5	2.08	22	47	0.96		2.0	
		12.5	3.47	20	60	1.13	2.2	2.0	32/46
		15	4.17	18.5	60	1.26		2.5	
	1450	3.75	1.04	5.4	43	0.13		2.0	
		6.3	1.74	5	54	0.16	0.55	2.0	32/38
		7.5	2.08	4.6	55	0.17		2.5	
IS50—32 —160	2900	7.5	2.08	34.3	44	1.59		2.0	
		12.5	3.47	32	54	2.02	3	2.0	50/46
		15	4.17	29.6	56	2.16		2.5	
	1450	3.75	1.04	13.1	35	0.25		2.0	
		6.3	1.74	12.5	48	0.29	0.55	2.0	50/38
		7.5	2.08	12	49	0.31		2.5	
IS50—32 —200	2900	7.5	2.08	82	38	2.82		2.0	
		12.5	3.47	80	48	3.54	5.5	2.0	52/66
		15	4.17	78.5	51	3.95		2.5	
	1450	3.75	1.04	20.5	33	0.41		2.0	
		6.3	1.74	20	42	0.51	0.75	2.0	52/38
		7.5	2.08	19.5	44	0.56		2.5	
IS50—32 —250	2900	7.5	2.08	21.8	23.5	5.87		2.0	
		12.5	3.47	20	38	7.16	11	2.0	88/110
		15	4.17	18.5	41	7.83		2.5	
	1450	3.75	1.04	5.35	23	0.91		2.0	
		6.3	1.74	5	32	1.07	1.5	2.0	88/64
		7.5	2.08	4.7	35	1.14		3.0	
IS65—50 —125	2900	7.5	4.17	35	58	1.54		2.0	
		12.5	6.94	32	69	1.97	3	2.0	50/41
		15	8.33	30	68	2.22		3.0	
	1450	3.75	2.08	8.8	53	0.21		2.0	
		6.3	3.47	8.0	64	0.27	0.55	2.0	50/38
		7.5	4.17	7.2	65	0.30		2.5	
IS65—50 —160	2900	15	4.17	53	54	2.65		2.0	
		25	6.94	50	65	3.35	5.5	2.0	51/66
		30	8.33	47	66	3.71		2.5	
	1450	7.5	2.08	13.2	50	0.36		2.0	
		12.5	3.47	12.5	60	0.45	0.75	2.0	51/38
		15	4.17	11.8	60	0.49		2.5	
IS65—40 —200	2900	15	4.17	53	49	4.42		2.0	
		25	6.94	50	60	5.67	7.5	2.0	62/66
		30	8.33	47	61	6.29		2.5	
	1450	7.5	2.08	13.2	43	0.63		2.0	
		12.5	3.47	12.5	55	0.77	1.1	2.0	62/46
		15	4.17	11.8	57	0.85		2.5	
IS65—40 —250	2900	15	4.17	82	37	9.05		2.0	
		25	6.94	80	50	10.89	15	2.0	82/110
		30	8.33	78	53	12.02		2.5	
	1450	7.5	2.08	21	35	1.23		2.0	
		12.5	3.47	20	46	1.48	2.2	2.0	82/67
		15	4.17	19.4	48	1.65		2.5	

型号	转速 n /(r/min)	流量		扬程 H /m	效率 η /%	功率/kW		必需汽蚀余量 (NPSH)_r/m	质量(泵 /底座)/kg
		/(m³/h)	/(L/s)			轴功率	电机功率		
IS65—40 —315	2900	15	4.17	127	28	18.5		2.5	
		25	6.94	125	40	21.3	30	2.5	152/110
		30	8.33	123	44	22.8		3.0	
	1450	7.5	2.08	32.2	25	6.63		2.5	
		12.5	3.47	32.0	37	2.94	4	2.5	152/67
		15	4.17	31.7	41	3.16		3.0	
IS80—65 —125	2900	30	8.33	22.5	64	2.87		3.0	
		50	13.9	20	75	3.63	5.5	3.0	44/46
		60	16.7	18	74	3.98		3.5	
	1450	15	4.17	5.6	55	0.42		2.5	
		25	6.94	5	71	0.48	0.75	2.5	44/38
		30	8.33	4.5	72	0.51		3.0	
IS80—65 —160	2900	30	8.33	36	61	4.82		2.5	
		50	13.9	32	73	5.97	7.5	2.5	48/66
		60	16.7	29	72	6.59		3.0	
	1450	15	4.17	9	55	0.67		2.5	
		25	6.94	8	69	0.79	1.5	2.5	48/46
		30	8.33	7.2	68	0.86		3.0	
IS80—50 —200	2900	30	8.33	53	55	7.87		2.5	
		50	13.9	50	69	9.87	15	2.5	64/124
		60	16.7	47	71	10.8		3.0	
	1450	15	4.17	13.2	51	1.06		2.5	
		25	6.94	12.5	65	1.31	2.2	2.5	64/46
		30	8.33	11.8	67	1.44		3.0	
IS80—50 —250	2900	30	8.33	84	52	13.2		2.5	
		50	13.9	80	63	17.3	22	2.5	90/110
		60	16.7	75	64	19.2		3.0	
	1450	15	4.17	21	49	1.75		2.5	
		25	6.94	20	60	2.22	3	2.5	90/64
		30	8.33	18.8	61	2.52		3.0	
IS80—50 —315	2900	30	8.33	128	41	25.5		2.5	
		50	13.9	125	54	31.5	37	2.5	125/160
		60	16.7	123	57	35.3		3.0	
	1450	15	4.17	32.5	39	3.4		2.5	
		25	6.94	32	52	4.19	5.5	2.5	125/66
		30	8.33	31.5	56	4.6		3.0	
IS100—80 —125	2900	60	16.7	24	67	5.86		4.0	
		100	27.8	20	78	7.00	11	4.5	49/64
		120	33.3	16.5	74	7.28		5.0	
	1450	30	8.33	6	64	0.77		2.5	
		50	13.9	5	75	0.91	1	2.5	49/46
		60	16.7	4	71	0.92		3.0	
IS100—80 —160	2900	60	16.7	36	70	8.42		3.5	
		100	27.8	32	78	11.2	15	4.0	69/110
		120	33.3	28	75	12.2		5.0	
	1450	30	8.33	9.2	67	1.12		2.0	
		50	13.9	8.0	75	1.45	2.2	2.5	69/64
		60	16.7	6.8	71	1.57		3.5	

型号	转速 n /(r/min)	流 量		扬程 H /m	效率 η /%	功率/kW		必需汽蚀余量 $(NPSH)_r$/m	质量(泵 /底座)/kg
		/(m³/h)	/(L/s)			轴功率	电机功率		
IS100—65 —200	2900	60	16.7	54	65	13.6		3.0	
		100	27.8	50	76	17.9	22	3.6	81/110
		120	33.3	47	77	19.9		4.8	
	1450	30	8.33	13.5	60	1.84		2.0	
		50	13.9	12.5	73	2.33	4	2.0	81/64
		60	16.7	11.8	74	2.61		2.5	
IS100—65 —250	2900	60	16.7	87	61	23.4		3.5	
		100	27.8	80	72	30.0	37	3.8	90/160
		120	33.3	74.5	73	33.3		4.8	
	1450	30	8.33	21.3	55	3.16		2.0	
		50	13.9	20	68	4.00	5.5	2.0	90/66
		60	16.7	19	70	4.44		2.5	
IS100—65 —315	2900	60	16.7	133	55	39.6		3.0	
		100	27.8	125	66	51.6	75	3.6	180/295
		120	33.3	118	67	57.5		4.2	
	1450	30	8.33	34	51	5.44		2.0	
		50	13.9	32	63	6.92	11	2.0	180/112
		60	16.7	30	64	7.67		2.5	
IS125—100 —200	2900	120	33.3	57.5	67	28.0		4.5	
		200	55.6	50	81	33.6	45	4.5	108/160
		240	66.7	44.5	80	36.4		5.0	
	1450	60	16.7	14.5	62	3.83		2.5	
		100	27.8	12.5	76	4.48	7.5	2.5	108/66
		120	33.3	11	75	4.79		3.0	
IS125—100 —250	2900	120	33.3	87	66	43.0		3.8	
		200	55.6	80	78	55.9	75	4.2	166/295
		240	66.7	72	75	62.8		5.0	
	1450	60	16.7	21.5	63	5.59		2.5	
		100	27.8	20	76	7.17	11	2.5	166/112
		120	33.3	18.5	77	7.84		3.0	
IS125—100 —315	2900	120	33.3	132.5	60	72.1		4.0	
		200	55.6	125	75	90.8	110	4.5	189/330
		240	66.7	120	77	101.9		5.0	
	1450	60	16.7	33.5	58	9.4		2.5	
		100	27.8	32	73	7.9	15	2.5	189/160
		120	33.3	30.5	74	13.5		3.0	
IS125—100 —400	1450	60	16.7	52	53	16.1		2.5	
		100	27.8	50	65	21.0	30	2.5	205/233
		120	33.3	48.5	67	23.6		3.0	
IS150—125 —250	1450	120	33.3	22.5	71	10.4		3.0	
		200	55.6	20	81	13.5	18.5	3.0	188/158
		240	66.7	17.5	78	14.7		3.5	
IS150—125 —315	1450	120	33.3	34	70	15.9		2.5	
		200	55.6	32	79	22.1	30	2.5	192/233
		240	66.7	29	80	23.7		3.0	
IS150—125 —400	1450	120	33.3	53	62	27.9		2.0	
		200	55.6	50	75	36.3	45	2.8	223/233
		240	66.7	46	74	40.6		3.5	

型号	转速 n /(r/min)	流量		扬程 H /m	效率 η /%	功率/kW		必需汽蚀余量 $(NPSH)_r$/m	质量(泵/底座)/kg
		/(m³/h)	/(L/s)			轴功率	电机功率		
IS200—150—250	1450	240	66.7			26.6	37		203/233
		400	111.1	20	82				
		460	127.8						
IS200—150—315	1450	240	66.7	37	70	34.6	55	3.0	262/295
		400	111.1	32	82	42.5		3.5	
		460	127.8	28.5	80	44.6		4.0	
IS200—150—400	1450	240	66.7	55	74	48.6	90	3.0	295/298
		400	111.1	50	81	67.2		3.8	
		460	127.8	48	76	74.2		4.5	

（二）AY 型离心油泵性能表（摘录）

型号	流量 /(m³/h)	扬程 /m	转速 /(r/min)	汽蚀余量/m	效率 /%	功率/kW		质量 /kg	外形尺寸 (长/mm)×(宽/mm)×(高/mm)	口径/mm	
						轴功率	配带功率			吸入	排出
32AY40	3	40	2950	2.5	20	1.63	2.2		1225×660×642	32	25
32AY40×2	3	80	2950	2.7	18	3.63	5.5		1364×610×588	32	25
40AY40	6	40	2950	2.5	32	2.04	3		1265×660×648	40	25
50AY80	12.5	80	2950	3.1	32	8.17	11		1475×670×668	50	40
50AY80×2	12.5	160	2950	2.8	30	17.4	22		1490×610×638	50	40
65AY60	25	60	2950	3	52	7.9	11	150	670×525×578	50	40
80AY60	50	60	2950	3.2	52	13.2	22	200		65	50
100AY60	100	63	2950	4	72	23.8	37	220		100	80
150AY150×2	180	300	2950	3.6	67	219.5	315	1500		150	125
150AY150×2A	167	258	2950	3.2	65	180.5	250	1500		150	125
150AY150×2B	155	222	2950	3	62	151.5	220	1500		150	125
150AY150×2C	140	181	2950	2.9	60	115	160	1500		150	125
200AYS150	315	150	2950	6	58.5	220	315			200	100
200AYS150A	285	130	2950	6	57	177	250			200	100
200AYS150B	265	115	2950	6	56	148	220			200	100
300AYS320	960	320	2950	12	72.3	1157	1600			300	250
350AY$_R$S76	1280	76	1480	5	85	311.7	400			350	300

（三）FM 型耐腐蚀离心泵性能表（摘录）

型号	流量 /(m³/h)	扬程 /m	转速 /(r/min)	汽蚀余量/m	效率 /%	配带功率 /kW	质量 /kg	外形尺寸 (长/mm)×(宽/mm)×(高/mm)	口径/mm	
									吸入	排出
25FMG—16	3.6	16	2960	2.3	30	1.1	24	310×240×225	25	25
25FMG—25	3.6	25	2960	2.3	27	1.5	27	355×260×265	25	25
25FMG—41	3.6	41	2960	2.3	20	3	35	310×240×225	25	25

型号	流量 /(m³/h)	扬程 /m	转速 /(r/min)	汽蚀余量/m	效率 /%	配带功率 /kW	质量 /kg	外形尺寸（长/mm）×（宽/mm）×（高/mm）	口径/mm 吸入	排出
40FMG—16	7.2	16	2960	2.3	49	1.5	24	310×125×240	40	25
40FMG—26	7.2	25.5	2960	2.3	44	2.2	30	345×270×285	40	25
40FMG—40	7.2	39.5	2960	2.3	35	3	35	425×275×317	40	25
40FMG—65	7.2	65	2960	2.8	24	7.5	60	440×260×390	40	25
50FMG—16	14.4	16	2960	2.8	62	1.5	27	325×285×312	50	40
50FMG—25	14.4	25	2960	2.8	52	3	35	410×340×350	50	40
50FMG—40	14.4	39.5	2960	2.8	46	5.5	38	415×340×360	50	40
50FMG—63	14.4	63	2960	2.8	35	11	60	455×290×440	50	40
50FMG—103	14.4	103	2960	2.5	25	22	65	620×450×420	50	40
65FMG—16	28.8	16	2960	2.5	70	3	30	350×295×315	65	50
65FMG—25	28.8	25	2960	2.5	62	5.5	50	420×340×355	65	50
65FMG—40	28.8	40	2960	2.5	60	7.5	60	440×350×365	65	50
65FMG—64	28.8	64	2960	2.5	51	15	65	460×430×420	65	50
65FMG—100	28.8	100	2960	2.5	40	30	103	460×340×465	65	50
80FMG—15	54	15	2960	2.8	70	5.5	50	420×240×270	80	65
80FMG—24	54	24	2960	3	70	7.5	55	420×340×355	80	65
80FMG—60	54	60	2960	3	62	18.5	65	450×370×400	80	65

十八、离心通风机规格(摘录)

1. 4—72 型离心通风机

机号	传动方式	转速 /(r/min)	流量 /(m³/h)	全压 /Pa	内效率 /%	内功率 /kW	所需功率 /kW
4.5	A	2900	7785	2320	84.1	5.92	6.81
			8489	2184	84.6	6.04	6.95
5	A	2900	11054	2962	86	10.47	12.04
			12128	2792	86.1	10.82	12.44
8	D	1450	22640	1888	86	13.72	16.10
			24838	1781	86.1	14.18	16.64
10	D	1450	44026	3159	88.7	43.07	50.53
			47611	3032	89	44.59	52.33
12	D	960	50368	1986	88.7	31.10	36.49
			54469	1906	89	32.20	37.79

2. 4—72 型 C 类联接通风机

机号	转速/(r/min)	流量/(m³/h)	全压/Pa	内效率/%	内功率/kW	所需功率/kW
6	1250	8234	786	86	2.09	2.63
		9033	742	86.1	2.16	2.72
8	1800	28105	2920	86	26.25	31.77
		30834	2754	86.1	27.12	32.83
10	1250	37953	2341	88.7	27.59	33.40
		41044	2247	89	28.57	34.58
12	1120	58763	2710	88.7	49.38	59.78
		63548	2601	89	51.13	61.90

3. 4—72 型 B 类联接通风机

机号	转速/(r/min)	流量/(m³/h)	全压/Pa	内效率/%	内功率/kW	所需功率/kW
16	900	111930	3115	88.7	107.98	130.70
		121040	2990	89	111.80	135.33
16	710	88300	1931	88.7	53.02	64.18
		95490	1853	89	54.89	66.45
16	500	62183	954	88.7	18.52	22.41
		67246	916	89	19.17	23.21
16	400	49746	610	88.7	9.48	11.48
		53797	586	89	9.82	11.88
16	315	39175	378	88.7	4.63	5.85
		42365	363	89	4.79	5.80

注：* 传动方式有 A、B、C、D 四类。A 类为电动机与风机直接联接，B 类为电动机两端出轴，C 类为皮带传动，D 类为电动机与风机由联轴器联接。

十九、管壳式换热器系列标准(摘录)

1. 固定管板式换热器(JB/T 4715—92)

(1)换热管 $\phi19$ 的基本参数(管中心距 25mm)

公称直径 D_N/mm	公称压力 P_N/MPa	管程数 N_p	管子根数 n	中心排管数	管程流通面积/m²	计算换热面积/m² 换热管长度 L/mm					
						1500	2000	3000	4500	6000	9000
159		1	15	5	0.0027	1.3	1.7	2.6	—	—	—
219	1.60		33	7	0.0058	2.8	3.7	5.7	—	—	—
273	2.50	1	65	9	0.0115	5.4	7.4	11.3	17.1	22.9	—
	4.00	2	56	8	0.0049	4.7	6.4	9.7	14.7	17.7	—
325	6.40	1	99	11	0.0175	8.3	11.2	17.1	26.0	34.9	—
		2	88	10	0.0078	7.4	10.0	15.2	23.1	31.0	—
		4	68	11	0.0030	5.7	7.7	11.8	17.9	23.9	—

公称直径 D_N/mm	公称压力 P_N/MPa	管程数 N_p	管子根数 n	中心排管数	管程流通面积/m²	计算换热面积/m² 换热管长度 L/mm 1500	2000	3000	4500	6000	9000
400		1	174	14	0.0307	14.5	19.7	30.1	45.7	61.3	—
		2	164	15	0.0145	13.7	18.6	28.4	43.1	57.8	—
		4	146	14	0.0065	12.2	16.6	25.3	38.3	51.4	—
450	0.60	1	237	17	0.0419	19.8	26.9	41.0	62.2	83.5	—
		2	220	16	0.0194	18.4	25.0	38.1	57.8	77.5	—
		4	200	16	0.0088	16.7	22.7	34.6	52.5	70.4	—
500	1.00	1	275	19	0.0486	—	31.2	47.6	72.2	96.8	—
	1.60	2	256	18	0.0226	—	29.0	44.3	67.2	90.2	—
		4	222	18	0.0098	—	25.2	38.4	58.3	78.2	—
600	2.50	1	430	22	0.0760	—	48.8	74.4	112.9	151.4	—
	4.00	2	416	23	0.0368	—	47.2	72.0	109.3	146.5	—
		4	370	22	0.0163	—	42.0	64.0	97.2	130.3	—
		6	360	20	0.0106	—	40.8	62.3	94.5	126.8	—
700		1	607	27	0.1073	—	—	105.1	159.4	213.8	—
		2	574	27	0.0507	—	—	99.4	150.8	202.1	—
		4	542	27	0.0239	—	—	93.8	142.3	190.9	—
		6	518	24	0.0153	—	—	89.7	136.0	182.4	—
800	0.60	1	797	31	0.1408	—	—	138.0	209.3	280.7	—
		2	776	31	0.0686	—	—	134.3	203.8	273.3	—
		4	722	31	0.0319	—	—	125.0	189.8	254.3	—
		6	710	30	0.0209	—	—	122.9	186.5	250.0	—
900	1.00	1	1009	35	0.1783	—	—	174.7	265.0	355.3	536.0
	1.60	2	988	35	0.0873	—	—	171.0	259.5	347.9	524.9
		4	938	35	0.0414	—	—	162.4	246.4	330.3	498.3
	2.50	6	914	34	0.0269	—	—	158.2	240.0	321.9	485.6
1000	4.00	1	1267	39	0.2239	—	—	219.3	332.8	446.2	673.1
		2	1234	39	0.1090	—	—	213.6	324.1	434.6	655.6
		4	1186	39	0.0524	—	—	205.3	311.5	417.7	630.1
		6	1148	38	0.0338	—	—	198.7	301.5	404.3	609.9

（2）换热管 $\phi25$ 的基本参数（管中心距 32mm）

公称直径 D_N/mm	公称压力 P_N/MPa	管程数 N_p	管子根数 n	中心排管数	管程流通面积/m² $\phi25\times2$	$\phi25\times2.5$	计算换热面积/m² 换热管长度 L/mm 1500	2000	3000	4500	6000	9000
159	1.60	1	11	3	0.0038	0.0035	1.2	1.6	2.5	—	—	—
219		1	25	5	0.0087	0.0079	2.7	3.7	5.7	—	—	—
273	2.50	1	38	6	0.0132	0.0119	4.2	5.7	8.7	13.1	17.6	—
		2	32	7	0.0065	0.0050	3.5	4.8	7.3	11.1	14.8	—
325	4.00	1	57	9	0.0197	0.0179	6.3	8.5	13.0	19.7	26.4	—
	6.40	2	56	9	0.0097	0.0088	6.2	8.4	12.7	19.3	25.9	—
		4	40	9	0.0035	0.0031	4.4	6.0	9.1	13.8	18.5	—

公称直径 D_N/mm	公称压力 P_N/MPa	管程数 N_p	管子根数 n	中心排管数	管程流通面积/m²		计算换热面积/m² 换热管长度 L/mm					
					$\phi25\times2$	$\phi25\times2.5$	1500	2000	3000	4500	6000	9000
400		1	98	12	0.0339	0.0308	10.8	14.6	22.3	33.8	45.4	—
		2	94	11	0.0163	0.0148	10.3	14.0	21.4	32.5	43.5	—
		4	76	11	0.0066	0.0060	8.4	11.3	17.3	26.3	35.2	—
450	0.60	1	135	13	0.0468	0.0424	14.8	20.1	30.7	46.6	62.5	—
		2	126	12	0.0218	0.0198	13.9	18.8	28.7	43.5	58.4	—
		4	106	13	0.0092	0.0083	11.7	15.8	24.1	36.6	49.1	—
500	1.00	1	174	14	0.0603	0.0546	—	26.0	39.6	60.1	80.6	—
	1.60	2	164	15	0.0284	0.0257	—	24.5	37.3	56.6	76.0	—
		4	144	15	0.0125	0.0113	—	21.4	32.8	49.7	66.7	—
600	2.50	1	245	17	0.0849	0.0769	—	36.5	55.8	84.6	113.5	—
		2	232	16	0.0402	0.0364	—	34.6	52.8	80.1	107.5	—
	4.00	4	222	17	0.0192	0.0174	—	33.1	50.5	76.7	102.8	—
		6	216	16	0.0125	0.0113	—	32.2	49.2	74.6	100.0	—
700		1	355	21	0.1230	0.1115	—	—	80.0	122.6	164.4	—
		2	342	21	0.0592	0.0537	—	—	77.9	118.1	158.4	—
		4	322	21	0.0279	0.0253	—	—	73.3	111.2	149.1	—
		6	304	20	0.0175	0.0159	—	—	69.2	105.0	140.8	—
800		1	467	23	0.1618	0.1466	—	—	106.3	161.3	216.3	—
		2	450	23	0.0779	0.0707	—	—	102.4	155.4	208.5	—
	0.60	4	442	23	0.0383	0.0347	—	—	100.6	152.7	204.7	—
		6	430	24	0.0248	0.0225	—	—	97.9	148.5	119.2	—
900	1.60	1	605	27	0.2095	0.1900	—	—	137.8	209.0	280.2	422.7
		2	588	27	0.1018	0.0923	—	—	133.9	203.1	272.3	410.8
	2.50	4	554	27	0.0480	0.0435	—	—	126.1	191.4	256.6	387.1
		6	538	26	0.0311	0.0282	—	—	122.5	185.8	249.2	375.9
1000	4.00	1	749	30	0.2594	0.2352	—	—	170.5	258.7	346.9	523.3
		2	742	29	0.1285	0.1165	—	—	168.9	256.3	343.7	518.4
		4	710	29	0.0615	0.0557	—	—	161.6	245.2	328.8	496.0
		6	698	30	0.0403	0.0365	—	—	158.9	241.1	323.3	487.7

2. 浮头式换热器(JB/T 4714—92)

(1)内导流浮头式换热器的基本参数

D_N/mm	N_p	管子根数 n d/mm		中心排管数 d/mm		管程流通面积/m² $d\times\delta_t$/mm			换热面积/m²					
									$L=3$m		$L=4.5$m		$L=6$m	
		19	25	19	25	19×2	25×2	25×2.5	19	25	19	25	19	25
325	2	60	32	7	5	0.0053	0.0055	0.0050	10.5	7.4	15.8	11.1	—	—
	4	52	28	6	4	0.0023	0.0024	0.0022	9.1	6.4	13.7	9.7	—	—
426	2	120	74	8	7	0.0106	0.0126	0.0116	20.9	16.9	31.6	25.6	42.3	34.4
400	4	108	68	9	6	0.0048	0.0059	0.0053	18.8	15.6	28.4	23.6	38.1	31.6

D_N/mm	N_p	管子根数 n		中心排管数		管程流通面积/m²			换热面积/m²					
		d/mm				$d \times \delta_t$/mm			$L=3$m		$L=4.5$m		$L=6$m	
		19	25	19	25	19×2	25×2	25×2.5	19	25	19	25	19	25
500	2	206	124	11	8	0.0182	0.0215	0.0194	35.7	28.3	54.1	42.8	72.5	57.4
	4	192	116	10	9	0.0085	0.0100	0.0091	33.2	26.4	50.4	40.1	67.6	53.7
600	2	324	198	14	11	0.0286	0.0343	0.0311	55.8	44.9	84.8	68.2	113.9	91.5
	4	308	188	14	10	0.0136	0.0163	0.0148	53.1	42.6	80.7	64.8	108.2	86.9
	6	284	158	14	10	0.0083	0.0091	0.0083	48.9	35.8	74.4	54.4	99.8	73.1
700	2	468	268	16	13	0.0414	0.0464	0.0421	80.4	60.6	122.2	92.1	164.1	123.7
	4	448	256	17	12	0.0198	0.0222	0.0201	76.9	57.8	117.0	87.9	157.1	118.1
	6	382	224	15	10	0.0112	0.0129	0.0116	65.6	50.6	99.8	76.9	133.9	103.4
800	2	610	366	19	15	0.0539	0.0634	0.0575	—	—	158.9	125.4	213.5	168.5
	4	588	352	18	14	0.0260	0.0305	0.0276	—	—	153.2	120.6	205.8	162.1
	6	518	316	16	14	0.0152	0.0182	0.0165	—	—	134.9	108.3	181.3	145.5
900	2	800	472	22	17	0.0707	0.0817	0.0741	—	—	207.6	161.2	279.2	216.8
	4	776	456	21	16	0.0343	0.0395	0.0353	—	—	201.4	155.7	270.8	209.4
	6	720	426	21	16	0.0212	0.0246	0.0223	—	—	186.9	145.5	251.3	195.6
1000	2	1006	606	24	19	0.0890	0.1050	0.0952	—	—	260.6	206.6	350.6	277.9
	4	980	588	23	18	0.0433	0.0509	0.0462	—	—	253.9	200.4	341.6	269.7
	6	892	564	21	18	0.0262	0.0326	0.0295	—	—	231.1	192.2	311.0	258.7

(2)外导流浮头式换热器的基本参数

D_N/mm	N_p	管子根数 n		中心排管数		管程流通面积/m²			换热面积/m²	
		d/mm				$d \times \delta_t$/mm			$L=6$m	
		19	25	19	25	19×2	25×2	25×2.5	19	25
500	2	224	132	13	10	0.0198	0.0229	0.0207	78.8	61.1
	4	218	124	12	19	0.0092	0.0107	0.0161	73.2	57.4
600	2	338	206	16	12	0.0298	0.0357	0.0324	118.8	95.2
	4	320	196	15	12	0.0141	0.0170	0.0154	112.4	90.6
700	2	480	280	18	15	0.0425	0.0485	0.0440	168.3	129.2
	4	460	268	17	14	0.0203	0.0232	0.0210	161.3	123.6
800	2	636	378	21	16	0.0562	0.0655	0.0594	222.6	174.0
	4	612	364	20	16	0.0271	0.0315	0.0285	214.2	167.6
900	2	822	490	24	19	0.0726	0.0848	0.0769	286.9	225.1
	4	796	472	23	18	0.0357	0.0409	0.0365	277.8	216.7
	6	742	452	23	16	0.0217	0.0261	0.0237	259.0	207.5
1000	2	1050	628	26	21	0.0929	0.1090	0.0987	365.9	288.0
	4	1020	608	27	20	0.0451	0.0526	0.0478	355.5	278.9
	6	938	580	25	20	0.0276	0.0335	0.0301	327.0	266.0

二十、管壳式换热器总传热系数 K 的推荐值

（一）管壳式换热器用作冷却器时的 K 值范围

高温流体	低温流体	总传热系数范围/[W/(m²·℃)]	备注
水	水	1400～2840	污垢系数 0.52m²·℃/kW
甲醇、氨	水	1400～2840	
有机物黏度 $0.5×10^{-3}$Pa·s 以下[①]	水	430～850	
有机物黏度 $0.5×10^{-3}$Pa·s 以下[①]	冷冻盐水	220～570	
有机物黏度$(0.5～1)×10^{-3}$Pa·s[②]	水	280～710	
有机物黏度 $1×10^{-3}$Pa·s 以上[③]	水	28～430	
气体	水	12～280	
水	冷冻盐水	570～1200	
水	冷冻盐水	230～580	传热面为塑料衬里
硫酸	水	870	传热面为不透性石墨,两侧对流传热系数均为2440W/(m²·℃)
四氯化碳	氯化钙溶液	76	管内流速 0.0052～0.011m/s
氯化氢气(冷却除水)	盐水	35～175	传热面为不透性石墨
氯气(冷却除水)	水	35～175	传热面为不透性石墨
焙烧 SO_2 气体	水	230～465	传热面为不透性石墨
氨	水	66	计算值
水	水	410～1160	传热面为塑料衬里
20%～40%硫酸	水 $t=60～30$℃	465～1050	冷却洗涤用硫酸的冷却
20%盐酸	水 $t=110～25$℃	580～1160	
有机溶剂	盐水	175～510	

① 为苯、甲苯、丙酮、乙醇、丁酮、汽油、轻煤油、石脑油等有机物;

② 为煤油、热柴油、热吸收油、原油馏分等有机物;

③ 为冷柴油、燃料油、原油、焦油、沥青等有机物。

（二）管壳式换热器用作冷凝器时的 K 值范围

高温流体	低温流体	总传热系数范围/[W/(m²·℃)]	备注
有机质蒸气	水	230～930	传热面为塑料衬里
有机质蒸气	水	290～1160	传热面为不透性石墨
饱和有机质蒸气(大气压下)	盐水	570～1140	
饱和有机质蒸气(减压下且含有少量不凝性气体)	盐水	280～570	
低沸点碳氢化合物(大气压下)	水	450～1140	
高沸点碳氢化合物(减压下)	水	60～175	
21%盐酸蒸气	水	110～1750	传热面为不透性石墨
氨蒸气	水	870～2330	水流速 1～1.5m/s
有机溶剂蒸气和水蒸气混合物	水	350～1160	传热面为塑料衬里
有机质蒸气(减压下且含有大量不凝性气体)	水	60～280	
有机质蒸气(大气压下且含有大量不凝性气体)	盐水	115～450	

高温流体	低温流体	总传热系数范围/[W/(m²·℃)]	备注
氟利昂液蒸气	水	870～990	水流速 1.2m/s
汽油蒸气	水	520	水流速 1.5m/s
汽油蒸气	原油	115～175	原油流速 0.6m/s
煤油蒸气	水	290	水流速 1m/s
水蒸气（加压下）	水	1990～4260	
水蒸气（减压下）	水	1700～3440	
氯乙醛（管外）	水	165	直立式,传热面为搪瓷玻璃
甲醇（管内）	水	640	直立式
四氯化碳（管内）	水	360	直立式
缩醛（管内）	水	460	直立式
糠醛（管外）（有不凝性气体）	水	220	直立式
水蒸气（管外）	水	610	卧式

参　考　文　献

[1]　夏清等. 化工原理·上册. 第 2 版. 天津：天津大学出版社，2012.

[2]　陈涛，张国亮. 化工传递过程基础. 第 3 版. 北京：化学工业出版社，2009.

[3]　时钧等. 化学工程手册. 上卷. 北京：化学工业出版社，1996.

[4]　陈敏恒等. 化工原理·上册. 第 4 版. 北京：化学工业出版社，2015.

[5]　谭天恩等. 化工原理·上册. 第 4 版. 北京：化学工业出版社，2013.

[6]　蒋维钧等. 化工原理·上册. 第 3 版. 北京：清华大学出版社，2010.

[7]　柴诚敬，贾绍义. 化工原理·上册. 第 3 版. 北京：高等教育出版社，2016.

[8]　袁林根. 机械工程手册(通用设备卷　第一篇"通风机、鼓风机、压缩机"). 第 2 版. 北京：机械工业出版社，1997.

[9]　万淑英. 机械工程手册(通用设备卷　第二篇"泵"). 第 2 版. 北京：机械工业出版社，1997.

[10]　翁中杰，程惠尔，戴华淦. 传热学. 上海：上海交通大学出版社，1987.

[11]　周明霞等. 机械工程手册(通用设备卷　第四篇"换热器"). 北京：机械工业出版社，1997.

[12]　机械工程手册. 电机工程手册编辑委员会. 机械工程手册(第 12 卷　通用设备卷). 第 2 版. 北京：机械工业出版
社，1997.

[13]　史美中，王中铮. 热交换器原理与设计. 南京：东南大学出版社，2006.

[14]　程宝华，李先瑞. 板式换热器及换热装置技术应用手册. 北京：中国建筑工业出版社，2005.

[15]　余建祖. 换热器原理与设计. 北京：北京航空航天大学出版社，2006.

[16]　兰州石油机械研究所. 换热器. 北京：烃加工出版社，1986.

[17]　蕲明聪，程尚模，赵永湘. 换热器. 重庆：重庆大学出版社，1990.

[18]　化工机械手册编辑委员会. 化工机械手册. 天津：天津大学出版社，1991.

[19]　化工设备设计全书编辑委员会. 搅拌设备设计. 上海：上海科技出版社，1985.

[20]　(日)永田进治. 混合原理及应用. 马继舜等译. 北京：化学工业出版社，1984.

[21]　聂清德. 化工设备设计. 北京：化学工业出版社，1991.

[22]　Welty J R, Wicks C E, Wilson R E, Rorrer G L. Fundamentals of Momentum, Heat, and Mass Transfer. 4th ed.
John Wiley & Sons, Inc., 2001.

[23]　R H Perry, Green D W. Perry's Chemical Engineers' Handbook. 7th ed. McGraw-Hill, Inc., 2001.

[24]　(德)工程师协会工艺与化学工程学会. 传热手册. 化学工业部第六设计院译. 北京：化学工业出版社，1983.

[25]　APV. Heat Transfer Handbook. APV, 1986.

[26]　Raju K S N. Consider the Plate Heat Exchanger. Che Eng, 1980, 11(8)：133-143.

[27]　Hsu S T, Van D. Engineering Heat Trasfer. Nostrand Company Inc, 1963.

[28]　Foust A S, Wenzel L A. Principles of Unit Operations. 2nd ed. New York：John Wiley and Sons, 1980.

[29]　Coulson J M, Richardson J F. Chemical Engineering. Vol 1(Fluid Flow, Heat Transfer & Mass Transfer). 4th ed.
New York：Pergamon Press, 1991.

[30]　Coulson J M, Richardson J F. Chemical Engineering. Vol 2(Partical Technology & Separation Processes). 6th ed.
New York：Pergamon Press, 2000.

[31]　McCabe W L, Smith J C, Harriotl P. Unit Operation of Chemical Engineering. 6th ed. New York：McGraw-Hill,
Inc., 2000.

[32]　Geankoplis C J. Transport Processes and Unit Operations. 3rd ed. NJ：Prentice Hall PTR, 1993.

[33]　Geankoplis C J. Transport Processes and Separation Process Principles(includes unit operations). 4th ed. NJ：Prentice
Hall PTR, 2003.

[34]　Holman J P. Heat Transfer. New York：McGraw-Hill, 1976.

[35]　Bird R B, Stewart W E, Lightfoot E N. Transport Phenomena. 2nd ed. John Wiley & Sons, Inc., 1999.

[36]　Lydersen A L. Fluid Flow and Heat Transfer. New York：John Wiley and Sons, 1979.

[37]　Chapman A J. Fundamentals of Heat Transfer. New York：Macmillan, 1987.